高等学校电子信息类精品教材

软件无线电原理与应用

（第3版）

楼才义　徐建良　杨小牛　等编著

電子工業出版社
Publishing House of Electronics Industry
北京 • BEIJING

内 容 简 介

软件无线电的基本思想是以开放性、可扩展、可重构的硬件为通用平台，把尽可能多的功能用可升级、可替换的软件来实现。现在，软件无线电已成为无线电工程的现代方法，不仅在无线通信领域获得了广泛应用，在其他无线电工程领域也已显示出广阔的应用前景。本书全面、系统地介绍了软件无线电的基本概念、基本理论、实现技术、软件算法及其在无线电工程领域中的典型应用。全书深入浅出、通俗易懂，理论与实际相结合，实用性强。

本书不仅可以作为高等院校相关专业高年级本科生、研究生的教材或学习参考书，也可以作为通信、电子战、雷达、航空航天电子、消费电子等领域的工程技术人员的技术参考书。

图书在版编目（CIP）数据

软件无线电原理与应用 / 楼才义等编著. —3 版. —北京：电子工业出版社，2022.10
ISBN 978-7-121-44335-0

Ⅰ. ①软… Ⅱ. ①楼… Ⅲ. ①无线电技术－高等学校－教材 Ⅳ. ①TN014

中国版本图书馆 CIP 数据核字（2022）第 176840 号

责任编辑：竺南直
印　　刷：三河市华成印务有限公司
装　　订：三河市华成印务有限公司
出版发行：电子工业出版社
　　　　　北京市海淀区万寿路 173 信箱　　邮编：100036
开　　本：787×1092　1/16　印张：24.5　字数：658 千字
版　　次：2001 年 1 月第 1 版
　　　　　2022 年 10 月第 3 版
印　　次：2023 年 11月第 3 次印刷
定　　价：69.00 元

凡所购买电子工业出版社图书有缺损问题，请向购买书店调换。若书店售缺，请与本社发行部联系，联系及邮购电话：（010）88254888，88258888。

质量投诉请发邮件至 zlts@phei.com.cn，盗版侵权举报请发邮件至 dbqq@phei.com.cn。

本书咨询联系方式：davidzhu@phei.com.cn。

第 3 版前言

电子信息技术的发展一日千里，以硬件通用化、功能软件化、软件构件化、动态可重构为特点的软件无线电（Software Radio）技术已经成为电子信息系统的主要设计理念、实现思路、技术途径。该技术的广泛应用极大地推动了电子信息系统的可重构、可扩展、可升级、敏捷开发等能力的生成。

“人生天地之间，若白驹过隙，忽然而已”，2001 年出版了《软件无线电原理与应用》，2014 年《软件无线电原理与应用（第 2 版）》出版，至今分别过去了 21 年、8 年，本书也积极推动了我国软件无线电技术的发展和应用。杨小牛院士于 2001 年提出的许多基于软件无线电技术的设想，现在都变成了现实。许多工程技术人员、老师、学生、电子信息行业的管理人员等行业内人士，一直关注、推动、实践着软件无线电技术，出现了大量软件无线电应用系统、板卡、模块甚至芯片；软件无线电技术也从当年的先进理念、前沿技术，变成了当今电子信息基础技术、信息系统设计的基本要求。感谢二十多年来读者朋友们对本书的关心、厚爱，或当成重要技术参考书，或作为学校教材，或被文章所引用，或读者作者交流互动等，不一而足，深感荣幸。受电子工业出版社竺南直老师的盛情相邀，我们结合近年来微电子、无线通信等技术的发展，对部分内容进行了更新；为体现通信系统的完整性，增加了对通信天线的讨论，同时限于篇幅删除了软件通信体系结构相关内容；此外做了勘误性的工作，对一些谬误之处进行了纠正。基于上述考虑形成了《软件无线电原理与应用》一书的第 3 版。

第 3 版的编写工作以楼才义为主完成，徐建良、杨小牛、张永光、张建强共同参与了编写工作。郑仕链、陈仕川、贾璐、李新付、李世杰、章军等同志为本书的完成提供了很多帮助，在此对他们所付出的辛勤工作一并表示衷心的感谢。还要特别感谢电子工业出版社竺南直博士，竺博士在本书第 1 版、第 2 版、第 3 版的出版过程中给予了大力支持、帮助和诸多鼓励。

由于编著者水平有限，技术发展日新月异，尽管做了较大的努力，书中肯定还存在许多问题或错误，敬请各位读者批评指正。

编著者于嘉兴

2022 年 7 月 28 日

第 2 版前言

经过 20 多年的发展，软件无线电（Software Radio）技术已深入人心，并得到了广泛应用。软件无线电已经成为无线电工程的一种通用的现代方法，是无线电工程领域的一种新的设计理念、设计思想。“软件定义”（Software Defined）更是由电子信息领域的专业技术人员大大扩展了其内涵和外延，软件定义雷达（SDR）、软件定义卫星（SDS）、软件定义网络（SDN）等新思想、新概念不断涌现，甚至有人大胆提出了“软件定义世界”（Software Defined World，SDW）的概念，有理由相信，随着技术的不断进步，“软件定义世界”指日可待。

《软件无线电原理与应用》一书自 2001 年出版以来，受到广大读者的厚爱，据 2013 年引用检索，引用次数达 3000 次以上。本书中包含了杨小牛院士的许多原创性思想和理论，为推动软件无线电技术在国内各领域的应用和发展做出了重要贡献。受电子工业出版社竺南直老师的盛情相邀，根据软件无线电技术发展，结合编著者编著的《软件无线电技术与应用》（北京理工大学出版社）的部分内容，编著者对《软件无线电原理与应用》（第 1 版）进行了修订。与《软件无线电原理与应用》（第 1 版）相比，第 2 版有以下主要变化：

（1）对第 1 版第 4 章做了较大调整，删除了对于器件及其应用方面的描述，增加了软件无线电可重构主要单元——FPGA 的介绍内容；

（2）第 5 章中补充了均衡算法方面的内容；

（3）考虑到智能天线方面的专著很多，为压缩本书篇幅，删除第 1 版中的“第 6 章　基于软件无线电的智能天线”；

（4）为保持软件无线技术讨论的完整性，新增“信道编译码技术”相关内容，列为第 6 章；

（5）新增第 7 章“软件体系结构”（SCA），对软件无线电的软件架构进行讨论；

（6）对第 1 版中“第 7 章 软件无线电在电子系统中的应用”的部分内容进行了调整；

（7）结合无线通信的最新发展，增加了“软件无线电的新发展——认知无线电”的介绍，列为第 9 章；

（8）为了方便教学，在每章后面增加了一些习题与思考题。

第 2 版的编写工作以楼才义为主完成，徐建良、杨小牛、张永光共同参与编写工作。郑仕链、陈仕川、贾璐、张大海、李新付、李世杰、王挺、章军等同志为本书的完成提供了很多帮助，在此对他们所付出的辛勤工作一并表示衷心的感谢。还要特别感谢电子工业出版社竺南直博士，竺博士在本书第 1 版、第 2 版的出版过程中给予了大力支持和帮助。

由于编著者水平有限，技术更新飞速，尽管做了较大的努力，书中肯定还存在许多问题或错误，敬请各位读者批评指正。

编著者于嘉兴

2014 年 4 月 22 日

第 1 版前言

以现代通信理论为基础，以数字信号处理为核心，以微电子技术为支撑的软件无线电（Software Radio）或者称软件可定义的无线电（Soft-Defined Radio）自从 1992 年由 JeoMitola 提出以来，在最近几年取得了引人注目的进展，引起了包括军事通信、个人移动通信、微电子以及计算机等电子领域的巨大关注和广泛兴趣。人们普遍认为软件无线电将使无线通信，甚至整个无线电领域产生重大变革，并由此推动电子信息技术的快速发展，最终在全世界范围内形成巨大的软件无线电产业市场，产生巨大的经济效益，推动社会和技术进步。

软件无线电突破了传统的无线电台以功能单一、可扩展性差的硬件为核心的设计局限性，强调以开放性的最简硬件为通用平台，尽可能地用可升级、可重配置的应用软件来实现各种无线电功能的设计新思路。用户在同一硬件平台上可以通过配置不同的应用软件来满足不同时期、不同使用环境的不同的功能需求；投资商则可以在通用的可扩展的硬件平台上，通过开发新的应用软件来满足用户或市场的新要求，适应不断发展的技术进步。这样，不仅可以节省大量硬件投资，而且可以大大缩短新产品的开发研制周期，实时地适应市场变化，从中获取巨大的经济效益。由此可见，软件无线电这种体系结构是一种“双赢”的体系结构，无论是用户还是投资开发商都将从中获得好处，赢得利益。软件无线电这一新概念之所以一经提出就受到全世界的广泛关注，其重要原因之一就是人们一开始就注意到了它的潜在的商业价值。人们已经意识到软件无线电很可能会像目前的 PC 一样形成不可预测的巨大的赢利市场。有人把软件无线电称为“超级无线计算机”也并不过分，因为无论从软件无线电的体系结构，还是从它的潜在市场来看，都与 PC 有着很多相似之处。所以，开展软件无线电的研究不仅具有重要的科研价值，也具有重大的经济价值，如果意识不到这一点，就有可能在已初露端倪的巨大的软件无线电市场上失去机遇。

软件无线电经过不到 10 年的研究，尽管已取得了很多成果，但对于建立一套完整的理论和技术体系来说，还是远远不够的，况且软件无线电涉及的领域多、面广、发展快，如现代通信理论（含调制解调、信源/信道编码、均衡、加密解密等）、宽带天线理论、数字信号处理、微电子、计算机等，可以说其技术发展日新月异。另外，在以往公开发表的软件无线电文献资料中论述更多的是有关软件无线电的基本概念、体系结构等，很少系统介绍相关理论及其实现技术，有关软件无线电的专著也尚未面世。在这种情况下，无论是全书的选题与组织还是整体构思都面临了极大的困难，这是我们清醒认识到的。但是为了推动软件无线电的研究，我们还是鼓足勇气将其出版，并真诚希望本书在大家的帮助下，不断完善、改进和提高。

本书作为国内第一部软件无线电专著，在内容上力求做到全面和系统，并初步形成理论体系；在风格上力求工程化、实用、可读，除非必要时尽量免去繁琐冗长的数学推导。书中包含了作者多年来的研究成果和个人观点，有的还属首次发表。

本书结构如下：

第 1 章为概述，介绍软件无线电的基本概念、基本结构以及发展概况。

第 2 章为软件无线电理论基础，主要介绍研究软件无线电所必需的一些基础理论，包括信号采样理论、多速率信号处理基本理论、软件无线电中的高效数字滤波以及信号正交变换理论等，其中，射频直接带通采样理论是本书论述软件无线电的核心思想。

第 3 章为软件无线电的数学模型，主要介绍单通道/多通道软件无线电接收机、发射机以及信道化软件无线电接收机、发射机的数学模型。通过本章的讨论，使读者能够形成有关软件无线电比较系统的理论框架，为开展软件无线电的研究与开发奠定坚实的理论基础。

第 4 章主要介绍与软件无线电硬件平台有关的内容，主要包括射频前端电路、A/D、D/A、数字上/下变频器以及数字信号处理器等的组成结构及其工作原理。最后介绍工作频段为 0.5MHz～1GHz 的一个实际的软件无线电试验平台。

第 5 章主要介绍与软件无线电中的信号处理算法（软件）有关的内容，主要包括调制解调算法、同步算法以及信号样式识别算法等。

第 6 章主要讨论基于软件无线电的智能天线，讨论了智能天线的基本概念、基于软件无线电的组成结构以及智能天线的波束形成算法等，使读者对智能天线有一个初步了解。

第 7 章介绍软件无线电的应用，主要内容包括在个人移动通信、军事通信、电子战、雷达系统以及在信息化家电产品中的应用。本章的大部分内容都属作者本人的一些基本观点和设想，内容是粗线条的、轮廓性的，只能起到抛砖引玉的作用，对相关领域有兴趣的读者可在此基础上再做深入的研究。

本书第 2、3、6、7 章以及 5.4 节由杨小牛撰写，并由其负责全书的统稿；第 1 章以及 4.1、4.2、4.4 节和 5.1、5.3 节由楼才义撰写；徐建良撰写了 4.5 节和 5.2 节，并和楼才义共同撰写了 4.3 节；陆安南同志为本书编写了波束形成算法软件，并进行了仿真模拟；俞书峰同志为本书初稿做了繁重的录入工作。本书在撰写过程中还得到了作者单位的支持以及其他同志的帮助，同时也得到了电子工业出版社的大力支持，特别是参与本书编辑的同志为此付出了辛勤的劳动，没有他们的支持，本书是无法完成和出版的，在此一并深表感谢。

由于作者理论和技术水平有限，再加上时间紧，书中肯定存在各种各样的问题和错误，诚挚希望相关领域的专家和读者提出批评指正。

编著者

2000 年 8 月 10 日

目　　录

第 1 章　概　　述

“软件无线电”（Software Radio）的概念最早是由美国 MITRE 公司的 Joseph Mitola III博士在 1992 年 5 月美国的全国电信系统会议（National Telesystem Conference）上提出的，主要用于解决军事通信的“通话难”（美国三军或盟军之间互连互通困难）问题[1, 2]。但是到现在软件无线电这个术语已经不再是通信专业人士的专有名词，它已经从军事通信领域渗透到了包括民用移动通信、雷达、电子战、测控，甚至电视广播等无线电工程各个领域[3]。正如 Jeffrey H.Reed 的专著《软件无线电：无线电工程的现代方法》[4]的书名所蕴含的意思那样，“软件无线电”是无线电工程中的新方法，是一种设计理念，也是一种思想体系。

本章以最具代表性的民用移动通信的发展为例，介绍软件无线电的概念、软件无线电的由来、软件无线电的特点以及软件无线电的体系框架等内容。

1.1　无线移动通信简述

无线通信领域让大家感受最深的是民用移动通信的快速发展。民用移动通信在短短的二十年时间里已发展了三代：20 世纪 80 年代的模拟体制（TACS/AMPS）为第一代移动通信（简称 1G）；20 世纪 90 年代的数字体制（GSM/CDMA/TDMA）为第二代移动通信（简称 2G）；第三代移动通信体制包括我国提出的 TD-SCDMA 和美国提出的 CDMA2000 以及欧洲提出的 WCDMA 等体制（简称 3G）；目前第四代移动通信（4G）、第五代移动通信（5G）已全面推广，软件无线电非常适合 4G、5G。由此可见，移动通信经历了从模拟无线电到数字无线电，再从数字无线电到软件无线电的发展过程。下面以移动通信发展为例来介绍无线电技术的发展历程，从而回答什么是软件无线电，以及为什么要提出软件无线电概念等问题。

1.1.1　模拟无线电

第一代移动通信系统的主要目标是为在大范围内有限的用户提供移动电话服务。第一代移动通信系统的特点是：用户数量相对较少；业务密度相对较低；小区半径较大，一般从几千米到几十千米；每个小区使用一定数量的无线信道频率。在 20 世纪 70 年代末，AT&T 贝尔实验室开发了称为高级移动电话业务（AMPS）的美国第一个蜂窝电话系统。AMPS 于 1983 年末在芝加哥第一次投入使用。欧洲的全接入通信系统（TACS）在 80 年代中期开发成功，除信道带宽为 25kHz 与 AMPS 的 30kHz 不同外，它实际上与 AMPS 是基本一致的。我国于 80 年代后期引进了欧洲的 TACS 移动通信体制（就是在当时流行一时的“大哥大”）。无论是美国的 AMPS 还是欧洲的 TACS，都采用模拟技术体制，多址方式为频分多址（FDMA），即分配给每个移动基站一定数量的载频，用于与手机用户之间的话音通信；话音调制采用普通的模拟调频（FM）体制。AMPS 使用了 800～900MHz 频段中 20MHz 带宽的 666 个信道，其中 624 个话音信道，42 个控制信道（AMPS 采用 10kbps 的 FSK 调制，TACS 则为 8kbps 的 FSK 调制）。除了 AMPS

和 TACS 这两大系统，国际上还有很多其他体制的第一代移动通信系统，如法国的 Radiocom 2000 系统、北欧的 NMT 系统、日本的 NTT 等。表 1-1 列出了第一代移动通信系统的无线接口概况。

表 1-1　第一代移动通信系统无线接口概况

系统名称	AMPS	TACS	Radiocom2000	NMT900	NAMTS
多址方式	FDMA	FDMA	FDMA	FDMA	FDMA
使用频段： 下行链路（MHz） 上行链路（MHz）	869～894 824～849	935～960 890～915	424.8～428 414.8～418	890～915 935～960	870～885 925～940
信道间隔（kHz）	30	25	12.5	12.5	25/12.5
调制方式	FM	FM	PM	FM	FM
信道数	832	1000	1999	256	600
控制信令	FSK±8kHz	FSK±6.4kHz	FFSK/NRZ	FSK±3.5kHz	FSK±4.5kHz
使用地区	美国	欧洲/中国	法国	北欧	日本

图 1.1 给出了第一代（模拟）移动通信系统接收机组成框图[5]。经天线接收的无线电信号首先通过带通滤波器的滤波和低噪声放大器的信号放大，送给第一混频器进行射频到中频的频率变换，把射频信号变换为 45MHz 的中频信号；该中频信号经过中频放大后再与第二本振混频，把 45MHz 的第一中频信号变换为 462.5kHz 的第二中频信号，中频滤波器的带宽取决于信号带宽，对于 AMPS 系统为 30kHz，TACS 系统则为 25kHz，其他系统则选择 12.5kHz；第二中频信号经过中频放大后送到锁相环 FM 解调器进行解调，最后通过耳麦输出话音信号。

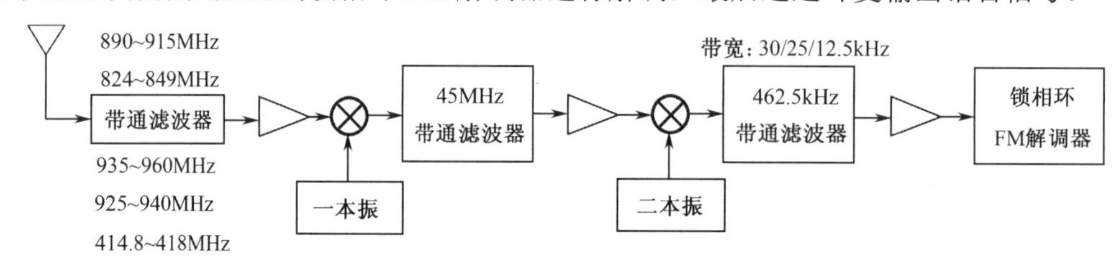

图 1.1　第一代（模拟）移动通信系统接收机组成框图

图 1.1 所示的接收机看起来似乎非常简单，它的特点是全部采用模拟技术来完成整个接收解调过程。所以，第一代移动通信系统可以称为模拟无线电。这种模拟体制无线电存在的最大问题是无法适应多种通信体制：首先，包括带通滤波器、一本振在内的低噪声前端电路必须按照不同移动通信体制所对应的工作频段来设计，比如对应表 1-1 给出的 5 种体制不同的工作频段就需要设计 5 种射频前端；第二，由于不同的通信体制采用了不同的信号带宽和调制参数，图 1.1 中的中频滤波器也需要设计成与其相匹配的带宽，后续的解调器也同样需要按照不同体制所采用的调制方式（FM、PM）和调制参数（如 AMPS 的话音调制频偏±12kHz，TACS 的话音调制频偏±12.726kHz，NAMTS 的话音调制频偏±5kHz）来设计。也就是说按照某一标准设计的接收机只能适用于特定的通信体制，除非增加包含各种不同的滤波器、解调器、射频前端等硬件电路，通过开关切换来选择其工作频段、带宽和解调方式。但是，这样做势必大大增加硬件的复杂性、体积和成本，尤其对手机是非常不可取的。总之，受制于当时的技术水平，第一代移动通信系统采用了模拟无线电技术体制，特点是中频带宽为单信道窄带体制，一部接收机

同时只能解调处理一个用户的信号，通信功能完全由定制的硬件决定，信号适应能力差、缺乏灵活性，更无法满足可扩展、可升级的高要求。

1.1.2 窄带数字无线电

随着第一代移动通信系统的推广使用，移动通信在全球范围内取得了飞速的发展。第一代移动通信系统由于受模拟技术体制的限制已无法满足越来越广泛的用户需求，于是就提出了基于数字体制的第二代移动通信系统。第二代移动通信系统相比于第一代移动通信系统的主要区别是：

- 第二代移动通信系统采用了数字调制技术，具有更强的抗干扰能力和更大的通信容量（可以通过语音压缩增加逻辑信道数）；
- 第二代移动通信系统采用了时分多址（TDMA）和码分多址（CDMA）体制，大大提高了频谱利用率，增加了系统容量；
- 第二代移动通信系统随着使用频段的提高，蜂窝小区半径可以减小到几百米，从而可以提高单位面积内的业务量；
- 第二代移动通信系统由于采用了数字体制，可以与数字化固定基础设施能更好地兼容，系统对漫游和切换的管理得到了显著的改善。

第二代移动通信系统以 GSM、IS-95、IS-54（D-AMPS）和 DCS1800 为典型代表，它们的无线接口概况如表 1-2 所示[6]。第二代移动通信系统的最大不同是采用了数字调制，这也就为采用新的 TDMA、CDMA 多址方式奠定了基础；另外信道带宽也从模拟体制的 30/25kHz 提高到了 200kHz 和 1.25MHz（D-AMPS 除外）。当然，这种在技术体制上的完全革新带来的问题是与第一代系统无法兼容，旧系统将被完全废弃（D-AMPS 可以部分保留旧系统），这显然是非常不经济的。

表 1-2 第二代移动通信系统无线接口概况

系统名称	GSM	IS-95	IS-54（D-AMPS）	DCS1800
多址方式	TDMA/FDMA	CDMA/FDMA	TDMA/FDMA	TDMA/FDMA
使用频段： 下行链路（MHz） 上行链路（MHz）	935～960 890～915	869～894 824～849	869～894 824～849	1710～1785 1805～1880
信道间隔（kHz）	200	1250	30	200
调制方式	0.3GMSK*	BPSK/QPSK	π/4 DQPSK	0.3GMSK*
信道速率（kbps）	270.833	1228.8	48.6	270.833
语音编码（kbps）	13	8（可变）	7.95	13
帧长（ms）	4.615	20	40	4.615

*注：0.3 表示高斯滤波器带宽与比特率之比。

图 1.2 给出了 GSM 接收机的组成框图[7]，它的主要特点是通过二次变频的射频前端把射频信号变换为中频信号（图中的一中频频率为 71MHz，二中频频率为 6MHz）后，首先进行 A/D 采样数字化，把模拟中频信号变换为数字信号，再由信号处理器（DSP）完成解调任务。从图 1.2 的组成框图来看，第二代数字移动通信系统与第一代模拟移动通信系统相比较，在组成结构上似乎没有太大的区别，但第二代系统的最大不同是两个“数字化”：一是通信体制的数字化，即把话音信

号数字化后经过数字调制（MSK/PSK）进行信息传输；二是解调方式的数字化，即首先把接收的已调模拟信号进行A/D采样数字化，再对数字化信号进行“软件”解调。A/D采样和“软件”解调功能都是由图中的数字化解调器完成的，而数字化解调器则由ADC（模数变换器）和DSP（信号处理器）构成，解调软件就驻留在DSP内。之所以称第二代移动通信系统为数字移动通信系统其原因是通信体制数字化和解调方式数字化。我们把第二代移动通信系统称为数字无线电。

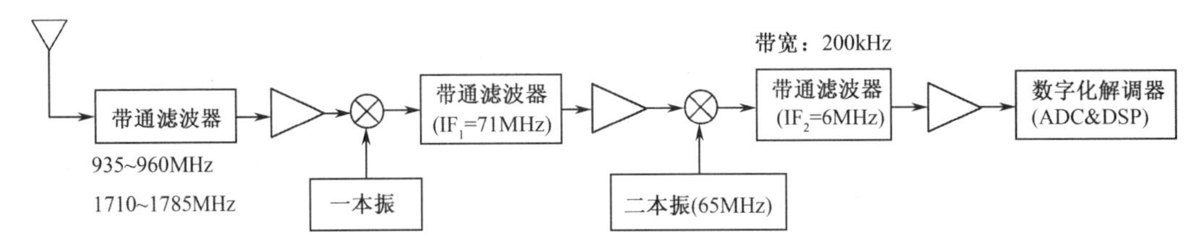

图1.2 第二代数字移动通信系统（GSM）接收机的组成框图

第二代的数字无线电相对于第一代的模拟无线电虽然在技术体制上上了很大一个台阶，通信服务性能也随之大为提高，但它对不同通信体制（FDMA、TDMA、CDMA）、不同信号类型（FM、MSK、BPSK、QPSK）的适应能力还不是很强。主要表现在射频前端只能适用特定的频段，如800MHz频段或900MHz频段或1800MHz频段，无法实现多频段通用；其次是中频带宽还是按照不同通信体制的特定信号来设计的，比如在图1.2中就设计成了只适用于GSM和DCS1800的200kHz带宽，对于IS-95 CDMA体制的1.25MHz带宽就不适用了，必须重新设计；另外，数字化解调器也并不像前面所说的其解调功能完全是“软件化”的：解调虽然是由DSP中的软件来实现，但这些“软件”是被“固化”了的，要想修改它并不容易，更谈不上对软件功能的“在线重构”或“动态重构”。基于上述三大原因，我们认为第二代数字移动通信系统只能称为数字无线电，而不能叫作软件无线电。

1.1.3 宽带数字无线电

随着因特网的普及，人类对信息化的需求越来越高，尤其是对无线多媒体的需求更为迫切，如无线上网浏览、无线网上影院、无线视频会议、无线远程医疗诊断、无线支付等。面对快速增长的各种多媒体数据业务需求，第二代数字移动通信系统已明显感到力不从心，难以应对。移动通信领域面对新的用户需求提出了第三代移动通信系统的设想，3G的目标是比第二代移动通信系统提供更高的比特率和更好的频谱利用率，以便为3G用户提供业务种类更加广泛、服务质量（QoS）更优的数据业务。

被ITU认可的第三代移动通信系统标准主要有三个：WCDMA、CDMA2000和TD-SCDMA。WCDMA是以欧盟为主提出的宽带CDMA标准；CDMA2000是以美国为主提出、并与IS-95能够平滑过渡的3G标准；TD-SCDMA则是中国提出、具有自主知识产权的3G标准。这三大3G标准各有特点，但都符合ITU关于第三代移动通信系统IMT-2000的要求，因此也就得到了全世界的广泛认可。这三大标准的无线接口概况如表1-3所示[8]。

表1-3 第三代移动通信系统无线接口概况

系统名称	WCDMA	CDMA2000	TD-SCDMA
双工方式	FDD	FDD	TDD

续表

工作频段 下行链路（MHz） 上行链路（MHz）	2110～2170MHz 1920～1980MHz	2110～2170MHz 1920～1980MHz	1880～1920MHz 2010～2025MHz 2300～2400MHz
信道间隔	5/10 /20MHz	1.25/3.75/11.5/15MHz	n×1.6MHz
调制方式	QPSK/BPSK	QPSK/BPSK	OQPSK/8PSK/16QAM
码片速率	3.84Mchip/s	1.2288Mchip/s	1.28Mchip/s
扩频因子	4～512	4～256	1/2/4/8/16
帧长	10ms	20ms	10ms（分两个子帧）

第三代移动通信系统的最大特点是高的数据速率，步行环境最小为 384kbps，室内环境可达 2Mbps，车载环境最高速率可达 144kbps；同时为提高频谱利用率，采用了高效的多进制调制技术，如 QPSK、8PSK、16QAM 等；另外，这三大 3G 标准除了都统一采用 CDMA 多址方式外，在具体实现上还是有些差别的，比如 TD-SCDMA 采用的是 TDD（时分双工）体制，而 WCDMA 和 CDMA2000 采用的是 FDD（频分双工）体制。WCDMA 最初是以爱立信、诺基亚公司为代表的欧洲通信厂商提出来的。这些公司都在第二代移动通信技术和市场上抢占了先机，希望能在第三代移动通信领域依然保持世界领先地位。WCDMA 主要采用了信道带宽为 5MHz 的宽带 CDMA、上/下快速功率控制、下行发射分集、基站间可以异步操作等新技术。CDMA2000 是在 2G 系统（IS-95）的基础上由高通、浪讯、摩托罗拉和北电等美国公司一起提出。CDMA2000 技术的选择和设计最大限度地考虑和 IS-95 系统的后向兼容，很多基本参数和特性都是相同的，并在无线接口上采用了增强技术，例如，提供反向导频信道、前向链路中可以采用发射分集、增加了前向快速功率控制等。CDMA2000 最大的特点是只需要增加新的信号处理单元即可在原有的 2G 系统（IS-95）上实现向 3G 的平滑过渡，绝大部分的无线设备（由于信道带宽是一样的）和核心网设备都可以共用，升级成本最低。TD-SCDMA 是由我国的大唐电信集团在国家主管部门的支持下，根据多年的研究提出的 3G 标准。TD-SCDMA 由于采用了 TDD 模式，上/下行工作于同一频段，不需要大段的连续对称频谱，这一点在频谱资源日趋紧张的今天尤其重要，并采用了软件无线电、智能天线、联合检测等先进技术；另外，TD-SCDMA 在上述三大主流标准中具有最高的频谱效率。

第三代移动通信系统从 ITU 的最初愿望出发还是希望能够实现全球统一，但由于受各大利益集团的制约，要制定全球统一的 3G 系统标准难度是非常大的，最后 ITU 放弃了全球统一的思想，统一在这三大主流标准上。由于 3G 三大主流标准未能进行联合设计，无论是采用的技术体制、信号带宽，还是调制方式等都存在一定的差异，因此三大标准无论是无线射频系统还是基带信号处理设备都是不能通用的。图 1.3 给出了 WCDMA 移动通信系统接收机的组成框图。

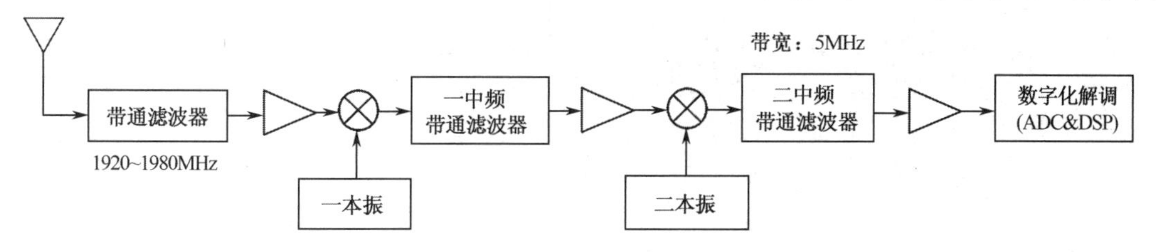

图 1.3　WCDMA移动通信系统接收机的组成框图

从组成框图可以看出，除射频前端的工作频段更高（为 2GHz 频段）、中频带宽更宽（为 5MHz 带宽）外，与 2G 系统相比较从组成结构来看并没有多大差别。它也是通过二次变频把 2GHz 频段的射频信号变换为固定的二中频信号后，由数字解调单元进行 A/D 采样数字化，再经过 DSP 软件解调得到话音或视频数据流。由于 3G 系统跟 2G 一样也采用了“定制式”的设计，即无论是射频/中频信道，还是数字解调器都是按照特定的系统标准来设计的，缺乏通用性、兼容性和可扩展、可升级能力，因此第三代移动通信系统的技术体制实际上跟第二代系统是基本一样的，属于数字无线电，只不过 3G 系统的数据速率更高、带宽也更宽，所以，第三代移动通信系统也只能称为宽带数字无线电，最多可以认为 3G 采用了软件无线电技术，而不能完全称其为软件无线电。

1.1.4　软件无线电

第四代移动通信系统（4G）的特点是超高速的数据传输速率，目标是支持下行 1Gbps，上行 500Mbps 的峰值速率，使无线上网速度大大加快。为了满足这个需求，4G 标准采用 OFDM（正交频分复用）体制[9, 10]，信号传输带宽需要达到 100MHz。如果连续的 100MHz 带宽难以找到，也可以采用载波聚合（Carrier Aggregation）技术，即将多个载波联合连接起来使用，这些载波可以位于同一频段，也可以在不同频段。与此同时，4G 系统需要解决高性能与兼容性之间的矛盾，以很好地实现 4G 与 2G、3G 的兼容性以及向 5G 系统平滑升级的突出问题，4G 系统设计的一个软件无线电接收机参考模型如图 1.4 所示。在该模型中，还是采用了二次变频方案，但射频工作频段更宽，图中为 0.8～2.2GHz，其实可以把射频带通滤波器和一本振扩展一下，以满足全球不同区域的不同工作频段的要求，比如射频输入频率 450MHz～3.6GHz，可以兼容 400MHz、800MHz、900MHz、1800MHz、1900MHz、2GHz、3.5GHz 等多个频段；中频带宽设计为 100MHz，不仅满足 4G 标准需要（信道带宽 20～100MHz），也可以实现后向升级的要求（假设 5G 系统信道带宽不会超过 100MHz）。当然，100MHz 带宽更能兼容 2G、3G 系统；由于在该参考模型中的中频带宽（注意是中频带宽，不是信道带宽）为 100MHz，远大于 2G、3G 中的信道带宽（30/200kHz/1.25MHz、5/1.25/1.6MHz），也有可能大于 4G 信号带宽（20～100MHz），所以将对宽带中频信号进行 A/D 采样（采样频率为 272MHz）数字化后，在数字域采用软件算法完成信道滤波（带宽匹配接收）、解调、译码等功能。

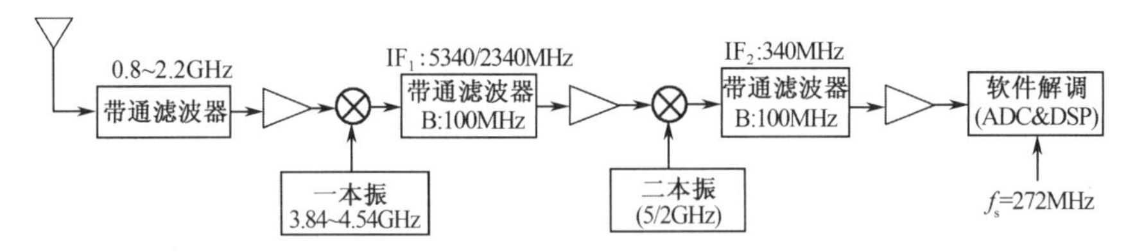

图 1.4　第四代数字移动通信系统（4G）软件无线电接收机参考模型

从图 1.4 的组成结构来看，4G 似乎与 3G 系统没有太大的差别，但 4G 系统的最大特点有三点：一是射频是宽开的，可以“宽开”接收各个移动通信频段的信号；二是中频是宽带的，可以适应从 1G 到 4G 甚至 5G（目前，6GHz 以下部署的就是 100MHz 带宽的信号）等信号带宽不一样的各种移动通信信号（中频带宽都大于信号带宽）；三是通信功能的实现是软件化的，无论是信道选择、滤波，还是解调、译码全部通过软件来实现；而且这些软件是模块化、构件化的，根据需要可动态重构和在线升级。因此，基于软件无线电实现的 4G 系统的最大特点是硬件平台（从射频前端到信号处理）通用化，功能实现软件化，使未来移动通信系统的设计从以硬件为核心走向以软件为核心，从用硬件来定制功能走向用软件来定制功能。

在图 1.4 所示的 4G 软件无线电接收机中，中频频率的选取、采样频率的选择、如何进行信道选择和匹配滤波（数字下变频 DDC）、如何进行软件解调（包括同步、均衡）等正是软件无线电需要解决的问题。

5G 网络具有高速度、广接入、低时延的特征，其下行峰值速率为 20Gbps，上行峰值速率为 10Gbps。要达到这样的峰值速率，充足的频率资源是重要的保障条件，需要超过 400MHz 以上的带宽，但 6GHz 以下的频率资源已经被分配占用，要找到满足这么高速率数据传输应用需求的连续频段非常困难，即使采用载波聚合技术也很难实现。而目前毫米波频段（30～300GHz）资源丰富，可以提供 400MHz、800MHz 等带宽。图 1.4 只要改变一下变频环节，利用聚合技术、多路同时接收就可以实现 400MHz、800MHz 等带宽的接收处理能力。

从以上分析可以看出，如果移动通信系统采用带宽足够、具有可扩展、可重构能力的软件无线电解决方案，就可以不需要不断地更换基站基础设施，而只需要对基站进行软件升级就可以了。这不仅大大降低基站的升级成本，而且可以紧跟技术进步，大大加快新技术的应用，从而为用户不断提供高质量的移动通信新业务。

随着 5G 网络的全面应用，出现了 2G、3G、4G、5G 以及 WLAN 等一系列异构无线网络的同时共存，这些网络间要实现互联互通，而且还要与未来网络之间能互联，比如 6G 网络的研究也已经如火如荼地展开。该问题就需要采用软件无线电思想，利用硬件通用化、功能软件化的体制来定义和控制移动通信网络。比如，通过采用软件定义网络（SDN）和网络功能虚拟化（NFV）的方法加以解决。软件定义网络的核心是将传统网络设备紧耦合的网络架构，解耦成应用、控制、转发三层分离的架构，并通过标准化实现网络的集中管控和网络的可编程。网络功能虚拟化的实质是将网络功能从专用硬件设备中分离出来，实现硬件和软件的解耦，基于通用的计算、存储、网络设备并根据需要实现网络功能的灵活部署。

1.2　软件无线电的定义与特点

通过 1.1 节移动通信体制的讨论，应该对什么是软件无线电有一个初步的认识。在此基础上，本节将对软件无线电进行定义，并讨论软件无线电的特点及其应用场合，使读者对软件无线电建立起更加清晰的概念，并为后续章节的进一步讨论奠定基础。

1.2.1　软件无线电的定义

对于软件无线电这个术语有多种定义。软件无线电概念的发明者 Joseph Mitola III博士的定义[1,2]是：软件无线电是多频段无线电，它具有宽带的天线、射频前端、模数/数模变换，能够支持多个空中接口和协议，在理想状态下，所有方面（包括物理空中接口）都可以通过软件来定义。可见 Joseph Mitola III博士对软件无线电的定义主要集中在多频段、宽频带和可以通过软件来定义的多种接口和协议的适应能力等几个方面。

软件无线电论坛（www.sdrforum.org）对软件无线电的定义为[11]：软件无线电是一种新型的无线电体系结构，它通过硬件和软件的结合使无线网络和用户终端具有可重配置能力。软件无线电提供了一种建立多模式、多频段、多功能无线设备的有效而且相当经济的解决方案，可以通过软件升级实现功能提高。软件无线电可以使整个系统（包括用户终端和网络）采用动态的软件编程对设备特性进行重配置，换句话说，相同的硬件可以通过软件定义来完成不同的功能。

软件无线电论坛对软件无线电的定义更加全面和系统，它强调了软件无线电是一种新型的体系结构，是一种解决方案；同时强调通过动态的软件编程可以对相同的硬件进行重构，使之完成不同的功能等思想。但这一定义显得有些烦琐，下面给出作者对软件无线电的定义：软件无线电是一种新的无线电系统体系结构，是现代无线电工程的一种设计方法、设计理念，它的基本思想是以开放性、可扩展、结构精简的硬件为通用平台，把尽可能多的无线电功能用可重构、可升级的构件化软件来实现。

以上定义主要想阐明作者关于软件无线电的几个观点：一是软件无线电不仅能应用在通信领域，也可应用在无线电工程的其他相关领域，如雷达、电子战、导航、广播电视、测控等领域；二是软件无线电既不是一部无线电台也不是一个无线电系统，它是一种设计方法、一种设计理念；三是软件无线电的硬件平台越简单越好，要与实现的无线电功能“脱钩”，无线电功能主要由软件实现；四是软件无线电的功能软件要采用构件化实现，而且可重构、可升级，不能是固化的、不可修改的。只有具备了以上特性，设计研制的无线电设备或无线电系统才能真正称得上是“软件无线电”。

1.2.2 软件无线电的特点

根据前面的讨论以及对软件无线电的定义，我们可以把软件无线电的特点概括为：天线智能化、前端宽开化、中频宽带化、硬件通用化、功能软件化、软件构件化、动态可重构。

（1）天线智能化

天线是软件无线电的电磁感应器，它把发射机输出的电信号变换为电磁波发向空间，由远处的接收天线接收，再反过来把空间电磁信号变换为电信号，提供给后面的接收机进行接收处理。软件无线电的射频前端是宽开的，即软件无线电的工作频段一般都很宽，少则覆盖一个、几个倍频程，多则覆盖十几、几十个倍频程，这就给与之配套的天线提出了宽频带要求。虽然人们一直致力于研究“全波段”天线，但要在整个波段用一付天线来实现，而且又要求有比较高天线效率的话，其难度是非常大的，甚至是不可能的。比如，在后面要介绍的 SPEAKeasy 计划中的 2～2000MHz 天线，就分了低、中、高三个频段来实现：2～30MHz；30～400MHz；400～2000MHz。一般而言，对数周期天线的工作频段较宽，可达十几个倍频程；而抛物面反射天线和角锥形喇叭天线适用于高的工作频段（300MHz～70GHz 的微波频段）。为了拓宽工作频段，在天线领域提出了采用 MEMS（微电子机械系统）技术的可重构天线解决方案。这种天线可以根据工作频段，采用神经网络进化算法对天线进行重构（通过控制天线中的 MEMS 开关实现），使其同时满足带宽和天线效率要求。这种基于智能进化算法的 MEMS 天线还处于理论和实验研究阶段，有兴趣的读者可以参考有关文献。

软件无线电天线的另一个发展方向是采用智能天线。智能天线是以数字波束形成为基础发展起来的阵列天线技术。它通过对多个单元天线接收的信号进行加权处理，能使整个阵列在所需的信号方向形成高增益波束，而在干扰方向形成“零点”（低增益）波束，以达到抑制干扰，提高信噪比，改善接收信号质量的目的。智能天线是在软件无线电的基础上得到快速发展的天线新技术。软件无线电有力地推动了智能天线的实用化，反过来智能天线也促进了软件无线电的发展。

（2）前端宽开化

软件无线电的特点是广泛的适用性，可扩展、可升级，这就要求软件无线电的射频前端是

“宽开”的，即能在足够宽的频段工作。理想情况是能在整个无线电频段工作，从长波、短波到超短波、微波，乃至到毫米波，即软件无线电的射频前端的工作频段为 0.1MHz～60GHz。当然，覆盖整个无线电频段也没有太多必要，但软件无线电必须能在分配的整个频段工作，比如对于移动通信，就必须至少能工作在 800～2200MHz 频段，考虑到移动通信的发展，最好能够工作在 800～6000MHz 频段；如果要把未来的认知无线电（在第 9 章介绍）考虑在内，则需把低端扩展到 50MHz，这样目前分配给民用的 50～860MHz 电视广播频段也能在移动通信中使用，以提高频谱使用效率。又如在美军的 JTRS 计划中为三军联合研制的软件无线电台，其射频前端也是宽开的，工作频段为 2～2000MHz，这样才能为美三军提供互连互通的联合作战能力。而在这之前，陆军主要使用 30～88MHz 频段；海军主要使用 108～174MHz 频段；空军则主要使用 225～400MHz 频段；而短波 2～30MHz 频段海军使用最多。所以，射频宽开化是软件无线电的显著特点之一。

（3）中频宽带化

软件无线电的中频带宽如果设计成与信号带宽一样宽（从 1G 到 2G 再到 3G 都是这样设计的），显然就谈不上对多体制不同带宽信号的适应性，或者说对信号的适应能力就会变得很差，甚至只能适应一种体制的信号（如果中频带宽选得很窄，比如在 1G 和 2G 中的中频带宽就选择为信道带宽 25kHz 和 200kHz）。所以，为了提高软件无线电对各种不同带宽无线电信号的适应性，软无线电的中频带宽必须选得足够的宽，从理论上讲，应该越宽越好。但是实际中是有较大限制的，一是中频带宽越宽，对后续的信号处理要求就会大大提高，这往往是不允许的；二是中频带宽越宽对射频前端电路的动态范围的要求会很高，有时是很难满足的。所以，软件无线电中频带宽也不能无限制地加宽，要在需求和实现可行性之间进行平衡和折中。在通信领域，目前把软件无线电中频带宽设计为 100MHz 是一个既比较可行，也能适应未来通信发展的优选方案。软件无线电中频带宽的设计就像是高速公路车道数的设计，虽然车道越多越能长期适应未来的发展需求，但是车道越多不仅造价也越高，同时近期的使用效费比也会很低（车子少），是不经济的。所以，我们说软件无线电中频带宽的选择既要着眼未来，也要面对眼前，需要统筹考虑。

（4）硬件通用化

这里的硬件不仅指的是射频前端硬件，更指后面的信号处理平台硬件。只有硬件的通用性，使软件无线电功能的实现与硬件“脱钩”才能为软件无线电功能实现的软件化奠定基础，或者说硬件平台的通用化是软件无线电功能软件化的基础或前提。射频前端硬件的通用化是以前面讨论的前端宽开化和中频宽带化两大特点来保证的，只要软件无线电射频前端满足这两个特点，就能满足射频前端硬件通用化的要求。而信号处理平台的通用化则需要着力解决高速率采样数据流的实时处理与软件化之间的矛盾。这是因为信号处理平台的功能实现如果越是以软件为主，则该平台设计的通用性就会越强，而软件实现的最大问题是实时性。为满足后续软件处理的实时性要求，一般在高速采样数据流与软件处理之间需要先进行预处理，把高速数据流降低到软件处理能够适应的速度之内。目前预处理一般都通过 FPGA 来实现，以提高实时处理能力。为满足硬件通用化的要求，FPGA 的设计应该尽可能地与软件无线电的功能无关，或者说 FPGA 实现的功能应该尽可能地是某些通用功能，如滤波、信道化、信号检测等。同时为提高软件的实时处理能力，一般要求信号处理平台采用多 DSP 或多核处理芯片（PowerPC）来实现。所以，硬件平台的通用化是软件无线电的重要特点，在软件无线电硬件设计时必须时刻关注着一点，并把软件无线电硬件通用化的设计思想始终贯彻在整个软件无线电设计过程之中。

（5）功能软件化

软件无线电的最大特点是其功能不是通过硬件来定制，而是通过软件来实现的。软件无线电功能实现的软件化是对软件无线电设计最本质也是最核心的要求，是软件无线电最具特色的地方。对软件无线电硬件平台进行通用化设计，其目的也是实现功能的软件化。所以，软件无线电功能的软件化是软件无线电设计需要重点考虑的内容，是软件无线电设计的中心环节。但是，必须清楚地认识到，软无线电的功能软件不仅仅是软件编程的问题，它是和硬件平台密切相关的。在硬件平台设计时就必须考虑到软件化功能实现的可行性，尤其是软件的实时性问题。如果单 CPU 不能实现就必须采用多 CPU 实现；如果单模块（卡）不能实现，就必须采用多模块（卡）实现。另外，功能软件化与硬件通用化有时可能会成为一对矛盾，需要在两者之间进行协调，这是因为硬件的通用化越强，对软件化程度的要求就越高。

总之，软件无线电的最大特色在于功能软件化，是区别于一般“硬件无线电”（模拟无线电、数字无线电等）的本质所在。软件无线电功能的软件化是无线电工程从硬件为核心走向软件为核心设计理念的一大飞跃，是现代无线电体系结构出现重大转变的重要标志，并对现代无线电工程的设计和研发产生重大影响。

（6）软件构件化

软件无线电的功能软件是软件无线电的核心。软件构件化是指软件无线电的功能软件必须按照模块化、可重构、能升级的要求来加以设计、编程和调用。软件无线电不同的功能软件是由一个个软件“构件”构成的，这些“构件”是组成软件无线电功能软件的最小单元。软件无线电功能可以根据不同的要求或不同的应用场合，采用不同的“构件”来配置或重构；“构件”也可以随着技术的发展，特别是信号处理新算法的应用而随时进行升级，或者随着新的信号体制的出现而加以替换或扩充。软件设计的构件化是软件无线电必须遵循的基本准则，否则软件无线电动态可重构和在线可升级的思想就无法实现。

软件构件化的最大困难是对功能软件的“粒度”划分。分割太粗软件重用率会变得很差，不利于软件的快速升级；分割太细会使得软件模块数量巨大、调用复杂度大增。所以，软件的构件化设计首先面临的是软件的“粒度”划分问题，这一工作做不好会对整个软件无线电的“软件化”水平带来直接影响，是一件开始就需要认真对待的大事。此外，软件构件的接口标准化、规范化工作也非常重要。

（7）动态可重构

软件无线电的硬件资源可以根据功能的需求灵活进行分配调度。可重构的颗粒度大小同样是一个难题，一个计算单元、一个芯片、一个功能都可以成为一个可重构的基本单元，需要在效率、实现难度、可实现性等方面进行权衡。如果颗粒度太粗，则资源的利用效率不高、重构时间较长，颗粒度太细重构一个功能会涉及很多“构件”，使重构变得复杂化。动态可重构还牵涉到一个很重要的资源管理问题，如何根据功能的需求，快速、高效地自动分配“资源”，这是一个值得深入研究的课题。这里的“资源”可以是运算单元、存储单元、芯片组、板卡等，取决于可重构的粒度大小。可重构也包含了硬件资源的规模（板卡数量、种类等）可以按照功能的强弱进行扩展或裁剪。

1.3　软件无线电的发展历程

1992 年 5 月，Joseph Mitola III博士在美国电信会议上首次提出软件无线电的概念。同时，美国国防部推出了 SPEAKeasy（“易通话”）计划；经过三年的研究，1995 年 5 月 IEEE 通信杂志出了一期软件无线电专刊，这是软件无线电发展过程中的里程碑；同年，SPEAKeasyI计划顺利通过验收。1996 年组建 MMITS（模块化多功能信息传输系统）论坛，后来在 1999 年改名为 SDR 论坛。1997 年召开了第一次欧洲软件无线电学术讨论会；1998 年召开了第一次亚洲软件无线电学术讨论会；几个月后就召开了第一届软件无线电国际学术讨论会。1999 年 IEEE 通信杂志又以“软件无线电的全球化”为主题，出版了关于软件无线电的系列文章。1998 年 SPEAKeasyII计划顺利通过验收。SPEAKeasy 计划的成功有力推动了 PMCS（可编程模块化通信系统）工作组的建立，经 PMCS 研究组建议，于 1999 年启动了美军的 JTRS（联合战术无线电系统）计划，软件无线电从此进入快速发展阶段[13, 14]。

1.3.1　软件无线电的提出

Joseph Mitola III博士最早于 1992 年 5 月在美国电信会议上提出了软件无线电（Software Radio，SR）的概念，当时他提出的软件无线电概念是比较理想化的。他在那篇具有里程碑意义的文章中给出的一种理想的软件无线电组成框图如图 1.5 所示[1, 2]。他在文章中指出，通过在天线和送/受话器两边的两组 A/D 和 D/A 变换器的数模和模数变换，可以全部用软件来实现无线电发射、接收、信号产生、调制/解调、定时、控制、编解码等功能。显然，这样的软件无线电是很难实现的，这也是在 Joseph Mitola III博士刚提出软件无线电这一概念时，很多人对此表示怀疑，甚至不予支持的主要原因。Joseph Mitola III博士在他后来出版的一本专著《软件无线电体系结构：应用于无线系统工程的面向对象的方法》[12]中一开始就明确指出，理想的软件无线电在某种程度上是个理想，它可能永远不能完全被实现。为了避免理想软件无线电概念容易引起的争论，后来又提出了“软件定义无线电”（Software-Defined Radio，SDR）的概念。到目前人们谈论的软件无线电实际上都是指软件定义无线电，SDR 已成为软件无线电的代名词。

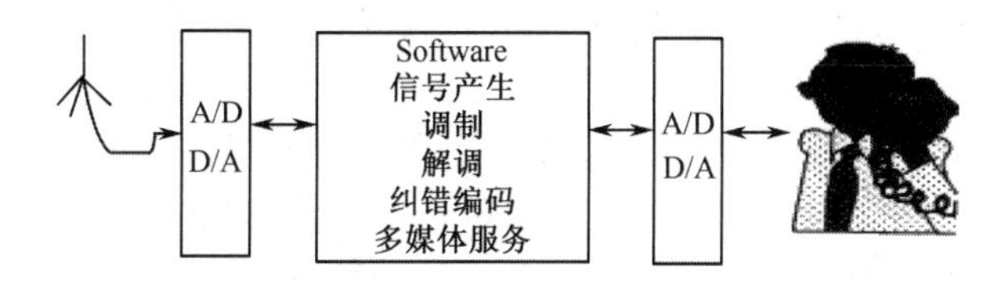

图 1.5　理想的软件无线电组成框图

软件定义无线电即 SDR 被定义为这样一种无线电，即其接收端的数字化是在天线后面的某一级，比如在宽带滤波、低噪声放大器和用来把射频信号下变频到中频的混频器及其中频放大器/滤波器等级连部件的后端进行的，对于发射机的数字化则正好相反；无线电的各种功能特性是由灵活可重构的数字信号处理器中的软件来实现的。

相比于 SDR，SR 则可以认为是一种理想的软件无线电[15]，它要求数字化接口尽可能地去靠近天线根部。这样的软件无线电在现实世界中可能是很难实现的，至少在很长的一段时期内是不可能实现的。不过 SR 可以作为我们的奋斗目标，所以提出 SR 概念也是非常有意义的。为了衡量 SDR 向 SR 的逼近程度，J. Mitola III博士提出了软件无线电的“软件化”水平因子（SL）的概念[12]。“软件化”水平因子由同时可处理的信道数 N、数字化接入因子 D、硬件的模块化因子 M 和软件的灵活性因子 F 等共同决定，如表 1-4 所示。

表 1-4　软件无线电的软件化水平因子

N	2^n 个信道（$N=n$）；（当 $n\geqslant3$ 时，取 $N=3$）
D	无数字化（0）；基带接入（1）；中频宽带接入（2）；射频接入（3）
M	无模块（0）；以单机为模块（1）；以板卡为模块（2）；以芯片为模块（3）
F	无空中接口定义软件（0）；单个供应商软件（1）；多个供应商但单主机平台软件（2）；多个供应商多平台软件（3）
SL	$N+D+M+F$（SL 值越大说明该软件无线电的软件化水平越高，最高分为 12 分）

提出软件无线电的概念实际上最终的期望是能够构建一个像个人计算机市场一样完全开放的、繁荣的“软件无线电市场”。这也是后面要介绍的软件无线电（SDR）论坛所追求的宏伟目标。我们期待着这一天的到来。

1.3.2　软件无线电（SDR）论坛

软件无线电（SDR）论坛在软件无线电发展过程中起到了非常重要的作用。1996 年 3 月，美国政府邀请工业部门参加称之为模块化多功能信息传输系统（MMITS）的论坛，其目的是希望这个组织能成为工业部门制定 SPEAKeasy 开放式体系结构的实体。MMITS 论坛成立后便开始着手为即插即用的数字化无线通信装备定义开放式的体系结构。MMITS 的技术参考模型采用了 Joseph Mitola III博士提出的标准模型，用以指导硬件模块和软件模块的划分。MMITS 关心的是不同模块组之间的接口，而模块组中每一个模块的内部服从各种不同的硬件和软件标准。这里的模块组包括前端模拟部分、中间的数字处理部分、后端的用户接口和所有的软件接口。1999 年 6 月，MMITS 论坛经投票决定将该论坛改名为 SDR（软件定义无线电）论坛，并继续为具有开放式体系结构的软件无线电发展做贡献。

SDR 论坛是一个独立的组织，其成员包括在软件无线电方面有经念和有兴趣的公司和协会。SDR 论坛不从事具体软件无线电系统的开发，而是试图扮演软件无线电标准化组织的角色，通过为软件无线电制定一个全球统一的标准，促进软件无线电技术的发展，并造就一个类似“无线个人计算机”的无线市场。软件定义无线电论坛正在努力关注各软件无线电系统之间的互连性，并制定一个在将来所有软件无线电中使用的标准，希望通过 SDR 论坛的工作能够促进软件无线电新技术的开发以及多样化的、开放的商业市场的建立。

1.3.3　软件无线电的先行者：SPEAKeasy

SPEAKeasy 计划是美军方为了推动软件无线电技术的发展并利用商业民用市场来降低软件无线电研究经费而支持的一项长期战略计划，主要目的是解决在沙漠风暴行动中暴露的各军兵种之间以及与其他联军之间无法实现互连互通的“通话难”的问题。SPEAKeasy 计划分为 SPEAKeasy I和 SPEAKeasy II两个阶段来实施[4, 11, 12]。第一阶段是概念验证计划，目的是证明软件无线电系统的可行性以及软件无线电技术用于 MBMMR（多频段多模式无线电台）的适宜性，并重点研制一种软件可重构的调制解调器。第二阶段则是样机研制阶段，努力研制成功软件无线电台，并且将其规范化为一个比较完善的软件无线电体系结构。经过 SPEAKeasy I 计划的成功实施后，最后将其成果移植到军方继续进行的软件无线电研究计划，即联合战术无线电系统（JTRS）的研制中。

第一阶段研究从 1992 年到 1995 年，主要与 Hazeltine、TRW、Lockheed-Martin、Motorola 和 Rockwell Collins 等公司签订了合同。软件无线电最初的工作频段定义在 2～2000MHz，为了

简化模拟前端的设计，后来将该频段划分为3个子频段，即2～30MHz，30～400MHz，400～2000MHz。SPEAKeasy Ⅰ计划主要实现了30～400MHz中间这一频段，但并不妨碍演示验证的效果。1995年6月，SPEAKeasy Ⅰ计划进行了成功的验证。通过与现有使用几种不同协议的无线电系统进行连接，验证了多模式能力。通过在两个SPEAKeasy单元上改变标准波形，验证了系统的可编程能力，这就证明软件无线电能够解决军方提出的互操作性问题，同时可以支持未来的发展。

第二阶段研究从1994年到1997年，主要与Motorola、ITT、Sanders等公司签订了合同。第二阶段计划旨在继续开发更加精良的软件无线电系统，并且对体系结构进行规范化。第二阶段更加关注软件无线电系统的软件方面，其重要指导思想是构建一个软件无线电系统。第二阶段的主要目标如下：

- 实现一个可重构的体系结构；
- 实现一个开放式的体系结构；
- 采用更多的商用现货（COST）组件；
- 减小体积，使其适应野战环境；
- 采用可重构的硬件。

原定为期4年的SPEAKeasy Ⅱ研究计划，只用了15个月的时间就达到了第二阶段的演示验证要求。该演示系统证明可以在两个不同系统之间进行通信、对波形进行在线编程和实现，以及采用商业现货（COST）组件对无线电系统进行维修。这次验证非常成功，所验证的模型很快就转化为产品（后续的JTRS电台）。

1.3.4 软件无线电的推动者：JTRS与SCA

在SPEAKeasy计划成功完成之后，所开发的技术和得到的教训都转到PMCS（可编程模块化通信系统）研究项目中。PMCS项目的开发，特别是它的实体参考模型，被用来作为美国军方在JTRS（联合战术无线电系统）中继续使用软件无线电的研究基础。JTRS是美军正在开发的软件无线电体系结构计划，总成本预计为370亿美元，其中研制成本预计为40亿美元。JTRS计划将实现以下目标[16, 17]：

- 支持的工作频率范围为2MHz～2GHz；
- 可以通过波形软件进行重构；
- 支持语音、视频和数据应用；
- 在软件和硬件方面都是可扩展的；
- 利用商用现货以节省开支；
- 能够与不同的波形、传统的装备以及为不同环境而设计的无线电系统进行互操作。

为便于JTRS在统一的框架下进行联合开发，体现软件无线电体系结构的开放性。20世纪90年代末，JPO（JTRS联合计划办公室）在Raytheon、BAE、Rockwell Collins、ITT等公司的支持下，开始制定SCA（软件通信体系结构）规范。SCA将计算机领域的面向对象设计、中间件、软总线、构件化等技术应用于JTRS开发，确保软、硬件的可移植性和可配置性，以及按软件通信体系结构开发的产品之间的互通性。SCA规范自从2000年发布SCA1.0版本以来，到目前已发布SCA2.0、SCA2.1、SCA2.2、SCA2.2.2和SCA3.0等多个版本，SCA在JTRS乃至全球软件无线电系统的开发中起到了重要的技术指导和开发环境标准统一的作用。

JTRS计划在其实施过程中由于遇到了很多技术问题，可以说是一波三折。2006年3月，JTRS联合计划执行办公室对该项目进行了重组，重新开始执行新的角色、任务、职能以及计划需求。虽然存在挑战，但进展基本顺利，并分别按照 5 个“Cluster”研制了适用于各种环境的软件无线电台。“Cluster1”由陆军负责，采购 3 信道车载式和 4 信道直升机载式电台；“Cluster2”由特种作战司令部负责，主要采购手持式和全军使用的背负式电台；“Cluster3”和“Cluster4”合并由海军和空军成立专门机构负责，采购用于机载、舰载和固定平台电台；“Cluster5”由陆军负责，采购小型内置实电台，用于“目标部队勇士”（OFW）士兵系统和“未来战斗系统”（FCS）计划。这 5 种类型的软件无线电台很多都已交付部队并开始投入试用，已在各种演习中充分体现了软件无线电的优越性能。有关 JTRS 的详细研究情况将在第 8 章进行介绍，这里不做过多讨论。

1.3.5 软件无线电的发展

由于美国军方对软件无线电技术表现出的极大兴趣和关注，给软件无线电项目投入了巨大的研究经费，促使软件无线电得到了快速的发展。目前全球在软件无线电方面取得的大量研究成果不仅已在军事通信领域获得了广泛的应用，而且也极大地推动了软件无线电在其他军事领域，如第四/五代战机的综合航空电子系统、舰载综合一体化电子系统等武器平台中的应用，并将大力提升装备性能；与此同时，软件无线电在民用移动通信中的应用研究也正在如火如荼地开展，在第三/四代移动通信中已初露锋芒，在未来移动通信中将会获得广泛应用，其硬件通用化、功能软件化、动态可重构为特征的软件无线电体系结构，将大放异彩，展现强大的可重构、可升级、可演进能力，把移动通信技术及其业务推向一个新高度。

可以毫不夸张地说，随着微电子、计算机、信号处理等技术的迅猛发展，以及在个人移动通信中的广泛应用，软件无线电将成为 21 世纪对世界最具影响力的新兴技术之一，它不仅会深刻改变人们的生活模式，而且也逐步形成了新兴的“无线个人计算机”市场，甚至有人将软件无线电称之为绿色无线电[18]，从而有力带动世界经济的复兴，推进世界经济和现代文明的蓬勃发展。

1.4 软件无线电体系框架与本书结构

软件无线电的概念虽然早在 1992 年就已提出，但软件无线电的理论框架并没有很快形成。“软件无线电”概念提出以后，人们关心最多的是它的组成结构、软/硬件实现途径、技术/经济可行性等，一开始很少有人去关心支撑软件无线电的基础理论，软件无线电的理论框架以及软件无线电的核心理论等。

基于此，作者在 2001 年 1 月出版的《软件无线电原理与应用》一书[3]对软件无线电所涉及的基本理论问题进行了系统梳理，形成了软件无线电的理论框架体系。值得指出的是，在后来出版的多本国外软件无线电专著中，其基本理论框架和全书的结构跟作者的专著几乎是一样的（比如于 2002 年出版的 *Software Radio: A Modern Approach to Radio Engineering*，*Software Defined Radio Enabling Technologies* 等专著）[4, 15]。软件无线电的体系框架如图 1.6 所示。限于篇幅，本书未对其中的软件无线电软件体系结构进行讨论，有兴趣的读者可参考相关文献。

本书是在《软件无线电原理与应用》（第 1 版）、《软件无线电技术与应用》（国防特色教材）的基础上，结合软件无线电的发展和作者的研究成果，整合相关内容编著而成的。本教材除第 1 章概述外，主要分为三大部分：第 2～3 章为基础理论部分，主要介绍软件无线电涉及的基础理论，包括软件无线电中的信号采样理论、多率信号处理、高效数字滤波以及正交信号变换等；第4～7章为软件无线电实现技术部分，主要介绍软件无线电的硬件实现技术和软件算法；第8～9章为软件无线电的应用部分，主要讨论了软件无线电在军事通信、移动通信、电子战、雷达等方面的应用，提出了“软件雷达”“软件星”等新概念、新思想，最后介绍了以软件无线电为基础平台的认知无线电的基本概念和实现原理。值得指出的是，本书的第1章概述部分对软件无线电的起源、基本概念、软件无线电的发展历程以及软件无线电的特点进行了全面论述和系统总结，这一章内容对深刻理解什么是软件无线电，全面把握软件无线电的核心内涵以及软件无线电的基本框架是非常重要的，对后续软件无线电的学习和今后软件无线电的工程实践也是非常有益的。

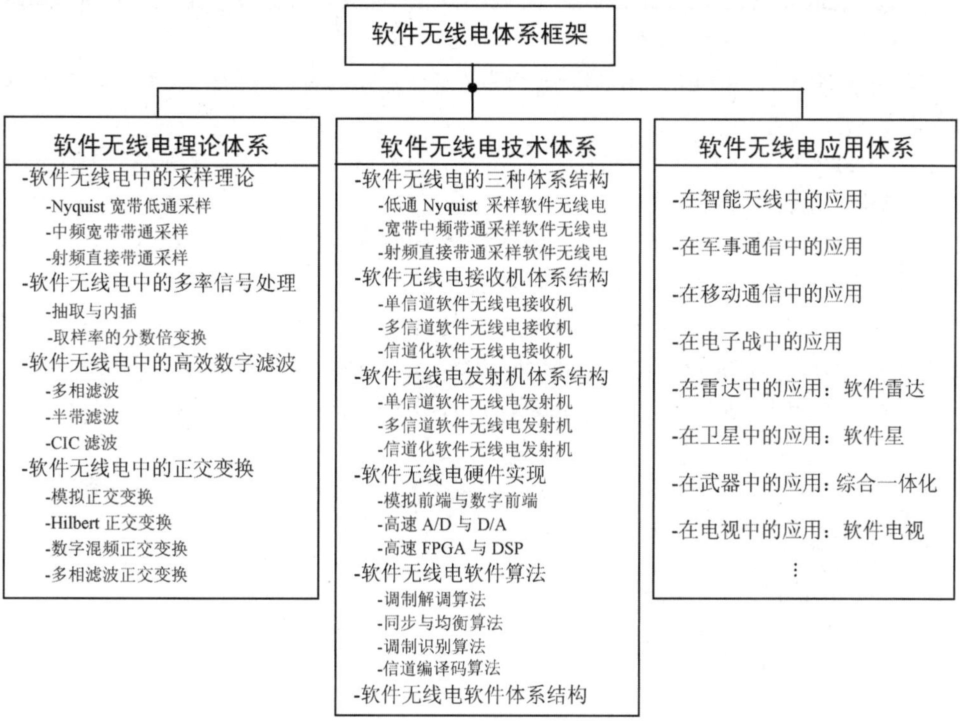

软件无线电体系框架

软件无线电理论体系

-软件无线电中的采样理论
  -Nyquist 宽带低通采样
  -中频宽带带通采样
  -射频直接带通采样
-软件无线电中的多率信号处理
  -抽取与内插
  -取样率的分数倍变换
-软件无线电中的高效数字滤波
  -多相滤波
  -半带滤波
  -CIC 滤波
-软件无线电中的正交变换
  -模拟正交变换
  -Hilbert 正交变换
  -数字混频正交变换
  -多相滤波正交变换

软件无线电技术体系

-软件无线电的三种体系结构
  -低通 Nyquist 采样软件无线电
  -宽带中频带通采样软件无线电
  -射频直接带通采样软件无线电
-软件无线电接收机体系结构
  -单信道软件无线电接收机
  -多信道软件无线电接收机
  -信道化软件无线电接收机
-软件无线电发射机体系结构
  -单信道软件无线电发射机
  -多信道软件无线电发射机
  -信道化软件无线电发射机
-软件无线电硬件实现
  -模拟前端与数字前端
  -高速 A/D 与 D/A
  -高速 FPGA 与 DSP
-软件无线电软件算法
  -调制解调算法
  -同步与均衡算法
  -调制识别算法
  -信道编译码算法
-软件无线电软件体系结构

软件无线电应用体系

-在智能天线中的应用
-在军事通信中的应用
-在移动通信中的应用
-在电子战中的应用
-在雷达中的应用：软件雷达
-在卫星中的应用：软件星
-在武器中的应用：综合一体化
-在电视中的应用：软件电视
⋮

图1.6　软件无线电体系框架

习题与思考题1

1．什么是软件无线电？请根据你自己的理解给软件无线电下个定义。

2．你是如何理解“软件无线电是无线电工程的一种现代方法”这一说法的？请给出3个以上的理由加以说明。

3．为什么第一代移动通信系统属于模拟无线电，而第二代移动通信系统属于数字无线电？模拟无线电与数字无线电的主要区别是什么？请分别说出模拟无线电和数字无线电的两个本质特征。

4．你认为第三代移动通信系统属于哪类无线电（模拟无线电、数字无线电、软件无线电或者其他什么无线电）？请说明你的理由。

5．为什么移动通信系统非常需要采用软件无线电来实现？

6．软件无线电的特点是什么？

7．软件无线电前端为什么要“宽开”、中频为什么要“宽带”？如何把握软件无线电中“宽开”和“宽带”的尺度？

8．为什么软件无线电一定要采用“硬件通用化”的设计准则？在软件无线电中是如何体现“硬件通用化”这一设计思路的，请按照射频前端和信号处理单元分别加以解释。

9．你是如何理解软件无线电“功能软件化”这一本质特征的？为什么软件无线电的功能可以采用软件来实现？

10．软件无线电的功能软件为什么要采用“构件化”设计？构件化设计的目的是什么？

11．理想软件无线电（SR）跟软件无线电（软件定义无线电：SDR）的主要区别是什么？J. Mitola 博士提出的理想软件无线电的重要意义是什么？

12．你是如何理解软件无线电的软件化水平因子的？请你分别给出图 1.1～图 1.4 移动通信系统接收机的软件化水平因子，并给予说明。

13．什么是 SPEAKeasy 计划？该计划是为了解决什么问题而设立的？它跟软件无线电的发展有什么关系？（请上网搜索相关材料，并组织成文）

14．什么是 JTRS 计划？该计划是干什么用的？JTRS 计划对软件无线电的发展起到什么作用？SCA（软件通信体系结构）跟 JTRS 计划是什么关系？（请上网搜索相关材料，并组织成文）

15．请上 SDR 论坛网站：http://www.sdrforum.org ，写出 1000 字左右的材料，介绍 SDR 论坛的职能和作用，并用几个重要事件说明 SDR 论坛对推动全球软件无线电技术的发展所做出的特殊贡献。

16．你对软件无线电的未来发展有何评价和预测？请用 500 字左右的材料对你的观点进行比较详细的论述。

第 2 章　软件无线电理论基础

通过第 1 章对软件无线电基本概念的介绍，我们已建立起了软件无线电的基本轮廓。简单来说，软件无线电就是以开放性、通用性、可扩展的最简硬件为平台，通过加载各种应用软件来适应不同用户、不同应用环境的不同需求，实现各种无线电功能。软件无线电是一种以现代通信理论为基础，以数字信号处理为核心，以微电子技术为支撑的无线通信体系结构。为使读者对软件无线电有一个系统了解，本章将首先介绍一些支撑软件无线电的基础理论，主要内容包括：信号采样理论、多率信号处理理论，高效数字滤波以及正交变换等。这些理论在软件无线电的研究与开发中将是必不可少的，也是非常重要的，读者需认真加以理解和掌握[3]。

2.1　信号采样基本理论

软件无线电的核心思想是对由天线感应的射频模拟信号尽可能地直接进行数字化，将其变换为适合于数字信号处理器（DSP）、现场可编程门阵列（FPGA）或计算机等进行处理的数据流，然后通过软件（算法）来完成各种功能，使其具有更好的可扩展性和应用环境适应性。所以，软件无线电首先面临的问题就是如何对工作频带（比如 1～2000MHz）内的信号进行数字化，也就是如何对所感兴趣的模拟信号进行采样的问题；另外，作为软件无线电这一特殊应用背景，信号采样会有哪些特殊需求等也是需要回答的问题。本节就这些既是最基本，也是软件无线电中最为关键的问题进行详细讨论分析，为软件无线电研究奠定理论基础。

2.1.1　Nyquist 采样定理

Nyquist 采样定理的大概意思是：如果对某一时间连续信号（模拟信号）进行采样，当采样速率（有时也称为采样频率）达到一定数值时，那么，根据这些采样值就能准确地确定原信号。严密一点说，Nyquist 采样定理可表达如下：

Nyquist 采样定理：设一个频率带限信号 $x(t)$，其频带限制在$(0, f_H)$内，如果以不小于 $f_s=2f_H$ 的采样速率对 $x(t)$进行等间隔采样，得到时间离散的采样信号 $x(n)=x(nT_s)$（其中 $T_s=1/f_s$ 称为采样间隔），则原信号 $x(t)$将被所得到的采样值 $x(n)$完全地确定。

上述 Nyquist 采样定理告诉我们，如果以不低于信号最高频率两倍的采样速率对带限信号进行采样，那么所得到的离散采样值就能准确地确定原信号。下面从数学上来进一步证明 Nyquist 采样定理，也就是推导用离散采样值 $x(n)$表示带限信号 $x(t)$的数学表达式。

引入单位冲激函数$\delta(t)$（简称δ函数），构成式（2-1）的周期冲激函数：

$$p(t)=\sum_{n=-\infty}^{+\infty}\delta(t-nT_s) \tag{2-1}$$

如图 2.1（a）所示。δ 函数的性质［见式（2-2）］：

$$\int_{-\infty}^{+\infty}\delta(t)\phi(t)\mathrm{d}t=\phi(0) \tag{2-2}$$

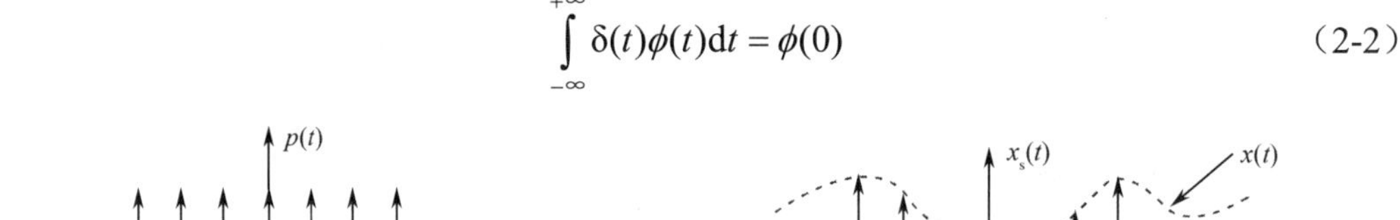

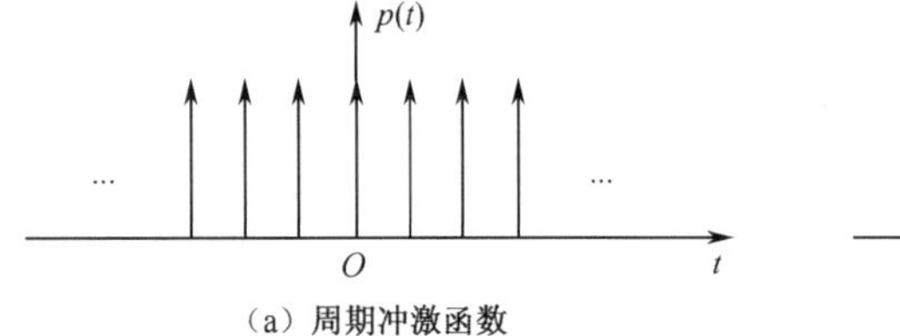

（a）周期冲激函数

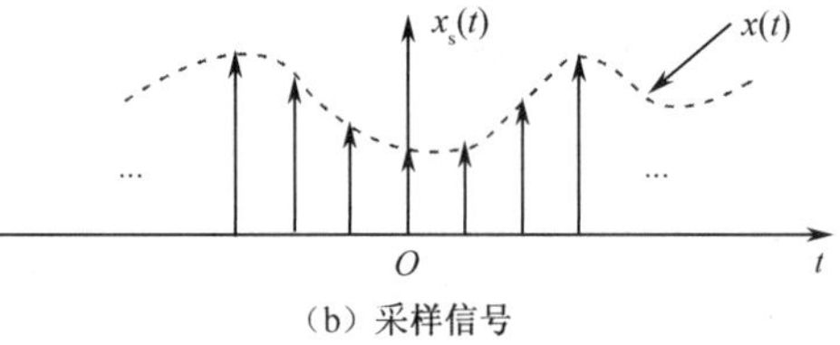

（b）采样信号

图 2.1　信号采样

式（2-2）中的$\phi(t)$为在原点连续的任意信号，并把$p(t)$（周期函数）用傅里叶级数展开可得：

$$p(t)=\sum_{-\infty}^{+\infty}C_n\mathrm{e}^{\mathrm{j}\frac{2\pi}{T_s}nt} \tag{2-3}$$

式中：

$$C_n=\frac{1}{T_s}\int_{-\frac{T_s}{2}}^{+\frac{T_s}{2}}p(t)\cdot\mathrm{e}^{-\mathrm{j}\frac{2\pi}{T_s}nt}\mathrm{d}t=\frac{1}{T_s}\int_{-\frac{T_s}{2}}^{+\frac{T_s}{2}}\delta(t)\cdot\mathrm{e}^{-\mathrm{j}\frac{2\pi}{T_s}nt}\mathrm{d}t=\frac{1}{T_s} \tag{2-4}$$

代入式（2-3）可得：

$$p(t)=\frac{1}{T_s}\sum_{n=-\infty}^{+\infty}\mathrm{e}^{\mathrm{j}\frac{2\pi}{T_s}nt} \tag{2-5}$$

所以对$x(t)$用采样速率f_s进行采样后得到采样信号可用式（2-6）表示：

$$x_s(t)=p(t)\cdot x(t)=\left[\frac{1}{T_s}\sum_{-\infty}^{+\infty}\mathrm{e}^{\mathrm{j}\frac{2\pi}{T_s}nt}\right]\cdot x(t)=\frac{1}{T_s}\sum_{-\infty}^{+\infty}\left[\mathrm{e}^{\mathrm{j}\frac{2\pi}{T_s}nt}\cdot x(t)\right] \tag{2-6}$$

如图 2.1（b）所示。设$x(t)$之傅里叶变换为$X(\omega)$，则根据傅里叶变换性质：

$$\mathrm{e}^{\mathrm{j}\omega_0 t}\cdot x(t)\longleftrightarrow X(\omega-\omega_0) \tag{2-7}$$

$x_s(t)$之傅里叶变换$X_s(\omega)$可用式（2-8）表示：

$$X_s(\omega)=\frac{1}{T_s}\sum_{-\infty}^{+\infty}X(\omega-\frac{2\pi}{T_s}n)=\frac{1}{T_s}\sum_{-\infty}^{+\infty}X(\omega-n\omega_s) \tag{2-8}$$

式中，$\omega_s=\dfrac{2\pi}{T_s}=2\pi f_s$。

由此可见，采样信号之频谱为原信号频谱之频移后的多个叠加。如果原信号$x(t)$的频谱如图 2.2（a）所示，则采样信号的频谱如图 2.2（b）所示（图中$\omega_H=2\pi f_H$）。

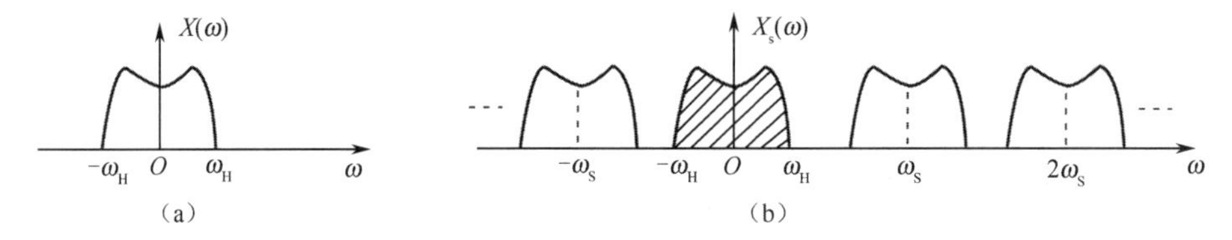

图 2.2　采样前后的信号频谱

由图 2.2（b）可见，$X_s(\omega)$中包含有$X(\omega)$的频谱成分，如图中阴影部分所示；而且只要满足式（2-9）：

$$\omega_s \geqslant 2\omega_H \quad 或 \quad f_s \geqslant 2f_H \tag{2-9}$$

则阴影部分不会与其他频率成分相混叠。这时只需用一个带宽不小于ω_H的滤波器，就能滤出原来的信号 $x(t)$，如图 2.3 所示。

图 2.3　信号重构滤波器

图 2.3（b）所示的理想滤波器对应的冲击响应 $h(t)$见式（2-10）：

$$h(t) = T_s \cdot \frac{\omega_H}{\pi}\mathrm{Sa}(\omega_H t) = \frac{2f_H}{f_s}\mathrm{Sa}(\omega_H t) \tag{2-10}$$

当f_s=2f_H时，得到式（2-11）：

$$h(t) = \mathrm{Sa}(\omega_H t) \tag{2-11}$$

式中，$\mathrm{Sa}(x) = \dfrac{\sin(x)}{x}$称为采样函数。

根据图 2.3（a），得到式（2-12）（式中符号∗表示卷积运算）：

$$\begin{aligned}
x(t) &= x_s(t) * h(t) = \left\{\left[\sum_{-\infty}^{+\infty}\delta(t - nT_s)\right] \cdot x(t)\right\} * h(t) \\
&= \left[\sum_{-\infty}^{+\infty} x(nT_s) \cdot \delta(t - nT_s)\right] * h(t) = \sum_{-\infty}^{+\infty} x(nT_s)\left[\delta(t - nT_s) * h(t)\right] \\
&= \sum_{-\infty}^{+\infty} x(nT_s) \cdot h(t - nT_s) = \sum_{-\infty}^{+\infty} x(nT_s) \cdot \mathrm{Sa}(\omega_H t - nT_s\omega_H) \\
&= \sum_{-\infty}^{+\infty} x(nT_s) \cdot \mathrm{Sa}(\omega_H t - n\pi) = \sum_{-\infty}^{+\infty} x(n) \cdot \mathrm{Sa}(\pi f_s t - n\pi)
\end{aligned} \tag{2-12}$$

式（2-12）即为采样定理的数学表达式，当采样速率 f_s 满足式（2-9）时，带限信号 $x(t)$可以由其采样值 $x(n)$来准确地表示。采样定理的意义在于，由于时间上连续的模拟信号可以用时间上离散的采样值来取代，这样就为模拟信号的数字化处理奠定了理论基础。

2.1.2　带通信号采样理论

Nyquist 采样定理只讨论了其频谱分布在$(0, f_H)$上的基带信号的采样问题，如果信号的频率分布在某一有限的频带(f_L, f_H)上时，那么该如何对这样的带通信号［见图 2.4（a）］进行采样是需要进一步考虑的问题。当然，根据 Nyquist 采样定理，仍然可以按 $f_s \geqslant 2f_H$ 的采样速率来进行采样。但是人们很快就会想到，当 $f_H \gg B=f_H-f_L$ 时，也就是当信号的最高频率 f_H 远远大于其信号带宽 B 时，如果仍然按 Nyquist 采样速率来采样的话，则其采样速率会很高，以致很难实现，或者后处理的速度也满足不了要求。由于带通信号本身的带宽并不一定很宽，那么自然会想到能不能采用比 Nyquist 采样速率更低的速率来采样？甚至以两倍带宽的采样速率来采样？这就是带通信号采样理论要回答的问题。

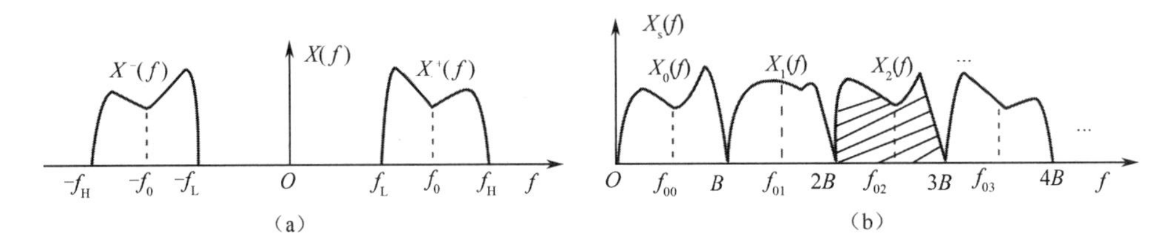

图 2.4　带通信号的频谱

带通采样定理[2]：设一个频率带限信号 $x(t)$，其频带限制在(f_L, f_H)内，如果其采样速率 f_s 满足式：

$$f_s = \frac{2(f_L + f_H)}{(2n+1)} \tag{2-13}$$

式中，n 取能满足 $f_s \geqslant 2(f_H - f_L)$的最大非负整数（0,1,2,…），则用 f_s 进行等间隔采样所得到的信号采样值 $x(nT_s)$能准确地确定原信号 $x(t)$。

式（2-13）用带通信号的中心频率 f_0 和频带宽度 B 也可表示为

$$f_0 = \frac{2n+1}{4} \cdot f_s \tag{2-14}$$

式中，$f_0 = \dfrac{f_L + f_H}{2}$，$n$ 取能满足 $f_s \geqslant 2B$（B 为频带宽度）的最大非负整数［请注意，式（2-14）在以后各章节将会不断出现或提及，该采样公式是本书最重要、最有用的公式］。

显然，当 $f_0 = f_H/2$、$B = f_H$ 时，取 $n=0$，式（2-13）就是 Nyquist 采样定理，即满足：$f_s = 2f_H$。由式(2-14)可见，当频带宽度 B 一定时，为了能用最低采样速率即两倍频带宽度的采样速率($f_s=2B$)对带通信号进行采样，带通信号的中心频率必须满足：

$$f_0 = \frac{(2n+1)}{2} B \tag{2-15}$$

或

$$f_L + f_H = (2n+1) \cdot B \tag{2-16}$$

也即信号的最高（或最低）频率是带宽的整数倍，如图 2.4（b）所示（图中只画出了正频率部分，负频率部分是对称的）。也就是说位于图 2.4（b）任何一个中心频率为 f_{0n}（n=0,1,2,3…）带宽为 B 的带通信号均可以用同样的采样速率 $f_s=2B$ 对信号进行采样，这些离散的采样值均能准确地表示位于不同频段（中心频率不同）的原始连续信号 $x_0(t), x_1(t), x_2(t),\cdots$。满足式（2-15），且采样频率为 2 倍带宽的采样称为整带采样。

值得指出的是，上述带通采样定理适用的前提条件是：只允许在其中的一个频带上存在信号，而不允许在不同的频带上同时存在信号，否则将会引起信号混叠。比如当在$(2B,3B)$频带上存在信号时［如图 2.4（b）阴影部分所示］，那么在其他任何频带上就不能同时存在信号。为满足这样一个前提条件，可以采用跟踪滤波器的办法来解决，即在采样前先进行滤波，如图 2.5 所示，也就是当需要对位于某一个中心频率的带通信号进行采样时，就先把跟踪滤波器调到与之对应的中心频率 f_{0n} 上，滤出所感兴趣的带通信号 $x_n(t)$，然后再进行采样，以防止信号混叠。这样的跟踪滤波器称为抗混叠滤波器。显然，如果滤波器理想的话，采用同一采样速率（$f_s=2B$）就能实现对整个工作频带（如 0.1～1000MHz）上的射频信号进行数字化。比如取 B=25kHz，通过调节理想跟踪滤波器的中心频率，就能实现对 0.1～1000MHz 频段内任何一个信道（信道间隔 25kHz）上的带通信号进行采样数字化，然后用软件方法进行解调分析。

另外一个非常需要注意的问题是，无论是前面讨论的 Nyquist 低通采样定理还是带通采样定理中所叙述的“频带宽度为 B 的信号”，不能只简单地理解为带宽为 B 的单个信号，而应该理解为“带宽为 B 的整个频带内的信号”，在该频带内既可能是单个宽带信号，也可能是多个信号，如图 2.6 所示。无论是单个信号还是多个信号之和，都统一用 $x(t)$来表示，而对 $x(t)$中的某单一信号可以用 $s_1(t),s_2(t),s_3(t),\cdots$来表示。理解这一基本概念对下面讨论和推导软件无线电结构模型是非常重要的。

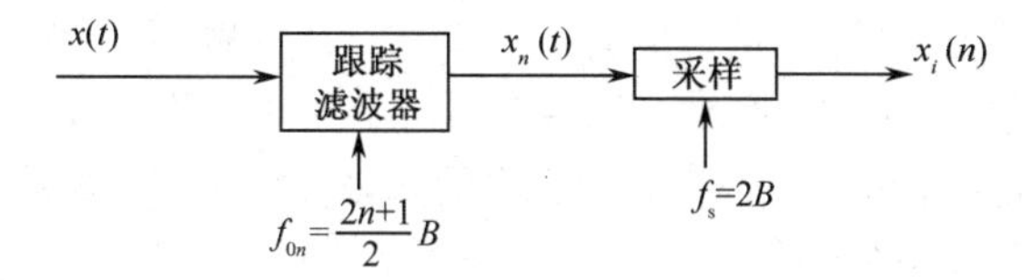

图 2.5　带通信号的采样

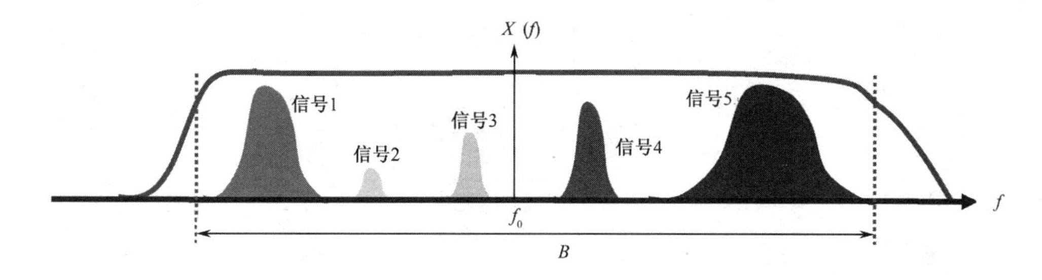

图 2.6　带通采样信号的解释

下面证明带通采样定理。我们知道，任何一个实信号的频谱都具有共轭对称性，即满足式（2-17）：

$$X(f)=X^*(-f) \tag{2-17}$$

也就是说，实信号的正负频率幅度分量是对称的，而其相位分量正好相反。如果用 $X^+(f)$和 $X^-(f)$分别表示带通信号正负频率分量所对应的两个低通信号［注意它们是复信号，正负频率分量是不对称的］，如图 2.7 所示，则中心频率为 f_0 的带通信号可用式（2-18）表示：

$$X(f)=X^+(f-f_0)+X^-(f+f_0) \tag{2-18}$$

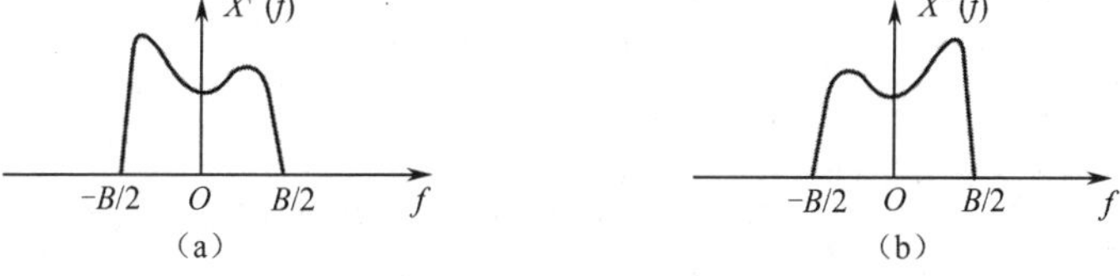

图 2.7　带通信号的两个共轭对称低通分量

根据式（2-8）（注意该式适用于任何实信号），带通信号的采样谱 $X_s(f)$可用式（2-19）表示：

$$\begin{aligned}X_s(f)&=\frac{1}{T_s}\sum_{-\infty}^{+\infty}X(f-\frac{1}{T_s}i)=\frac{1}{T_s}\sum_{-\infty}^{+\infty}X(f-if_s)\\&=\frac{1}{T_s}\sum_{-\infty}^{+\infty}\left[X^+(f-f_0-if_s)+X^-(f+f_0-if_s)\right]\\&=\frac{1}{T_s}\sum_{-\infty}^{+\infty}X^+(f-f_0-if_s)+\frac{1}{T_s}\sum_{-\infty}^{+\infty}X^-(f+f_0-if_s)\\&=X_s^+(f)+X_s^-(f)\end{aligned} \tag{2-19}$$

其中，$X_s^+(f)=\dfrac{1}{T_s}\sum_{-\infty}^{+\infty}X^+(f-f_0-if_s)$，$X_s^-(f)=\dfrac{1}{T_s}\sum_{-\infty}^{+\infty}X^-(f+f_0-if_s)$。

如果不对 f_0 和 f_s 进行适当的限制或约束，$X_s^+(f)$ 和 $X_s^-(f)$ 显然是要相互混叠的，如图 2.8 中的阴影部分所示。为了使 $X_s^+(f)$ 和 $X_s^-(f)$ 频谱不混叠，必须对 f_0 和 f_s 加以适当限制，方法是适当提高采样速率 f_s，使 $X_s^+(f)$ 的“空隙”部分至少能够容纳 $X_s^-(f)$ 的频谱，并通过限定 f_0 使 $X_s^-(f)$ 的频谱正好位于 $X_s^+(f)$“空隙”的中心位置，如图 2.9 所示（不失一般性，为画图方便图中假定 $f_0=f_s/4$，$f_s=2B$）。由图 2.9 可以清楚地看出，f_s 需要满足的条件是 $f_s\geqslant 2B$。这就证明了带通采样的其中一个条件，也就是采用速率必须大于采样带宽的 2 倍。从图中也明显地可以看出，除 f_s 需要满足条件 $f_s\geqslant 2B$ 外，带通信号的中心频率 f_0 也必须满足一定条件。下面就证明带通信号的中心频率 f_0 需要满足的关系。

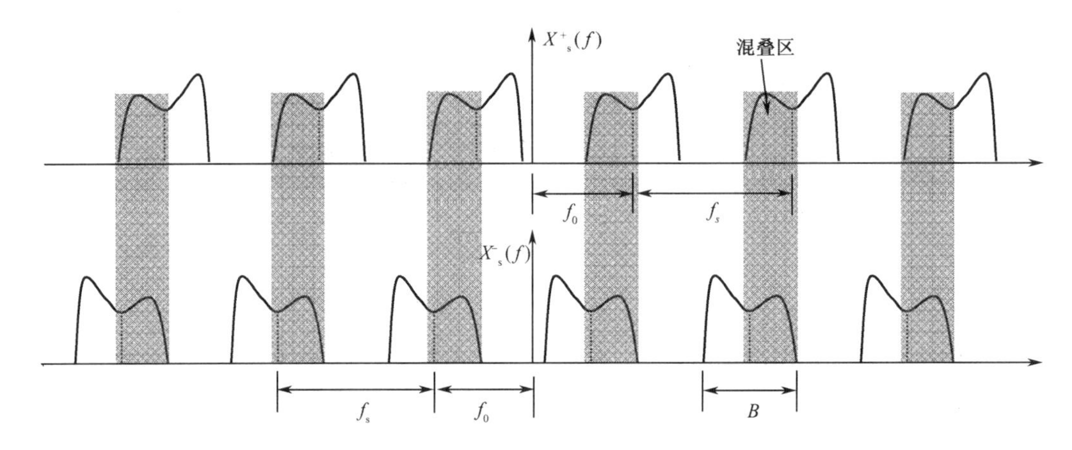

图 2.8　不对 f_0 和 f_s 限制时的带通采样（有混叠）

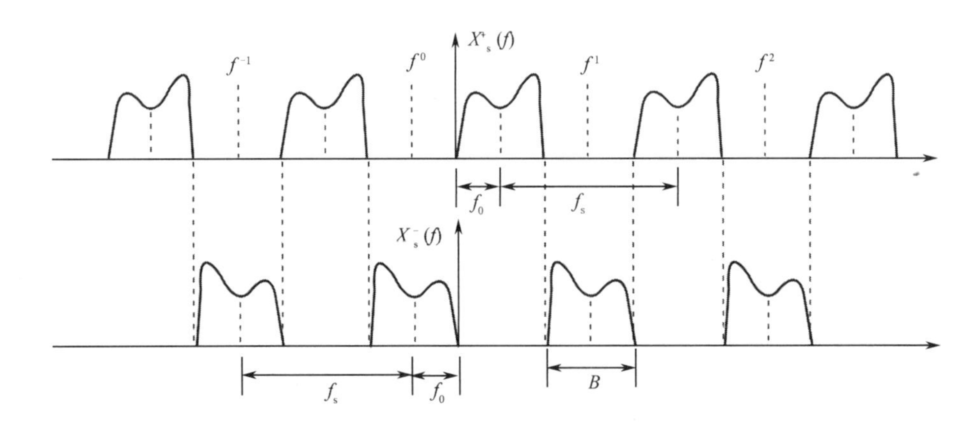

图 2.9　对 f_0 和 f_s 限制后的带通采样（无混叠）

根据图 2.9，可以推导出 $X_s^+(f)$“空隙”部分的中心频率 f^k 为

$$f^k=f_0-\frac{f_s}{2}+k\cdot f_s\qquad(k=0,\pm1,\pm2,\cdots)\tag{2-20}$$

而 $X_s^-(f)$ 的信号频谱部分的中心频率 f^i 为

$$f^i=-f_0+i\cdot f_s\qquad(i=0,\pm1,\pm2,\cdots)\tag{2-21}$$

为了使 $X_s^-(f)$ 的信号频谱正好位于 $X_s^+(f)$“空隙”的中心位置，则令：

$$f^i=f^k$$

代入式（2-20）和式（2-21）可得：

$$f_0 = \frac{2(i-k)+1}{4} \cdot f_s \tag{2-22}$$

显然$(i-k)$不能取负数，所以令$(i-k)=n$（n=0,1,2,…为非负整数），代入就得到了带通采样定理中的式（2-14）：

$$f_0 = \frac{2n+1}{4} \cdot f_s$$

整个带通采样定理证明完毕（请读者思考这是充分条件，而不是必要条件）。

将图 2.9 中 $X_s^+(f)$和 $X_s^-(f)$两个谱相加就可以得到采样信号谱，如图 2.10 所示。图中的实线谱对应于 $X_s^+(f)$，虚线谱对应于 $X_s^-(f)$，分别将其称为偶数频带谱和奇数频带谱。之所以称其为偶数频带和奇数频带，主要是考虑到这些频带对应的中心频率在式（2-14）中的 n 分别取偶数和奇数（只考虑正频率部分，也与待采样的模拟信号所在的频带相对应）。需要提请注意的是，偶数频带谱与奇数频带谱相对于中心频率是共轭对称的，这是因为偶数频带谱是用 $X(f)$的正频率部分 $X^+(f)$表示的，而奇数频带谱是用 $X(f)$的负频率部分 $X^-(f)$表示的，$X^+(f)$和 $X^-(f)$的频谱见图 2.7。这一点在工程应用中需要特别引起注意。

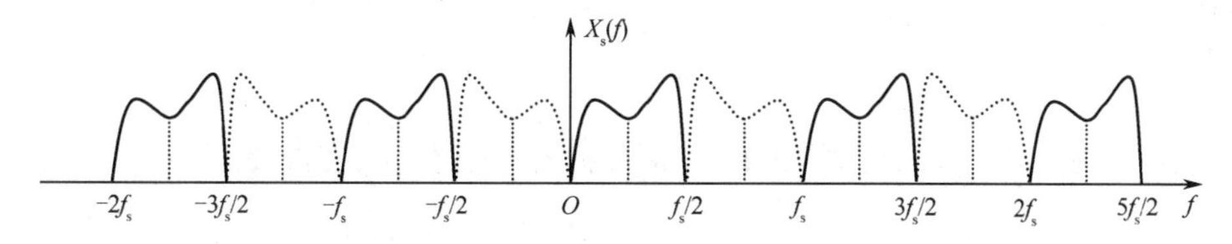

图 2.10　带通采样信号谱

下面开始讨论软件无线电中的采样理论及其实现技术，重点讨论采样定理在软件无线电工程应用中的一些特殊性，并介绍作者的独创性研究成果：考虑抗混叠滤波器矩形系数时的带通采样定理以及可以直接对射频信号进行采样的射频直接带通采样定理。

2.2　软件无线电中的信号采样

Nyquist 采样定理属于低通采样，主要用于对低通基带信号进行采样。但是，在实际中除一些基带信号，如语音信号、视频信号、中长波信号等外，很少表现为低通特性，特别是在射频领域，大量都是以带通信号出现的。所以，2.1 节中介绍的带通采样定理将在软件无线电中获得广泛应用。本节将仔细研究采样定理在软件无线电中的应用，探讨在实际应用采样定理时所面临的一些具体问题，并将 2.1 节介绍的采样定理进行推广[2]。

2.2.1　允许过渡带混叠时的采样定理

通过对采样定理的讨论，我们已经知道，无论是 Nyquist 低通采样还是带通采样所需的采样速率 f_s 都必须大于处理带宽 B 的 2 倍，即满足：

$$f_s \geqslant 2 \cdot B \tag{2-23}$$

这里的 B 实际上也是 ADC 采样前的抗混叠滤波器的带宽，而这个滤波器在前面的讨论中都一概假定是理想的矩形滤波器，如图 2.11（a）所示。而工程中实际使用的滤波器是如图 2.11

（b）所示的矩形系数为 r（$r=B_r/B$）的梯形滤波器，图 2.11 中的 B 为软件无线电所需要的处理带宽，而 B_r 是由于滤波器非理想所造成的滤波器实际带宽。如果不考虑滤波器过渡带中的信号是可以混叠的，则采样速率必须取 $f_s \geqslant 2B_r$，而不是式（2-23）中的 B。显然，由于滤波器的非理想将导致采样速率的增加，这是不希望的。

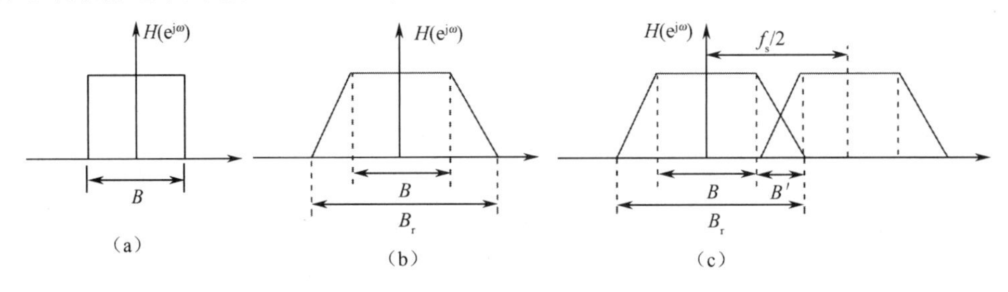

图 2.11　考虑过渡带混叠时的采样定理

在设计抗混叠滤波器时，一般是不允许在过渡带内存在有用信号的，所以过渡带部分实际上是允许混叠的。允许过渡混叠时的频谱图如图 2.11（c）所示。根据矩形系数 r 的定义可知，滤波器的过渡带 B' 为

$$B' = \frac{r-1}{2} \cdot B \tag{2-24}$$

由图 2.11 可知，f_s 必须满足式（2-25），通带内的信号才不会有混叠：

$$\frac{f_s}{2} \geqslant B + B' \tag{2-25}$$

代入式（2-24）可得：

$$f_s \geqslant 2\left(B + \frac{r-1}{2} \cdot B\right) = (r+1) \cdot B \tag{2-26}$$

这就是考虑了实际滤波器矩形系数，并允许过渡带混叠（过渡带内没有有用信号）以后的采样速率。最后，我们把更具有工程意义的考虑实际滤波器矩形系数时的采样定理重新描述如下：

过渡带允许混叠时的带通采样定理：任何一个中心频率为 f_0，带宽为 B 的某一带通信号 $x(t)$，如果同时满足以下条件：

$$f_0 = \frac{2n+1}{4} f_s \quad , \qquad f_s \geqslant (r+1)B$$

其中，n=0,1,2,3,⋯为非负整数；r 为抗混叠滤波器的矩形系数，则原始信号 $x(t)$可以用其采样信号 $x(n)=x(nT_s)$来表示，其中 $T_s=1/f_s$，f_s 为采样频率。

过渡带允许混叠时的带通采样定理不仅有效降低了采样速率，而且在采样公式中引入矩形系数 r 后，使得在工程应用中有了两个可供选取的参数（一般来说，处理带宽 B 是给定的），即带通信号中心频率 f_0 和滤波器矩形系数 r，增加了工程设计的灵活性。考虑过渡带允许混叠时的采样频率与不考虑混叠时的采样频率相比，降低的倍数为

$$g = \frac{2B_r}{(r+1)B} = \frac{2r}{r+1} \tag{2-27}$$

比如，当 r=3 时，g=1.5，即不考虑混叠时的采样频率是考虑混叠时的采样频率的 1.5 倍，如果 B=50MHz，则前者的采样频率为 300MHz，而后者仅为 200MHz，采样频率的降低还是比较明显的，抗混叠滤波器的矩形系数越差（r 值越大），降低的倍数也越大。过渡带允许混叠时的带通采样定理是后续讨论的基础，它的使用条件和应用方法需要读者认真领会和掌握。

2.2.2　软件无线电中的正交低通采样

由于软件无线电所覆盖的频率范围一般都要求比较宽，比如从 0.1MHz 到 3GHz，只有这样宽的频段才能具有广泛的适应性。但是如此宽的频带直接采用 Nyquist 低通采样所需的采样速率至少大于 6GHz，这从目前来看显然是不现实的。所以，软件无线电中的低通采样一般采用正交混频的办法来实现，即通过一个正交混频器先把射频信号混频到相互正交的两个基带上再进行低通采样，如图 2.12 所示。

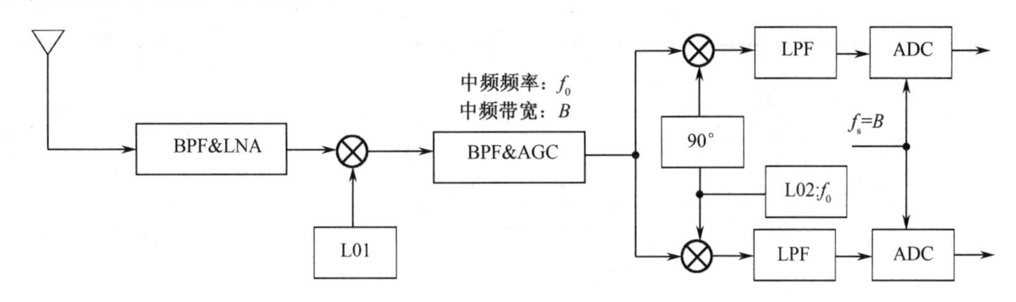

图 2.12　正交低通采样软件无线电

正交低通采样的基本原理是首先通过第一个混频器把某一频段的射频信号变换为合适的宽带中频信号，然后由正交的两个第二混频器把该中频信号变换为两个正交的基带信号 $I(t)$、$Q(t)$（零中频信号）。这两个正交的基带信号是低通型的，经过低通滤波后送到 ADC 进行低通采样。需要注意的是，由于这两个正交信号是零中频的低通信号，因此后续的采样频率只需大于中频带宽，而不是两倍中频带宽。下面来说明这一点。

设经过第一混频器混频后的中频带通信号如图 2.4（a）所示，中频频率为 f_0。现在通过一个复本振 $\mathrm{e}^{-\mathrm{j}\omega_0 t}$ 将该中频信号的正频谱部分搬移到零中频，即进行如下运算：

$$x_B(t)=x(t)\mathrm{e}^{-\mathrm{j}\omega_0 t}=x(t)\cos(\omega_0 t)-\mathrm{j}\cdot x(t)\sin(\omega_0 t) \tag{2-28}$$

对该信号进行低通滤波滤除 $x(t)$的高频部分（经过频率搬移其中心频率已变成$-2\omega_0$），则得到的信号是 $x(t)$的正频谱分量的零中频信号：$X^{+}(f-f_0)$。上面所说的两个正交的基带信号即为式（2-28）中的实部和虚部分别经过低通滤波后得到的信号，即：

$$I(t)=\left[x(t)\cos(\omega_0 t)\right]*h_{\mathrm{LP}}(t) \tag{2-29}$$

$$Q(t)=\left[x(t)\sin(\omega_0 t)\right]*h_{\mathrm{LP}}(t) \tag{2-30}$$

由于 $I(t)$、$Q(t)$都是实的基带信号（如图 2.13 所示，两谱相加或相减后就变为正负频率对称的实信号频谱了），而其带宽为 $B/2$（B 为中频带宽），所以对 $I(t)$、$Q(t)$的采样速率只需取为 B。也就是说正交采样时采样速率可以降为非正交采样时的一半（但需要两个 ADC）。

正交低通采样的最大好处是可以降低采样速率，而且可以直接获得两个正交信号，有利于后续进行各种信号处理，如解调、参数测量、信号识别等。但是，正交低通采样的最大问题是需要一个正交混频器，如果正交混频做得不理想，存在正交误差，则会产生难以克服的虚假信号，影响正常工作。特别是当要求正交混频器需要宽带工作时，其正交性能就更难以保证。所以，这种正交低通采样体制一般适用于窄带情况，特别是对单信号实现正交采样的应用场合比较适用，比如在 GSM 移动通信中有些公司生产的接收机就采用了这种正交采样技术体制，它只对 200kHz 的单一信道进行正交采样数字化。

需要指出的是，如果对动态范围要求不高，就可以降低对正交性的要求，这时即使是宽带应用也可以采用正交低通采样体制。另外，随着正交混频器性能的提高，这种正交低通采样体制会获得越来越广泛的使用，其应用前景还是非常广阔的。

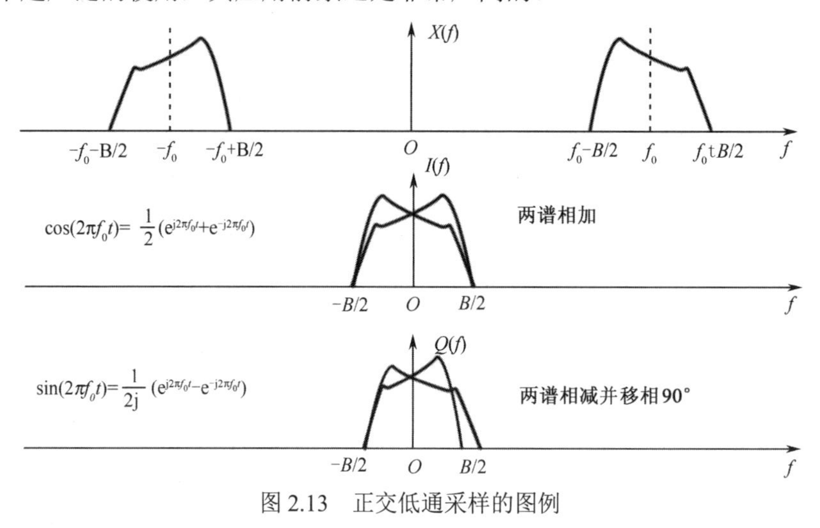

图 2.13　正交低通采样的图例

2.2.3　软件无线电中的宽带中频带通采样

当所需要的处理带宽即中频带宽 B 很宽时，上面介绍的正交低通采样体制其性能将会受到正交特性、动态范围等的限制。克服正交低通采样之不足的另一种采样体制是采用宽带中频带通采样。它首先通过模拟射频前端把射频信号变换为所需要的宽带中频信号（中频为 f_0，中频带宽为 B），然后根据带通采样定理对中频信号进行采样数字化，如图 2.14 所示。

图 2.14 中的射频前端只示意性地画出一次变频，在实际中为了提高模拟前端的性能，一般都采用二次以上的变频体制（见第 4 章介绍）。

上面介绍的这种宽带中频带通采样体制也称为超外差接收体制，即先用一个频率为 f_L 的本振信号与频率为 f_i 的输入信号进行混频（可以经过几次混频），将其变换为统一的中频信号，然后进行数字化。图 2.14 中三个频率之间的关系为

$$f_0 = |f_L - f_i| \tag{2-31}$$

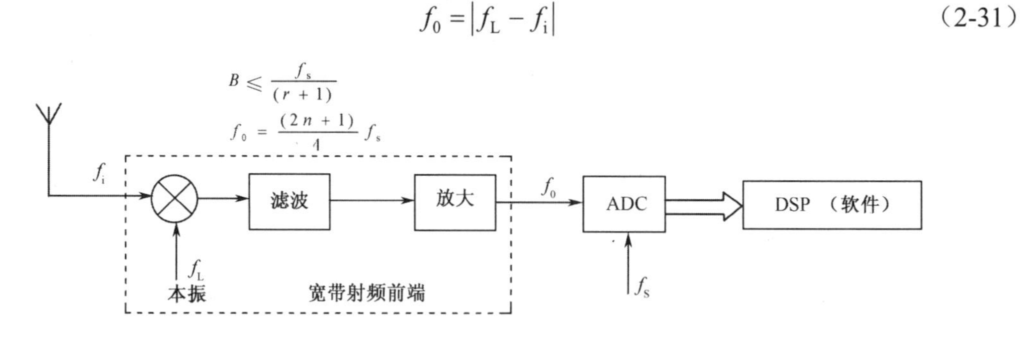

图 2.14　宽带中频带通采样软件无线电

这样通过改变本振频率 f_L，就可以完成对不同频率(f_i)信号的数字化，而这时 A/D 前的信号中心频率（中频）是固定不变的(f_0)，如果 f_0 取得适当，A/D 前的抗混叠滤波器就会容易做得多。

图 2.14 所示的软件无线电接收体制初看起来似乎与常规的超外差接收机没有什么区别，但实际上它的最大区别主要有两个方面：一是它的功能都是由数字信号处理（DSP）中的软件实现的；二是整个接收通道的带宽 B 要比常规体制（一般为单信道带宽）宽得多，以体现软件无

线电对各种无线电信号的广泛适应性，使得这种宽带中频软件无线电结构不仅能同时处理多信号，而且能适应不同的信号带宽需求，做到既能处理各种窄带信号，也能处理宽带信号。另外，模拟前端的工作带宽也要尽可能地宽，比如像美军的 JTRS 软件无线电台就工作在 2～2000MHz，覆盖了从短波到超短波（L 频段）整个频段，以适应美三军及其盟军的联合作战需求。所以，这里所谓的“宽带射频前端”实际上有两个含义：一是中频带宽宽；二是工作带宽，射频前端是“宽开”的。因此，“宽带化”是宽带中频软件无线电体制的最大特点，也是与常规超外差接收机的最大区别所在。当然，实际软件无线电的带宽包括中频带宽和工作带宽到底取多少主要取决于应用需求，并要考虑到实现的可能性和经济性，不宜一味地追求所谓的“宽带”。实际上，带宽越宽不仅会给后续的数字化处理带来负担和难度，而且对提高模拟前端的性能也是很不利的，因为射频模拟前端的带宽越宽，它的抗干扰能力就越弱，对模拟前端动态范围的要求就越高，将影响接收机的整体性能。

图 2.15 给出了工作在 30～500MHz 频段、中频带宽为 20MHz 的宽带中频采样软件无线电设计例子。由给定的 70MHz 标准中频可得采样频率为

$$f_s = \frac{4}{2n+1} f_0 = 56\text{MHz}(\text{取} n = 2) \tag{2-32}$$

由于中频带宽要求为 20MHz，所以抗混叠滤波器的矩形系数要求为

$$r \leqslant \frac{f_s}{B} - 1 = \frac{56}{20} - 1 = 1.8 \tag{2-33}$$

显然这样的滤波器是容易做到的。

在如图 2.15 所示的宽带中频软件无线电中，其中频带宽为 20MHz，在该带宽内将可能包含有多个不同带宽的信号，对这些信号的解调、分析、识别等处理，将由后续的信号处理器及其软件来完成。该软件主要完成数字下变频（抽取）、数字滤波（可变带宽）以及解调等信号处理任务，并通过加载不同的信号处理软件就可实现对不同体制，不同带宽以及不同种类信号的接收解调以及信号检测、分析、识别、参数测量等处理任务，这样对信号环境的适应性以及可扩展能力就大大提高了。而且由于中频带宽加宽了，本振信号就可以按大步进来设计，比如对于 20MHz 中频带宽，其本振步进频率可设计成 20MHz，这样可以大大简化本振源的设计，有利于减小体积、改善性能、降低成本。从这点而言，宽带中频软件无线电的射频前端相对于本振小步进的常规超外差前端也要简单得多。

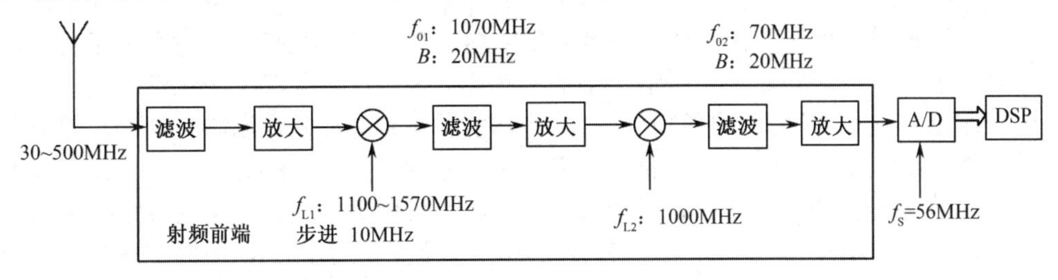

图 2.15　宽带中频采样软件无线电设计示例

但是，这种超外差式宽带中频软件无线电体制的主要缺点是在天线与 ADC 间增加了很多模拟信号处理环节，如混频、放大、滤波、本振信号产生等。这些模拟电路不仅会造成信号失真（特别是混频器和滤波器），而且对缩小体积，降低成本和功耗也是极其不利的。另外，由于在天线与 ADC 间的模拟电路环节过多，使得这种体制在对信号的适应性以及可扩展性方面存在明显的不足。比如一旦模拟信道的中频带宽确定以后，要适应不同的信号带宽就存在一定的难度，因为它只能处理带宽小于中频带宽 B 的信号。如果要想处理带宽更宽的信号，就必须重

新改造硬件，增加模拟前端的通道带宽，甚至后面的信号处理部分也可能需要重新设计。所以，可扩展性差、对信号的适应能力不强是这种超外差体制最主要的弊端。

为简化射频模拟前端的复杂性，提高软件无线电的可扩展性和对不同信号的适应能力，我们提出了一种射频直接带通采样软件无线电体制，该体制的模拟射频前端只需要一个跟踪滤波器和必要的低噪声放大器（LNA），就能实现对全频段信号的采样数字化，并完成软件解调和接收处理。下面就介绍这种接近于理想软件无线电结构的射频直接带通采样软件无线电技术体制，并结合实际应用，引出“盲区采样”的概念。

2.2.4　软件无线电中的射频直接带通采样

射频直接带通采样软件无线电体制仍然是以带通信号采样理论为基础的。为了更好地对射频直接带通采样原理有比较清楚的理解，先来回顾一下在讨论带通采样定理时提到的整带采样的概念。所谓“整带采样”是指把 $0\sim f_{\max}$ 的射频频带以带宽 B 划分为若干个带宽相等的子频带（子频带数为 $N=f_{\max}/B$），子频带（也可以称为子信道）的中心频率为 f_{0n}（$n=0,1,2,\cdots,N-1$），如图 2.16 所示。显然，f_{0n} 由式（2-34）给出：

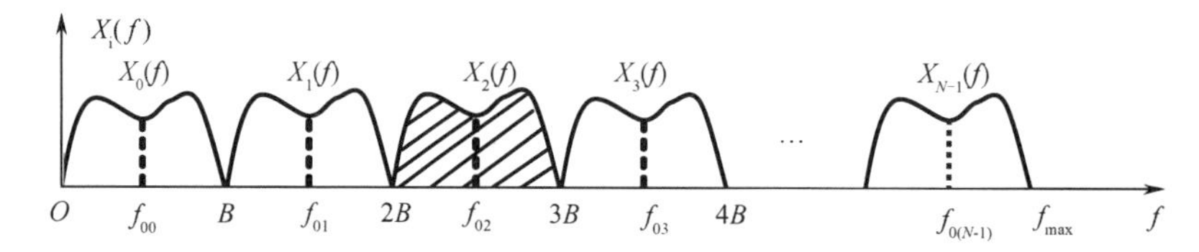

图 2.16　软件无线电中的整带采样

$$f_{0n}=\frac{B}{2}+n\cdot B=\frac{2n+1}{2}\cdot B \tag{2-34}$$

如果取：$B=\dfrac{f_{\mathrm{s}}}{2}$，并代入式（2-34）中，则有：

$$f_{0n}=\frac{2n+1}{4}\cdot f_{\mathrm{s}} \tag{2-35}$$

这就是带通采样定理的表达式。这就意味着用同样一个采样频率 $f_{\mathrm{s}}=2B$，可以对位于 f_{0n}（$n=0,1,2,\cdots,N-1$）上的不同子频带或子信道的信号［$x_0(t),x_1(t),\cdots,x_{N-1}(t)$；带宽均为 B］进行带通采样。我们把这种采样称为整带采样。整带采样的前提条件是必须有一个中心频率可调谐的抗混叠跟踪滤波器来配合，如图 2.17 所示。跟踪滤波器的作用是选出 N 个子频带中需要采样的子频带（比如图 2.17 中斜线划出的子频带），滤除其他子频带的信号，以防止混叠。要对哪个子频带采样，就把跟踪滤波器调到对应的子频带上（由 f_{0n} 决定）。整带采样一共有 N 个子频带，故需要 N 次采样才能完成对整个工作频段（$0\sim f_{\max}$）的采样数字化。由于这种采样针对的是未经变频的射频信号（ADC 之前只有滤波和放大环节，没有变频环节），所以把这种采样也称为射频直接带通采样。

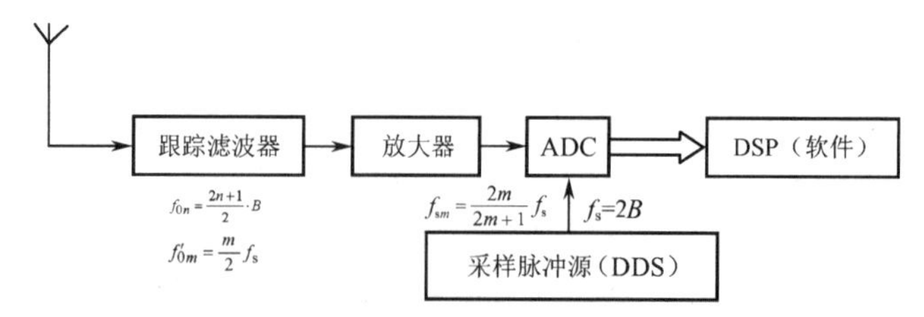

图 2.17　射频直接带通采样软件无线电

由图 2.17 可见，这种接收体制与理想化的软件无线电是比较接近的，因为在天线与 ADC 之间只有跟踪滤波器和放大器，如果 ADC 灵敏度足够高，或者说 ADC 中自身带有增益足够高、动态范围足够大的宽带放大器的话，那么图 2.17 中的放大器也就不需要了，这样在天线与 ADC 之间只存在跟踪滤波器，这与软件无线电所要求的 ADC 尽可能靠近天线的设计宗旨就基本一致了。因此，射频直接带通采样软件无线电是接近于理想的软件无线电。图 2.17 中的跟踪滤波器是射频直接带通采样软件无线电的关键部件，不仅要求它工作带宽宽，而且要求它具有低的插损和高的选择性（矩形系数小）。跟踪滤波器可以采用电调滤波器实现，如果工作频段很宽，为了降低实现难度，一般都采取分频段实现，每一分频段一般都不超过一个倍频程。射频直接带通采样软件无线电的另一个关键部件是射频放大器，对射频放大器的要求是宽频带、高增益、低噪声系数，更重要的是要求它的动态范围要大。最后一个关键部件是 ADC，射频直接带通采样 ADC 与其他采样 ADC 最大的不同是它直接面对射频信号进行采样，而不是中频信号，所以要求 ADC 的模拟输入带宽要宽，必须高于输入 ADC 进行采样的最高信号频率 f_{max}，这就要求 ADC 必须采用高性能的采样保持器。对 ADC 的这一要求是与其他软件无线电采样体制所完全不一样的，在实际应用时需引起高度重视，否则 ADC 选择不正确将导致性能下降，甚至整个系统无法正常工作。有关前端电路如跟踪滤波器、射频放大器以及大带宽 ADC 等的硬件实现将在第 4 章详细讨论。

在图 2.16 所示的整带采样方案中，只有当 B 取为信道带宽（比如对战术电台取 B 为 25kHz；对 GSM 基站取 B 为 200kHz；对 WCDMA 基站 B 取为 5MHz 等）时，才可能实现“无盲区”的全频段采样。只有在这种情况下，图 2.17 中的跟踪滤波器才可以用非理想的实际滤波器来实现（因为无论是战术电台还是基站，在信道设计时就已经考虑了保护带），否则，由于跟踪滤波器存在过渡带，这样在每个子频带之间将存在无法采样的“盲区”，如图 2.18 阴影部分所示。也就是说当信号落在“盲区”时，将被滤波器所滤除，而无法对这些信号进行采样或者降低信号采样灵敏度。但是，即使子频带宽度 B 选为信道带宽，要在射频上实现如此窄的电调滤波器实际上也是不可能的。所以，为了实现射频直接采样，就必须增大子频带宽度，使射频跟踪滤波器在工程上更容易实现。因此，在射频直接带通采样体制中，“采样盲区”是无法避免的。下面讨论如何解决“采样盲区”的问题，并引出盲区采样定理。

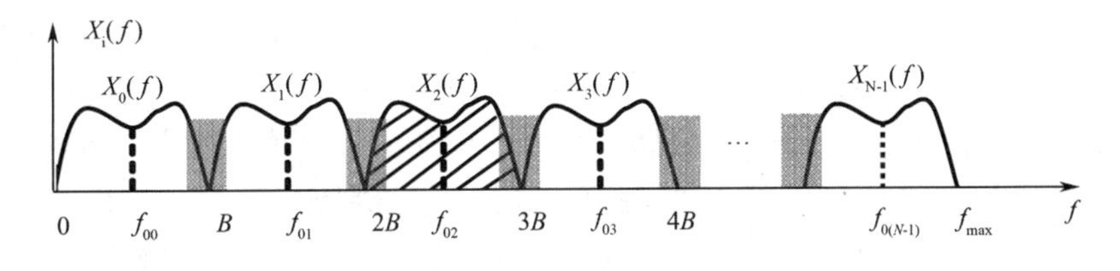

图 2.18　整带采样时的“采样盲区”

由前面讨论已经知道，当以采样速率 f_s 对$(0, f_{max})$频带内的信号进行采样时，如果 ADC 前的抗混叠滤波器是理想的话（矩形系数为 1，带宽为 $f_s/2$），就可以实现整个频带的无“盲区”采样。但是这种矩形系数为 1 的理想滤波器实际当中是做不到的，比较理想的可实现的滤波器如图 2.19（a）所示，从图中可以清楚地看出这种可实现滤波器所造成的不良后果是存在“采样盲区”，如图 2.19（a）中斜线部分所示。解决采样盲区的办法是对这些“盲区”通过选择合适的采样频率（称为“盲区”采样频率，与之对应，我们把整带采样频率称为主采样频率或“亮区”采样频率）进行重新采样。下面推导“盲区”采样频率的选取问题，进而给出盲区采样定理。

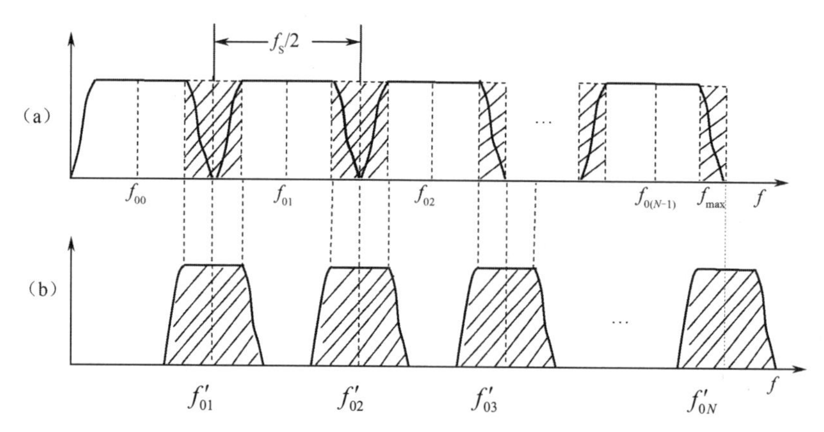

图 2.19　射频直接带通采样原理——“采样盲区”

设主采样频率为 f_s，则“盲区”中心频率为

$$f'_{0m}=\frac{m}{2}f_s \qquad (m=1,2,\cdots) \tag{2-36}$$

根据带通采样定理，为了对中心频率为 f'_{0m} 的这一“盲区”频带进行重新采样，所要求的采样速率为

$$f_{sm}=\frac{4}{2n+1}f'_{0m} \qquad (n=0,1,2,\cdots) \tag{2-37}$$

代入式（2-36）可得到 f_{sm} 与 f_s 的关系为

$$f_{sm}=\frac{2m}{2n+1}f_s \tag{2-38}$$

式中，m 取 1,2,3,…对应不同的“盲区”，而 n 的选取应尽量使 f_{sm} 靠近 f_s（但小于 f_s），以减小采样振荡器的频率覆盖范围。所以可取 $n=m$，这时有：

$$f_{sm}=\frac{2m}{2m+1}f_s=\left(1-\frac{1}{2m+1}\right)f_s \qquad (m=1,2,3,\cdots) \tag{2-39}$$

式（2-39）即为对不同“盲区”采样时所要求的采样频率。根据上面的推导，下面给出“盲区采样定理”如下。

射频直接带通采样定理（“盲区采样定理”）[3]：当对 0～f_{max} 的射频信号进行射频直接采样时，如果主采样频率（或叫“亮区”采样频率）选择为 f_s，则其“盲区”采样频率 f_{sm} 为：

$$f_{sm}=\frac{2m}{2m+1}f_s \tag{2-40}$$

其中，m=1,2,…，N 对应“盲区”号。而“盲区”采样频率数 N 为

$$N=\text{int}\left\{\frac{2f_{max}}{f_s}\right\} \tag{2-41}$$

式中，int()表示取整数。

表 2-1 给出了主采样频率 f_s 为 100MHz 时，对 0～1000MHz 采样所需的 20 种“盲区”采样频率 f_{sm}。也就是说为了实现对 0～1000MHz 频段的射频信号直接进行采样，只需 21 种采样频率就能全部覆盖。

“盲区”采样频率确定后，并不意味着就能够实现无“盲区”采样，还必须对滤波器的特性（矩形系数）提出一定要求，否则采样“盲区”仍然会无法消除。首先假设主采样所要求的抗

表 2-1　“盲区”采样频率 f_{sm}（f_s=100MHz，f_{max}=1000MHz）

M	1	2	3	4	5	6	7	8	9	10
f_{sm}	66.667	80	85.714	88.889	90.909	92.308	93.333	94.118	94.737	95.238
M	11	12	13	14	15	16	17	18	19	20
f_{sm}	95.652	96	96.296	96.552	96.774	96.97	97.143	97.297	97.436	97.561

混叠滤波器矩形系数为 r（见图 2.20），则主采样滤波器的通带宽度见式（2-42）：

$$B_0 = \frac{f_s}{2r} \tag{2-42}$$

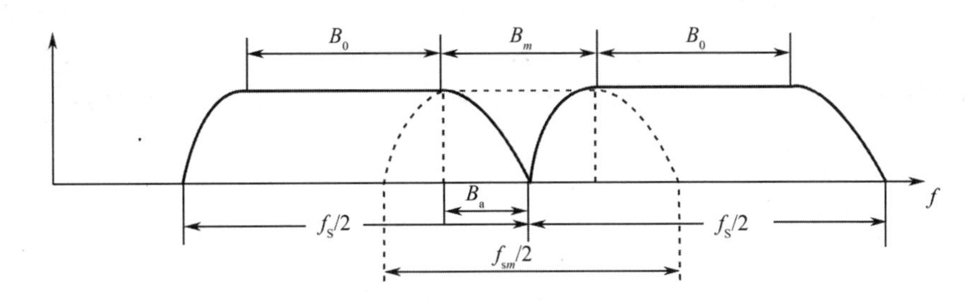

图 2.20　“盲区”采样混波器之特性要求

所以“盲区”采样滤波器的通带宽度为

$$B_m = \frac{f_s}{2} - B_0 = \frac{(r-1)}{2r} f_s \tag{2-43}$$

这样“盲区”采样滤波器的矩形系数 r_m 为

$$r_m = \frac{f_{sm}}{2B_m} = \frac{r}{(r-1)} \cdot \frac{f_{sm}}{f_s} = \frac{2m}{(2m+1)} \cdot \frac{r}{(r-1)} \tag{2-44}$$

由式（2-44）可以看出三点：第一点是越是位于频率低端（m 较小）的“盲区”滤波器所要求的矩形系数越小，滤波器实现越困难。第二点是主采样滤波器的矩形系数 r 越小，则“盲区”采样滤波器的矩形系数可以大一些，特别地当 r=1（理想矩形滤波器）时，$r_m \to \infty$，这意味着可以取消“盲区”滤波器。所以这就要求主采样滤波器特别是频率低端的主采样滤波器应该尽可能地做得好一些，以降低对“盲区”采样滤波器的要求。第三点，为了保证“盲区”采样滤波器的可实现性（$r_1>1$），则主采样滤波器之矩形系数必须满足：

$$r < (2m+1) \tag{2-45}$$

特别当 m=1 时：$r<3$。否则按照式（2-45）进行的“盲区”采样就无法覆盖整个采样“盲区”。由此可见，“盲区”采样与主采样之间具有制约关系。

上面的讨论尽管考虑了抗混叠滤波器的非理想化（$r_m \neq 1$，$m=1,2,\cdots$）这一实际问题，但上述滤波器对矩形系数的要求还是比较高的，或者说也还是比较理想化的，特别是在频率低端，比如由式（2-44）可见，当 m=1 时，为了使 $r_m \geqslant 2$，则要求：$r \leqslant 1.5$。

特别地，如果假设“亮区”采样滤波器和“盲区”采样滤波器的矩形系数设计成一样，即 $r=r_m$，代入式（2-44）可得：

$$r = r_m = \frac{4m+1}{2m+1} = 2 - \frac{1}{2m+1} \tag{2-46}$$

显然，$r=r_m<2$，即在此情况下，跟踪滤波器的矩形系数要求小于 2。在工程上要在整个工作频

段上实现矩形系数小于 2，而且其带宽基本不变的宽带跟踪滤波器还是非常困难的。特别是如果要用电调滤波器来实现，而且对滤波器的阻带衰减又要求很高（取决于动态范围）的话，其难度将更大，甚至导致在实际中无法实现。下面介绍一种基于可实现窄带电调滤波器的射频直接带通采样技术。

如前所述，实际的无线电信号，特别是目前比较常规的通信信号，其瞬时信号带宽都不会很宽，一般都在几十千赫兹量级（如战术电台），最宽也不会超过几兆赫兹（如第三代个人移动通信信号）。这样的话，前面讨论的抗混叠滤波器就不需要用宽带滤波器（其带宽为 $f_{sm}/2r_m$，矩形系数为 r_m，m=1,2,⋯）来实现，而只需要采用其带宽大于信号带宽（几十千赫兹至几兆赫兹）的窄带滤波器。由于滤波器带宽的减小，其矩形系数相应就可以加大，有利于滤波器的实现。但这种窄带滤波器是一种跟踪滤波器，当需要对某一信号进行采样数字化时，就要把该滤波器调到这一信号的频率上，如图 2.21 所示。很显然对这种窄带跟踪滤波器矩形系数的要求由前面介绍的宽带滤波器的过渡带宽度所决定，根据前面的讨论可以知道主采样宽带滤波器的单边过渡带宽度为

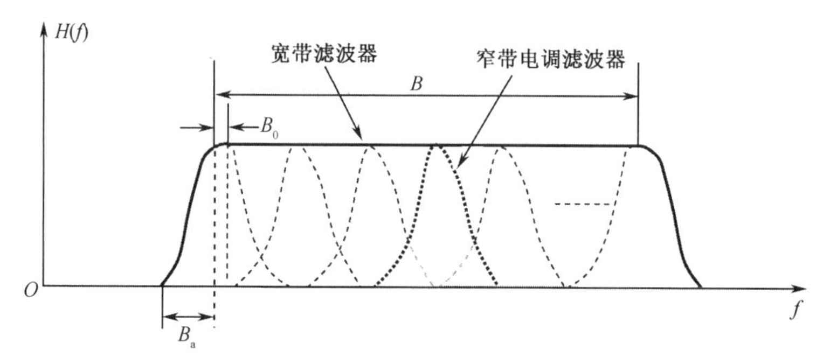

图 2.21　前置窄带跟踪滤波器射频采样原理

$$B_a = \frac{f_s}{4} - \frac{f_s}{4r} = \frac{f_s}{4}\left(\frac{r-1}{r}\right) \tag{2-47}$$

如果设窄带跟踪滤波器的单边带宽为 B_0（见图 2.21），则其矩形系数为

$$k = \frac{B_0 + B_a}{B_0} = 1 + \frac{f_s}{4B_0}\left(\frac{r-1}{r}\right) \tag{2-48}$$

取使 $r=r_1$ 时的矩形系数作为抗混叠滤波器的矩形系数，把 m=1 代入（2-46），可求得此时 $r=r_1$=5/3，代入式（2-48）可得：

$$k = 1 + \frac{f_s}{10B_0} \tag{2-49}$$

当 f_s=100MHz，B_0=1MHz 时，k=11；f_s=100MHz，B_0=5MHz 时，k=3。

但实际上由于过渡带是我们并不需要在主采样时就要加以采样数字化的，而是在“盲区”采样时完成，所以这一部分的信号是允许混叠的，这样过渡带的宽度可以放宽到原先的两倍，如图 2.22 所示，则有：$B_a'=2B_a$。这样窄带跟踪滤波器矩形系数为

$$k = 1 + \frac{f_s}{5B_0} \tag{2-50}$$

这时当 f_s=100MHz，B_0=1MHz 时，k=21；

f_s=100MHz，B_0=5MHz 时，k=5。

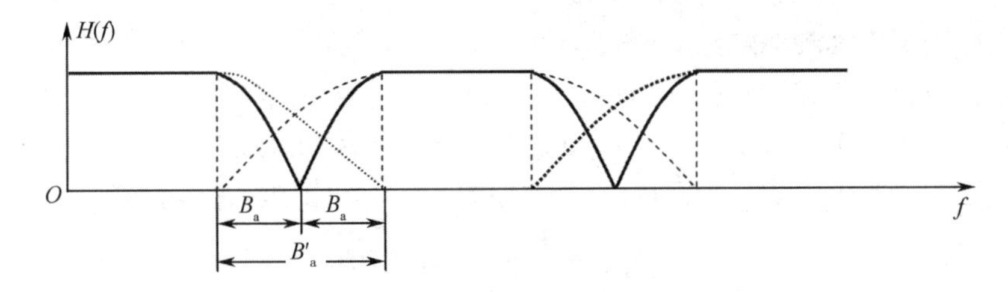

图 2.22　抗混叠滤波器之过渡带

由此可见，这时的矩形系数可以放宽到 5。矩形系数大于 5 的电调跟踪滤波器工程上是容易做到的。

以上我们对软件无线电中的宽带中频带通采样以及射频直接带通采样的基本原理进行了比较深入的分析和讨论，对射频直接带通采样所存在的“采样盲区”现象进行了分析，推导了“盲区”采样公式，并对前置跟踪滤波器的技术要求进行了较为详细的讨论，为射频直接带通采样定理的工程应用奠定了基础。

2.2.5　带通采样对采样频率的精度要求

前面详细讨论了软件无线电中的三种采样体制：正交低通采样、宽带中频带通采样和射频直接带通采样。采样的目的是要对采样信号进行分析处理，完成诸如信号参数测量、信号识别、信号解调等任务。无论完成什么功能，首先需要知道或估计采样信号的载频，而信号载频的估计是与采样频率密切相关的，如果采样晶振稳定度不高，采样频率不准确，势必将导致估计的信号载频有误差或者设置的载频与采样数据中信号载频存在偏差而影响信号的正常解调和分析处理等。特别是由于带通采样对采样频率误差有放大作用，在实际中要特别引起注意，并根据所采用的采样体制，对采样频率的精度提出合理的要求。下面就简单讨论这一问题。

由带通采样公式:

$$f_s = \frac{4}{2n+1} f_0$$

可知，如果要求载频误差为Δf_0，则允许的最大采样误差Δf_s为

$$\Delta f_s = \frac{4\Delta f_0}{2n+1} \tag{2-51}$$

可见所取 n 值越大，要求的采样振荡器频率精度也越高，也就是前面所说的，带通采样对采样误差有放大作用。比如当Δf_0=1kHz 并取（$2n$+1）=65 时，Δf_s=61.54Hz。如果设最高工作频率为 f_{max}，与之对应的采样频率为 f_s，则最大 n 值由式（2-52）确定。

$$2n+1 = \frac{4 f_{max}}{f_s} \tag{2-52}$$

代入式（2-51）可得:

$$\Delta f_s = \frac{f_s}{f_{max}} \cdot \Delta f_0 \tag{2-53}$$

式（2-53）即为采样振荡器的频率精度要求公式。由此式可见，适当增加采样频率和减小最高工作频率，有助于降低对采样振荡器频率精度的要求；另外，在上面介绍的三种软件无线电采样体制中，射频直接带通采样体制对采样频率精度的要求最高，这是因为射频直接带通采样体制的 f_{max} 最大。因此，在采用射频直接带通采样方案时需要特别注意高稳定性、高精度采样振

荡器的设计，以确保采样频率精度的要求。

另外一个需要特别引起注意的应用场合，是利用窄带中频采样体制来估计信号参数所带来的采样误差问题，举个例子来说明。设接收机的标准中频为 21.4MHz，中频带宽为 25kHz，现在要用接收机输出的这个中频信号完成对信号载频的测量。由中频采样公式：

$$f_s = \frac{4}{2n+1} f_0 \geqslant (r+1)B \tag{2-54}$$

可得需要的采样频率为 $f_s = \frac{4}{1369} \times 21.4 = 62.527\text{kHz}$（要求矩形系数 $r \leqslant 1.5$）。

如果要求载频测量精度小于 1kHz，则对采样频率的精度要求为

$$\Delta f_s = \frac{4\Delta f_0}{2n+1} = \frac{4 \times 1}{1369}\text{kHz} = 2.92\text{Hz} \tag{2-55}$$

可见对采样频率的精度要求是非常高的，在实际应用带通采样定理，特别是采用窄带带通采样时需要特别引起注意。

2.3　多率信号处理

前面两节通过对采样理论的详细讨论，对软件无线电的实现原理有了一个初步的认识和了解，简单来说软件无线电所基于的最基本的理论是带通采样定理，而且对于射频直接带通采样软件无线电结构，在前置窄带滤波器的配合下，采用几个有限的采样频率（其中包括 1 个主采样频率和若干个“盲区”采样频率）就能实现对整个工作频带内的射频信号进行直接采样数字化，然后通过软件或信号处理算法完成对各种类型或各种调制样式信号的解调、处理功能。带通采样定理的应用大大降低了射频采样速率，为后面的实时处理奠定了基础。但是从对软件无线电的要求来看，带通采样的带宽应该越宽越好，这样对不同带宽的信号会有更好的适应性，而且根据前面的讨论知道采样速率越高，在相同的工作频率范围内所需的“盲区”采样频率数量就越少，有利于简化系统设计；另外当对一个频率很高的射频信号采样时，如果采样频率取得太低，对提高采样量化的信噪比是不利的。所以在可能的情况下，带通采样速率应该尽可能地选得高一些，使瞬时采样带宽尽可能宽。

但是随着采样速率的提高带来的另外一个问题就是采样后的数据流速率很高，导致后续的信号处理速度跟不上，特别是对有些同步解调算法，其计算量大，其数据吞吐率太高是很难满足实时性要求的，所以很有必要对 A/D 后的数据流进行降速处理。那么是否有可能进行降速处理呢？回答是肯定的。这是因为，一个实际的无线电通信信号带宽一般为几十千赫兹到几百千赫兹，对单信号采样所需的实际采样速率是不高的，所以对这种窄带信号的采样数据流进行降速处理或者叫二次采样是完全可能的。多率信号处理（Multirate Signal Processing）技术为这种降速处理的实现提供了理论依据[3]。本节将专门介绍多率信号处理的一些基本概念和基本理论，其中最为重要也最为基本的理论是抽取和内插，深入理解并掌握抽取和内插理论对软件无线电的研究和各种商品化数字上下变频器（DUC、DDC）的应用开发（见第 5 章有关章节）都是至关重要的。

2.3.1　采样信号的等效基带谱与抽取的基本概念

在讨论多率信号处理理论之前，先引出采样信号等效基带谱的概念。对于任何采样速率为 f_s 的实采样信号，无论是采用 Nyquist 低通采样，还是采用带通采样，采样信号都可以统一用 $0 \sim f_s/2$

的等效基带谱来表示，如图 2.23 所示。图中分别给出了模拟频率 f 与数字频率 ω 的对应关系，即模拟频率的 $f_s/2$ 对应于数字频率的 π。实际上模拟频率 f 与数字频率 ω 的关系可以用式（2-56）来表示：

$$f=\frac{f_s}{2\pi}\cdot\omega \tag{2-56}$$

要注意数字频率是无量纲的，它只取 0～2π或−π～π之间的值。对于实信号，正负频率是共轭对称的，所以在讨论实信号时一般只关心 0～π或 0～$f_s/2$ 正频率部分。正因为如此，在图 2.23 中也就只画出了正频率的频谱，负频率部分是与之共轭对称的，不含任何新的信息。

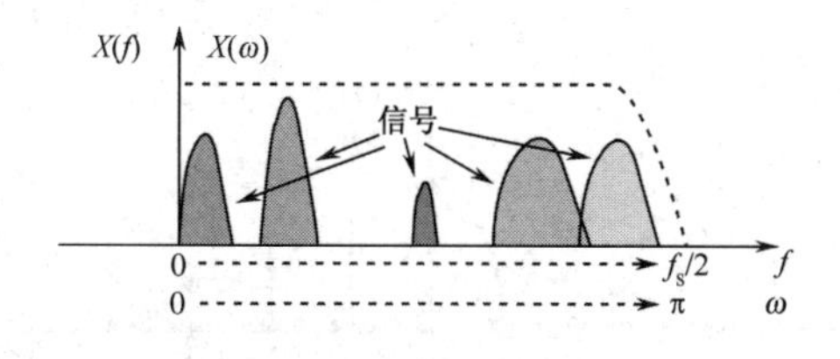

图 2.23　等效基带谱

在后面的讨论中都将采用等效基带谱，它与采用什么样的采样方式是没有关系的，在数字域都统一用 0～π的频谱来表示，在模拟域则用 0～$f_s/2$ 的频谱来表示。如果采样带宽比较宽，则在 0～$f_s/2$ 或 0～π内会有多个信号出现（图 2.23 中共有 5 个信号）。所谓的多率信号处理实际上要解决的一个主要问题就是如何从采样速率为 f_s 的高速数据流（其中有多个窄带信号）中提取出感兴趣的窄带信号（如图 2.23 中所示），并把采样速率降到与窄带信号带宽相一致的较低的采样速率，以便进行后续实时处理，如信号解调等。

从图 2.23 中很直观地会想到，如果用一个数字低通滤波器滤出图中最左边靠近零频的信号，而把其他信号全部滤除掉，这样经过低通滤波后只剩下了一个窄带的低通信号，如果该信号的带宽仅为 $f_s/2$ 的 $1/D$，很显然就可以把采样速率降为原来的 $1/D$ 即 f_s/D。由于降速后的采样速率 f_s/D 仍为信号带宽 $f_s/(2D)$ 的 2 倍，满足 Nyquist 低通采样定理，所以降速后的采样数据仍然能够不失真地表示原信号。这跟先用一个模拟低通滤波器进行滤波，再用低采样速率采样是完全等效的。这就是多率信号处理中最基本的抽取概念。

2.3.2　低通信号的整数倍抽取

所谓整数倍抽取是指把原始采样序列 $x(n)$ 每 D 个数据抽取一个，形成一个新序列 $x_D(m)$，即：

$$x_D(m)=x(mD)$$

其中 D 为正整数，抽取过程如图 2.24 所示，抽取器用符号表示则如图 2.25 所示。很显然如果 $x(n)$ 序列的采样速率为 f_s，则其无模糊带宽为 $f_s/2$。当以 D 倍抽取率对 $x(n)$ 进行抽取后得到的抽取序列 $x_D(m)$ 之采样速率为 f_s/D，其无模糊带宽为 $f_s/(2D)$，当 $x(n)$ 含有大于 $f_s/(2D)$ 的频率分量时，$x_D(m)$ 就必然产生频谱混叠，导致从 $x_D(m)$ 中就无法恢复 $x(n)$ 中小于 $f_s/(2D)$ 的频率分量信号。下面从数学上来证明这一点。

首先定义一个新信号：

$$x'(n)=\begin{cases}x(n), & (n=0,\ \pm D,\pm 2D,\ \cdots)\\ 0, & 其他\end{cases} \tag{2-57}$$

根据恒等式：

$$\frac{1}{D}\sum_{\ell=0}^{D-1}\mathrm{e}^{\mathrm{j}\frac{2\pi\ell n}{D}}=\begin{cases}1, & (n=0,\quad \pm D,\quad \pm 2D,\quad \cdots)\\ 0, & 其他\end{cases} \tag{2-58}$$

则 $x'(n)$ 可表示为

$$x'(n)=x(n)\left[\frac{1}{D}\sum_{\ell=0}^{D-1}\mathrm{e}^{\mathrm{j}\frac{2\pi\ell n}{D}}\right] \tag{2-59}$$

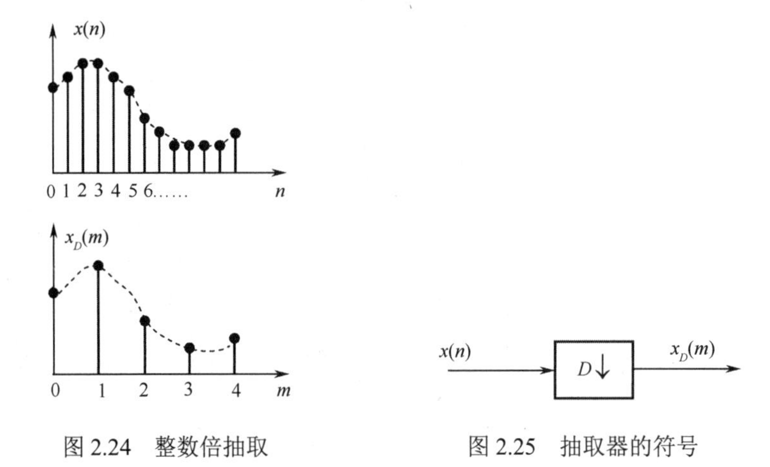

图 2.24　整数倍抽取　　　　图 2.25　抽取器的符号

由于 $x_D(m)=x(Dm)=x'(Dm)$

则 $x_D(m)$之 z 变换为

$$X_D(z)=\sum_{m=-\infty}^{+\infty}x_D(m)z^{-m}=\sum_{m=-\infty}^{+\infty}x'(Dm)z^{-m} \tag{2-60}$$

由于 $x'(m)$除 m 为 D 的整数倍时不为零外，其余均为零，所以式（2-60）可重新写为

$$X_D(z)=\sum_{m=-\infty}^{+\infty}x'(m)z^{\frac{-m}{D}} \tag{2-61}$$

把 $x'(m)$表达式代入可得：

$$\begin{aligned}X_D(z)&=\sum_{m=-\infty}^{+\infty}\left\{x(m)\left[\frac{1}{D}\sum_{\ell=0}^{D-1}\mathrm{e}^{\mathrm{j}\frac{2\pi\ell m}{D}}\right]\right\}z^{\frac{-m}{D}}\\&=\frac{1}{D}\sum_{\ell=0}^{D-1}\sum_{m=-\infty}^{+\infty}\left[x(m)\mathrm{e}^{\mathrm{j}\frac{2\pi\ell m}{D}}\right]z^{\frac{-m}{D}}=\frac{1}{D}\sum_{\ell=0}^{D-1}X\left[\mathrm{e}^{-\mathrm{j}\frac{2\pi\ell}{D}}\cdot z^{\frac{1}{D}}\right]\end{aligned} \tag{2-62}$$

把 $z=\mathrm{e}^{\mathrm{j}\omega}$代入可得抽取序列 $x_D(n)$的离散傅里叶变换为

$$X_D(\mathrm{e}^{\mathrm{j}\omega})=\frac{1}{D}\sum_{\ell=0}^{D-1}X\left[\mathrm{e}^{\mathrm{j}(\omega-2\pi\ell)/D}\right] \tag{2-63}$$

由式（2-63）可见，抽取序列的频谱（离散傅里叶变换）$X_D(\mathrm{e}^{\mathrm{j}\omega})$为抽取前原始序列之频谱 $X(\mathrm{e}^{\mathrm{j}\omega})$经频移和 D 倍展宽后的 D 个频谱的叠加和。图 2.26 给出了抽取前后的频谱结构变化图。图 2.26（a）为原始频谱图，图 2.26（b）为原始频谱图展宽 D（图中 D=2）倍后的频谱（实线）及其频移 2π后的频谱（虚线），抽取频谱则为实线与虚线频谱两者的叠加（图 2.26 未画出）。

由图 2.26 可见，抽取后的频谱 $X_D(\mathrm{e}^{\mathrm{j}\omega})$其高低频分量产生了严重混叠，使得从 $X_D(\mathrm{e}^{\mathrm{j}\omega})$中已无法恢复出 $X(\mathrm{e}^{\mathrm{j}\omega})$中所感兴趣的信号频谱分量。但是如果我们首先用一数字滤波器（滤波器带宽为 π/D）对 $X(\mathrm{e}^{\mathrm{j}\omega})$先进行滤波，使 $X(\mathrm{e}^{\mathrm{j}\omega})$中只含有小于 π/D 的频率分量（对重叠），如图 2.27 所示，这样 $X_D(\mathrm{e}^{\mathrm{j}\omega})$中的频谱成分与 $X'(\mathrm{e}^{\mathrm{j}\omega})$中的频谱成分是一一对应的。或者说 $X_D(\mathrm{e}^{\mathrm{j}\omega})$可以准确地表示 $X'(\mathrm{e}^{\mathrm{j}\omega})$，进一步可以说 $X_D(\mathrm{e}^{\mathrm{j}\omega})$可以准确地表示 $X(\mathrm{e}^{\mathrm{j}\omega})$中小于 π/D 或 $f_s/(2D)$的频率分量信号。所以这时对 $X_D(\mathrm{e}^{\mathrm{j}\omega})$进行处理等同于对 $X(\mathrm{e}^{\mathrm{j}\omega})$的处理，但前者的数据流速率只有后者的 D 分之一，大大降低了对后处理（解调分析等）速度的要求。完整的 D 倍抽取器的结构如图 2.28 所示，$H_{\mathrm{LP}}(\mathrm{e}^{\mathrm{j}\omega})$为其带宽小于 π/D 的低通滤波器。有关低通数字滤波器的设计将在下一节详细讨论。但有一点需要指出，即当原始信号的频谱分量 $X(\mathrm{e}^{\mathrm{j}\omega})$本身就小于 π/D 时，则前置低通滤波器就可以

省去。多率信号处理中的抽取理论是软件无线电接收机的理论基础，而 2.4 节将要讨论的内插理论则是软件无线电发射机的理论基础。

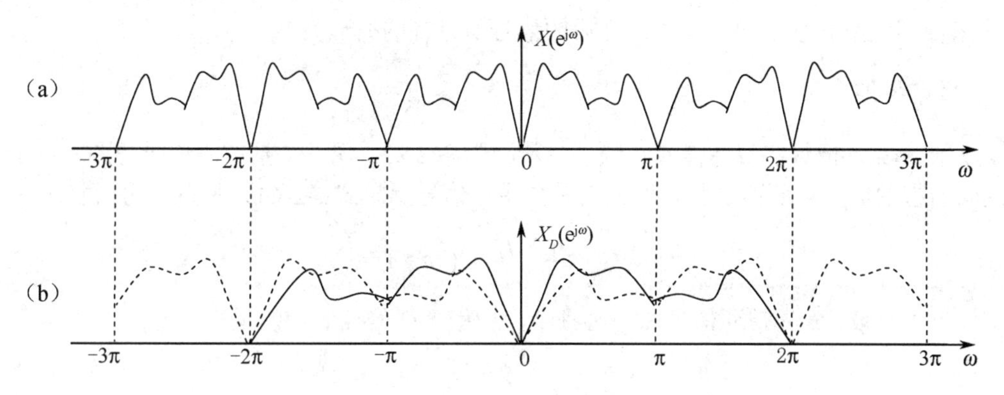

图 2.26　抽取（D=2）前后的频谱结构（有混叠）

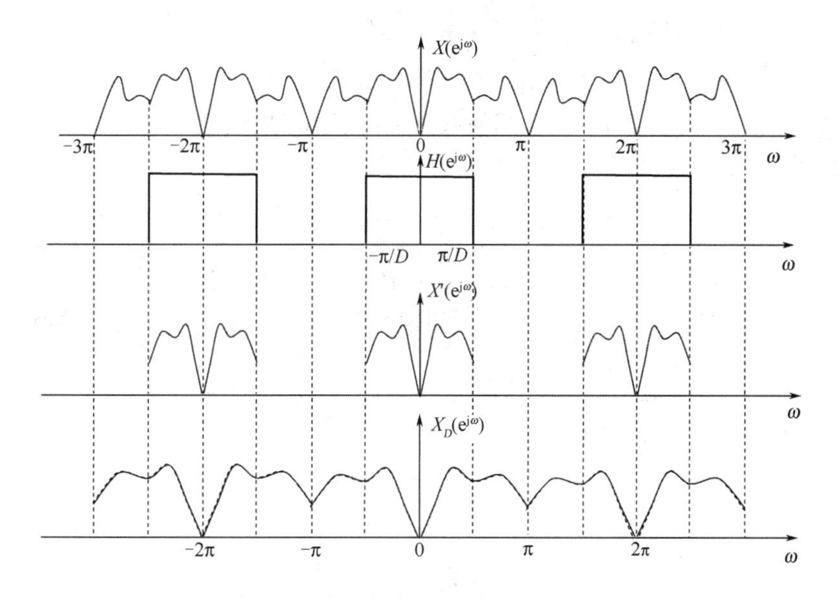

图 2.27　抽取（D=2）前后的频谱结构（无混叠）

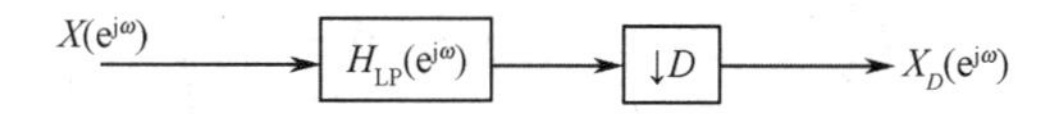

图 2.28　完整的抽取器方框图

上面讨论的整带抽取只能适用于低通信号，对于图 2.23 中不是位于零频附近的信号（也可称其为数字带通信号）就无法采用与信号带宽相适应的最佳抽取倍数来抽取。下面就讨论数字带通信号的抽取问题。

2.3.3　数字带通信号的抽取

在前面的讨论中实际上都是假定要抽取的信号是图 2.23 中靠近零频附近的低通信号，即感兴趣的频率范围为$(0, f_m)$，这样在抽取前就可以先用一个截止频率为f_m的低通滤波器进行滤波，然后再进行抽取。而实际当中所要抽取的信号往往是带通信号，即位于$(0, f_s/2)$整个采样频带中某一频带内的带通信号，如图 2.23 中的位于右边的 4 个信号就属于这样的带通信号。如何对这样的带通信号进行抽取就是本节要讨论的内容，下面首先讨论“整带”抽取（注意不要跟前面的整带采样相混淆，整带抽取是对采样后的信号所进行的处理）。

1．整带抽取

为方便起见，把数字带通信号的频谱重新画于图 2.29。现在要抽取的信号是图中位于（f_L，f_H）区间的带通信号。所谓“整带”抽取是指带通信号满足式（2-64）关系时的抽取：

$$f_0 = \frac{f_L + f_H}{2} = (2n+1)\cdot\frac{f_s'}{4} \tag{2-64}$$

式中，n 为正整数，f_0 为带通信号的中心频率，f_s'为经 D 倍抽取后的采样速率：

$$f_s' = \frac{f_s}{D} = 2\times(f_H - f_L) = 2B \tag{2-65}$$

代入式（2-64）可得：

$$f_L + f_H = (2n+1)B \tag{2-66}$$

即：

$$f_H = (n+1)B \text{ 或 } f_L = nB$$

式中 B 为信号带宽，即带通信号的最高和最低频率是信号带宽的整数倍时称其为“整带”抽取，这时抽取倍数 D 应满足：

$$D = \frac{f_s}{2B} \tag{2-67}$$

也就是说当在$(0, f_s/2)$整个数字频带内共有带宽为 B 的 D 个子带时（见图 2.30），就可进行“整带”抽取，只要抽取前先用一个带宽为 B 的带通滤波器对感兴趣的子带进行滤波即可，该滤波器的特性如下：

$$H_{BP}(e^{j2\pi f}) = \begin{cases} 1, & n\dfrac{f_s}{2D} \leqslant |f| \leqslant (n+1)\dfrac{f_s}{2D} \\ 0, & \text{其他} \end{cases} \tag{2-68}$$

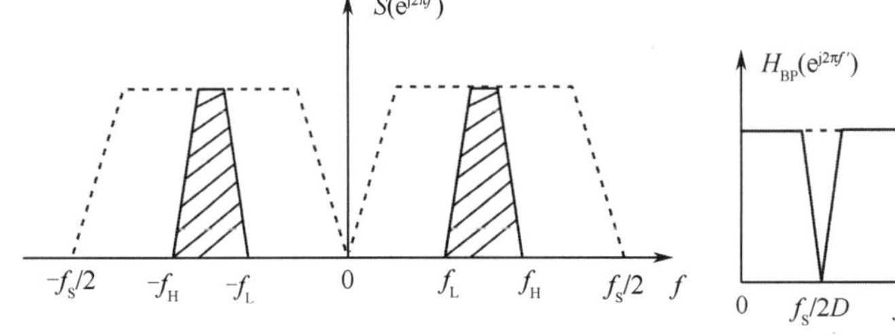

图 2.29　数字带通信号的频谱

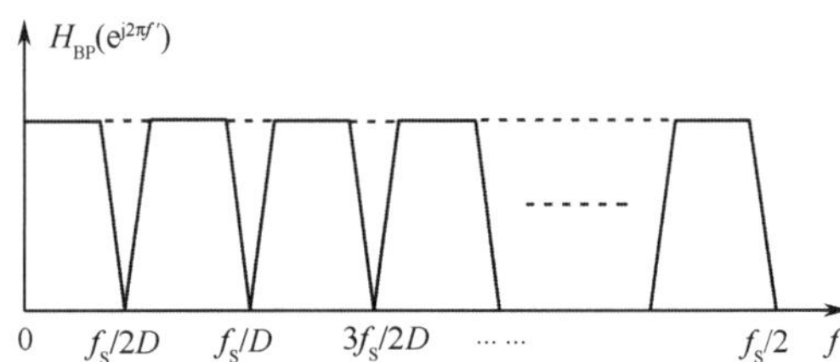

图 2.30　“整带”抽取

下面以 GSM 基站上行接收为例讨论整带抽取的实际应用。GSM 基站的接收频段为 890～915MHz，总带宽为 25MHz，信道带宽 B 为 200kHz，信道数 125 个。根据总带宽 25MHz 的要求，可以计算得到所需的采样频率为f_s=70MHz（中频可取 52.5MHz，矩形系数 r 取 1.8），所需的抽取倍数 $D=f_s/(2B)$=175。注意在总共 175 个抽取信道中，实际有用的抽取信道只有 125 个，其他 50 个信道是浪费在抗混叠带通滤波器过渡带上的，如图 2.31 所示。

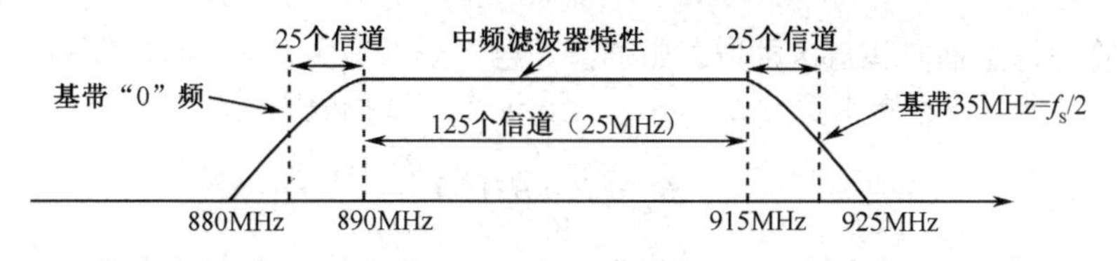

图 2.31　基站上行信号的整带抽取设计举例

2. 无盲区整带抽取

如果抽取滤波器 $H_{BP}(e^{j2\pi f})$ 为非理想的带通滤波器，则抽取后会存在盲区，如图 2.32 中阴影部分所示。为了实现无盲区抽取，我们需要将带通滤波器通带外的信号进行第二次“盲区”抽取[4]。

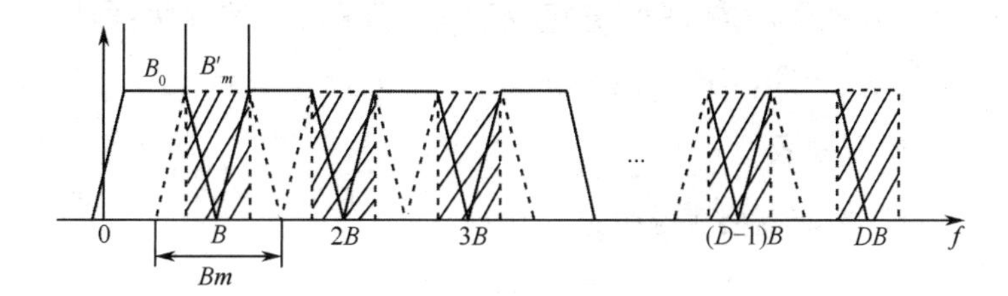

图 2.32　存在“盲区”的带通信号整带抽取

由图 2.32 可知，第 m 个盲区的中心频率为

$$f_{0m}=mB \qquad m=1,2,\cdots,D \tag{2-69}$$

由整带抽取的条件可知：要对盲区信号实现整带抽取，则有：

$$f_{0m}=\frac{2n+1}{4}f_{sm} \tag{2-70}$$

这里 f_{sm} 是经过整带抽取后盲区信号的采样速率，n 为整数，设此时的整带抽取系数为 D_m，盲区信号抽取带宽为 B_m，则有：

$$f_{sm}=\frac{f_s}{D_m}=2B_m \tag{2-71}$$

由以上各式可得：

$$D_m=\frac{f_s}{f_{sm}}=\frac{f_s(2n+1)}{4mB}=\frac{2n+1}{2m} \tag{2-72}$$

这里可取 $n=m$，则有：

$$D_m=\frac{2m+1}{2m} \qquad B_m=\frac{f_s}{2D_m}=B\frac{2m}{2m+1} \tag{2-73}$$

所以，第 m 个盲区带通信号的最低、最高频率分别为

$$\begin{aligned}f_{mL}&=f_{0m}-B_m/2=mB_m\\ f_{mH}&=f_{0m}+B_m/2=(m+1)B_m\end{aligned} \tag{2-74}$$

即此时盲区抽取也满足整带抽取的条件，故只要采用 $D=f_s/(2B)$ 个盲区抽取倍数 $D_m(m=1,2,\cdots,D)$ 和一个主抽取倍数 D 就可实现(0，$f_s/2$)整个频带信号的“无盲区”整带抽取。需要注意的是“盲区”抽取倍数是一个分数(2m+1)/(2m)，即先进行（2m+1）倍内插再进行 2m 倍抽取，分数抽取叫采样速率的分数倍变换，将在稍后讨论。

我们知道一般带通滤波器的滤波特性都不可能是理想的，即滤波器的矩形系数都不可能做

到 $r=1$。下面将讨论主抽取和盲区抽取时带通滤波器矩形系数的要求。假设主抽取时带通滤波器的矩形系数为 r，则滤波器通带宽度 $B_0 = B/r$，第 m 个盲区抽取时带通滤波器的通带宽度 B'_m 为

$$B'_m = B - B_0 = B\frac{r-1}{r} \tag{2-75}$$

如图 2.32 所示。又因为第 m 个盲区的抽取带宽为 B_m，所以第 m 个盲区的带通滤波器的矩形系数为

$$r_m = \frac{B_m}{B'_m} = \frac{2m}{2m+1}\cdot\frac{r}{r-1} \tag{2-76}$$

由式（2-76）可知主抽取带通滤波器的矩形系数 r 越大，则 r_m 越小，对滤波器的要求越高，实现难度越大。当 r=1 时，主抽取滤波器是理想的带通滤波器，r_m 为无穷大，此时不存在盲区，因此不需要盲区抽取。另一方面，m 越大，r_m 越小，即盲区号越大，对带通滤波器要求越高。由上面的分析可以看出，带通数字信号的盲区抽取与前面介绍的盲区采样是非常类似的，但读者不要把盲区抽取与盲区采样相混淆。

3．带通信号的正交复抽取

前面讨论的“整带”抽取需要满足关系式（2-67）：

$$D = \frac{f_s}{2B}$$

这在很多场合是无法满足的，所以必须寻求带通信号抽取的其他途径，途径之一就是采用频谱搬移，先把位于中心频率 f_0 处的带通信号搬移到基带，然后再利用低通信号的抽取方法进行抽取。

我们知道，对一个实带通信号 $x(n)$的频谱 $X(e^{j2\pi f})$是共轭对称的，如图 2.33（a）所示。中心频率 f_0 可以是$(0，f_s/2)$之间的任意值（注意这里的频率与之对应的实际模拟频率 f'_0 的关系为：$f'_0 = f_0 \cdot f_s$，这主要是为了直观理解，在后面的数学推导中一律都用 $2\pi f$ 来表示数字角频率 $\omega=2\pi f=2\pi f'/f_s$，$f'$为与 f 对应的实际模拟频率），用 X^+表示 $X(e^{j2\pi f})$中 $f\geqslant 0$ 的正频率分量，用 X^-表示 $X(e^{j2\pi f})$中 $f<0$ 的负频率分量，则 X^+与 X^-中的任何一个分量可以用另一个分量来表示，所以只需关心其中的一个分量即可。现在我们用复信号（移频算子）$e^{j2\pi f_0 n} = e^{j\omega_0 n}$ 乘以原带通信号 $x(n)$，则 $X(e^{j2\pi f})$中的负频率分量 X^-将移至零频，而其正频分量 X^+将移至 $2f_0$ 处，如果用一个低通滤波器 $h(n)$把 $2f_0$ 处的高频分量滤除，则可得到图 2.34 所示的基带信号 $\tilde{x}(n)$（对应的频域表示为 $\tilde{X}(e^{j2\pi f})$）为

$$\begin{aligned}\tilde{x}(n) &= [x(n)\cdot e^{j\omega_0 n}] * h(n)\\ &= [x(n)\cdot\cos(\omega_0 n)] * h(n) + j[x(n)\cdot\sin(\omega_0 n)] * h(n)\end{aligned} \tag{2-77}$$

令：

$$\begin{cases} x_I(n) = [x(n)\cdot\cos(\omega_0 n)] * h(n)\\ x_Q(n) = [x(n)\cdot\sin(\omega_0 n)] * h(n)\end{cases} \tag{2-78}$$

分别称 $x_I(n)$、$x_Q(n)$为 $\tilde{x}(n)$ 的同相分量和正交分量，这时 $\tilde{x}(n)$ 可表示为

$$\tilde{x}(n) = x_I(n) + jx_Q(n) \tag{2-79}$$

与之对应的频谱为

$$\tilde{X}(e^{j2\pi f}) = X_I(e^{j2\pi f}) + jX_Q(e^{j2\pi f}) = X\left[e^{j2\pi(f-f_0)}\right]\cdot H(e^{j2\pi f}) \tag{2-80}$$

如图 2.33（b）所示，如果低通滤波器 $H(e^{j2\pi f})$设计成：

$$H(e^{j2\pi f}) = \begin{cases} 1, & |f| \leqslant \dfrac{B}{2}\\ 0, & 其他\end{cases} \tag{2-81}$$

就可以对 $x_I(n)$、$x_Q(n)$进行直接低通抽取了，如图 2.34 所示。需要注意的是，图中的抽取因子为（2D）而不是 D，这是由于 $x_I(n)$、$x_Q(n)$两个正交分量的带宽为 B/2 而不是 B 的缘故（见图 2.13），这一点需要特别引起注意。

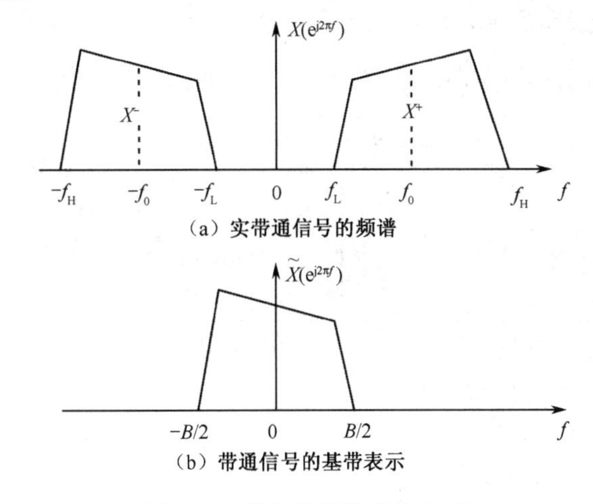

图 2.33　带通信号的基带表示

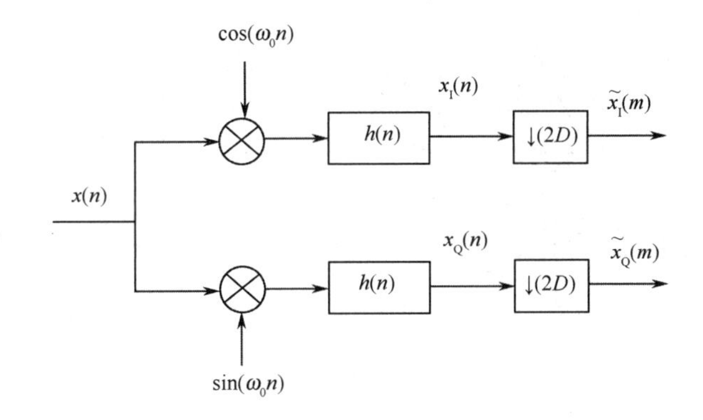

图 2.34　带通信号的正交抽取结构

图 2.34 所示的带通信号正交抽取结构，是软件无线电最基本的通用数学模型，它通过改变 f_0 可以实现对整个采样频段（0，$f_s/2$）内的任一信号进行抽取和解调，读者对该模型的数学原理和物理概念应充分加以理解。

带通信号的正交抽取结构，最终输出的信号是一个复信号:

$$\tilde{y}_0(m) = \tilde{x}_I(m) + j\tilde{x}_Q(m) \qquad (2\text{-}82)$$

这在有些场合是不希望的，而往往希望得到一个实信号输出，因为对实信号的处理有时显得更加简单明了。所以，下面讨论采用边带调制技术，实现带通信号的实抽取结构。

4．带通信号的正交实抽取

为了完成带通信号的实抽取，必须把频谱搬移成正负频率对称的基带信号，其搬移过程如图 2.35 所示，首先跟正交实抽取一样通过两个不同的频移算子 $e^{\pm j2\pi f_0 n}$ 把原带通信号的两个正负频率分量 X^- 和 X^+搬移到基带并通过低通滤波器 $h(n)$滤除高频成份。这时得到的两个信号分别为

$$\begin{aligned} y_1(n) &= x_I(n) + jx_Q(n) \\ y_2(n) &= x_I(n) - jx_Q(n) \end{aligned} \qquad (2\text{-}83)$$

上述频谱搬移过程与正交实抽取时的频谱搬移是一样的，然后再对 $y_1(n)$、$y_2(n)$用频移算子 $\mathrm{e}^{\mp \mathrm{j}2\pi\frac{B}{2}n}$ 把 $Y_1(\mathrm{e}^{\mathrm{j}2\pi f})$和 $Y_2(\mathrm{e}^{\mathrm{j}2\pi f})$频谱分别左移和右移 $\frac{B}{2}$ 频带，最后把两者相加得到实信号谱 $Y_0(\mathrm{e}^{\mathrm{j}2\pi f})$，整个过程用数学运算表示如下：

$$\begin{aligned} y_0(n) &= \frac{1}{2}\left\{[x_\mathrm{I}(n)+\mathrm{j}x_\mathrm{Q}(n)]\cdot \mathrm{e}^{-\mathrm{j}2\pi\cdot\frac{B}{2}n} + [x_\mathrm{I}(n)-\mathrm{j}x_\mathrm{Q}(n)]\mathrm{e}^{\mathrm{j}2\pi\cdot\frac{B}{2}n}\right\} \\ &= x_\mathrm{I}(n)\cdot\cos(\pi Bn) + x_\mathrm{Q}(n)\cdot\sin(\pi Bn) \end{aligned} \tag{2-84}$$

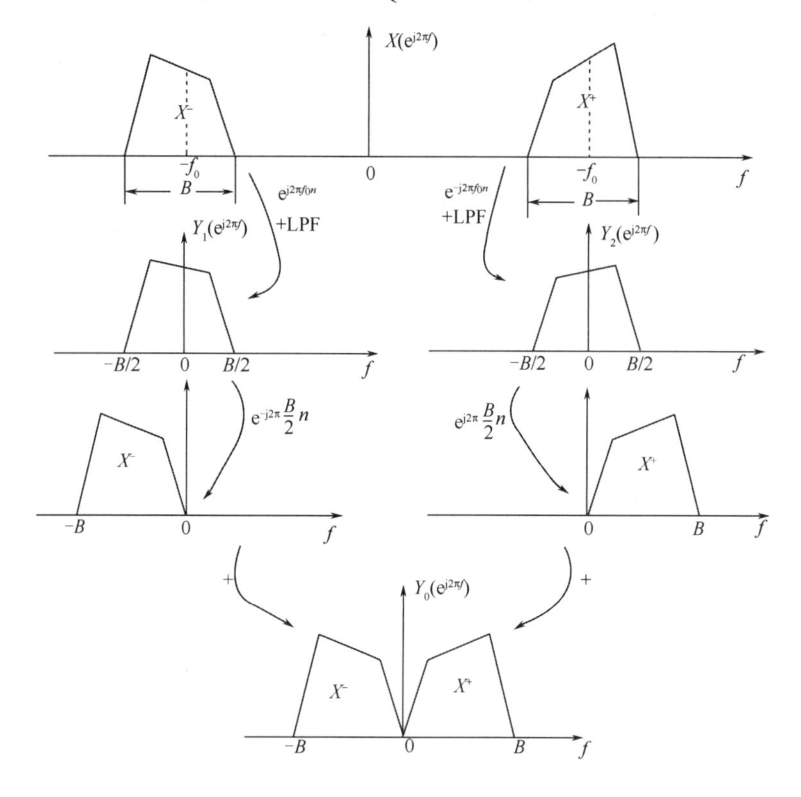

图 2.35　带通信号的实抽取过程

所以整个频谱搬移过程用方框图表示如图 2.36 所示。

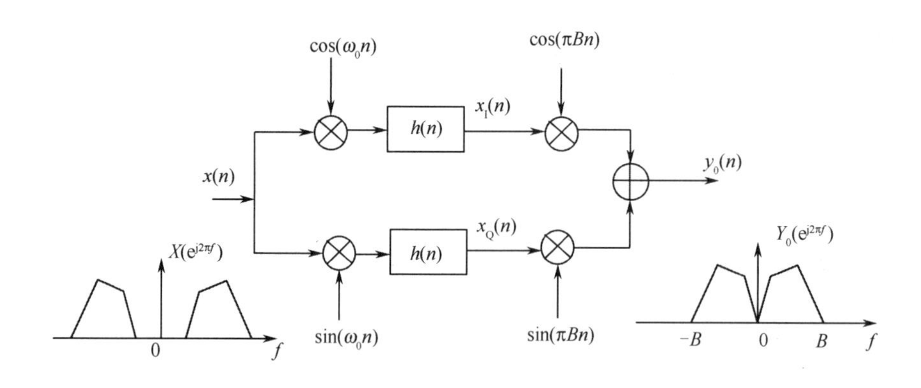

图 2.36　带通信号的频谱搬移过程

带通信号 $x(n)$经频谱搬移后得到的实基带信号 $y_0(n)$之带宽变为 B（跟前面一样，这里 B 为

相对于采样频率 f_s 的带宽，它所对应的实际模拟信号带宽为 $B'=Bf_s$），故可对 $y_0(n)$进行抽取倍数为 D 的抽取，D 由式（2-85）确定：

$$D=\frac{f_s}{2B'}=\frac{1}{2B} \tag{2-85}$$

$$或，\ B=\frac{1}{2D} \tag{2-86}$$

把 $B=\dfrac{1}{2D}$ 代入 $\cos(\pi Bn)$、$\sin(\pi Bn)$可得：

$$\begin{aligned}\cos(\pi Bn)&=\cos\left(\frac{\pi}{2}\cdot\frac{n}{D}\right)\\ \sin(\pi Bn)&=\sin\left(\frac{\pi}{2}\cdot\frac{n}{D}\right)\end{aligned} \tag{2-87}$$

则当 n=0，D，$2D$，$3D$，$4D$，$5D$，$6D$，$7D$，…时：

$$\begin{aligned}\cos\left(\frac{\pi}{2}\cdot\frac{n}{D}\right)&=1,0,-1,0,1,0,-1,0,\cdots\\ \sin\left(\frac{\pi}{2}\cdot\frac{n}{D}\right)&=0,1,0,-1,0,1,0,-1,\cdots\end{aligned} \tag{2-88}$$

所以，带通信号的实抽取结构可简化为图 2.37，虚线框内的抽取器可以采用多相滤波来实现。

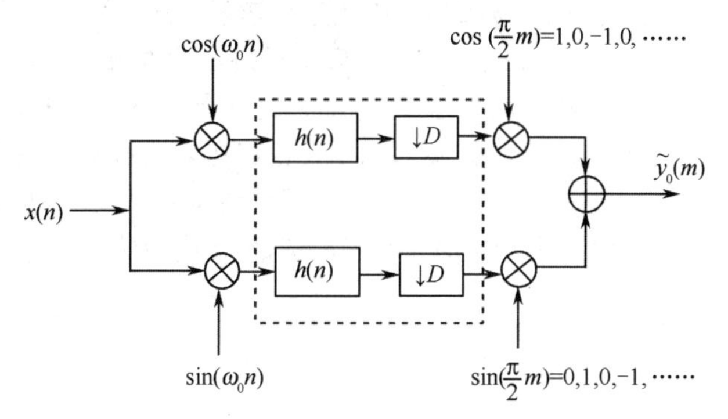

图 2.37　带通信号的实抽取结构

2.3.4　整数倍内插

所谓整数倍内插就是指在两个原始抽样点之间插入（I−1）个零值，若设原始抽样序列为 $x(n)$，则内插后的序列 $x_I(m)$为

$$x_I(m)=\begin{cases}x\left(\dfrac{m}{I}\right), & (m=0,\ \pm I,\ \pm 2I,\cdots)\\ 0, & 其他\end{cases} \tag{2-89}$$

内插过程如图 2.38（a）、（b）所示，内插器的符号表示如图 2.39 所示。下面来讨论内插的信号频谱 $X_I(e^{j\omega})$与原始谱 $X(e^{j\omega})$之间的关系，从中可以很好地理解内插器的作用。

由于 $x_I(m)$除了 m 为 I 的整数倍处不为零，其余都为零，所以有：

$$X_I(z)=\sum_{m=-\infty}^{+\infty}x_I(m)z^{-m}=\sum_{m=-\infty}^{+\infty}x(m)z^{-mI}=X(z^I) \tag{2-90}$$

把 $z=\mathrm{e}^{\mathrm{j}\omega}$代入可得内插后的信号频谱为

$$X_I(\mathrm{e}^{\mathrm{j}\omega})=X(\mathrm{e}^{\mathrm{j}\omega I}) \tag{2-91}$$

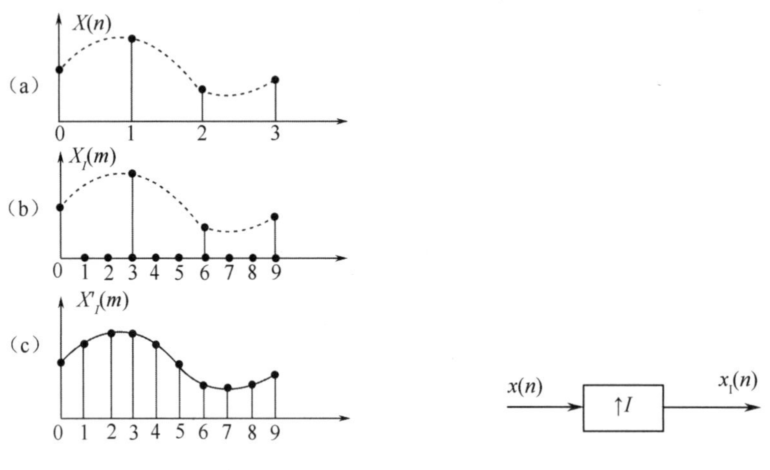

图 2.38　整数倍内插　　　　图 2.39　内插器的符号表示

由式（2-91）可见，内插后的信号频谱为原始序列谱经 I 倍压缩后得到的谱。图 2.40 给出了内插前后的频谱结构，其中图 2.40（b）为内插后未经过滤波的频谱图，这时在 $X_I(\mathrm{e}^{\mathrm{j}\omega})$中不仅含有 $X(\mathrm{e}^{\mathrm{j}\omega})$的基带分量（如图中阴影部分所示），而且还含有其频率大于π/I 的高频成分［称其为 $X(\mathrm{e}^{\mathrm{j}\omega})$的高频镜像］，为了从 $X_I(\mathrm{e}^{\mathrm{j}\omega})$中恢复原始谱，则必须对内插后的信号进行低通滤波（滤波器带宽为π/I），滤波后的频谱结构如图 2.40（c）所示，这时的内插序列 $x_I(m)$将如图 2.38（c）所示。也就是说原来插入的零值点变为 $x(n)$的准确内插值，经过内插大大提高了时域分辨率（注意通过抽取则提高了频域分辨率）。

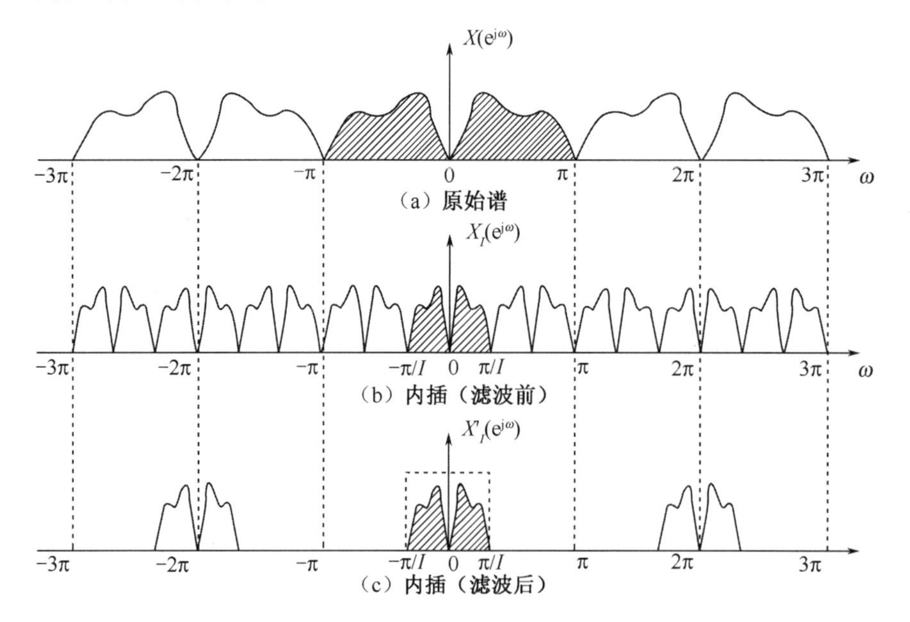

图 2.40　内插（I=3）前后的频谱结构图

从上述分析可以得出一个完整的 I 倍内插器的结构如图 2.41 所示，图中 $H_{LP}(e^{j\omega})$为带宽小于π/I 的低通滤波器。值得指出的是利用内插（插入零点）不仅可以提高时域分辨率，而且也可以用来提高输出信号的频率。从 $X_I(e^{j\omega})$的频谱结构可以看出，只要用一个带通滤波器取出 $X_I(e^{j\omega})$中的高频成分即可，带通滤波器 $H_{BP}(e^{j\omega})$的频率特性为

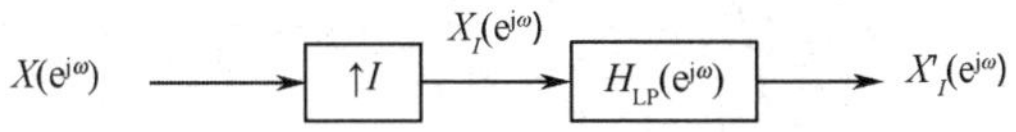

图 2.41　完整的内插器方框图

$$H_{BP}(e^{j\omega})=\begin{cases}1, & n\dfrac{\pi}{I}\leqslant|\omega|\leqslant(n+1)\dfrac{\pi}{I}\\ 0, & 其他\end{cases} \tag{2-92}$$

式中，n=0 对应取出原始基带谱，n=1,2,3,⋯,（I−1）对应取出基带谱的各次倍频分量，这时的内插器方框图如图 2.42 所示。显然这时的内插器实际上起到了上变频作用，使输出频率最大可提高（I−1）倍，而其信号的频谱结构不变。所以，内插器在软件无线电发射机中具有重要意义，也是软件无线电的重要理论基础。有关内插器的实现方法将在第 3 章和第 4 章详细讨论。

图 2.42　提高输出频率（上变频）的内插器方框图

图 2.42 所示的内插实际上就是与整带抽取相对应的整带内插的实现框图，这时的内插频带也只能是内插带宽 B（$B=f_s/2$，f_s 为内插前的采样频率）的整数倍。因此，跟整带抽取一样，如果带通滤波器不是理想矩形滤波器的话，在 B 的整数倍处也会出现内插“盲区”，见图 2.32。仿照盲区抽取的数学推导过程，可以证明盲区内插公式为

$$I_m=\frac{2m}{2m+1}\cdot(m+1)$$

其中，I_m 为第 m 个盲区的内插倍数，m=1，2，3，⋯ 为“盲区”号。盲区内插分为两部分，即分数部分$(2m/(2m+1))$和整数部分$(m+1)$，其中分数部分为低通内插，整数部分为带通内插，带通内插滤波器的中心频率为$(m+1)f_s$。该公式作为习题留给读者自行证明。盲区内插也需要用到采样速率的分数倍变换，这将在下面详细讨论。

2.3.5　采样速率的分数倍变换

前面讨论的抽取和内插实际上是采样速率变换的一种特殊情况即整数倍变换的情况，然而在实际中往往会碰到非整数倍即分数倍变换的情况，本节就讨论采样速率的分数倍变换的问题。首先讨论一下为什么要进行分数倍变换。

采样速率整数倍变换时，前后相邻两种采样速率的输出采样速率之差为

$$\Delta f_s=\frac{f_s}{D-1}-\frac{f_s}{D}=\frac{f_s}{D(D-1)} \tag{2-93}$$

当 f_s=100MHz，D=8 时，有：

$$\Delta f_s=\frac{100}{8\times7}=1.7857\text{MHz} \tag{2-94}$$

也就是说，在 D=8 时的抽取采样速率比 D=7 时的抽取采样速率相差近 1.8MHz。所以，采用整数倍变换无法获得 12.5（100/8）～14.3（100/7）MHz 之间的采样速率。尤其是在 f_s 比较大，

而抽取率 D 又比较小的情况下这种“采样速率变换盲区”就更为严重。采样速率的分数倍变换就是为了解决采样速率变换盲区问题而提出来的。先举个例子说明一下分数倍变换的作用。

还是以上面的例子为例，为了获得 12.5～14.3MHz 之间 13MHz 左右的采样速率，采用分数倍变换的实现过程如图 2.43 所示。输出采样速率为

$$f_s' = \frac{f_s}{D} \cdot R = \frac{100}{7} \cdot \frac{10}{11} = 12.987\text{MHz} \tag{2-95}$$

可见已经非常接近 13MHz。允许的话，只要取足够大的分数，就可以最大限度地逼近所需的采样速率（实际实现有限制）。当不能无限逼近时，需要采用后接 FIR 滤波器对抽取信号进行带宽匹配滤波。下面接着讨论分数倍变换的实现原理。

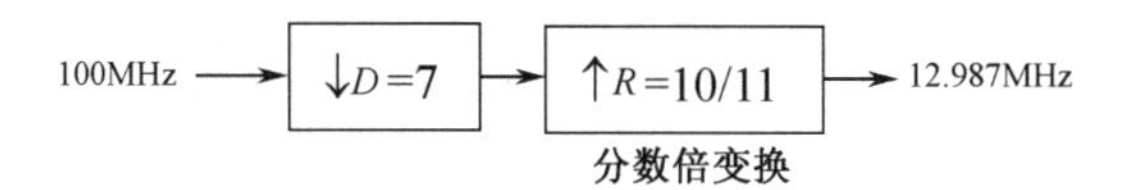

图 2.43　分数倍变换举例

假设分数倍变换的变换比为

$$R = \frac{I}{D}$$

并设 $f_s' = R \cdot f_s$，f_s 和 f_s' 分别为变换前后的采样速率。显然分数倍变换可以通过先进行 I 倍内插再进行 D 倍抽取来实现，如图 2.44（a）所示。要注意的是必须内插在前，抽取在后，以确保其中间序列 $s(k)$的基带谱宽度不小于原始输入序列 $x(n)$或输出序列 $y(m)$的基带频谱宽度，否则将会引起信号失真。

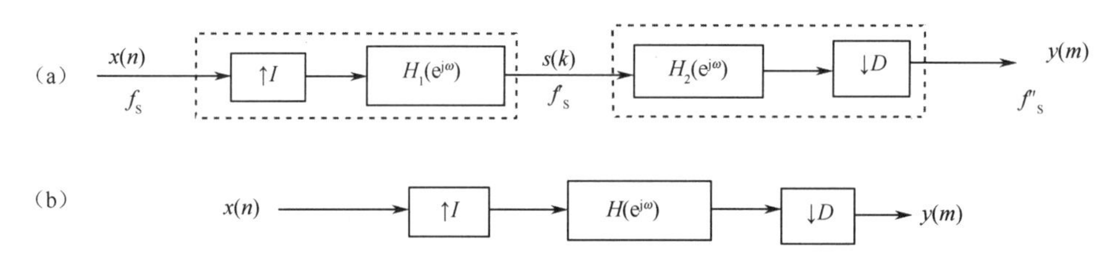

图 2.44　采样速率的分数倍（D/I）变换

从图 2.44 可以看出，两个级联的低通滤波器 $H_1(e^{j\omega})$、$H_2(e^{j\omega})$工作在相同的采样速率 $f_s'=I\cdot f_s$，所以 $H_1(e^{j\omega})$、$H_2(e^{j\omega})$可以用一个组合滤波器来代替，如图 2.44（b）所示，组合滤波器 $H(e^{j\omega})$的频率特性应满足：

$$H(e^{j\omega}) = \begin{cases} 1, & |\omega| \leqslant \min\left(\dfrac{\pi}{I}, \dfrac{\pi}{D}\right) \\ 0, & \text{其他} \end{cases} \tag{2-96}$$

也就是说组合滤波器的截止频率应取 $H_1(e^{j\omega})$和 $H_2(e^{j\omega})$两个滤波器截止频率的最小值，这一点是显而易见的。

2.3.6　采样速率变换性质

本节将通过信号流图的形式不加证明地给出有关采样速率变换的性质，感兴趣的读者可参阅有关文献。图 2.45 及 2.46 中 z^{-1} 表示单位延迟，⊗代表乘法器，左右流图是对等的。这些性质对

于开展多率信号处理理论在软件无线电中的应用研究具有重要作用。由于有些性质是显而易见的，所以在第 3 章的讨论中将不加说明地就加以使用，有兴趣的读者可参阅相关资料[19]。下面证明两个非常重要的对等式，以加深对这两个对等式的印象和理解。这两个对等式分别就是图 2.45 中的（a）对等式和图 2.46 中的（a）对等式，在后面介绍多相滤波器时会经常用到这两个对等式。

图 2.45（a）中左边的 $y(m)$ 可表示为

$$y(m) = y'(m-1) = x[(m-1)D] \tag{2-97}$$

图 2.45（a）中右边的 $y(m)$ 可表示为

$$y(m) = y'(mD) = x(mD-D) = x[(m-1)D] \tag{2-98}$$

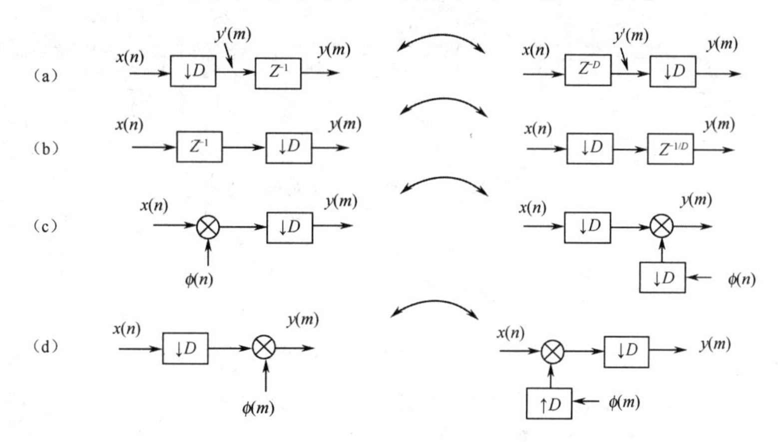

图 2.45　抽取器的对等关系

由此可见，这两个对等式的输出是完全相等的，因此它们是对等的。同样，对于图 2.46（a）中左边的 $y(m)$ 可简化表示为

$$y(m) = y'\left(\frac{m}{I}\right) = x\left(\frac{m}{I}-1\right) \tag{2-99}$$

图 2.46（a）中右边的 $y(m)$ 也可简化表示为

$$y(m) = y'(m-I) = x\left(\frac{m-I}{I}\right) = x\left(\frac{m}{I}-1\right) \tag{2-100}$$

两者完全相等。因此，这两个对等式也是对等的。证毕。

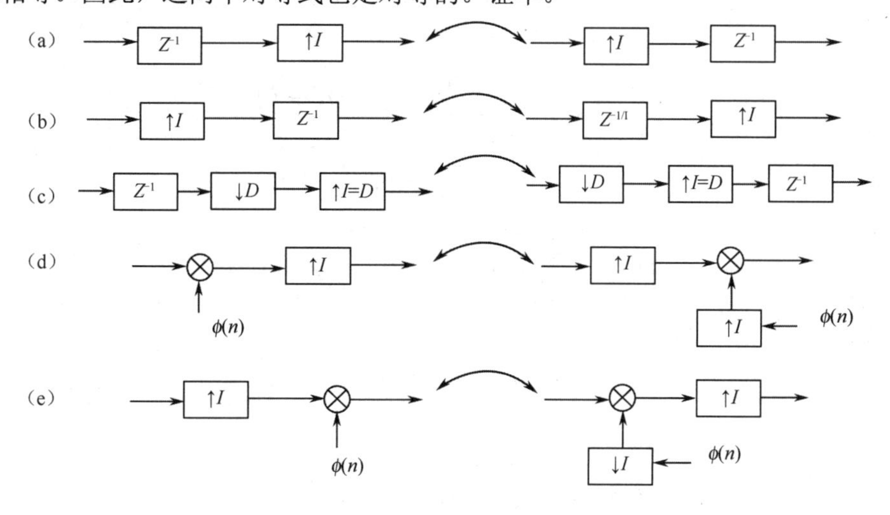

图 2.46　内插器的对等关系

图 2.47 所示是抽取内插器级联系统的对等关系示意图。

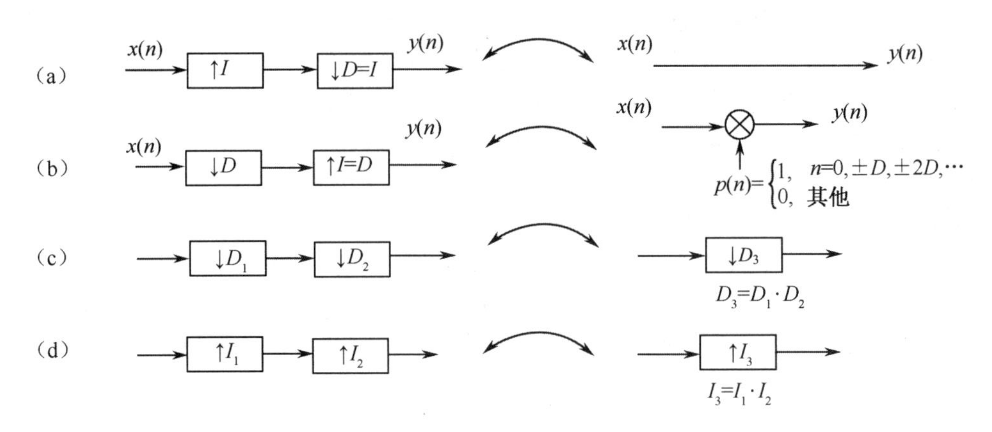

图 2.47　抽取内插器级联系统的对等关系

2.3.7　抽取器、内插器的多相滤波实现

前面详细介绍了多率信号处理中的两个最基本的重要概念，即抽取和内插，给出了实现抽取器和内插器的结构模型，如图 2.28 和图 2.41 所示。但这两种模型对运算速度的要求是相当高的，这主要表现在抽取器模型中的低通滤波器 $H_{\mathrm{LP}}(\mathrm{e}^{\mathrm{j}\omega})$位于抽取算子 $\boxed{\downarrow D}$ 之前，也就是说低通滤波器是在降速之前实现的；而对于内插器模型，其低通滤波器 $H_{\mathrm{LP}}(\mathrm{e}^{\mathrm{j}\omega})$位于内插算子$\boxed{\uparrow I}$之后，也就是说内插器低通滤波器又是在提速之后进行的。总之，无论是抽取器还是内插器其抗混叠数字滤波均在高采样速率条件下进行，这无疑大大提高了对运算速度的要求，对实时处理是极其不利的。本节将讨论有利于实时处理的抽取器、内插器的多相滤波结构。

设数字滤波器（诸如内插器、抽取器中的低通滤波器）的冲击响应为 $h(n)$，则其 z 变换 $H(z)$ 定义为

$$H(z)=\sum_{n=0}^{N-1}h(n)\cdot z^{-n} \tag{2-101}$$

令：$n=mD+k \quad (m=0,1,2,\cdots,M-1;k=0,1,2,\cdots,D-1;N=M\cdot D)$，则式（2-101）可重新组织成如下形式：

$$\begin{aligned}H(z)&=\sum_{k=0}^{D-1}\sum_{m=0}^{M-1}z^{-k}\cdot h(mD+k)\cdot z^{-mD}\\&=\sum_{k=0}^{D-1}z^{-k}\left[\sum_{m=0}^{M-1}h(mD+k)\cdot(z^{D})^{-m}\right]\end{aligned} \tag{2-102}$$

令：

$$H_k(z)=\sum_{m=0}^{M-1}h(mD+k)\cdot z^{-m}=\sum_{m=0}^{M-1}h_k(m)\cdot z^{-m}$$

则式（2-102）可写为

$$H(z)=\sum_{k=0}^{D-1}z^{-k}\cdot H_k(z^{D}) \tag{2-103}$$

式（2-103）即为数字滤波器 $H(z)$的多相滤波结构，如图 2.48 所示。将其应用于抽取器，并注意到抽取器的等效关系，即可得到抽取器的多相滤波结构如图 2.49 所示。

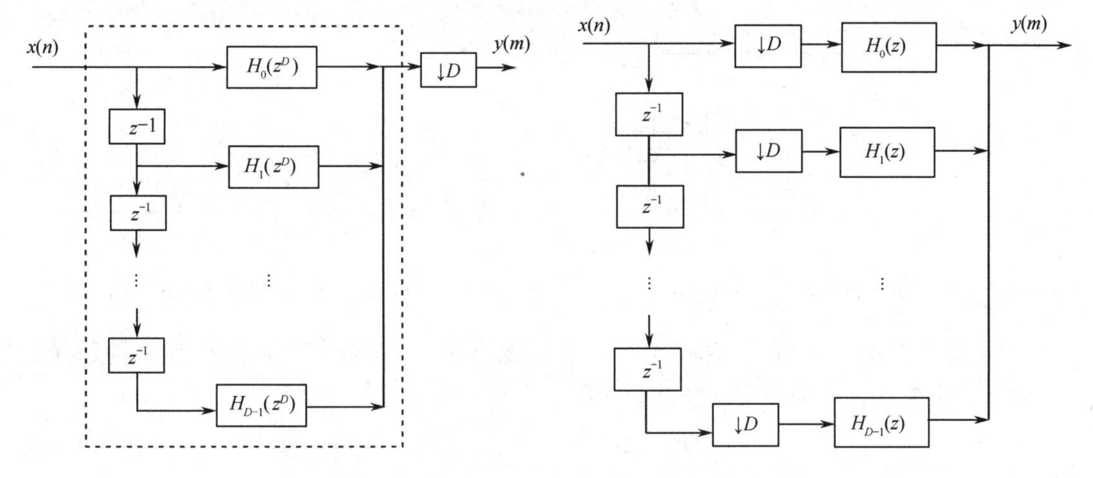

图 2.48　数字滤波器的多相滤波结构　　　图 2.49　抽取器的多相滤波结构

由图 2.49 可见，此时的数字滤波器 $H_k(z)$均位于抽取器$\boxed{\downarrow D}$之后，即滤波是在降速后进行的，这就大大降低了对处理速度的要求，提高了实时处理能力。另外，这种多相滤波结构的另一个好处是每一分支路滤波器的系数 $h_k(n)$由原先的 N 个：减少为 $M=N/D$ 个，可以减小滤波运算的累积误差，提高计算精度。同理我们可以给出适合于内插器的多相滤波结构的另一种表示形式：

$$H(z)=\sum_{k=0}^{I-1} z^{-(I-1-k)}\cdot R_k(z^I) \tag{2-104}$$

式中，$R_k(z^{\mathrm{I}})=H_{(I-1-k)}(z^I)$。其网络图如图 2.50 所示，将其应用于内插器，同时注意到内插器的等效关系，即可得到图 2.51 所示的内插器多相滤波结构。由图可见，这时的数字滤波已位于内插器$\boxed{\uparrow I}$之前，也就是说数字滤波是在提速之前进行的，这对降低对数字滤波实时性要求是极其有利的。另外跟抽取器的多相滤波结构一样，这时的分支滤波器[$R_k(z)$]阶数只有原来的 I 分之一，有利于提高运算精度，降低对字长的要求。下面简单讨论一下对图 2.48 所示的多相滤波结构抽取器运算速度的要求。

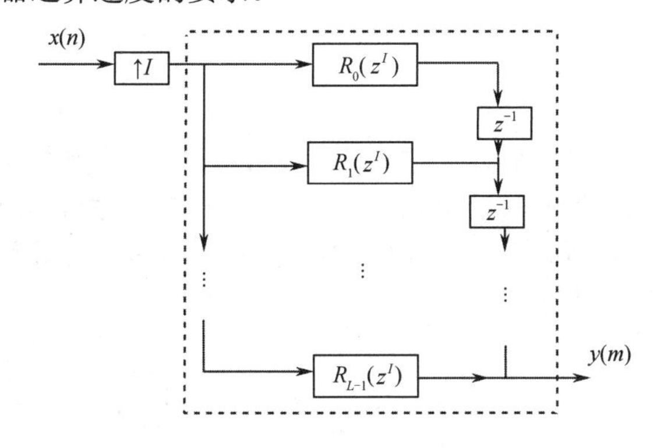

图 2.50　数字滤波器的多相滤波结构

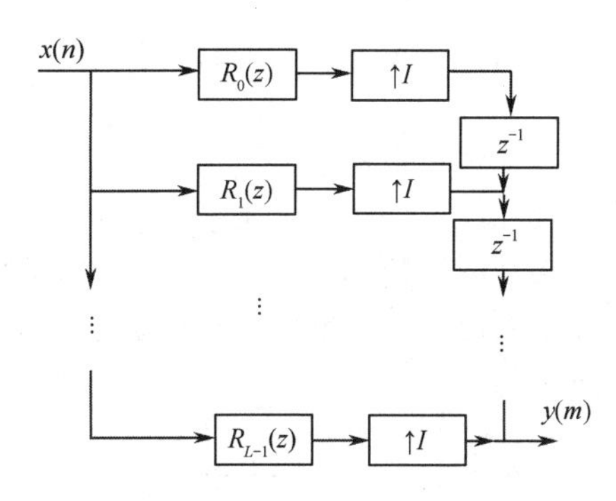

图 2.51　内插器的多相滤波结构

为讨论方便，把图 2.49 所示的抽取器用开关形式可表示为图 2.52，而图 2.53 为其原始结构，其中的低通滤波器 $h(n)$的阶数为 N，则要求图 2.53 所示的低通滤波器在采样间隔 T_{s} 内完成 N 次乘加运算，其计算速度为

$$S_1=Nf_{\mathrm{s}}\quad \text{MPS(次乘加/秒)}$$

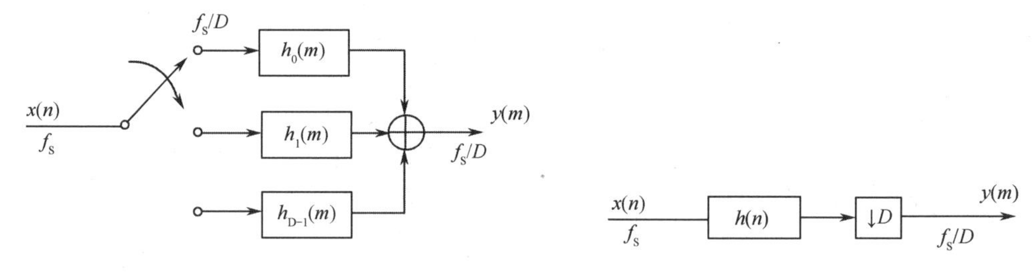

图 2.52　抽取器的开关结构　　　　图 2.53　抽取器的原始结构

而对于图 2.52 所示的开关结构，由于各分支滤波器 $h_k(m)$的阶数为 N/D，输入的数据率为 f_s/D，所以对图 2.52 所示的分支滤波器的计算速度要求为

$$S_2 = \frac{N}{D} \cdot \frac{f_s}{D} = \frac{N \cdot f_s}{D^2} = \frac{S_1}{D^2} \quad \text{MPS} \tag{2-105}$$

即只为图 2.53 对滤波器速度要求的 D^2 分之一，当 D 较大时，对运算速度的要求将大大降低。所以，在实时性要求较高的场合，采用多相滤波结构来实现抽取或内插是非常有效的。比如设 f_s=100MHz，N=1024，D=32，则有：

$$\begin{aligned} S_1 &= N \cdot f_S = 1024 \times 10^8 \quad \text{MPS} \\ S_2 &= \frac{S_1}{D^2} = 10^8 \quad \text{MPS} \end{aligned} \tag{2-106}$$

也就是要求图 2.52 所示的分支滤波器在 10ns 内完成一次乘加运算，或者说要求 32 阶滤波器的数据吞吐率达到 $\frac{100}{32} = 3 \cdot 125\text{MHz}$，目前这样的滤波速度是完全可以实现的。但是如果采用原始结构，则要求 1024 阶滤波器的吞吐率达到 100MHz，显然是要求比较高的。

以上介绍的抽取、内插器的多相滤波技术是软件无线电研究中非常有用的理论工具，在讨论软件无线电体系结构、数学模型以及算法研究时都将反复采用这一有效工具，读者对以上概念，特别是对式（2-101）～式（2-104）要加以透彻理解，这会对后面的讨论很有帮助。

2.3.8　采样速率变换的多级实现

前面在讨论采样速率变换（抽取、内插）时，都是按单级实现来考虑的，即 D 倍内插或抽取均一次完成，如图 2.54 所示。这从表面看来虽然简单，但在实际实现时会碰到比较大的困难，特别是当抽取倍数 D 或内插倍数 I 很大时，所需的低通滤波器 $h(n)$的阶数将非常高，乃至无法实现，下面以抽取为例来说明单级变换所存在的问题。

（a）$D=D_1 \cdot D_2$　　（b）$I=I_1 \cdot I_2$

图 2.54　抽取器、内插器的单级实现

设输入采样速率为 f_s=100MHz，抽取倍数 D 为 500，即最终需要得到 200kHz 的采样速率，信号带宽为 50kHz，则所需的低通滤波器特性如图 2.55 所示，要求阻带衰减小于 0.001，当采用窗函数法（见 2.4 节）设计这样的滤波器时所需的滤波器阶数 N 为

$$N = \frac{-20\lg\delta - 7 \cdot 95}{14 \cdot 36 \times \Delta f} f_s + 1 \qquad (2\text{-}107)$$

式中，δ为阻带衰减，Δf为过渡带宽度，f_s为采样速率。

把δ=0.001，Δf=100−50=50kHz，f_s=100MHz 代入式（2-107）可得：

$$N = \frac{60 - 7.95}{14.36 \times 0.05} \times 100 + 1 = 7250$$

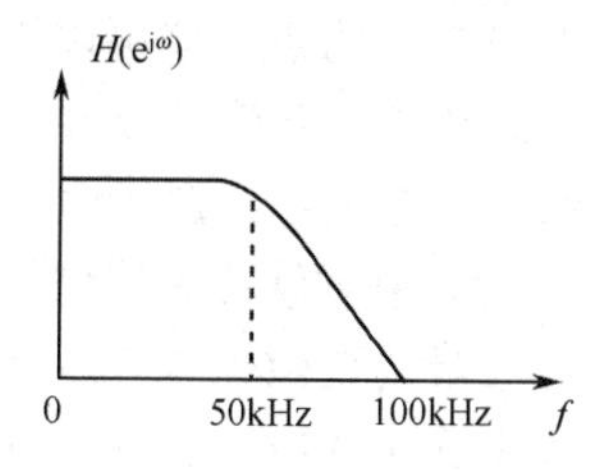

图 2.55　单级实现时的滤波器特性

也就是说要实现这样的窄带滤波器用窗函数法需要 7250 阶，这样高阶数的滤波器实现起来是非常困难的。解决这一问题的方法是采用多级实现，如图 2.56（a）所示（图中只画出两级）。对于本例，设两级抽取倍数分别为 D_1=50，D_2=10(D=D_1.D_2)，每一级的滤波器特性如图 2.57 所示，这时对第一级δ_1=δ/2=0.0005，Δf=0.95MHz，f_{s1}=100MHz，所需的滤波器阶数为

$$N_1 = \frac{66 - 7.95}{14.36 \times 0.95} \times 100 + 1 = 427$$

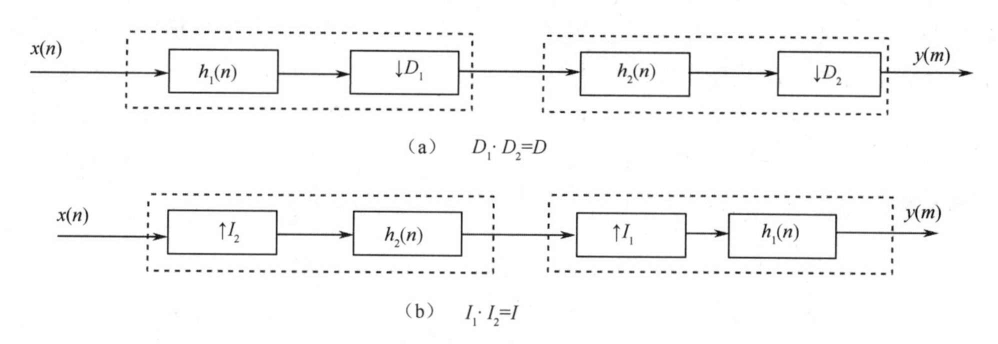

图 2.56　抽取器、内插器的多级实现

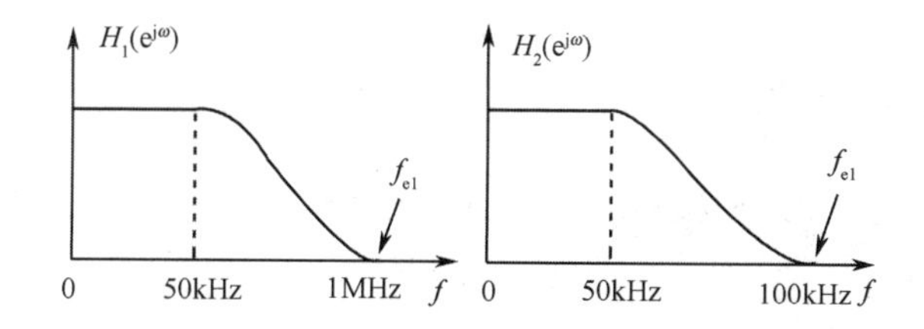

图 2.57　多级实现时的滤波器特性

对第二级，δ_2=δ/2=0.0005，Δf_2=0.05MHz，f_{s2}=2MHz，所需的滤波器阶数为

$$N_2 = \frac{66 - 7.95}{14.36 \times 0.05} \times 2 + 1 = 163$$

可见分级抽取后，滤波器的阶数大大减少。所以，采用多级抽取可以大大降低对滤波器的设计要求，无疑是一种非常好的设计思路。对分级内插也可以达到同样的效果，这里就不举例说明了。

从前面所列举的多级内插器设计例子可以看出，在进行每一级低通滤波器设计时要注意两点：一是每级滤波器的通带宽度不能小于信号带宽。二是过渡带是可变的，取决于每一级的抽取倍数，即过渡带的截止频率 f_c 不能大于该级输出采样速率的一半。比如对前面的例子，第一级输出采样速率为 2MHz（100/50=2MHz），则第一级的过渡带截止频率 f_{c1} 应小于 1MHz。第二级输出采样速率为 200kHz，则第二级的过渡带截止频率 f_{c2} 应小于 100kHz，如图 2.57 所示，只

要掌握这两点，就可以进行多级抽取器或内插器的设计了。但是有一点需要指出，如果单级实现时对通带带内波动要求为δ，则用 M 级实现时，如果把每一级的带内波动设计成一样，则每级带内波动应为$\delta_M=\delta/M$。抽取内插器的多级实现在软件无线电中获得了广泛应用。

本节对软件无线电最基本也是很重要的多率信号处理理论进行了简要介绍，主要包括：低通信号的整数倍抽取，带通信号的整带抽取，带通信号的无盲区抽取，带通信号的正交复抽取和正交实抽取，整数内插，采样速率的分数倍变换，采样速率变换的多级实现以及抽取与内插的多相滤波实现等内容，这些基础理论尤其是多相滤波理论对于开展软件无线电技术研究和应用开发极其重要，读者应该深刻理解和熟练掌握。

2.4　软件无线电中的高效数字滤波

从前面的讨论已经知道，实现采样速率变换（抽取与内插）的关键问题是如何实现抽取前或内插后的数字滤波，如图 2.58 所示。对于基带抽取，滤波器 $h(n)$为低通数字滤波器，对带通信号的“整带”抽取，$h(n)$为带通数字滤波器。总之，无论是抽取还是内插，或者是采样速率的分数倍变换，都需要设计一个满足抽取或内插（抗混叠）要求的数字滤波器。该滤波器性能的好坏，将直接影响采样速率变换的效果及其实时处理能力，所以本节将专门讨论多率信号处理中的高效数字滤波问题。首先介绍数字滤波器设计的基础理论。

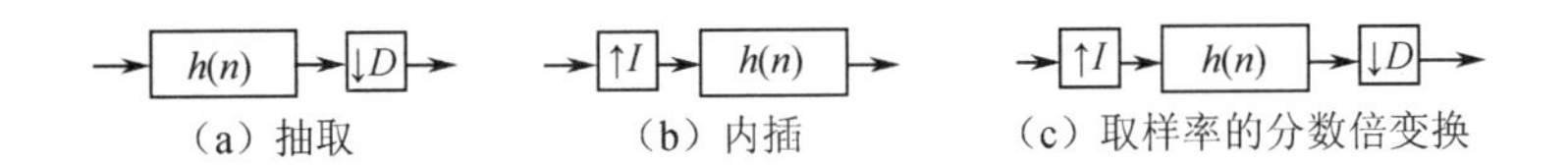

图 2.58　多率信号处理中的采样速率变换

2.4.1　数字滤波器设计基础

输入为 $x(n)$、输出为 $y(n)$，冲激响应为 $h(n)$的数字滤波器可用图 2.59 表示，用数学表达式表示为

$$y(n)=\sum_{n=-\infty}^{+\infty} h(k)\cdot x(n-k) \qquad (2\text{-}108)$$

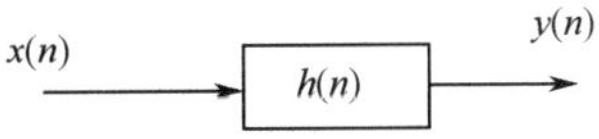

x(n)　h(n)　y(n)

图 2.59　数字滤波器

用离散卷积符号“*”可简单表示为

$$y(n)=h(n)*x(n) \qquad (2\text{-}109)$$

数字滤波器可以用两种形式来实现，即有限冲激响应滤波器 FIR 和无限冲激响应滤波器 IIR。所谓有限冲激响应滤波器 FIR 是指冲激响应函数 $h(n)$为有限个值的数字滤波器，即满足：

$$h(n)=0,\quad k\geqslant N_2,\quad k<N_1 \qquad (2\text{-}110)$$

其中 N_1，N_2 为有限值，或者说 FIR 滤波器的冲激函数 $h(n)$只在有限范围 $N_1\leqslant k<N_2-1$ 内不为零，实际中通常取 $N_1=0$，$N_2=N$，所以对 FIR 滤波器有：

$$y(n)=\sum_{k=0}^{N-1} h(k)\cdot x(n-k) \qquad (2\text{-}111)$$

FIR 数字滤波器的频率响应可表示为

$$H(e^{j\omega})=\sum_{k=0}^{N-1}h(k)e^{-j\omega k} \tag{2-112}$$

更一般地，数字滤波器 $h(k)$的频率响应可表示为

$$H(e^{j\omega})=\sum_{k=-\infty}^{+\infty}h(k)\cdot e^{-j\omega k} \tag{2-113}$$

所谓滤波器设计，实际上就是在给定 $H(e^{j\omega})$［或者 $H(e^{j\omega})$的某些特征参数］的条件下，求出冲激响应 $h(k)$。由于 FIR 滤波器相对于 IIR 滤波器有许多独特的优越性，如线性相位、稳定性等，而且 FIR 滤波器的设计相对成熟，方法更多，所以下面重点讨论 FIR 滤波器的设计技术。

1．FIR 滤波器的窗函数设计

设计 FIR 滤波器最简单的方法就是用一个已知的窗函数 $w(k)$去截取一个理想滤波器的冲激函数 $h_{id}(k)$，得到一个实际可用的 FIR 滤波器冲激函数 $h(k)$：

$$h(k)=h_{id}(k)\cdot w(k) \tag{2-114}$$

其中窗函数 $w(k)$可以有各种形式，如矩形窗、汉宁窗、海明窗、布-哈（Blackman-Harris）窗以及凯撒（Kaiser）窗等，各个窗函数的表达式如下所示：

矩形窗：$$w_R(k)=\begin{cases}1 & 0\leqslant k\leqslant N-1\\ 0 & \text{其他}\end{cases} \tag{2-115}$$

海明窗：$$w_H(k)=\gamma+(1-\gamma)\cos\left[\frac{2\pi\left(k-\frac{N}{2}\right)}{N}\right],\quad (0\leqslant k\leqslant N-1) \tag{2-116}$$

（$\gamma=0.54$时称为海明窗，$\gamma=0.5$时称为汉宁窗）

布－哈窗：$$w_{BH}(k)=0.42323-0.49755\cos\left[\frac{2\pi\left(k-\frac{N}{2}\right)}{N}\right]+ 0.07922\cos\left[\frac{4\pi\left(k-\frac{N}{2}\right)}{N}\right],\quad (0\leqslant k\leqslant N-1) \tag{2-117}$$

凯撒窗：$$w_k(n)=\frac{I_0\left(\beta\sqrt{1-\left[2\left(k-\frac{N}{2}\right)/N\right]^2}\right)}{I_0(\beta)},\quad (0\leqslant k\leqslant N-1) \tag{2-118}$$

$$\left(\begin{array}{l}I_0(x)\text{为零阶贝塞尔函数，}I_0(x)=1+\sum_{r=1}^{\infty}\left[\frac{(x/2)^r}{r!}\right]^2\\ \beta\text{为可调参数取决于滤波器的带内波动。}\end{array}\right)$$

上述几种窗函数的旁瓣电平见表 2-2。

表 2-2　窗函数的旁瓣电平

窗名称	矩形	汉宁	海明	布-哈	凯撒（β=7.865）
旁瓣电平/dB	−13.3	−31.5	−42.7	−67	−57

由表 2-2 可见，布-哈窗具有较低的旁瓣电平，在对动态要求比较高的场合，应选用布-哈

窗。布-哈窗的时域和频域特性如图 2.60 所示。

采用窗函数设计 FIR 滤波器的好处是简单、直观、便于理解，比如前面介绍的几种窗函数都有显式表达式，很容易求出窗函数的 N 个值 $w(k)(k=0,1,2,\cdots,N-1)$，用这 N 个数据与理想冲激函数 $h_{\text{id}}(k)$ 相乘即可得到实际的滤波器冲激函数 $h(k)$。而理想冲激函数 $h_{\text{id}}(k)$ 一般是已知的，比如对于抽取用的低通滤波器，它的理想频率响应 $H_{\text{id}}(e^{j\omega})$为

$$H_{\text{id}}(e^{j\omega})=\begin{cases}1, & |\omega|\leqslant\dfrac{\pi}{D}\\ 0, & \text{其他}\end{cases}\tag{2-119}$$

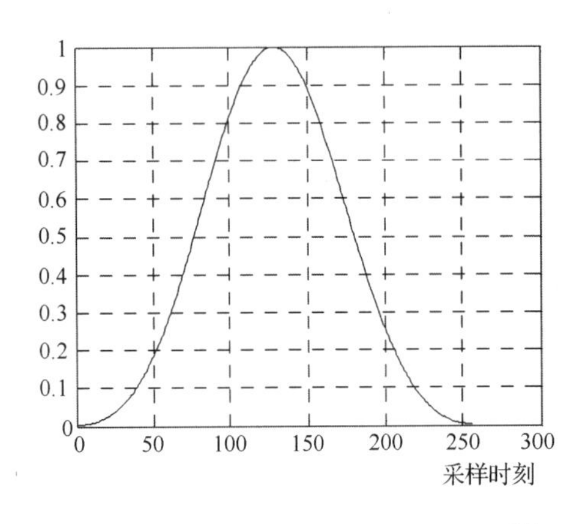

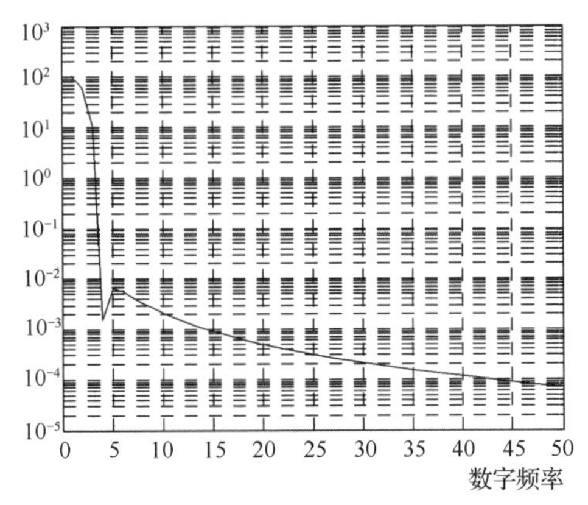

图 2.60　布-哈窗

与之对应的理想滤波器的冲激响应 $h_{\text{id}}(k)$为

$$h_{\text{id}}(k)=\frac{\sin(\pi k/D)}{\pi k/D}\qquad(k=0,\pm1,\pm2,\cdots)\tag{2-120}$$

为使 $h_{\text{id}}(k)$与窗函数的取值范围（0，$N-1$）相一致，可以首先把 $h_{\text{id}}(k)$移至 $\dfrac{N}{2}$ 处（在频域上只表现为增加一个固定相移）：

$$h_{\text{id}}(k)=\frac{\sin\left[\dfrac{\pi(k-N/2)}{D}\right]}{\dfrac{\pi(k-N/2)}{D}}\tag{2-121}$$

再与 $w(k)$相乘即可获得实际的滤波器系数 $h(k)$：

$$h(k)=h_{\text{id}}\left(k-\frac{N}{2}\right)\cdot w(k)\qquad(0\leqslant k\leqslant N-1)\tag{2-122}$$

对布-哈窗可得：

$$h(k)=\begin{cases}\dfrac{\sin\left[\dfrac{\pi(k-N/2)}{D}\right]}{\dfrac{\pi(k-N/2)}{D}}\cdot\left\{0.42323-0.49755\cos\left[\dfrac{2\pi(k-N/2)}{N}\right]+0.07922\cos\left[\dfrac{4\pi(k-N/2)}{N}\right]\right\}, & (0\leqslant k\leqslant N-1)\\ 0, & \text{其他}\end{cases}\tag{2-123}$$

数字滤波器窗函数设计法的另一大优点是设计出来的滤波器特性比较好理解，比如对于一个低通滤波器可以用如下一组参数来描述，如图 2.61 所示。

对于某些类型的窗函数，给定δ_p、δ_s、F_C、F_A等滤波器参数就可确定所需的窗函数长度（滤波器阶数）。比如对 Kaiser 窗，N 由式（2-124）给出：

$$N=\frac{-20\lg\sqrt{\delta_p\delta_s}-13}{14.6\times\Delta F}=\frac{-20\lg\sqrt{\delta_p\delta_s}-13}{14.6\times\Delta f}\cdot f_s=\frac{-20\lg\sqrt{\delta_p\delta_s}-13}{14.6(f_A-f_C)}\cdot f_s \tag{2-124}$$

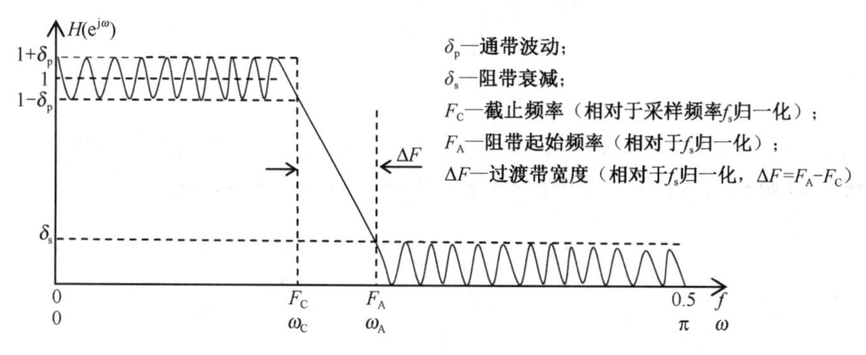

图 2.61　滤波器参数的定义

式中，Δf、f_A、f_C 分别为实际模拟带宽和频率值，f_s 为采样频率。由式（2–124）可见，数字滤波器的阶数 N 与滤波器的归一化过渡带宽度成反比，与滤波器的带内波动的对数值成正比，过渡带越窄带内波动越小，所需的滤波器阶数就越大，实现起来也就越困难，所以在实际应用中，这三者间需要进行权衡折中。根据阶数 N，由 Kaiser 窗函数计算式（2-118）就可求出窗函数 $W_k(n)$，式中的β由式（2–125）决定：

$$\beta=\begin{cases}0, & \alpha\leqslant 21\text{dB}\\ 0.5842(\alpha-21)^{0.4}+0.7886(\alpha-21), & 21<\alpha\leqslant 50\text{dB}\\ 0.1102(\alpha-8.7), & \alpha>50\text{dB}\end{cases} \tag{2-125}$$

其中：$\alpha=-10\lg(\delta_p\cdot\delta_s)$。

窗函数设计法虽然比较简单、直观，也较易理解，但由它设计出来的滤波器往往不是最佳的，或者说与其他设计方法相比较，用窗函数法设计出来的数字滤波器的阶数 N 虽然比较小，但滤波器特性并不是最佳的。下面讨论最佳滤波器的设计。在 MATLAB 中提供了用于计算 Kaiser 窗的设计函数 Kaiser 和 Kaiserord，其中 Kaiserord 函数用于确定所需的滤波器阶数。

2. 最佳滤波器设计

这里所谓的“最佳”是指滤波器的频率响应 $H(e^{j\omega})$在所感兴趣的频率范围内与理想滤波器的频率响应 $H_{id}(e^{j\omega})$之间的最大逼近误差最小，即所谓的在“最大最小”准则意义上，或叫切比雪夫准则意义上的最佳化。滤波器的逼近问题可用式（2-126）和式（2-127）表示：

$$1-\delta_p\leqslant H(e^{j\omega})\leqslant 1+\delta_p,\quad 0\leqslant\omega\leqslant\omega_C \tag{2-126}$$

$$-\delta_s\leqslant H(e^{j\omega})\leqslant\delta_s,\quad \omega_A\leqslant\omega\leqslant\pi \tag{2-127}$$

引入一个固定的加权因子 k：

$$\delta_p=k\delta_s \tag{2-128}$$

有：

$$1-k\delta_s\leqslant H(e^{j\omega})\leqslant 1+k\delta_s,\quad 0\leqslant\omega\leqslant\omega_C \tag{2-129}$$

$$-\delta_s\leqslant H(e^{j\omega})\leqslant\delta_s,\quad \omega_A\leqslant\omega\leqslant\pi \tag{2-130}$$

则最大最小（切比雪夫）准则可表示为

$$\delta_{\mathrm{s}} = \min\left\{\max\left[\left|E(\mathrm{e}^{\mathrm{j}\omega})\right|\right]\right\} \tag{2-131}$$
$$\{h(k)\}\ \omega \in [0,\omega_{\mathrm{c}}] \cup [\omega_{\mathrm{A}},\pi]$$

其中的加权误差函数 $E(\mathrm{e}^{\mathrm{j}\omega})$定义为

$$E(\mathrm{e}^{\mathrm{j}\omega}) = \begin{cases} \dfrac{H(\mathrm{e}^{\mathrm{j}\omega})-1}{k}, & 0 \leqslant \omega \leqslant \omega_{\mathrm{C}} \\ \left|H(\mathrm{e}^{\mathrm{j}\omega})\right|, & \omega_{\mathrm{A}} \leqslant \omega \leqslant \pi \end{cases} \tag{2-132}$$

切比雪夫逼近问题的求解可以有多种方法，这里就不多讨论了，感兴趣的读者可参阅有关书籍。下面只给出滤波器阶数与其参数之间的关系式。首先引入以下几个参数：

$$D = (N-1)\cdot\Delta F = \frac{(N-1)(\omega_{\mathrm{C}}-\omega_{\mathrm{A}})}{2\pi} \tag{2-133}$$

$$D_{\infty}(\delta_{\mathrm{p}},\delta_{\mathrm{s}}) = \lg\delta_{\mathrm{s}}[a_1(\lg\delta_{\mathrm{p}})^2 + a_2\lg\delta_{\mathrm{p}} + a_3] + [a_4(\lg\delta_{\mathrm{p}})^2 + a_5\lg\delta_{\mathrm{p}} + a_6] \tag{2-134}$$

$$f(\delta_{\mathrm{p}},\delta_{\mathrm{S}}) = 11.012 + 0.512(\lg\delta_{\mathrm{p}} - \lg\delta_{\mathrm{s}}),\quad \left|\delta_{\mathrm{s}}\right| \leqslant \left|\delta_{\mathrm{p}}\right| \tag{2-135}$$

式中，$a_1 = 0.005309, a_2 = 0.07114, a_3 = -0.4761, a_4 = -0.00266, a_5 = -0.5941, a_6 = -0.4278$。可以证明上述三个参数的关系式为

$$D_{\infty}(\delta_{\mathrm{p}},\delta_{\mathrm{s}}) = D + f(\delta_{\mathrm{p}},\delta_{\mathrm{s}})(\Delta F)^2 \tag{2-136}$$

代入 $D=(N-1)\Delta F$ 可得滤波器阶数 N 为

$$\begin{aligned} N &= \frac{D_{\infty}(\delta_{\mathrm{p}},\delta_{\mathrm{s}})}{\Delta F} - f(\delta_{\mathrm{p}},\delta_{\mathrm{s}})\Delta F + 1 \\ &= \frac{D_{\infty}(\delta_{\mathrm{p}},\delta_{\mathrm{s}})}{\Delta f}\cdot f_{\mathrm{s}} - \frac{f(\delta_{\mathrm{p}},\delta_{\mathrm{s}})\cdot\Delta f}{f_{\mathrm{s}}} + 1 \end{aligned} \tag{2-137}$$

式中，Δf、f_{s} 分别为实际模拟过渡带宽和采样频率。根据以上公式，首先由给定的通带和阻带 δ_{p}、δ_{s} 求出 D_{∞}和 f 后再代入归一化过渡带宽度ΔF 即可求出所需的滤波器阶数 N。最佳滤波器设计目前都有程序可供使用，如在 MATLAB 中的函数 remez 就是用于最佳滤波器设计的，而 remezord 则用于计算所需的滤波器阶数。下面举例说明 MATLAB 中这两个函数的使用方法。

设需要设计的滤波器特性如图 2.62 所示，采样速率 f_{s}=10MHz，通带截止频率 f_{C}=1.2MHz，阻带截止频率 f_{A}=1.8MHz，通带带内波动δ_{p}=0.001，阻带带内波动δ_{s}=0.0001。则根据滤波器阶数估计函数 remezord 的定义，把 F=[1.2 1.8]，A=[1 0]，Dev=[0.001 0.0001]，F_{s}=10，代入下式：

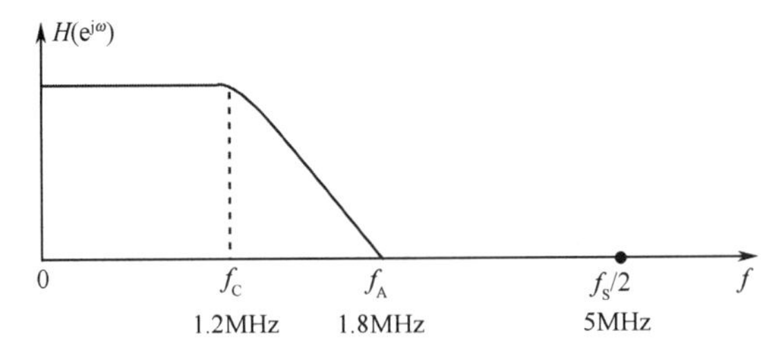

图 2.62　MATLAB滤波器设计举例

$$\mathrm{num} = [N, F_0, A_0, w] = \mathrm{remezord}(F, A, \mathrm{Dev}, F_{\mathrm{s}})$$

其中：F 为截止频率矢量；A 为与 F 对应的幅度矢量；Dev 为允许的频带波动；F_{s} 为采样频率，即可求出滤波器阶数 N 为 65 阶：

num=[N, F_0, A_0,W]= remezord([1.2 1.8],[1 0],[0.001 0.0001],10)；

再把得到的滤波器阶数矢量 num=[N, F_0, A_0, W]代入到滤波器设计函数：

$$h\text{=remez(num)= remez}(N, F_0, A_0, W)\text{= remezord}$$

其中：N 为滤波器阶数；F_0 为归一化截止频率矢量；A_0 为与 F 对应的归一化幅度矢量；W 为幅度加权矢量，即可求得滤波器系数 $h(n)$或 $H(\mathrm{e}^{\mathrm{j}\omega})$，如图 2.63 和图 2.64 所示。

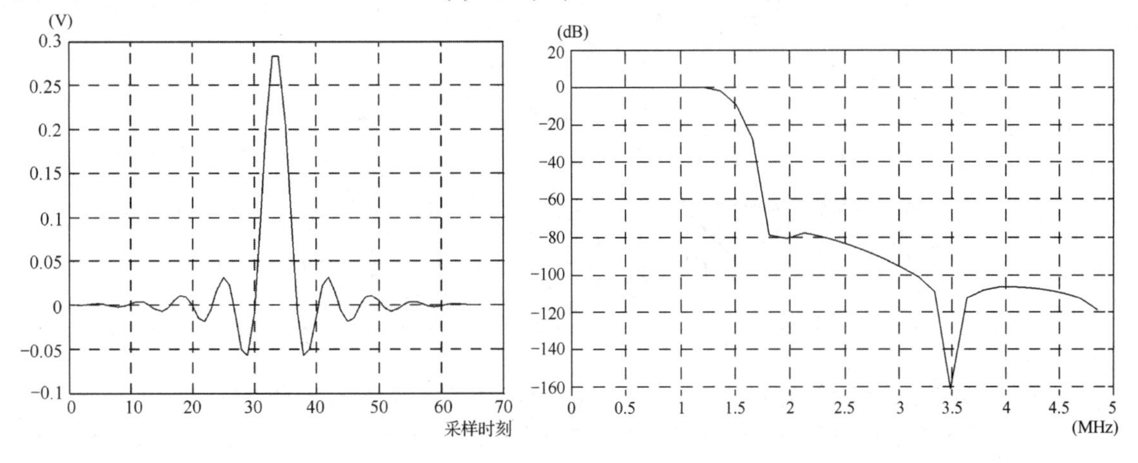

图 2.63　滤波器设计示例（时域特性）　　　　图 2.64　滤波器设计示例（频谱特性）

2.4.2　适合于 D=2^M倍抽取或内插的半带滤波器

半带滤波器（Half-Band Filter）在多率信号处理中有着特别重要的位置，因为这种滤波器特别适合于实现 D=2^M 倍（2 的幂次方倍）的抽取或内插，而且计算效率高，实时性强。本小节就专门介绍半带滤波器的时、频特性及其在抽取（内插）中的应用与设计方法。

所谓半带滤波器是指其频率响应 $H(\mathrm{e}^{\mathrm{j}\omega})$满足以下关系的 FIR 滤波器：

$$\omega_{\mathrm{C}}=\pi-\omega_{\mathrm{A}} \tag{2-138}$$

$$\delta_{\mathrm{s}}=\delta_{\mathrm{p}}=\delta \tag{2-139}$$

或者说半带滤波器的阻带宽度($\pi-\omega_{\mathrm{A}}$)与通带宽度(ω_{c})是相等的，且通带阻带波纹也相等，如图 2.65 所示。可以证明半带滤波器具有如下性质：

$$H(\mathrm{e}^{\mathrm{j}\omega})=1-H(\mathrm{e}^{\mathrm{j}(\pi-\omega)}) \tag{2-140}$$

$$H(\mathrm{e}^{\mathrm{j}\frac{\pi}{2}})=0.5 \tag{2-141}$$

$$h(k)=\begin{cases}1 & k=0\\ 0 & k=\pm2,\pm4\end{cases} \tag{2-142}$$

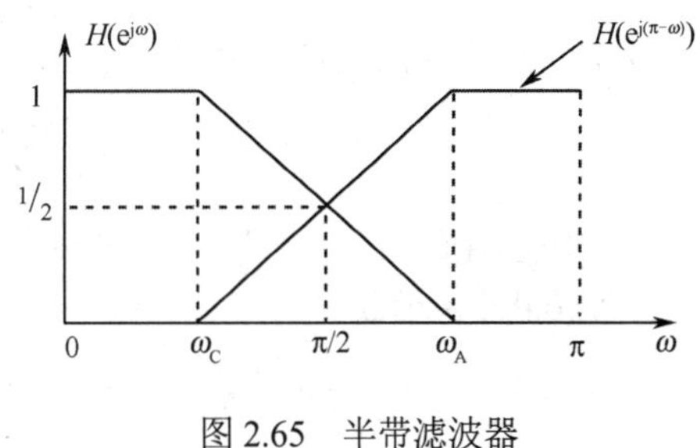

图 2.65　半带滤波器

也就是说半带滤波器的冲激响应 $h(k)$除零点不为零外，在其余偶数点全为零，所以采用半带滤波器来实现变换时，只需一半的计算量，有很高的计算效率，特别适合于进行实时处理。下面讨论半带滤波器能否作为 D=2 倍的抽取滤波器。

根据前面抽取的讨论，我们知道进行 2 倍抽取时的理想抽取滤波器应满足：

$$H_{\mathrm{id}}(\mathrm{e}^{\mathrm{j}\omega})=\begin{cases}1, & |\omega|\leqslant\dfrac{\pi}{2}\\ 0, & \text{其他}\end{cases} \tag{2-143}$$

如图 2.66（a）所示。而现在的半带滤波器［见图 2.66（b）］在π/2～ω_{A} 区间仍不为零（过渡带），是不满足无混叠抽取条件的，这就势必要产生混叠，如图 2.66（c）所示。

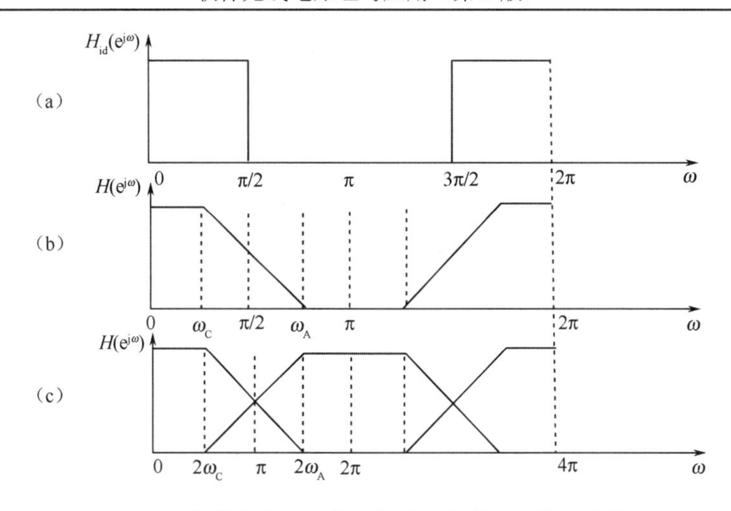

图 2.66　半带滤波器用作 2 倍抽取滤波器时的混叠情况

由图 2.66 可见，经 2 倍抽取后的信号在 $2\omega_C$～π区间（对应于抽取前的信号频率为ω_C ～π/2）是混叠的，位于这一频段的信号经 2 倍抽取后是无法恢复的。但是我们注意到只要半带滤波器满足图 2.66（b）之特性，抽取后在其通带即 0～$2\omega_C$ 仍无混叠，或者说采用半带滤波器进行 2 倍抽取后，位于通带内（0～ω_C）的信号仍然是可以恢复的（不会破坏通带内信号的频谱结构）。所以就其通带信号而言，完全可以采用半带滤波器进行 2 倍抽取，我们只要根据抽取前后的采样速率和信号带宽对ω_C、ω_A 进行仔细设计就行了。下面讨论采用 Kaiser 窗设计半带滤波器所需的阶数 N，并给出一个实际的 7 阶半带滤波器系数。

首先计算半带滤波器的过渡带宽ΔF：

$$\Delta F = \frac{\omega_A - \omega_C}{2\pi} = \frac{\pi - \omega_C - \omega_C}{2\pi} = \frac{\pi - 2\omega_C}{2\pi} \tag{2-144}$$

若设$\omega_C=\alpha\cdot\pi$，代入上式有：

$$\Delta F = \frac{\pi - 2\alpha\pi}{2\pi} = \frac{1-2\alpha}{2} \tag{2-145}$$

所以半带滤波器所需的阶数为（设$\delta_p=\delta_s=\delta$）

$$N = \frac{-20\lg\delta - 13}{14.6\Delta F} = \frac{-20\lg\delta - 13}{14.6(1-2\alpha)} \times 2 \tag{2-146}$$

式（2-146）中，α为由半带滤波器通带宽度(ω_C)确定的一个比例系数，δ为阻带衰减，取δ=0.001［$-20\lg(0.001)=60$dB］，代入可得：

$$N = \frac{6.44}{1-2\alpha} \tag{2-147}$$

当$\alpha \ll 1$ 时，$N\approx 7$。即用一个 7 阶半带滤波器就能实现 2 倍抽取，比如数字下变频器 HSP50214 所采用的一个 7 阶半带滤波器系数如下：

h（0）=−0.031303406
h（1）=0.00000000
h（2）=0.281280518
h（3）=0.499954224
h（4）=0.281280518
h（5）=0.00000000
h（6）=−0.031303406

显然该滤波器系数具备半带滤波器的全部性质（对称性，除中心点外，偶数点全为 0）。该滤波器的幅频特性如图 2.67 所示。

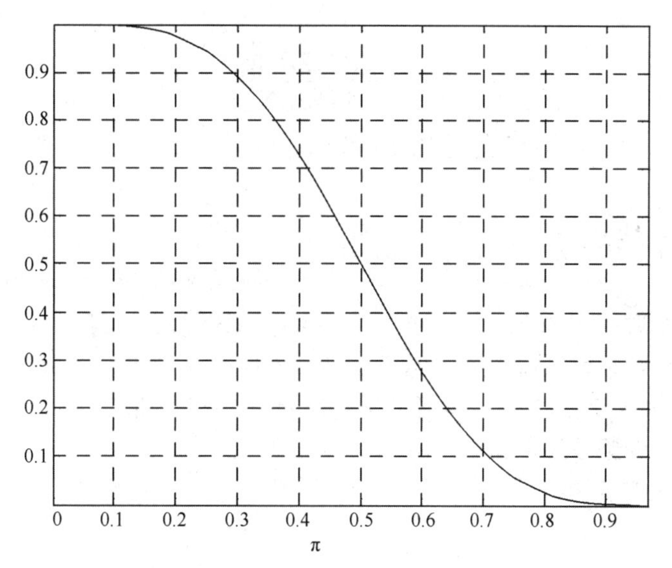

图 2.67　一个 7 阶半带滤波器的幅频特性

前面讨论了用单级半带滤波器实现 2 倍抽取的方法，当抽取率为 2 的幂次方时，即：$D=2^M$，我们就可以用 M 个半带滤波器完成抽取率为 $D=2^M$ 的高倍数抽取，如图 2.68 所示。

图 2.68 中的 HB_m（m=1,2,…,M）为第 m 级半带滤波器，如果每一级半带滤波器的通带宽度设计成一样，则第 m 级半带滤波器的带宽比例因子 α_m 由式（2-148）给出：

$$\alpha_m=\frac{f_{\mathrm{C}}}{f_{sm}} \tag{2-148}$$

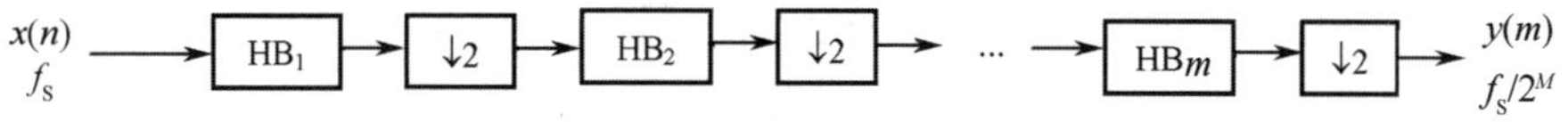

$x(n)$ f_s → HB_1 → ↓2 → HB_2 → ↓2 → … → $\mathrm{HB}m$ → ↓2 → $y(m)$ $f_s/2^M$

图 2.68　半带滤波器多级抽取实现框图

式中，f_{C} 为半带滤波器的模拟通带宽度或截止频率，f_{sm} 为第 m 级半带滤波器的输入采样速率，由式（2-149）给出：

$$f_{sm}=f_s\Big/2^{(m-1)} \tag{2-149}$$

代入式（2-148）可得：

$$\alpha_m=\frac{f_{\mathrm{C}}}{f_s}\cdot 2^{(m-1)} \tag{2-150}$$

代入 Kaiser 窗函数设计所需的滤波器阶数公式，可得第 m 级半带滤波器所需的阶数为（注意到 $\delta_m=\delta/M$，并取 δ=0.001）

$$N_m=\frac{6.44+2.74\lg M}{1-2\alpha_m}=\frac{6.44+2.74\lg M}{1-\dfrac{f_{\mathrm{C}}}{f_s}\cdot 2^m} \tag{2-151}$$

如果用第一级半带滤波器的带宽系数 α 用式（2-152）表示：

$$\frac{f_{\rm C}}{f_{\rm s}} = \alpha \tag{2-152}$$

代入式（2-151）则可得：

$$N_m = \frac{6.44 + 2.74\lg M}{1 - \alpha \cdot 2^m} \tag{2-153}$$

式（2-153）即为第 m 级半带滤波器所需的阶数。

2.4.3　积分梳状滤波器

前面讨论了当抽取因子 D 为 2 的幂次方时采用半带滤波器进行抽取的方法，可以说这是一种特殊情况，在实际的抽取系统中抽取因子 D 往往不恰好是 2^m 幂，而表现为一个整数与 2^m 幂相乘的形式，比如：D=48=3×2^4。这时可以先进行 D=3 的整数抽取，然后再用半带滤波器进行 2^4 幂抽取，而第一级的整数抽取就可以用本节要介绍的积分梳状（CIC）滤波器来实现。

所谓的积分梳状滤波器，是指该滤波器的冲激响应具有如下形式：

$$h(n) = \begin{cases} 1, & 0 \leqslant n \leqslant D-1 \\ 0, & \text{其他} \end{cases} \tag{2-154}$$

式中的 D 即为 CIC 滤波器的阶数（后面将会看到这里的 D 也就是抽取因子）。根据 z 变换的定义，CIC 滤波器之 z 变换为

$$\begin{aligned} H(z) &= \sum_{n=0}^{D-1} h(n) \cdot z^{-n} = \frac{1 - z^{-D}}{1 - z^{-1}} \\ &= \frac{1}{1 - z^{-1}} \cdot (1 - z^{-D}) = H_1(z) \cdot H_2(z) \end{aligned} \tag{2-155}$$

式中，

$$H_1(z) = \frac{1}{1 - z^{-1}} \tag{2-156}$$

$$H_2(z) = 1 - z^{-D} \tag{2-157}$$

它的实现框图如图 2.69 所示，由图可见，CIC 滤波器由两部分组成，积分器 $H_1(z)$和梳状滤波器 $H_2(z)$的级联，这就是为什么称该滤波器为积分梳状滤波器的原因。$H_1(z)$为积分器是容易理解的，而 $H_2(z)$为什么叫梳状滤波器，可以从它的幅频特性来说明。把 z=$\mathrm{e}^{\mathrm{j}\omega}$代入可得 $H_2(z)$的频率响应为：

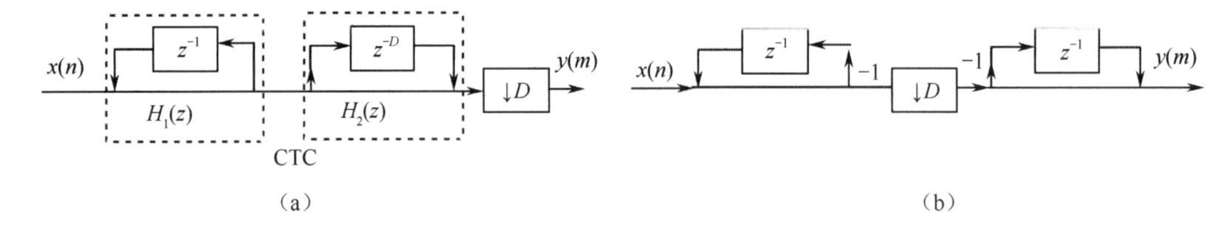

图 2.69　积分梳状滤波器的实现

$$\begin{aligned} H_2(\mathrm{e}^{\mathrm{j}\omega}) &= 1 - \mathrm{e}^{-\mathrm{j}\omega D} = \mathrm{e}^{-\mathrm{j}\omega\cdot\frac{D}{2}} \cdot 2\mathrm{j} \cdot \left[\frac{\mathrm{e}^{\mathrm{j}\omega\cdot\frac{D}{2}} - \mathrm{e}^{-\mathrm{j}\omega\cdot\frac{D}{2}}}{2\mathrm{j}} \right] \\ &= 2\mathrm{j}\mathrm{e}^{-\mathrm{j}\omega\cdot\frac{D}{2}} \cdot \sin\left(\frac{\omega D}{2}\right) \end{aligned} \tag{2-158}$$

其幅频特性为

$$\left|H_2(\mathrm{e}^{\mathrm{j}\omega})\right| = 2\cdot\left|\sin\left(\frac{\omega D}{2}\right)\right| \tag{2-159}$$

如图 2.70（a）所示。由图清晰地看出，$\left|H_2(\mathrm{e}^{\mathrm{j}\omega})\right|$的形状如同一把梳子，故把 $H_2(z)$形象地称为梳状滤波器。

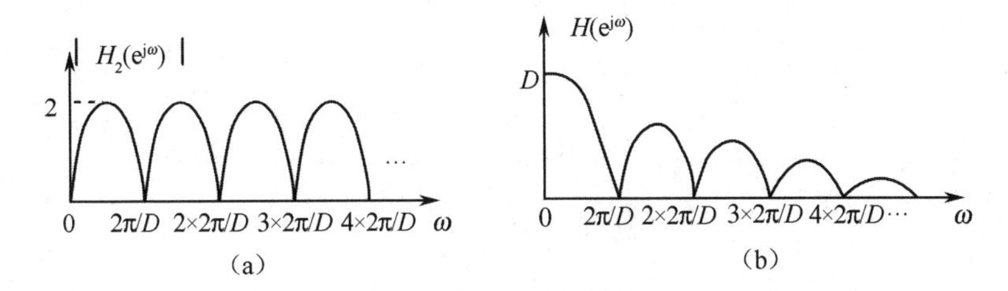

图 2.70 CIC滤波器之幅频特性

同样可以求得积分器 $H_1(z)$的频率响应为

$$\begin{aligned}H_1(\mathrm{e}^{\mathrm{j}\omega}) &= \frac{1}{1-\mathrm{e}^{-\mathrm{j}\omega}} = \frac{\mathrm{e}^{\mathrm{j}\omega/2}}{2\mathrm{j}}\cdot\left[\frac{\mathrm{e}^{\mathrm{j}\frac{\omega}{2}}-\mathrm{e}^{-\mathrm{j}\frac{\omega}{2}}}{2\mathrm{j}}\right]^{-1} \\ &= \frac{\mathrm{e}^{\mathrm{j}\omega/2}}{2\mathrm{j}}\cdot\left[\sin\left(\frac{\omega}{2}\right)\right]^{-1}\end{aligned} \tag{2-160}$$

这样 CIC 滤波器的频率总响应为

$$\begin{aligned}H(\mathrm{e}^{\mathrm{j}\omega}) &= H_1(\mathrm{e}^{\mathrm{j}\omega})\cdot H_2(\mathrm{e}^{\mathrm{j}\omega}) = \frac{\sin\left(\frac{\omega D}{2}\right)}{\sin\left(\frac{\omega}{2}\right)} \\ &= D\cdot \mathrm{Sa}\left(\frac{\omega D}{2}\right)\cdot \mathrm{Sa}^{-1}\left(\frac{\omega}{2}\right)\end{aligned} \tag{2-161}$$

式中，$\mathrm{Sa}(x)=\dfrac{\sin(x)}{x}$为采样函数，且 Sa(0)=1，所以 CIC 滤波器在ω=0 处的幅度值为 D，即：

$$H(\mathrm{e}^{\mathrm{j}0}) = D \tag{2-162}$$

CIC 的幅频特性如图 2.70（b）所示，我们称 0～2π/D 的区间为 CIC 滤波器的主瓣，而其他区间称为旁瓣，由图可见随着频率的增大，旁瓣电平不断减小，其中第一旁瓣电平为

$$\left|H(\mathrm{e}^{\mathrm{j}\omega})\right|_{\omega=1.5\cdot\frac{2\pi}{D}} = \left|\frac{\sin\left(\frac{3\pi}{2}\right)}{\sin\left(\frac{3\pi}{2D}\right)}\right| = \frac{1}{\left|\sin\left(\frac{3\pi}{2D}\right)\right|} \tag{2-163}$$

当 $D\gg 1$ 时，$\left|\sin\left(\dfrac{3\pi}{2D}\right)\right|\approx\dfrac{3\pi}{2D}$，所以第一旁瓣电平（用 A_1 表示）为

$$A_1 = \frac{2D}{3\pi} \tag{2-164}$$

它与主瓣电平（D）的差值（用 dB 表示）为

$$\alpha_s = 20\lg\frac{D}{A_1} = 20\lg\frac{3\pi}{2} = 13.46\text{dB} \tag{2-165}$$

可见单级 CIC 滤波器的旁瓣电平是比较大的，只比主瓣低 13.46dB，这也就意味着阻带衰减很差，一般是难以满足实用要求的，为了降低旁瓣电平，可以采用多级 CIC 滤波器级联的办法来解决，比如用 Q 级 CIC 实现时的频率响应为

$$H_Q(e^{j\omega}) = \left[\frac{\sin\left(\frac{\omega D}{2}\right)}{\sin\left(\frac{\omega}{2}\right)}\right]^Q = D^Q \cdot \text{Sa}^Q\left(\frac{\omega D}{2}\right) \cdot \text{Sa}^{-Q}\left(\frac{\omega}{2}\right) \tag{2-166}$$

同理可求得 Q 级 CIC 滤波器的旁瓣抑制为

$$\alpha_s^Q = 20\lg\left(\frac{D}{A_1}\right)^Q = Q \cdot 20\lg\left(\frac{D}{A_1}\right) = [Q \times 13.46]\text{dB} \tag{2-167}$$

当 Q=5 时：$\alpha_s^Q = 67.3\text{dB}$。可见 5 级级联 CIC 滤波器具有 67dB 左右的阻带衰减，基本能满足实际要求，比如在 HSP50214 数字下变频器中就使用了 5 级 CIC 滤波器，用来实现 4～32 倍抽取。单级 CIC 滤波器用作抽取滤波器时的等效结构已在图 2.69（b）中给出。由图可见，CIC 抽取滤波器实现起来还是非常简单的，无须一般 FIR 滤波器所需的乘法运算，这无论是对提高实时性，还是简化硬件都有重要意义，所以 CIC 滤波器在多率信号处理中只有特别重要的位置。图 2.71 给出了多级 CIC 抽取滤波器的等效结构。

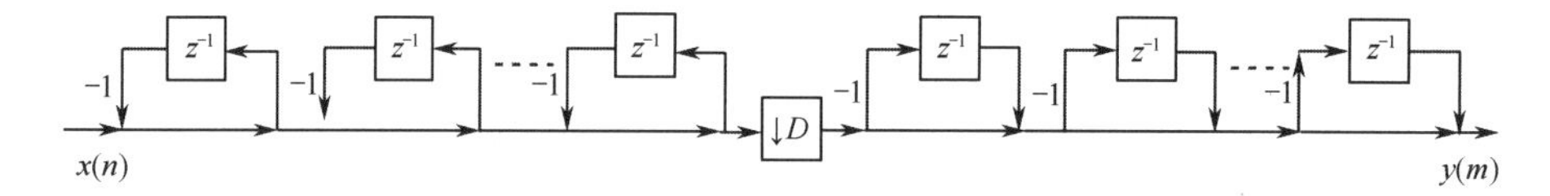

图 2.71　多级级联CIC抽取滤波器

在使用 CIC 抽取滤波器时一个需要值得注意的问题是：由 Q 级 CIC 滤波器的频率响应 $H_Q(e^{j\omega})$［见式（2-168）］表达式：

$$H_Q(e^{j\omega}) = D^Q \cdot \text{Sa}^Q\left(\frac{\omega D}{2}\right) \cdot \text{Sa}^{-Q}\left(\frac{\omega}{2}\right) \tag{2-168}$$

可见，CIC 抽取滤波器有一个处理增益 D^Q，而且随着级数 Q 的增多和抽取因子 D 的加大，处理增益也越大，所以在用软件或硬件实现 CIC 滤波器时，每一级都必须保留足够的运算精度，否则就有可能引起溢出错误，或运算精度的降低。另外，在前面的讨论中，我们一直假定 CIC 滤波器之抽取因子等于 CIC 滤波器的阶数 D（注意不要把 D 跟 CIC 滤波器的级联级数 Q 相混淆），否则图 2.69（a）就无法等效成图 2.69（b）的形式，这就是说当抽取因子 D 选定后，CIC 滤波器之阶数相应也就随之确定了，两者不可独立选取，这在实际应用时要特别注意。下面再详细讨论一下 CIC 滤波器的抗混叠问题，讨论只以单级 CIC 滤波器为例来说明。

重新画出单级 CIC 滤波器的幅频特性，如图 2.72（a）所示。图 2.72（b）为经 D 倍抽取后信号的幅频特性（为图 2.72 中实线部分与虚线部分之和），粗粗一看图 2.72（b）中的虚线部分显然对实线部分形成了混叠。但是仔细分析会发现，如果抽取的信号带宽很窄（如图 2.72 中的 ω_1 所示），且当 $H(e^{j\omega})$在 $\omega=\omega_2=2\pi/D-\omega_1$ 处的衰减值足够大时（如图 2.72 中所示的 A_1 很大），则在其信号带宽内，图 2.72（b）所示虚线部分对实线部分产生的混叠就可忽略不计，下面具体分析 ω_1 与衰减值 A_1 的关系。

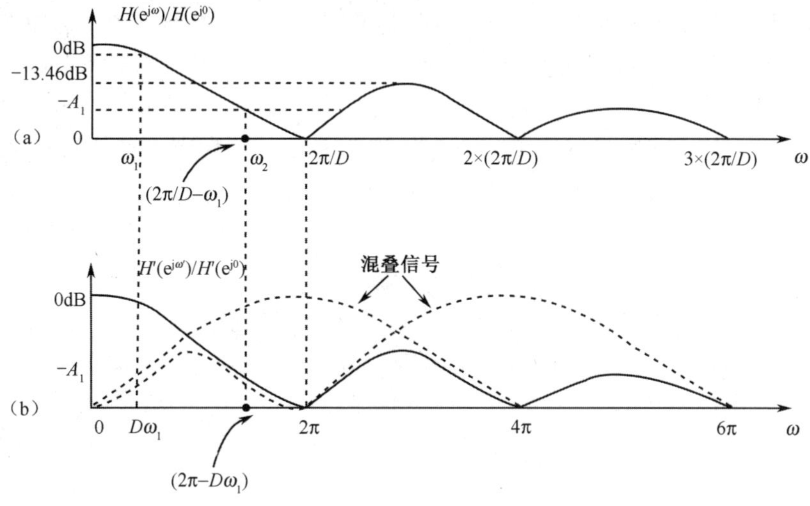

图 2.72　CIC滤波器的抗混叠特性

由图 2.72 可知：

$$A_1 = 20\lg\left|\frac{H(\mathrm{e}^{\mathrm{j}0})}{H(\mathrm{e}^{\mathrm{j}\omega_2})}\right| = 20\lg\frac{D}{\left|\dfrac{\sin\left(\dfrac{\omega_2 D}{2}\right)}{\sin\left(\dfrac{\omega_2}{2}\right)}\right|} \tag{2-169}$$

把$\omega_2=2\pi/D-\omega_1$代入可得：

$$A_1 = 20\lg\left|\frac{D\sin\left(\dfrac{\pi}{D}-\dfrac{\omega_1}{2}\right)}{\sin\left(\pi-\dfrac{\omega_1 D}{2}\right)}\right| \tag{2-170}$$

引入带宽比例因子 b，即设$\omega_1=b(2\pi/D)$代入可得：

$$A_1 = 20\lg\left|\frac{D\sin\left[\dfrac{\pi}{D}(1-b)\right]}{\sin(b\pi)}\right| \tag{2-171}$$

当 $b \ll 1$，$D \gg 1$ 时，式（2-171）可简化为

$$A_1 \approx -20\lg b \tag{2-172}$$

比如取 b=0.01（f_s=100MHz，D=20 时，相当于信号带宽 $f_1 = \dfrac{f_s}{2\pi}\cdot\omega_1 = \dfrac{bf_s}{D} = 50\text{kHz}$）则 $A_1 = -20\lg 0.01 = 40\text{dB}$。也就是说当 b=0.01 时，单级 CIC 滤波器的无混叠信号带宽内的阻带衰减也能达到 40dB，如果单级衰减不够，则仍可采用多级级联，这时的阻带衰减为

$$A_1^Q = -Q(20\lg b) = Q\cdot A_1 \tag{2-173}$$

即为单级时的 Q 倍，比如当 Q=3，b=0.1 时，就能达到 60dB 的衰减，而这时的无混叠信号带宽却能达到 500kHz（f_s=100MHz，D=20）。值得指出的是上面引入的带宽比例因子 b，实际上是信号带宽（B）与抽取后的输出采样速率(f_s/D)的比值，即：

$$b = \frac{B}{f_s/D} \tag{2-174}$$

式中，f_s 为输入采样速率，B 为抽取信号的带宽，D 为抽取因子。由式（2-174）可见，为使 b

值尽可能地小，以便获得足够的阻带衰减，降低混叠影响，在信号带宽 B 一定的条件下，应尽可能地采用小的抽取因子 D 或增大输入采样速率 f_s，后者就意味着 CIC 抽取滤波器一般要用在抽取系统的第一级（输入采样速率最高）或者内插系统的最后一级（输入采样速率也最高）。

带宽比例因子 b 的选取需考虑的第二个问题是在 $\omega=\omega_1$ 时的幅度不能下降太多，也就是说在信号通带内幅值容差不能太大，若设该容差为 δ_s，则可求得：

$$\delta_s = 20\lg\left|\frac{H(e^{j0})}{H(e^{j\omega_1})}\right| = 20\lg\left|\frac{D\sin\left(\frac{\omega_1}{2}\right)}{\sin\left(\frac{\omega_1 D}{2}\right)}\right| \tag{2-175}$$

仍设 $\omega_1 = b\frac{2\pi}{D}$ 代入可得：

$$\delta_s = 20\lg\left|\frac{D\sin\left(\frac{b\pi}{D}\right)}{\sin(b\pi)}\right| \tag{2-176}$$

当 $D/b \gg 1$ 时，

$$\sin\left(\frac{b\pi}{D}\right) \approx \frac{b\pi}{D} \tag{2-177}$$

代入式（2-176）可得：

$$\delta_s \approx 20\lg\left|\frac{\pi b}{\sin(b\pi)}\right| \tag{2-178}$$

比如当 b=0.1 时，δ_s≈0.143 dB；当 b=0.05 时，δ_s≈0.036 dB。

也就是说从带内平坦度考虑，带宽因子 b 也不能选得太大，或者说信号带宽不宜选得太宽，否则会引起高频失真（高频成分被衰减），这显然是不允许的。同理可以得到 Q 级 CIC 滤波器的带内容差为

$$\delta_s^Q = Q\cdot\left[20\lg\left|\frac{\pi b}{\sin(\pi b)}\right|\right] = Q\cdot\delta_s \tag{2-179}$$

也就是说 Q 级 CIC 滤波器的带内容差也是单级时的 Q 倍。由此可以看出，多级级联虽然能增大阻带衰减，减小混叠影响，但会增大带内容差，所以 CIC 滤波器的级联数是有限的，不宜太多，一般以 5 阶为限。由前面的分析可知，当 Q=5，b=0.05 时的带内容差也将达到 0.036×5=0.18dB。所以在进行 CIC 滤波器设计时（级数及阶数选择）在阻带衰减与带内容差之间应折中考虑，不能过分追求某一指标。

从以上分析可以看出，CIC 滤波器无论是阻带衰减还是带内容差只与带宽比例因子有关，或者说只与相对信号带宽（相对于输出采样速率的信号带宽）有关，而与绝对信号带宽无关。这样在绝对信号带宽较宽时，可以通过降低抽取因子 D 来提高输出采样速率，从而达到减小相对信号带宽，也就是减小带宽比例因子 b 的目的。所以 CIC 滤波器中的抽取因子（或滤波器阶数）的选取还是有讲究的，不能随意选取，否则会影响抽取性能。

2.5 软件无线电中的正交信号变换

正交信号变换是软件无线电中基本的信号处理功能，通过后面的分析会发现，无线电信号

的瞬时特征（瞬时幅度、瞬时相位、瞬时频率）提取，进而对它进行信号识别和解调都是以信号正交变换为基础的。在前面讨论带通信号复抽取或实抽取时实际上已经涉及了正交变换问题，只不过在那里并没有重点来讨论它。本节将重点介绍在软件无线电中起非常重要作用的正交信号变换的基本概念、基本理论以及实现方法。首先讨论一下为什么要进行正交变换，及其正交变换的基本概念和内涵。

2.5.1　正交变换的基本概念

自然界的物理可实现信号都是实信号，而实信号的频谱具有共轭对称性，即满足：

$$X(f) = X^*(-f) \tag{2-180}$$

也就是说，实信号的正负频率幅度分量是对称的，而其相位分量正好相反。所以对于一个实信号，只需由其正频部分或其负频部分就能完全加以描述，不会丢失任何信息，也不会产生虚假信号。如果只取正频部分得到一个新信号 $z(t)$，（由于 $z(t)$只含正频分量，故 $z(t)$不是实信号，而是复信号），$z(t)$之频谱 $Z(f)$可表示为

$$Z(f) = \begin{cases} 2X(f), & f > 0 \\ X(f), & f = 0 \\ 0, & f < 0 \end{cases} \tag{2-181}$$

式中，f>0 的分量加倍，是为了使 $z(t)$与原信号 $x(t)$的能量相等。引入一个阶跃滤波器：

$$H(f) = \begin{cases} 1, & f > 0 \\ 0, & f = 0 \\ -1 & f < 0 \end{cases} \tag{2-182}$$

则式（2-181）可写为

$$Z(f) = X(f) \cdot [1 + H(f)] \tag{2-183}$$

如果设阶跃滤波器 $H(f)$对应的冲激响应函数为 $h(t)$，则根据式（2-184），$z(t)$可表示为：

$$z(t) = x(t) + x(t) * h(t) \tag{2-184}$$

式中，符号∗表示卷积。冲激响应函数 $h(t)$可求得：

$$h(t) = \mathrm{j}\frac{1}{\pi t} \tag{2-185}$$

所以，$z(t)$可重写为

$$z(t) = x(t) + \mathrm{j}\frac{1}{\pi}\int_{-\infty}^{+\infty}\frac{x(\tau)}{t-\tau}\mathrm{d}\tau \tag{2-186}$$

定义：

$$H[x(t)] = \frac{1}{\pi}\int_{-\infty}^{+\infty}\frac{x(\tau)}{t-\tau}\mathrm{d}\tau \tag{2-187}$$

称为 $x(t)$的希尔伯特（Hilbert）变换，则有：

$$z(t) = x(t) + \mathrm{j}H[x(t)] \tag{2-188}$$

由此可以得出如下结论：一个实信号 $x(t)$的正频率分量所对应的信号 $z(t)$是一个复信号，其实部为原信号 $x(t)$，而其虚部为原信号 $x(t)$的希尔伯特（Hilbert）变换。我们把 $z(t)$就称为实信号 $x(t)$的解析表示。同时把 $z(t)$的实部叫作 $x(t)$的同相分量，而把 $z(t)$的虚部叫作 $x(t)$的正交分量。之所以把 $z(t)$的实部与虚部称为是正交的，是因为：

$$
\begin{aligned}
\int_{-\infty}^{+\infty} x(t)\cdot H[x(t)]\mathrm{d}t &= \int_{-\infty}^{+\infty} x(t)\cdot\left[\frac{1}{\pi}\int_{-\infty}^{+\infty}\frac{x(\tau)}{t-\tau}\mathrm{d}\tau\right]\mathrm{d}t \\
&= \int_{-\infty}^{+\infty} x(\tau)\cdot\left[\frac{1}{\pi}\int_{-\infty}^{+\infty}\frac{x(t)}{t-\tau}\mathrm{d}t\right]\mathrm{d}\tau = -\int_{-\infty}^{+\infty} x(\tau)\cdot\left[\frac{1}{\pi}\int_{-\infty}^{+\infty}\frac{x(t)}{\tau-t}\mathrm{d}t\right]\mathrm{d}\tau \\
&= -\int_{-\infty}^{+\infty} x(\tau)\cdot H[x(t)]\mathrm{d}\tau
\end{aligned} \tag{2-189}
$$

由式（2-189）即得：

$$
\int_{-\infty}^{+\infty} x(t)\cdot H[x(t)]\mathrm{d}t = 0 \tag{2-190}
$$

式（2-190）表明 $z(t)$之实部 $x(t)$与其虚部 $H[x(t)]$是正交的，或者也可以说一个实信号的 Hilbert 变换与该信号是正交的。所以 Hilbert 变换就是一个正交变换，由它可以产生实信号的正交分量，实现过程如图 2.73 所示。

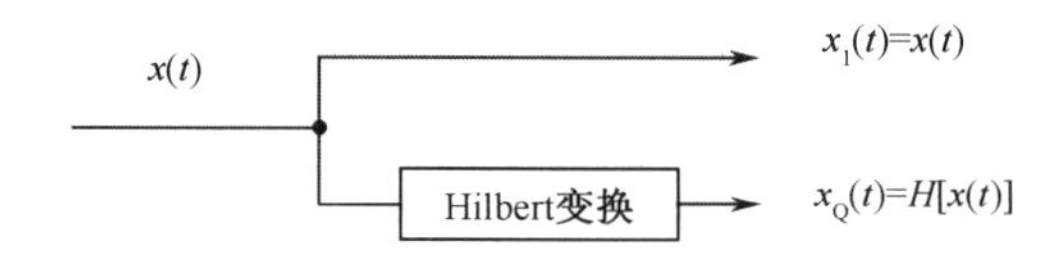

图 2.73　Hilbert正交变换

那么我们为什么要对一个实信号进行正交分解呢？或者说为什么要用一个复的解析信号 $z(t)$来表示一个实信号呢？我们知道一个复信号 $z(t)$可用极坐标表示为

$$
z(t) = a(t)\cdot \mathrm{e}^{\mathrm{j}\phi(t)} \tag{2-191}
$$

其中 $a(t)$表示 $z(t)$的瞬时包络，由式（2-192）给出：

$$
a(t) = \sqrt{\mathrm{Re}^2[z(t)] + \mathrm{Im}^2[z(t)]} = \sqrt{x^2(t) + H^2[x(t)]} \tag{2-192}
$$

式中，Re[·]、Im[·]分别表示实部和虚部。而$\varphi(t)$表示 $z(t)$的瞬时相位，由式（2-193）给出：

$$
\varphi(t) = \arctan\left\{\frac{\mathrm{Im}[z(t)]}{\mathrm{Re}[z(t)]}\right\} = \arctan\left\{\frac{H[x(t)]}{x(t)}\right\} \tag{2-193}
$$

而复信号 $z(t)$的瞬时角频率$\omega(t)$可表示为：

$$
\begin{aligned}
\omega(t) &= \frac{\mathrm{d}\varphi(t)}{\mathrm{d}t} = \frac{\mathrm{d}}{\mathrm{d}t}\left\{\arctan\left[\frac{H(x(t))}{x(t)}\right]\right\} \\
&= \frac{H'[x(t)]\cdot x(t) - x'(t)\cdot H[x(t)]}{a(t)}
\end{aligned} \tag{2-194}
$$

式中：$H'[x(t)] = \dfrac{\mathrm{d}}{\mathrm{d}t}\{H[x(t)]\}$；$x'(t) = \dfrac{\mathrm{d}x(t)}{\mathrm{d}t}$；$a(t)$ 如式（2-192）所示。

也就是说从解析信号很容易获得信号的三个特征参数：瞬时幅度、瞬时相位和瞬时频率。而这三个特征参数是信号分析、参数测量或识别解调的基础，这就是对实信号进行解析表示的意义所在。所以一个实信号的解析表示（正交分解）在信号处理中有着极其重要的作用，是软件无线电的基础理论之一，掌握这一基础理论对软件无线电算法研究具有重要意义。

2.5.2　窄带信号的正交分解与模拟域实现

一个实的窄带信号可表示为

$$x(t) = a(t) \cdot \cos[\omega_0 t + \theta(t)] \tag{2-195}$$

其对应的频谱 $X(f)$如图 2.74 所示，图中的 B 为信号带宽，所谓的窄带信号应满足：

$$\frac{\omega_0}{2\pi} \gg B \tag{2-196}$$

可以证明这时 $x(t)$的 Hilbert 变换为

$$H[x(t)] = a(t) \cdot \sin[\omega_0 t + \theta(t)] \tag{2-197}$$

所以，窄带信号的解析表示为

$$z(t) = a(t) \cdot \cos[\omega_0 t + \theta(t)] + \mathrm{j}a(t) \cdot \sin[\omega_0 t + \theta(t)] \tag{2-198}$$

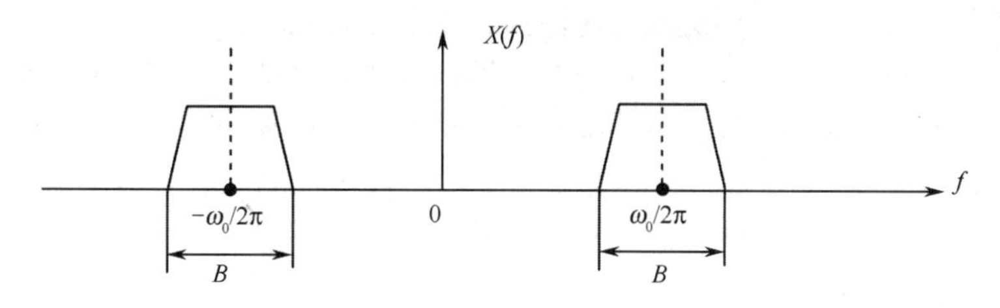

图 2.74　窄带信号的频谱结构

用极坐标形式可表示为

$$z(t) = a(t) \cdot \mathrm{e}^{\mathrm{j}(\omega_0 t + \theta(t))} \tag{2-199}$$

从窄带信号的极坐标解析式更清楚地看出，$a(t)$表示信号的瞬时包络，$\varphi(t)=\omega_0 t+\theta(t)$表示信号的瞬时相位，而 $\omega(t) = \frac{\mathrm{d}\varphi(t)}{\mathrm{d}t} = \omega_0 + \theta'(t)$ 表示信号的瞬时角频率，这三个特征量包含了窄带信号的全部信息。式（2-199）可重新写为

$$z(t) = a(t) \cdot \mathrm{e}^{\mathrm{j}\theta(t)} \cdot \mathrm{e}^{\mathrm{j}\omega_0 t} \tag{2-200}$$

式中的 $\mathrm{e}^{\mathrm{j}\omega_0 t}$ 称为信号的载频分量，它作为信息载体不含有用信息。将式（2-200）乘以 $\mathrm{e}^{-\mathrm{j}\omega_0 t}$，把载频下移$\omega_0$，变成零载频，其结果称为基带信号（或称为零中频信号），即有：

$$\begin{aligned} z_{\mathrm{B}}(t) &= a(t) \cdot \mathrm{e}^{\mathrm{j}\theta(t)} = a(t)\cos\theta(t) + \mathrm{j}a(t)\sin\theta(t) \\ &= z_{\mathrm{BI}}(t) + \mathrm{j}z_{\mathrm{BQ}}(t) \end{aligned} \tag{2-201}$$

式中，

$$z_{\mathrm{BI}}(t) = a(t)\cos\theta(t) \tag{2-202}$$

$$z_{\mathrm{BQ}}(t) = a(t)\sin\theta(t) \tag{2-203}$$

分别称为基带信号的同相分量和正交分量。特别需要注意的是基带信号为解析信号的复包络，它是一个复信号。也就是说基带信号既有正频分量，也有负频分量，但其频谱不具有共轭对称性，若随意剔除基带信号的负频分量，就会造成信息丢失或失真。特别提醒，无论是零中频信号的同相分量 $z_{\mathrm{BI}}(t)$，还是正交分量 $z_{\mathrm{BQ}}(t)$都不能单独表示原信号的调制特性，而必须由两者组成的复信号即零中频信号才能正确表示原信号的调制特性。需要注意，有时会误认为零中频信号是式（2-195）中的ω_0为 0 时的信号。而实际上，式（2-195）中的ω_0为 0 时的信号只是零中频信号的同相分量。

从以上分析可以看出，一个实的窄带信号既可以用解析信号 $z(t)$来表示，也可以用其基带信号或叫零中频信号 $z_{\mathrm{B}}(t)$来表示。但是准确的解析表示主要用于数学分析，实际中要得到它是非常困难的，这是因为理想 Hilbert 变换的阶跃滤波器是难以真正实现的，而相比之下，得到基带信号（零中频信号）就要容易得多，其实现方法如图 2.75 所示，图中的 LPF 为低通滤波器。

需要注意的是，如果窄带射频信号带宽为 B（见图 2.74），则这里的低通滤波器带宽为 $B/2$，即为射频信号带宽的一半。这样后续的信号采样速率就只要高于 B 就可以了，从单路 ADC 而言，采样速率可以降至一半。

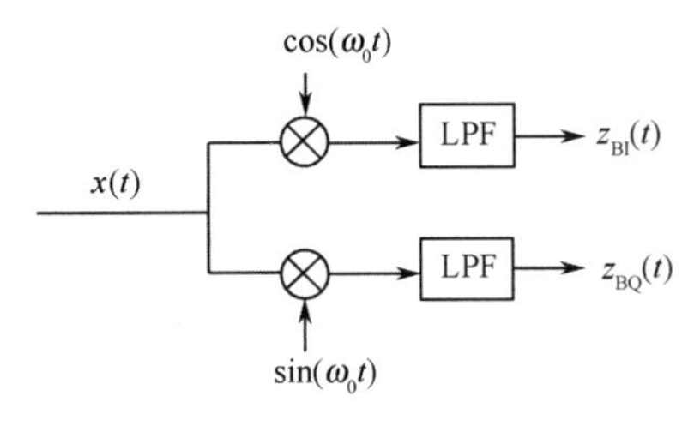

图 2.75　实信号的正交基带变换

图 2.75 为用模拟方法实现窄带信号正交变换的原理框图。该方法的主要缺点是需要产生正交的两个本振信号 $\cos(\omega_0 t)$和 $\sin(\omega_0 t)$，当这两个本振信号不正交时，就会产生虚假信号。为使虚假信号尽可能地小（虚假抑制足够大），就必须对上述两个正交本振的正交性提出要求。下面就来讨论正交性与虚假抑制之间的关系。

设两个本振信号的正交相位误差为$\Delta\varphi$，幅度误差为Δa，即两个本振信号分别为 $\cos(\omega_0 t)$和$\Delta a\sin(\omega_0 t+\Delta\varphi)$，设输入信号为

$$x(t)=2a(t)\cdot\cos(\omega_0 t+\theta(t)) \tag{2-204}$$

则 $x(t)$经过非正交混频和低通滤波后的复基带信号为

$$\begin{aligned} z_{\mathrm{B}}(t) &= a(t)\cdot\cos\theta(t)+\mathrm{j}a(t)\cdot\Delta a\sin[-\theta(t)+\Delta\varphi] \\ &= \frac{(1+\Delta a\cdot\mathrm{e}^{\mathrm{j}\Delta\varphi})}{2}[a(t)\cdot\mathrm{e}^{\mathrm{j}\theta(t)}]+\frac{(1-\Delta a\cdot\mathrm{e}^{-\mathrm{j}\Delta\varphi})}{2}[a(t)\cdot\mathrm{e}^{-\mathrm{j}\theta(t)}] \end{aligned} \tag{2-205}$$

设：

$$\begin{aligned} z_{\mathrm{B1}}(t) &= a(t)\cdot\mathrm{e}^{\mathrm{j}\theta(t)} \\ z_{\mathrm{B2}}(t) &= a(t)\cdot\mathrm{e}^{-\mathrm{j}\theta(t)} \end{aligned} \tag{2-206}$$

则式（2-205）可写为

$$z_{\mathrm{B}}(t)=\frac{(1+\Delta a\cdot\mathrm{e}^{\mathrm{j}\Delta\varphi})}{2}\cdot z_{\mathrm{B1}}(t)+\frac{(1-\Delta a\cdot\mathrm{e}^{-\mathrm{j}\Delta\varphi})}{2}\cdot z_{\mathrm{B2}}(t) \tag{2-207}$$

对应其频谱为

$$Z_{\mathrm{B}}(f)=\frac{(1+\Delta a\cdot\mathrm{e}^{\mathrm{j}\Delta\varphi})}{2}\cdot Z_{\mathrm{B1}}(f)+\frac{(1-\Delta a\cdot\mathrm{e}^{-\mathrm{j}\Delta\varphi})}{2}\cdot Z_{\mathrm{B2}}(f) \tag{2-208}$$

由前面的定义可知：

$$z_{\mathrm{B2}}(t)=z_{\mathrm{B1}}^{*}(t) \tag{2-209}$$

所以有：

$$Z_{\mathrm{B2}}(f)=Z_{\mathrm{B1}}^{*}(-f) \tag{2-210}$$

也就是说，$Z_{\mathrm{B2}}(f)$为 $Z_{\mathrm{B1}}(f)$的共轭对称分量，该分量就是当正交本振存在正交误差时产生的虚假信号，如图 2.76 所示。

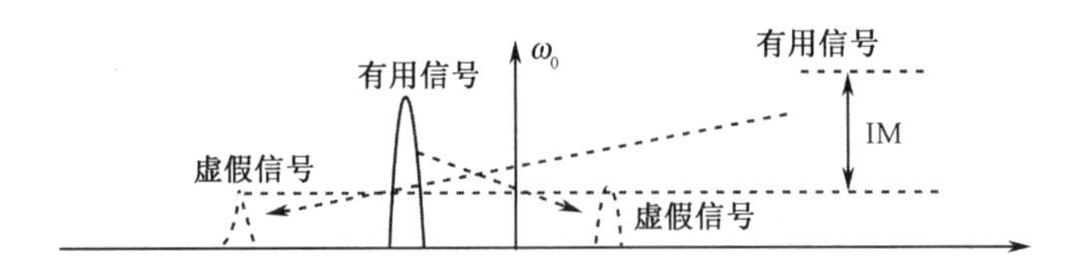

图 2.76　正交误差引起的虚假信号

由式（2-208）知，当$\Delta\varphi=0$，$\Delta a=1$ 时：$Z_{\mathrm{B}}(f)=Z_{\mathrm{B1}}(f)$。

这是我们所需的基带信号，该信号在存在正交偏差时的信号（加权）幅度为

$$A_1=\left|\frac{1+\Delta a\cdot\mathrm{e}^{\mathrm{j}\Delta\varphi}}{2}\right|=\sqrt{[1+2\Delta a\cdot\cos\Delta\varphi+\Delta a^2]}\Big/2 \tag{2-211}$$

而虚假信号的加权幅度为

$$A_2 = \left|\frac{1-\Delta a \cdot \mathrm{e}^{-\mathrm{j}\Delta\varphi}}{2}\right| = \sqrt{[1-2\Delta a \cdot \cos\Delta\varphi + \Delta a^2]}\Big/2 \tag{2-212}$$

则用对数表示的虚假抑制为

$$\mathrm{IM} = 20\lg\frac{A_1}{A_2} = 10\lg\left[\frac{1+2\Delta a \cdot \cos\Delta\varphi + \Delta a^2}{1-2\Delta a \cdot \cos\Delta\varphi + \Delta a^2}\right] \tag{2-213}$$

给定正交误差$\Delta\varphi$和Δa，根据式（2-213）即可求出虚假抑制比，如图 2.77 所示（图中的横坐标对应$\Delta\varphi$，纵坐标对应Δa）。比如当$\Delta\varphi$=1°，Δa=1 时，IM≈40dB，而为使虚假抑制达到 60dB，则正交相位误差$\Delta\varphi$必须小于 0.1°，也就是说为了达到比较高的虚假抑制，对正交本振的正交性要求是相当高的，用一般模拟本振的方法来实现是非常困难的。也就是说，如图 2.75 所示的在模拟域实现正交变换的办法只适用于对虚假抑制要求不高的场合，比如小于 30dB，这时的正交相位误差允许不大于 3°（幅度无误差），3°误差的正交混频在模拟域实现起来就要容易一些。为了满足高虚假抑制的要求，可以采用下面要介绍的数字正交混频的方法来实现。

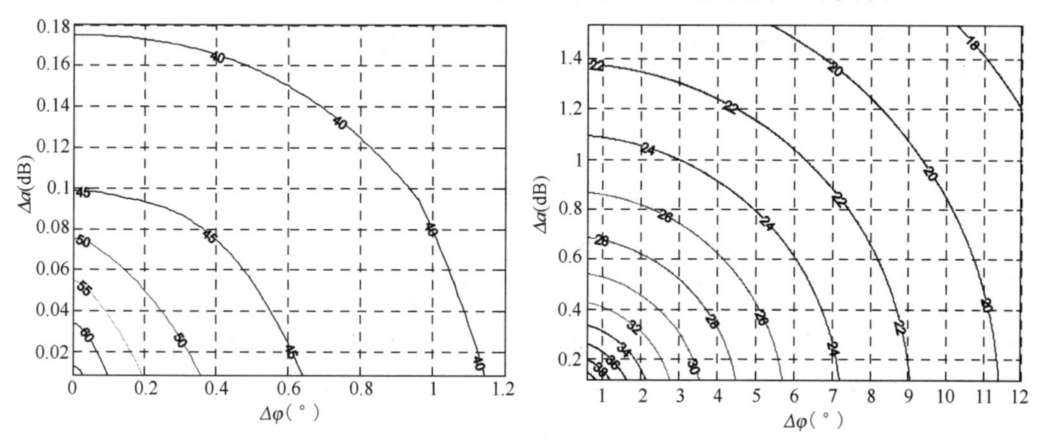

图 2.77　正交误差与虚假抑制的关系

2.5.3　数字混频正交变换

所谓数字混频正交变换实际上就是先对模拟信号 $x(t)$通过 ADC 采样后形成数字序列 $x(n)$，然后与两个正交本振序列 $\cos(\omega_0 n)$和 $\sin(\omega_0 n)$相乘，再通过数字低通滤波来实现，如图 2.78 所示。在图中由于两个正交本振序列的形成和相乘都是数学运算的结果，所以，其正交性是完全可以得到保证的，只要确保运算精度即可。图 2.78 所示的数字正交变换方法随着高速集成电路的发展将会获得越来越广泛的应用。这种方法的主要缺点是对 ADC 采样的要求比较高，需在中频或射频(f_0)进行采样数字化，而不是如图 2.75 所示的那样只需对基带数字化。但目前在采样精度要求不是非常高时（≤14bit），对数百兆赫兹的信号进行直接采样是可以做到的，这已基本能满足现阶段的实际要求。下面简单介绍一下用于产生两个正交本振信号 $\cos(\omega_0 n)$、$\sin(\omega_0 n)$的数字控制振荡器（NCO）的实现方法，并以 $\cos(\omega_0 n)$为例来说明。

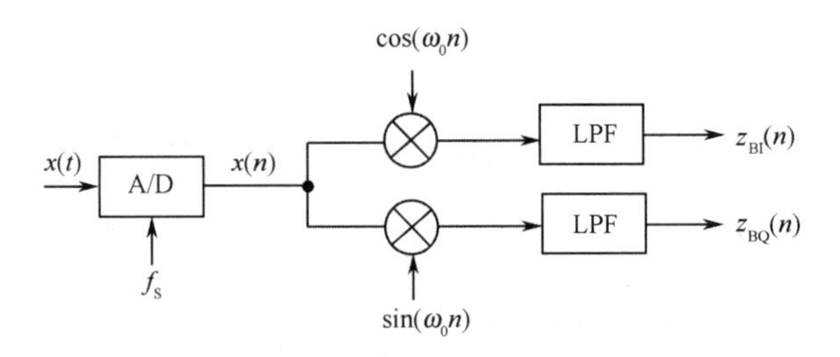

图 2.78　实信号的数字正交基带变换

本振信号 $\cos(\omega_0 n)$中的数字频率ω_0 由式（2-214）给出：

$$\omega_0 = 2\pi \frac{f_0}{f_s} \tag{2-214}$$

此即为连续两次采样之间本振信号的相位差：

$$\Delta\varphi = \varphi_{n+1} - \varphi_n = \omega_0 = 2\pi \frac{f_0}{f_s} \tag{2-215}$$

所以，在 f_s 一定的情况下，连续两次采样之间本振信号的相位差由所需产生的本振频率 f_0 决定。如果将整个周期相位 0～2π分割为 M 等分，其中 M=2^N，N 为相位的量化位数，则最小的相位增量为

$$\Delta\varphi_{\min} = \frac{2\pi}{M} = \frac{2\pi}{2^N} \tag{2-216}$$

则能输出的最小频率为

$$f_{\min} = \frac{\Delta\varphi_{\min}}{2\pi} f_s = \frac{f_s}{2^N} \tag{2-217}$$

这样通过式（2-218）中的频率控制参数 k 来控制连续两次采样之间本振信号的相位差，从而达到控制输出频率 f_0 的目的：

$$f_0 = \frac{\Delta\varphi}{2\pi} f_s = \frac{k \cdot \Delta\varphi_{\min}}{2\pi} f_s = k \cdot f_{\min} = k \cdot \frac{f_s}{2^N} \tag{2-218}$$

传统的 NCO 是基于 ROM 查找表来实现的，即事先根据 NCO 正余弦波相位（$k \cdot 2\pi/M$）计算好对应的正余弦值存于 ROM 中，并按相位值作为 ROM 地址来存储相应的正余弦值数据。每输入一个采样数据，就根据频率控制参数 k 增加一个相位增量（$k \cdot \Delta\varphi_{\min}$），并用它作为地址去读取 ROM 中的正余弦值作为本振输出数据与信号采样数据相乘，完成数字正交混频。NCO 的实现框图如图 2.79 所示。这种 ROM 查表实现法的最大问题是需要大容量 ROM。

图 2.78 所示的数字正交基带变换，虽然可以实现精度足够高的正交混频，但在采样速率很高时，后续的数字低通滤波很可能就会成为瓶颈，特别是当阻带衰减要求比较大，而导致滤波器阶数很高时，实现起来就会更加困难。下面介绍一种基于多相滤波的数字正交变换新方法，该方法不仅不需要正交本振，而且后续的数字低通滤波器阶数也很低（只需 8 阶），实现起来非常简单。

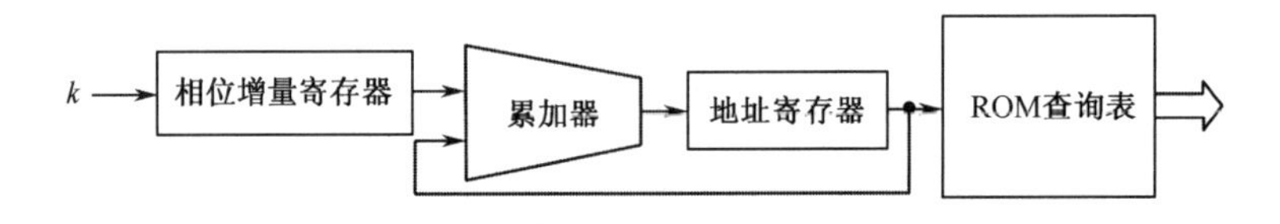

图 2.79　正交本振的 ROM 查表法实现

2.5.4　基于多相滤波的数字正交变换

设输入信号为

$$x(t)=a(t)\cdot\cos\left[2\pi f_0 t+\varphi(t)\right] \tag{2-219}$$

根据带通采样频率：

$$f_s=\frac{4f_0}{(2m+1)}\qquad (m=0,1,2,\cdots) \tag{2-220}$$

对其进行采样（注意 $f_s \geqslant (r+1)B$，这里的 B 既可以认为是单个信号的带宽，也可以认为是整个取样频带的宽度），得到的采样序列为

$$\begin{aligned}x(n)&=a(n)\cdot\cos\left[2\pi\frac{f_0}{f_s}n+\varphi(n)\right]=a(n)\cdot\cos\left[2\pi\frac{(2m+1)}{4}n+\varphi(n)\right]\\&=a(n)\cos\varphi(n)\cdot\cos\left(\frac{2m+1}{2}\pi n\right)-a(n)\sin\varphi(n)\cdot\sin\left(\frac{2m+1}{2}\pi n\right)\\&=x_{\mathrm{BI}}(n)\cos\left(\frac{2m+1}{2}\pi n\right)-x_{\mathrm{BQ}}(n)\sin\left(\frac{2m+1}{2}\pi n\right)\end{aligned} \tag{2-221}$$

其中：

$$x_{\mathrm{BI}}(n)=a(n)\cos\varphi(n) \tag{2-222}$$

$$x_{\mathrm{BQ}}(n)=a(n)\sin\varphi(n) \tag{2-223}$$

分别为信号的同相分量和正交分量（零中频信号）。

由式（2-222）和式（2-223）可得：

$$\begin{aligned}x(2n)&=x_{\mathrm{BI}}(2n)\cos[(2m+1)\pi n]\\&=x_{\mathrm{BI}}(2n)\cdot(-1)^n\end{aligned} \tag{2-224}$$

$$\begin{aligned}x(2n+1)&=-x_{\mathrm{BQ}}(2n+1)\sin\left[\frac{2m+1}{2}\pi(2n+1)\right]\\&=x_{\mathrm{BQ}}(2n+1)\cdot(-1)^n\end{aligned} \tag{2-225}$$

令：

$$\begin{aligned}x'_{\mathrm{BI}}(n)&=x(2n)\cdot(-1)^n\\x'_{\mathrm{BQ}}(n)&=x(2n+1)\cdot(-1)^n\end{aligned} \tag{2-226}$$

则可得：

$$\begin{aligned}x'_{\mathrm{BI}}(n)&=x_{\mathrm{BI}}(2n)\\x'_{\mathrm{BQ}}(n)&=x_{\mathrm{BQ}}(2n+1)\end{aligned} \tag{2-227}$$

也就是说 $x'_{\mathrm{BI}}(n)$和$x'_{\mathrm{BQ}}(n)$两个序列分别是同相分量 $x_{\mathrm{BI}}(n)$和正交分量$x_{\mathrm{BQ}}(n)$的 2 倍抽取序列（后者相差一个延迟），其实现过程如图 2.80（a）所示。

由前面介绍的抽取原理知道，如果 $x_{\mathrm{BI}}(n)$和$x_{\mathrm{BQ}}(n)$的数字谱宽度小于π/2［相当于模拟频谱宽度小于 $f_s/4$。由于 $x_{\mathrm{BI}}(n)$和$x_{\mathrm{BQ}}(n)$是零中频实信号，所以这一条件实际也是满足的］，则其 2 倍抽取序列 $x'_{\mathrm{BI}}(n)$、$x'_{\mathrm{BQ}}(n)$ 可以无失真地表示原序列。而且容易证明，$x'_{\mathrm{BI}}(n)$、$x'_{\mathrm{BQ}}(n)$的数字谱为

$$X'_{\mathrm{BI}}(\mathrm{e}^{\mathrm{j}\omega})=\frac{1}{2}X_{\mathrm{BI}}(\mathrm{e}^{\mathrm{j}\frac{\omega}{2}}) \tag{2-228}$$

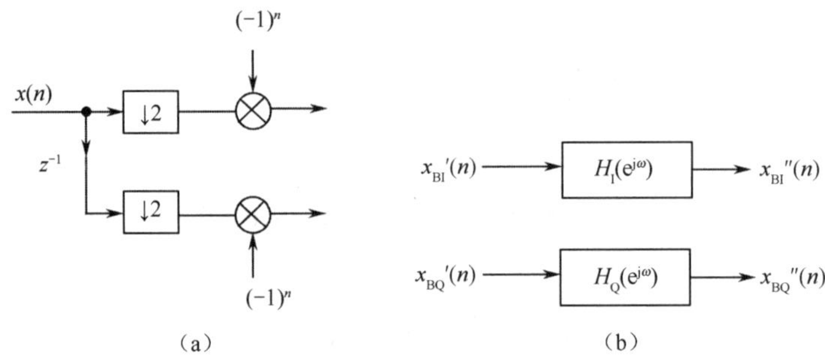

图 2.80　正交变换的多相滤波实现

$$X'_{BQ}(e^{j\omega})=\frac{1}{2}X_{BQ}(e^{j\frac{\omega}{2}})\cdot e^{j\frac{\omega}{2}} \tag{2-229}$$

也就是说两者的数字谱相差一个延迟因子 $e^{j\frac{\omega}{2}}$，在时域上相当于相差半个采样点，这半个延迟差显然是由于采用了奇偶抽取所引起的，如图 2.81 所示。这种在时间上的“对不齐”可以采用两个时延滤波器来加以校正，这两个滤波器的频率响应应满足：

$$\frac{H_Q(e^{j\omega})}{H_I(e^{j\omega})}=e^{-j\frac{\omega}{2}}\quad 且：\quad \left|H_Q(e^{j\omega})\right|=\left|H_I(e^{j\omega})\right|=1 \tag{2-230}$$

比如选：

$$\begin{cases}H_I(e^{j\omega})=e^{j\frac{3\omega}{4}}\\ H_Q(e^{j\omega})=e^{j\frac{\omega}{4}}\end{cases}\quad 或 \quad \begin{cases}H_I(e^{j\omega})=e^{j\frac{\omega}{2}}\\ H_Q(e^{j\omega})=1\end{cases} \tag{2-231}$$

则用上述两个滤波器分别对 $x'_{BI}(n)$和$x'_{BQ}(n)$进行滤波后可得：

$$\begin{aligned}2X''_{BI}(e^{j\omega})&=2X'_{BI}(e^{j\omega})\cdot H_I(e^{j\omega})\\&=X_{BI}(e^{j\frac{\omega}{2}})\cdot e^{j\frac{-3\omega}{4}}\quad 或\quad X_{BI}(e^{j\frac{\omega}{2}})\cdot e^{j\frac{\omega}{2}}\end{aligned} \tag{2-232}$$

$$\begin{aligned}2X''_{BQ}(e^{j\omega})&=2X'_{BQ}(e^{j\omega})\cdot H_Q(e^{j\omega})\\&=X_{BQ}(e^{j\frac{\omega}{2}})\cdot e^{j\frac{-3\omega}{4}}\quad 或\quad X_{BQ}(e^{j\frac{\omega}{2}})\cdot e^{j\frac{\omega}{2}}\end{aligned} \tag{2-233}$$

由此可见，经过 $H_I(e^{j\omega})$、$H_Q(e^{j\omega})$ 滤波，两个正交的基带信号 $x''_{BI}(n)$和$x''_{BQ}(n)$ 在时间上就完全对齐了（具有相同的延迟因子）。下面讨论延时滤波器 $H_I(e^{j\omega})$、$H_Q(e^{j\omega})$ 的实现方法。

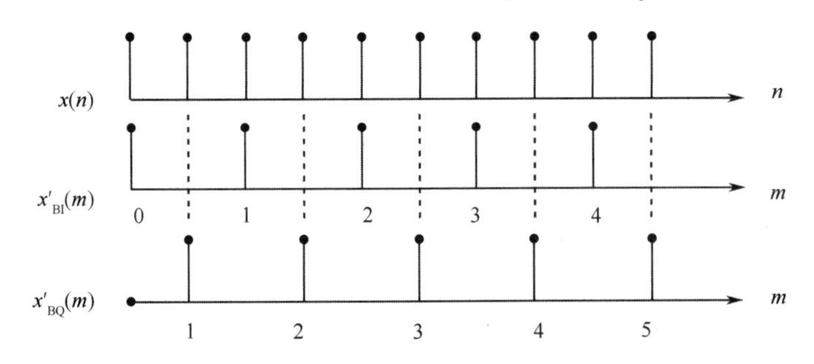

图 2.81　抽取序列的时延差

通过以上分析知道，延时校正滤波器 $H_I(e^{j\omega})$和$H_Q(e^{j\omega})$ 可以采用以下 4 个滤波器中的其中一对（H_{I1}、H_{Q1}或H_{I2}、H_{Q2}）来实现：

$$\left.\begin{aligned}H_{\mathrm{I1}}(\mathrm{e}^{\mathrm{j}\omega})&=1\\H_{\mathrm{I2}}(\mathrm{e}^{\mathrm{j}\omega})&=\mathrm{e}^{\mathrm{j}\frac{\omega}{4}}\\H_{\mathrm{Q1}}(\mathrm{e}^{\mathrm{j}\omega})&=\mathrm{e}^{\mathrm{j}\frac{\omega}{2}}\\H_{\mathrm{Q2}}(\mathrm{e}^{\mathrm{j}\omega})&=\mathrm{e}^{\mathrm{j}\frac{3\omega}{4}}\end{aligned}\right\}\tag{2-234}$$

实际上，上述 4 个滤波器就是内插因子 I=4 时多相滤波内插器的分支滤波器 $R_\rho(z)$(ρ=0，1，2，3)。下面就来证明这一点。

由 2.3 节的讨论知道：

$$R_\rho(z)=\sum_{n=-\infty}^{+\infty}h(nI+\rho)\cdot z^{-n}\qquad(\rho=0,\ 1,\ 2,\ 3;\ I=4)\tag{2-235}$$

设：

$$g(n)=h(n+\rho)\tag{2-236}$$

$$p_\rho(n)=h(nI+\rho)\tag{2-237}$$

则有：

$$p_\rho(n)=g(nI)\tag{2-238}$$

根据式（2-62）知，$p_\rho(n)$之变换为

$$P_\rho(z)=\frac{1}{I}\sum_{i=0}^{I-1}G(\mathrm{e}^{-\mathrm{j}\frac{2\pi i}{I}}\cdot z^{\frac{1}{I}})\tag{2-239}$$

$$G(z)=z^\rho\cdot H(z)\tag{2-240}$$

所以：

$$P_\rho(z)=\frac{1}{I}\sum_{i=0}^{I-1}\mathrm{e}^{-\mathrm{j}\frac{2\pi i\rho}{I}}\cdot z^{\frac{\rho}{I}}\cdot H(\mathrm{e}^{-\mathrm{j}\frac{2\pi i}{I}}\cdot z^{\frac{1}{I}})\tag{2-241}$$

把 $z=\mathrm{e}^{\mathrm{j}\omega}$代入可得多相内插器分支滤波器之频率响应为

$$P_\rho(\mathrm{e}^{\mathrm{j}\omega})=\frac{1}{I}\sum_{i=0}^{I-1}\mathrm{e}^{\mathrm{j}\frac{(\omega-2\pi i)\rho}{I}}\cdot H(\mathrm{e}^{\mathrm{j}\frac{(\omega-2\pi i)}{I}})\tag{2-242}$$

我们知道 I 倍内插滤波器的理想频率响应为

$$H(\mathrm{e}^{\mathrm{j}\omega})=\begin{cases}1, & |\omega|\leqslant\dfrac{\pi}{I}\\0, & 其他\end{cases}\tag{2-243}$$

则式（2-242）求和式中除 i=0 项不为零外，其余项均为零，所以可求得：

$$P_\rho(\mathrm{e}^{\mathrm{j}\omega})=\mathrm{e}^{\mathrm{j}\frac{\omega\rho}{I}}\quad(\rho=0,1,\cdots,I-1;I=4)\tag{2-244}$$

这就证明了式（2-234）所示的 4 个滤波器即为 4 倍内插多相滤波器的分支滤波器 $P_\rho(\mathrm{e}^{\mathrm{j}\omega})$。

如果假定式（2-243）所示的内插原型滤波器的冲激响应为 $h(n)(0\leqslant n\leqslant N-1)$，则分支滤波器 $p_\rho(\mathrm{e}^{\mathrm{j}\omega})$ 对应的冲激响应为

$$h_\rho(n)=h(nI+\rho)\tag{2-245}$$

式中，n=0，1，2，…，(N/I−1)；ρ=0，1，2，…，(I−1)；I=4。

也就是说多相分支滤波器（实际上为一个分数延迟器）的阶数仅为原型滤波器的四分之一，比如当原型滤波器之阶数 N=32 时，多相分支滤波器之阶数为 8 阶。我们只要按前面介绍的滤

波器实现方法，求出原型滤波器之冲激响应 $h(n)$，利用式（2-237）即可求出多相分支滤波器的冲激响应 $h_\rho(n)$，然后选取 $h_0(n)$和 $h_2(n)$或 $h_1(n)$和 $h_3(n)$分别作为两个校正滤波器 $H_\mathrm{I}(\mathrm{e}^{\mathrm{j}\omega})$和 $H_\mathrm{Q}(\mathrm{e}^{\mathrm{j}\omega})$的冲激函数，即可实现延时校正。表 2-3 给出了两组延时校正滤波器的冲激函数[5]。

表 2-3　延时校正滤波器的冲激函数

参　数	$h_0(n)$	$h_1(n)$	$h_2(n)$	$h_3(n)$
$h(0)$	0.000000E+00	3.2568132E−05	8.3456202E−05	4.5833163E−05
$h(1)$	−3.0689215E−04	−1.6234104E−03	−4.2909505E−03	−8.1703486E−03
$h(2)$	−1.1993570E−02	−1.2041630E−02	−4.1642617E−03	1.5687875E−02
$h(3)$	4.8911806E−02	9.0803854E−02	0.1333630	0.1652476
$h(4)$	0.1767598	0.1652476	0.1333630	9.0803847E−02
$h(5)$	4.8911810E−02	1.5687877E−02	−4.1642617E−03	−1.2041631E−02
$h(6)$	−1.1993569E−02	−8.1703495E−03	−4.2909505E−03	−1.6234104E−03
$h(7)$	−3.0689215E−04	4.5833163E−05	8.3456202E−05	3.2568132E−05

2.5.5　基于正交变换的瞬时特征提取：CORDIC 算法

前面比较详细地讨论了正交信号变换的基本概念和不同的实现方法。正交变换的目的是为了提取射频信号：

$$x(t)=a(t)\cdot\cos[2\pi f_0 t+\varphi(t)] \tag{2-246}$$

的三个重要特征：瞬时幅度 $a(t)$、瞬时相位 $\varphi(t)$和瞬时频率 $f(t)=\varphi'(t)/(2\pi)$。根据前面的讨论知道，对 $x(t)$进行正交变换的结果是获得了两个正交的基带信号 $I(t)$、$Q(t)$，如式（2-247）所示：

$$\begin{cases}I(t)=a(t)\cos\varphi(t)\\Q(t)=a(t)\sin\varphi(t)\end{cases}\quad\text{或}\quad\begin{cases}I(n)=a(n)\cos\varphi(n)\\Q(n)=a(n)\sin\varphi(n)\end{cases} \tag{2-247}$$

有了这两个正交分量，就可以按照式（2-248）提取射频信号的三大特征：

$$\begin{cases}a(n)=\sqrt{I^2(n)+Q^2(n)}\\\varphi(n)=\arctan\left[\dfrac{Q(n)}{I(n)}\right]\\f(n)=\dfrac{f_\mathrm{s}}{2\pi}\cdot[\varphi(n)-\varphi(n-1)]\end{cases} \tag{2-248}$$

瞬时频率 $f(n)$也可简写成（略去常数部分）：

$$f(n)=\varphi'(n)=\varphi(n)-\varphi(n-1)=\frac{I(n)Q'(n)-I'(n)Q(n)}{\sqrt{I^2(n)+Q^2(n)}} \tag{2-249}$$

如果设 $a(n)$=1（常数），则：

$$f(n)=I(n)Q'(n)-I'(n)Q(n) \tag{2-250}$$

最后可简化为

$$\begin{aligned}f(n)&=I(n)\cdot[Q(n)-Q(n-1)]-[I(n)-I(n-1)]\cdot Q(n)\\&=I(n-1)\cdot Q(n)-I(n)\cdot Q(n-1)\end{aligned} \tag{2-251}$$

从以上分析可以看出，已知两个正交分量 $I(n)$、$Q(n)$后，瞬时频率 $f(n)$还是容易计算的，只需做两次乘法。而计算瞬时幅度 $a(n)$和瞬时相位 $\varphi(n)$要困难得多。下面就介绍计算 $a(n)$和 $\varphi(n)$

的 CORDIC 算法[6]。

CORDIC（Coordinate Rotation Digital Computer）算法是由 J.Voder 于 1959 年提出的，主要用于计算三角函数、双曲线函数等一些基本的函数运算，也是完成直角坐标到极坐标之间转换的一种高效快速算法，它的核心思想是迭代和查表，其基本原理叙述如下。

如图 2.82 所示，CORDIC 算法的基本思想是从起始点$(x_i，y_i)$不断进行矢量旋转，逐步逼近最终点$(x_j，y_j)$，最后所转过的角度θ就是所要计算的 arctan(·)值。根据极坐标知识很容易得到：

$$\begin{bmatrix} x_j \\ y_j \end{bmatrix} = \begin{bmatrix} \cos\theta & -\sin\theta \\ \sin\theta & \cos\theta \end{bmatrix} \begin{bmatrix} x_i \\ y_i \end{bmatrix} \tag{2-252}$$

从起始点到最终点的旋转过程可以通过多步来实现，每步只旋转一个小角度，则有：

$$\begin{bmatrix} x_{n+1} \\ y_{n+1} \end{bmatrix} = \begin{bmatrix} \cos\theta_n & -\sin\theta_n \\ \sin\theta_n & \cos\theta_n \end{bmatrix} \begin{bmatrix} x_n \\ y_n \end{bmatrix} \tag{2-253}$$

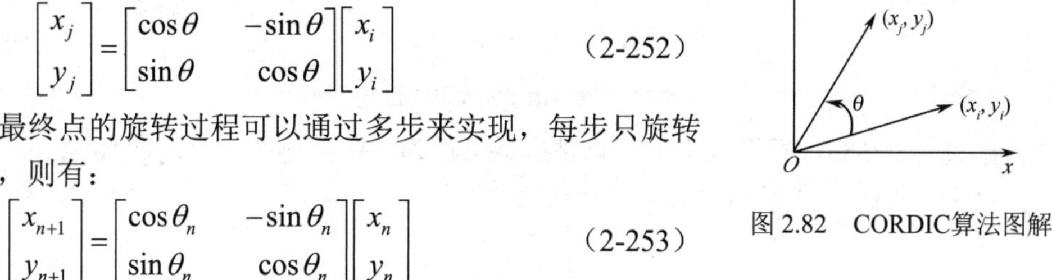

图 2.82　CORDIC算法图解

式（2-253）也可写成：

$$\begin{bmatrix} x_{n+1} \\ y_{n+1} \end{bmatrix} = \cos\theta_n \begin{bmatrix} 1 & -\tan\theta_n \\ \tan\theta_n & 1 \end{bmatrix} \begin{bmatrix} x_n \\ y_n \end{bmatrix} \tag{2-254}$$

为了简化运算，把每次旋转的角度设为

$$\theta_n = \arctan\left(\frac{1}{2^n}\right) \tag{2-255}$$

并需要保证总的旋转角度为

$$\sum_{n=0}^{N} S_n\theta_n = \theta \tag{2-256}$$

其中：$S_n=\pm1$，取决于正时针旋转还是逆时针旋转。这样就有：$\tan\theta_n=S_n 2^{-n}$，代入式（2-254）可得：

$$\begin{bmatrix} x_{n+1} \\ y_{n+1} \end{bmatrix} = \cos\theta_n \begin{bmatrix} 1 & -S_n 2^{-n} \\ S_n 2^{-n} & 1 \end{bmatrix} \begin{bmatrix} x_n \\ y_n \end{bmatrix} \tag{2-257}$$

在式（2-257）中除了 $\cos\theta_n$ 系数外，整个运算只有简单的右移和加法。而 $\cos\theta_n$ 实际上是可以通过在最终结果上乘一个已知的常数 K 来加以消除的，这是因为当 N 很大时有：

$$k = \prod_{n=0}^{N} \cos\theta_n = \prod_{n=0}^{N} \cos(\arctan(2^{-n})) \approx 0.607253$$

所以，在中间旋转过程 $\cos\theta_n$ 项可以不予考虑，最后得到旋转迭代公式（2-258）：

$$\begin{bmatrix} x_{n+1} \\ y_{n+1} \end{bmatrix} = \begin{bmatrix} 1 & -S_n 2^{-n} \\ S_n 2^{-n} & 1 \end{bmatrix} \begin{bmatrix} x_n \\ y_n \end{bmatrix} \tag{2-258}$$

或者：

$$\begin{cases} x_{n+1} = x_n - S_n 2^{-n} y_n \\ y_{n+1} = y_n + S_n 2^{-n} x_n \end{cases} \tag{2-259}$$

下面引入一个新参数 z，用来判断何时迭代结束：

$$z_{n+1} = z_n - \theta_n，\quad z_0 = \theta \tag{2-260}$$

这样 S_n 可由式（2-261）确定：

$$S_n = \begin{cases} -1 & z_n < 0 \\ +1 & z_n \geqslant 0 \end{cases} \tag{2-261}$$

如果把初始值设为：$(x_i, y_i) = (x_0, y_0) = (k, 0)$，则有：

$$(x_N, y_N) = (\cos\theta, \sin\theta), \quad N \to \infty \tag{2-262}$$

也就是说按照上述迭代，最后(x_n, y_n)将收敛到$(\cos\theta, \sin\theta)$。这就是用 CORDIC 算法计算正余弦函数的迭代过程，其计算精度已由 Underwood 和 Edwards 进行了全面和严格的分析，由式（2-263）给出：

$$\begin{cases} \cos\theta - x_N \leqslant 2^{-(N-1)} \\ \sin\theta - x_N \leqslant 2^{-(N-1)} \end{cases} \tag{2-263}$$

这样依据式（2-263），根据要求的计算精度就可以确定所需要的迭代的次数 N。

实际上，如果把迭代式中的符号判决函数改为

$$S_n = \begin{cases} -1 & y_n < 0 \\ +1 & y_n \geqslant 0 \end{cases} \tag{2-264}$$

并把迭代初试值(x_0, y_0)设为所要转换的直角坐标(x_j, y_j)，即：$(x_0, y_0) = (x_j, y_j)$

同时把 z_0 设为 0，即：$z_0=0$，则随着 N 的增大，最后的迭代结果为

$$\begin{cases} x_N = \sqrt{x_0^2 + y_0^2} \\ z_N = \arctan\left(\dfrac{y_0}{x_0}\right) \end{cases} \tag{2-265}$$

这就是把直角坐标转换为极坐标的迭代算法，用该算法可以实现瞬时幅度 $a(n)$和瞬时相位$\varphi(n)$的提取。

在上面的迭代运算中，除需要进行简单的位移(2^{-n})和累加运算外，实际上每次迭代还需要计算θ_n：

$$\theta_n = \arctan(2^{-n}) \tag{2-266}$$

这一计算实际上可以采用查表的方式来实现，即把 $\arctan(2^{-n})$制成表格的形式存在 ROM 表中，并根据 n 值依次从 ROM 中读取，从而大大简化计算的复杂性，而且也有利于提高计算速度。

上面只对用 CORDIC 算法实现正余弦函数和进行极坐标转换的方法进行了简单介绍，实际上 CORDIC 算法经过后人不断改进和扩展，已推广到其他函数的计算，如双曲函数、指数函数、乘除算法等，有兴趣的读者可参考相关文献资料，这里就不一一介绍了。

2.5.6　多信号正交变换

在本节讨论各种正交变换方法时，都是以式（2-267）来论述的。

$$x(t) = a(t) \cdot \cos[2\pi f_0 t + \varphi(t)] \tag{2-267}$$

式（2-267）看起来似乎只能对单一信号进行正交变换，但是经过后面的简单分析会发现，这种正交变换不仅适用于单信号，同样也适用于多信号环境，现分析如下。

多信号表达式为

$$x(t) = \sum_{n=0}^{N-1} s_n(t) = \sum_{n=0}^{N-1} a_n(t)\cos(2\pi f_n t + \varphi_n(t)) \tag{2-268}$$

将其按三角函数展开可得：

$$
\begin{aligned}
x(t) &= \sum_{n=0}^{N-1} \{a_n(t)\cos\varphi_n(t)\cos(2\pi f_n t) - a_n(t)\sin\varphi_n(t)\sin(2\pi f_n t)\} \\
&= \sum_{n=0}^{N-1} \{a_n(t)\cos[2\pi\Delta f_n t + \varphi_n(t)]\}\cos(2\pi f_0 t) - \\
&\quad \sum_{n=0}^{N-1} \{a_n(t)\sin[2\pi\Delta f_n t + \varphi_n(t)]\}\sin(2\pi f_0 t)
\end{aligned}
\tag{2-269}
$$

式中，$\Delta f_n = f_n - f_0$，$f_0 = \dfrac{\min\limits_{0\leqslant n\leqslant N-1}(f_n) + \max\limits_{0\leqslant n\leqslant N-1}(f_n)}{2}$。（2-270）

令：

$$
\begin{cases}
I(t) = \sum\limits_{n=0}^{N-1} \{a_n(t)\cos[2\pi\Delta f t + \varphi_n(t)]\} \\
Q(t) = \sum\limits_{n=0}^{N-1} \{a_n(t)\sin[2\pi\Delta f t + \varphi_n(t)]\}
\end{cases}
\tag{2-271}
$$

则多信号情况也可以用统一的正交表达式来表示：

$$
\begin{aligned}
x(t) &= \sum_{n=0}^{N-1} s_n(t) = \sum_{n=0}^{N-1} a_n(t)\cos(2\pi f_n t + \varphi_n(t)) \\
&= I(t)\cos(2\pi f_0 t) - Q(t)\sin(2\pi f_0 t)
\end{aligned}
\tag{2-272}
$$

其中 $I(t)$、$Q(t)$如式（2-271）所示。

所以，读者应该注意，以上讨论的正交变换实现方法不仅适用于单信号，同样也适用于多信号（要注意低通滤波器的带宽设计是否与多信号带宽相匹配），尽管单信号正交变换的应用场合要多于单信号，但注意到这一点对扩展正交变换的应用范围还是很有好处的。另外，上面介绍的多信号正交表达式也可以用来通过正交混频产生多信号。

习题与思考题 2

1．请从频域证明 Nyquist 采样定理（利用时域乘积对应频域卷积这一性质，并注意到周期冲击函数的傅里叶变换仍为周期冲击函数）。

2．确定下列信号的最低采样速率：

（a）Sa（$100t$）；（b）Sa^2（$100t$）；（c）Sa（$100t$）+Sa（$50t$）；（d）Sa（$100t$）+Sa^2（$50t$）

其中 Sa（x）=sin（x）/x 为抽样函数。

3．为什么式（2-8）不仅对低通信号适用，对其他任何信号也是适用的？也就是说，对任何时间连续信号用冲击采样脉冲对其进行采样后得到的时间离散采样信号的频谱是其原始时间连续信号频谱的周期性叠加。请说明理由。

4．请推导采样脉冲为矩形脉冲时（称其为自然采样）的采样信号 x_s（t）=p（t）·x（t）之傅里叶变换表达式：

$$
X_s(\omega) = \frac{\tau}{T_s}\sum_{n=-\infty}^{+\infty} \text{Sa}\left(\frac{n\omega_s\tau}{2}\right)\cdot X(\omega - n\omega_s)
$$

式中，$T_s=1/f_s=2\pi/\omega_s$ 为采样间隔。请说明自然采样与理想（冲击）采样有什么异同，并说明采样脉冲宽度对采样信号的影响以及采样脉冲宽度τ与采样间隔 T_s 在满足什么条件时自然采样接近于冲击采样。

5．证明平顶采样（如题图 2.1 所示，注意与自然采样的差异）的采样信号傅里叶变换表达式：

$$
X_s(\omega) = \frac{1}{T_s}\sum_{n=-\infty}^{+\infty} H(\omega)\cdot X(\omega - n\omega_s)
$$

其中，$H(\omega)=\int_{-\tau/2}^{+\tau/2} p(t)\mathrm{e}^{\mathrm{j}\omega t}\mathrm{d}t=\tau\cdot\mathrm{Sa}\left(\frac{\omega\tau}{2}\right)$ 为矩形脉冲的傅里叶变换，τ 为脉宽。

请说明自然采样与理想（冲激）采样和自然采样各有什么异同；并说明为了从 $x_s(t)$中无失真地恢复 $x(t)$（设 $x(t)$为最高角频率不大于ω_m 的低通信号）需要满足什么样的条件。

6．利用卷积定理证明：题图 2.2 所示的带通信号，当$\omega_2=2\omega_1$ 时，则其所需的最低采样速率（角频率）取为ω_2 就能保证采样信号不会发生频谱混叠。

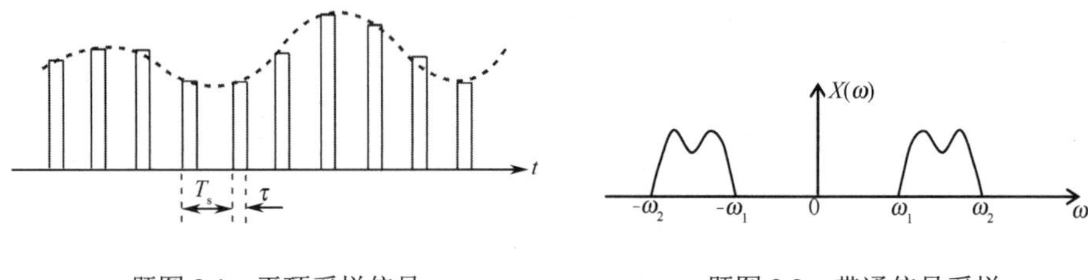

题图 2.1　平顶采样信号　　　　题图 2.2　带通信号采样

7．你是怎么理解图 2.6 的带通信号的?书中为什么要强调这一点（它对理解软件无线电概念有何帮助）？请给出适当解释。(提示：考虑到软件无线电的中频宽带化特点)

8．什么是整带采样？请采用归纳法并仿照带通采样定理的证明思路，证明整带采样定理：

$$f_s=2\cdot B \quad 和 \quad f_0=\frac{2n+1}{2}\cdot B$$

9．为什么说式（2-14）所描述的带通采样定理是充分条件（满足该公式的带通采样一定无混叠，但不满足该定理的采样不一定混叠），而不是充分必要条件？

10．已知采样频率为 100MHz，当采用整带采样时，它的最大采样带宽是多少？该采样频率能对 50MHz 整数倍附近的宽带信号进行采样吗？为什么？请画出该采样频率所能采样的所有“整带”频带。

11．你是如何理解过渡带允许混叠时的带通采样定理的？它在软件无线电中有何实际意义？

12．已知某软件无线电接收机射频前端输出的中频频率为340MHz、中频滤波器的3dB 中频带宽为100MHz，请根据带通采样定理计算所需要的采样频率和对应的滤波器矩形系数。

13．你是如何理解正交采样时，A/D 采样速率可以降低一半这一特点的？请给出你自己的解释。正交采样在工程实现时的主要问题是什么？

14．什么叫超外差体制？软件无线电中的超外差体制与常规的超外差有哪些不同？软件无线电超外差体制的最大特点是什么？（提示：从软件无线电的射频宽开化、中频宽带化要求考虑）

15．设计一台工作在 820～960MHz 的移动通信接收机，要求最后输出的中频带宽为 25MHz（能同时适应整个基站的上行带宽），采用二次混频超外差体制。请为该接收机设计一个通用射频前端，给出本振频率、中频频率、采样频率、滤波器矩形系数等设计参数。

16．什么叫射频直接带通采样？它跟带通采样相比较有哪些特点？射频直接带通采样为什么需要设置一个跟踪滤波器？它有什么作用？

17．射频直接带通采样对 ADC 有些什么特殊要求？这些要求主要由 ADC 的什么参数决定？选择 ADC 时需要注意什么问题？

18．射频直接带通采样主要由哪些关键部件组成？为什么说射频直接带通采样非常接近于理想软件无线电结构？

19．在射频直接带通采样体制中为什么要设置“盲区”采样？对最高频率为 2000MHz 的射频信号进行直接射频采样时，如果采样频率设计为 272MHz，需要设多少个“盲区”采样频率？并分别计算跟踪滤波器的矩形系数。

20. 为什么带通采样特别是射频直接带通采样会对采样频率精度有更高的要求？实际中如何对降低对采样频率精度的要求？

21. 现在要对一个中心频率为 2000MHz 的信号进行射频直接带通采样，采样振荡器频率稳定度（$\zeta=\Delta f/f$）为 10^{-6}，计算用该采样数据对信号进行测频时所能达到的测频精度。

22. 为什么各种方式的采样（低通、带通、射频直接采样）信号都可以用图 2.23 所示的等效基带谱来表示？这样表示有何实际意义？

23. 什么叫抽取？抽取的目的是什么？为什么抽取是软件无线电最核心的基础理论之一？

24. 抽取中为什么跟采样一样也要分为低通抽取和带通抽取？为什么要进行带通正交抽取？它有什么实际意义？

25. 当抽取倍数很高时，采用多级级联抽取有什么好处？级联抽取时应该注意哪些问题？

26. 设采样速率为 50MHz，需要通过抽取获得 50kHz 的输出速率，其中信道带宽为 25kHz，0～20kHz 为通带，20～25kHz 为过渡带，过渡带和阻带波纹均为 0.001。请分别计算单级抽取时的滤波器节数和三级级联抽取时每级滤波器的抽取倍数及其对应的节数。

27. 为 2G 系统设计一个软件无线电接收机抽取结构。设射频前端中频带宽为 25MHz，信道带宽为 200kHz（通带宽度为 160kHz，左右各 20kHz 的过渡带），采用图 2.34 的正交抽取原理设计一个软件无线电接收机抽取结构，使其能够对 25MHz 带宽内的任一信道的信号进行抽取，抽取后的两路正交信号的采样速率各为 200KHz。首先为该接收机设计一个合理可行的中频频率和采样速率，在此基础上再确定所需的抽取倍数以及对应的抽取滤波器节数（如果单级实现滤波器级数太大，可以考虑采用多级实现）；最后对你的设计用 MATLAB 或 SIMULINK 进行仿真，验证设计的正确性。

28. 什么叫多相滤波？在软件无线电中采用多相滤波的意义何在？

29. 对 27 题中的抽取滤波器采用多相滤波器实现，分别分析直接实现与多相滤波实现所需的计算速度要求，并通过 MATLAB 或 SIMULINK 进行仿真验证。

30. 采样速率的分数倍变换有何作用？请举例说明。实现分数倍变换时，为什么要先内插后抽取？对图 2.26 中的内插因子 I 和抽取因子 D 有何限制（比如 I 一定要大于 D）？请说明理由。从工程实现来说，什么样的 I、D 比较合适？

31. 图 2.26 中的低通滤波器 H（ω）采用多相滤波实现时，什么条件下与内插器组合实现合适？什么条件下与抽取器组合实现合适？为什么？请自己选择某个分数倍变换器，用 MATLAB 或 SIMULINK 对多相滤波实现的分数倍变换器进行仿真验证。

32. 证明实现“盲区”内插的内插倍数为：

$$I_m=\frac{2m}{2m+1}\cdot(m+1)\quad（m=1，2，3，\cdots\ 为“盲区”号）$$

（盲区内插分为两部分，即分数部分（$2m/(2m+1)$）和整数部分（$m+1$），其中分数部分为低通内插，整数部分为带通内插，带通内插滤波器的中心频率为（$m+1$）f_s）并说明盲区内插的实现过程。

33. 设输入采样速率为 10MHz，需要通过内插把该原始采样谱分别搬移到 5MHz 和 20MHz 的中心频率上（注意是“盲区”内插），计算内插因子 I_m。通过仿真验证“盲区”内插的正确性（设采样抗混叠滤波器的矩形系数为 1.2）。

34. 为什么内插器可以起到数字上变频的作用？一个中心频率为 100kHz、带宽为 25kHz 的采样调频信号（采样频率为 80kHz），需要采用多少倍内插才能把该调频信号上变频到 70MHz 中频？内插后的采样速率是多少？请用 MATLAB 设计这样一个上变频器。

35. 滤波器设计中的通带波纹和阻带衰减是何含义？通带截止频率和阻带截止频率又是何含义？请用 MATLAB 设计如下滤波器：通带截止频率 8kHz，阻带截止频率 12.5kHz，采样频率 25kHz，通带波纹和阻带衰减均为 0.001（用 dB 表示时，对应的带内波动和阻带衰减分别是多少？）。

36．什么是半带滤波器？为什么要叫这样的滤波器为“半带”滤波器？半带滤波器有些什么特点？在抽取和内插中使用半带滤波器有何限制（对信号带宽有什么要求）？

37．用半带滤波器进行级联设计时需要注意哪些问题？

38．什么是积分梳状滤波器？它有哪些特点？在抽取/内插中为什么要使用积分梳状滤波器？单级积分梳状滤波器的阻带衰减是多少？为什么单级积分梳状滤波器不能直接用于抽取/内插滤波？

39．三级级联积分梳状滤波器的阻带衰减是多少？用积分梳状滤波器作为抽取/内插器时，为什么还要对信号带宽进行限制？一个采样频率为 272MHz，抽取倍数为 100 的 3 级级联积分梳状滤波抽取器，要使混叠抑制达到 60dB 以上，最大允许的信号带宽是多少？如果采用 5 级级联积分梳状滤波器，最大允许的信号带宽又是多少？请用 MATLAB 对该 CIC 滤波器进行仿真。

40．对一个信号进行正交分解的意义是什么？无线电信号的三大瞬时特征是什么？作为通信信号分别有什么含义和作用？如何通过正交分解提取这三大瞬时特征？

41．证明窄带射频信号 $s(t)=a(t)\cos(\omega_0 t+\varphi(t))$ 的 Hilbert 变换为

$$y(t)=a(t)\sin(\omega_0 t+\varphi(t))$$

42．什么是射频信号的正交基带分量？请写出正交基带分量的数学表达式，及其提取正交基带分量的数学运算过程。

43．采用模拟正交变换的主要问题是什么？什么是正交混频器的虚假信号？为什么不能存在虚假信号？当正交误差为 1°，幅度误差为 0.5dB 时，该模拟正交变换（正交混频器）的虚假抑制是多少？

44．数字混频正交变换的优缺点是什么？NCO（数控振荡器）是数字正交混频器的关键部件，设采样频率为 100MHz，需要获得的频率分辨率为 100Hz，计算所需的正余弦查找表存储单元数。

45．设输入采样速率为 272MHz，瞬时工作带宽 100MHz，信道带宽 1.6MHz（通带 1.3MHz，过渡带左右各 150kHz），要求频率分辨率为 10kHz。采用 MATLAB 对该数字正交混频器（含正交本振、低通滤波、抽取）进行仿真（提示：正交混频器两个正交支路的输出采样速率为 1.6MHz，即只需取信道带宽）。

46．为什么多相滤波正交变换既适用于单信号［见式（2-187）］，也同样适用于多信号，即在取样带宽 B 内可以同时有多个信号（提示：参见 2.5.6 小节的讨论）？为什么式（2-190）中的 $s_{BI}(n)$、$s_{BQ}(n)$数字谱宽度为 $\pi/2$？在图 2.63 中，2 倍抽取前为什么不需要抽取滤波器？多相滤波正交变换器中低通滤波器是起什么作用的？为什么？

47．请自己设计一个多相滤波正交变换校正滤波器，用 MATLAB 对图 2.63 的多相滤波正交变换器进行仿真，并通过仿真与用书中给出的校正滤波器实现的正交变换之性能进行比较（带宽特性、正交特性、实时计算能力等）。

48．请用 CORDIC 算法编写 MATLAB 程序用于计算已知 I、Q 正交分量时的瞬时幅度 $a(n)$和瞬时相位 $\varphi(n)$。

49．请说明多信号之和的正交分解表达式的实际意义。写出如下信号的正交分解表达式：

$$s(t)=(1+\sin(2\pi\cdot 10^3 t))\cdot\sin(2\pi\cdot 10^6 t)+\cos(2\pi\cdot 2\cdot 10^6 t+2\cdot\sin(2\pi\cdot 2\cdot 10^3 t))+$$
$$(1+\sin(2\pi\cdot 3\cdot 10^3)\cdot\cos(2\pi\cdot 4\cdot 10^6 t+3\cdot\sin(2\pi\cdot 4\cdot 10^3 t))$$

对该信号采样时的最低采样频率是多少？并通过 MATLAB 仿真加以验证。（提示：要考虑到 4MHz 信号的带宽）

第 3 章　软件无线电体系结构

在第 2 章中详细介绍了软件无线电的基本理论，着重论述了软件无线电的几个关键理论问题：信号采样理论、多采样速率变换理论、高效数字滤波以及正交变换等。具备了这些实现软件无线电的理论基础，就可以对软件无线电的体系结构、结构模型等进行分析和设计。本章将着重讨论以下几方面的内容[3]：软件无线电的基本结构；软件无线电接收机的结构模型，包括单信道接收机和多信道接收机模型以及信道化接收机模型；软件无线电发射机结构模型，包括单信道发射机和多信道发射机模型以及信道化发射机模型等。通过本章的讨论，可以对软件无线电建立一个系统的概念，也为软件无线电的理论研究和应用开发奠定牢固的理论基础。实际上本章相关内容是第 2 章基本理论的具体应用。

3.1　软件无线电的三种结构形式

软件无线电的宗旨就是尽可能地简化射频模拟前端，使 A/D 转换尽可能地靠近天线去完成模拟信号的数字化，而且数字化后的信号要尽可能多地用软件来实现各种功能和指标。另外，软件无线电的硬件平台应具有开放性、通用性，软件可升级、可替换。以上特性可以说既是软件无线电的基本要求，也是软件无线电的发展目标，随着技术的不断进步，一种趋近理想化的软件无线电是完全有望诞生的。

通过前面的介绍已经知道，软件无线电主要由三大部分组成，即用于射频信号变换、位于模数/数模转换之前的模拟射频前端（含天线），高速模数/数模转换器（ADC、DAC）以及位于 ADC 之后、DAC 之前的数字信号处理（DSP）三大部分，如图 3.1 所示。

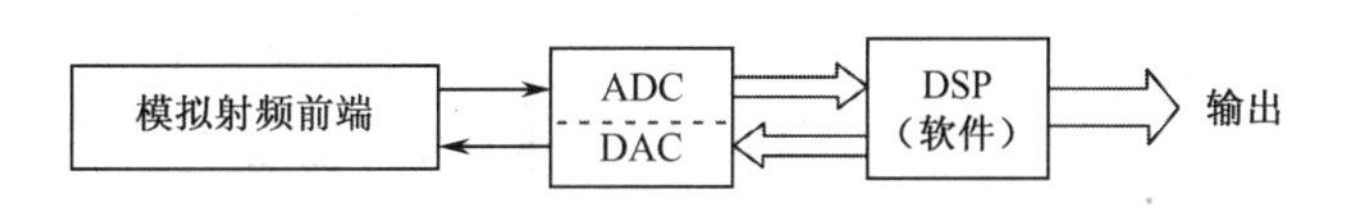

图 3.1　软件无线电的三大组成部分

在这三大部分中，ADC（DAC）起着关键的作用，可以说是整个软件无线电的核心。因为不同的采样方式将决定模拟射频前端的组成结构，也影响其后处理（DSP）的处理方式和对处理速度的不同要求；而且 ADC 的性能如何也将严重制约整个软件无线电性能的提高。对射频模拟信号的采样数字化可以有两种方法：一是基于 Nyquist 定理的低通采样；二是带通采样。而带通采样又可以有两种实现方式，即射频直接带通采样和中频带通采样。对应这三种采样方式，软件无线电的组成结构也有三种：低通采样软件无线电结构、射频直接带通采样软件无线电结构和宽带中频带通采样软件无线电结构。下面就先介绍这三种软件无线电的组成结构，以便为建立通用的结构模型奠定基础。

3.1.1 低通采样软件无线电结构

射频全宽开低通采样软件无线电的组成结构如图 3.2 所示。图 3.2 中的$f_{\max}$为所要求的最高工作频率（对于软件无线电，一般要求$f_{\max}$≥2GHz），根据 Nyquist 采样定理，则其采样速率f_s应满足：

$$f_s \geqslant (r+1)f_{\max} \tag{3-1}$$

比如当$f_{\max}$=3GHz，r=2 时：f_s≥9GHz。如此高采样速率的 ADC（DAC）的实现是非常困难的，尤其是当需要采用大动态、多位数（14 位以上）的 ADC（DAC）时就更加困难。而对这种前端完全宽开的软件无线电（前置滤波器带宽为整个工作带宽），由于同时进入接收通道的信号数大幅度上升，对动态范围的要求就更高，这给工程实现（无论是前端放大器，还是 ADC 等）带来了极大的难度。所以，这种射频全宽开的低通采样软件无线电结构一般只适用于工作带宽不是非常宽的场合，比如短波 HF 频段（0.1～30MHz）或者是超短波 V/UHF 频段（30～500MHz）。尤其是 HF 频段，根据目前的器件水平采用这种低通采样软件无线电来实现是完全没有问题的，因为此时要求 ADC 的采样速率为 100MHz 以内。由于信号密集，对于 HF 频段，14 位的 ADC 可能还满足不了动态要求，需要至少 16 位以上的 ADC，基于低通采样的短波软件无线电组成结构如图 3.3 所示。图中的采样频率取值范围为 75～90MHz，主要取决于前置滤波器的矩形系数（过渡带宽度），滤波器矩形系数越小（过渡带越窄），对应的采样速率可以越低，有利于 ADC 的实现，同时也可以减轻后续 DSP 的负担，所以前置宽带滤波器是软件无线电的关键部件之一，它的性能（插损、过渡带宽等）好坏对整个软件无线电的实现将起到重要作用。

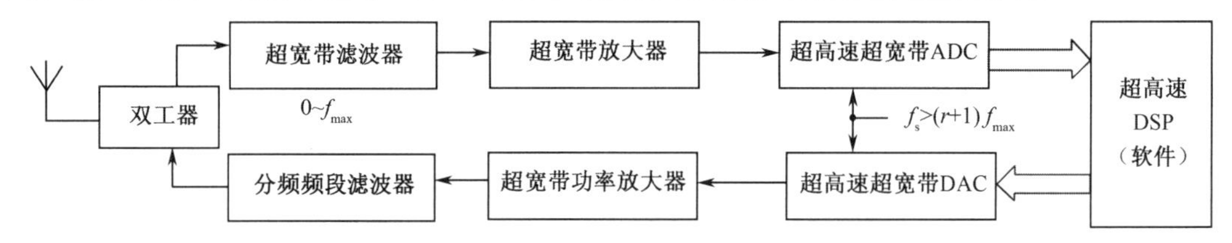

图 3.2　射频全宽开低通采样软件无线电的组成结构

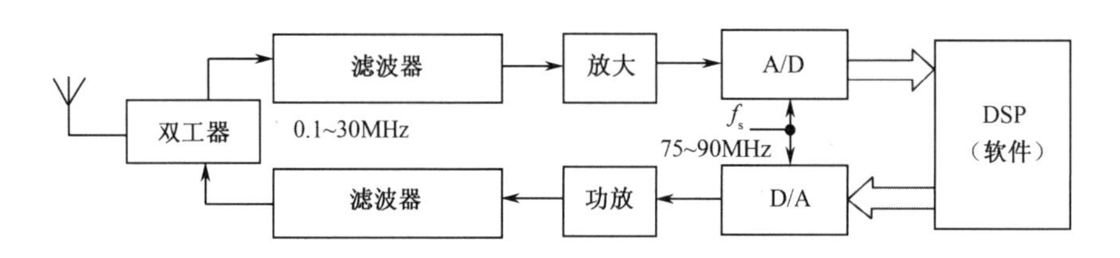

图 3.3　基于低通采样的短波软件无线电组成结构

图 3.2 所示的这种射频全宽开低通采样软件无线电结构由于受目前器件水平的限制，要以此结构实现宽频段（≥3GHz）软件无线电是很困难的，从长远来看实现的难度也比较大。下面介绍一种基于带通采样的射频宽开软件无线电结构，这种结构采用了第 2 章介绍的射频直接带通采样原理，使用若干个采样频率（1 个主采样频率，若干个“盲区”采样频率）实现对整个工作频段的采样数字化，它的特点是采样速率不高，对 ADC 及后续 DSP 的要求比较低，但从硬件结构来看却非常接近于理想的软件无线电。由于这种射频直接带通采样软件无线电具有组成结构简单、所需部件较少等特点，特别适用于对体积、重量要求严格，而对性能要求又不是非常高的场合，如无人机、弹载、气球载、飞艇载等平台。下面就讨论这种软件无线电组成结构。

3.1.2　射频直接带通采样软件无线电结构

射频直接带通采样软件无线电的组成结构如图 3.4 所示。这种结构所基于的采样原理是第 2 章 2.2 节介绍的射频直接带通采样原理，这种带通采样除了需要采用一个主采样频率 f_s，还需采用 M 个“盲区”采样频率 f_{sm}（m=1,2,⋯,M）才能完成对整个工作频带的采样，M 值由式（3-2）确定：

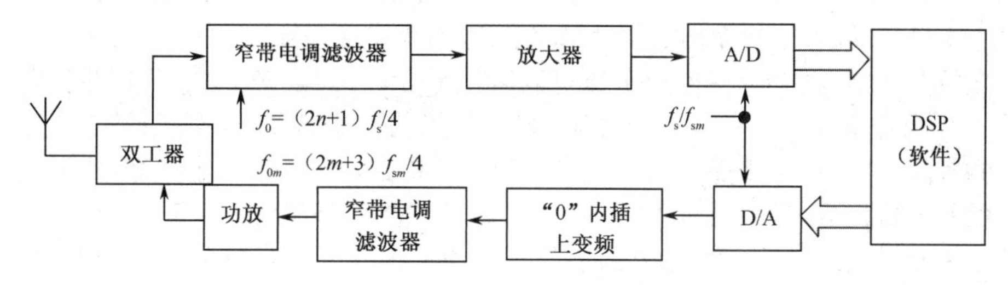

图 3.4　射频直接带通采样软件无线电的组成结构

$$M = \mathrm{INT}\left[\frac{2f_{\max}}{f_s}\right] \tag{3-2}$$

式中，INT[x]表示取大于等于 x 的最小整数，$f_{\max}$ 为最高工作频率，比如当 $f_{\max}$=2GHz，f_s=100MHz 时，M=40，即共需 40 种“盲区”采样频率才能覆盖整个工作带宽。“盲区”采样频率公式由式（2-39）确定，现重写为式（3-3）：

$$f_{sm} = \frac{2m}{2m+1} f_s \tag{3-3}$$

式中，m=1,2,⋯,M 对应“盲区”号，f_s 为主采样频率。主采样频率 f_s 的确定主要取决于 A/D 器件的性能，目前对 14 位以上的高速 A/D，选取 f_s≤200MHz 是比较合适的；另外，f_s 选取还需考虑的因素是要与后续 DSP 的处理速度相匹配，如果 f_s 选得太高，后续 DSP 的速度跟不上也是无意义的。但是由式（3-2）可见，为了减少“盲区”采样频率的数量（种类），在最高工作频率 $f_{\max}$ 一定的情况下，f_s 应尽可能地选得高一些；另外，从理想化的软件无线电角度考虑，f_s 也应尽可能地选得高一些，以增强所设计的软件无线电的可升级、可扩展的要求。但在目前器件性能已成为主要限制因素的情况下，f_s 的选取则以器件能否满足给定要求为主要考虑因素，但最低采样频率必须满足能对最大信号带宽进行无混叠采样为基本要求。比如，在设计移动通信系统时，考虑到移动通信系统的最大信号带宽可能达到 100MHz，则其采样频率可能需要达到 250MHz 以上，以适应未来发展。

图 3.4 所示的射频直接带通采样软件无线电结构的特点是对 ADC 采样的速率要求并不高，而且整个前端接收通带并不是全宽开的，它先由窄带电调滤波器选择所需的信号，然后进行放大，再进行带通采样，这显然有助于提高接收通道信噪比，也有助于改善动态范围，实现这种射频直接带通采样的基本原理（通过“盲区”采样实现）已在第 2 章 2.2 节做了详细分析介绍，这里就不赘述了。这种射频直接带通采样对 A/D 器件的要求是需有足够高的模拟工作带宽，或者说对 A/D 中的采样保持器及放大器的性能要求很高。另外，图 3.4 中的窄带电调滤波器也是这种结构的软件无线电的关键部件。图 3.4 中的其他部件如线性放大器、线性功放以及 D/A 等将在第 4 章进行讨论，这里就暂不涉及了。

比较图 3.4 与图 3.2 可见，两者的最大不同点是前置滤波器的差异，前者采用了窄带电调滤波器，而后者是宽带滤波器；另外就是 A/D 的采样速率不一样，前者为中高速采样（200MHz 以内），而后者为超高速采样，可达 GHz，取决于最高工作频率。最后就是对 DSP 的处理速度要求不一样，前者要求低，后者要求高，如果要求工作带宽很宽，后者往往是无法实现的。由以上分析可以看出，图 3.4 所示的射频直接带通采样的软件无线电结构工程实现有较好的可行性，将成为未来软件无线电的发展方向。

尽管图 3.4 所示的射频直接带通采样软件无线电相比于低通宽带采样其可实现性较强，可能达到的性能也较高，但无论是前置窄带电调滤波器，还是高工作带宽的 ADC（高性能采样保持放大器），实现起来还是有相当难度的，比如窄带电调滤波器目前的工作带宽还不够宽，如果要求工作带宽很宽（如 0.1MHz～3GHz）则可能需要分几个分频段来实现；同时也需要能满足高精度、高工作带宽要求的采样保持放大器。随着技术的发展，目前 14 位的 ADC 可工作在 6GHz 左右的频段，如要继续提高工作带宽其实现难度会加大。另外，射频直接带通采样软件无线电结构的另一缺陷是需要多个采样频率，增加了系统的复杂度。为避免这些困难，下面介绍软件无线电中应用最为广泛、可实现性最强的第三种结构——宽带中频带通采样软件无线电结构。

3.1.3 宽带中频带通采样软件无线电结构

宽带中频带通采样软件无线电的组成结构如图 3.5 所示。这种结构与常规的超外差无线电台收/发信机是类似的，但两者的本质区别是中频带宽不一样。常规电台的中频带宽为窄带结构（中频带宽为信道带宽），而图 3.5 所示的软件无线电的中频带宽为宽带结构。由于中频带宽宽不仅使前端电路设计得以简化（比如频合器可以大步进工作），信号经过接收通道后的失真也小，而且与常规窄带超外差电台相比，这种宽带中频结构再配以后续的数字化处理，使其具有更好的波形适应性、信号带宽适应性以及可扩展性。所以，图 3.5 所示的这种宽带中频带通采样软件无线电从结构形式上看似乎与常规窄带超外差电台没有多大区别，但这种软件无线电无论从实现的功能还是从性能上看都将会有质的飞跃，是窄带系统所无法比拟的。宽带中频带通采样软件无线电结构的两大特点是射频“宽开化”，中频“宽带化”，完全符合第 1 章中讨论的对软件无线电的基本要求。射频宽开化是通过宽带工作的频合器得以实现的，而中频的宽带化需要通过一中频和二中频频率的优化设计和较高性能的滤波器和放大器来保证。

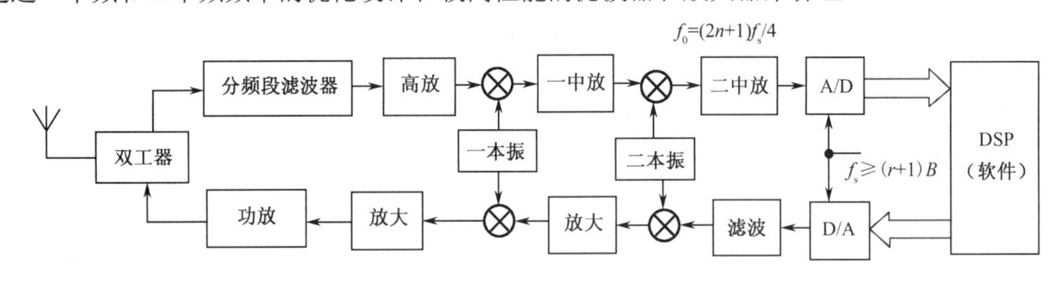

图 3.5　宽带中频带通采样软件无线电的组成结构

由图 3.5 所示的组成结构可以看出，这种软件无线电的射频前端（A/D 前、D/A 后的模拟预处理电路）比较复杂，它的主要功能是把射频信号变换为适合于 A/D 采样的宽带中频信号或把 D/A 输出的宽带中频信号变换为射频信号。有关射频前端部分的设计将结合具体应用在第 4 章中详细介绍，这里暂不讨论。通过相对复杂的射频前端把高频信号变换为中心频率适中、带宽适中的宽带中频信号后，给后续的 A/D 采样大大减轻了负担，它与前面两种软件无线电结构相比不仅不需要第一种结构所要求的超高速采样，也不要求第二种结构所需的高精度高工作带宽的采样保持放大器，使 A/D 设计大大简化，这是射频前端复杂性所带来的好处。在 A/D 器件无法满足要求的情况下，增加一点复杂性也是值得的，况且这种宽带射频前端与窄带超外差前端相比还是要简单得多，是较长一段时间内软件无线电一种较可行的技术体制。

图 3.5 所示的宽带中频带通采样软件无线电结构所需的采样频率也只有一个，这与第一种结构的低通采样是一样的，但前者的采样频率主要取决于中频带宽 B 和中频滤波器之矩形系数 r，由 $f_s=(r+1)B$ 确定，其采样频率相对较低。而第二种结构所需的采样频率为（M+1）个，使采样振荡器的设计趋于复杂化，这种结构由于也采用了带通采样，采样频率也不高。由此可见，上述三种软件无线电结构采用了不同的采样方式，那么这些不同的采样方式是否会给后处理带来不同的要求呢？下面从上述三种采样最后所形成的等效数字谱结构来回答这个问题。

3.1.4　三种软件无线电结构的等效数字谱

由第 2 章 Nyquist 采样定理的介绍可知，第一种基于低通采样的软件无线电结构的数字谱最为简单明了，如图 3.6 所示，为方便起见，图中的频率全部用模拟频率来表示，而且仅画出正频部分。由图 3.6 可见，低通采样时的 A/D 数字谱与实际的信号谱是一一对应的，也就是说进入接收通道的射频信号（0～f_{max}）都可以从与其唯一对应的 A/D 数字谱（0，π）中找到。

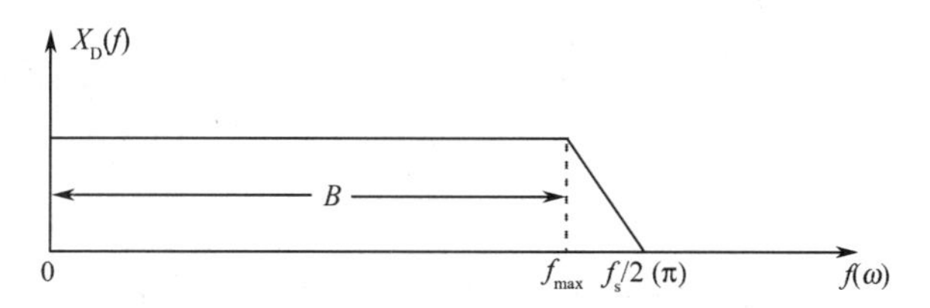

图 3.6　低通采样的数字谱

在讨论第二种结构的 A/D 采样数字谱之前先来看一下第三种结构即宽带中频带通采样的数字谱。由第 2 章的讨论可知，在采样速率 f_s 与中频 f_0 满足：

$$f_0=(2n+1)\frac{f_s}{4} \tag{3-4}$$

的条件下，其 A/D 采样数字谱如图 3.7（a）所示，图 3.7（b）为中频信号模拟频谱。由第 2 章的讨论可知，式（3-4）中的 n 为偶数时，数字谱与模拟谱的对应关系为

$$X_D^-=X_A^-,\quad X_D^+=X_A^+$$

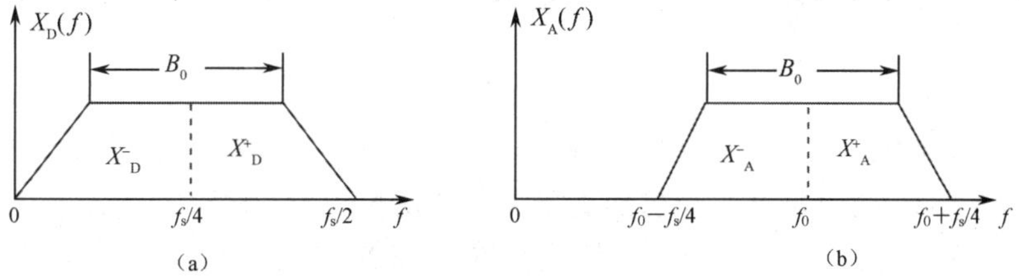

图 3.7　宽带中频带通采样的数字谱

而在 n 为奇数时的对应关系为

$$X_D^-=X_A^+,\quad X_D^+=X_A^-$$

这在第 2 章讨论带通采样时已做了证明。上述关系说明，无论式（3-4）中的 n 取何值，n 值一旦确定，带通采样的数字谱与原始模拟带通信号谱也是一一对应的，只是对不同的中频选取其数字谱与模拟谱的对应关系不一样而已。另外，带通采样的数字谱仅与宽带中频信号相对应，它与实际射频信号的对应关系还需要根据射频前端的本振频率以及混频方式来共同决定，这种对应关系也是唯一的，而且是简单明了的，这里就不讨论了。所以图 3.7（a）所示的带通采样数字谱与其接收机模拟前端的本振频率一起将唯一地确定与其对应的射频信号频谱。下面再来讨论第二种软件无线电结构的数字谱。

第二种软件无线电结构采用了射频直接（不经过混频）带通采样技术，这种采样与第三种结构的中频带通采样的不同点只是为了消去因前置跟踪滤波器不理想而产生的采样“盲区”，需要多个采样频率，其中包括一个主采样频率 f_s 和 M 个“盲区”采样频率 f_{sm}。主采样时的数字谱与射频信号谱分别如图 3.8（a）和图 3.8（b）所示。这时数字谱与射频信号谱的对应关系主要取决于前置跟踪滤波器所处的位置，当跟踪滤波器（其中心频率设为 f_{cent}）位于偶数频段，即满足：

$$\left[(2n+1)\frac{f_s}{4}-\frac{B_0}{2}\right]\leqslant f_{cent}\leqslant\left[(2n+1)\frac{f_s}{4}+\frac{B_0}{2}\right] \tag{3-5}$$

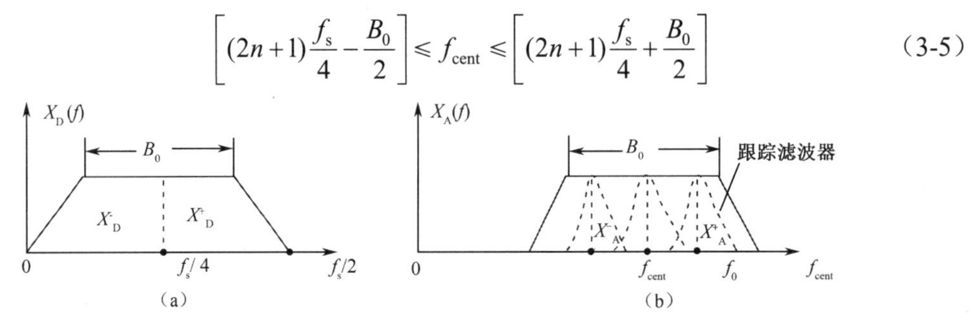

图 3.8　射频直接带通采样（主采样）的数字谱

且 n 为偶数时，则有：

$$X_D^-=X_A^-,\quad X_D^+=X_A^+ \tag{3-6}$$

而当跟踪滤波器位于奇数频段，即满足式（3-5），但式中 n 为奇数时，则有：

$$X_D^-=X_A^+,\quad X_D^+=X_A^- \tag{3-7}$$

也就是说只要确知前置跟踪滤波器之中心频率（f_{cent}）在主采样频带［频带中心频率为 f_0=（2n+1）f_s/4，带宽为 B_0］上的位置，就能完全确定采样数字谱与射频信号谱之间的对应关系。所以，图 3.8（a）所示的主采样数字谱与 f_{cent} 一起将唯一地确定与其对应的主采样频带上的射频信号。

射频直接带通采样除主采样频带外，还存在“盲区”采样频带，对“盲区”频带必须采用“盲区”采样频率 f_{sm} 进行采样。“盲区”频带的中心频率 f'_{0m} 由式（3-8）确定［见式（2-36）］。

$$f'_{0m}=\frac{m}{2}f_s \tag{3-8}$$

式中，f_s 为主采样频率，m 为“盲区”频带号（m=1,…,M）。“盲区”采样的数字谱与“盲区”频带的射频信号谱如图 3.9 所示。与前面主采样时的情况类似，这时的“盲区”采样数字谱与“盲区”频带信号谱的对应关系则取决于前置跟踪滤波器所处的位置，当其位于偶数（m=2,4,6,…）“盲区”时，其对应关系为

$$X_D^-=X_A^-,\quad X_D^+=X_A^+ \tag{3-9}$$

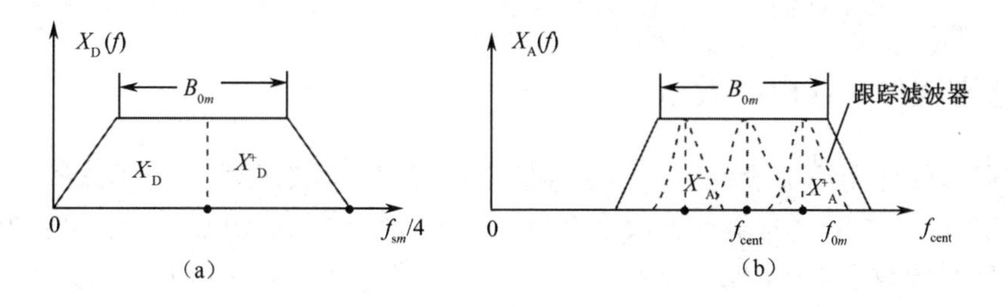

图 3.9 “盲区”采样的数字谱与“盲区”频带的射频信号谱

当其位于奇数“盲区”（m=1,3,5,7,⋯）时，其对应关系为

$$X_D^- = X_A^+,\quad X_D^+ = X_A^- \tag{3-10}$$

由此可见，只要确知前置跟踪滤波器在“盲区”频带上对应的频带号，则图 3.9（a）所示的“盲区”采样数字谱与“盲区”频带的射频信号谱也是完全一一对应的。

以上我们对射频直接带通采样的数字谱分主采样和“盲区”采样两种情况分别进行了讨论分析，无论是主采样还是“盲区”采样，都可以用一个等效的基带数字谱来唯一地表示射频信号，只需要确知前置跟踪滤波器在射频频带上所处的位置（是处于主采样频带还是“盲区”采样频带及其对应的频带号）。

从以上对三种软件无线电结构的采样数字谱分析可以得出结论：无论是射频低通采样还是中频带通采样或者是射频直接带通采样，其采样后的数字谱均可等效为其总带宽为 $f_s/2$ 的基带谱，如图 3.10 所示，其中有用带宽为 B，A/D 采样速率为 f_s。需要注意的是，图中只画出正频率分量，其负频率分量与正频率分量是对称的（实信号采样）。所以，在以后的结构模型分析及其他论述中将不分结构形式，而以图 3.10 所示的通用数字信号谱来进行分析讨论。

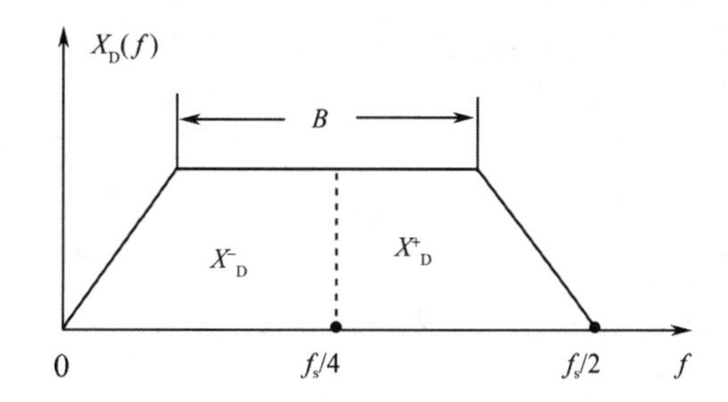

图 3.10 三种软件无线电结构采样数字谱的统一表示

3.2 软件无线电接收机体系结构

软件无线电结构模型是对软件无线电进行理论分析、工程设计以及软件无线电专用集成电路（ASIC）设计的基础和前提，也是深入理解软件无线电概念，形成系统性理论框架的重要手段。我们知道，软件无线电主要由接收机和发射机两大部分组成，而接收机相对较复杂，涉及的内容多。所以，本节首先介绍软件无线电接收机的结构模型，主要包括单通道软件无线电接收机结构模型和并行多通道软件无线电接收机结构模型两部分内容，有关基于多相滤波的信道化软件无线电接收机结构模型将另列一节在 3.3 节详细讨论。

3.2.1　单通道软件无线电接收机

所谓单通道软件无线电接收机是指这种接收机在同一时刻只能接收所选择的一个信道的信号进行接收解调分析，不能同时接收多个信号。由 3.1 节的讨论已经知道，射频信号经过不同形式的 A/D 采样数字化后，形成了统一的基带数字谱 $X_D(f)$，对 $X_D(f)$处理的目的就是如何从采样带宽 B 内提取出信号载频角频率ω_0［注意这是数字频率，它与实际模拟信号的角频率f_0的关系为：$f_0=\omega_0 f_s/(2\pi)$］所对应的感兴趣信号 $s(n)$。我们知道，任何一种调制形式的采样信号 $s(n)$均可表示为

$$s(n)=a(n)\cos[\omega_0 n+\varphi(n)] \tag{3-11}$$

其中，$a(n)$、$\varphi(n)$分别为信号的幅度调制分量和相位调制分量，ω_0 为信号（数字）载频的角频率或中心频率的角频率。如果用正交分量来表示，则式（3-11）可改写为

$$s(n)=I(n)\cos(\omega_0 n)-Q(n)\sin(\omega_0 n) \tag{3-12}$$

式中，

$$\begin{cases} I(n)=a(n)\cos\varphi(n) \\ Q(n)=a(n)\sin\varphi(n) \end{cases} \tag{3-13}$$

分别称为信号的同相分量和正交分量。如 2.5 节所述，由于载频ω_0不含信息，所以用同相、正交分量即可完全描述给定信号的特性，而对信号进行接收解调的目的实际上就是提取这两个分量。正交基带分量 $I(n)$、$Q(n)$的提取方法已在第 2 章 2.5 节进行了详细介绍，其中的数字化提取主要有两种方法，即数字混频法和基于多相滤波的正交变换法。数字混频法的实现如图 3.11（a）所示，图中的低通滤波器 $H_{LP}(e^{j\omega})$主要用来滤除 $I(n)$和 $Q(n)$频谱分量以外的不需要的信号。所以低通滤波器的通带截止频率f_p应为$I(n)$或$Q(n)$频谱分量中对应的最高频率，而滤波器的阻带截止频率f_A应小于信道间隔的一半，以消除邻道干扰的影响，其低通滤波器的特性要求如图 3.12 所示。比如对 VHF 战术电台，信道间隔一般为 25kHz，则 $f_A \leqslant 12.5$kHz。通带截止频率f_p的选取主要取决于信号的单边功率谱宽度，比如对 VHF 战术电台，f_p可选 8kHz 左右。由此可见，经过低通滤波后得到的正交基带信号$I(n)$、$Q(n)$不再是带宽为$f_s/2$ 的信号，而是带宽为f_A的信号，而且$f_A \ll f_s/2$，所以，可以对$I(n)$、$Q(n)$进行 D 倍抽取，抽取率 D 由式（3-14）确定：

$$D=\frac{f_s}{2f_A} \tag{3-14}$$

如图 3.11（b）所示。根据第 2 章的多速率信号处理理论，抽取后的信号 $I(m)$、$Q(m)$并不会改变原有的信号谱结构，而其数据率（采样速率）却降低了 D 倍，对减轻后续信号处理的负担是非常有利的。比如取f_s=100MHz，f_A=12.5kHz，则 $D=f_s/(2f_A)$=2000，即对后续 DSP 的处理速度要求可降低 2000 倍，这是非常可观的。

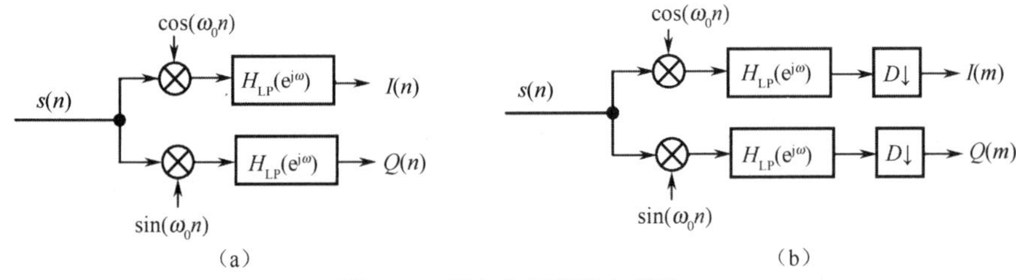

图 3.11　正交分量提取与抽取

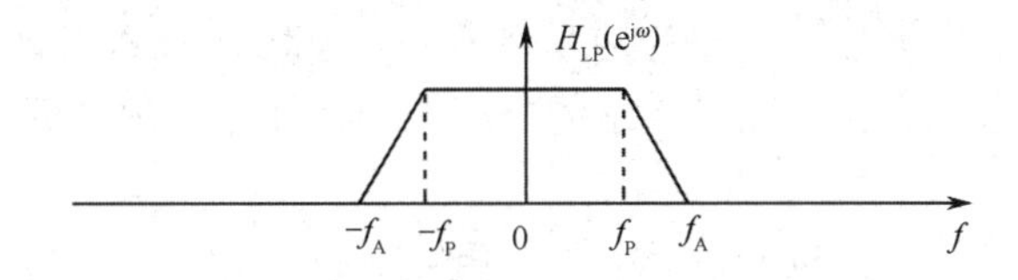

图 3.12　低通滤波器的特性要求

由图 3.11（b）可见，图中的低通滤波器和后接的抽取器 $\boxed{D\downarrow}$ 一起构成了一个标准的抽取系统，该抽取系统可以采用第 2 章介绍的多相滤波结构来实现，以降低对滤波器吞吐率（计算速度）的要求。但是当抽取因子 D 很大，低通滤波器所需的阶数又很高时，实现这种单级多相滤波结构是非常困难的，必须采用多级抽取来实现，如图 3.13 所示。图中共采用了 M 级抽取，每一级的抽取因子分别为 D_m（m=1,2,…,M），总的抽取因子为

$$D=\prod_{m=1}^{M} D_m \tag{3-15}$$

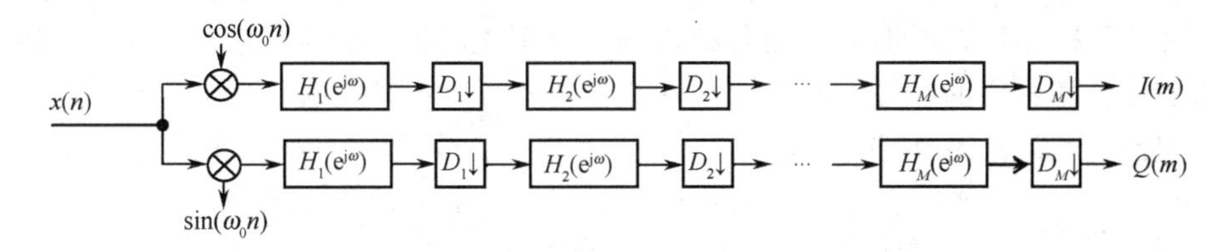

图 3.13　单通道软件无线电接收机的多级抽取结构

若假设所需接收信号的通带截止频率为 f_p，阻带截止频率为 f_A，要求的通带波动为δ_p，阻带衰减为δ_s，输入采样频率为 f_s（这些参数为已知参数），单通道软件无线电接收机的设计实际上就是根据这些已知参数来设计图 3.13 中的 M 个滤波器 $H_m(e^{j\omega})$及其对应的抽取因子 D_m（m=1,2,…,M）。下面就讨论设计方法。

假定 M 个抽取滤波器 $H_m(e^{j\omega})$的通带波纹相等，则每个滤波器的通带波纹δ_{pm}为

$$\delta_{pm}=\frac{\delta_p}{M} \quad (m=1,2,\cdots,M) \tag{3-16}$$

而阻带衰减δ_{sm}为

$$\delta_{sm}=\delta_s \quad (m=1,\ 2,\cdots,\ M) \tag{3-17}$$

且设每个抽取滤波器的通带宽度均为f_p，我们知道第 m 级抽取滤波器的输出采样速率 f_{sm}为

$$f_{sm}=\frac{f_s}{D_1 D_2\cdots D_m} \tag{3-18}$$

则该抽取滤波器的阻带截止频率 f_{Am}应满足：

$$f_{Am}\leqslant f_{sm}-f_A \tag{3-19}$$

而最后一级抽取滤波器的阻带截止频率 f_{AM}应满足：

$$f_{AM}=f_A\leqslant\frac{f_s}{2D} \tag{3-20}$$

其中，D=$D_1 D_2\cdots D_M$为总抽取因子。

由式（3-18）～式（3-20）可知，只要知道每一级抽取滤波器的抽取因子 D_m，则每级抽取滤波器的输入采样频率 $f_{s(m-1)}$，阻带截止频率 f_{Am} 也就确定了。由于δ_{pm}，δ_{sm}以及 f_{pm}（=f_p）都是已知的，各级抽取滤波器就可以采用第 2 章介绍的窗函数法或最佳滤波器设计法进行设计了，所以在已知总抽取因子 D 的情况下，如何分配每一级的抽取因子 D_m 成为软件无线电接收机多

级抽取系统设计的关键。很显然，给定总抽取因子 D、级联数 M 以及每一级的抽取因子 D_m 都可以有多种选取方案和分配方案。抽取因子的分配原则是使总的运算量（各级抽取滤波器的运算量之和）最小：

$$\min_{M、D_m} R_{\mathrm{T}}^* = \min_{M、D_m}\left\{\sum_{m=1}^{M} N_m f_{\mathrm{s}(m-1)}\right\} \tag{3-21}$$

式中，N_m 为第 m 级抽取滤波器之阶数，并定义 $f_{s0}=f_s$。由于在给定 D 时，满足 $D=D_1D_2\cdots D_M$ 条件的抽取因子 D_m 是有限的，所以可以通过计算机枚举算法来实现，即计算出各种级联情况的总计算量 R_{T}^*，然后选取其中 R_{T}^* 最小的级联方案作为最优方案。

在 2.4 节介绍了广泛用于抽取、内插系统的两种高效数字滤波器——级联积分梳状滤波器（CIC）和半带滤波器（Half-Band Filter）。由于 CIC 滤波器无须乘法运算，可以实现高速滤波，所以 CIC 一般用在输入采样速率最高的第一级[$H_1(\mathrm{e}^{\mathrm{j}\omega})$]。而半带滤波器虽然需要乘法运算，但只有普通 FIR 滤波器运算量的一半，所以 HBF 滤波器一般用在中等输入采样速率的第二级[$H_2(\mathrm{e}^{\mathrm{j}\omega})$]。经过前两级抽取滤波后，采样速率已明显降低，所以后续各级抽取滤波器可以采用普通的 FIR 滤波器来实现。根据上述抽取结构，一个可供实现的软件无线电接收机结构模型如图 3.14 所示，注意图中的各级滤波器均含有抽取功能（标在对应抽取滤波器的下方），每一级的抽取因子分别为 D_1、D_2 和 D_3，而 D_2 要求为 2 的幂次方，总的抽取因子为 $D=D_1D_2D_3$。对软件无线电来说要求 D_1、D_2、D_3 是可变的，以适应不同的信号带宽要求。有关 CIC、HBF、FIR 抽取滤波器的设计方法已在第 2 章进行了介绍，这里就不赘述了。

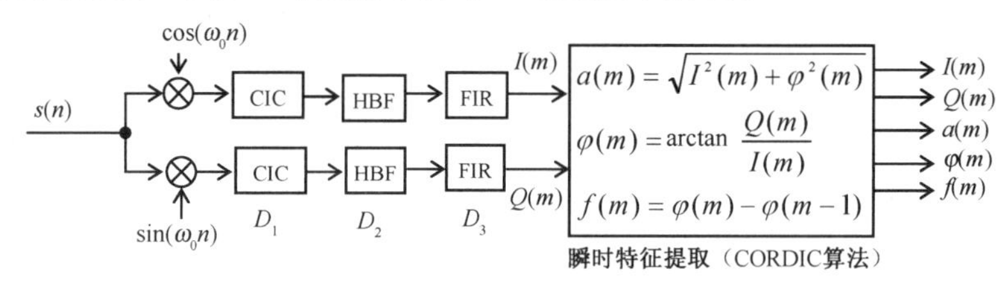

图 3.14　软件无线电接收机结构模型

已调信号 $s(n)$经过正交混频和 D 倍抽取滤波后得到的正交基带信号 $I(m)$、$Q(m)$送到瞬时特征提取单元进行瞬时幅度 $a(m)$、瞬时相位$\varphi(m)$和瞬时频率 $f(m)$的计算，最后把这三个瞬时特征连同两个正交基带信号 $I(m)$、$Q(m)$一起送到后续的解调分析模块完成信号的识别、解调等功能。有关后续信号处理的各种算法将在第 5 章详细讨论。

上面讨论的是基于正交数字混频的软件无线电接收机结构模型，另一种方案是采用基于多相滤波正交化处理（见 2.5 节）实现的软件无线电接收机，其结构模型如图 3.15 所示。图中虚线框即为多相滤波正交化处理器（正交采样器），这种正交采样的特点是通过改变采样频率 f_s 来选取所需接收解调的信号 $s(t)$（其载频为 f_0），并通过多相滤波得到正交基带信号 $I'(i)$、$Q'(i)$。注意到 $I'(i)$、$Q'(i)$的采样速率只有 A/D 采样速率 f'_s 的一半，所以这种方法有助于减轻后续抽取滤波器的计算负担，而且省去了两个正交本振 $\cos(\omega_0 n)$和 $\sin(\omega_0 n)$，因此，实现起来是非常高效率的。另外，如第 2 章所述，两个正交延迟校正滤波器 $H_{\mathrm{I}}(\mathrm{e}^{\mathrm{j}\omega})$、$H_{\mathrm{Q}}(\mathrm{e}^{\mathrm{j}\omega})$只需用 8 阶 FIR 滤波器来实现，其结构相对比较简单。但是这种结构模型对采样振荡器的要求比较高，它必须根据信号的中心频率 f_0 能精确地预置到带通采样公式

$$f_s = \frac{4f_0}{2n+1}$$

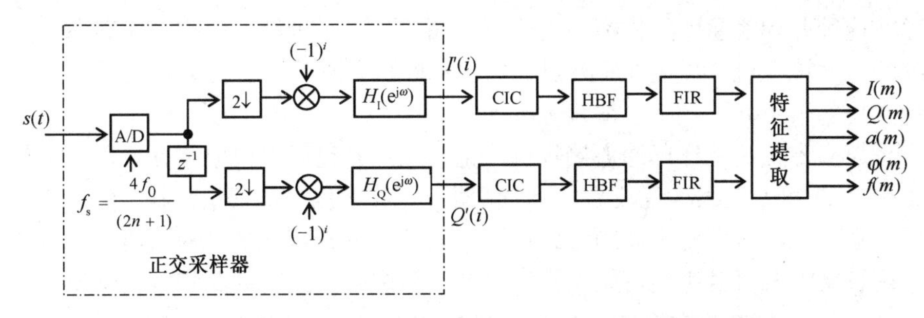

图 3.15　基于多相滤波正交采样的软件无线电接收机结构模型

所确定的采样频率f_s上，其中的n应选择使f_s满足：$f_s \geqslant (r+1)B$时的最大n值，式中B为中心频率调谐于f_0的前置跟踪滤波器的带宽，r为该滤波器的矩形系数，而B应大于信号带宽（$2f_P$）。如果设接收信号的最大带宽为 10MHz，即$B=2f_P$=10MHz，跟踪滤波器矩形系数为 5，则f_s应满足：

$$f_s \geqslant (5+1)\times 10 = 60\text{MHz}$$

则当f_0=100MHz 的信号接收时，$f_s = \dfrac{400}{2n+1} = \dfrac{400}{5} = 80\text{MHz}$

而当f_0=1000MHz 的信号接收时，$f_s = \dfrac{4000}{2n+1} = \dfrac{4000}{65} = 61.538\text{MHz}$

而当f_0=999MHz 的信号接收时，$f_s = \dfrac{4\times 999}{2n+1} = \dfrac{3996}{65} = 61.476\text{MHz}$

如果要求载频跟踪误差为Δf，则允许的最大采样误差Δf_s为

$$\Delta f_s = \frac{4\Delta f}{2n+1} \tag{3-22}$$

可见所取n值越大，要求的采样振荡器频率精度也越高，比如当Δf=1kHz 并取（$2n+1$）=65 时，Δf_s=61.54Hz（频率稳定度$\zeta=\Delta f_s/f_s\approx 10^{-6}$）。

需要指出的是，图 3.15 所示的基于多相滤波正交化处理的接收机模型，其采样公式仍为带通采样公式，但此式中的f_0为信号载频，而不是 3.1 节中介绍的为采样频带的中心频率。采样后得到的数字谱也不是中心频率为$f_s/4$ 基带中频信号（见图 3.10），而是经过正交化处理后的两个正交的零中频信号$I'(n)$、$Q'(n)$。所以，图 3.15 中的虚线框应看作一个正交采样器，通过正交采样把模拟信号变换为两个正交的零中频数字基带信号。而一般的带通采样还需通过数字正交混频才能得到两个正交基带信号，这是两者的本质差别。这种正交采样不仅适用于射频直接带通采样，也适用于宽带中频带通采样，但在采样前都必须设置一个抗混叠跟踪滤波器（分别称为射频跟踪滤波器和中频跟踪滤波器），对带外信号进行滤波。需要注意的是，当采用中频跟踪体制时，载频跟踪精度不仅与采样时钟的频率精度有关，还跟射频前端的本振频率稳定度有关。

图 3.14 和图 3.15 所示的接收机模型同时只能接收一个信号，而无法同时接收多个信号，也就是说这两种模型都不具备同时处理多个信号的能力，所以称其为单通道模型。下面首先讨论基于并行处理的多通道接收模型，3.3 节将详细介绍采用多相滤波器组的信道化接收机模型，这些模型均能同时处理多个信号。

3.2.2　多通道软件无线电接收机

并行多通道接收机结构模型是通过多个并联的单通道接收机来实现的，如图 3.16 所示。图中共有L个通道，可分别对 A/D 采样带宽内的L个信号（由L个本振频率$\omega_1,\omega_2,\cdots,\omega_L$决定）进

行接收处理。这种并行多通道结构模型组成原理简单，易于理解，也容易实现。一些厂家也推出了 4 通道的单片接收机（数字下变频器），如 GC4014。所以，图 3.16 这种并行多通道软件无线电接收机实现起来也并不复杂，体积也不会太大。

同样，采用多个正交采样单通道接收机（见图 3.15）也可以构成并行 L 通道接收机，但这时共需要 L 个 A/D 和 L 个跟踪滤波器，以实现对不同载频信号的正交采样。所以这种结构实现起来相对要复杂一些，这里就不详细讨论了。下面重点讨论基于多相滤波器组的信道化接收机结构模型，这种接收机可以实现对处理带宽内的信号进行全概率截获和接收解调。

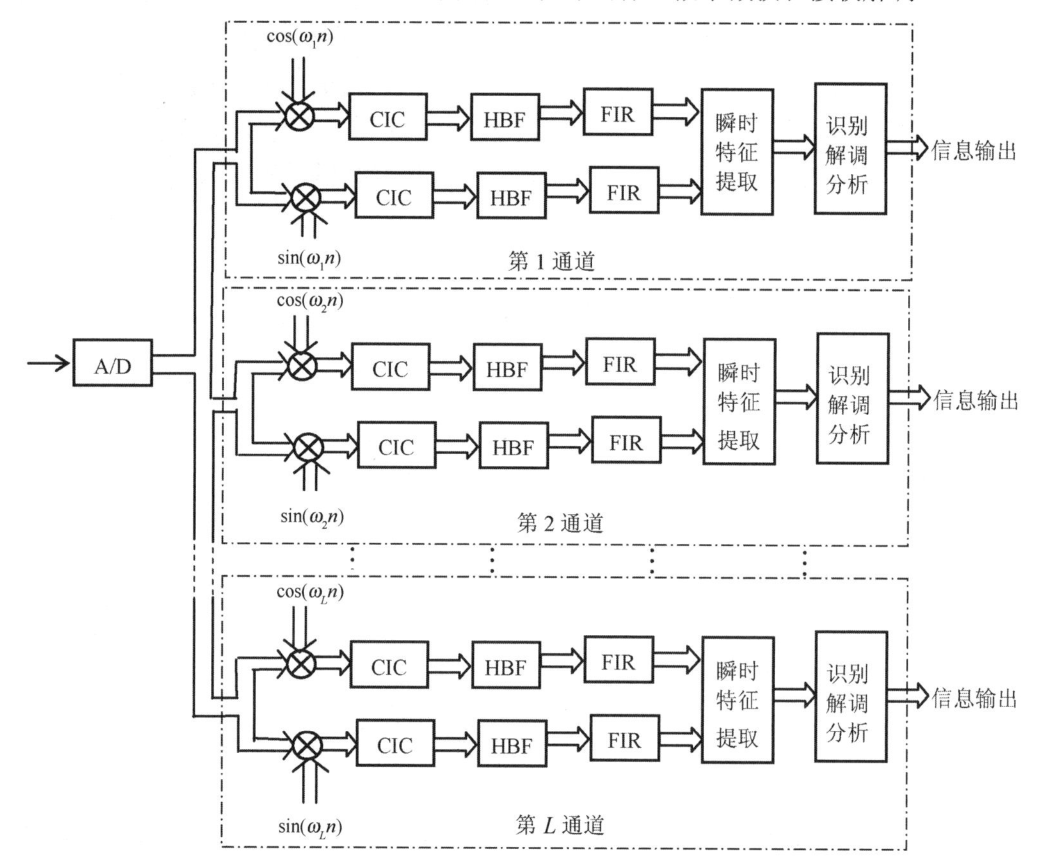

图 3.16　并行多通道软件无线电接收机结构模型

3.3　多相滤波信道化接收机体系结构

在 3.2 节讨论的软件无线电接收机结构模型中，主要考虑的是单通道接收的情况，或者是用几个单通道接收机并联组成的多通道接收机。如果要求在整个取样带宽内能同时对所有的信道进行监视分析，并加以接收解调，则上述这两种接收机就都不能胜任了。比如在移动通信中整个上行链路的工作带宽为 25MHz，共有 125 个信道，如果要求基站能同时对这 125 个信道进行监视和解调，则需要设置 125 个接收机，这显然是不现实的。另外，在电子战中问题更为突出，因为采用这样的单信道或多信道接收机，首先必须确定在哪个信道上有信号，在非合作（或被动）接收条件下，就需要用一个称之为搜索接收机或监视接收机的专用设备对整个频段进行搜索监视，以确定在哪个信道上出现了信号，以便将单通道或多通道接收机的数字本振调谐到对应的信道上。很明显，如果用作搜索或监视的接收机（通常称作全景接收机）搜索速度不足够快，就会遗漏或丢失信号从而产生漏警。这种现象就是所谓的无法进行全概率信号截获，尤其是对信号持续时间短的“突发”通信信号、跳频通信信号、自适应通信信号等截获的概率将更低。本节讨论的基于多相滤波器组的信道化接收机就是一种能够完成全概率截获的接收机，这种接收机通过信道化的方式能同时对整个瞬时处理带宽内的信号进行检测、处理和解调接收。这种信道化接收机不仅被广泛用于电子战系统，在移动通信等领域也将获得应用。特别是认知无线电中，这种信道化接收机是用作“频谱空穴”检测的最佳接收机。本节首先介绍数字滤波器组与信道化的概念，然后讨论其多相滤波算法的实现，也就是信道化接收机的高效实现结构，这是作者的独立研究成果。本节内容对深入理解多相滤波的内涵，并如何加以实际应用非常重要，希望读者仔细领会本节内容。

3.3.1　数字滤波器组与信道化的基本概念

数字滤波器组是指具有一个共同输入、若干个输出端的一组滤波器，如图 3.17 所示。图中 $h_k(n)$（k=0,1,…,D−1）为 D 个滤波器的冲激响应，它们有一个共同的输入信号 $s(n)$，有 D 个输出信号 $y_k(n)$（k=0,1,…,D−1）。如果这 D 个滤波器的功能是把宽带信号 $s(n)$均匀分成若干个（D 个）子频带信号输出，那么我们就把这种滤波器叫作信道化滤波器。一个实信号的信道化划分示例如图 3.18 所示，图中为划分 3 个信道的情况（注意对于实信号，只有正频率或负频率单边谱能用来分配信道，即实信号的可用数字谱总带宽为π）。如果设一个原型理想低通滤波器 $h_{\mathrm{LP}}(n)$ 的频率响应为

$$H_{\mathrm{LP}}(\mathrm{e}^{\mathrm{j}\omega})=\begin{cases}1, & |\omega|\leqslant\dfrac{\pi}{2D}\\ 0, & \text{其他}\end{cases} \tag{3-23}$$

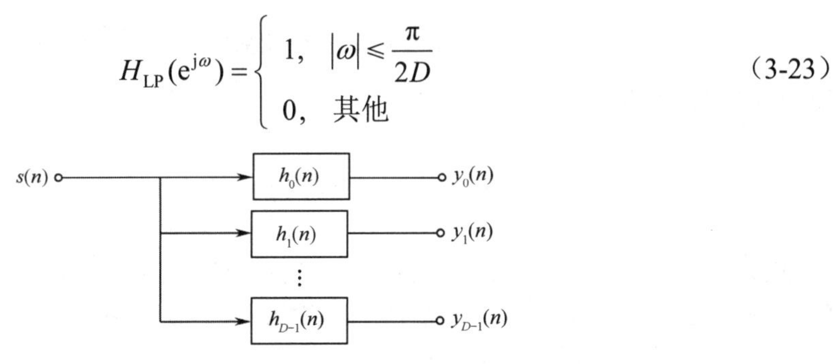

图 3.17　数字滤波器组

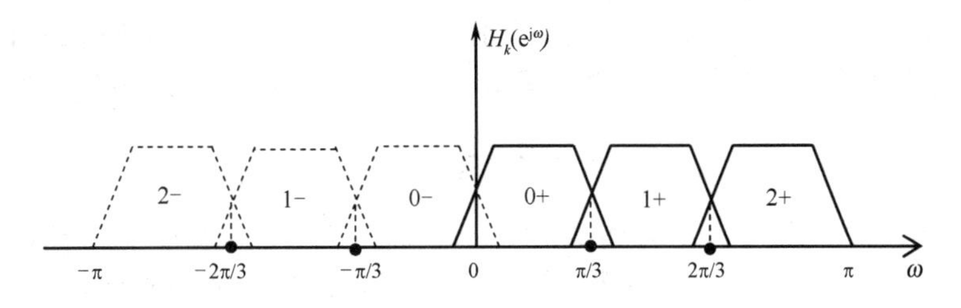

图 3.18　实信号的信道划分

则图 3.17 中的 K 个滤波器的冲激响应为

$$h_k(n)=h_{\mathrm{LP}}(n)\cos\left[\frac{\pi}{2D}(k+1)n\right]\quad(k=0,\ 1,\ 2,\ \cdots,\ D-1) \tag{3-24}$$

由于滤波器组输出的信号 $y_k(n)$（k=0,1,⋯,D−1）之带宽仅为π/D，所以可以对 $y_k(n)$进行 D 倍抽取，并不会影响 $y_k(n)$的频谱结构，如图 3.19 所示。由第 2 章的讨论可知，由于对图 3.18 的抽取属于“整带”抽取，所以图 3.19 中抽取后的信号 $y_k(m)$实际上已变成低通信号，如图 3.20 所示，图中的 f_s 为输入信号 $s(n)$的采样频率。

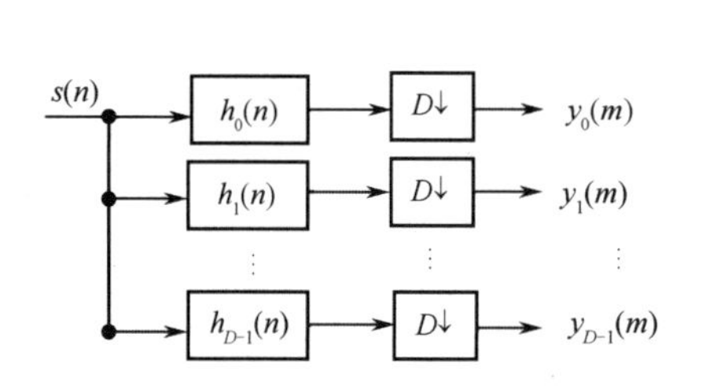

图 3.19　后置抽取器的滤波器组

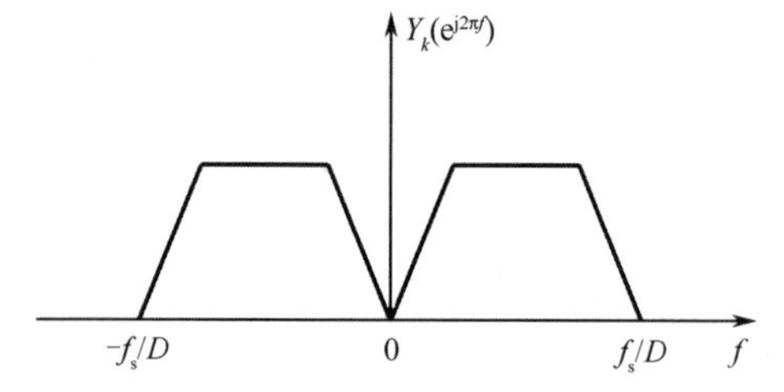

图 3.20　抽取后的低通信号

以上讨论的是对实信号 $s(n)$的信道化划分情况，如果 $s(n)$是复信号，则其信道划分如图 3.21 所示，这时的信道间隔为 2π/D（注意对于复信号正负频率双边谱都能用来分配信道，即复信号的可用数字谱总带宽为 2π），可以导出信道化滤波器 $h_k(n)$的表达式如式（3-25）所示。

$$h_k(n) = h_{\mathrm{LP}}(n) \cdot \mathrm{e}^{-\mathrm{j}\frac{2\pi}{D}\left(k+\frac{1}{2}\right)n} \tag{3-25}$$

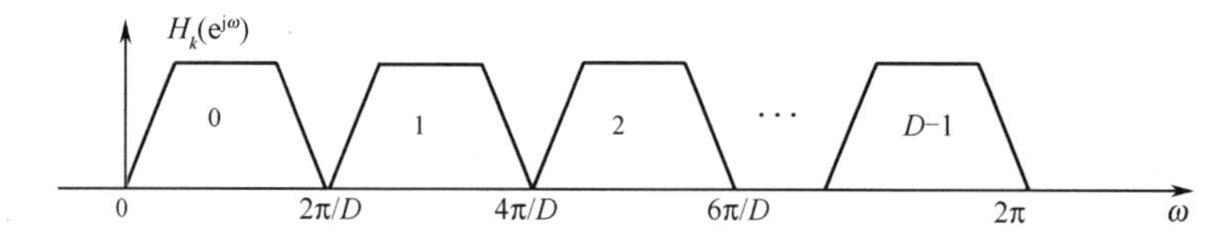

图 3.21　复信号的信道划分

但这时的 $H_{\mathrm{LP}}(\mathrm{e}^{\mathrm{j}\omega})$应为

$$H_{\mathrm{LP}}(\mathrm{e}^{\mathrm{j}\omega}) = \begin{cases} 1, & |\omega| \leqslant \dfrac{\pi}{D} \\ 0, & \text{其他} \end{cases} \tag{3-26}$$

由此可见，实信号和复信号两种情况下的滤波器组表达式是不一样的，信道间隔也不同，在相同划分信道数的条件下，复信号的信道间隔为实信号的 2 倍。由于复信号经信道化滤波后的信号带宽为 2π/D，故仍可对其进行 D 倍抽取，不会影响对应带宽内的信号谱结构。而且这样的抽取属于“整带”抽取，抽取后可直接获得所需的低通信号。

对复信号滤波器组的另一种实现形式就是所谓的低通型实现，如图 3.22 所示。图中 $h_{\mathrm{LP}}(n)$仍为式（3-26）所示的原型低通滤波器，本振角频率ω_k（k=0,1,⋯,D−1）由式（3-27）确定：

$$\omega_k = \left(k + \frac{1}{2}\right) \cdot \frac{2\pi}{D} \tag{3-27}$$

它的作用是把图 3.21 中的第 k 个子频带（信道）移至基带（零中频），然后通过后接的低通滤波器 $h_{\mathrm{LP}}(n)$滤出对应的子频带，由于滤波后的信号带宽为 2π/D，故可对其进行 D 倍抽取，以获得低采样速率的信号。对于实信号也同样可以用低通型滤波器组实现，如图 3.23 所示。但是为了后面推导基于多相滤波的高效实信号结构，对实信号的信道数重新作如图 3.24 所示的定义，虚线频带为其对应的镜像，此时的ω_k 由式（3-28）确定。

$$\omega_k = \left(k + \frac{1}{4}\right) \cdot \frac{2\pi}{D} \tag{3-28}$$

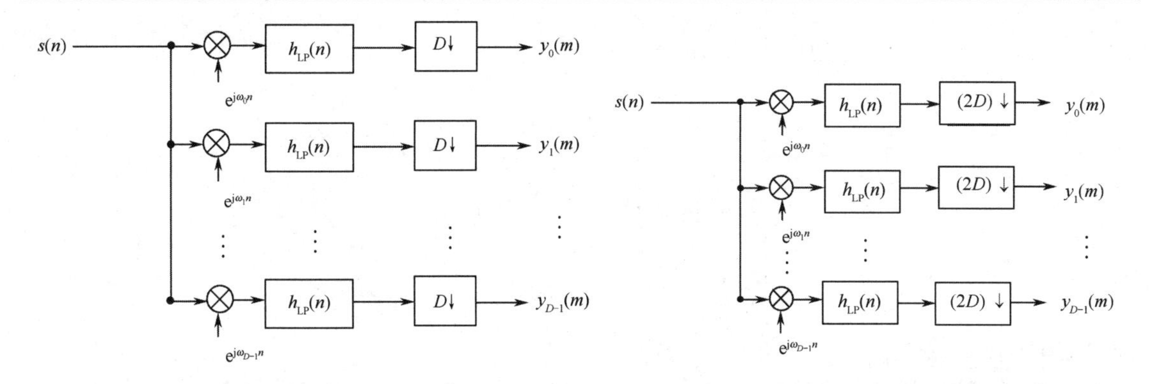

图 3.22　复信号滤波器组的低通实现　　　图 3.23　实信号滤波器组的低通实现

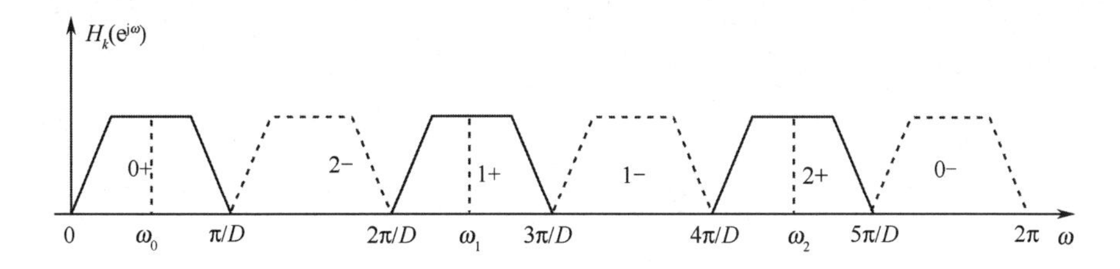

图 3.24　实信号的另一种信道分配方法(D=3)

值得注意的是，图 3.24 所示信道划分的特点是用 0～2π整个频谱来分配信道，而不像图 3.18 只用正频谱来分配信道，但用实线表示的主像和用虚线表示的镜像是交错出现的，这样主像的信道间隔为 $2\pi/D$［按照图 3.24 划分信道的目的就在于要让信道间隔变为 $2\pi/D$，否则式（3-27）中与信道号 k 相乘的数将不会是 $2\pi/D$，而是π/D，这样的话在后面推导实信道化接收机结构时就无法用 DFT 来高效实现。有关这方面的内容详见后面的推导过程］。另外，图中的原型低通滤波器仍由式（3-26）确定。另外一个不同点是由于经复本振混频及低通滤波后的信号为复信号，且带宽为π/D，故可对该信号进行 $2D$ 倍抽取，如图 3.23 所示。

通过前面的介绍，对滤波器组及其信道化的概念与实现原理会有较深的理解。这种滤波器组把整个采样频带（0～$f_s/2$）划分成若干个并行的信道输出，使得信号（信道）无论何时何地出现，均能加以截获，并进行解调分析。所以，这种滤波器组信道化接收机具备了全概率截获的能力，是接收跳频、“突发”以及自适应通信信号的理想接收机。但是图 3.22 或图 3.23 所示的这种滤波器组信道化接收机实现起来是比较困难的，尤其是当信道数多、D 值很大时，图中的低通滤波器所需的阶数可能会变得非常大，而且每个信道都要配一个这样的滤波器，实现效率非常低，工程上将难以实现。下面要推导的基于多相滤波技术实现的信道化接收机则是一种非常高效的实现结构，需要的计算量大为降低，所需的 FPGA 硬件资源也将大大减少，为实时处理创造了条件。

3.3.2　复信号的多相滤波信道化接收机

复信号的信道化原始结构如图 3.22 所示。由图可得第 k 路信道的输出为［为书写方便，用 $h(n)$代替 $h_{LP}(n)$］

$$
\begin{aligned}
y_k(m) &= \left\{ \left[s(n)\mathrm{e}^{\mathrm{j}\omega_k n} \right] \cdot h(n) \right\} \Big|_{n=mD} \\
&= \left\{ \sum_{i=-\infty}^{+\infty} s(n-i)\mathrm{e}^{\mathrm{j}\omega_k (n-i)} \cdot h(i) \right\} \Bigg|_{n=mD} \\
&= \sum_{i=-\infty}^{+\infty} s(mD-i)\mathrm{e}^{\mathrm{j}\omega_k (mD-i)} \cdot h(i) \\
&= \sum_{p=0}^{D-1} \sum_{i=-\infty}^{+\infty} s(mD-iD-p)\mathrm{e}^{\mathrm{j}\omega_k (mD-iD-p)} \cdot h(iD+p)
\end{aligned}
\tag{3-29}
$$

定义：$s_p(m)=s(mD+p)$，$h_p(m)=h(mD+p)$，则有：

$$
\begin{aligned}
y_k(m) &= \sum_{p=0}^{D-1} \sum_{i=-\infty}^{+\infty} s_p(m-i)h_p(i)\,\mathrm{e}^{\mathrm{j}\omega_k (mD-iD-p)} \\
&= \sum_{p=0}^{D-1} \left[\sum_{i=-\infty}^{+\infty} (s_p(m-i)\mathrm{e}^{\mathrm{j}\omega_k (m-i)D}) \cdot h_p(i) \right] \mathrm{e}^{-\mathrm{j}\omega_k p}
\end{aligned}
\tag{3-30}
$$

定义：

$$
\begin{aligned}
x_p(m) &= \sum_{i=-\infty}^{+\infty} \left[s_p(m-i)\mathrm{e}^{\mathrm{j}\omega_k (m-i)D} \right] \cdot h_p(i) \\
&= \left[s_p(m)\mathrm{e}^{\mathrm{j}\omega_k mD} \right] \cdot h_p(m)
\end{aligned}
\tag{3-31}
$$

代入式（3-30）可得：

$$
y_k(m) = \sum_{p=0}^{D-1} x_p(m)\mathrm{e}^{-\mathrm{j}\omega_k p} \tag{3-32}
$$

把 $\omega_k = \left(k+\dfrac{1}{2}\right)\dfrac{2\pi}{D}$ 代入式（3–31）得：

$$
x_p(m) = \left[s_p(m)\mathrm{e}^{\mathrm{j}\left(k+\frac{1}{2}\right)2\pi m} \right] \cdot h_p(m) = \left[s_p(m)(-1)^m \right] \cdot h_p(m) \tag{3-33}
$$

$$
y_k(m) = \sum_{p=0}^{D-1} \left[x_p(m) \cdot \mathrm{e}^{-\mathrm{j}\frac{\pi}{D}p} \right] \mathrm{e}^{-\mathrm{j}\frac{2\pi}{D}kp} = \sum_{p=0}^{D-1} x'_p(m)\mathrm{e}^{-\mathrm{j}\frac{2\pi}{D}kp} = \mathrm{DFT}\left[x'_p(m) \right] \tag{3-34}
$$

式中，$x'_p(m)=x_p(m)\mathrm{e}^{-\mathrm{j}\frac{\pi}{D}p}$，DFT(·)表示离散付里叶变换，可用 FFT 来实现。

根据上述推导过程，可以得到基于多相滤波结构的信道化接收机结构模型如图 3.25 所示。图中的第二个乘法运算实际上是跟一个复常数相乘，可以将其合并在前面的滤波器或后续的 DFT 中去运算。所以，如图 3.25 所示的多相滤波信道化接收机结构实际上是不需要乘法器的，非常有利于工程实现。另外，由图可见，此时不仅 D 倍抽取器已位于滤波器之前，而且现在每个信道的抽取滤波器都不是原先的原型低通滤波器 $h(n)$，而是该滤波器的多相分量 $h_P(m)$，其运算量降至原来的 $1/D$，极大地提高了这种信道化接收机的实时处理能力。而且在图中 DFT 是采用其高效算法 FFT 来实现的，运算速度可以大大加快。

上面推导的结构模型是针对输入信号 $s(n)$为复信号时的结果，但在实际当中 $s(n)$往往为实信号，处理方法之一是把实信号当作复信号的一种特殊情况来对待，但这时有一半信道是冗余的（实信号的正负频率分量共轭对称），浪费了一半的处理量，是不划算的；处理方法之二是先把实信号 $s(n)$通过第 2 章介绍的多相滤波正交处理方法将其变换为复信号，然后再进行信道化。由于经正交化处理后的复信号的采样速率降低了一半，所以所需的信道数就比前一种方法减少一半，更具实用性。第三种处理方法就是下面要介绍的直接从图 3.23 推导出实信号的多相滤波信道化结构模型。

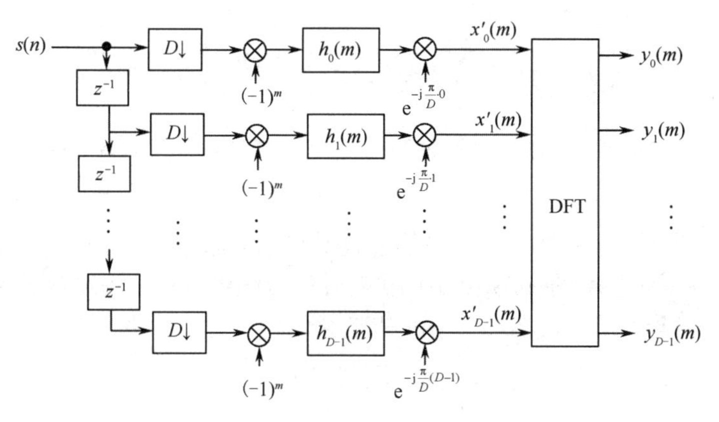

图 3.25　信道化接收机结构模型（复信号）

3.3.3　实信号的多相滤波信道化接收机

实信号的信道化原始结构如图 3.23 所示。推导方法与复信号是类似的，所不同的是现在的抽取倍数为（$2D$），而不是复信号时的 D。由图 3.23 可得第 k 个信道的输出为

$$
\begin{aligned}
y_k(m) &= \left\{\left[s(n)\mathrm{e}^{\mathrm{j}\omega_k n}\right]\cdot h(n)\right\}\Big|_{n=m(2D)} \\
&= \left\{\sum_{i=-\infty}^{+\infty} s(n-i)\mathrm{e}^{\mathrm{j}\omega_k(n-i)}\cdot h(i)\right\}\Bigg|_{n=m(2D)} \\
&= \sum_{i=-\infty}^{+\infty} s(2mD-i)\mathrm{e}^{\mathrm{j}\omega_k(2mD-i)}\cdot h(i) \\
&= \sum_{p=0}^{D-1}\sum_{i=-\infty}^{+\infty} s(2mD-iD-p)\mathrm{e}^{\mathrm{j}\omega_k(2mD-iD-p)}\cdot h(iD+p) \\
&= \sum_{p=0}^{D-1}\sum_{i=-\infty}^{+\infty} s_p(2m-i)\,\mathrm{e}^{\mathrm{j}\omega_k(2m-i)D}\cdot h_p(i)\mathrm{e}^{-\mathrm{j}\omega_k p} \\
&= \sum_{p=0}^{D-1}\left\{\left[s_p(n)\mathrm{e}^{\mathrm{j}\omega_k nD}\right]\cdot h_p(n)\right\}_{n=2m}\cdot\mathrm{e}^{-\mathrm{j}\omega_k p}
\end{aligned}
\tag{3-35}
$$

令：$x_p(m)=\left[s_p(m)\mathrm{e}^{\mathrm{j}\omega_k mD}\right]\cdot h_p(m)=s_p'(m)\cdot h_p(m)$，其中：$s_p'(m)=s_p(m)\mathrm{e}^{\mathrm{j}\omega_k mD}$。

把 $\omega_k=\left(k+\dfrac{1}{4}\right)\cdot\dfrac{2\pi}{D}$ 代入可得：$s_p'(m)=s_p(m)\mathrm{e}^{\mathrm{j}\frac{\pi}{2}m}$，则有：

$$
y_k(m)=\sum_{p=0}^{D-1}x_p(2m)\mathrm{e}^{-\mathrm{j}\omega_k p} \tag{3-36}
$$

把 $\omega_k=\left(k+\dfrac{1}{4}\right)\cdot\dfrac{2\pi}{D}$ 代入式（3-36）得：

$$y_k(m) = \sum_{p=0}^{D-1}\left[x_p(2m)\cdot \mathrm{e}^{-\mathrm{j}\frac{\pi}{2D}p}\right]\mathrm{e}^{-\mathrm{j}\frac{2\pi}{D}kp}$$
$$= \sum_{p=0}^{D-1} x'_p(2m)\mathrm{e}^{-\mathrm{j}\frac{2\pi}{D}kp} = \mathrm{DFT}\left[x'_p(2m)\right] \tag{3-37}$$

式中，$x'_p(2m) = x_p(2m)\mathrm{e}^{-\mathrm{j}\frac{\pi}{2D}p}$，与复信号时的情况一样，DFT(·)表示离散傅里叶变换，可用 FFT 快速实现。

根据上述推导过程，可得到实信号的多相滤波信道化接收机结构模型如图 3.26 所示。由图 3.26 可见，该模型比起用图 3.23 来实现实信号的信道化，从计算效率上看要高效得多。由于实际信号都是实信号，所以图 3.26 所示的信道化结构模型应用将会更加广泛。

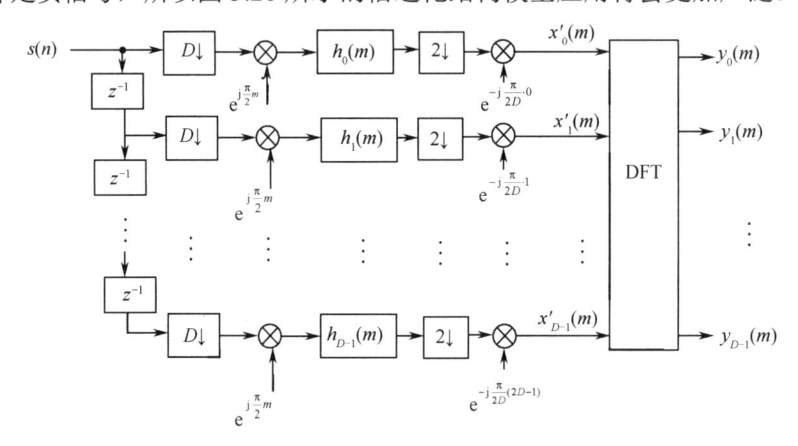

图 3.26　信道化接收机结构模型（实信号）

需要指出的是，无论是图 3.25 的复信道化接收机还是图 3.26 的实信道化接收机，最终输出的 D 个信道化信号 $y_k(m)$（k=0,1,2,⋯,D−1）都是正交的复时域信号，后接 D 个正交解调器或检测器就可实现对每路输出信号进行实时解调或信号检测。也就是说图 3.25 和图 3.26 信道化接收机并不包含解调或信号检测等功能（但包含信道正交分解），它们只起分离信号的信道滤波作用，其他各种处理还需要借助后续部件来实现。

另外，从前面介绍的信道划分方法可以看出，这里给出的信道化接收机只能适用等间隔划分的等带宽均匀信道，而且 f_s 和 D 一旦确定下来，信道带宽也就随之确定了。因此，这种信道化接收机还是缺乏足够的灵活性和普适性。最后一个问题就是，这样的信道化接收机如果按照图 3.21 或图 3.24 来设计信道滤波器，则会存在信道化盲区，即在相邻两个信道之间的部分频段是滤波器的过渡带，将无法接收信号。如果采用如图 3.27 所示的信道化方案，则又存在相邻信道的重叠，会产生频谱混迭，这是不希望看到的。但是，如果信号不是非常密集，相邻信道不会同时出现信号，则这样的信道滤波器设计也是可以接受的，特别是如果用信道化接收机是来检测（截获）信号的话，将不会对检测产生影响（通过相邻信道的联合判决）。但需要注意的是，这时图 3.26 中的 2 倍抽取就不需要了。所以，信道化接收机中采用什么样的信道滤波器要根据具体的应用场合而定。比如按图 3.27 进行信道滤波器设计的信道化接收机主要用于电子战领域实现信号的全概率截获；而按图 3.24 进行信道滤波器设计的信道化接收机主要用于通信领域，因为在通信领域信道间隔和带宽一般都是预先设计的，不会出现在两个相邻信道同时出现信号的“自干扰”情况。

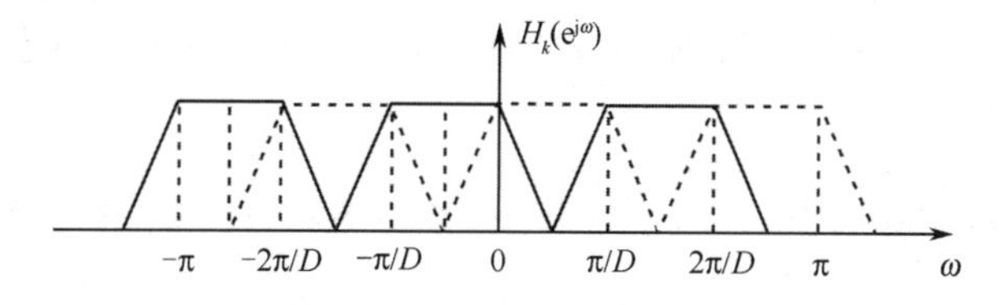

图 3.27　信道滤波器的混叠设计

上面讨论的信道化接收机模型实际上可以很容易地将其推广到 FDM-TDM 的复接方式转换中去，如图 3.28 所示（注意图中虚线框要用前面介绍的多相滤波来实现，以提高实现的效率）。通过信道化后的多路 FDM 信号 $y_k(m)$首先经过解调器的解调（解调方式取决于 FDM 调制方式），得到多路信号的比特流，通过图中的选择开关对多路比特流进行成帧处理，组合成一个个数据帧，最后通过 TDM 调制器进行调制获得 TDM 输出信号。显然，从 FDM 到 TDM 的转换，其中的信道化器起到极其关键的作用，如果信道化器的实现效率不高，将会严重影响转换器的实时处理能力。所以，本节介绍的基于多相滤波高效率实现的信道化接收机模型是 FDM-TDM 复接方式转换的一个典型应用场景。在 3.4 节还将介绍信道化发射机模型在 TDM-FDM 复接方式转换中的典型应用例子。

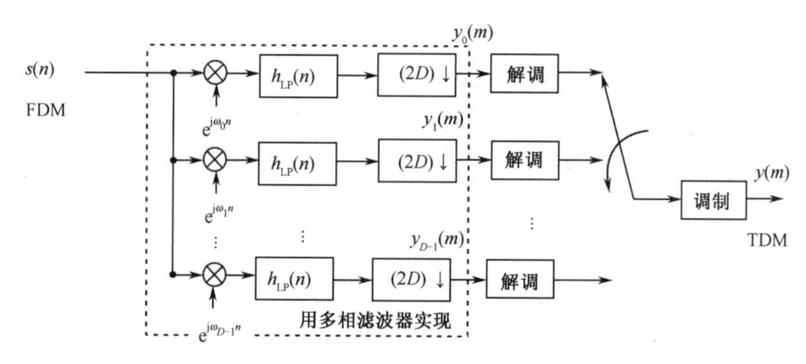

图 3.28　FMD-TDM复接方式转换应用举例

本节在介绍并行输出滤波器组和信道化接收机基本概念和实现原理的基础上，把多相滤波技术应用于信道化接收机结构模型的理论推导，得到了能够非常高效率实现的多相滤波信道化接收机结构。特别是为了导出实信号信道化接收机的高效多相滤波结构，提出了一种非常巧妙的实信号信道划分新方法，为实信号信道化接收机的高效实现创造了条件。提请读者注意的是，这一节给出的多相滤波信道化接收机结构由于采用了更加高效的信道划分方式（按照 0～2π划分信道），比本书第 1 版中给出的信道化接收机结构（按照−π～π划分信道）更加高效、简洁[3]。

3.4　软件无线电发射机体系结构

软件无线电主要由发射机和接收机两大部分组成。软件无线电发射机的主要功能是把需发射或传输的用户信息（语音、数据或图像）经基带处理（完成诸如 FM、AM、FSK、PSK、MSK、QAM 等调制）和上变频，调制到规定的载频（中心频率）f_0上，再通过功率放大后送至天线，把电信号转换为空间传播的无线电信号，发向空中或经传输介质（如电缆、光缆等）送到接收方的接收机前端，由其进行接收解调。所以，软件无线电发射机的基本组成如图 3.29 所示，其中功率放大器和天线不在本节讨论，将在第 4 章进行介绍。本节重点讨论实现基带调制和上变频的结构模型，而且仅涉及单通道发射机和多通道发射机两种情况，对于信道化发射机的结构模型将在 3.5 节专门讨论。

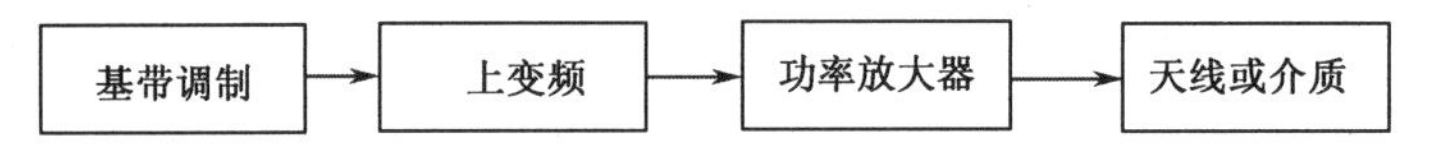

图 3.29 软件无线电发射机的基本组成

3.4.1 单通道软件无线电发射机

如前所述，任何一个无线电信号均可表示为

$$s(t) = a(t)\cos[2\pi f_0 t + \varphi(t)] \tag{3-38}$$

式中，$a(t)$、$\varphi(t)$分别表示该信号的幅度调制信息和相位调制信息，f_0 为信号载频（中心频率），而频率调制信息也反映在相位调制信息中，即：

$$f(t) = \frac{\mathrm{d}\varphi(t)}{\mathrm{d}t} \tag{3-39}$$

对式（3-38）进行数字化，可得：

$$s(nT_\mathrm{s}) = a(nT_\mathrm{s})\cos[2\pi f_0 nT_\mathrm{s} + \varphi(nT_\mathrm{s})] \tag{3-40}$$

其中，$T_\mathrm{s}=1/f_\mathrm{s}$ 为采样间隔，式（3–40）通常简写为

$$s(n) = a(n)\cos[\omega_0 n + \varphi(n)] \tag{3-41}$$

式中，$\omega_0=2\pi f_0 T_s$ 为数字角频率，取值 0～π（实信号），有时不加区分地把ω_0 和 f_0 都称为频率，只要记住在信号表达式中的真正含义就行了。为便于进行信息调制，通常把式（3-41）进行正交分解：

$$s(n) = I(n)\cos(\omega_0 n) + Q(n)\sin(\omega_0 n) \tag{3-42}$$

其中，$I(n) = a(n)\cos\varphi(n)$，$Q(n) = -a(n)\sin\varphi(n)$。

调制的方法是先根据调制方式求出 $I(n)$、$Q(n)$，然后分别与两个正交本振 $\cos(\omega_0 n)$、$\sin(\omega_0 n)$相乘并求和，即可得到调制信号 $s(n)$，如图 3.30 所示。

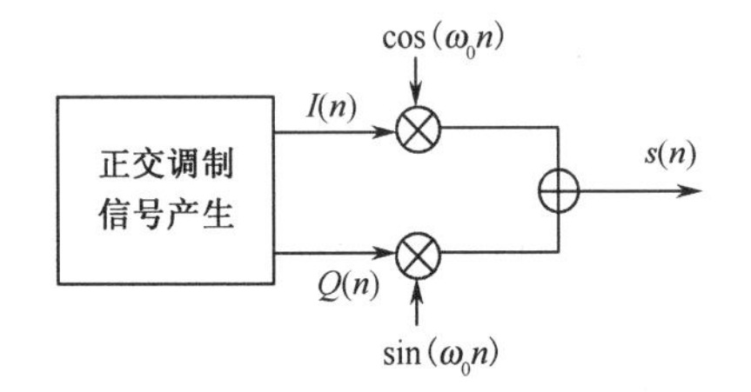

图 3.30 信号调制结构模型

对调幅信号有：$\varphi(n) = 0$，$a(n) = 1 + m_\mathrm{A} m(n)$，则有：

$$I(n) = a(n) = 1 + m_\mathrm{A} m(n) \tag{3-43}$$

其中，m_A 为调幅度，$m(n)$为调制信号。而对调频信号有：

$$a(n) = 1,\quad \varphi(n) = \frac{K_\mathrm{f}}{2f_\mathrm{s}}\left[m(1) + m(n) + 2\sum_{i=2}^{n-1} m(i)\right] \tag{3-44}$$

式中，$\varphi(n)$的表达式实际上是模拟调频公式：

$$\varphi(t) = K_\mathrm{f}\int_0^t m(\tau)\mathrm{d}\tau \tag{3-45}$$

在数字域的表达式。则：

$$I(n) = \cos\varphi(n),\quad Q(n) = \sin\varphi(n) \tag{3-46}$$

也就是说，给定任何一种调制方式，就可计算出与之对应的两个正交分量 $I(n)$、$Q(n)$。有关正交基带信号 $I(n)$、$Q(n)$的产生方法将在第 5 章进行详细分析讨论。

在图 3.30 所示的调制模型中，两个正交基带信号 $I(n)$、$Q(n)$的采样速率与输出信号的采样速率是一样的，而输出信号的采样速率要求大于最高载频的两倍以上。比如为了输出载频为 100MHz 的信号，则其输出采样速率至少为 200MHz（考虑到实际滤波器的特性，一般要求大

于 300～400MHz）。而两个正交基带信号 $I(n)$、$Q(n)$的带宽仅为信号带宽，与载频相比要小得多，也就是说 $I(n)$、$Q(n)$并不需要产生如此高速的数据流，只需要输出大于 2 倍信号带宽的数据流就行了，否则如果用软件（DSP）来产生基带信号将会对处理速度提出过高的要求。但是为了使产生的基带信号与后面的采样速率相匹配，在进行正交调制（与两个正交本振混频）之前必须通过内插把低数据率的基带信号提升到采样频率上，整个实现过程如图 3.31 所示。图中内插器 $\boxed{I\uparrow}$（含滤波器）的实现已在第 2 章进行了介绍，这里就不详细讨论了。

图 3.31 所示的调制模型实际上就是软件无线电发射机的基本结构模型，称其为基频发射机。这种软件无线电发射机由于受器件如内插滤波器、正交混频用的乘法器等处理速度的限制，其最高工作频率是做不高的，如果单片发射机芯片的最高输出采样速率不到 300MHz，则其最高输出载频就不到 150MHz。那么能不能用这种中低速采样速率的发射机来产生更高频率的信号呢？方法之一就是采用 3.2.2 节已介绍的模拟上变频的办法来实现（软件无线电的第三种结构）；方法之二就是采用内插技术实现数字上变频，软件无线电的第二种结构（见图 3.4）中的“零内插”功能方框就是采用这种方法来实现的。下面就讨论它的实现原理。

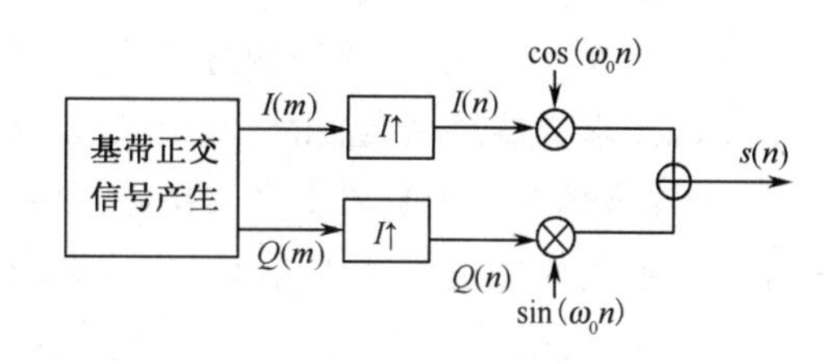

图 3.31　基于内插的调制模型（基频发射机）

图 3.31 所产生的已调信号 $s(n)$的数字谱如图 3.32 所示，该调制模型可以产生其载频 $f_0<f_s/2$ 的任一已调信号 $s(n)$，但无法产生 $f_0>f_s/2$ 的信号。现在对 $s(n)$进行 I 倍内插即对 $s(n)$每隔 1 个采样点插入（I−1）个零点，得到的内插信号为 $s_I(n)$，其对应的数字谱如图 3.33 所示。也就是说，内插后的数字谱不仅包含了原信号的基带谱（图 3.33 中阴影部分），同时还有处于[（m−1）$f_s/2$, $m\,f_s/2$]（m=1,2,⋯,I）各频带内的各次“镜频”分量。由第 2 章的讨论可知，这些“镜频”分量的频谱与基带信号的谱结构是完全一样的，只是中心频率不同而已。这样我们只要用一个带通滤波器滤出第 m 次镜频，就相应得到了载频为 m 倍于基带载频（m=1）的高频信号，这也就相当于把图 3.31 所示的发射机最高工作频率扩大了 I 倍。整个实现过程如图 3.34 所示，图中的第 2 个内插器 $\boxed{I_2\uparrow}$只插入零点不含滤波，而 FIR 滤波器即为用于镜频滤波的数字带通滤波器。该滤波器也可以采用第 2 章讨论的各种高效数字滤波器来实现，但由于在图 3.34 的模型中内插后的数据率是相当高的，滤波器实现起来会有相当大的难度。为避免数字域实现的困难，可以采用在模拟域实现滤波的方案，如图 3.35 所示，图中电调滤波器之中心频率应调至所需输出的信号频率上。另外，跟前面讨论的带通采样一样，这种内插模型也同样存在内插“盲区”（见图 3.33 中其中心频率位于 $f_s/2$ 整数倍的附近频带），内插“盲区”处理的方法同第 2 章“盲区”采样的处理方法是一样的，读者可自行研究（在第 2 章的习题中已安排题目请读者自己证明“盲区”内插公式），这里就不过细讨论了。

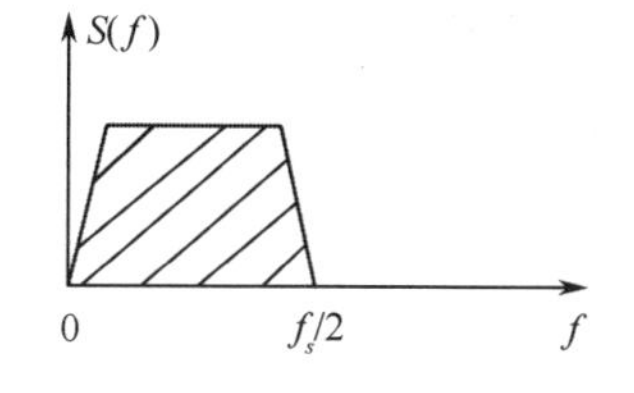

图 3.32　已调信号的数字谱

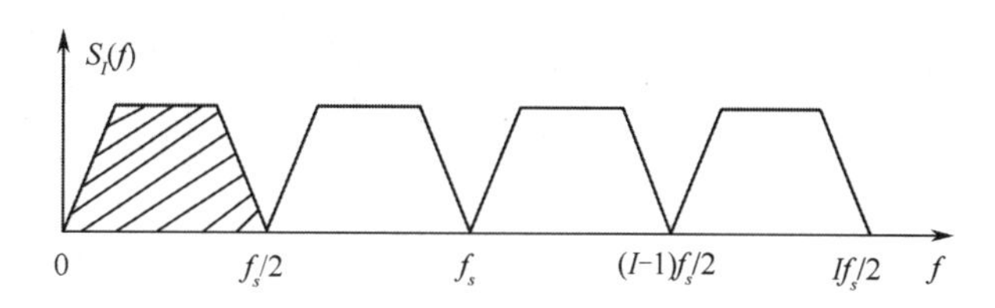

图 3.33　$s(n)$经 I 倍内插后的数字谱

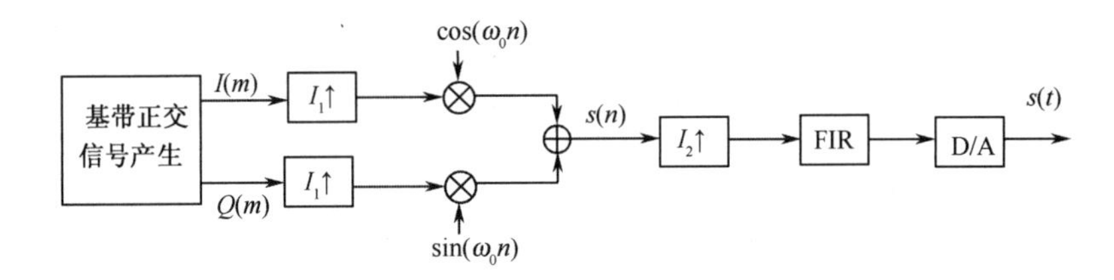

图 3.34　基于内插上变频的软件无线电发射机结构模型

图 3.35 所示的软件无线发射机改进模型虽然解决了高速数字滤波的问题，但对数模转换器（D/A）的要求仍然是相当高的，也就是要求 D/A 有相当高的转换速率。比如为了获得载频为 1GHz 的输出信号，则要求 D/A 的转换速度至少达到 2GHz。目前，虽然分辨率低的 D/A（如 10 位）的速度已能达到这个量级，但当要求 D/A 的分辨率较高时（如 16 位以上，要达到这样高的转换速度还是有困难的。为了避免由于内插给 D/A 增加负担，可以设想把零内插移至 D/A 之后，通过模拟接零开关来实现，如图 3.36 所示。图中的虚线框为一个高速接零开关，该开关的动作过程如图 3.37 所示。图中的 $T_1=\dfrac{(I-1)T_s}{I}$ 为开关接零的持续时间，$T_2=T_s/I$ 为开关接 D/A 输出的持续时间，$f_s=1/T_s$ 为 D/A 的输出速率，I 为内插倍数。从图 3.36 中容易看出，只要开关转换比较理想，接零开关的输出波形与图 3.35 中 D/A 的输出波形是完全一样的，所以两种结构在理论上也是完全等效的。但图 3.36 与图 3.35 相比，在输出速率要求很高的情况下更具有可实现性，因为图 3.36 的结构模型其实现的难点只在高速开关上，它对其他部分的要求是不高的。

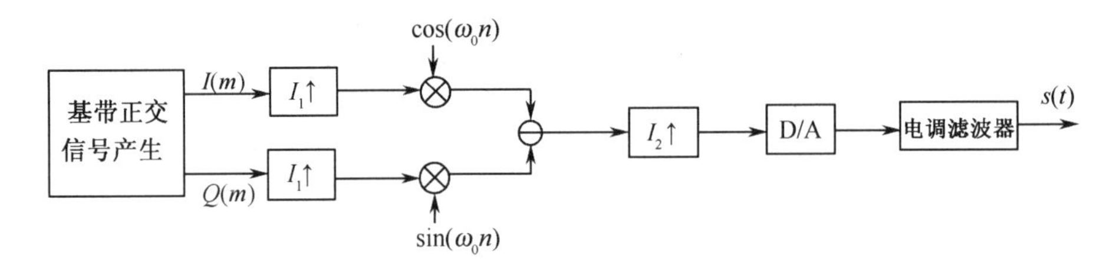

图 3.35　基于内插和电调滤波的软件无线电发射机结构模型

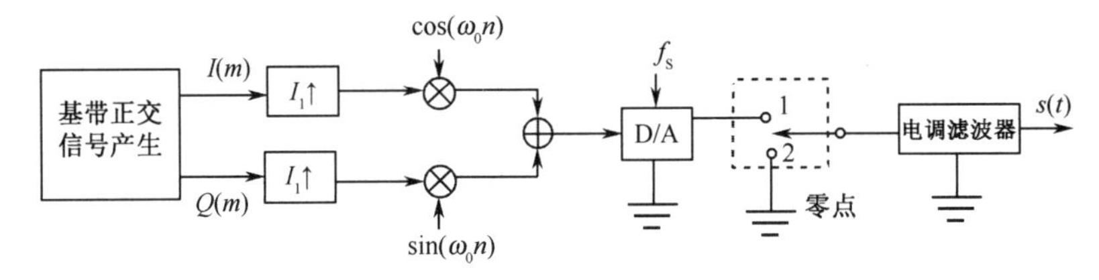

图 3.36　高速内插的接零开关实现

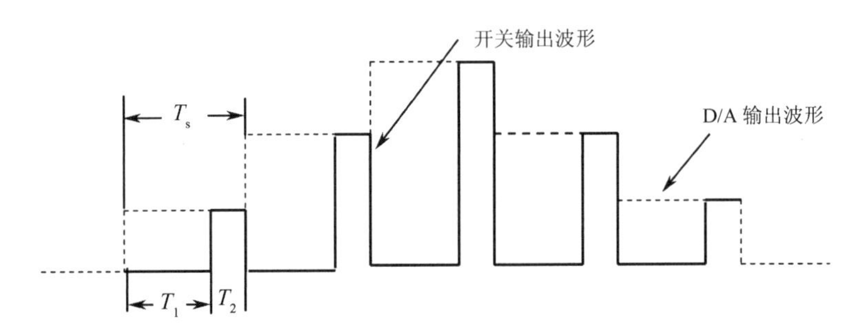

图 3.37　接零开关的动作过程

上面讨论的软件无线电发射机模型同一时刻只能发射一个信号，而不能同时发射多个信号，也就是说这种模型属于单通道或单信道模型。这在有些场合是无法满足要求的，如移动通信基站、无线通信网关、电视发射台以及电子战中的多目标干扰等都需要同时发射多个信号。下面就讨论实现多信号同时发射的两种发射机模型，即多通道模型和信道化发射机模型。

3.4.2 多通道软件无线电发射机

多通道软件无线电发射机实际上就是由多个单通道发射机构成的并行发射机，其模型如图 3.38 所示。由图可见，由 L 个单通道基频发射机（见图 3.31）产生的 L 个信号 $s_1(n),s_2(n),\cdots,s_L(n)$ 经合路器相加后统一送到 D/A 转换器转换成模拟信号，然后由高速接零开关进行内插上变频，由镜频滤波器滤出所需频段的多个信号。图 3.38 所示的这种多通道发射机同时发射的多个信号只能位于图 3.33 中的某一频段内，即要求满足：

$$(m-1)\frac{f_s}{2} \leqslant \{f_1, f_2, \cdots, f_L\} < m\frac{f_s}{2} \tag{3-47}$$

m=1,2,…,I，I 为内插因子。如果需要在 I 个频带中的任何一个频带上出现，则需在接零开关后同时接 L 个窄带电调滤波器，以滤出可能在 I 个频带上出现的 L 个信号。这时对窄带电调滤波器有较高的选择性要求，即要求该滤波器对相邻的信号应有足够的抑制，或者要求 $f_1, f_2,\cdots,f_L$ 这 L 个频率的频率间隔不能太小，否则就有可能产生在不同的载频上发射同一信号的不正常现象。这种可以在不同频带上同时发射多路信号的发射机如图 3.39 所示。

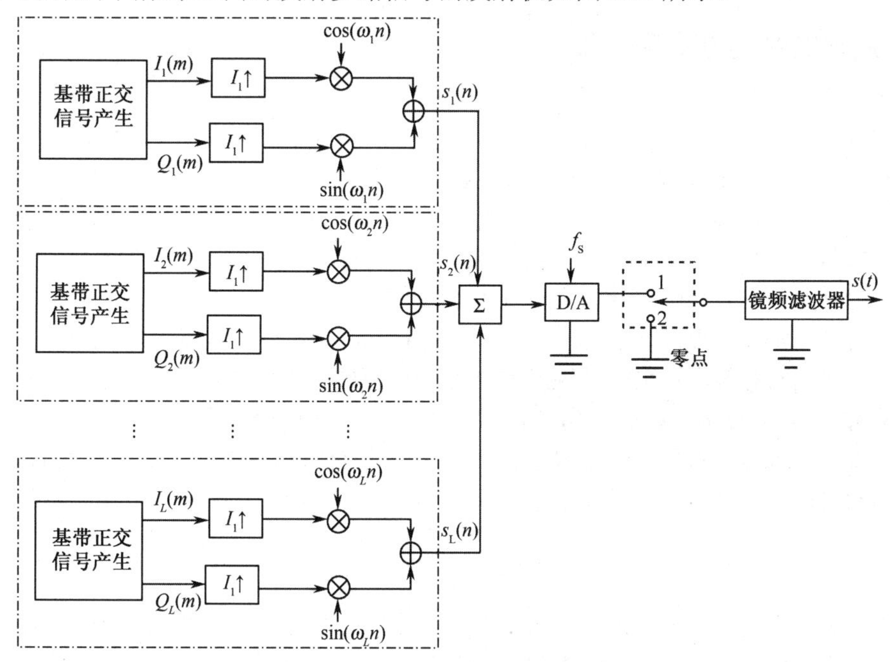

图 3.38　多通道软件无线电发射机模型

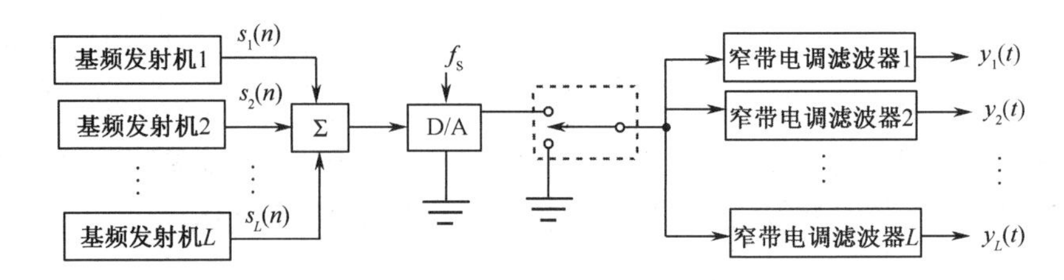

图 3.39　多通道全频段发射机结构模型

3.5　信道化软件无线电发射机体系结构

3.4 节对单通道和多通道软件无线电发射机的结构模型进行了深入的讨论，这些软件无线电发射机结构只能同时对单个信号或有限几个信号进行调制发射。如果要求能同时发射的信道数比较多（比如 100 个以上），则多通道发射机的实现方案就显得过于复杂，成本也太高。本节要讨论的信道化软件无线电发射机不仅能同时发射整个处理带宽（$0\sim f_s/2$）内所有信道上的信号（信号数取决于信道划分），而且实现结构简单，具有很高的运算效率，实时处理能力强。这种信道化发射机与信道化接收机一样也是基于多相滤波来实现的，只不过一种用于内插，一种用于抽取，其基本原理是完全一样的。在讨论信道化软件无线电发射机结构模型之前，先来看一下实现信道化发射机的基本思路。

3.5.1　信道化发射机的基本概念

通常的发射机同一时刻往往只能发射单个信号，比如目前的常规电台、无线基站发射机等，为了能做到同时发射多个信号，就需要用多部发射机并联工作，构成一个发射机阵列来实现。这不仅增加了复杂性，提高了成本，而且系统可靠性也大大降低。那么能否做到一部发射机同时发射多个信号？甚至做到全信道化发射（同时在所有信道上发射）？下面从直接数字谱搬移的角度先来分析一下这种全信道化发射机实现的可能性。

假设有待发射的 I 个基带复信号为 $m_i(t)$（$i=0,1,\cdots,I-1$），信号带宽为 B_s，现在用相同的采样频率 F_s（$F_s \geqslant B_s$）对其进行采样（注意对复信号的采样只需以复信号带宽来采样，而不需要带宽的两倍），得到的数字谱如图 3.40（a）所示，各自有不同的频谱结构。首先对 M_i（ω）进行 I 倍内插和滤波后得到的数字谱如图 3.40（b）所示，即此时基带谱的数字谱带宽变为 $2\pi/I$。然后分别用移频因子 $e^{j\omega_k n}$ 把基带移至 ω_k 处，如图 3.40（c）所示。其中 ω_k 由式（3-37）所确定。

$$\omega_k = \frac{2\pi}{I}\left(k+\frac{1}{2}\right) \tag{3-48}$$

把这 I 个移频信号相加，即可得到发射信号 $Y(\omega)$。所以，整个搬移过程的实现如图 3.41 所示。图中的 $h(n)$为带宽为 $2\pi/I$ 的低通滤波器冲激响应，它主要用于滤出 $m_i(k)$经内插后的基频分量。如果 $m_i(k)$的采样速率为 F_s，则发射信号的采样速率 f_s 为

$$f_s = IF_s$$

比如，当 F_s=200kHz，I=100 时，则：f_s=20MHz。为了提高工作频率，与前面介绍的多通道发射机一样，可以后接一个内插上变频，把信号搬移到更高的频带上去，如图 3.39 中虚线框所示，

图中的滤波单元既可以是宽带镜频滤波器，也可以是由多个窄带电调滤波器组成的滤波器组，根据不同要求而定。

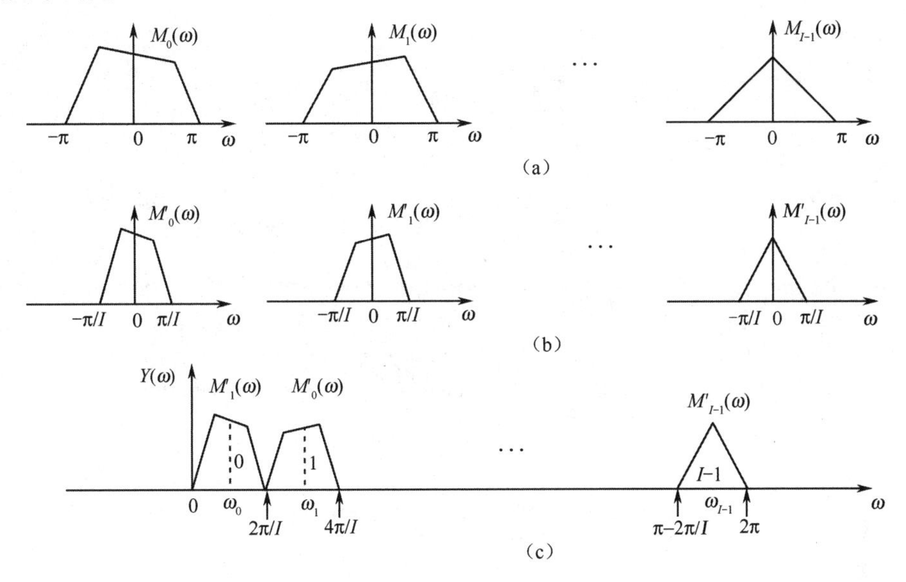

图 3.40　信道化发射机直接频谱搬移过程

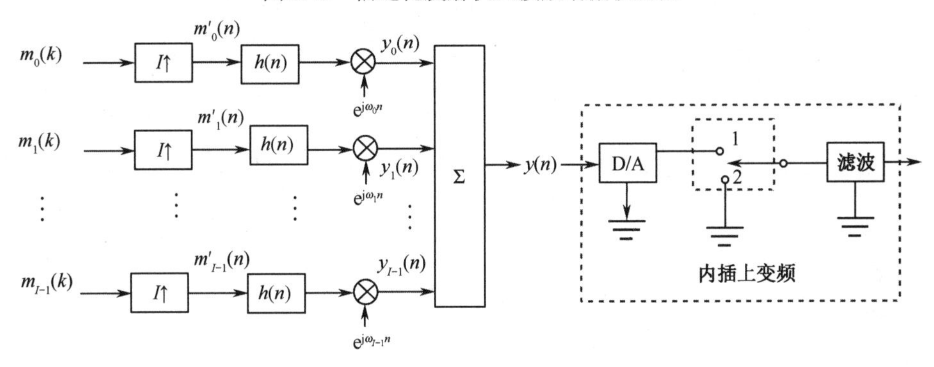

图 3.41　信道化发射机实现原理（直接移频法）

图 3.41 所示的信道化发射机模型虽然能实现发射机信道化的思想，但实际上还是一种多通道并行实现的思路，并未达到结构简化的目的。下面推导基于多相结构的信道化发射机结构模型，这种模型计算效益高，实时处理能力强，结构简单，易于实现。

3.5.2　复信号输出的多相滤波信道化发射机

由图 3.41 可得：

$$\begin{aligned} y(n) &= \sum_{i=0}^{I-1} y_i(n) = \sum_{i=0}^{I-1} \left[m_i'(n) \cdot h(n) \right] e^{j\omega_i n} \\ &= \sum_{i=0}^{I-1} \left[\sum_{k=-\infty}^{+\infty} m_i'(k) h(n-k) \right] e^{j\omega_i n} \end{aligned} \tag{3-49}$$

由于 $m_i'(k) = \begin{cases} m_i(k), & k = 0,\ \pm I,\ \pm 2I,\ \cdots \\ 0, & \text{其他} \end{cases}$

令：$n = rI + \rho\ (r = \{-\infty,\ +\infty\}, \rho = 0,1,\cdots,I-1)$，并定义：

$$y(rI+\rho)=y_{\rho}(r)$$
$$h(rI+\rho)=h_{\rho}(r) \tag{3-50}$$

代入式（3-49）可得：

$$y(rI+\rho)=\sum_{i=0}^{I-1}\left[\sum_{k=-\infty}^{+\infty} m_i(k)h(rI+\rho-kI)\right]\mathrm{e}^{\mathrm{j}\omega_i(rI+\rho)} \tag{3-51}$$

即：

$$y_{\rho}(r)=\sum_{k=-\infty}^{+\infty}\left[\sum_{i=0}^{I-1} m_i(k)h_{\rho}(r-k)\right]\mathrm{e}^{\mathrm{j}\omega_i rI}\cdot\mathrm{e}^{\mathrm{j}\omega_i\rho} \tag{3-52}$$

把 $\omega_i=\frac{2\pi}{I}\left(i+\frac{1}{2}\right)$ 代入式（3-52）可得：

$$y_{\rho}(r)=\sum_{k=-\infty}^{+\infty}\left[\sum_{i=0}^{I-1} m_i(k)\mathrm{e}^{\mathrm{j}\frac{2\pi}{I}i\rho}\right]\mathrm{e}^{\mathrm{j}r\pi}\cdot\mathrm{e}^{\mathrm{j}\frac{1}{I}\rho\pi}\cdot h_{\rho}(r-k) \tag{3-53}$$

令：

$$x_{\rho}(k)=\sum_{i=0}^{I-1} m_i(k)\mathrm{e}^{\mathrm{j}\frac{2\pi}{I}i\rho}=\mathrm{IDFT}\left[m_i(k)\right] \tag{3-54}$$

$$y_{\rho}(r)=\sum_{k=-\infty}^{+\infty}\left\{\left[x_{\rho}(k)\cdot\mathrm{e}^{\mathrm{j}\frac{1}{I}\rho\pi}\right]h_{\rho}(r-k)\right\}\mathrm{e}^{\mathrm{j}r\pi} \tag{3-55}$$

令 $x'_{\rho}(k)=x_{\rho}(k)\mathrm{e}^{\mathrm{j}\frac{1}{I}\rho\pi}$ （3-56）

$$y_{\rho}(r)=\left[\sum_{k=-\infty}^{+\infty} x'_{\rho}(k)h_{\rho}(r-k)\right]\mathrm{e}^{\mathrm{j}r\pi}=(-1)^r x'_p(r)\cdot h_{\rho}(r) \tag{3-57}$$

最后得：

$$y(n)=y_{\rho}\left(\frac{n-\rho}{I}\right) \tag{3-58}$$

其中，$\rho=\mathrm{MOD}\left(\frac{n}{I}\right)$，MOD 表示取余数。

根据以上推导过程，整个信道化软件无线电发射机的结构模型如图 3.42 所示。由图可见，在该模型中不仅内插器移到了滤波器之后，使大量的运算在低数据率（基带采样速率）条件下进行，而且每一支路的滤波器从原先的原型低通滤波器 $h(n)$变为 $h(n)$对应的多相分量 $h_{\rho}(r)$，其运算量大大减小，而且图中的 IDFT 可以采用高效算法 IFFT 来实现，能确保实时处理。所以，图 3.42 所示的信道化发射机模型与图 3.41 相比计算效率大大提高，使实时处理能力大为增强，具有较好的可实现性。另外，第一个乘法器的乘积项也是一个常数，同样可以合并到 IDFT 或滤波器中一并计算，从而免去乘法运算。

由上面的推导过程可以看出，图 3.42 所示的信道化发射机模型输出的信号 $y(n)$是复信号，$y(n)$由式（3-59）表示。

$$y(n)=\sum_{i=0}^{I-1} y_i(n)=\sum_{i=0}^{I-1} m_i(n)\mathrm{e}^{\mathrm{j}\omega_i n} \tag{3-59}$$

其中，基带调制信号 $m_i(n)=a_i(n)\mathrm{e}^{\mathrm{j}\varphi_i(n)}$，$a_i(n)$、$\varphi_i(n)$ 分别为信号的幅度调制分量和相位调制分量。

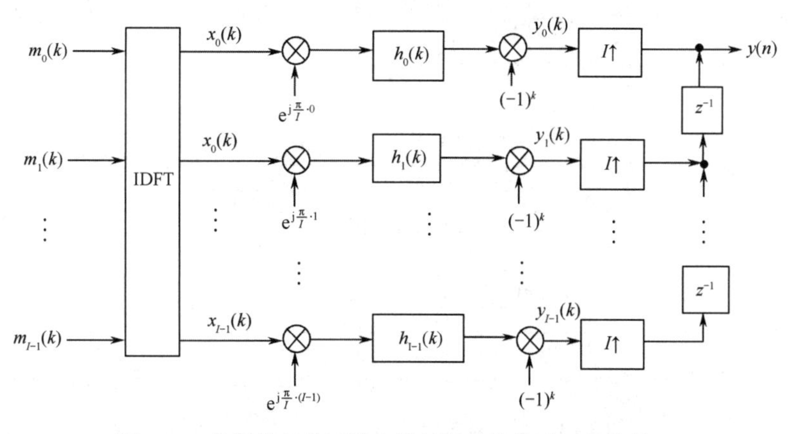

图 3.42　信道化软件无线电发射机结构模型（复信号）

然而，实际情况下发射机是无法辐射复信号的，只能辐射实正弦信号。把上式展开后可得：

$$y(n)=\sum_{i=0}^{I-1}\left[a_i(n)\cdot\cos(\omega_i n+\varphi_i(n))+\mathrm{j}\cdot a_i(n)\cdot\sin(\omega_i n+\varphi_i(n))\right]\tag{3-60}$$

也就是说，$y(n)$是由两个正交载波构成的复信号，这就是这种复信号能够携带两倍于单载波信息量的原因所在。当然，为了能够辐射实信号，也可以仅取$y(n)$之实部（或虚部），但这时所能携带的信息量将减半，即调制的信号数只能减少到$I/2$（I为偶数），比如取$m_0(n),m_1(n),\cdots,m_{(I/2-1)}(n)$共$I/2$信号，其余$I/2$个置成 0，即：

$$m_i(n)=0\ （i=I/2+1,I/2+2,\cdots,I-1）$$

这样图 3.40 所示的信道化发射机模型从表面上看似乎仍为I个信道，但实际上有用的信道数仅为$I/2$ 个。所以用这种方法来产生实信号从运算效率来看是极不经济的（实现的信道数要比实际有用的信道数大一倍）。下面就来推导具有实信号输出的信道化软件无线电发射机的高效实现模型。

3.5.3　实信号输出的多相滤波信道化发射机

具有实信号输出的信道化发射机的直接实现形式如图 3.43 所示。注意到它与图 3.41 的三个不同点：一是内插因子为（$2I$），而不是I；二是移频因子ω_i将由$\omega_i=\dfrac{2\pi}{I}\left(i+\dfrac{1}{4}\right)$决定；三是$I$路合成信号$y(n)$经取实部［图 3.43 中 Re（•）表示取实部］后再输出：$s(n)=\mathrm{Re}[y(n)]$。首先，进行$2I$倍抽取的目的是把I个采样速率为F_s的复基带信号$m_i(k)$能够压缩在实信号所能表示的 0～π频谱内传输，这样每个信号所占用的频谱带宽最多是π/I，如图 3.44 所示。这是因为对于实信号而言，在图中所示的虚线频带内是不能发射信号的，这些虚线频带留作输出取实部后产生的实线频带所对应的共轭对称分量使用（取实部后的频谱为图中位于 0～π频带内的竖直虚线左侧并包含虚线频带的部分），否则会产生频谱混叠；第二点跟前面一样，采用特殊的移频因子是为了获得能够采用 FFT 实现的高效算法；第三点取实部则是为了输出物理可实现的实信号。下面推导能够实现图 3.43 实信号发射结构的高效模型。

由图 3.43 可得：

$$\begin{aligned}y(n)&=\sum_{i=0}^{I-1}y_i(n)=\sum_{i=0}^{I-1}\left[m_i'(n)\cdot h(n)\right]\mathrm{e}^{\mathrm{j}\omega_i n}\\&=\sum_{i=0}^{I-1}\left[\sum_{k=-\infty}^{+\infty}m_i'(k)h(n-k)\right]\mathrm{e}^{\mathrm{j}\omega_i n}\end{aligned}\tag{3-61}$$

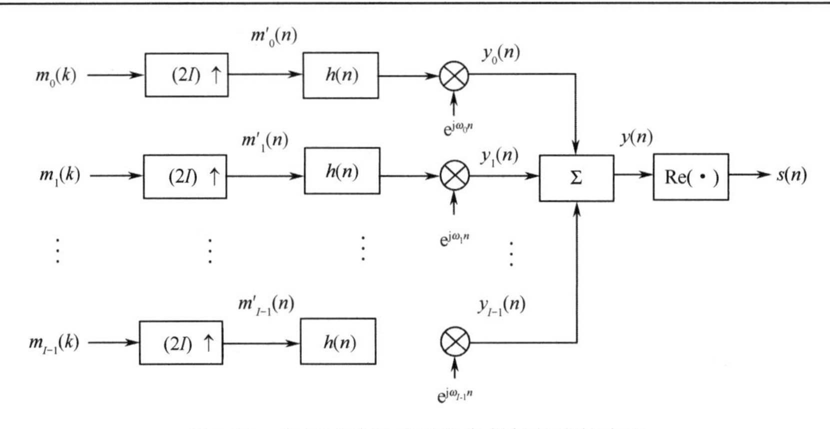

图 3.43　实信号输出信道化发射机的直接实现

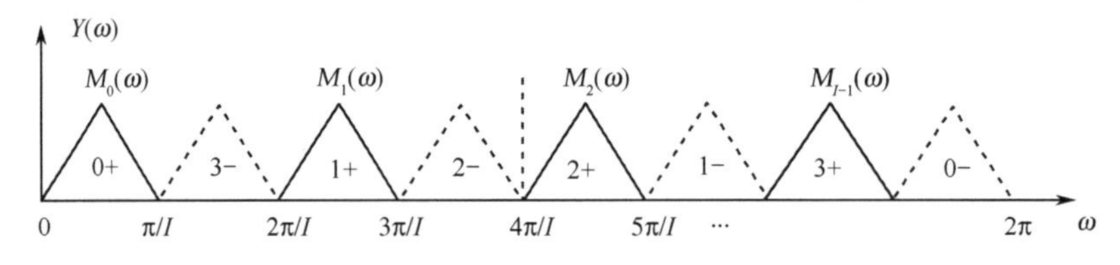

图 3.44　产生实信号输出的频谱结构（I=4）

由于 $m_i'(k)=\begin{cases} m_i\left(\dfrac{k}{I}\right), & k=0,\ \pm 2I,\ \pm 4I,\ \cdots \\ 0, & \text{其他} \end{cases}$

令：$n=rI+\rho \quad (r=\{-\infty,\ +\infty\}, \rho=0,1,\cdots,I-1)$，

并定义：

$$
\begin{aligned}
y_\rho(r) &= y(rI+\rho) \\
h_r(\rho) &= h(rI+\rho)
\end{aligned} \tag{3-62}
$$

代入式（3-61）可得：

$$
\begin{aligned}
y_\rho(r) &= \sum_{k=-\infty}^{+\infty}\sum_{i=0}^{I-1} m_i(k)h[(r-2k)I+\rho]\mathrm{e}^{\mathrm{j}\omega_i(rI+\rho)} \\
&= \sum_{k=-\infty}^{+\infty}\left[\sum_{i=0}^{I-1} m_i(k)h_\rho(r-2k)\right]\mathrm{e}^{\mathrm{j}\omega_i rI}\cdot \mathrm{e}^{\mathrm{j}\omega_i\rho}
\end{aligned} \tag{3-63}
$$

把 $\omega_i=\dfrac{2\pi}{I}\left(i+\dfrac{1}{4}\right)$代入式（3-63）可得：

$$
y_\rho(r)=\sum_{k=-\infty}^{+\infty}\left[\sum_{i=0}^{I-1}(m_i(k))\mathrm{e}^{\mathrm{j}\frac{2\pi}{I}i\rho}\right]h_\rho(r-2k)\cdot \mathrm{e}^{\mathrm{j}\frac{\pi}{2}(r+\frac{\rho}{I})} \tag{3-64}
$$

定义：

$$
x_\rho(k)=\sum_{i=0}^{I-1} m_i(k)\mathrm{e}^{\mathrm{j}\frac{2\pi}{I}i\rho}=\mathrm{IDFT}[m_i(k)] \tag{3-65}
$$

代入（3-64）可得：

$$
\begin{aligned}
y_\rho(r) &= \sum_{k=-\infty}^{+\infty} x_\rho(k)\cdot h_\rho(r-2k)\cdot \mathrm{e}^{\mathrm{j}\frac{\pi}{2}r}\mathrm{e}^{\mathrm{j}\frac{\pi}{2I}\rho} \\
&= \sum_{k=-\infty}^{+\infty}(x_\rho(k)\mathrm{e}^{\mathrm{j}\frac{\pi}{2I}\rho})h_\rho(r-2k)\cdot \mathrm{e}^{\mathrm{j}\frac{\pi}{2}r}
\end{aligned} \tag{3-66}
$$

令：$x'_\rho(k)=x_\rho(k)\mathrm{e}^{\mathrm{j}\frac{\pi}{2I}\rho}$，代入式（3-66）可得：

$$y_\rho(r)=\sum_{k=-\infty}^{+\infty}x'_\rho(k)h_\rho(r-2k)\mathrm{e}^{\mathrm{j}\frac{\pi}{2}r} \tag{3-67}$$

设 $x''_\rho(k)$ 为 $x'_\rho(k)$ 的 2 倍内插序列，即：$x''_\rho(k)=\begin{cases}x'_\rho\left(\dfrac{k}{2}\right), & k=0,\ \pm2,\ \pm4,\ \cdots\\ 0, & 其他\end{cases}$

则有：

$$\begin{aligned}y_\rho(r)&=\left[\sum_{k=-\infty}^{+\infty}x''_\rho(k)h_\rho(r-k)\right]\mathrm{e}^{\mathrm{j}\frac{\pi}{2}r}\\&=\left[x''_\rho(r)\cdot h_\rho(r)\right]\mathrm{e}^{\mathrm{j}\frac{\pi}{2}r}\end{aligned} \tag{3-68}$$

最后得：

$$y(n)=y_\rho\left(\frac{n-\rho}{I}\right) \tag{3-69}$$

其中，$\rho=\mathrm{MOD}\left(\dfrac{n}{I}\right)$，MOD 表示取余数。信道化软件无线电发射机模型如图 3.45 所示。用该模型来实现实信号的发射显然要比用图 3.42 来实现要有效得多，但要特别注意实际输出信号 $s(n)$ 中的信道号与 $m_i(k)$的对应关系（图 3.46 中标出了对应的信道号）。I=8，F_s=50kHz 时的 8 个 FM 信号的信道化发射机仿真结果如图 3.46 所示，整个仿真程序（MATLAB 程序）见附录。读者参考该程序也可以编写出信道化接收机的 MATLAB 仿真程序。在仿真中要特别注意零中频基带信号的形成方法，其数学表达式如下：

$$m_i(k)=a_i(n)\mathrm{e}^{\mathrm{j}\varphi_i(n)} \tag{3-70}$$

将对应调制方式下的 $a_i(n)$、$\varphi_i(n)$代入（见第 2 章的讨论）即可得到复的零中频基带信号。另外，由于 $m_i(k)$是复信号，所以对它的采样，其采样速率就取为信号带宽［注意实的原型低通滤波器 $h(n)$的带宽取为信号带宽的一半］。

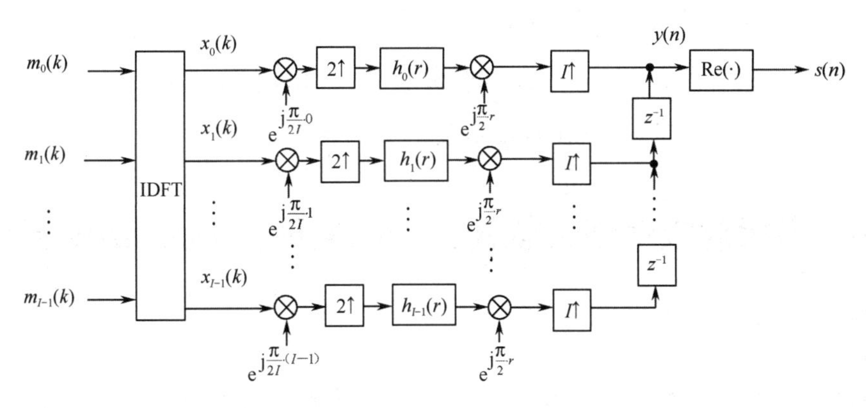

图 3.45　信道化软件无线电发射机模型（实信号）

上面讨论的信道化发射机模型实际上也很容易地可以将其推广到 TDM-FDM 的复接方式转换中去，如图 3.47 所示（注意图中虚线框要用前面介绍的多相滤波来实现，以提高实现的效率）。来自 TDM 的比特流首先通过图中的选择开关分离为单个用户码流，再经过基带调制器的调制（解调方式取决于 FDM 调制方式）得到多路基带调制信号 $m_i(k)$（i=0,1,2,⋯,I−1），最后通过信道化器进行信道化输出 FDM 信号。显然，从 TDM 到 FDM 的转换，其中的信道化器起到极其关键的作用，如果信道化器的实现效率不高，将会严重影响转换器的实时处理能力。所以，本节介绍的基于多相滤波高效率实现的信道化发射机模型是 TDM-FDM 复接方式转换的一个典型应用场景。

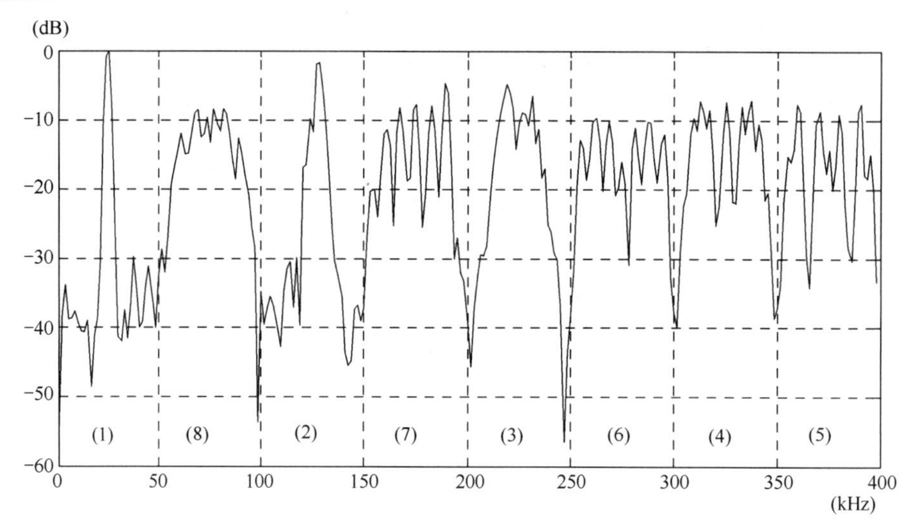

图 3.46　8 信道信道化发射机仿真结果

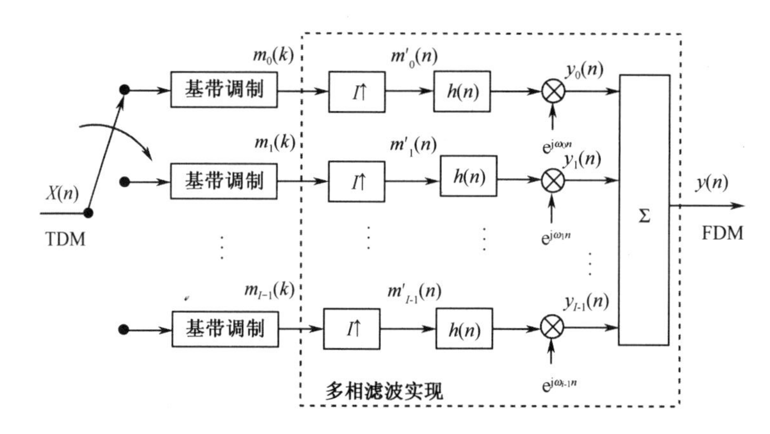

图 3.47　TDM-FDM复接方式转换应用举例

附录：8 路多相滤波信道化软件无线电发射机 MATLAB 仿真程序

```
Clear all;
Clc;
f=[1.0 2.0 3.0 4.0 5.0 6.0 7.0 8.0];%基带调制频率(kHz)
I=8;Fs=50.0;fs=Fs*2*I;k=2.0;%(Fs:零中频采样速率;fs:输出采样速率;k:调频指数)
r=1.56;%原型低通滤波器矩形系数
n1=200;
for k=1:I
   for r=1:(n1+I)
```

```
= complex(cos(k*cos(2*pi*f(k)/Fs*(r-1))),sin(k*cos(2 *pi*f(k)/Fs*(r-1))));%
产生复数零中频调频信号
   end
end
[n0,f0,m0,w]=remezord([FS/(2r),Fs/2],[1 0],[0.001 0.001],fs);%原型滤波器阶数
N=(n0-mod(n0,I))/I+I;%(取成 I 的整数倍)
n0=N*I;
b=remez(n0,f0,m0,w);%计算原型滤波器系数
figure(1);
plot(20*log10(abs(fft(b))));grid on;%滤波器幅频特性
for r=1:N
   for k=1:I
      h(k,r)=b((r-1)*I+k);%对原型滤波器进行多相分解
   end
end
for r=1:(n1+I)
   for k=1:I
      mk(k)=m(k,r);
   end
      mfft=ifft(mk);%计算离散傅里叶反变换
      for k=1:I
         x0(k,r)=mfft(k)*exp(j*pi/(2*I)*(k-1));
      end
   end
   for r=1:(n1+I)
      for k=1:I
         z(k,(2*r-1))=x0(k,r);%2 倍内插
         z(k,2*r)=0;
      end
   end
for k=1:I
   for r=1:(n1+I)
      zk(r)=z(k,r);
   end
   for r=1:N
   hk(r)=h(k,r);
   end
   y0=conv(zk,hk);%多相滤波
   for r=1:n1
      y0(r)=y0(r)*exp(j*pi/2*(r-1));
   end
```

```
    for r=1:n1
      y(k,r)=y0(r+N);
    end
end
for k=1:I
for n=1:n1*I
    if mod((n-1),I)==0
      y00(k,n)=y(k,(n-1)/I+1);
    else y00(k,n)=0.0;%I 倍内插
    end
end
end
for n=I:(n1*I-I)
  yout(n-I+1)=y00(1,n)+y00(2,n-1)+y00(3,n-2)+y00(4,n-3)+y00(5,n-4)+y00
(6,n-5)
  +y00(7,n-6)+y00(8,n-7);%I 路延迟求和
end
point=512;
yy(1:point)=yout(101:(100+point));
for n=1:point
yy(n)=yy(n)+0.001*randn;%加点噪声平滑
    l(n)=fs/point*(n-1);
end
pp=abs(fft(yy)); %计算复信号频谱
ppm=max(pp);
figure(2)
plot(l,20*log10(pp/ppm));
yy1=real(yy); %取实部
pp1=abs(fft(yy1));%计算实信号频谱
ppm1=max(pp1);
figure(3)
plot(l(1:256),20*log10(pp1(1:256)/ppm1));
grid on;
```

习题与思考题 3

1. 软件无线电有哪三种结构？它们各自采用什么样的采样体制？各有什么特点？三种软件无线电结构的应用场合有什么不同？哪种软件无线电结构目前应用最多？为什么？

2. 为什么三种软件无线电采样结构都可以统一用图 3.10 所示的等效基带谱来表示？用 56MHz 的采样频率对中心频率为 70MHz 的宽带中频信号进行采样，在得到的等效基带谱中，14MHz 的频率分量对应中频上的实

际频率分量为多少？而 10MHz 和 20MHz 的频率对应中频上的实际频率又是多少？请用数学表达式来表示它们之间的对应关系。如果中频改为 98MHz，采样频率不变，重新计算上述三个频率的对应关系，并重新给出数学表达式。

3．采用图 3.15 的正交采样器对宽带中频信号进行采样，中频频率为 340MHz，带宽为 100MHz，信道带宽为 2MHz，中频跟踪滤波器的矩形系数为 4。计算对 100MHz 带宽中的 50 个信道进行正交采样时的 50 个采样频率（50 个采样频率应尽可能地接近，以简化采样时钟的设计）。如果要求频率跟踪误差小于 100Hz，则采样时钟的频率精度或频率稳定度至少达到多少？

4．什么叫信道化接收机？它有什么特点？有何用途？

5．为什么图 3.22 和图 3.23 中的抽取倍数不一样（分别为 D 和 $2D$）？请从抽取的基本原理出发，给出合理、清晰的解释。设输入采样速率为 272MHz，信道带宽为 1.6MHz，计算抽取倍数。

6．请详细解读 3.3.2 节对复信道化接收机多相滤波高效实现结构的推导过程，解释为什么要采用图 3.24 的信道划分才能实现高效率的实信道化多相滤波结构。你能给出其他高效率实现的信道划分方案吗？并推导按这种信道划分实现的多相滤波信道化结构。详细说明图 3.26 输入信道与输出信道的对应关系。

7. 请用 MATLAB 对图 3.26 的实信道化接收机进行仿真（相邻信道无重叠）。仿真参数：采样速率 128MHz，信道带宽 2MHz（其中通带宽度 1.8MHz），要求通带波动小于 0.5dB，阻带衰减大于 60dB。通过仿真验证输入信道与输出信道的对应关系。

8．如何使图 3.24 的信道划分与要求的实际射频（中频）信道相一致（保证每个信道的中心频率是一致对等的）？（提示：有效信道数即通带内的信道数分奇数和偶数两种情况讨论，并要注意无用信道数即过渡带的信道个数）设某射频前端的中频带宽为 100MHz，需划分成 5MHz 带宽的 20 个有效信道，采样频率和中频分别应该选择多少？中频滤波器的矩形系数不能小于多少？ 如果需要划分成 4MHz 的 25 个信道，又该如何选择上述参数？

9．信道化接收机的信道设计分为相邻信道重叠设计和无重叠设计两种情况，它们分别适用于哪种应用场合？在设计相邻信道重叠的信道化滤波器时，其通带宽度和过渡带宽度应该如何取？请采用相邻信道重叠设计，重新对题 7 进行仿真。

10．在图 3.31 所示的软件无线电发射机中，要得到 100MHz 的最高输出载频 $f_0=\omega_0/(2\pi)$，设调制信号占据的总带宽为 1.6MHz。确定输入、输出采样速率，并计算需要的内插倍数 I。

11．如果上题中调制信号的通带宽度为 1.3MHz，设计一个内插滤波器，计算内插滤波器的阶数，并用 MATLAB 对该软件无线电发射机进行仿真。

12．如果上题中的内插滤波器采用 FIR、HB、CIC 三种滤波器级联实现，对内插倍数进行合理分配后，设计这三种滤波器参数，并进行 MATLAB 仿真。

13．图 3.36 中的接“零”开关是起什么作用的？如果 D/A 的输出采样速率为 100MHz，要得到 5GHz 的输出采样速率，接“零”开关的转换速度需要达到多少？

14．什么叫信道化发射机？它有什么特点？有何用途？

15．编写一个产生 64 信道 32QAM 信号的信道化发射机 MATLAB 仿真程序，整形滤波器采用滚降系数为 0.5 的升余弦滤波器，码速率为 10Mbps，信道带宽和输出采样速率根据给定的码速率和调制方式自行进行优化设计。

第 4 章　软件无线电硬件平台设计

通过第 1 章到第 3 章的学习，我们不仅建立起了软件无线电的基本概念，还掌握了软件无线电的基本理论，特别是软件无线电中的射频信号带通采样理论、多率信号处理理论以及高效数字滤波、正交变换等软件无线电技术。基于这些基础理论知识，我们还讨论了软件无线电接收机、发射机的体系结构，建立了单信道、多信道、信道化接收机/发射机结构模型，为软件无线电的工程应用奠定了理论和技术基础。从本章开始将重点讨论软件无线电的实现技术，主要包括：软件无线电的硬件平台设计、软件无线电的算法设计、软件无线电的应用等内容。本章首先介绍软件无线电硬件系统的设计原则和软件无线电硬件系统的三种结构形式，然后介绍软件无线电硬件系统的各个组成单元，包括射频前端、宽带模数/数模变换器（ADC/DAC）、数字前端（DDC/DUC）、高速数字信号处理器（DSP）、现场编程门阵列（FPGA）等内容，最后给出软件无线电硬件平台的设计实例。

4.1　软件无线电硬件系统设计

本节主要对软件无线电硬件系统的设计进行讨论。通过本节的学习，读者将对软件无线电具有更系统性、全局性的认识，为软件无线电系统的设计和研发打下坚实的基础。

4.1.1　软件无线电硬件系统设计原则

软件无线电系统设计原则包括硬件设计原则和软件设计原则两部分，两部分设计原则的出发点和胶合点是软件通信体系结构（SCA）规范。在遵循 SCA 规范的基础上，进行设计原则的制定。软件无线电系统的软件设计原则，在 SCA 中已经规范得比较系统和具体，读者可以参考相关文献，这里不再详述。硬件设计原则在 SCA 规范中涉及得比较少，这里，对硬件设计原则进行介绍。

硬件设计的原则概括来说有以下两条：

- 基于硬件体系结构模型设计原则；
- 基于标准总线设计原则。

在遵循这两条设计原则的基础上，通过标准模块、标准接口和标准机箱来构建软件无线电硬件系统。下面，我们对软件无线电硬件体系结构和标准总线进行简要的介绍。

1. 软件无线电硬件体系结构简介

所谓体系结构是指组成系统各部件的结构、它们之间的关系以及制约它们设计随时间演进的原则和指南。体系结构包括三个核心要素：组成单元的结构、相互关系以及制约它们的原则与指南。任何一个系统的体系结构也是随着技术的发展不断演变、进化的。在软件无线电系统中，一个开放的、标准的、可扩展的、同时具有较高数据吞吐率的硬件体系结构是研究和设计的目标。软件无线电硬件体系结构的研究需要从包括时延、带宽、效率、硬件复杂度、伸缩性、通用性等方面进行综合考虑，在时延、带宽、硬件复杂度和伸缩性等方面都有较高的要求，特别是时延、带宽和通用性等性能不能折中，否则满足不了要求。

按照软件无线电各功能模块的连接方式划分，目前，硬件体系结构可分为以下四种[24,25]：

- 流水式硬件体系结构；
- 总线式硬件体系结构；
- 交换式网络硬件体系结构；
- 基于计算机和网络的硬件体系结构。

下面，对各种硬件体系结构进行简要介绍。

（1）流水式硬件体系结构

流水式硬件体系结构如图 4.1 所示，包括宽带多频段天线、射频（RF）部分、宽带 ADC 和 DAC、DDC 和 DUC 以及数字信号处理器（DSP）等。

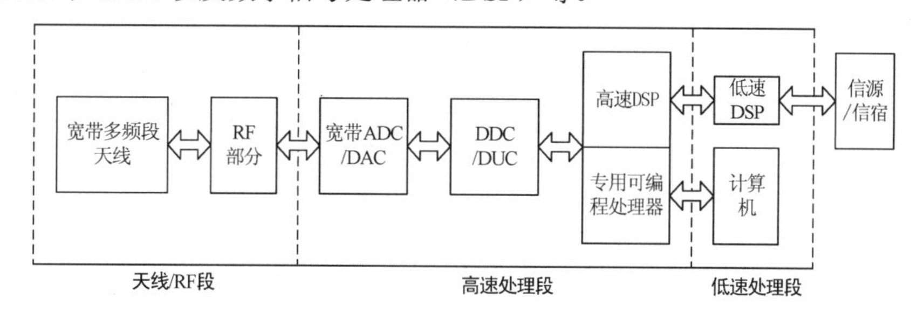

图 4.1　流水式硬件体系结构

这种结构与无线通信系统的逻辑结构一致，因此，具有很高的效率，其优点是：时延短、实时性好、处理速度高、硬件简单。其缺点是：不具有开放性。虽然，从形式上来说，各功能模块是互相独立的，但模块间是直接耦合的，独立性不强。要改变系统功能，可能需要改变、增加、替换或修改某个功能单元，随之必须改变其他功能单元乃至整个结构，存在着牵一发而动全身的问题。例如，增加中频带宽或信道数，当现有的 DDC 模块无法满足要求而需要更换功能更强大的 DDC 模块时，由于各模块的紧密耦合，就可能需要重新设计整个系统。

另外，这种结构中各模块之间一般不存在统一和开放的接口标准，使得系统的伸缩性和通用性很差，所以，这种结构仅适用于某些特定的通信系统，不能满足复杂软件无线电系统的要求。

（2）总线式硬件体系结构

总线式软件无线电结构中，各功能单元通过总线连接起来，并通过总线交换数据和控制命令，总线式硬件体系结构如图 4.2 所示。这种结构的优点是：模块化程度高，具有很好的开放性、伸缩性和通用性，功能扩展和系统升级较方便，实现起来比较简单。其缺点是：在任何时刻，总线上只能允许其中的一个功能单元传输数据，当有多个功能单元需要传输数据时，总线仲裁器只能响应某一请求，因此，总线的竞争和时分特性会使得数据传输带宽过窄、时延长、控制复杂，导致吞吐率不高。

（3）交换式硬件体系结构

交换式硬件体系结构是一种基于交换网络的软件无线电结构，如图 4.3 所示。该结构通过交换网络和适配器为各功能模块提供统一的数据通信服务。

各功能模块之间，由于遵循相同的接口和协议，这样模块之间耦合很弱、扩展性好。

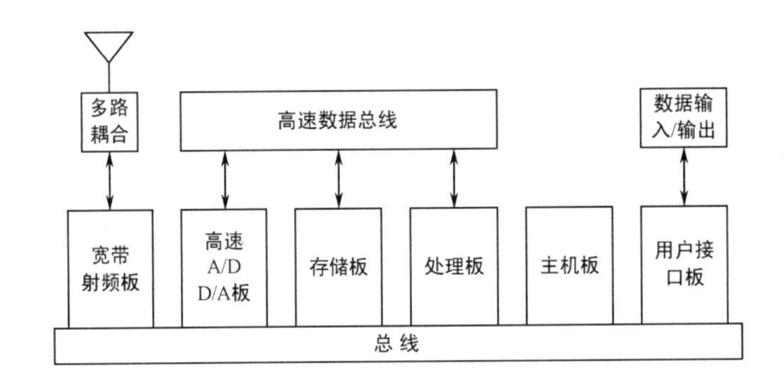

图 4.2　总线式硬件体系结构

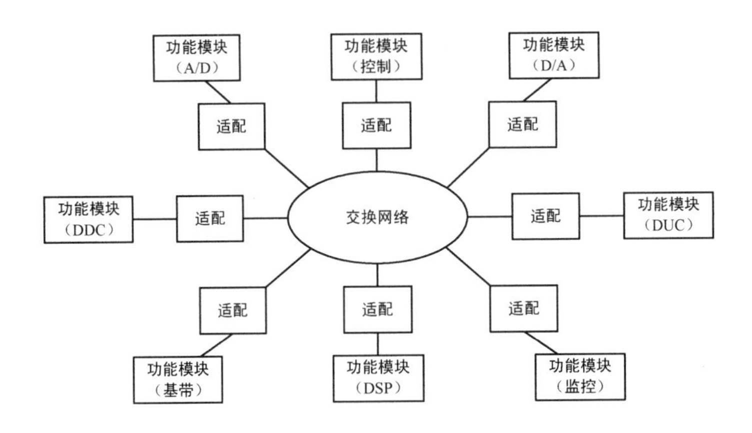

图 4.3　交换式硬件体系结构

交换式结构的优点是：灵活性和通用性好、可扩展性强。其缺点是：时延长、硬件复杂、成本高。随着交换网络传输速度的提高，将会适应更多的软件无线电通信系统，是一种很有前途的软件无线电硬件体系结构。

（4）基于计算机和网络的硬件体系结构

基于计算机和网络的硬件体系结构由可编程前端、交换网络和并行计算机系统组成，如图 4.4 所示。用网络构成计算机群作为运算平台，用消息传递实现计算机间的互联，用协同计算方案解决其关键技术和实现机制问题，这些技术为软件无线电平台提供了充足的性能。这种结构的优点是：结构更灵活，具有更好的可扩展性和灵活性。其缺点是：控制更复杂、成本更高、体积庞大。

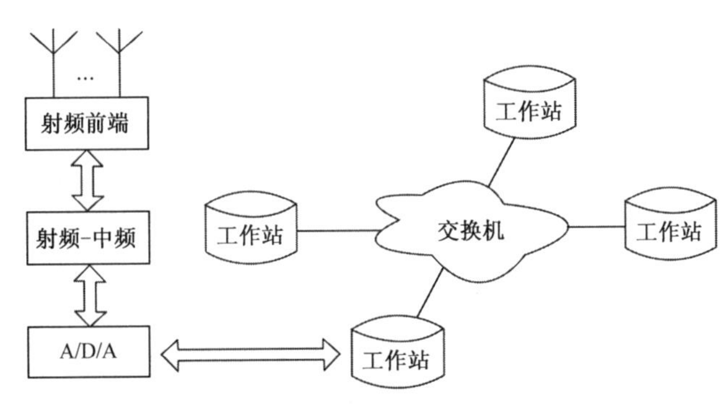

图 4.4　基于计算机和网络的硬件体系结构

以上几种软件无线电硬件体系结构各有优缺点，表 4-1 从时延、带宽、效率、硬件复杂度、伸缩性、通用性等方面对各种硬件体系结构的性能进行了比较。

表 4-1　几种软件无线电硬件体系结构性能比较

体系结构	时延	带宽	效率	硬件复杂度	伸缩性	通用性
流水式	短	较窄	最高	简单	差	差
总线式	最长	最窄	低	最简单	好	好
交换式	长	宽	高	复杂	好	好
基于计算机和网络	长	宽	高	最复杂	最好	最好
全交换式结构	短	最宽	最高	较复杂	好	好

从软件无线电的硬件通用性的观点和目前软件无线电需求以及工程实现角度考虑：由于体积和时延方面的弱点，基于计算机和网络结构是不适合的；流水式结构和总线式结构是大家熟悉的，在某些方面有较好的性能，技术难度相对来说低，但其缺点也是很明显的，都不是最好的；交换式结构是当前比较合适的体系结构，也是发展前景不错的体系结构。交换器件的传输能力在不断提升，已经可以满足绝大部分应用要求。

如果在交换式结构的基础上引入具有标准接口的流水式结构，将流水式和交换式两种结构结合起来，充分发挥两者的优点，尽量弥补各自的缺点，这样就能得到一种能满足绝大多数应用需求、性能又优异的混合结构，能解决传输能力和时延的问题。这种体系结构我们称之为全交换式结构，如图 4.5 所示。全交换式结构与交换式结构的区别是全交换式结构中有两套传输网络，高速数据传输用基于网状网拓扑结构中的点对点传输通道来实现，低速数据用交换网络来传输。所谓全交换，就是指任意两个节点之间都具有高速“专线”直接相连。“全”源于两点：一是，交换网络或点对点传输网络多采用全网状（full mesh）拓扑结构；二是，全部的数字信号处理芯片都连到交换网络中，或者说任一处理芯片能够与其他所有的处理芯片进行通信和数据传输。全交换式结构是交换式结构目前的一个折中的方案，随着交换器件技术水平的提高，全交换式结构中点对点的高速传输网络将消失。高性能的、单一的交换式结构将能很好地满足软件无线电系统各方面的要求。

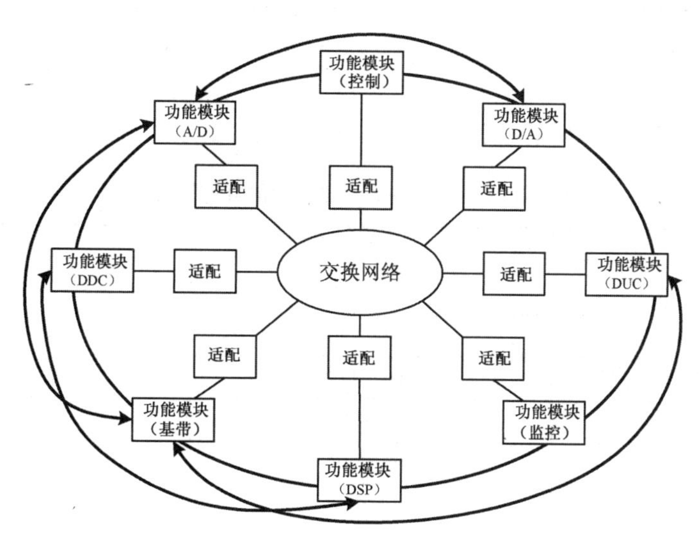

图 4.5　全交换式软件无线电硬件体系结构

全交换式的基本结构还是交换式结构，利用这种结构的长处，可提高系统在通用性、伸缩性等方面的性能。可在交换式结构的基础上引入流水式结构，以充分发挥其在效率、宽带和时延等方面的优点。

2. 标准总线简介

软件无线电只有采用先进的标准总线结构，才能发挥其适应性广、升级换代简便的特点。所以，软件无线电硬件系统的设计应基于主流的标准总线，这样的好处是显而易见的，主要是通用、设计难度降低、实现简单、可货架式采购和搭建、成本相对较低等。

目前，主流标准总线有 VME 系列和 PCI 系列两大类，其发展历程如表 4-2 所示。总线形式从 1980 年代的共享总线，到 1990 年代的桥接共享扩展总线，发展到目前的交换式总线。总线结构形式发生了很大的改变，性能也得到了极大的提高。

表 4-2　两大类主流标准总线发展历程

	PCI 系列（PICMG）		VME 系列（VITA）	
	制定时间	总线标准	制定时间	总线标准
第一代	1981 年	ISA	1981 年	VME
	80 后期	EISA、VESA	1995 年	VME64X
第二代	1991 年	PCI	2004 年	VXS (VITA41)
	1994 年	cPCI		
第三代	2003 年	PCI Express 1.0	2007 年	VPX (VITA46)/ VPX－REDI (VITA48)
	2005 年	cPCI Epress 1.0	2010 年	OpenVPX (VITA65)
	2007 年	PCI Express 2.0	2012 年	VITA73.0
	2010 年	PCI Express 3.0	2015 年	VITA78—2015
	2013 年	cPCI Express 2.0	2019 年	VITA67.0—2019
	2017 年	PCI Express 4.0		
	2019 年	PCI Express 5.0		
	2022 年	PCI Express 6.0		

两大标准为多种主流的互连协议制定了各自的工业标准，如表 4-3 所示。针对嵌入式高性能计算应用领域，VME 和 PCI 两大系列目前最新一代的标准总线分别为 VPX 和 cPCI express。最主要的特点都是基于交换结构，都支持多种高速互连技术。

表 4-3　两大类主流标准支持的互连协议

互 连 协 议	PICMG	VITA
Fibre Channel	PICMG2.16	VITA46.12
Gigabit Ethernet	PICMG2.16/3.1	VITA41.3/46.7
StarFabric	PICMG2.17/3.3	VITA41.5
Serial RapidIO	PICMG2.18/3.5	VITA41.2/42.1/46.3
InfiniBand	PICMG3.2	VITA41.1/46.8
PCI Express	PICMG3.4	VITA41.4/46.4
ASI	PICMG3.6	

基于 VME 总线系列标准的产品主要是针对嵌入式市场的，特别是军工市场。在其标准的制定过程中，都充分考虑了严酷的应用环境。基于 PCI 系列标准的产品，一般来说是针对电信、医疗、工业控制和测试等民用市场，其应用环境相对来说比较良好，当然，为了抢占市场，其也在增强针对严酷的应用环境这方面标准的制定。软件无线电系统的通用性也包括使用环境适应性的要求，在嵌入式应用领域，目前 VPX 标准比 cPCIe 标准要强得多，所以，下面主要介绍 VPX 标准以及其最新发展情况。

VME 总线标准一直在发展，从最初的 VME32，发展到 VME64、VME 2eSST、VXS，直至目前最新一代的总线标准——VPX。VPX 总线是 VITA（VME International Trade Association，VME 国际贸易协会）组织于 2007 年在其 VME 总线基础上发布的新一代高速串行总线标准，VPX 总线的基本规范、机械结构和总线信号等具体内容均在 VITA46 系列规范中定义。VITA46.0 是 VITA46 的基本规范，在 VITA46.0 的基础上陆续制定了多个子规范，如图 4.6 所示。

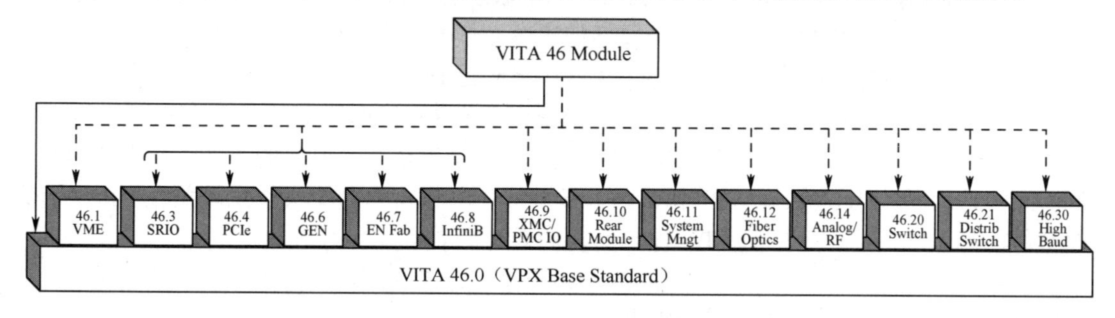

图 4.6　VITA46 标准组成

表 4-4 列出了 VPX 系列、VME64x 和 VITA41（VXS）等标准的功能和性能情况。

表 4-4　VPX 系列的功能和性能

属　性	VME64x	VITA 41	VITA 46	VITA 48
标准带宽	VME: 320MBps	VME:320MBps；16 个串行对（每对 3.125G 波特），传输带宽共 5G 字节/秒	VME:320MBps；32 个串行对（每对 3.125G 波特时，传输带宽共 10G 字节/秒；每对 10G 波特时，传输带宽共 30G 字节/秒）	VME:320MBps；32 个串行对（每对 3.125G 波特时，传输带宽共 10G 字节/秒；每对 10G 波特时，传输带宽共 30G 字节/秒）
交换结构	N/A	集中式	网状网或集中式	网状网或集中式
前面板用户 I/O	有	有	有	有
底板用户 I/O	205 个引脚	110 个引脚+32 个引脚（作为交换引脚）+31 个引脚（备用）	272 个引脚+64 个引脚（作为交换引脚）	272 个引脚+64 个引脚（作为交换引脚）
3U 系统的用户 I/O	0	0	J2 72 个引脚	J2 72 个引脚
底板 I/O 带宽	205 个引脚，每个引脚 1G 波特	110 个引脚，每个引脚 1G 波特；16 对引脚，每对 10G 波特	160 对引脚，每对 10G 波特	160 对引脚，每对 10G 波特
预定义差分 X/PMC I/O 映射	无	无	有	有
现存 VME64x 卡前向兼容性	兼容	在未使用 VME64x P0 时与现有 VME 卡兼容，其他情况需使用混合底板	兼容，采用混合底板	兼容，采用混合底板

续表

属　性	VME64x	VITA 41	VITA 46	VITA 48
槽位间距	0.8 英寸	0.8 英寸	0.8 英寸	1 英寸
功　耗	5V:90W 3.3V:66W		5V:80W 12V:384W 48V:768W	5V:80W 12V:384W 48V:768W
冷却方式	风冷、导冷	风冷、导冷	风冷、导冷	风冷、导冷、液冷

这些年来，VITA 组织对 VPX 标准进行了一些升级和完善，重点有以下两个方面：

一是 VPX－REDI，即 VITA 48 系列规范，主要对 VPX 标准的散热和结构加固等方面进行了定义和规范（VITA 48.0），定义了风冷方式下的结构规范（VITA 48.1）、导冷方式下的结构规范（VITA 48.2），还增加了液体冷却方式的结构规范（VITA 48.3）以及风冷方式下 6U 尺寸插板的结构设计规范（VITA 48.5）。由于要增加液体冷却的机械结构以及板级全面加固，所以，VITA 48 处理板之间的槽距从 VITA 46 的 0.8 英寸增加到 1.0 英寸。

二是 OpenVPX，即 VITA65 规范，主要对 VPX 标准的系统框架定义进行了进一步的约束，解决了由于 VITA 46 对板卡接口定义和系统架构规范自由度较大而引起的不同厂商设计的产品之间不兼容的问题。VITA65 在 VPX46、VPX48 规范的基础上重新定义了系统兼容框架，形成了一个统一的系统标准，是目前 VPX 比较完善的最新标准。

4.1.2　软件无线电硬件系统结构设计

1．软件无线电硬件系统结构

软件无线电要求硬件系统具有功能可重构、较高的实时处理能力，要求实现适应性广、升级换代简便的标准化结构，所以，软件无线电硬件系统结构应具有以下特点和能力。

① 支持多处理器系统。

由于软件无线电系统是在射频或中频上对宽带通道进行连续不断的采样（包括接收和发射），需要对高速数据流进行实时处理，运算量非常大，因此要求极高的处理速度，目前单片数字信号处理芯片一般难以胜任，需要多片数字信号处理芯片同时并行处理，软件无线电硬件系统应能保证多处理器的并行处理，共享系统资源。

② 具有宽带高速数据传输网络。

为保证大量数据的传输，软件无线电系统必须具有极高的数据交换和 I/O 吞吐能力，传输网络的链路传输速率应该达到 10Gbps 级以上。

③ 系统架构。

系统规模可伸缩，要求进行模块化、规范化、标准化设计和集成。系统规模可伸缩的三级结构要求如下。

- 单板级：射频模拟前端、A/D 板、D/A 板、信号处理板、数据处理板等；
- 通道级：多个从天线到处理板再到天线的完整通道合成与分离；
- 单机级：多个单机伸缩性要求。

④ 系统功能可重构。

系统通过加载不同的软件进行功能重构。

⑤ 具有良好的机械和电磁兼容特性。

能够在恶劣的环境（包括温度、冲击、振动、气压、湿度等极端情况）中正常工作。

软件无线电硬件系统设计要满足上述要求。根据全交换式的硬件体系结构和基于标准总线的设计原则，一种基于全交换的软件无线电硬件系统的结构框图如图 4.7 所示。

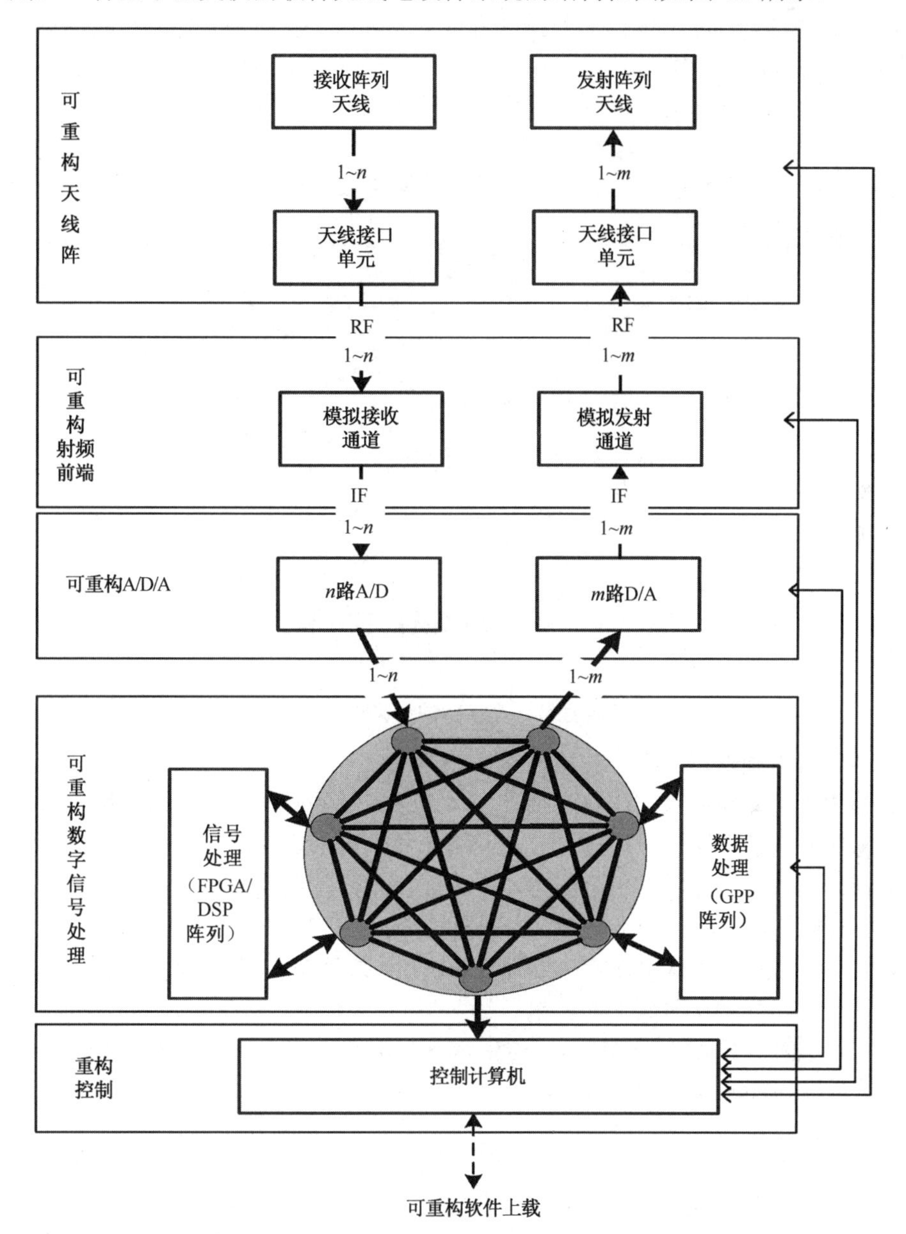

图 4.7　一种基于全交换的软件无线电硬件系统的结构框图

如前文所述，软件无线电系统数字传输网络不是简单的、常规的网络，它承载和体现着软件无线电硬件系统的体系结构，实现软件无线电系统的重构性、伸缩性、通用性和实时性等要求，是软件无线电系统的核心技术，下面对此进行介绍。

（1）软件无线电硬件系统数字传输网络

软件无线电硬件系统数字传输网络承载着系统重构性、伸缩性、通用性和实时性的实现。通过它可以：

- 完成所有数字信号处理功能；
- 运算资源集中控制、统一调度、并行/串联同步工作；
- 系统资源按需分配、有效共享；
- 满足原始数据/中间数据/结果数据从源地址无障碍、实时地传输到目标地址；
- 数据的高速输入、输出。

基于高速数字交换网络的运算资源库组成示意图如图 4.8 所示。各种数字信号处理器都连接到高速数字交换网络上，每个处理器与其他任一处理器都可高速通信。通过处理数据的交换，达成运算资源的统一调度和利用。另外，待处理的原始数据和处理结果数据都有相应的高速输入输出接口与交换网连接。

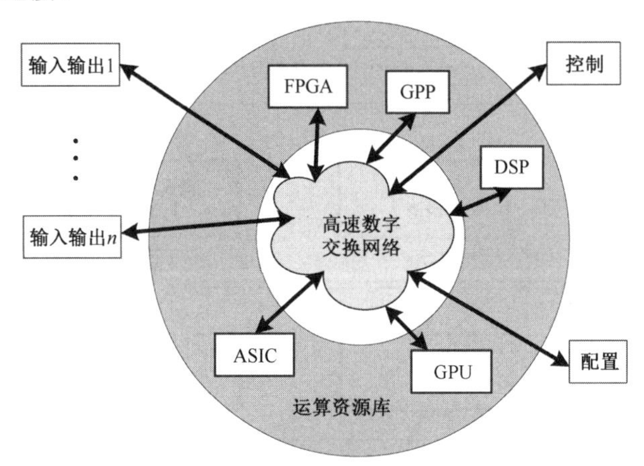

图 4.8　基于高速数字交换网的运算资源库组成示意图

（2）软件无线电硬件系统数字传输网络拓扑结构

软件无线电硬件系统的数字传输网络集中体现了系统的硬件体系结构和技术体制。首先，体现体系结构的开放性，这一点通过开放的网络拓扑结构来实现；其次是通用性，即传输网络的物理层应该通用，要有足够的包容能力。软件无线电硬件系统的数字传输网络采用目前主流的、标准的物理底层，标准化网络接口。物理模块（如处理板等）只要符合接口，都能够接入，即插即用。数字传输网络能够运行各种主流传输协议。最后是大带宽，网络具有足够的实时性，能够满足各种传输、交换在时延上的要求。

目前，数字传输网络拓扑结构主要有三类：星形拓扑结构（Star）、双星形拓扑结构（Dual Star）、网状形拓扑结构（Mesh），如图 4.9 所示。

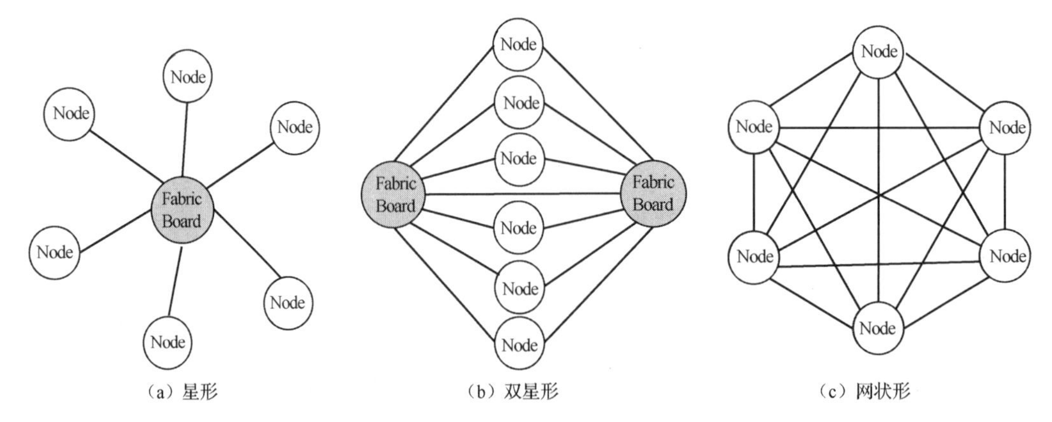

图 4.9　三种网络拓扑结构

各种网络拓扑结构图中的Node，对于芯片间互连就是芯片；对于板间互连就是处理板；对于系统内互连就是系统。

软件无线电系统数字传输网络必须具有足够的可靠性、足够的传输速度和足够的网络拓扑灵活性。综合考虑上述三类网络拓扑结构的组成、优缺点，软件无线电的数字传输网络应该是以网状形拓扑结构为基础，星型和双星型拓扑结构为辅助的结构。当然，根据实现情况，单一的网络拓扑结构也有相应的应用场合。

在具体设计软件无线电数字传输网络前，必须分析清楚两个方面的情况：一方面是传输网络承载的业务数据，包括数据的类型、特点、数据的吞吐量及其分布等情况；另一方面是对网络拓扑结构的要求，然后，根据不同的情况，设计出相适应的传输网络。

软件无线电数字传输网络承载的业务数据很独特，与一般传输网络不一样：首先，业务数据是一种单方向数据流，方向与信号处理的逻辑流程一致。其次，业务数据的流量，同时存在二种情况，一种（软件无线电接收部分）源头的流量最大，随着处理流程逐渐变小，处理最后的输出数据流量最小（与自然界中河流的流向和水流量刚好相反）。另一种（软件无线电发射部分）源头的流量最小，随着处理流程逐渐变大，处理最后的输出数据流量最大（与自然界中河流的流向和水流量一样）。最后是有一定的广播和聚合，但广播和聚合的传输目标比较固定。

软件无线电数字传输网络对网络拓扑结构的要求是：主干（基础）网络结构的拓扑必须是任意的，以便实现软件无线电硬件系统的可伸缩性的要求。针对业务量一般是由大到小（或由小到大）的特点，在整个数字传输网络的总宽带如果不是非常富裕的情况下，传输网络的拓扑结构需要按相关位置进行特殊构建，整个系统不是一种均匀网络，否则会出现网络的一部分很拥挤，甚至造成阻塞；网络的另一部分很空闲的现象。

软件无线电系统中，对于数字接收部分来说，数据量最大的位置是ADC原始采样数据的输入，经过数字前端处理后输出到基带时，数据量就大为减少，通过基带处理后，数据量降到最低；对于数字发射部分来说也一样，数据量最大的位置是传输到DAC的地方。由于现在的数字信号处理芯片性能都很强大，一块处理板上可设计多片处理器，对于一般的软件无线电通信电台来说，单板就可以完成整个系统的功能（单板系统），所以，板间传输的数据量很少。对于一些移动通信系统，例如，基站收发系统中的数字处理部分，虽然板间传输的数据量并不少，但是板内处理器间传输的数据量要大得多。所以，需要将软件无线电系统整个数字传输网络分成二级：板级（板上芯片间互连）和系统级（板间互连）互连，板级传输能力要比系统级传输能力设计得更强一些。当然，为了实现可扩展性，有时也要将大容量的数据传输出来（如多路原始A/D数据），所以，系统级传输能力也要设计得相当强。

（3）软件无线电硬件系统数字传输网络传输协议

目前主流的高速传输技术（协议）有PCI Express（PCI-E）、RapidIO、InfiniBand、Fibre Channel（光纤通道）和Ethernet（以太网）等。各种传输技术目前的应用情况如图4.10所示。

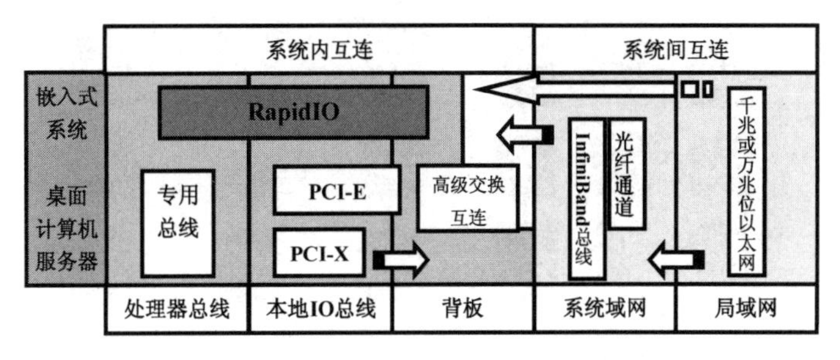

图4.10　主流的高速传输技术目前的应用情况

PCI Express 主要应用于桌面计算机（服务器）中芯片间、板卡间的数据传输；InfiniBand 和光纤通道主要针对长距离传输数据的广域存储和系统区域网络连接；以太网主要用于局域网；RapidIO 主要用于嵌入式系统内芯片间、板间数据传输。目前，PCI Express 也在向嵌入式市场渗透，单从传输速率来说，已比 RapidIO 高，如第四代的 PCI Express 已在最新的顶级 FPGA 芯片中实现，最高支持 8 个通道捆绑，线速为 16Gbps，所以，一条 8 通道捆绑的链路单个方向的总带宽高达 128Gbps。基于 R1.3 版本的 RapidIO 芯片支持 4 个通道的捆绑，线速为 3.125Gbps，单个方向总带宽为 12.5Gbps。RapidIO 的 R2.0 版本，它兼容 R1.3 版本；链路带宽有 1×、2×、4×、8×、16×可选；通道线速为 1.25、2.5、3.125、5.0、6.25 Gbps 等几种；数据编码为 8b/10。R2.0 版本的 RapidIO 性能强大，之后又推出 2.1 版本。比如 CPS-1848 交换芯片就是基于 RapidIO2.1 规范，有 48 个串行通道，芯片内部交换带宽达 240Gbps，可提供无阻塞的全双工交换能力，可实现单路 1.25、2.5、3.125、5、6.25Gbaud（波特）的传输速率。其他 RapidIO 交换芯片包括 CPS-1432、CPS-1616、TS-578 等。

PCI Express 的网络拓扑结构必须是树状的，如图 4.11 所示，这种网络结构对于系统的伸缩性有一定的影响。另外，PCI Express 数据的传输效率和可靠性比 RapidIO 弱。RapidIO 的应用目标就是嵌入式系统内的高性能互连，它是目前唯一的嵌入式系统互连国际标准，具有良好的健壮性和传输效率，支持任意拓扑网络结构，如图 4.12 所示，从而使系统有很好的可扩展性和伸缩性。关于 RapidIO 的详细内容可参考其他文献。

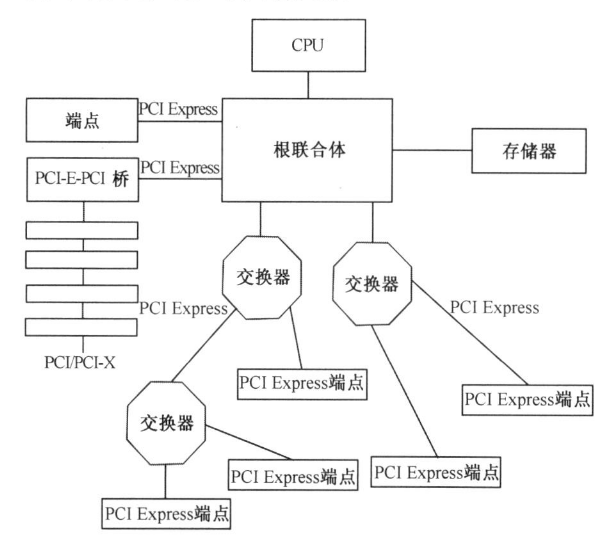

图 4.11　PCI Express树状拓扑结构

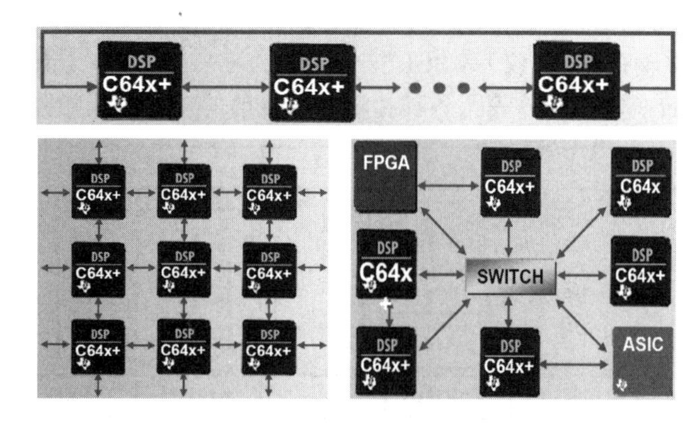

图 4.12　RapidIO支持任意拓扑网络结构

2. 软件无线电硬件系统数字信号处理架构

软件无线电硬件系统的数字信号处理架构主要涉及 FPGA、DSP 和 GPP 等器件。FPGA、DSP 和 GPP 是目前主流的数字信号处理器件，各有特点，如表 4-5 所示。

表 4-5　FPGA、DSP 和 GPP 三种器件各自特点

器 件 类 型	FPGA	DSP	GPP
并行性	可实现高性能并行	单核无法、多核可以	单核无法、多核可以
浮点	差	好	好
定点	最好	好	好
可编程性	简单，需对硬件有所了解	采用高级语言较简单，采用汇编语言较困难	编程最容易，不需了解硬件
编程语言	VHDL、Verilog HDL	C、C++、汇编语言	各种软件语言
可重构能力	可重配置无数次	可重配置无数次	可重配置无数次
重配置方式	将数据下载到芯片	加载并运行不同软件	加载并运行不同软件
使用场合	适用于并行处理、控制简单的场合	适用于顺序处理以及进行复杂控制的场合	适用于任何场合
性能	处理能力极强，实时性非常高	性能受限于运行时钟，实时性不高	性能受限于运行时钟，实时性较差
功耗	较高	较低	高
价格	高	较低	较高

对于软件无线电这种性能要求极高的应用，可将复杂的算法划分成底层部分和高层部分。结合 FPGA 和 DSP/GPP 各自的结构和功能特点，配合使用 FPGA 和 DSP/GPP，将算法的各个部分映射到不同的硬件模块上，在系统功能上实现互补。底层部分主要是用于数据处理量大、速度要求高，但是运算结构相对比较简单的算法，适于用 FPGA 硬件的高度并行性实现，可同时兼顾速度及灵活性。例如，一定长度的 FFT/IFFT、FIR 滤波以及矩阵转置等算法，都可以用大容量 FPGA 实现。高层部分的处理特点是所处理的数据量较低层部分少，但算法的控制结构复杂，适于用运算速度高、寻址方式灵活、通信机制强大的 DSP/GPP 来实现。另外，如使用 PowerPC 这样的 GPP，最大的好处就是在其上可以运行操作系统，如 VxWorks，从而可以引入 CORBA 体系，更容易实现“软件重构”。

软件无线电硬件系统应该利用它们各自的长处，通过组合来达成最佳的性能。目前，FPGA+DSP/GPP 结构是高性能软件无线电处理系统的主流方式。这种结构非常灵活，有较强的通用性，适于模块化设计，有利于提高算法效率，缩短开发周期，并易于维护和扩展。下面的软件无线电硬件系统的设计就采用这种结构。

3. 软件无线电硬件系统设计

根据图 4.7 所示，基于全交换的软件无线电硬件系统包括可重构天线阵、可重构射频前端、可重构 A/D/A，可重构数字信号处理和重构控制五部分。每个部分的设计都需要用很大的篇幅才能介绍清楚，而重构控制相对比较简单。所以，下面主要介绍射频前端、A/D/A 和可重构数字信号处理系统。

4.2　软件无线电的射频前端

在软件无线电的三种基本结构中都需要一定的模拟电路，只是由于结构形式的不同，射频前端的实现形式有所不同。射频前端的主要功能是：尽可能多地滤除不需要的信号；对射频信号进行变换，使频率、电平与 ADC 相匹配。对软件无线电射频前端的基本要求是：①引入的噪声尽可能地小（噪声系数小）；②信号的适应能力尽可能强（工作频段宽、动态范围大）。对于射频低通采样数字化结构，模拟电路只需要低通滤波器、功率放大器等；而射频带通数字化采样结构需要带通跟踪滤波器、功率放大器等；对于中频宽带数字化采样结构则需要滤波器、放大器、混频器、功率放大器等较多的模拟电路。下面分别介绍各种模块，并对其性能加以简单分析讨论。

4.2.1　射频前端的组成结构

射频前端有三种结构：多次变频的超外差结构、直接变换的零中频结构、不变频结构。前两种前端结构适用于宽带中频采样的软件无线电体制，不变频前端结构则适用于射频低通、射频带通采样的软件无线电体制。多次变频的超外差射频前端结构如图 4.13 所示。

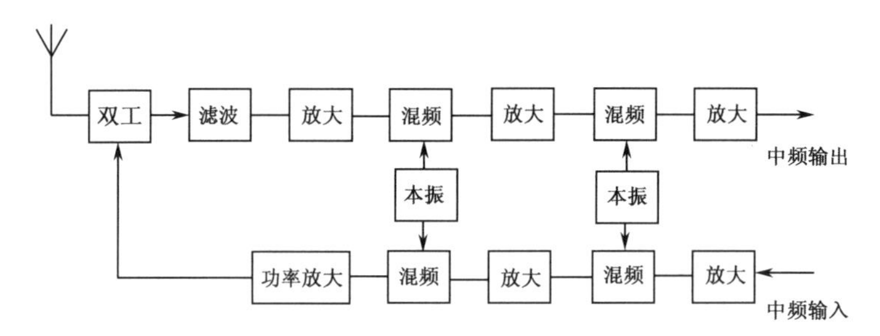

图 4.13　多次变频的超外差射频前端结构

超外差的射频前端结构的主要优点是：①灵敏度高（由于有预选滤波器和信道滤波器）；②总增益被分配到工作在不同频率的多级放大器上，降低了放大器的设计难度；③实信号变频只在一个固定频率上进行，对本振的相位和幅度平衡没有要求。其主要缺点是：①复杂程度高；②需要多个本地振荡器；③镜频信号干扰的抑制比较困难，需要特殊的中频（IF）滤波器，很难用单片集成电路实现超外差接收机。图 4.14 给出一个实际超外差射频前端的例子。

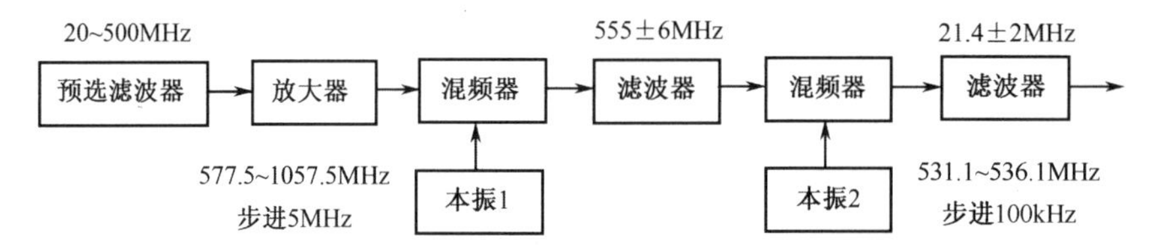

图 4.14　超外差射频前端的实例

直接变换的射频前端结构如图 4.15 所示。接收时经过一次频率搬移把中心频率变换到零中频，发射时把基带信号直接变换至射频，结构非常简单。这种结构的主要优点是：①把射频信号直接混至基带，输出端不会出现镜频信号；②只要求简单的滤波；③容易实现电路集成。其主要缺点是：①本振泄露较严重，即本地振荡器产生的信号容易通过低噪声放大器反向泄露到 RF 端口，通过天线辐射出去；②由于为零中频，任何直流偏移都无法从有用信号中分离出来，而且较大的直流电平，容易使后端饱和；③如果同相、正交两路的平衡性不好，将严重影响接收机的性能。

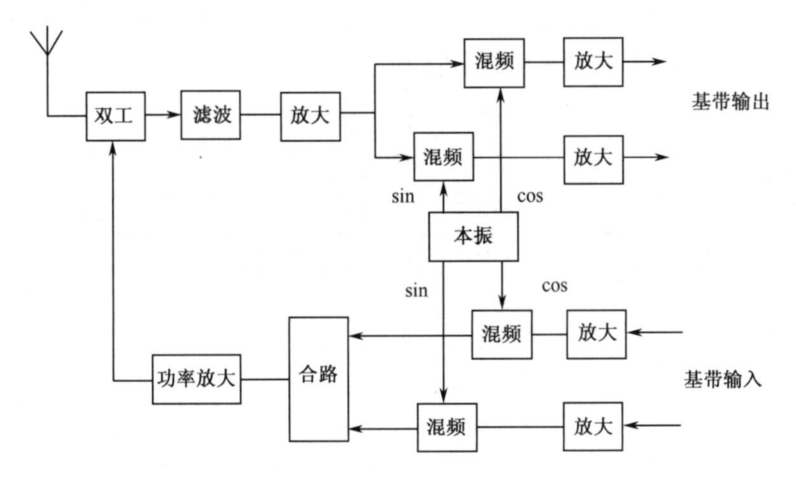

图 4.15　直接变换的射频前端结构

不变频的射频前端结构如图 4.16 所示。接收时，滤波器滤出所需要的射频信号，经过放大后直接进行采样。对于射频低通采样、射频带通采样两种软件无线电结构，只是滤波器的种类不同，前者为低通滤波器，后者为带通跟踪滤波器。

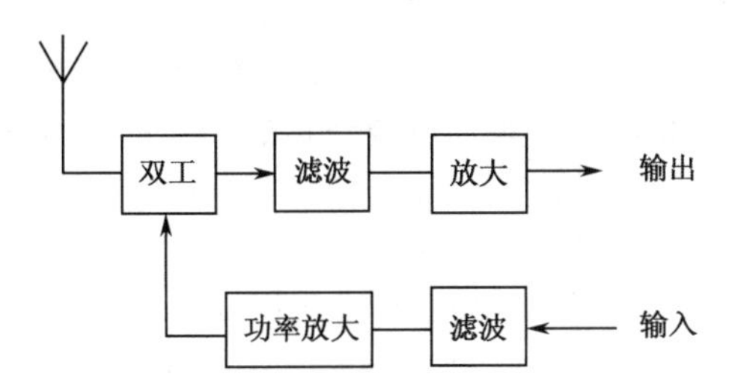

图 4.16　不变频的射频前端结构

4.2.2　射频前端各功能模块的设计

射频前端的组成模块主要有：滤波器、放大器、混频器、本地振荡器（频率合成器）和功率放大器等。

1．滤波器（Filter）

射频滤波器主要实现对信号的预滤波，并提高接收模块和发射模块之间的隔离度。滤波器要在满足软件无线电多种模式所需带宽的前提下，具有尽可能高的选择性。中频滤波器主要用于镜频抑制。

滤波器的种类很多，主要有 LC 滤波器、晶体滤波器、陶瓷滤波器、机械滤波器等。LC 滤波器的 Q 值有限，其实现较宽的带宽相对容易，很难实现低于 1%的滤波带宽；其插损取决于需要的百分比带宽、Q 值；其工作频率范围可从音频一直到几百 MHz。

晶体滤波器具有很好的选择性，但其带宽较窄，一般为 0.01%～1%；其插入损耗在 1～10dB；其工作频率范围为 5kHz～100MHz。

陶瓷滤波器的带宽为 1%～10%，它的稳定性、精确度都低于晶体滤波器，它的成本很低，但工作频率范围有限。

对于其他滤波器，就不多作介绍了，表 4-6 对各种滤波器的通用性能进行了比较。下面主要介绍用于射频直接带通采样的跟踪滤波器的设计问题。

表 4-6　滤波器性能比较

滤波器种类	工作频率范围	Q 值（品质因数）	应 用 场 合
LC 滤波器	DC～300MHz	100	音频、视频、IF、RF
晶体滤波器	1kHz～100MHz	100000	IF
机械滤波器	50～500kHz	1000	IF
陶瓷滤波器	10kHz～10.7MHz	1000	IF
声表滤波器（SAW）	10～80MHz	18000	IF、RF
传输线滤波器	UHF 和微波	1000	RF
腔体滤波器	微波	10000	RF

为了提高接收设备的动态范围和满足直接射频采样的需要，通常需要几组滤波器，以减少干扰信号的数量和幅度以及进入接收设备的噪声，并满足射频直接采样的抗混迭滤波器要求。这些滤波器的工作频率和带宽通常是固定不变的或者具有有限的调谐能力。因此，如果在软件无线电中采用固定滤波器势必需要大量的滤波器来覆盖整个频段，这将带来体积庞大、灵活性差的问题。因此，在软件无线电中采用电调滤波器是必然趋势。电调滤波器通过改变滤波网络中的可变电容，来实现网络频率响应的变化——利用电压改变可变电容的容量，达到所需要的频率响应。Pole-Zero 公司的 Maxi-Pole 系列电调滤波器，把 1.5～1000MHz 的频率范围划分成 8 个频段，每个频段分别用一个电调滤波器来覆盖。这 8 个频段分别是：1.5～4MHz，4～10MHz，10～30MHz，30～90MHz，90～200MHz，200～400MHz，400～700MHz，700～1000MHz。

Maxi-Pole 系列电调滤波器的归一化频率响应如图 4.17 所示。这种电调滤波器最重要的参数就是插损（IL）和相对带宽（$\%B$）。这两种参数之间存在关系：$\%B\times \text{IL}=10$。也就是说，滤波器的相对带宽越大，插损越小。该电调滤波器的主要特性如下：

- 输入输出阻抗 50Ω；
- 带内三阶截点值：+40dBm（输入）；
- 二阶截点值：+100dBm（输入）；
- 插入损耗：<6dB；
- 调谐码：8 位；
- 调谐速度：10μs（30MHz 以上）；
- 滤波器通带带宽：中心频率的 2%～5%；
- 电源：+5V（10～500mA）；
- 工作温度：−40～+85℃。

电调滤波器的控制接口共有 12 位，其中 8 位是频率码，1 位为+5V 电源，1 位为 100V 电源，1 位为使能位。100V 电源给电调滤波器提供偏置电压。所需频带中心频率的控制码可以用式（4-1）求出。

$$\text{code}=\frac{f_{\mathrm{d}}-f_{\mathrm{l}}}{f_{\mathrm{h}}-f_{\mathrm{l}}}\times 250 \tag{4-1}$$

其中，f_{d} 为电调滤波器的工作频率，f_{l} 为电调滤波器的最低工作频率，f_{h} 为电调滤波器的最高工作频率。利用电子开关和信号处理器的控制端口，就可以把滤波器置于带内任意感兴趣的频率处，如图 4.18 所示。

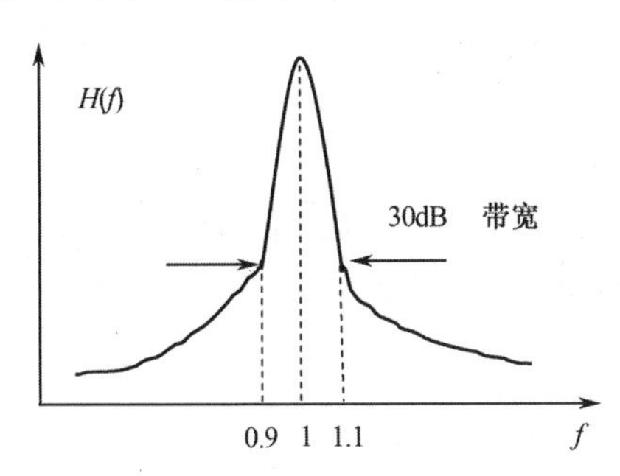

图 4.17　电调滤波器的归一化频率响应

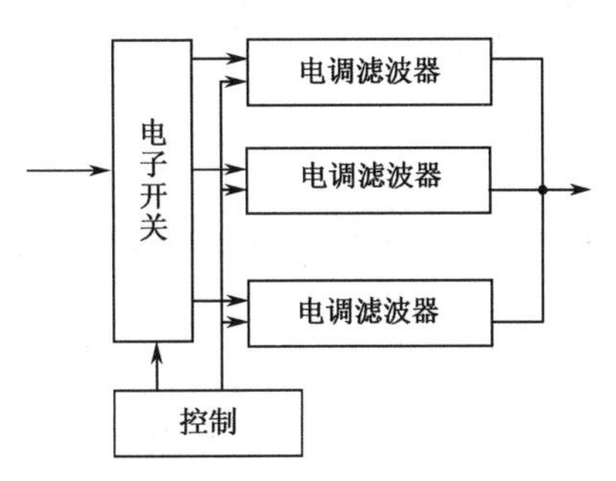

图 4.18　多个电调滤波器的连接

2．混频器（Mixer）

混频器是将输入的两个不同信号的频率进行相加或相减运算，实现信号的频率搬移。二极管、C 类放大器、乘法器等任何具有非线性传输特性的器件都可以用作混频器。

混频器主要有两类：无源混频器（比如二极管）、有源混频器（采用有增益的器件，比如，双极性晶体管、场效应管）。混频器实现途径主要有以下三种：

① 将混频器看成线性乘法器，其作用结果输出两个信号，一个和频信号，一个差频信号。比如，在双栅极场效应管（FET）的栅极 1 接 $V_{\mathrm{in}}(t)$，在栅极 2 接本振信号 $V_{\mathrm{LO}}(t)$。在工作区域内的输出为

$$y(t)=KV_{\mathrm{in}}(t)\cdot V_{\mathrm{LO}}(t)=K'\cos[(\omega_{\mathrm{in}}+\omega_{\mathrm{LO}})t]+K'\cos[(\omega_{\mathrm{in}}-\omega_{\mathrm{LO}})t] \tag{4-2}$$

理想混频器输出包括：两个输入信号频率之差与两个输入信号频率之和信号。在实际系统中，要使得两个输入信号（感兴趣信号和本振信号）的频率相差足够大，以便可以使用滤波器对输出的信号进行选择。

② 将混频器看成一个非线性器件，通过二次变换后，输出除了和频信号、差频信号，还有许多组合信号，如图 4.19 所示。比如在输入端输入 V_{in} 和 V_{LO} 两个信号时，输出端的信号为

$$\begin{aligned}y(t)&=K(V_{\mathrm{in}}+V_{\mathrm{LO}})^2+\text{其他分量}\\&=K[V_1\cos(\omega_{\mathrm{in}}t)+V_2\cos(\omega_{\mathrm{LO}}t)]^2+\text{其他分量}\\&=K[V_1^2\cos^2(\omega_{\mathrm{in}}t)+V_2^2\cos^2(\omega_{\mathrm{LO}}t)+2V_1V_2\cos(\omega_{\mathrm{in}}t)\cos(\omega_{\mathrm{LO}}t)]+\text{其他分量}\end{aligned} \tag{4-3}$$

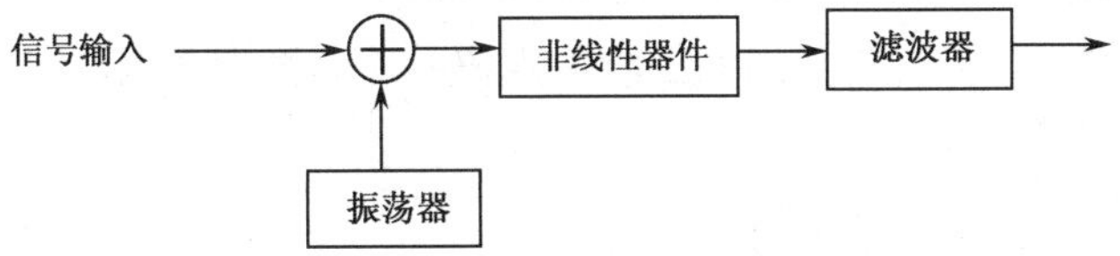

图 4.19　基于非线性器件的混频电路

我们只对同时包含 V_1V_2 的那些项感兴趣，根据需要，可通过滤波得到 $\cos[(\omega_{\mathrm{in}}+\omega_{\mathrm{LO}})t]$ 或 $\cos[(\omega_{\mathrm{in}}-\omega_{\mathrm{LO}})t]$ 分量。

③ 把幅度很大的本振信号看成开关切换信号，通过对信号的取样，也可以产生和频信号、差频信号。比如输入信号为 V_{in}，开关信号（增益为 1 或 0）为 $g(t)$，则开关输出信号为

$$y(t)=V_{\text{in}}(t)\cdot g(t) \tag{4-4}$$

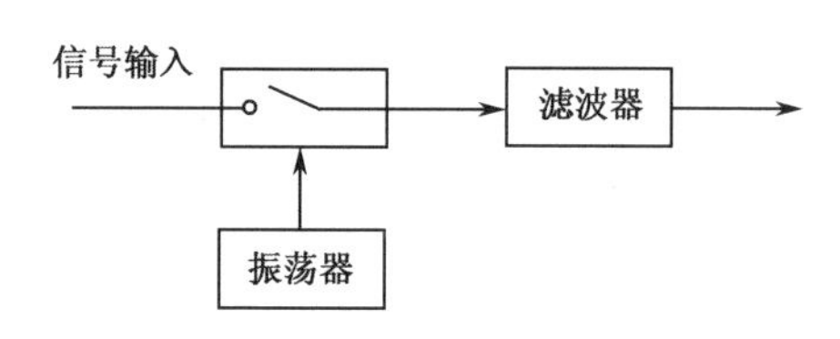

图 4.20　基于开关取样的混频电路

这个过程类似于模数变换中的自然采样。开关输出信号的频谱是把原输入信号沿频率轴，每隔 f_s（开关频率）出现一次，可以用滤波器取出所需要的和频信号或差频信号，如图 4.20 所示。

如果本振信号是占空比为 50%的方波，则可以方便地用其傅里叶级数来表示。波形的对称性使得本振信号频谱中没有偶数次谐波分量。占空比为 50%的方波函数的傅里叶级数为

$$g(t)=\frac{2}{\pi}\left[\sin(\omega_{\text{LO}}t)+\frac{1}{3}\sin(3\omega_{\text{LO}}t)+\frac{1}{5}\sin(5\omega_{\text{LO}}t)+\cdots+\frac{1}{n}\sin(n\omega_{\text{LO}}t)+\cdots\right]\quad n=1,3,5,\cdots$$

其中，$\omega_{\text{LO}}=\dfrac{2\pi}{T}$，$T$ 为方波周期，方波振幅为 1、上下对称。

在与一个角频率为 ω_{in} 的正弦信号相乘时，则有

$$\begin{aligned}g(t)\cdot V_{\text{in}}(t)&=A\cdot g(t)\cos(\omega_{\text{in}}t)\\&=\frac{2A}{\pi}[\sin(\omega_{\text{LO}}t)\cos(\omega_{\text{in}}t)+\frac{1}{3}\sin(3\omega_{\text{LO}}t)\cos(\omega_{\text{in}}t)+\frac{1}{5}\sin(5\omega_{\text{LO}}t)\cos(\omega_{\text{in}}t)+\cdots]\\&=\frac{1}{2}\{\sin[(\omega_{\text{LO}}+\omega_{\text{in}})t]+\sin[(\omega_{\text{LO}}-\omega_{\text{in}})t]\}+\text{其他分量}\end{aligned}$$

这样就可以利用滤波器滤出感兴趣的信号：$\omega_{\text{IF}}=\omega_{\text{in}}-\omega_{\text{LO}}$ 或 $\omega_{\text{IF}}=\omega_{\text{in}}+\omega_{\text{LO}}$。

混频器的主要技术指标有：变频增益（要实现频率搬移信号的幅度被减弱或增加的程度）、端口隔离度（混频器任意端口的输入信号与在其他端口测量到的电平之差）、直流偏移（它是衡量混频器不平衡度的指标）、噪声系数、线性度（可用三阶截点值表示）等技术指标。后两个指标将在稍后进行专门的讨论。表 4-7 对混频器的典型性能进行了比较。

表 4-7　无源混频器和有源混频器的典型性能比较（工作频率 900MHz）

指　　标	无源混频器	有源混频器
变频增益	−10dB	+10～+20dB
（输入）三阶截点值 IP3_{in}	+15dBm	−20dBm
直流功率	0	15mW
本振功率	+10dBm	−7dBm
输入 1dB 压缩点	+3dBm	−10dBm

从表 4-7 中可以看出，无源混频器的三阶截点值要比有源混频器的三阶截点值高，其动态范围也大；但其变频增益为负。

3．本地振荡器（Local Oscillator）

与混频器紧密相关的一个器件是频率源（本地振荡器）。我们希望本地振荡器具有输出频谱纯度高、切换速度快、频率步进小等特点。衡量本振性能的主要指标有：频率范围、最小频率步进、建立时间、相位噪声、谐波失真、寄生输出等指标。

频率源最重要的参数是相位噪声（相噪）。相噪是用于描述振荡器短时间稳定度的参数。它是由于振荡器输出信号的相位、频率和幅度的变化引起的，相噪表示偏离载波一定距离，1Hz 带宽内相对于载波的功率，用 dBc/Hz 表示。

假如把本振信号描述为：$y(t) = K\cos(2\pi f_{LO}t + \theta(t))$，其中 $\theta(t)$ 为相噪，是很小的随机变量。若 $\theta(t) \ll 1$，则 $y(t) \approx K\cos(2\pi f_{LO}t) - \theta(t)K\sin(2\pi f_{LO}t)$。将输入的射频信号与含有相噪的本振时域上相乘，相当于在频域上进行了卷积。这样使得输出信号被展宽，如果输入的射频信号较弱，将会被淹没在噪声里。本振相噪及对信号接收的影响如图 4.21 所示。

频率源往往用锁相环（PLL）频率合成器来实现，有关 PLL 频率合成器的实现及指标分析可参考有关书籍，这里仅给出 PLL 频率合成器的实现框图，如图 4.22 所示。当 PLL 锁定时，图中的输出、输入频率满足关系式：$f_o = N \cdot f_{ref}$。所以，我们可以通过改变分频比 N 或基准信号的频率 f_{ref} 来产生各种频率的信号。

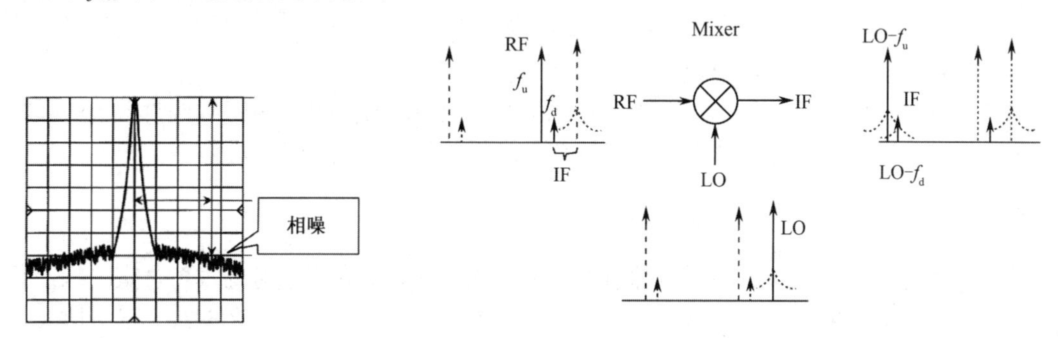

图 4.21　本振相噪及对信号接收的影响

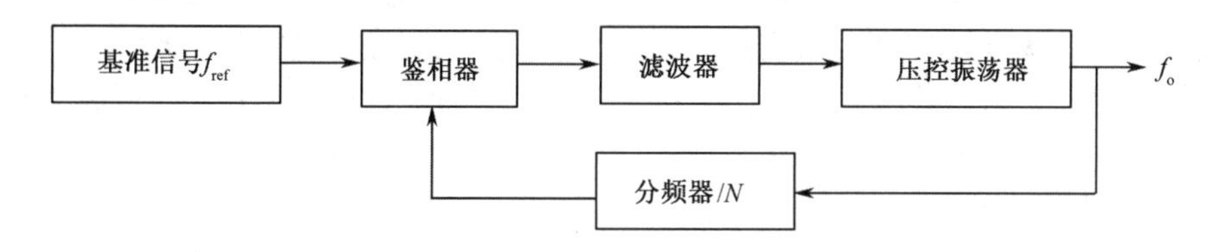

图 4.22　PLL频率合成器的实现框图

4．放大器（Amplifier）

放大是整个前端电路中非常重要的一个环节。由于软件无线电的接收通道是宽带的，甚至是宽开的，通带内的信号可能有很多。因此，在软件无线电中不能用非线性放大器，而只能用线性放大器，否则就会引起许多非线性产物。宽带放大器中常用前馈（Feedforward ）和反馈（Feedback）两种技术。前馈主要用于提高放大器的杂波等指标，而反馈用于提高放大器的稳定性和带宽指标。我们知道放大器的带宽主要由晶体管的增益带宽积所决定。对于一个多级放大器，其增益带宽积可以写为

$$(\text{GBW})_N = (G)^{\frac{1}{N}} B \tag{4-5}$$

其中，G 为每级放大器的增益，B 为每级放大器的带宽，N 为级数。上式表明，放大器的级数越多，所得到的增益带宽积越小，这是由于带宽随着级数增加而收缩的缘故。比如 N 个相同的放大器相级联，每个放大器的响应如下：

$$H(\mathrm{j}\omega)=\frac{G}{1+\mathrm{j}\dfrac{\omega}{B}} \tag{4-6}$$

其中，G 为每级的增益，B 为每级的带宽，则每个放大器的增益带宽积为 $G{\cdot}B$。我们同样可以写出 N 级放大器的传输函数。

$$H(\mathrm{j}\omega)=\frac{G^N}{\left(1+\mathrm{j}\dfrac{\omega}{B}\right)^N} \tag{4-7}$$

从式（4-7）可知，N 级放大器级联后的增益为 G^N，它的 3dB 带宽（增益下降 0.707 倍处的带宽）为 $B\sqrt{2^{\frac{1}{N}}-1}$。这样利用式（4-5）就可以得到 N 级放大器级联后的增益带宽积：

$$(\mathrm{GBW})_N=GB\sqrt{2^{\frac{1}{N}}-1} \tag{4-8}$$

由此可见，级联的放大器个数越多，增益带宽积越小。

另外，互调是线性放大器的重要指标，如果互调指标不高，会严重影响接收系统的瞬时动态范围。放大器的线性性能后续将结合射频前端的指标加以讨论。

5. 功率放大器（Power Amplifier）

软件无线电必须能满足各种通信体制的功率放大要求，需具有较宽的发射带宽，特别是对效率、线性、杂散辐射等性能要求较高。功率放大器输出功率的大小主要取决于信号所要传播的距离，可以从几十毫瓦到几百瓦，甚至几十千瓦。在无线电设备中，功放是消耗能量的主要设备。在功放设计中，有两个主要问题：一是如何提高功放的效率；二是如何提高功放的线性。功放的效率和线性是相互制约的。功放的效率和线性可以根据信号的调制样式来折中考虑。比如采用 DQPSK 调制方式，波形的峰平比（峰值/均值功率比）比较高，对线性的要求就比较高，我们只好牺牲效率来保证线性。而用 GMSK 调制方式时，其波形的包络几乎是恒定的，这就允许功放工作于饱和区，以提高效率。

对功放的线性度要求是与信号的峰平比密切相关的。峰平比（Peak-Average power Ratio），也叫峰均比、信号的波峰因子或波峰系数，它被定义为信号的峰值功率与平均功率之比：

$$\mathrm{par}=\frac{P_{\mathrm{peak}}}{P_{\mathrm{av}}}\ \text{或}\ \mathrm{PAR}=10\lg\left(\frac{P_{\mathrm{peak}}}{P_{\mathrm{av}}}\right)\qquad(\mathrm{dB})$$

比如对于电压幅度为 A 的正弦波，其峰值功率为 A^2，而平均功率为 $A^2/2$，所以正弦波的峰平比为 2；而两个同幅正弦波之和的峰值功率为（$2A$）^{2}，而平均功率为 2（$A^2/2$），所以两个同幅正弦波之和的峰平比为 4；理论上，N 个同幅正弦波之和的峰平比为 $2N$。

对于 OFDM 信号而言，如果其同时含有 N 个子载波，其基带信号的峰平比为

$$\mathrm{PAR}=10\lg N\qquad(\mathrm{dB})$$

如果含有 256 个子载波，其最大的峰平比可以达到 24dB。当然这是一个极其极端的情况，其出现的概率是非常低的。表 4-8 给出了典型无线通信系统的峰平比。

表 4-8　典型系统的峰平比

系 统 类 型	典型的峰平比
AMPS 单载波系统	0dB
GSM 单载波系统	1.5dB
TDMA 单载波系统	3.5dB
IS-95 CDMA 单载波系统	10dB
IS-95CDMA 多载波系统	10.5dB
WCDMA 单载波系统	8～9dB
WCDMA 多载波系统	12.2dB

峰平比的存在对发射机的线性提出了较高的要求。功放的线性度可通过 A 类、AB 类、B 类、C 类功率放大器通过改变晶体管的偏置实现线性放大。A 类功放是指在整个信号周期中晶体管都处于放大区，导通角为 360°。当输入信号很大时，为了提高放大器集电极的效率和输出功率，晶体管就要工作到截止区。B 类和 C 类功放就是如此。B 类功放中晶体管的集电极只在半个周期中导通，导通角为 180°。C 类功放中晶体管的集电极的导通时间少于半个周期，导通角小于 180°。AB 类功放中的集电极导通时间介于 A 类和 B 类之间，晶体管的导通角稍大于 180°。

A、B、C 类放大器的理论最大增益效率分别为 50%、78.5%、100%，实际最大增益效率分别可以达到 25%、60%、75%。A 类放大器经常用功率回退（Power back-off）法实现线性。这相当于用一个额定功率比所需功率大得多的晶体管，在较大幅度范围内获取较高的线性。A 类放大器在无输入信号时仍要耗费很大的功率，所以效率较低，回退时，效率大约为 10%～40%。

软件无线电中经常用笛卡儿反馈（Cartesian feedback）技术、前馈对消（Feedforward cancellation）技术、预失真（Predistortion）技术、包络消除与恢复（Envelope elimination and restoration）技术等，来提高功放的线性度。

笛卡儿反馈线性化的基本思想是将功放输出的非线性失真信号负反馈到输入端，与原信号一起作为输入信号，以减少功放的非线性，其发射结构如图 4.23 所示。其反馈采样是在 RF 实信号上进行的，而后以 I、Q 正交分量形式在基带中完成反馈比较。

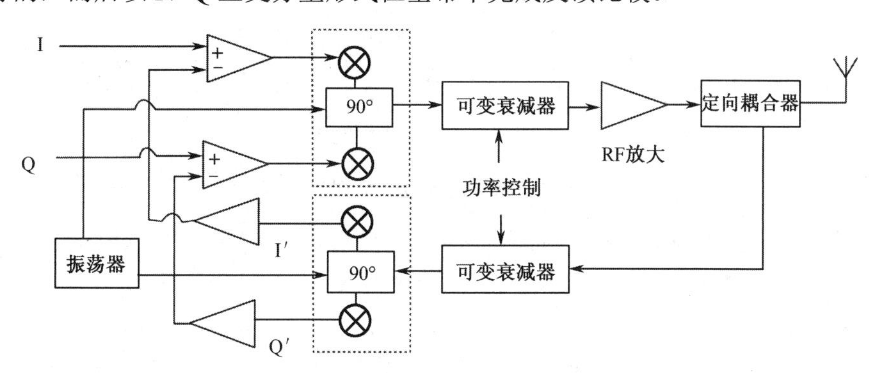

图 4.23　笛卡儿反馈线性化发射结构

我们可以用这种技术来提高 C 类放大器的线性，从而使软件无线电中的功放既具有线性，而又不致使功放的效率太低。线性化电路本身所消耗的功率是微不足道的，可以忽略不计。笛卡儿反馈线性化技术具有结构简单、互调干扰抑制效果好的特点，但该技术存在环路的相移小于 180°，在环路稳定条件下带宽有限的问题。表 4-9 中给出了一个采用笛卡儿反馈线性化技术，基于 C 类功放的实际系统的效率数据。表 4-10 给出了线性化技术利用前后邻道干扰功率指标的对比情况。利用笛卡儿环线性化技术，可以把互调产物抑制 70dB。

表 4-9　利用笛卡儿反馈的 C 类功放效率

蜂 窝 名 称	电源/V	直流输入功率/W	射频输出功率/W	效率/（%）
NADC	6	2.04	1.26	62
NADC	4.8	1.25	0.776	64
PDC	6	2.07	1.26	61

表4-10　未利用线性化技术和利用了线性化技术的C类功放的邻道干扰功率(ACP)比较

相 邻 信 道	开环 ACP/dBc	闭环 ACP/dBc	改善幅度/dB
1	−18	−53	35
2	−28	−62	34
3	−39	−64	25

值得注意的是，笛卡儿反馈是一项窄带线性化技术。该技术已经在许多实际的窄带系统中得到了应用，在宽带系统中更多地应用前馈线性化技术，比如，工作频率在1.8GHz、基于前馈技术的GSM多载波线性放大器已在DCS1800、PCS1800/1900等基站中使用。

前馈对消技术的主要思想是从功放输出信号中分离出失真分量，然后用这个信号的反相信号去抵消功放输出信号中的分量，达到改善功放线性度的目的。前馈对消放大器组成结构如图4.24所示。

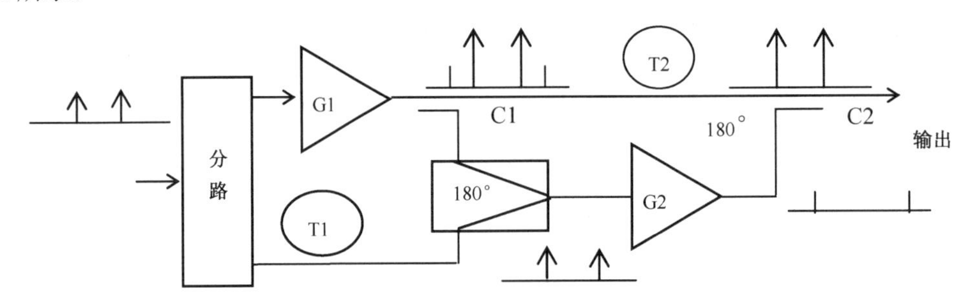

图4.24　前馈对消放大器组成结构

输入信号被分成两个通道，两个通道的性能完全相同，但信号的大小不同。上支路的放大器为G1，信号经过放大后会产生失真信号。定向耦合器从放大后的信号中取出样本信号，并把它送到减法器。在减法器中，一个时间上与样本信号相匹配的原始信号和样本信号相减。相减所得的信号就是误差信号，其中主要是由放大器所产生的失真分量。理想情况下，误差信号中不含有原始信号。图4.24中同时标注了整个过程的频谱变化情况。

误差信号经误差放大器G2放大到所需电平后，送到输出耦合器。通过耦合器C1的主信号要加以延时，延时长度和信号通过放大器G2所需要的时间一样长，加π弧度，使得它与误差信号反相，然后送到输出耦合器。这样，误差信号就可以消除主信号中的杂波了。这种技术的特点归纳如下：

- 提高杂波指标的难度不大；
- 工作带宽可以很宽；
- 可以补偿主放大器的增益和相位的非线性；
- 可以获得较低的噪声系数。

前馈对消放大器的噪声系数与校正过程关系不大，而主要由系统的各个单元所决定的。因为，失真信号和噪声是一样对待的，它们都被补偿网络所压缩了。为得到一个低噪声放大器，要优化前馈结构，减少从射频输入到误差放大器整个通路的损耗。通过前馈技术可以抑制谐波20dB，效率提高10%。DCS1800接收机的前端就用前馈技术实现了低噪声、线性放大器，其工作带宽可达1700～1800MHz。

预失真技术是另一种适用于宽带系统的线性化技术，预失真线性化示意图如图4.25所示。其主要思想是在功放模块之前加一个与功放非线性特性相反的互补网络（预失真网络），使得两者相串联后，使功放输出呈现线性。信号的预失真可以在基带部分或射频部分实现，可以用模拟或数字电路来实现。在基带实现时往往用数字方式实现。射频预失真非线性改善效果明显，性能稳定，但在射频域内处理难度较大。基带数字预失真降低了实现难度，适应性较强。

包络消除与恢复法中最常用的是功率合成法（LINC）。LINC 线性化技术的理论基础是具有幅度和相位调制的任意调制波形都可以分解成两个恒幅信号。把输入信号分成两个恒包络信号，每个信号分别用一个效率较高、功率较小的功放进行放大，在输出端将两个放大后的信号重新合成一个信号。它要求两个功放的工作状态保持一致，否则就会失真。

假如分解后的两个信号分别为

$$s_1(t) = A_m \cos[\omega_c t + \theta(t) + \alpha(t)]$$
$$s_2(t) = A_m \cos[\omega_c t + \theta(t) - \alpha(t)]$$

于是合成信号为

$$\begin{aligned} s(t) = s_1 + s_2 &= A_m \cos[\omega_c t + \theta(t) + \alpha(t)] + A_m \cos[\omega_c t + \theta(t) - \alpha(t)] \\ &= 2A_m \cos[\omega_c t + \theta(t)]\cos[\alpha(t)] \end{aligned}$$

所以，

$$s(t) = A(t)\cos[\omega_c t + \theta(t)]$$

显然有，$\alpha(t) = \arccos\left(\dfrac{A(t)}{2A_m}\right)$

这就证明了任意一个信号都可以分解成两幅度相等的恒幅信号。LINC 线性化技术示意图如图 4.26 所示。

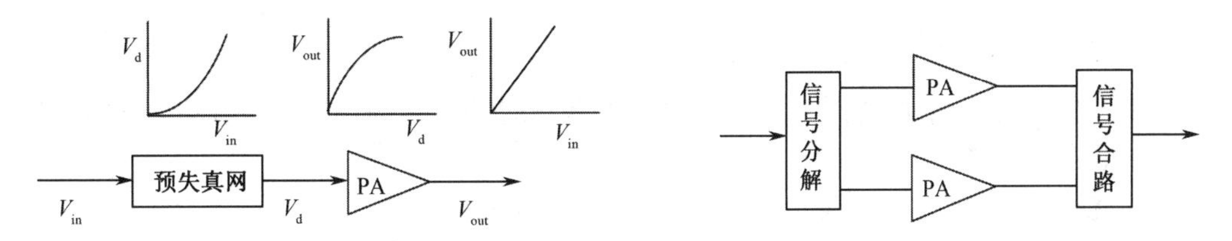

图 4.25 预失真线性化示意图　　图 4.26 LINC线性化技术示意图

以上介绍了四种线性化技术，这些技术各有优缺点。前馈对消技术性能较好、带宽较宽，但成本比较高。要获得较好的抵消效果两个支路的幅度、相位、时延必须完全匹配，为消除由于温度变化、器件老化等原因引起的误差，有必要考虑自适应抵消技术。笛卡儿反馈技术电路简单，但工作带宽较窄。射频预失真技术效率高、成本低，但需要使用射频非线性器件，调整复杂、高阶失真频谱分量难以抵消。基带预失真适应性相对较强。LINC 技术对于器件的漂移敏感，信号分解困难。

在实际使用中，可以单独或组合使用这些技术。比如，预失真技术与前馈对消技术相结合，预失真技术在宽频带内提供一般的对消，前馈对消技术在较窄的带宽上进一步对消。

由于技术上的限制和考虑，单个高频晶体管的输出功率只限于几十瓦到一百多瓦。要输出更大的功率常常采用功率合成器。所谓功率合成器是采用多个高频晶体管，使它们产生的高频功率在一个公共负载上相加，如图 4.27 所示，图中给出了 4 管合成原理。

图 4.27 的三角形表示放大器，菱形表示分路（合路）器。根据同样的原理，晶体管的个数可以扩展到 8 个，16 个甚至更多。从图 4.27 中可以看出，在放大器之前是一个功率分配过程，在放大器后是一个功率合并过程。功率分配和合并电路通常用传输线变压器构成的耦合器来实现，以保证所需的宽带特性。传输线变压器是用传输线（主要是双导线）在高频磁芯上绕制而

成的。导线的粗细、磁芯的直径的大小根据所需的功率和电感的大小决定。功率合成器就是由图 4.27 虚框内的基本单元组成的。为了结构简单、性能可靠，晶体管放大器都不带调谐元件，通常采用宽带工作方式。

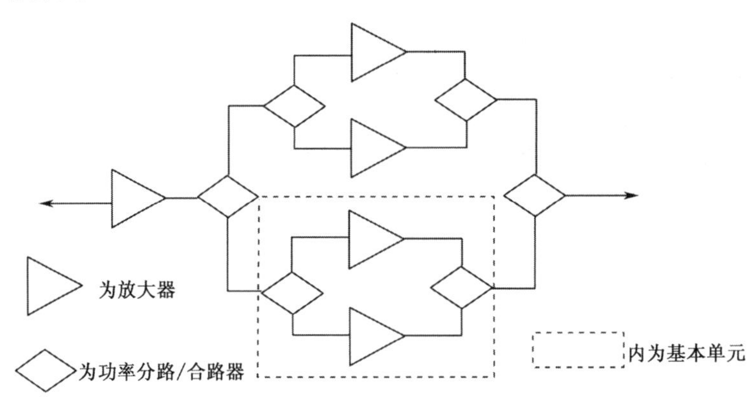

图 4.27　功率合成器的组成

4.2.3　射频前端的指标

射频前端的技术指标很多，主要有噪声系数、二阶截点值、三阶截点值、动态范围、镜频抑制、本振反向辐射等。

1. 噪声系数（Noise factor）

噪声系数表明了一个模块或一个网络固有的噪声影响，说明通过这些模块、网络时 ，信号的信噪比降低的程度。

噪声系数定义为输入信号的信噪比与输出信号的信噪比之比：

$$F = \frac{S_{\text{in}}/N_{\text{in}}}{S_{\text{out}}/N_{\text{out}}} \tag{4-9}$$

噪声系数往往用分贝表示：

$$\text{NF} = 10\lg F = 10\lg\left(\frac{S_{\text{in}}/N_{\text{in}}}{S_{\text{out}}/N_{\text{out}}}\right)(\text{dB}) \tag{4-10}$$

为了处理的方便，我们把各种噪声都等效成热噪声来处理，并引入一个等效**噪声温度**（Noise Temperture）的概念。图 4.28 给出了一个放大器及其等效的例子，左边为实际的放大器，右边为其等效，我们把实际放大器等效为一个无噪声的放大器和一个等效噪声电阻。

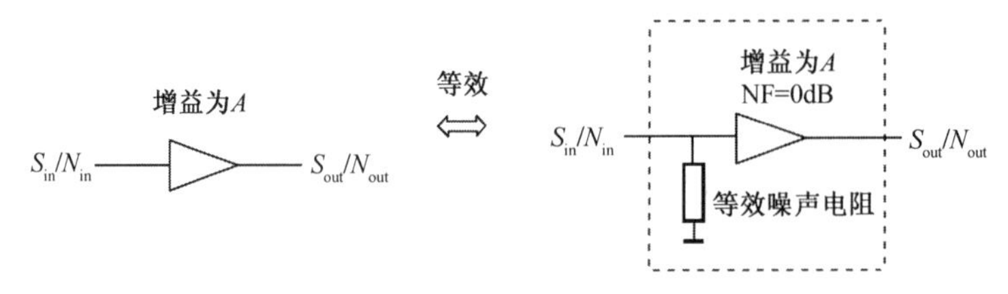

图 4.28　实际放大器及其等效

对式（4-9）进行变形：

$$F=\frac{S_{\text{in}}/N_{\text{in}}}{S_{\text{out}}/N_{\text{out}}}=\frac{S_{\text{in}}}{S_{\text{out}}}\frac{N_{\text{out}}}{N_{\text{in}}} \tag{4-11}$$

由于放大器的增益为A，于是有：

$$F=\frac{N_{\text{out}}}{N_{\text{in}}A} \tag{4-12}$$

所以，输出端的总噪声功率：

$$N_{\text{out}}=FN_{\text{in}}A \tag{4-13}$$

于是放大器产生的等效输入噪声功率为

$$N_{\text{eq}}=FN_{\text{in}}-N_{\text{in}}=(F-1)N_{\text{in}}=(F-1)kTB \tag{4-14}$$

式中，k为玻尔兹曼常数（1.38×10^{-23}J/k），B为带宽，T为噪声温度。我们假设这个噪声功率是由一个电阻所产生的，噪声温度为T_{eq}，我们进一步假设输入端的参考温度T_0为290K，于是得到如下等式：

$$kT_{\text{eq}}B=(F-1)kT_0B \tag{4-15}$$

$$T_{\text{eq}}=(F-1)T_0=290(F-1) \tag{4-16}$$

$$F=\frac{T_{\text{eq}}}{290}+1 \tag{4-17}$$

式（4-15）～式（4-17）说明，噪声系数也可以用噪声温度来表示。这种表示方法在系统噪声性能的计算中很有好处，要得到整个系统的噪声温度，只要把天线、传输线、接收机等的噪声温度相加就可以了。值得注意的是，等效噪声温度与工作温度并没有确定的关系。低噪声放大器的等效噪声温度很低，小于100K。实际放大器的工作温度是300K，而其等效噪声温度为100K也是完全正常的。

对于一个系统而言往往有两个或更多个有源或无源网络级联，以实现对信号的最佳接收，如图4.29所示。这种情况下，第一级的噪声系数是最重要的，因为第一级产生的噪声将会被后面的各级放大器放大。下面先来计算一下两级放大器级联时总的噪声系数，然后把这种方法推广至多级级联时总噪声系数的计算。

由上述讨论可得第一级的输入噪声功率：

$$N_{1\text{in}}=kTB \tag{4-18}$$

可得第一级的输出噪声功率：

$$N_{1\text{out}}=F_1N_{1\text{in}}A_1=F_1A_1kTB \tag{4-19}$$

第二级的输入噪声功率就是第一级的输出噪声功率，同时第二级自身也要输出噪声功率，所以，第二级的输出噪声功率为

$$\begin{aligned}N_{2\text{out}}&=N_{1\text{out}}A_2+N_{\text{eq}2}A_2\\&=F_1A_1kTBA_2+(F_2-1)kTBA_2=(F_1A_1+F_2-1)kTBA_2\end{aligned} \tag{4-20}$$

利用式（4-12）可以求出整个系统的噪声系数：

$$F=\frac{(F_1A_1+F_2-1)kTBA_2}{kTBA_1A_2}=\frac{F_1A_1+F_2-1}{A_1}=F_1+\frac{F_2-1}{A_1} \tag{4-21}$$

对上式进行推广，可以得到多级（n级）级联时系统的总噪声系数：

$$F=F_1+\frac{F_2-1}{A_1}+\frac{F_3-1}{A_1A_2}+\frac{F_4-1}{A_1A_2A_3}+\cdots+\frac{F_n-1}{\prod_{i=1}^{n-1}A_i} \tag{4-22}$$

上面主要讨论了放大器的噪声系数，下面简单讨论有损耗器件（滤波器等）的噪声系数，如图 4.30 所示。

图 4.29　两个级联放大器的噪声系数　　图 4.30　有耗器件的噪声系数

我们可以得出与式（4-12）类似的等式，只不过此时没有增益，只有衰减：

$$F=\frac{N_{\text{out}}}{N_{\text{in}}L} \tag{4-23}$$

如果滤波器两端的温度相同都是 290K，那么输出端的噪声功率和输入端的噪声功率相等，于是，噪声系数变为

$$F=\frac{1}{L} \tag{4-24}$$

显而易见，由于滤波器的噪声系数就是其插入损耗，这就预示着在放大模块前加滤波器会恶化系统的噪声系数。

2. 灵敏度（Sensitivity）

在介绍灵敏度之前，先来讨论一下最小可检测电平。

最小可检测电平（Minimum Detectable Signal，MDS）对接收机来说是一个很重要的参数，它表征了系统可检测的最弱信号。我们知道，负载匹配时，网络的输出噪声功率是噪声温度、带宽、噪声系数的函数。这就是系统输出的底部噪声。当输入噪声温度为参考温度 290K 时，由式（4-13）得到输出噪声功率：

$$N_{\text{out}}=F\cdot N_{\text{in}}\cdot A=FkT_0BA \tag{4-25}$$

把参数代入，并用分贝表示，式（4-25）变为

$$N_{\text{out\_dB}}=10\lg(N_{\text{out}})=-174\text{dBm}+10\lg B+\text{NF}+G \tag{4-26}$$

其中，G=10lg$A$，NF=10lg$F$。

从输出的角度来说，可以检测的最小电平就是输出信号的功率与输出噪声功率相当时的信号功率。于是从接收机输入端来看，最小可检测电平为

$$\text{MDS}=-174\text{dBm}+10\lg B+\text{NF} \tag{4-27}$$

从式（4-27）可以看出为了提高可检测性能，要使接收机滤波器带宽尽可能与信号带宽相匹配，以降低噪声功率。

灵敏度定义为接收到的信息达到规定的性能指标所需要的信号电平。比如数字通信中，性能指标常用误码率来衡量，这时的灵敏度数学表达式为

$$S=\text{MDS}+\text{SNR}\qquad(\text{dBm}) \tag{4-28}$$

其中，SNR 表示信号解调达到所规定的误码率时需要的信噪比。更进一步，我们可以得到常用的灵敏度计算公式：

$$S=-174\text{dBm}+10\lg B+\text{NF}+\text{SNR}\qquad(\text{dBm}) \tag{4-29}$$

3. 截点值（Intercept Point）

表征接收机、发射机非线性性能的指标很多，比如有 1dB 压缩点、二阶截点值、三阶截点

值等。

当网络中存在放大器、混频器等器件时，都会引起非线性。对于这些器件的传递函数可以用一个幂级数来表示：

$$v_{\text{out}}(t)=\sum_{n=1}^{\infty}a_n\cdot v_{\text{in}}{}^n(t)=a_1\cdot v_{\text{in}}(t)+a_2\cdot v_{\text{in}}{}^2(t)+a_3\cdot v_{\text{in}}{}^3(t)+\cdots \tag{4-30}$$

式中，$v_{\text{in}}(t)$，$v_{\text{out}}(t)$，a_n 分别表示网络输入电压、输出电压、各非线性分量的增益系数。

当我们在网络的输入端加入两个幅度、频率分别为 u_1、f_1，u_2、f_2 射频信号：

$$v_{\text{in}}(t)=u_1\cos(2\pi f_1 t)+u_2\cos(2\pi f_2 t) \tag{4-31}$$

时，在其输出端的输出信号为

$$\begin{aligned}v_{\text{out}}(t)=&0.5a_2u_1^2+0.5a_2u_2^2+\\&(a_1u_1+0.75a_3u_1^3+1.5a_3u_1u_2^2)\cos(2\pi f_1 t)+\\&(a_1u_2+0.75a_3u_2^3+1.5a_3u_2u_1^2)\cos(2\pi f_2 t)+\\&0.5a_2u_1^2\cos[2\pi(2f_1)t]+0.5a_2u_2^2\cos[2\pi(2f_2)t]+\\&a_2u_1u_2\{\cos[2\pi(f_1+f_2)t]+\cos[2\pi(f_1-f_2)t]\}+\\&0.25a_3u_1^3\cos[2\pi(3f_1)t]+0.25a_3u_2^3\cos[2\pi(3f_2)t]+\\&0.75a_3u_1^2u_2\{\cos[2\pi(2f_1+f_2)t]+\cos[2\pi(2f_1-f_2)t]\}+\\&0.75a_3u_1u_2^2\{\cos[2\pi(2f_2+f_1)t]+\cos[2\pi(2f_2-f_1)t]\}+\cdots\end{aligned} \tag{4-32}$$

式中各行分别为直流、基波、二次谐波、二阶互调、三次谐波、三阶互调等分量。偶次阶的互调产物远离输入信号，低阶次的奇次互调产物经常落在输入信号附近，可能成为虚假信号。如输入信号个数为 3 个，甚至更多时，可能成为虚假的互调产物是两个信号之和与另一信号之差。由式（4-32）也可以看出，高次谐波的电平幅度的变化规律是：如果两个输入信号的幅度变化 Δ(dB)，则 n 阶互调产物的电平将变化 $n\Delta$(dB)。图 4.31 给出了三次以内频率分布情况。图 4.31 中，$a_{\text{IM}i}$ 表示互调产物与基波的电平差，即互调抑制比；$a_{\text{k}i}$ 表示谐波与基波的电平差值。下面我们来讨论截点值。

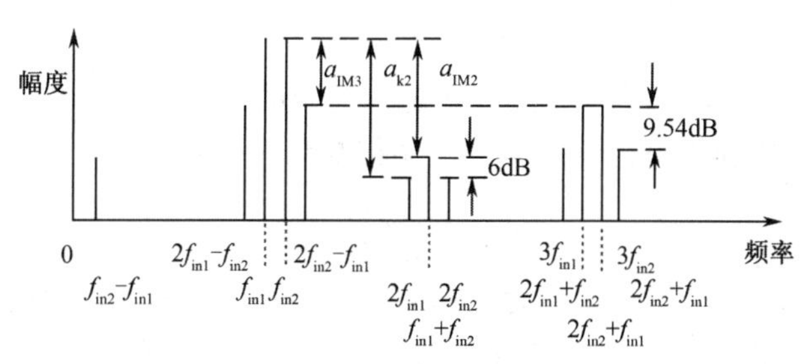

图 4.31　两个信号通过网络后输出的三次以内频率分布

放大器或接收机一旦研制完成，其截点值就已经确定，它不像互调抑制比受输入信号大小的影响。截点值被广泛用于评价放大器动态范围的标准。截点值越高，说明放大器的线性越好，也是要获得大动态范围的必要条件。截点值是一个虚拟值，无法对其实测。只能通过测量互调抑制比 $a_{\text{Im}i}$ 后计算得到。要注意的是，互调抑制比一定要同输入电平一起给出，否则就不能说明任何问题。

为更好地讨论二阶截点值、三阶截点值，以及截点值与互调抑制比的关系，我们可以在对数坐标下画出三条直线，如图 4.32 所示。

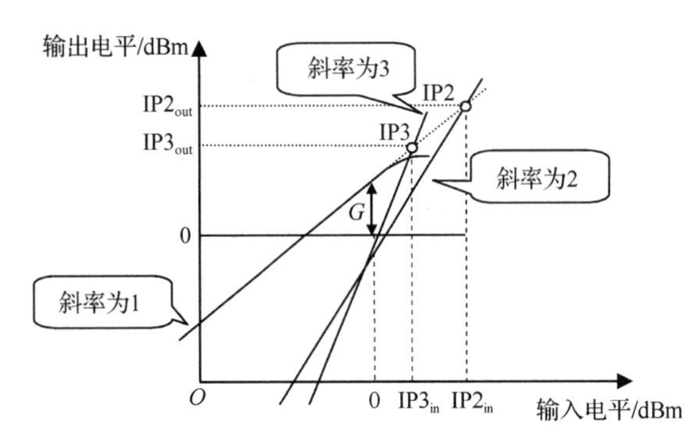

图 4.32　二阶、三阶截点值示意图

线性放大直线：$y = P_{in} + G$

二阶互调输出直线：$y = 2P_{in} + c_2$

三阶互调输出直线：$y = 3P_{in} + c_3$

其中，P_{in} 表示输入信号电平，位于横坐标；y 为放大器输出，位于纵坐标；c_2、c_3 为截距；G 为以 dB 为单位的放大器增益。

二阶截点值就是线性放大直线与二阶互调输出直线的交点：

$$\mathrm{IP2}_{in} = G - c_2$$

或

$$c_2 = G - \mathrm{IP2}_{in}$$

三阶截点值就是线性放大直线与三阶互调输出直线的交点：

$$\mathrm{IP3}_{in} = 0.5(G - c_3)$$

或

$$c_3 = G - 2\times \mathrm{IP3}_{in}$$

二阶互调产物与二阶输入截点值的关系为

$$P_{\mathrm{IM2}} = 2\times P_{in} + G - \mathrm{IP2}_{in} \tag{4-33}$$

$$\mathrm{IP2}_{in} = (P_{in} + G - P_{\mathrm{IM2}}) + P_{in}$$

或，二阶互调产物与二阶输出截点值的关系：

$$\mathrm{IP}_{\mathrm{IM2}} = 2\times P_{out} - \mathrm{IP2}_{out} \tag{4-34}$$

同理可以得到三阶输入截点值与三阶互调产物的关系：

$$P_{\mathrm{IM3}} = 3\times P_{in} + G - 2\times \mathrm{IP3}_{in} \tag{4-35}$$

$$\mathrm{IP3}_{in} = \frac{1}{2}(P_{in} + G - P_{\mathrm{IM3}}) + P_{in}$$

或，三阶输出截点值与三阶互调产物的关系：

$$P_{\mathrm{IM3}} = 3\times P_{out} - 2\times \mathrm{IP3}_{out} \tag{4-36}$$

在以上讨论中，输入截点值与输出截点值之间的关系为

$$\mathrm{IP}_{in} = \mathrm{IP}_{out} - G \tag{4-37}$$

其中，P_{in} 表示每个输入信号的电平，P_{out} 表示输出信号的电平，单位都是 dBm。

这里，顺便给出 n 阶输入截点值与 n 阶互调抑制比的关系：

$$\mathrm{IP}n_{in} = \frac{a_{\mathrm{IM}n}}{n-1} + P_{in} \tag{4-38}$$

其中，$\mathrm{IP}n_{in}$ 表示 n 阶输入截点值，单位为 dBm；$a_{\mathrm{IM}n}$ 表示 n 阶互调产物与输入信号经放大后电平的差值，$a_{\mathrm{IM}n} = (P_{in} + G) - IP_{\mathrm{IM}n}$,单位为 dB；$P_{in}$ 表示每个输入信号的电平，单位为 dBm。

从图 4.32 中可以看出，当放大器的输出电平达到一定程度后，输入电平与输出电平之间不再呈线性关系，直至最后输出达到饱和状态。当放大器的实际输出电平比理想输出电平小 1dB 时，就得到了 1dB 压缩点（1dB compression point）。

输入 1dB 压缩点与输出 1dB 压缩点之间存在如下关系：

$$\mathrm{CP}_{\mathrm{1dBout}} = \mathrm{CP}_{\mathrm{1dBin}} + G - 1 \tag{4-39}$$

其中，G 为放大器增益，$\mathrm{CP}_{\mathrm{1dBin}}$、$\mathrm{CP}_{\mathrm{1dBout}}$ 分别为输入 1dB 压缩点、输出 1dB 压缩点。对于限幅放大器，根据经验，三阶截点值约比 1dB 压缩点大 10dB。

以上我们主要讨论了一个放大器的二阶、三阶截点值的情况，如果多个放大器级联，其总的截点值又会如何变化呢？

用与级联噪声系数相类似的方法[1]，可以得到级联网络的截点值：

$$\frac{1}{\mathrm{ipm_{inT}}}=\left(\frac{1}{\mathrm{ipm_{in1}}}\right)^q+\left(\frac{g_1}{\mathrm{ipm_{in2}}}\right)^q+\left(\frac{g_1g_2}{\mathrm{ipm_{in3}}}\right)^q+\cdots+\left(\frac{g_1g_2\cdots g_{n-1}}{\mathrm{ipm}_{\mathrm{in}n}}\right)^q \tag{4-40}$$

式中，$q=\dfrac{m-1}{2}$，m 为要求的截点值阶数，$\mathrm{ipm}_{\mathrm{in}i}$ 为各模块独立状态下的输入截点值，g_i 为各级的增益（放大倍数）。注意，这里的截点值、各级放大倍数都用线性值表示。

如要计算二阶截点值，此时，$q=\dfrac{m-1}{2}=0.5$，

$$\frac{1}{\mathrm{ip2_{inT}}}=\sqrt{\frac{1}{\mathrm{ip2_{in1}}}}+\sqrt{\frac{g_1}{\mathrm{ip2_{in2}}}}+\sqrt{\frac{g_1g_2}{\mathrm{ip2_{in3}}}}+\cdots+\sqrt{\frac{g_1g_2\cdots g_{n-1}}{\mathrm{ip2}_{\mathrm{in}n}}} \tag{4-41}$$

如网络由两级放大器构成，则：

$$\mathrm{ip2_{inT}}=\sqrt{\frac{\mathrm{ip2_{in2}}}{g_1}}\cdot\left(1+\sqrt{\frac{\mathrm{ip2_{in2}}}{g_1\cdot\mathrm{ip2_{in1}}}}\right)^{-1} \tag{4-42}$$

如果用对数表示，则由两级放大器构成的网络二阶截点值为

$$\mathrm{IP2_{inT}}=\mathrm{IP2_{in2}}-G_1-20\lg\left(1+\sqrt{\frac{\mathrm{ip2_{in2}}}{g_1\cdot\mathrm{ip2_{in1}}}}\right)\quad(\mathrm{dBm}) \tag{4-43}$$

其中，$\mathrm{IP2}_{\mathrm{in}i}$ 是用 dBm 表示的二阶截点值，G_i 是用分贝表示的放大倍数。

同理，可以得到多级级联后三阶截点值的计算公式：

$$\frac{1}{\mathrm{ip3_{inT}}}=\frac{1}{\mathrm{ip3_{in1}}}+\frac{g_1}{\mathrm{ip3_{in2}}}+\frac{g_1g_2}{\mathrm{ip3_{in3}}}+\cdots+\frac{g_1g_2\cdots g_{n-1}}{\mathrm{ip3}_{\mathrm{in}n}} \tag{4-44}$$

如网络由两级放大器构成，则：

$$\mathrm{ip3_{inT}}=\frac{\mathrm{ip3_{in1}}\cdot\mathrm{ip3_{in2}}}{\mathrm{ip3_{in2}}+g_1\cdot\mathrm{ip3_{in1}}} \tag{4-45}$$

用分贝表示为

$$\mathrm{IP3_{inT}}=\mathrm{IP3_{in2}}-G_1-10\log\left[1+\frac{\mathrm{ip3_{in2}}}{g_1\cdot\mathrm{ip3_{in1}}}\right](\mathrm{dB}) \tag{4-46}$$

式（4-43）和式（4-46）可以理解为：两级级联后的总截点值为：第二级截点值减去前级增益，减去受第一级影响所产生的恶化因子。如果前一级为正增益，总截点值会下降，而且增益越高，下降越多；如前一级为负增益，则总截点值会提高。

4．动态范围（Dynamic Range，DR）

动态范围是指接收机在达到规定的信息质量下，能处理的信号电平范围。在数字通信中，信息质量常用误比特率来表示。动态范围可以用 1dB 压缩点与系统噪声电平之差来表示，如图 4.33 所示。该动态范围也称 **1dB 增益压缩点动态范围**。

动态范围表示为

$$\mathrm{DR}=\mathrm{CP_{1dBin}}-\mathrm{MDS_{dBm}}=\mathrm{CP_{1dBin}}+174\mathrm{dBm}-10\lg B-\mathrm{NF} \tag{4-47}$$

其中，输入 1dB 压缩点 $\mathrm{CP_{1dBin}}$ 的单位为 dBm。

有时接收机的动态范围用灵敏度代替最小可检测电平（MDS），此时，动态范围变成：

$$\mathrm{DR}=\mathrm{CP_{1dBin}}-S=\mathrm{CP_{1dBin}}+174\mathrm{dBm}-10\lg B-\mathrm{NF}-\mathrm{SNR} \tag{4-48}$$

5. 无虚假动态范围（Spur-Free Dynamic Range，SFDR）

无虚假动态范围与三阶互调抑制比很类似。无虚假动态范围是指失真产物等于噪声功率时，基波功率与噪声功率之差，如图 4.34 所示。其数学表达式为

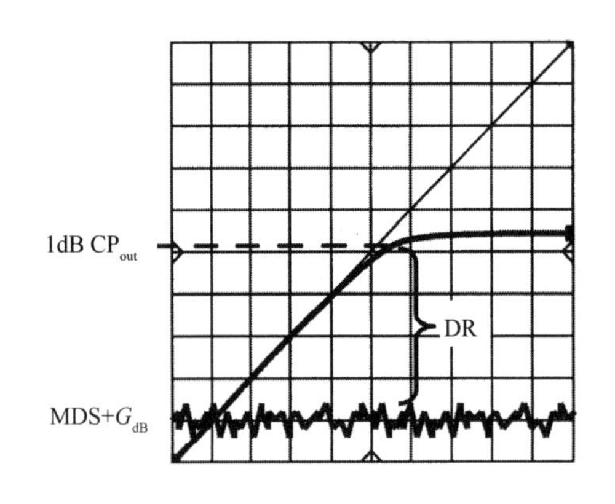

图 4.33　1dB增益压缩点动态范围

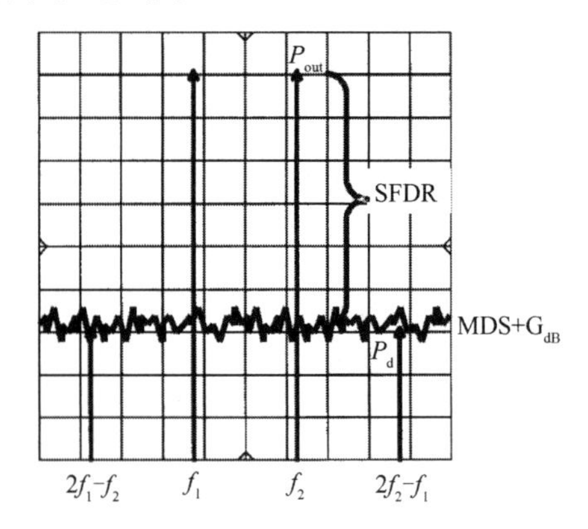

图 4.34　无虚假动态范围

$$\mathrm{SFDR}=\frac{2}{3}[\mathrm{IP3_{in}}-\mathrm{MDS}]=\frac{2}{3}[\mathrm{IP3_{in}}+174\mathrm{dBm}-10\lg B-\mathrm{NF}] \tag{4-49}$$

从有关文献知，一般认为三阶输入截点值比 1dB 压缩点大约高 10～15dB，在频率低端大约为 15dB，在频率高端大约为 10dB，即

$$\mathrm{IP3_{out}}=\mathrm{CP_{1dBout}}+10\quad(\mathrm{dBm}) \tag{4-50}$$

式中，$\mathrm{CP_{1dBin}}$ 为输出 1dB 压缩点，单位为 dBm。则无虚假动态范围还可以表示为

$$\begin{aligned}\mathrm{SFDR}&=\frac{2}{3}[\mathrm{IP3_{in}}+174\mathrm{dBm}-10\lg B-\mathrm{NF}]\\&=\frac{2}{3}[\mathrm{IP3_{out}}-G+174\mathrm{dBm}-10\lg B-\mathrm{NF}]\\&=\frac{2}{3}[\mathrm{CP_{1dBout}}-G+10+174\mathrm{dBm}-10\lg B-\mathrm{NF}]\\&=\frac{2}{3}[\mathrm{DR}+10]\end{aligned} \tag{4-51}$$

影响接收机动态范围性能的主要指标还有虚假响应、镜频抑制、本振抑制等指标。

6. 虚假响应

混频器要把射频信号变频至中频信号（IF），如果是上变频则选择$(f_{RF}+f_{LO})$，下变频则选择$(f_{RF}-f_{LO})$或$(f_{LO}-f_{RF})$。由于混频器是一个非线性器件，它除了产生期望的信号外，还会产生其他虚假信号分量：

$$f_{sp}=mf_{RF}-nf_{LO} \tag{4-52}$$

其中，$m=\pm1,\pm2,\pm3,\cdots,n=\pm1,\ \pm2,\ \pm3,\cdots$

最主要的虚假信号是镜频、本振泄漏。下面来对镜像信号进行讨论。

在下变频时（见图 4.35），如所需要的信号为：$(f_I=f_{LO}-f_{RF})$，其同时存在一个镜像信号 $f_{imag}=f_{RF}+2f_I$，通过混频器后，也可以输出中频信号：$f_{imag}-f_{LO}=(f_{RF}+2f_I)-f_{LO}=f_I$。

如所需要的信号为：$(f_I=f_{RF}-f_{LO})$，其同时存在一个镜频信号：

$$f_{\text{imag}} = f_{\text{RF}} - 2f_{\text{I}} \tag{4-53}$$

通过混频器后，也可以输出中频信号：

$$f_{\text{LO}} - f_{\text{imag}} = (f_{\text{RF}} - f_{\text{I}}) - (f_{\text{RF}} - 2f_{\text{I}}) = f_{\text{I}}$$

在上变频时（见图 4.36），我们需要的信号为：$(f_{\text{I}} = f_{\text{LO}} + f_{\text{RF}})$，则镜频信号为

$$f_{\text{imag}} = f_{\text{RF}} + 2f_{\text{LO}} \tag{4-54}$$

通过混频器后，也可以输出中频信号：

$$f_{\text{imag}} - f_{\text{LO}} = (f_{\text{RF}} + 2f_{\text{LO}}) - f_{\text{LO}} = f_{\text{RF}} + f_{\text{LO}} = f_{\text{I}}$$

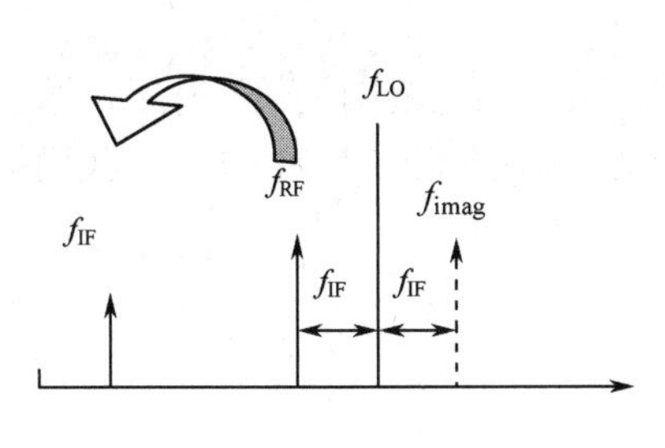

图 4.35　下变频镜频示意图

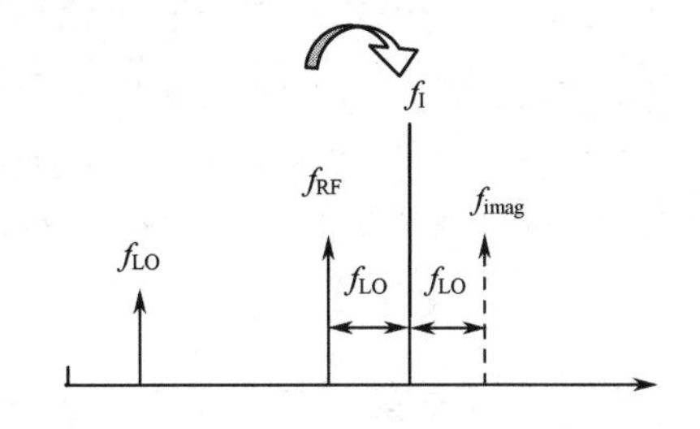

图 4.36　上变频镜频示意图

7. 举例

下面我们通过一个例子，来说明多个级联模块（见图 4.37）的总噪声系数、三阶截点值、灵敏度、动态范围等指标的计算方法。

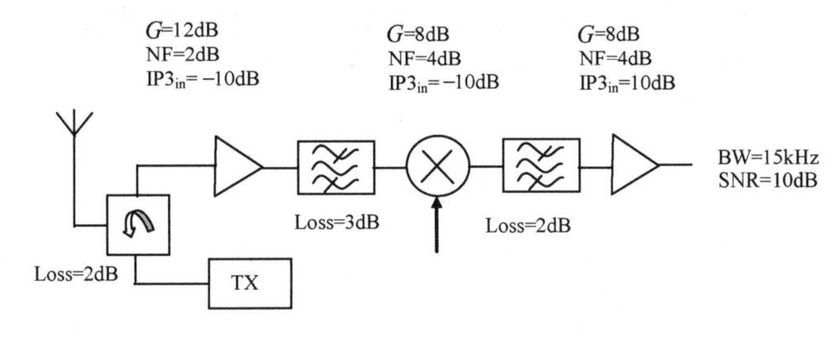

图 4.37　多级模块级联

利用以前的讨论结果，可以把无源器件的噪声折算到其后面的有源器件中，从而把图 4.37 中的六级网络转换成三级网络，如图 4.38 所示。

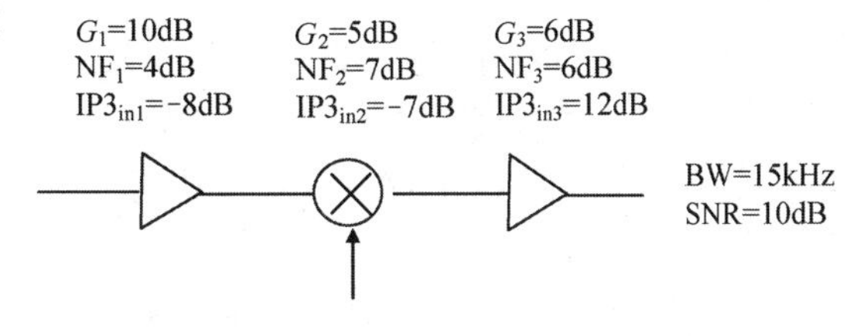

图 4.38　多级模块级联网络的等效

把图 4.38 中的增益、噪声系数转换成线性值，则有：

$g_1=10$；$g_2=3.16$；$g_3=3.98$

$F_1=2.5$；$F_2=5$；$F_3=4$

$\text{ip3}_{\text{in1}}=0.158$；$\text{ip3}_{\text{in2}}=0.2$；$\text{ip3}_{\text{in3}}=15.85$

所以，

① 级联后总的噪声系数：

$$F_{\text{T}} = 2.5 + \frac{5-1}{10} + \frac{4-1}{10 \times 3.16} = 3$$

$$\text{NF}_{\text{T}} = 10\lg F_{\text{T}} = 4.77\text{dB}$$

② 级联后总的三阶截点值：

$$\frac{1}{\mathrm{ip3_{inT}}}=\frac{1}{0.158}+\frac{10}{0.2}+\frac{10\times3.16}{15.85}=58.32$$

$$\mathrm{ip3_{inT}}=0.017$$

$$\mathrm{IP3_{inT}}=10\lg(\mathrm{ip3_{inT}})=-17.7\mathrm{dBm}$$

③ 灵敏度：

$$S=-174\mathrm{dBm}+41.77\mathrm{dB}+4.77\mathrm{dB}+10\mathrm{dB}=-117.46\mathrm{dBm}$$

④ 无虚假动态范围：

$$\mathrm{SFDR}=\frac{2}{3}(3.3\mathrm{dBm}+127.46\mathrm{dB}-21\mathrm{dB})=73\mathrm{dB}$$

如果把滤波器放到 RF 放大器之前，网络的噪声系数、动态范围又不一样了，通过计算可以得出，在这种连接方式下，灵敏度为-114.93dB，无虚假动态范围为 71.67dB。我们把这种情况下的具体性能计算作为习题，留给读者去做。

4.3 软件无线电中的 A/D/A 技术

软件无线电体系结构的一个重要特点是将 A/D 和 D/A 尽量靠近射频前端（天线根部）。为减少模拟环节，软件无线电的 A/D 采样一般都在较高的中频、较宽的带宽上进行带通采样，有时乃至对射频信号直接带通采样数字化。这就要求 A/D 器件具有适中的采样速率和很高的工作带宽。为适应错综复杂的电磁环境，A/D 器件除要有高速度、大带宽外，同时还需要大动态。在第 2 章中，我们已经深入地讨论了软件无线电中的采样理论，本节将介绍如何用 ADC、DAC 器件实现软件无线电中的模数和数模转换。

4.3.1 A/D 转换器原理与分类

模数转换器的工作过程大致可以分为采样、保持、量化、编码、输出等几个环节。因器件的实现方法不同，其工作过程会有所区别。按其转换原理可以分为：逐次比较式（Successive Approximation，SA）、子区式（Subranging）、双积分式（Dual-slope）、并行式（parallel 或 Flash）和 Σ-ΔA/D 转换器等多种类型。

1. 逐次比较式 A/D 转换器

逐次比较（SA）式 A/D 转换器的应用范围很广，它可以用较低的成本得到很高的分辨率和采样速率。其通过速率可达到 1MHz 以上，转换位数可达到 16 位或更多。逐次比较式 A/D 转换器的功能框图如 4.39 所示。其中包括一个高分辨率比较器、高速 DAC 和控制逻辑，以及逐次比较寄存器（SAR）。DAC 决定了芯片总的静态准确度。

模拟信号加到比较器的一个输入端，比较器的另一个输入端与 D/A 转换器的输出端相接。D/A 的输入就是 A/D 转换器的输出。其转换过程类似于天平称物体的重量。转换命令发出以后，DAC 的 MSB 输出（1/2 满量程值）与输入信号比较，如果输入高于 MSB，则该位保持“高”。接着对下一比特位（1/4 满量程）进行比较，如果加上第二位后仍小于输入信号，则第二位为“高”。再进行第三位的比较，一直到最低位。转换过程结束，转换结束信号指示输出寄存器为有效信号。在 A/D 转换期间，保持模拟信号的稳定很重要，在用逐次比较式模数转换器时，必须在其前面加一个采样保持电路。

逐次比较式 ADC 主要适用于中等采样速率（<10MSPS）和中等分辨率（12 位或 18 位）的场合。由于并行式 A/D 转换器的采样速率可以做得很高，在进行高速信号采集时，经常要用并行式 A/D 转换器。

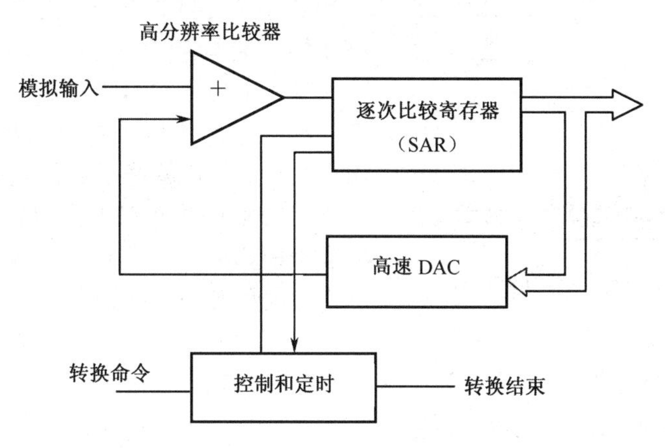

图 4.39　逐次比较型A/D转换器功能框图

2. 并行式 A/D 转换器

并行式 A/D 转换器的功能框图如 4.40 所示。模拟信号同时输入到 2^N-1 个带锁存的比较器中，每一个比较器的参考电压都比下一个的参考电压高出一个 LSB 所代表的电压值。当输入的模拟信号出现在各比较器端口时，参考电压低于输入信号电平的那些比较器，输出逻辑“1”，而参考电平高于输入信号的比较器，输出逻辑“0”。这些结果被送往译码逻辑进行处理。按照某种方法输出最终的二进制结果。

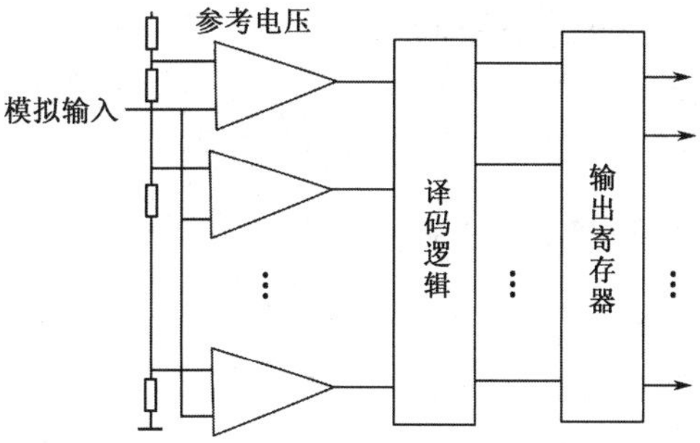

图 4.40　并行式A/D转换器功能框图

并行式 A/D 转换器内一般不含参考电压产生电路，必须由外部提供。有些并行式 A/D 转换器有一个参考电压检测（sense）引脚，用来补偿由于引脚及引线引起的电压下降。并行式 A/D 转换器可能需要提供一个或多个参考电压，通常需要经过低阻抗驱动后输入，以获得较好的积分线性度。对于参考电压的旁路电容，当采样速率高于 20MSPS 时，必须采用分布电感小的陶瓷电容（0.1μF），位置尽可能靠近 A/D 转换器的引脚。

当并行式 A/D 转换器的转换速率大于 200MHz 时，输出数据的缓存将成为一个重要问题。在实际使用时，常常把输出的高速数据流分成两路（其实现方法类似于第 2 章所述的隔 1 抽取），以便采用价格较低，响应速度不太高的 COMS 或 TTL 存储器。在一些新型的并行式 A/D 转换器，已直接将上述分频缓冲存储部分集成于片内，从而解决了高速数据存储所带来的问题。由于输出数据流速率很高，输出数据常用 ECL 电平，在使用时，要通过一定的电平转换电路，把 ECL 电平转换成 TTL，以适应后端的数据处理。

并行式 A/D 转换器的采样速率可以做得很高，达几百 MSPS，而分辨率也可以做到 12 位以上。

3. 子区式 A/D 转换器

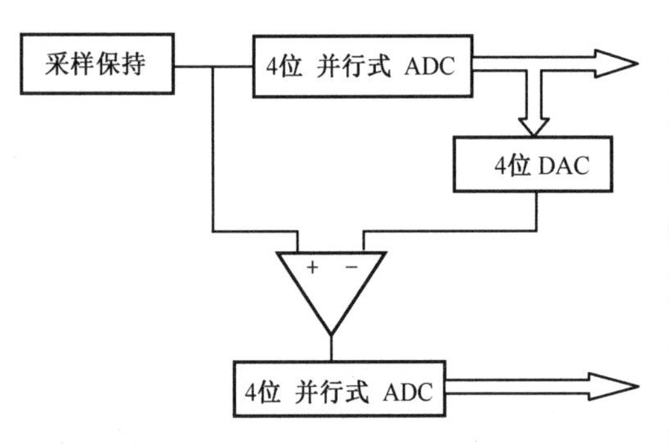

图 4.41　子区式 A/D 转换器功能框图

子区式（Subranging）A/D 转换器功能框图如图 4.41 所示。以 8 位（bit）转换器为例，首先用第一片并行式 A/D 转换器（优于 8 位精度）数字化出高 4 位。这 4 位值送到 D/A 转换器进行数模变换，输入的模拟信号与 D/A 的输出信号相减，差值送给第二片并行式 A/D 转换器。两片 A/D 转换器的输出合在一起，就构成了 8 位的 A/D 输出。

从图 4.41 中可以看出，如果放大的差值信号不能准确地匹配第二片并行 A/D 转换器的量程，就会产生非线性及失码问题。子区式 A/D 转换器的误差源主要有：

- 第一片并行 A/D 转换器的增益、偏置与线性误差；
- D/A 转换器的增益、偏置以及线性误差；
- 求和放大器的增益、偏置与建立时间误差；
- 第二片并行 A/D 转换器的增益、偏置以及线性误差。

这些误差会进一步影响子区式 A/D 转换器的样本转换，导致整个 A/D 转换器转移函数的非线性与失码，现代子区式 A/D 转换器通常使用“数字校正”技术来消除这些误差。

子区式 A/D 转换器的采样速率虽然比并行式 A/D 转换器要慢，但比 SRA 式的 A/D 转换器的采样速率要快得多。而且在分辨率相同的情况下，子区式 A/D 转换器的电路的复杂性和功耗都要大大低于并行式 A/D 转换器。

4. Σ-Δ A/D 转换器

Σ-Δ（总和增量）ADC 是一种过采样量化器，其利用过采样、噪声整形、数字滤波等手段来提高数字化性能。通信信号对灵敏度、动态范围要求高，而带宽相对较窄，所以可以实现很高的过采样速率，达到很高的量化信噪比。通过调整 Σ-Δ 调制器后的抽取滤波器输出带宽，可以灵活适应不同带宽的信号，使之达到最佳的量化信噪比。

Σ-Δ ADC 以较低的采样分辨率、很高的采样速率对模拟信号进行数字化，通过过采样、噪声整形、数字滤波抽取等技术来提高量化信噪比。一阶 Σ-Δ A/D 转换器的组成框图如图 4.42 所示。

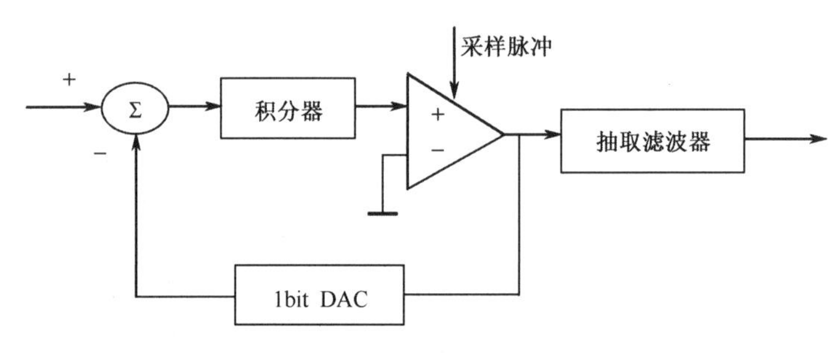

图 4.42　一阶 Σ-Δ A/D转换器的组成框图

Σ-Δ A/D 转换器的核心部分是 Σ-Δ 调制器，它主要由差值（Δ）求和单元（Σ）、一阶或多阶积分器、单比特比较量化器、单比特数模转换器（1bit DAC）等组成。其调制量化过程为：输入信号与反馈信号反相求和，得到的误差信号经过积分器积分后，输入比较器进行量化，得到一组 0、1 序列。数字序列经过 1bit（单比特）数模转换器反馈至差值（Δ）求和单元。反馈环路迫使调制器的输出与输入信号的平均值相一致。

二阶 Σ-ΔA/D 转换器的实现框图如图 4.43 所示。

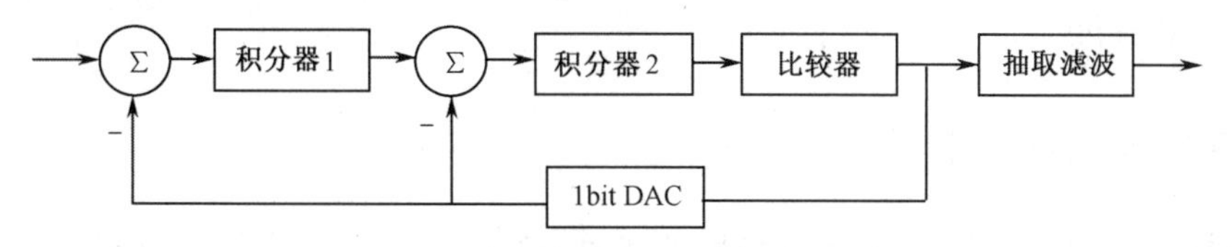

图 4.43　二阶Σ-ΔA/D转换器的实现框图

有两种主要的实现稳定的高阶 Σ-Δ 调制器的方法：一种是用多级/级联结构取代单回路结构，即用一阶、二阶调制器级联的方法来实现高阶的 Σ-Δ 调制器，这种结构每一级都有一个量化器，也就是一个噪声源，使得噪声成倍增加，需要在各级量化器后端采用一定的数字逻辑电路（噪声抵消滤波器）来消除前级量化器噪声源的影响，因此，如何实现调制器和噪声抵消滤波器之间的精确匹配，从而使得没有多余的噪声泄漏是问题的关键；另一种方法是使用多比特量化器，多比特量化器不仅能减少量化噪声，而且能改善高阶调制器的稳定性，这种方法主要的缺陷是对反馈回路中的数模转换器（DAC）有严格的线性和精确性要求。当前研制的高阶 Σ-Δ 调制器多采用这两种方法，尤其是后一种居多。但随着采样频率的提高，采用这两种方法的工程实现难度会越来越大。所以，当采样频率达到 GHz 数量级以上时，一般将采用电路结构较为简单的二阶单比特结构。

数字抽取滤波器是过采样 Σ-Δ A/D 转换器的重要组成部分，用于滤除带外噪声，并把采样频率降低至与信号带宽相匹配的程度，以降低后续信号处理的压力。一般采用如下的数字滤波器级联组合：CIC 滤波器+半带滤波器+FIR 滤波器，即前面几级为 CIC 滤波器（具体级数可根据实际情况设置，后面的半带滤波器也一样），中间几级为半带滤波器，最后一级为 FIR 滤波器。

由于通过对抽取滤波器抽取因子、滤波系数等参数的调整，使得数字化部分的带宽、动态等技术指标可以根据接收信号的特点而灵活设置。因此，采用 Σ-Δ 调制器，配以高速 FPGA、DSP 可以构成通信或其他宽带信号的一体化接收处理平台，此平台可以极大简化电路结构、提高数字化性能。

虽然目前商品化 Σ-Δ ADC 的工作频率还比较低，但随着微电子技术的不断发展，集成电路制造工艺的不断提高，新材料的引入以及数字信号处理技术的不断进步，Σ-Δ ADC 的可采用的采样频率越来越高，Σ-Δ 调制器的工作频率必将不断提高，其在软件无线电中将具有更广阔的应用前景。参考文献[13]～参考文献[15]表明，目前出现了采样速率为 4GHz、信号带宽为 1MHz 时，信噪比可达 78dB 的 Σ-Δ ADC 器件；此外，采样速率为 18GHz 的 Σ-Δ 调制器业已出现，可以在一定程度上满足软件无线电的性能要求。另外，有资料显示，美国 HYPRES 公司已研制出基于超导材料和工艺的 Σ-Δ ADC，其采样频率达到 20GHz，性能大大优于对应的半导体 ADC；而且研究证明：超导能够为极高速混合信号数字电路提供满足真正直接数字射频处理要求的线性和动态，可以使电路的采样时钟频率达到 160GHz 这样的极高频。

前面我们主要讨论了低通型的 Σ-Δ ADC，其实还有带通型的 Σ-Δ ADC，这里就不再介绍了。由于通信信号的带宽往往比较窄，实现较高的过采样速率较为容易，所以基于 Σ-Δ 调制器的数字化体制用于对通信信号的接收非常适合。此时，接收机可以采用射频带通直接数字化（比如，

采用带通型 Σ-Δ ADC）的新颖体制，省去多次混频环节，使得接收机更简洁、灵活、方便，而且在信噪比等指标方面也可以有所提高。基于 Σ-Δ 调制器的 ADC，通过增加过采样速率和调制器的阶数都可以提高信噪比，通过改变抽取滤波器的抽取次数、滤波器带宽可以适应各种不同带宽的信号。总之，把基于 Σ-Δ 调制器的数字化技术用于数字化接收机中可以极大简化电路结构、提高数字化性能。

4.3.2 A/D 转换器性能指标

在模数转换过程中，衡量 A/D 转换器性能的指标有：转换灵敏度、信噪比（SNR）、有效转换位数（ENOB）、孔径误差、无杂散动态（SFDR）、动态范围、非线性误差、互调失真、总谐波失真等。

（1）转换灵敏度

假设一个 A/D 器件的输入电压范围为（$-V,V$），转换位数为 n，即它有 2^n 个量化电平，则它的量化电平为

$$\Delta V = \frac{2V}{2^n} \tag{4-55}$$

ΔV 也可以称为转换灵敏度。A/D 转换器的位数越多，器件的电压输入范围越小，它的转换灵敏度越高。

（2）信噪比

A/D 转换器的信噪比（SNR）可以表示为

$$\mathrm{SNR} = 6.02n + 1.76\mathrm{dB} \tag{4-56}$$

式中，n 为 A/D 转换位数。

给定采样频率 f_s，理论上处于 $0.5f_s$ 带宽内的量化噪声电压为 $\Delta V/\sqrt{12}$。如果信号带宽固定，采样频率提高，效果就相当于在一个更宽的频率范围内扩展量化噪声，从而使 SNR 有所提高。如果信号带宽变窄，在此带宽内的噪声也减小，信噪比也会有所提高。因此，对一个满量程的正弦信号，SNR 可以准确地表示为

$$\mathrm{SNR} = 6.02n + 1.76\mathrm{dB} + 10\lg\left[f_s/2B\right] \tag{4-57}$$

其中，f_s 为采样频率，B 为模拟信号带宽。从式（4-57）右边的第三项也称为处理增益，是一个正值，它表示信号带宽与 $0.5f_s$ 相差的程度所增加的信噪比。可以看出提高采样频率，或者降低模拟信号带宽都可以改善 A/D 转换器的信噪比。因此，有必要在 A/D 采样之前加一个带通（或低通）滤波器，限制信号带宽。也可以利用数字滤波器，对采样后的数据进行滤波，把 B 至 $0.5f_s$ 之间的噪声功率滤除，以提高信噪比。

其实 A/D 转换器实际做到的信噪比指标也可以用下面的 ENOB 指标，即有效转换位数来表征。

（3）有效转换位数

由于 A/D 转换部件不能做到完全线性，总会存在零点几位乃至一位的精度损失，从而影响 A/D 的实际分辨率，降低了 A/D 的转换位数。有效转换位数（ENOB）可以通过测量各频率点的实际信噪比（SIND）来计算。对于一个满量程的正弦输入信号有：

$$\mathrm{ENOB} = (\mathrm{SIND} - 1.761)/6.02 \tag{4-58}$$

图 4.44 给出了 12 位 A/D 转换器 AD9220 的 SIND、ENOB 与输入信号频率、输入信号幅

度之间的关系。图 4.44 中，右边的纵坐标表示有效转换位数。

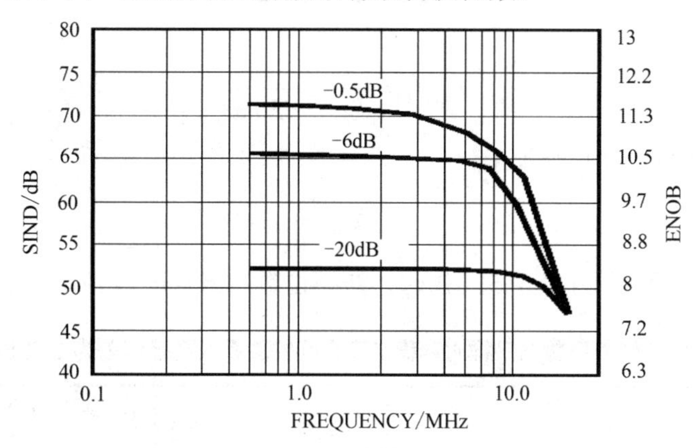

图 4.44　AD9220 的SIND、ENOB与输入信号频率、幅度的关系

由图 4.44 可见，信号幅度越大，信号频率越低，所能得到的有效转换位数越多。

（4）孔径误差

孔径误差是由于模拟信号转换成数字信号需要一定的时间来完成采样、量化、编码等工作而引起的。对于一个动态模拟信号，在模数转换器接通的孔径时间（Aperture Time）里，输入的模拟信号值是不确定的，从而引起输出的不确定误差。假设输入信号是一频率为 f 的正弦信号 $y(t)$，如图 4.45 所示。

$$y(t) = V\sin(2\pi ft) \tag{4-59}$$

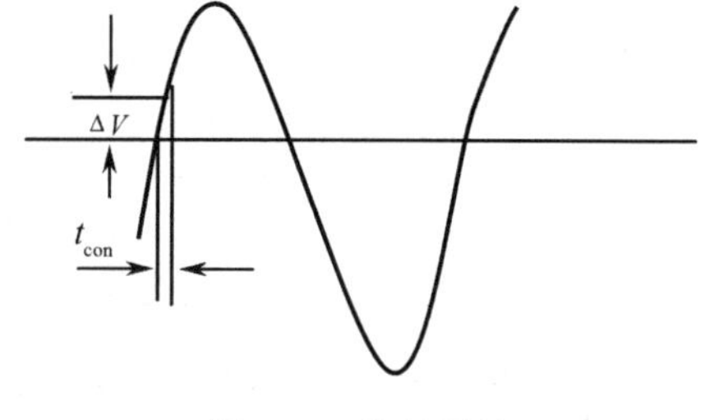

图 4.45　孔径误差

在 A/D 转换时间内，孔径误差一定出现于信号变化（或斜率）的最大处，对于正弦信号而言，信号电压变化最大的时刻发生在信号的过零点处。输入模拟信号的变化速率为

$$\frac{\mathrm{d}y}{\mathrm{d}t} = V2\pi f\cos 2\pi ft \tag{4-60}$$

$$\left(\frac{\mathrm{d}y}{\mathrm{d}t}\right)_{\max} = V2\pi f \tag{4-61}$$

设模数转换器的转换时间为 t_{con}，在转换时间内可能出现的最大误差为

$$V_e = V2\pi ft_{con} \tag{4-62}$$

所以，最大相对孔径误差为

$$\frac{V_e}{V} = 2\pi ft_{con} \tag{4-63}$$

假若要求采样电压的误差小于 0.5bit，也就是说，V_e 小于量化电平的一半。利用式（4-55）则有：

$$V\cdot 2\pi\cdot f\cdot t_{con} \leqslant \frac{2V}{2^n\cdot 2} \tag{4-64}$$

所以，得到可采样的最高频率为：

$$f \leqslant \frac{1}{2^n\cdot 2\pi\cdot t_{con}} \tag{4-65}$$

这里顺便推导一下，当我们对频率为 $0.5f_s$ 的信号进行采样时，对采样时钟稳定度的要求。把频率代入，式（4-65）变为

$$\frac{f_s}{2} \leqslant \frac{1}{2^n \cdot 2\pi \cdot t_{con}} \tag{4-66}$$

$$t_{con} f_s = \frac{f_s}{f_{con}} \leqslant \frac{1}{2^n \cdot \pi} \tag{4-67}$$

所以采样时钟的稳定度必须优于：

$$t_p \leqslant \frac{1}{2^n \cdot \pi} \tag{4-68}$$

表 4-11 给出了孔径误差小于 0.5LSB 时，转换位数与采样时钟稳定度之间的关系。

表 4-11　转换位数与采样时钟稳定度之间的关系（孔径误差为 0.5LSB）

转 换 位 数	稳　定　度	最大时钟抖动(ns)，采样频率为 56MHz
4	19890×10^{-6}	355
6	5000×10^{-6}	89.3
8	1240×10^{-6}	22.1
10	311×10^{-6}	5.6
12	77.7×10^{-6}	1.4
14	19.4×10^{-6}	0.35
16	4.9×10^{-6}	0.087
18	1.2×10^{-6}	0.021
20	0.3×10^{-6}	0.005

我们还可以对时钟抖动与 ADC 的 SNR 的关系进行进一步的分析。对式（4-65）进行变形：

$$t_{con} \leqslant \frac{1}{2^n \cdot 2\pi \cdot f} \tag{4-69}$$

假设由于抖动损失的转换位数为 n_{LOSS}，此时时钟抖动为

$$t_{con} = \frac{1}{2^{n-n_{LOSS}} \cdot 2\pi \cdot f} \tag{4-70}$$

若 $n_{LOSS}=0$，说明分辨率损失为 0.5LSB。如果仅考虑时钟抖动对 A/D 转换器 SNR 的影响时，SNR 为

$$\text{SNR} = 6.02(n - n_{LOSS} - 0.5) + 1.76 \tag{4-71}$$

而

$$n_{LOSS} = n + [3.32\lg(2\pi f t_{con})] \tag{4-72}$$

由以上分析可以说明：为什么要在模数转换之前，通常都加一个采样保持放大器（SHA）。采样保持器的作用是：在模数转换过程中将变化的信号冻结起来，保持不变。采样时不断跟踪输入信号，一旦发生“保持”控制，立即将采得的信号值保持到下次采样为止。在没有采样保持电路时的孔径时间就等于 A/D 转换时间。而我们采用 SHA 之后，这相当于在 A/D 转换时间内开了一个很窄的“窗孔”，孔径时间远小于转换时间。尽管这样，在加了 SHA 后的孔径时间 t_a 里，由于模拟信号仍有可能发生变化，以及可能有噪声调制到采样时钟信号上等因素存在，仍会引起孔径误差。我们仍然考虑上述的正弦信号，如 A/D 芯片的转换位数为 n，那么，允许的最大量化误差小于 0.5bit，采用 SHA 后 A/D 转换器的最高可转换频率为

$$f \leqslant \frac{1}{2^n \cdot 2\pi \cdot t_a} \tag{4-73}$$

从式（4-73）可以看出，对于 A/D 转换器而言，在采样速率满足要求的情况下（满足采样

定理)，其所能处理的最高频率取决于 SHA 的孔径时间。这一点对于带通采样显得非常重要。换句话说，SHA 决定了 A/D 的最高工作频率，而 A/D 编码速度决定了 A/D 的采样速率。在软件无线电中采用的是带通采样，因为实际信号所占的带宽都较窄，从几 kHz，几十 kHz 到几 MHz，几十 MHz 不等，而工作频率范围却非常宽，从 2MHz 到 1000MHz 以上，而我们只需要对感兴趣的信号带宽进行数字化就行了。如果有了性能非常好的 SHA，在跟踪滤波器、宽带放大器等前端电路的辅助下，就完全可以实现射频数字化。现在，很多 A/D 转换器芯片内就带有采样保持电路，SHA 的性能好坏就体现在器件的最高工作频率上。

另外，从式（4-73）可见，在相同的工作带宽的前提下，A/D 位数每增加 1 位，其孔径误差就减少 1 倍；在 A/D 转换位数不变的情况下，工作带宽越宽，所要求的孔径误差越小，这就给大动态 A/D 转换器的频带扩展增加了技术难度，这也是高转换位数 A/D 转换器的工作带宽受限的重要原因之一。

（5）无杂散动态

无杂散动态（Spurious Free Dynamic Range，SFDR）是指在第一奈奎斯特区内测得信号幅度的有效值与最大杂散分量有效值之比的分贝数。反映的是在 A/D 输入端存在大信号时，能检测出有用小信号的能力。SFDR 通常是输入信号幅度的函数，可以用相对于输入幅度的分贝数(dBc)或相对于 A/D 转换器满量程的分贝数来表示(dBFS)。图 4.46 给出了 A/D 转换器 AD9402 的 SFDR 与输入功率的关系。

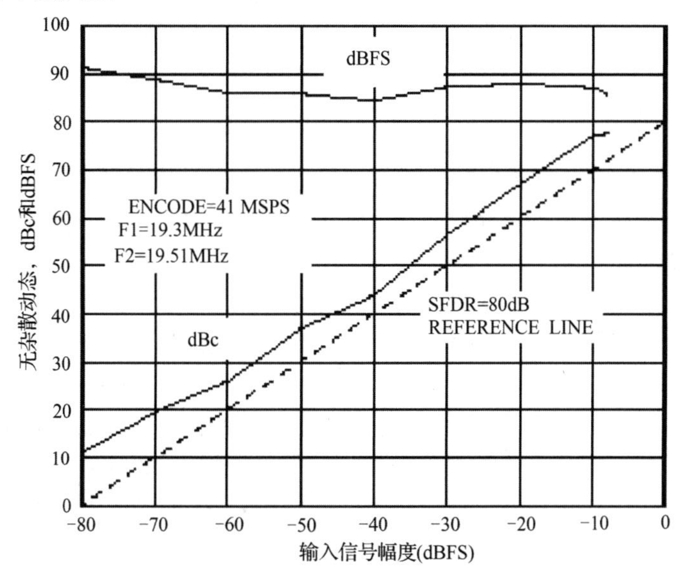

图 4.46　AD9042 的SFDR与输入功率的关系

对于一个理想的 A/D 转换器来说，在其输入满量程信号时的 SFDR 值最大。在实际中，当输入比满量程值低几个 dB 时，出现最大的 SFDR 值。这是由于 A/D 转换器在输入信号接近满量程值时，其非线性误差和其他失真都增大的缘故。另外，由于实际输入信号幅度的随机波动，当输入信号接近满量程范围（SFR）时，信号幅度超出满量程值的概率增加。这便会带来由限幅所造成的额外失真。SFDR 可以用式（4-74）表示：

$$\text{SFDR(dBc)}=\text{输入载波(dB)}-\text{最大不希望的杂波(dB)} \tag{4-74}$$

该指标把输出频谱中的峰值信号（输入正弦波或载波）与奈奎斯特频率范围内不希望的最高频谱分量联系起来了。

我们在 A/D 转换器的手册中可以看到，n 位 A/D 转换器的 SFDR 通常比 SNR 值大很多。比如，AD9042 的 SFDR 值为 80dBc，而 SNR 的典型值为 65dB（理论值为 74dB）。SFDR 这个指标只考虑了由于 A/D 非线性引起的噪声，仅仅是信号功率和最大杂散功率之比。而 SNR 是信号功率和各种误差功率之比，误差包括量化噪声、随机噪声，以及整个奈奎斯特频段内的非线性失真，故 SNR 比 SFDR 要小。

在信号带宽比采样频率低得多时，SNR 由于噪声减少使得性能指标提高，而且可以通过窄带数字滤波再加以改善，而寄生分量可能仍然落在滤波器得带内，而无法消除。

（6）动态范围

ADC 动态范围（DR）的定义有几种。其中有一种是把动态范围定义成最大输出信号电平变化，即（$(V_{\text{REF+}}-1\text{LSB})-V_{\text{REF-}}$）与最小输出信号电平变化（如 1LSB）的比值。又由于 $1\text{LSB}=\dfrac{V_{\text{REF+}}-V_{\text{REF-}}}{2^N}$，所以有：

$$\text{DR}=20\lg\frac{V_{\text{REF+}}-(V_{\text{REF+}}-V_{\text{REF-}})/2^N-V_{\text{REF-}}}{(V_{\text{REF+}}-V_{\text{REF-}})2^N}=20\lg 2^N=6.02N \tag{4-75}$$

另一种方法是用 SNDR［信号/（量化噪声+畸变噪声）］表示，SNDR 由式（4-76）给出：

$$\text{SNDR}=20\lg\frac{V_p/\sqrt{2}}{V_{\text{Qe+D,RMS}}} \tag{4-76}$$

其中 $V_{\text{Qe+D,RMS}}$ 为噪声和畸变信号的电压有效值，可由式（4-77）计算：

$$V_{\text{Qe+D,RMS}}=\frac{1}{\sqrt{2}}\sqrt{\sum_{k=0}^{M-1}V^2(k)} \tag{4-77}$$

$V(k)$可以通过 M 点 DFT 计算得到。动态范围可以表示为满幅度正弦波的均值 $V_{\text{REF+}}/\sqrt{2}$ 与 SNDR 为零时的输入正弦波之均值相比。当 SNDR 为零时，输入信号的均值就是量化噪声加畸变噪声。所以，SNDR 也可用于描述动态范围。

（7）非线性误差

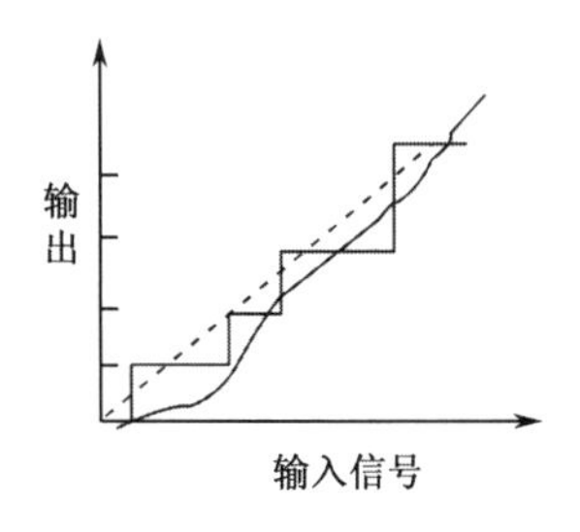

图 4.47　差分非线性误差

非线性误差是指 A/D 转换器理论转换值与其实际特性之间的差别。非线性误差又可分为差分非线性（Differential Non-Linearity，DNL）误差和积分非线性（Integral Non-Linearity，INL）误差。差分非线性误差是指，对于一个固定的编码，理论上的量化电平与实际中最大电平之差，如图 4.47 所示。常用与理想量化电平相比，用所差的百分比或零点几位来表示。

差分线性误差（DNL）主要由于 A/D 本身的电路结构和制造工艺等原因，引起在量程中某些点的量化电压和标准的量化电压不一致而造成的。差分非线性误差引起的失真分量与输入信号的幅度和非线性出现的位置有关。

积分非线性（INL）是指 A/D 转换器实际转换特性与理想转换特性（直线）之间的最大偏差。常用满刻度值的百分数来表示。理想直线可以利用最小均方算法得到。积分非线性误差是由于 A/D 模拟前端、采样保持器及 A/D 转换器的传递函数的非线性所造成的。INL 引起的各阶失真分量的幅度随输入信号的幅度变化。如输入信号每增加 1dB，则二阶交调失真分量增加 2dB，三阶交调失真分量增加 3dB。

（8）互调失真

当我们把两个正弦信号 f_1，f_2 同时输入 A/D 转换器时，由于器件的非线性，将会产生许多

失真产物 $mf_1 \pm nf_2$。为使两个信号在同相时不会导致 A/D 转换器限幅，这两个信号的幅度应略大于半满量程。图 4.48 给出了二阶互调、三阶互调产物的位置。二阶产物 f_2-f_1 和 f_1+f_2 容易用数字滤波器滤除。而三阶产物因与 f_1，f_2 离得很近，很难滤除。除非另有说明，一般情况下双音互调失真是指三阶产物引起的失真。

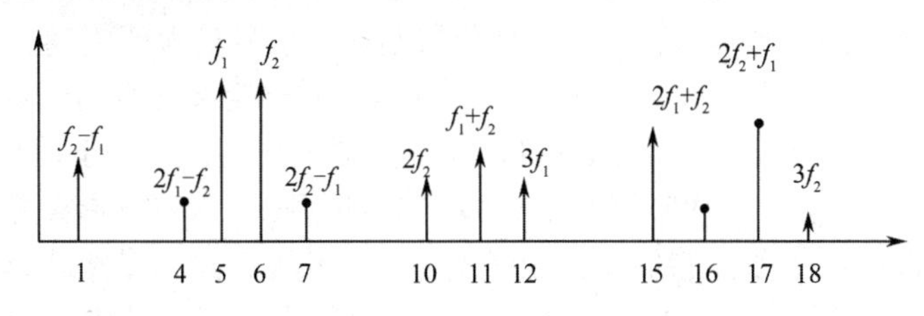

图 4.48　二阶互调、三阶互调产物的位置

（9）总谐波失真

由于 A/D 器件的非线性，使其输出的频谱中出现许多输入信号的高次谐波，这些高次谐波分量称为谐波失真分量。度量 A/D 转换器的谐波失真的方法很多，通常用 DFT 测出各次谐波分量的大小。DFT 算法的表达式：

$$X(k) = \sum_{n=0}^{N-1} x(n)\mathrm{e}^{-\mathrm{j}\frac{2\pi nk}{N}} \tag{4-78}$$

其中，$x(n)$为输入序列，N 为变换的点数，k=0,1,⋯ ,N−1。如果输入的信号频率较高，其谐波会发生混叠，具体细节参看第 2 章 2.1 节的有关内容。为了防止在做频谱变换时发生频谱泄露，往往对输入数据进行加窗处理，即把采样得到的数据和窗函数相乘后再做 DFT 变换。在第 2 章 2.4 节中介绍了各种窗函数的特性，我们通常选用旁瓣抑制较好的布-哈窗。

总的谐波失真（THD）指标可以用下式表示：

$$\mathrm{THD} = \frac{\sqrt{v_2^{\,2} + v_3^{\,2} + \cdots + v_n^{\,2}}}{v_1} \tag{4-79}$$

其中，v_1 为输入信号的幅度（有效值），v_2，v_3，⋯，v_n 分别为 2 次，3 次，⋯，n 次谐波的幅度（有效值）。在实际应用中，通常取 n=6。

以上我们讨论了 A/D 转换器几个主要指标，以此为基础，接着讨论如何选用合适的 A/D 转换器。

4.3.3　A/D 转换器的选择

在软件无线电的设计中，A/D 器件的选择应保证软件无线电功能和性能的实现。根据上面的讨论和分析，可以得到以下 A/D 器件的选择原则。

① 采样速率选择。如果 A/D 之前的带通滤波器的矩形系数为 r（见图 4.49），即：

$$r = \frac{B'}{B}$$

为防止带外信号影响有用信号，A/D 器件的采样速率应取为

$$f_\mathrm{s} \geqslant 2B' = 2rB$$

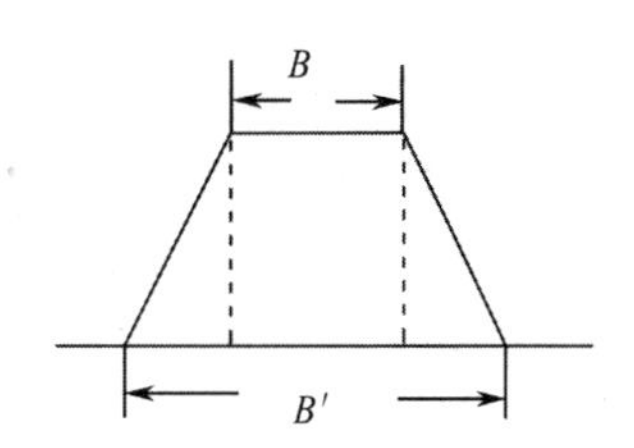

图 4.49　滤波器矩形系数示意图

比如，取带宽 B=20MHz，滤波器的矩形系数 r=2 时，则应有采样速率 $f_\mathrm{s} \geqslant 80\mathrm{MHz}$。在允许过渡带混叠时，采样速率为

$$f_s \geqslant (r+1)B \tag{4-80}$$

同样，当B=20MHz，r=2时，$f_s \geqslant 60\text{MHz}$。可见允许过渡带混叠时的采样速率可以大为降低。

② 采用分辨率较高的A/D器件。因为器件的分辨率越高，所需的输入信号的幅度越小，对模拟前端的放大量的要求也越小，它的三阶截点就可以做得较高。A/D的分辨率主要取决于器件的转换位数和器件的信号输入范围。转换位数越高，信号输入范围越小，则A/D转换器的性能越好，但对制作工艺要求也越高。在选择A/D器件时一定要注意信号输入电平范围，尽可能选输入范围小的A/D器件，这样可以减轻前端放大器的压力，有利于提高动态范围。

③ 选择模拟输入带宽宽的A/D器件。A/D器件的模拟输入带宽指标是衡量其内部采样保持器性能的重要指标，A/D器件的采样孔径误差越小，其模拟输入带宽就越宽，所能适应的输入信号频率也就越高。尤其是对于高中频带通采样和射频直接带通采样，要特别关注这一指标。模拟输入带宽必须高于输入采样信号的最高频率。

④ 选择动态范围大的A/D转换器。由于A/D的动态范围指标主要取决于转换位数，A/D器件的转换位数越多，其动态范围越大。此外，还必须关注A/D的SFDR指标，在A/D位数一样时，应尽可能选择SFDR大的A/D器件。

⑤ 根据环境条件选择A/D转换芯片的环境参数，比如功耗、工作温度。A/D转换器的功耗应尽可能低，因为器件的功耗太大会带来供电、散热等许多问题。

⑥ 根据接口特征考虑选择合适的A/D转换器输出状态。比如A/D转换器是并行输出还是串行输出；输出是TTL电平、CMOS电平，还是ECL电平；输出编码是偏移码方式，还是二进制补码方式；有无内部基准源；有无结束状态等。

4.3.4 数据采集模块的设计

现代高速A/D转换器力求做到低失真、高动态、低功耗。数字采集系统的性能除了与A/D转换器本身的固有特性外有关，还与其外围电路关系密切。一般的数字采集系统由放大器，抗混叠滤波器、A/D转换器、RAM、时钟等组成，如图4.50所示。这些器件及印制电路的排版，其他电路对它的影响等都会影响数字采集系统的性能。

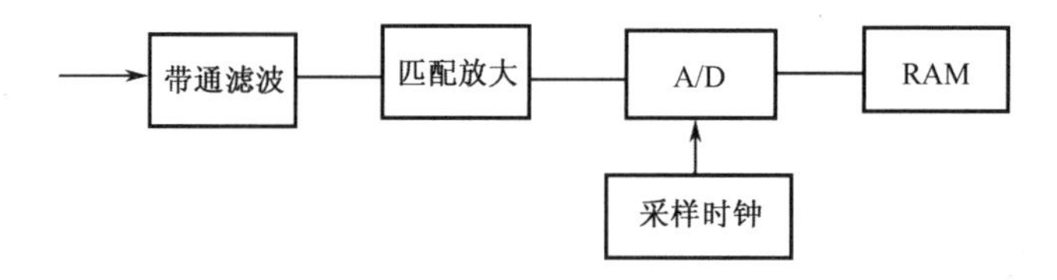

图4.50　数字采集系统基本组成框图

由于各种处理和设计的限制，不可能使高速A/D转换器的输入达到理想状态，即高输入阻抗、低电容、无干扰脉冲、良好的参考地、无过载等。因此，A/D转换器的驱动放大电路必须提供良好的交流性能。比如，有些A/D转换器要求用外部基准电压，以提高性能。但在设计这些基准源时必须十分小心，因为它们对整个A/D的性能影响很大。对于高速A/D转换器的输入电路的设计没有标准的结构，但有一些通用的准则可供参考。

在A/D转换器之前加一个带通或低通滤波器，用于滤除采样带宽外的信号和噪声，以防止频谱混叠。

采样时钟的设计非常关键。时钟的相位抖动会引起整个A/D的信噪比下降，图4.51给出了相位抖动、信噪比、信号频率之间的关系。

在设计时，要仔细考虑晶振本身、时钟传输路径、共用电路等各个方面，尽可能地减少采样时钟的噪声。假如在 70MHz 的中频上进行 A/D 采样，要有 12 位左右的 ENOB（70～80dB 的信噪比），从图 4.51 可以看到，为满足这个信噪比的要求，时钟抖动大约为 1ps。当然，这里没有考虑 A/D 转换器本身的孔径抖动。

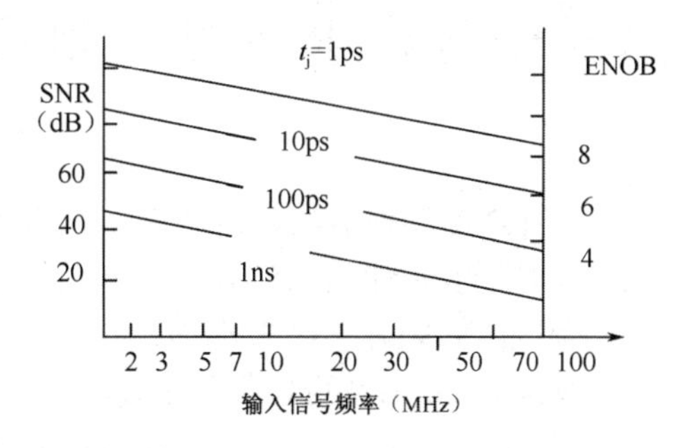

图 4.51　信噪比、相位抖动与信号频率的关系

为使 A/D 的孔径抖动最小化，可以利用离散的双极型 FET 器件和晶体构成，如图 4.52 所示。那种用一个晶体、几个逻辑门、一个电阻和两个电容构成的振荡器，虽然简单，但性能差，尽量不要用。如要实现更高性能的采样时钟，可用声表面波振荡器。

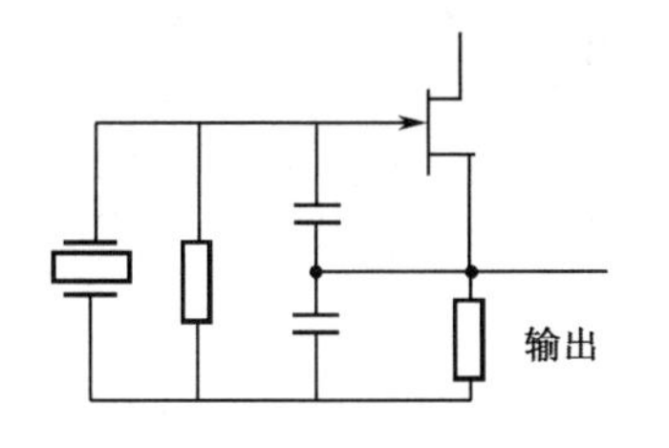

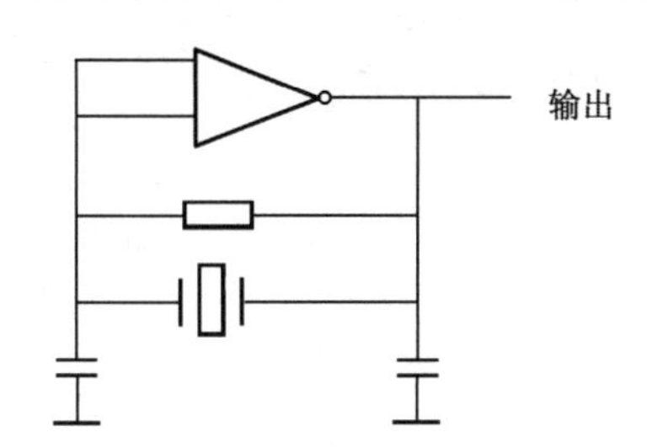

图 4.52　用分离器件产生低噪声振荡器和用逻辑门产生的振荡器

采样时钟应尽可能与存在噪声的数字系统独立开来。在采样时钟的通路中，不应该有逻辑门电路，一个 ECL 门大约有 4ps 的定时抖动。时钟产生电路不应与其他电路共用某个芯片，并用单独的电源供电，避免受其他数字电路的干扰。时钟产生电路的地，去耦合的地都要接在模拟地上，把它看成一个临界模拟器件。当然，采样时钟本身是数字信号，它和其他数字电路一样可能给模拟部分带来噪声。因此，我们把采样时钟看成一个特殊器件，必须和系统的数字和模拟部分独立开来。

由于时钟抖动是一个宽带信号，它产生宽带随机噪声。对于宽带噪声可以用数字滤波或求平均的方法减少它对系统的影响。在做 FFT 时，FFT 的长度增加一倍，基底噪声就会下降 3dB，这是因为 FFT 就像一个窄带滤波器，其带宽为 $\Delta f = f_s/N$ 。而且 N 点 FFT 的基底噪声比量化宽带噪声约低 $10\lg(N/2)$dB。

A/D 转换器之前的驱动放大器也必须认真选择。因为，它在数字采集系统中起着重要作用。首先，放大器把信号源和 A/D 转换器隔离开来，给 A/D 转换器提供低阻驱动。其次，驱动放大器给 A/D 转换器提供所需的增益，并使输入信号的电平和 A/D 转换器的输入电压范围相匹配。通常，驱动放大器的 THD+N（Total Harmonic Distortion Plus Noise）值在 A/D 工作频段内应比 A/D 转换器的 $S/(N+R)$高 6～10dB。为满足宽带采样的要求，选择的放大器的带宽要宽，在较宽的输入带宽内幅频特性比较平坦，放大器的失真尽量小。

4.3.5　D/A 转换器的基本原理及性能指标

数模转换的核心部分是一组电流开关及其位权电流的控制。它的输出信号实际上就是宽度为转换速率倒数的矩形脉冲串：

$$s(t) = u(t) * \sum_{m=-\infty}^{+\infty} d(m) \cdot \delta(t - m \cdot T_s) \tag{4-81}$$

式中，*表示卷积。我们知道矩形脉冲 $u(t)$的傅里叶变换为

$$U(f)=\sin\left(\frac{\pi f}{f_\mathrm{s}}\right)\Big/\frac{\pi f}{f_\mathrm{s}} \tag{4-82}$$

f_s为 D/A 转换器的转换速率，f 为 D/A 转换器重建信号的输出频率。可以画出 D/A 转换器的频域和时域波形如图 4.53 所示。从图 4.53 可以看出，当信号频率为转换频率的一半时，输出信号的幅度比低频时下降 3.92dB。其实，我们只要把f=0.5f_s代入上式，就可以得到 $F(0.5f_\mathrm{s})=2/\pi$。取对数乘以 20 后就可以得到上述结果。在系统设计时，通常在 D/A 转换器输出端，接一个具有反$\dfrac{\sin(x)}{x}$特性的滤波器，以平滑和校正这一结果。

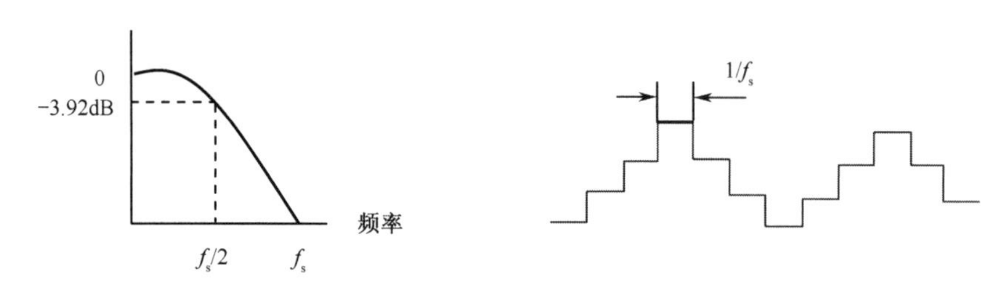

图 4.53　D/A转换器的频域和时域波形

D/A 转换器的分辨率指标和 A/D 转换器的灵敏度指标类似。如果 D/A 转换器的最大输出电压（电流）范围为 A，转换位数为 n，那么，D/A 转换器的分辨率为

$$\Delta A=\frac{A}{2^n} \tag{4-83}$$

D/A 转换器的精度主要取决于转换位数的多少，但与外围电路有关。影响 D/A 转换器精度的主要因数有零点误差、增益误差、非线性误差等。

零点误差是指输入为全 0 码时，模拟输出值与理想输出之间的偏差。对于单极性信号，模拟输出的理想值为 0V，对双极性信号，模拟输出的理想值为负域的满量程值。一定温度下的零点误差可以通过外部措施进行补偿。D/A 转换器的输出与输入传递曲线的斜率称为转换增益，实际转换的增益与理想增益之间的偏差就称为增益误差。

D/A 转换时间是指从数字量输入开始，直到 DAC 输出建立在某个确定的误差范围内，所需要的这段时间（见图 4.54）。D/A 转换器的电阻网络、模拟开关，以及驱动电路等都是非理想电阻型器件，各种寄生参数及开关的迟延特性都会影响转换速率。实际建立时间不仅跟转换器的转换速率有关，还与数字量变化的大小有关。输入数据由全 0 变到全 1（或从全 1 变到全 0）所需的时间最长，称为满量程变化的建立时间。输入数据从 011…1 变换到 100…0 或由 100…0 变换到 011…1 所需的时间，称为半量程建立时间。常用类型 D/A 转换器的建立时间比较如表 4-12 所示。

表 4-12　常用类型 D/A 转换器的建立时间比较表

D/A 转换器类型	建 立 时 间	备　　注
电流输出	小于 500ns	有限的输出电压范围
电压输出	1～10μs	输出时间受输出放大器所限
乘　　法	—	固定的参考电压被变化的输入信号代替

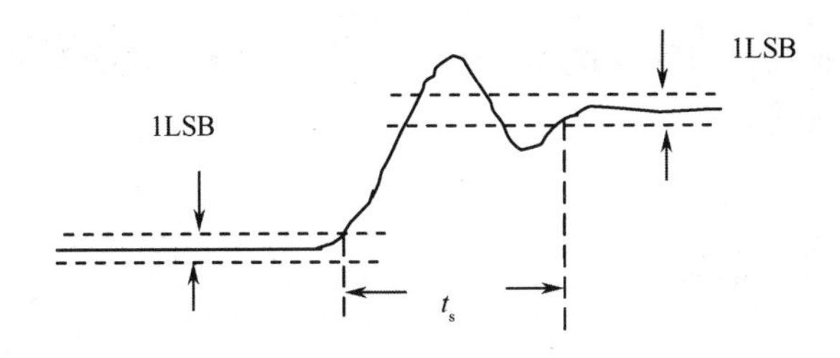

图 4.54　相对于D/A转换器输出来确定建立时间

转换速率又称刷新速率（Update rate）通常定义为建立时间和传输延迟的倒数，如果没有足够的时间来保证建立时间小于±1/2 LSB，过快地刷新 D/A 转换器，其输出就会引起误差。建立时间 t_s 是指，从初值上下两边各留±1/2 LSB 误差开始计算，直到终值两边各留±1/2 LSB 误差范围为止的这段时间。相对于±1/2 LSB 误差的建立时间为 t_s，D/A 转换器的最大转换速率为

$$f_{max} = \frac{1}{t_s} \tag{4-84}$$

毛刺脉冲（Glitch implus）是输入码发生变化时刻产生的瞬时误差。其主要是由于开关在状态切换过程中，"导通"和"截止"的延迟时间不同造成的。毛刺脉冲通常在 D/A 的半量程转换时最大，主要原因是 D/A 转换器的所有数据位在该点均进行转换。比如，输入码由 011…1 变换到 100…0 时，虽然只增加了 1LSB，由于开关电路对"1"变至"0"比"1"变至"0"的响应速度要快，结果在转换的短暂过程中出现了 00…0 的状态，模拟输出猛降，造成一个很大的毛刺脉冲。另外，D/A 转换器模拟与数字区域间的杂散电容耦合也会引起毛刺脉冲。利用采样保持可以有效地抑制脉冲的产生。在高速系统中的毛刺脉冲消除，通常是围绕差分开关进行的。这些开关往往用 ECL 逻辑进行驱动，因为 ECL 逻辑电平是对称的，并且有足够的幅度来开关差分对。TTL 逻辑电平是不对称的，并且存在与逻辑电平方向有关的传输迟延。HCOMS 及其快速逻辑的对称性比标准双极 TTL 电平要好。对 D/A 器件采用外接 RC 网络可以有效减少毛刺脉冲的影响。通常的做法是用 RC 网络来均衡前两个或三个高比特位的迟延。通过调节外接的电阻和电容值使码字变化产生的毛刺脉冲最小。

另外，与 ADC 一样，在 DAC 中也有量化误差、信噪比等指标。当 DAC 的转换位数为 n，输出电平为满量程时，其输出信噪比为

$$\text{SNR} = 6.02n + 1.76 \quad \text{(dB)} \tag{4-85}$$

比如一个 8 位的 DAC，其最大输出信噪比为 49.92dB。

如果 DAC 的输出幅度低于满量程值，那么基波信号的电平降低，而量化噪声不变，显然，输出信噪比会降低，此时，可以表示为

$$\text{SNR} = 6.02n + 1.76 + 20\lg(A) \quad \text{(dB)} \tag{4-86}$$

式中，A 表示输出幅度为满量程幅度的百分比。比如，DAC 的输出幅度为满量程幅度的 70%，那么，DAC 的输出信噪比为 46.82dB（降低了 3.1dB）。

同样，如果提高转换速率，也可以提高信噪比。其原理也是与 ADC 一样的：由于转换速率提高，把量化噪声扩展到更宽的频段中，降低了在感兴趣带宽内的噪声功率。由此，上式又可以修正为

$$\text{SNR} = 6.02n + 1.76 + 20\log(A) + 10\lg(\text{OSR}) \quad \text{(dB)} \tag{4-87}$$

其中，OSR 为过采样速率，$\text{OSR} = f_s/(2B)$，B 为 Nyquist 带宽。所以，如果一个 8 位 DAC，其输出幅度为满量程幅度的 70%，过采样速率为 3 时，其输出信噪比可以达到 51.59dB。

D/A 转换器的发展很快，目前可供选择的 D/A 器件很多，位数有 6，8，10，12，14，16 甚至更高，转换速率可达几 GHz。

4.4 软件无线电数字前端

软件无线电前端主要包括射频模拟前端、A/D/A 转换、数字前端等三部分，前面两节对射频模拟前端和 A/D/A 进行了讨论，本节将重点讨论软件无线电的数字前端。数字前端跟模拟前端从实现的功能上讲有些类似，主要完成数字上/下变频、滤波、采样速率变换等功能。数字前端是软件无线电中很关键、很重要的处理单元，是第 2 章介绍的多率信号处理、正交变换、高效滤波等基础理论知识在软件无线电中的典型应用。通过本节的学习不仅使读者掌握软件无线电的设计技巧，更能加深对软件无线电基础理论的理解和把握。

4.4.1 软件无线电数字前端的定义

无线电系统前端的概念传统上一般是指安装在天线上或天线附近的模拟高频电路，通过电缆与离天线相当远的后端连接，常见的如大型卫星地球站系统。产生这种结构的主要原因是从天线接收下来的和要从天线发射出去的射频信号频率很高、频带很宽，例如，频率几十 GHz，频带几 GHz。当天线与收发信机之间距离比较远时，射频信号的远距离传输难题很难解决。为了解决这个传输问题，将收发信机中与天线相连的高频电路直接移到天线端，收发信机只剩下中频和后续处理电路。这样天线与收发信机之间传输的是频率不很高、频带不很宽的中频模拟信号，例如，频率几 GHz，频带几百 MHz，这样信号传输就容易得多。

软件无线电的前端将传统意义的前端概念进行了延伸，定义为天线与基带处理之间的所有收发电路和各种处理环节；基带处理部分定义为软件无线电后端。天线与模数/数模转换之间的收发电路和处理环节定义为模拟前端；而模数/数模转换与基带处理之间的处理环节定义为数字前端。也就是说，软件无线电的前端包括射频模拟前端、A/D/A 转换、数字前端等三部分，如图 4.55 所示。随着 ADC、DAC 和 DSP 等芯片技术的发展和性能的提高，模数和数模变换逐步向天线靠近，模拟前端会随之减少（无论是功能还是尺寸体积等）。模拟前端减少的功能将转移到数字前端中实现，模拟前端与数字前端将此消彼长，直到数字前端取代绝大部分模拟前端，实现理想的软件无线电。所以，数字前端要实现的功能将不断增加，信号处理的负担将不断加重。数字前端可以分成两部分，即从 A/D 数据输入到输出到基带处理之间的电路和处理部分，称之为数字接收前端；从基带处理数据输入到输出到 D/A 之间的电路和处理部分，称之为数字发射前端。

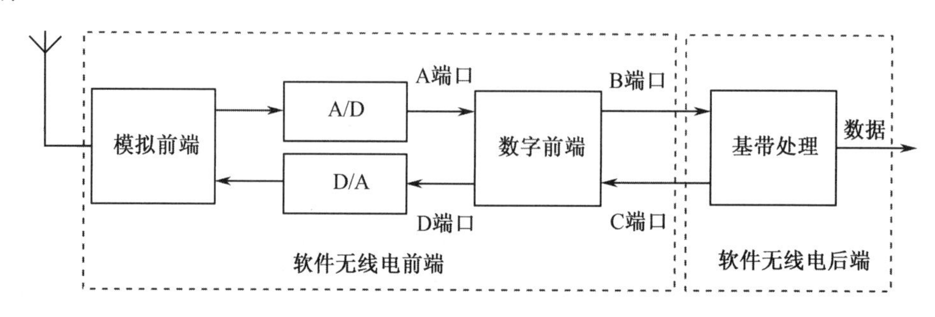

图 4.55 软件无线电前端

以上，我们定义了软件无线电的数字前端，下面，具体介绍输入到数字前端的信号特征和数字前端要实现的功能。为了适应各种不同的应用，软件无线电平台需要尽量通用，所以，软件无线电前端的收发通道带宽一般比较宽，从 ADC 输出到数字接收前端（A 端口）的信号特征如下：

① 输入信号一般为数字中频信号（如果是射频直接采样，则是数字射频信号）；

② 输入的是接收通道中所有的信道，除感兴趣信号外，可能还有许多其他的信号；

③ 感兴趣信号的带宽比接收通道带宽要小，采样速率比感兴趣信号的带宽要大得多。

从数字接收前端输出到基带处理（B 端口）的要求如下：

① 确定的中心频率（如零中频）；

② 与感兴趣信号匹配的带宽；

③ 与感兴趣信号带宽相适应的采样速率。

概括地说，高速模数转换输出同时包含了多个信道，感兴趣信号的信道一般是确定的，但也有可能是随机的，数字接收前端要将感兴趣信号分离、提取出来，通过将感兴趣信号的信道搬移至基带，并用数字滤波器滤除带外干扰。所以，数字接收前端要实现如下功能：

① 数字信道化（将所有感兴趣的信号从数字中频下变频到基带）；

② 滤波（滤除倍频分量、其他信号并尽可能匹配滤波）；

③ 采样速率转换（降低采样速率，减少处理负担）。

需要强调的是：在同一时间里，感兴趣信号的个数并不一定只是一个。

图 4.56 是软件无线电前端接收和处理信号的整个过程的频域示意图。

从基带处理输入到数字发射前端（C 端口）的信号主要特征有：

① 输入信号一般为数字基带信号；

② 输入的除感兴趣信号外，可能还有其他虚假信号；

③ 感兴趣信号的带宽比发射通道的带宽要小，采样速率与感兴趣信号的带宽相匹配。

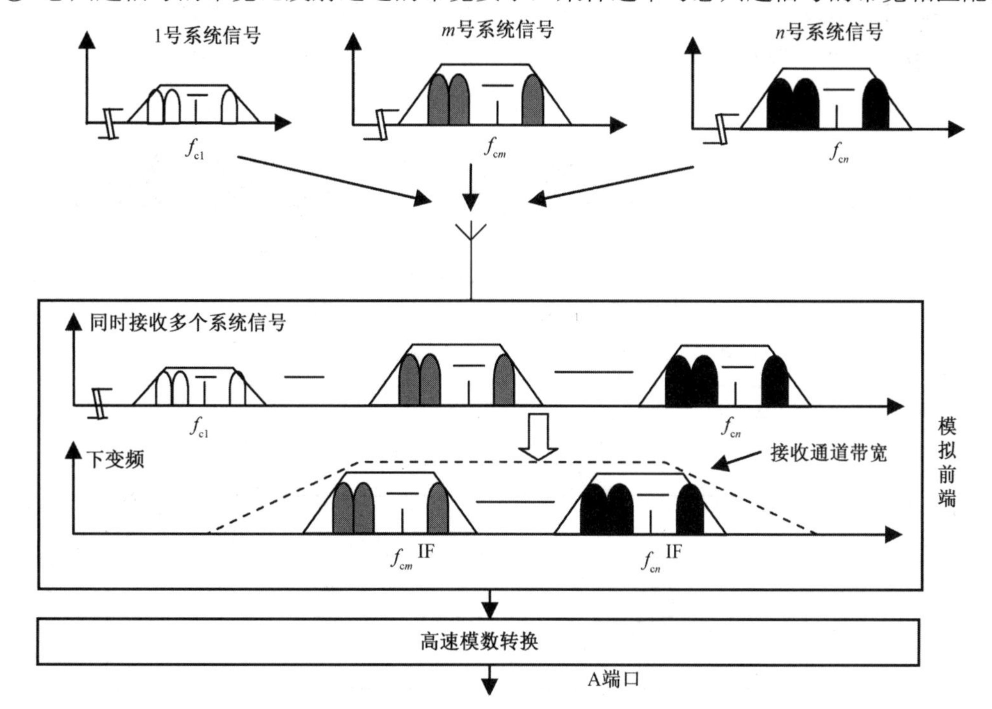

图 4.56　软件无线电前端接收和处理整个过程的频域示意图

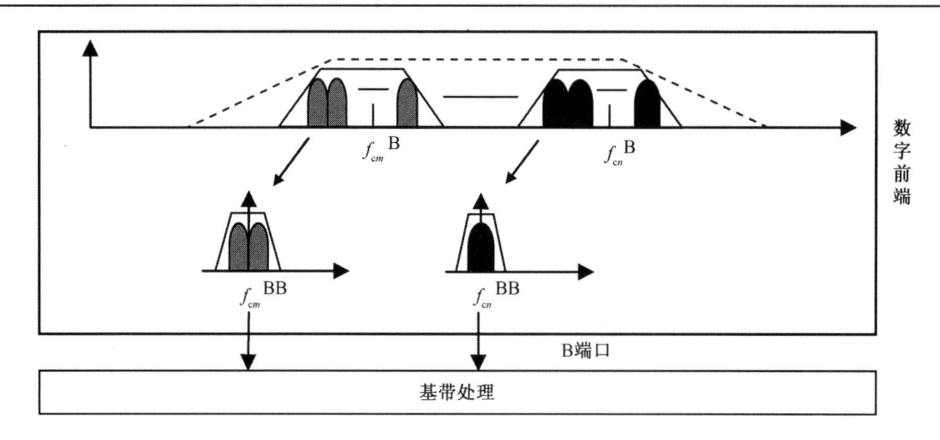

图 4.56　软件无线电前端接收和处理整个过程的频域示意图（续）

从数字发射前端输出到 DAC（D 端口）的要求如下：

① 确定的中心频率（如 10.7MHz、21.4MHz、70MHz、140MHz、370MHz 等，如果是射频直接采样，则是数字射频信号）；

② 兼容发射信号的通道带宽；

③ 与发射通道带宽相适应的采样速率。

概括地说，数字发射前端要将待发射的信号融入发射通道中，数字发射前端要实现如下功能：

① 数字信道化（将发射信号从数字基带上变频到数字中频或数字射频，若有多个信号则叠加）；

② 滤波（滤除虚假成分并进行成形滤波）；

③ 采样速率转换（增大采样速率，与通道带宽相匹配，符合 DAC 转换）。

同样需要强调的是：在同一时间里，在同一个发射通道中发射信号的个数并不一定只有一个。发射是接收的逆过程，频域表示与接收类似，如图 4.57 所示。

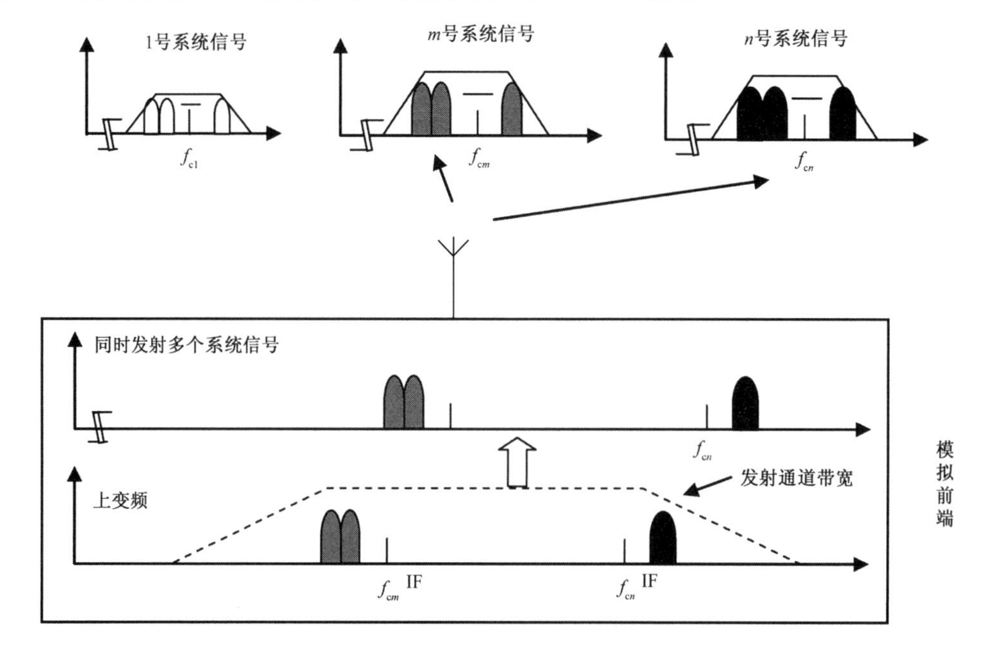

图 4.57　软件无线电前端发射和处理整个过程的频域示意图

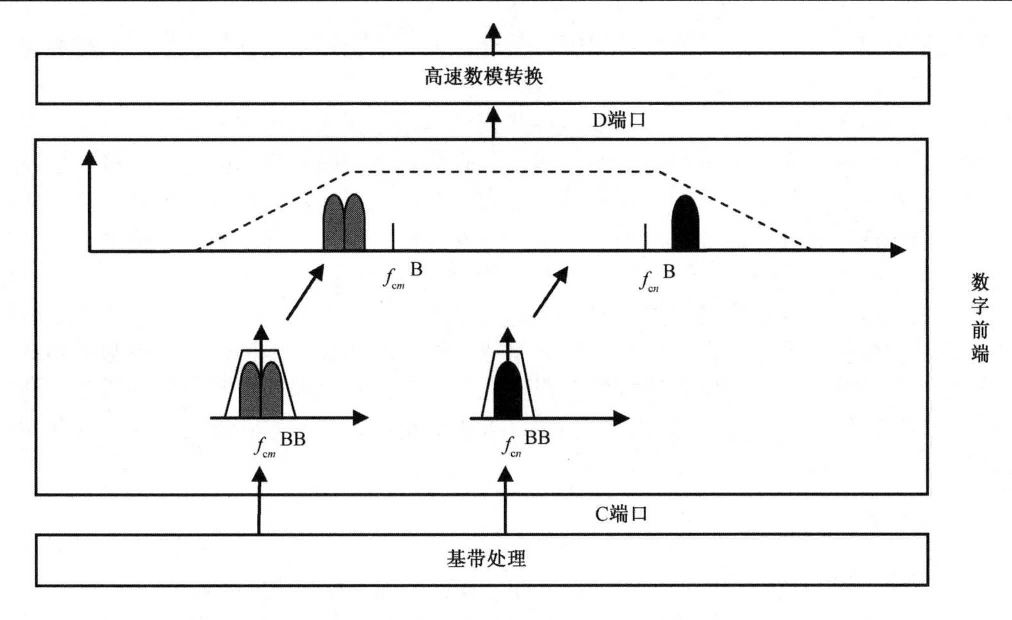

图 4.57　软件无线电前端发射和处理整个过程的频域示意图（续）

4.4.2　软件无线电中的数字接收前端（数字下变频 DDC）

如第 3 章中软件无线电接收机数学模型所述，在软件无线电接收机中，首先对射频模拟信号或者宽带中频模拟信号通过模数转换器进行数字化，然后，采用数字下变频（Digtal Down Converter，DDC）技术和多速率数字信号处理技术，对信号进行频率变换、滤波、抽取等处理，将感兴趣信号分离和提取出来，并将采样速率降低到较低速率，送到基带信号处理单元对感兴趣信号进行后续处理。数字下变频技术和多速率数字信号处理技术是软件无线电接收的两大核心技术。数字下变频可以采用本书前面介绍的 Hibert 数字正交变换、数字混频正交变换和基于多相滤波的数字正交变换等方法实现，在这里我们仅讨论主流的基于数字混频正交变换的数字下变频。

1. 数字下变频器组成

正如第 2 章所介绍的，在软件无线电中，数字下变频器一般都采用正交数字下变频法实现，主要包括数字混频器、数字控制振荡器（Numerically Controlled Osillator，NCO）和低通滤波器三部分组成，重画如图 4.58 所示。

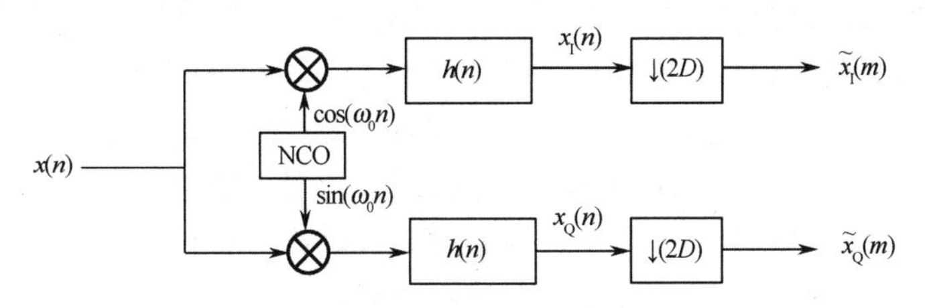

图 4.58　数字下变频器的组成

从工作原理讲，数字下变频与模拟下变频是一样的，就是输入信号与一个本地振荡信号进行乘法运算并滤除带外干扰。数字下变频的运算速度决定了其输入信号数据流可达到的最高速率，相应地也限定了 ADC 的最高采样速率；另外，数字下变频的数据精度和运算精度也影响着接收机的性能，所以，数字下变频器必须进行优化设计。

我们知道模拟下变频器中混频器的非线性和模拟本地振荡器的频率稳定度、边带、相位噪声、温度漂移、转换速率等都是模拟下变频器最关心和难以彻底解决的问题，这些问题在数字下变频中是不存在的。数字下变频具有精确、可靠、灵活、无参数漂移等一系列优点，频率步进、频率间隔等也具有理想的性能；另外，数字下变频器的控制和修改容易等特点也是模拟下变频器所无法比拟的。影响数字下变频性能的主要因素有两个：一是表示数字本振、输入信号以及混频乘法运算的样本数值的有限字长所引起的误差；二是数字本振相位的分辨率不够而引起数字本振样本数值的近似取值。也就是说如果数字混频器和数字本振的数据位数不够宽，就存在尾数截断以及数字本振相位的样本值存在近似的情况，则根据截断和近似的程度，会或多或少地影响 DDC 的性能。下面，详细讨论 DDC 各部分组成、工作原理以及数据位数和相位样本值近似与 DDC 性能的关系。

2. 数字控制振荡器工作原理

数字控制振荡器（数字控制本地振荡器）在 DDC 中相对来说是最复杂的，也是决定 DDC 性能的最主要因素之一，或者说 DDC 需要一个高速、高精度的 NCO，所以，作为重点进行介绍。NCO 的目标就是产生理想的正弦波和余弦波，更确切地说是产生一个频率可变、时间离散的正弦波和余弦波的数据样本，如式（4-88）、式（4-89）所示。

$$c(n)=\cos\left(2\pi\cdot\frac{f_c}{f_s}\cdot n\right)\;;\;(n=0,1,2,\cdots) \tag{4-88}$$

$$s(n)=\sin\left(2\pi\cdot\frac{f_c}{f_s}\cdot n\right)\;;\;(n=0,1,2,\cdots) \tag{4-89}$$

式中，f_c 为想要产生正弦波和余弦波的频率；f_s 为正弦波和余弦波的采样频率。

正弦波和余弦波样本可以用实时计算的方法产生，但这只适用于信号采样频率相对较低的情况。在软件无线电高速信号采样频率的情况下，NCO 实时计算的模式实现起来会很困难，此时，NCO 正弦波和余弦波样本产生最有效、最简便的方法就是查表法，即事先根据各个 NCO 正弦波相位计算好相位的正弦值，并按相位角度作为地址存储该相位的正弦值数据。DDC 工作时，每向 DDC 输入一个待下变频的信号采样样本，NCO 就增加一个 $2\pi f_c/f_s$ 相位增量角度，然后以 $\sum_{i=0}^{n}2\pi i\frac{f_c}{f_s}$ 相位累加角度作为地址，查询该地址上的数值就是正弦波的值；余弦波与正弦波相差 90°，在地址上就是相差一个固定的长度，也即正弦波值的地址加上固定长度地址上的数值就是余弦波的值，正弦波和余弦波的值分别输出到两个数字混频器，与信号样本相乘，乘积样本分别经低通滤波器滤除倍频分量和带外信号，并进行匹配滤波，这样就完成了正交数字下变频。数字控制本地振荡器和数字混频器的功能框图如图 4.59 所示。

从图 4.59 可知，数控本振由三部分组成，包括相位累加器、相位加法器及正弦表只读存储器（相位-幅度转换），NCO 的控制输入有频率控制字、相位控制字和频率偏移控制字等。相位累加器的作用就是将数字本振频率和本振频率偏移之和转换成相位，每来一个时钟脉冲，相位在原来的基础上增加一个相位增量，相位加法器的功能是设置一定的初始相位或者作为锁相环中的相位微调，以满足某些应用（如解调等）的需要。相位的正弦值用查正弦表求得，也就是说，相位角度 φ（0～2π，取 2π 的模）与其正弦值表存在一一对应关系：φ—TAB（φ），TAB（φ）表示以 φ 为地址，该地址上的内容数据。只要保持一一对应关系，查正弦表的地址不一定要真正的相位值，即若有 $F—\varphi$，则 $F—TAB(\varphi)$，这种对应关系的可传递性是毋庸置疑的，如式(4-90)所示。

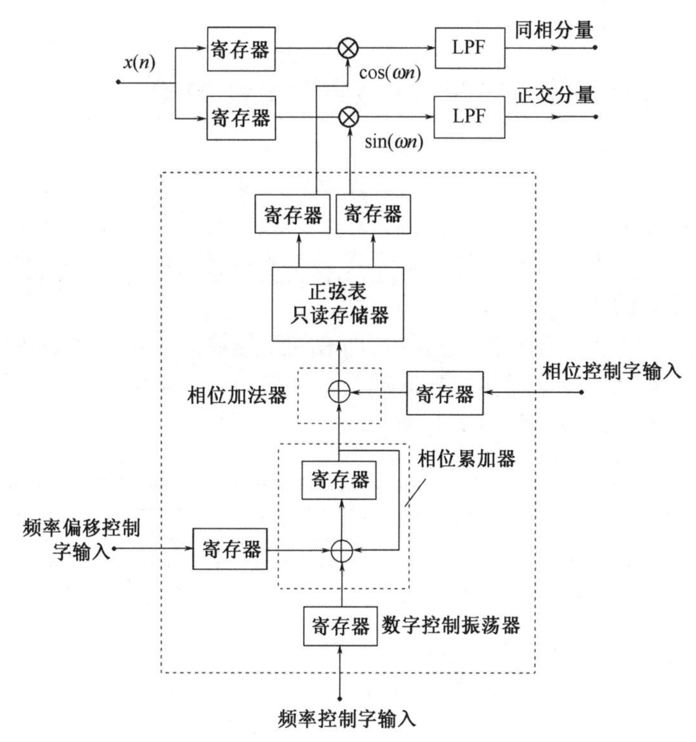

图 4.59　数控本振和数字混频器的功能框图

$$\varphi = 2\pi \cdot \frac{f_c}{f_s} \cdot n \tag{4-90}$$

如果

$$F = \frac{f_c}{f_s} \cdot 2^N \cdot n \tag{4-91}$$

其中，N 为二进制数据的位数。$F—TAB$（φ）这种对应关系需要转换的原因是：由于实际的相位角度 φ 取值一般不是整数，这样相位角度直接用二进制数表示且作为查正弦表的地址是很复杂而且不确切的。用式（4-91）表示相位角度的好处是：相位被放大了 $2^N/2\pi$ 倍，使得相位的分辨率和本振频率的分辨率都大大增加了，如式（4-92）、式（4-93）所示。

相位分辨率：

$$\Delta\varphi = \frac{2\pi}{2^N} \tag{4-92}$$

频率分辨率：

$$\Delta f_c = \frac{f_s}{2^N} \tag{4-93}$$

若表示相位的二进制数据的位数 N 为 32 位，采样速率 f_s 为 65MHz，则相位的分辨率和本振频率的分辨率分别为 0.000000084 度和 0.015134Hz。DDC 具有这样的精度和分辨率对模拟下变频来说是不可想象的。

从上面介绍的数字下变频的工作过程来看，数字下变频数据流速率始终是输入信号的采样速率（当然，低通滤波一般与后接的抽取组成多速率处理系统，多速率处理的工作原理详见第 2 章），我们知道软件无线电 ADC 的采样频率很高，用软件实现下变频时，对 DSP 处理速率要求较高，至少要比 ADC 采样速率大一到二个数量级，由于下变频器工作过程比较简单，可很方便地利用 FPGA 或 ASIC 技术来设计实现，这时，虽然用硬件实现，但 FPGA 或 ASIC 设计和修改非常灵活，灵活性和方便性与软件实现相差无几。

4.4.3　软件无线电中的数字发射前端（数字上变频 DUC）

数字上变频技术与数字下变频技术一样也是软件无线电的核心技术之一，数字上变频主要有三种方法：数字正交混频上变频法、内插带通滤波法以及正交混频上变频加内插带通滤波混合法。三种数字上变频技术的原理、适用场合在第 3 章中已进行了详细的论述，所以，这里仅对数字正交混频上变频的实现进行简单介绍。

数字上变频器是数字下变频器的逆过程，两者的工作原理、结构和实现都大同小异，只是处理顺序刚好相反。数字上变频器由成形滤波器、内插器、数字混频器、数字控制振荡器等组成。数字正交上变频器原理框图如图 4.60 所示。

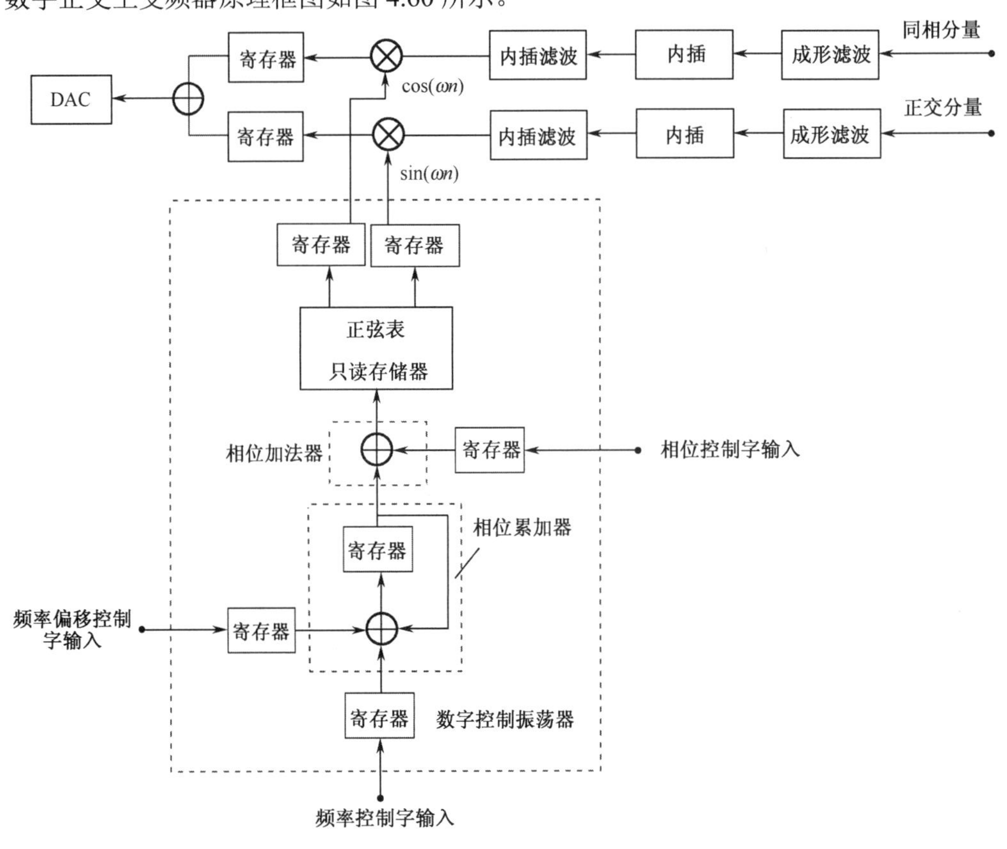

图 4.60　数字正交上变频器原理框图

数字正交上变频器中的数字混频器、数字控制振荡器与数字正交下变频器的完全一样，介绍见上节。成形滤波器、内插器与数字下变频的匹配滤波器和抽取器对应。

发射端成形滤波器和接收端匹配滤波器成对使用、匹配设计，用于抑制码间干扰。由于，实际的软件无线电通信系统的信道不是理想的，例如，无线信道是衰落，发射机和接收机都会产生一定的失真，所以，还需设计和接入一个均衡滤波器，以补偿这些失真，消除信道引起的码间干扰。成形滤波器和匹配滤波器一起组成一个无码间干扰特性的整个系统传输函数。关于码间干扰及解决方案，理论和设计技术都非常成熟，不清楚和有兴趣的读者可以找有关文献资料学习研究。

内插器的理论详见第 2 章，这里介绍一下内插滤波器。内插滤波器主要是滤除内插后引起的各次“镜频”分量，让基带分量通过，所以，数字正交上变频的内插滤波器是一种低通滤波器。从数字正交上变频的原理框图 4.60 中可以看到，输入到该低通滤波器的数据速率是内插后的速率，是发射部分最高的，目前的技术状态，一般为几百兆赫兹。滤波器实现起来有一定的难度，所以，一般采用 CIC 这种高效的滤波器。当然，软件无线电硬件平台如果有高端的 FPGA，如 Xilinx 的 Virtex UltraScale+系列 FPGA，则可以用滤波性能更好的通用 FIR 滤波器来实现。

4.4.4　软件无线电数字前端的 FPGA 实现

正如前面所说的，为了适应各种不同的空中接口应用，软件无线电前端的收发通道带宽比较宽，所以，模数转换和数模转换速率较高。收发通道宽带的设计受限于当时分辨率 12 位及以上的 ADC 和 DAC 芯片水平。模数转换和数模转换速率的设计在符合 Nyquist 采样理论以及后续数字处理单元能实时处理的前提下，取接近于 ADC 和 DAC 芯片最大标称转换速率，最大限度地实现软件无线电硬件平台的通用性。与 ADC 和 DAC 目前芯片水平相对应的模数转换和数模转换速率一般在几百 MSPS 到十几个 GSPS 之间。软件无线电数字前端需要对这种速率级别的连续数据流进行实时处理。软件无线电的数字域处理芯片不外乎 FPGA、ASIC 和 DSP。从目前器件水平来看，DSP 显然是无能为力的。FPGA 和 ASIC 也将接近极限的性能状态。软件无线电数字处理平台主要有 FPGA+DSP 和 ASIC+DSP 两种结构，当然，也可以用 FPGA+ASIC+DSP 这种结构。FPGA+DSP 这种结构的优点是功能重构非常灵活、系统规模伸缩性能力很强，弱点是成本高、功耗较大；ASIC+DSP 结构优点是成本低、功耗小，弱点是功能重构和系统规模伸缩性能力不强。采用何种结构，可根据需求做出选择。

由图 4.59、图 4.60 可知，数字前端主要由正交变频、内插、抽取、低通滤波等模块构成。这些模块的电路主要由 NCO、FIR、数字匹配滤波器以及相应的控制电路构成。幸运的是，目前 FPGA 厂商及第三方提供了大量的 IP 核，涵盖了几乎所有主流算法模块，而且很多都是免费的，这些 IP 核功能较强，也比较灵活，可通过不同的参数输入实现相应的功能，使用方便、简单，很容易上手。对软件无线电 FPGA 设计者来说，通过这些 IP 组合，可很方便地设计各种算法，实现软件无线电的各种处理功能。所以，一般推荐设计者通过使用 IP 核来实现软件无线电系统，当然，也可以自己动手设计。

1. NCO 的 FPGA 设计

后续基带处理中的信号解调对载波频偏十分敏感，而频偏的产生主要由本振的偏差和多普勒频移所引起的，因此，在数字前端中，设计一个性能较好的 NCO 是非常关键的。

NCO 产生的基本原理如图 4.59 所示。频率控制字和相位控制字分别控制 NCO 输出正弦波的频率和相位。NCO 的核心是相位累加器，它由一个累加器和一个相位寄存器组成。每来一个时钟脉冲，相位寄存器以步长 F_c 增加。相位寄存器的输出与相位控制字相加，其结果作为正弦查找表的地址。正弦查找表由 ROM 构成，由于正弦波具有对称性，为了节省 FPGA 资源，一般只需存四分之一个正弦波周期的相位点。查找表把输入的地址信息映射成正弦幅度信号，经时钟控制输出后便得到所需频率的波形。频率控制字 F_c 和相位控制字 φ 与载波频率 f_c、采样频

率 f_s、相位累加器的位数 N 之间的关系如下：

$$F_c + \varphi = \frac{f_c}{f_s} 2^N \tag{4-94}$$

一般情况下，令 φ 不变或者 φ=0，则有：

$$F_c = \frac{f_c}{f_s} 2^N \tag{4-95}$$

通过频率控制字 F_c 来控制载波频率，例如，采样频率为 81.92MHz，载波频率为 21.4MHz，相位累加器的位宽为 14 位，则频率控制字为

$$F_c = 21.4 / 81.92 \times 2^{14} = 4280 \tag{4-96}$$

NCO 在 FPGA 中实现有两种方法：一种方式是根据图 4.59 设计；另一种方法是采用 FPGA 厂商提供的 NCO IP 核（DDS）来实现[20]，这种方法占用 FPGA 的资源较多，但设计简单、方便，例如，NCO IP 核的参数可设为：角度精度 13 位、累加器精度 14 位、幅度精度为 16 位、载频为 21.4MHz、采样频率为 81.92MHz，得到的 21.4MHz 的余弦波频谱如图 4.61 所示。

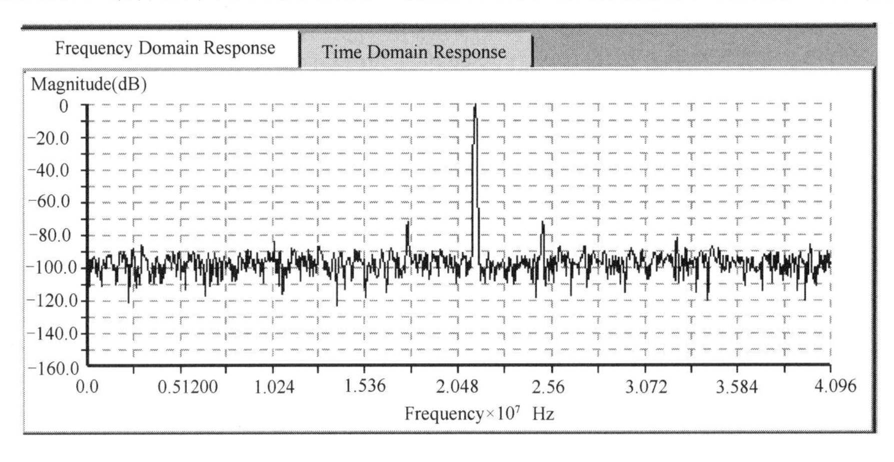

图 4.61　NCO输出 21.4MHz的余弦载波频谱

2. NCO 优化设计[19]

相位累加器的位数 N 由要求的频率分辨率决定，而正弦查找表 ROM 的深度 M 及宽度 W 由杂散的要求决定。

其中 M 对 NCO 输出信号杂散的影响由其输出信号频谱中主谱幅度（S）与最强杂散谱幅度（S_{spur}）之比来表示，理论分析如下：

$$\left(\frac{S}{S_{spur}}\right) \text{dB} \geqslant 6M(\text{dB}) \tag{4-97}$$

而 W 对杂散的影响用信噪比来表示，理论分析由式（4-98）决定：

$$\text{SNR} \approx 6.02W + 1.76(\text{dB}) \tag{4-98}$$

在工程实现中，为了要有极高的频率分辨率及很小的杂散，N、M、W 取值比较大，如 N=32、M=18、W=16 等。在这种情况下，按照图 4.59 实现需要一个 32 位累加器以及容量为 $2^{18} \times 16$bits 的存储器，在大部分场合下无法实现这么大的存储空间。那该如何解决呢？先分析一下这种情况下的 NCO 输出信号杂散情况，当 N=32、M=18、W=16 时，按图 4.59 实现的杂散性能如表 4-13 以及图 4.62（a）和图 4.62（b）所示。

表 4-13　NCO 输出信号杂散性能

数字频率	杂散/dB	数字频率	杂散/dB
1	−102.28	64	−101.83
2	−102.17	128	−102.19
4	−102.27	256	−101.49
8	−102.01	512	−103.80
16	−102.33	1024	−111.63
32	−102.61		

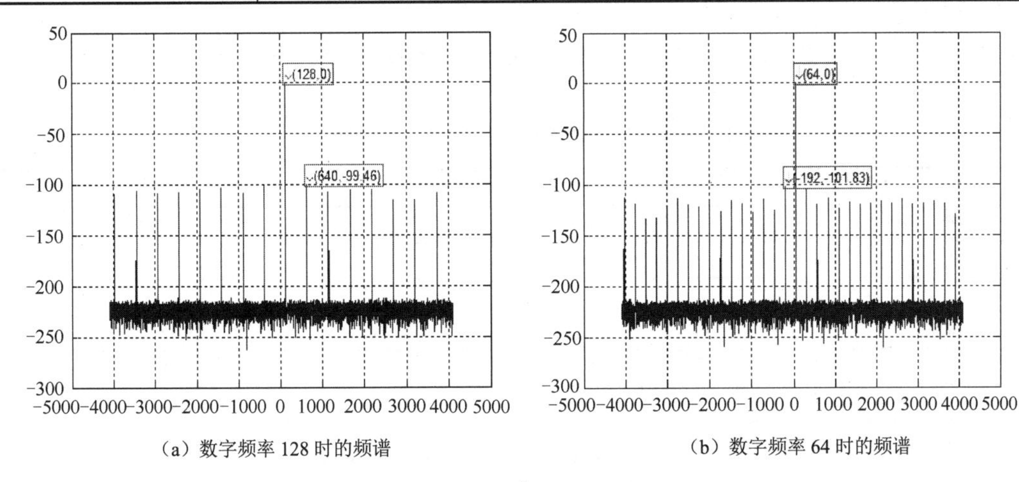

（a）数字频率 128 时的频谱　　（b）数字频率 64 时的频谱

图 4.62　NCO实现的杂散性能

接着我们看看如何压缩存储空间，当然前提是不能恶化杂散指标。可以充分利用正弦余弦的对称性，仅仅存储$[0,\pi/2]$象限内的值，再利用相位累加器输出的高三位来控制正向还是反向查找以及值的符号。这样就只需要$2^{15}\times 16$bits 的存储器。其实，这样的存储空间还是太大。基于 Taylor 级数的线性内插技术可以进一步减少存储器的大小，它采用非常小的存储器空间来实现相位θ到$\sin(\theta)$和$\cos(\theta)$的变换，并能够达到杂散要求。基于 Taylor 级数的线性内插技术原理如下：

$$\sin(\theta)=\sin(\theta_{\rm H})+\alpha\cdot(\theta-\theta_{\rm H})+\delta_{\sin} \tag{4-99}$$

$$\cos(\theta)=\cos(\theta_{\rm H})+\beta\cdot(\theta-\theta_{\rm H})+\delta_{\cos} \tag{4-100}$$

其中，$\sin(\theta)$、$\cos(\theta)$是需要得到的值；$\theta_{\rm H}$是存储空间地址的高有效位，$\sin(\theta_{\rm H})$、$\cos(\theta_{\rm H})$是存储值；$\theta-\theta_{\rm H}$表示相位θ的低有效位；α、β是正弦和余弦的线性内插系数，也是存储值；$\delta_{\sin}$、$\delta_{\cos}$是正弦和余弦的 Taylor 级数展开的余项。

基于 Taylor 级数线性内插技术的 NCO 实现如图 4.63 所示。

基于图 4.63 优化实现方法，当N=32、$M_{\rm h}$=8、$M_{\rm l}$=8、$W_{\rm s}$=17、$W_{\rm x}$=9、$M_{\rm x}$=8 情况下的杂散情况，如表 4-14 以及图 4.64（a）和图 4.64（b）所示。此时的存储器空间为$2^8\times 2\cdot(17+9)$bits，另外增加了两个乘法器和两个加法器。表 4-14 中$\sqrt{2}/2$的特殊处理对某些频率带来了不少好处。

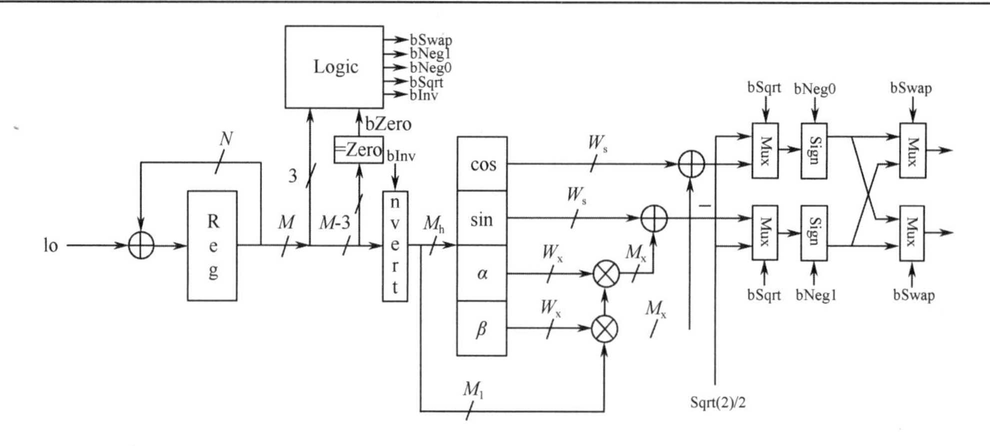

图 4.63　基于Taylor级数线性内插技术的NCO实现框图

表 4-14　NCO 优化设计 1 输出信号杂散情况

数 字 频 率	杂散（dB）	
	无特殊处理	特殊处理 $\sqrt{2}/2$
1	−108.28	−108.29
2	−108.08	−108.10
4	−107.98	−108.02
8	−107.93	−108.05
16	−107.60	−107.84
32	−107.85	−108.38
64	−106.90	−108.45
128	−104.92	−107.61
256	−101.18	−104.86
512	−100.37	−107.75
1024	−98.68	−119.65

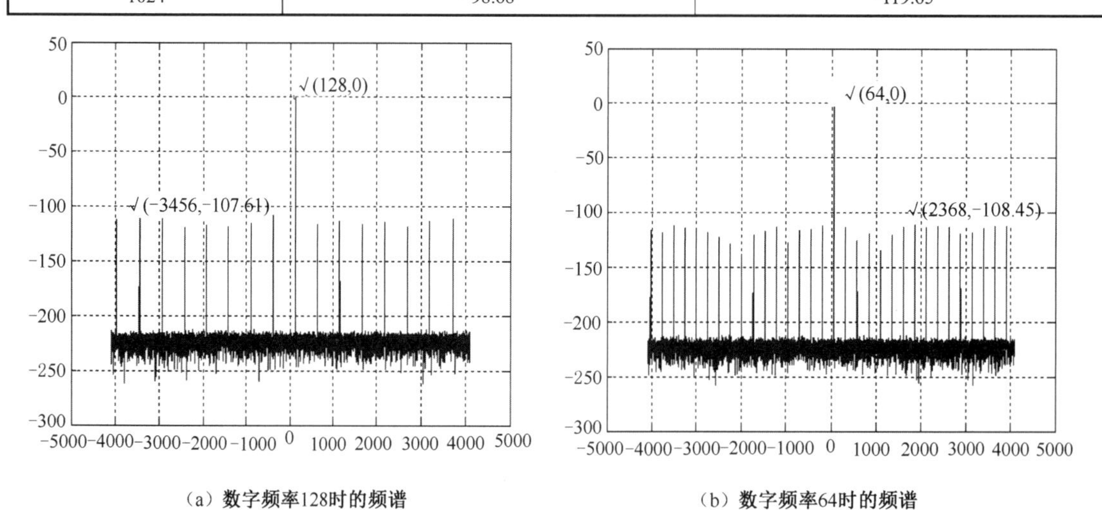

（a）数字频率128时的频谱　　（b）数字频率64时的频谱

图 4.64　NCO优化设计 1 输出信号杂散性能

当 N=32、M_h=6、M_l=10、W_s=17、W_x=10、M_x=10 情况下的杂散情况，见表 4-15。此时的存储器空间为 $2^6 \times 2 \cdot (17+10)$bits。

表 4-15　NCO 优化设计 2 输出信号杂散情况

数字频率	杂散（dB）	数字频率	杂散（dB）
1	−108.52	64	−102.82
2	−108.49	128	−101.89
4	−107.74	256	−103.26
8	−106.07	512	−101.07
16	−105.02	1024	−119.65
32	−102.81		

上面的数据表明，该优化设计在保持 NCO 性能的同时节省了大量的存储空间。在 NCO 的 FPGA 实现中，该优化设计节省了大量的 RAM 资源，特别是在多路并行实现 DDC 时，具有可实现性优势。

3．FIR 的 FPGA 设计[20]

数字 FIR 滤波是个卷积运算，即乘法和累加运算。因而 FIR 滤波模块包括乘法器、加法器、延迟单元以及存储单元等。其中，乘加运算的实现最为复杂，在 FPGA 设计过程中，乘加运算有移位相加、加法器树、查找表和逻辑树等设计方法来实现，但是要实现一个高阶的数字滤波器，上述方法都将占有 FPGA 相当大的资源。相对而言，采用分布式算法（Distributed Arithmetic，DA）的 FPGA 设计无论是在逻辑资源占用上，还是处理速度上都具有较大的优势。它与传统算法实现乘加运算的不同在于执行部分积运算的先后顺序不同。分布式算法在实现乘加功能时，是通过将各输入数据的每一对应位产生的部分积预先进行相加形成相应的部分积，然后再对各个部分积累加形成最终结果的，而传统算法是等到所有乘积已经产生之后再来相加完成乘加运算的。与传统串行算法相比，分布式算法可极大地减少硬件电路的规模，提高电路的执行速度。它的实现框图如图 4.65（虚线为流水线寄存器）所示。

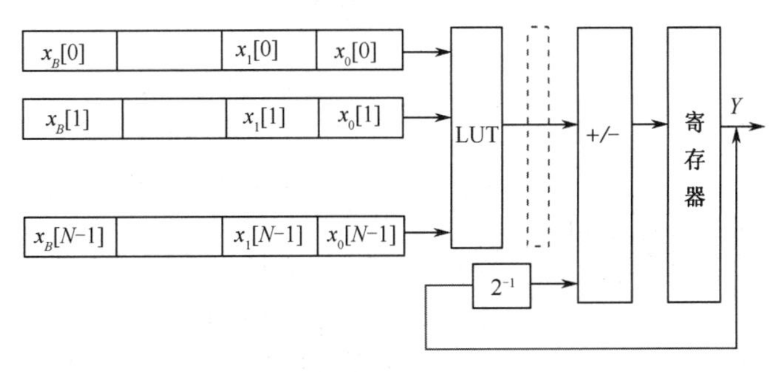

图 4.65　移位加法DA结构

基于分布式算法思想，采用 FPGA 的 FIR IP 核实现，可以大大减少设计周期，达到更好的滤波效果。FIR IP 核中可实现的 FIR 滤波器有三种结构：全并行结构（full parallel filter）、全串行结构（full serial filter）、多比特结构（multi-bit filter）。

全并行结构的 FIR 滤波器结构如图 4.66 所示，用并行结构的滤波器运算速度快，只需一个处理时钟周期便可计算出滤波器的输出，性能很高，但资源消耗也很大。全串行结构的 FIR 滤波器结构如图 4.67 所示，用串行滤波器每个处理时钟周期运算数据的一个比特。因此，全串行结构的 FIR 滤波器需要 N 个处理时钟才能计算出一个滤波器的输出结果，N 为输入数据的位宽。全串行结构的 FIR 滤波器的处理速度较慢，但可以节省很多硬件资源。多比特结构如图 4.68 所示，它的处理速度、资源消耗介于全并行结构与全串行结构之间，它由 *M* 个全串行结构构成，因此它需要 *N*/*M* 个处理时钟才能计算一个滤波器的输出结果。

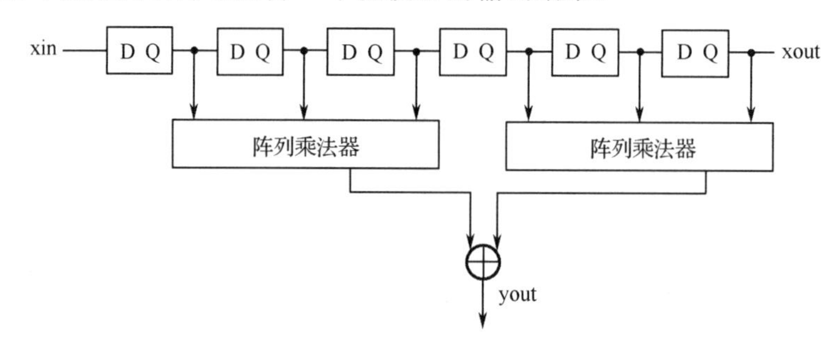

图 4.66　FIR滤波器的全并行结构

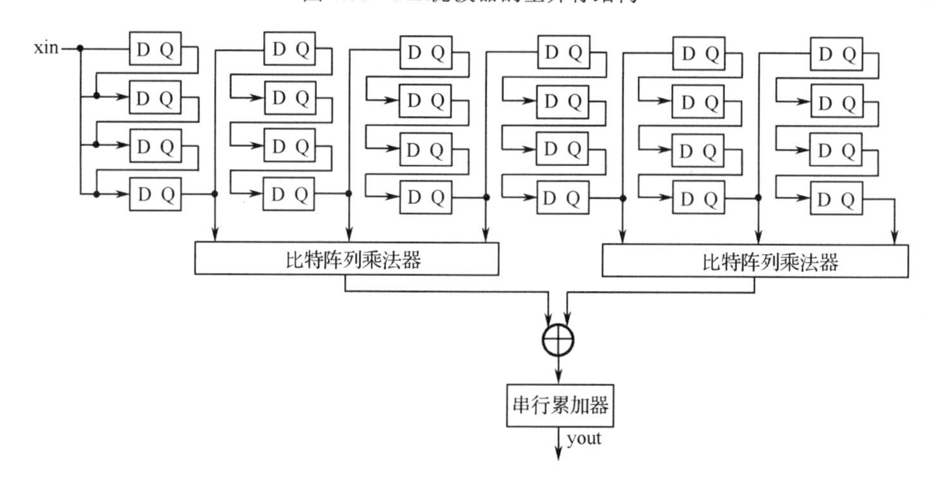

图 4.67　FIR滤波器的全串行结构

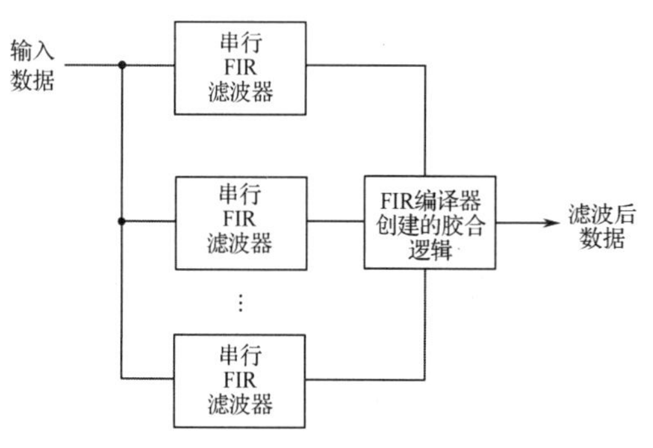

图 4.68　FIR滤波器的多比特结构

在数字前端设计中用到两种类型的低通滤波器：一种是内插或抽取后的低通滤波器，既起到多速率信号处理滤波，又起到成形滤波作用；另一种则是在信号混频之后的低通滤波器，主要用于消除接收信号中的干扰分量。这两种滤波器都可以采用 FIR IP 核实现。对于前一种滤波器，可用 FIR 滤波器来代替升余弦滤波器，其具体实现可用 MATLAB 设计的升余弦滤波器的系数加载到FIR 滤波器的寄存器中以作为FIR 滤波器的系数即可。加载了升余弦滤波器系数后的 FIR 滤波器，如图 4.69 所示。

在 FIR IP 核的具体应用中，还要特别注意处理时钟和输入数据速率、输出数据速率的区别联系，并根据这种联系来合理地选择 FIR 滤波器结构。例如，在数字前端的发送过程中，数据位宽为 16 位，内插滤波器的输入信号速率为 16.384Mbps，需要经过 5 倍内插，使输出信号的速率达到 81.92Mbps。若此时滤波器采用全串行结构，则处理时钟需要高达 81.92×16=1310.72MHz 才能使输出信号的速率达到 81.92Mbps。而在实际应用中如此高的处理时钟目前还不能实现，因此就需要采用全并行的结构来实现内插滤波，此时处理时钟只要达到 81.92MHz。

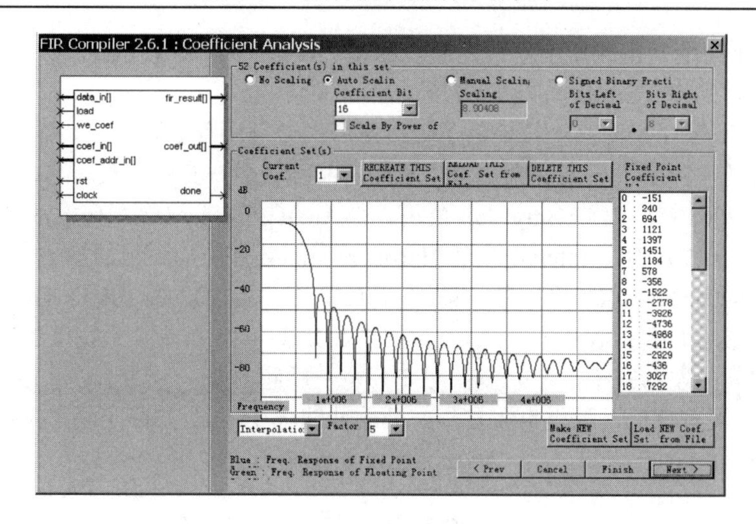

图 4.69　加载升余弦滤波器系数后的FIR滤波器

匹配滤波器的主要组成部分为移位寄存器和累加器，如图 4.70 所示。采样速率较高时，实时进行数字匹配滤波对 FPGA 资源和速度的要求相当高，移位寄存器和累加器将消耗大量宝贵的 LE 资源。因此在保证实现系统功能前提下，如何减少移位寄存器和累加器资源消耗是设计过程中要考虑的主要问题。

在 FPGA 中含有大容量的 RAM，因此可以用双口 RAM 来实现移位寄存器以节省 LE 资源，其改进的匹配滤波器结构如图 4.71 所示。

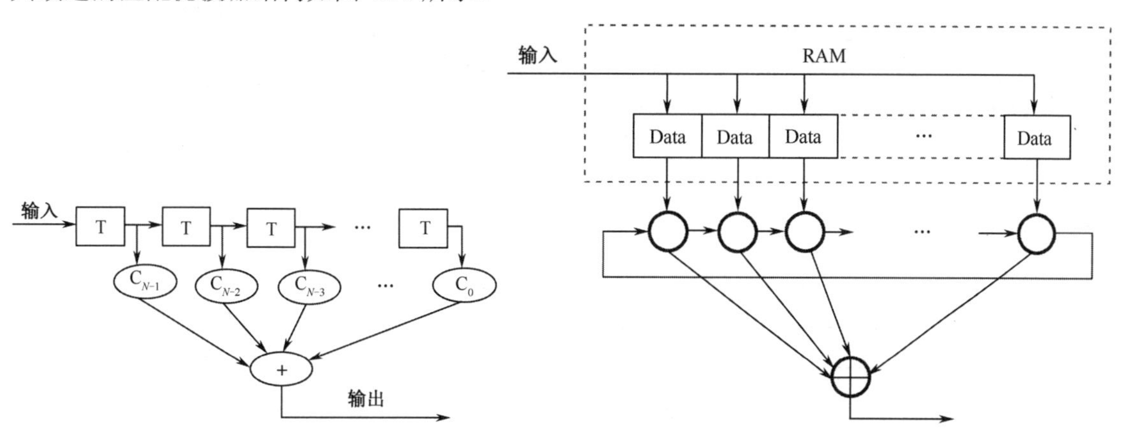

图 4.70　数字匹配滤波器结构　　　　图 4.71　改进的匹配滤波器结构

改进的匹配滤波器结构原理是：数据采用顺序循环存储的方法，每来一个数据，地址线加一，存入下一个地址单元，保证当前存储器存入的数据为最新接收到的数据，这相当于将移位寄存器改为静态存储器，从而节省了宝贵的 LE 资源。而滤波器系数改为动态的循环移动，即滑动滤波器系数来进行滤波。

4.4.5　软件无线电数字前端的 ASIC 实现

在某些成本、功耗、重量和尺寸等敏感的应用中，如无线移动通信系统中的基站和移动终端（手机），一般用 ASIC 来实现软件无线电数字前端单元。随着需求的不断增加和技术的不断进步，ASIC 也不断地向集成数字基带处理、ADC、DAC、射频收发等更多单元以及从单通道接收、单通道发射到收发多通道的方向发展。

自从 GrayChip 公司推出第一枚单信道数字下变频专门硬件芯片以来，数字前端的 ASIC 芯片发展迅速，目前，数字上、下变频 ASIC 器件的品种较多。其中，最著名、应用最广泛的是美国的 TI 公司（2001 年，收购 GrayChip 公司）和 Analog Devices 公司研发的相关产品。另外，还有 Intersil 公司（1999 年，Intersil 收购 Harris 公司的数字前端设计的相关部门，生产 Harris 公司的原来相应的 HSP50XXX 系列数字前端 ASIC 芯片，后续出品 ISL5XXX 系列芯片。2017 年，Intersil 公司被瑞萨公司收购）。它们的主要产品如表 4-16 所示。从发展的角度看，TI 公司发展势头强劲、新品发布密集、产品多；ADI 公司是后起之秀，专注于移动通信系统中基站的应用，ASIC 芯片很有特色，种类也较多，产品的性能与 TI 同类产品不相上下；Intersil 已经多年没有推出 DDC 和 DUC 的新产品，研发工作可能已停止。

表 4-16　DDC 和 DUC 的主要 ASIC 产品

		TI	Intersil	ADI
DDC	单通道	GC1011 窄带系列 （GC1011、GC1011A） GC1012 宽带系列 （GC1012、GC1012A）	HSP50016 HSP50214 系列 （HSP50214、HSP50214A、 HSP50214B）	AD6620
	多通道	GC4014（4 通道） GC4016（4 通道）窄带 GC5018（8 通道）宽带	HSP50216（4 通道） ISL5216（4 通道） ISL5416（4 通道）宽带	AD6624（4 通道） AD6634（4 通道） AD6635（8 通道） AD6636（6 通道）
	集成 ADC	ADS58J64（2 通道） LM15851（1 通道，射频直采） ADC32RF80（2×2 通道，射频直采） ADC32RF82（2×2 通道，射频直采） ADC32RF83（2×2 通道，射频直采） AFE7906（6×1 通道，射频直采）		AD6649（2 通道） AD6652（4 通道） AD6653（2×6 通道） AD6654（6 通道） AD6655（2×6 通道） AD6674（2×2 通道） AD6676（单通道） AD6679（4 通道） AD6684（4 通道） AD6688（4 通道，射频直采） ADRV9002（2 通道，射频直采） ADRV9003（2 通道，射频直采） ADRV9004（2 通道，射频直采）
DUC	单通道		HSP50215	
	多通道	GC4114（4 通道）窄带 GC4116（4 通道）窄带 GC5318（12 通道）	ISL5217	AD6622（4 通道） AD6623（4 通道） AD6633（6 通道） AD9856（4 通道） AD9857（4 通道） AD9957（4 通道）

续表

		TI	Intersil	ADI
DUC	集成 DAC	DAC38RF80（2×2 通道，射频直采） DAC38RF82（2×2 通道，射频直采） DAC38RF83（2×2 通道，射频直采） DAC38RF84（1×2 通道，射频直采） DAC38RF85（1×2 通道，射频直采） DAC38RF86（2×2 通道，射频直采） DAC38RF87（2×2 通道，射频直采） DAC38RF89（2×2 通道，射频直采） DAC38RF90（2×1 通道，射频直采） DAC38RF93（2×1 通道） DAC38RF96（2×1 通道） DAC38RF97（2×1 通道）		AD9856（单通道） AD9857（单通道） AD9957（单通道）
DDC& DUC	多通道	GC5016（4 通道）宽带 GC5316（48 通道：DDC、DUC 各 24 个通道,） GC5330（48 通道：DDC 和 DUC 在 1～48 之间配置） GC5337（48 通道：DDC 和 DUC 在 1～48 之间配置） GC6016（48 通道：DDC 和 DUC 在 1～48 之间配置）		
	集成 ADC 和 DAC	AFE7422（ADC：2×4 通道，DAC：2×4 通道，射频直采） AFE7444（ADC：2×2 通道，DAC：2×2 通道，射频直采） AFE7681（ADC：2×1 通道，DAC：4×1 通道，射频直采） AFE7683（ADC：4×1 通道，DAC：2×1 通道，射频直采） AFE7684（ADC：4×2 通道，DAC：2×2 通道，射频直采） AFE7685（ADC：4×1 通道，DAC：2×1 通道，射频直采） AFE7686（ADC：4×2 通道，DAC：4×2 通道，射频直采） AFE7900（ADC：6×1 通道，DAC：4×1 通道，射频直采） AFE7903（ADC：2×1 通道，DAC：2×1 通道，射频直采） AFE7920（ADC：6×1 通道，DAC：4×1 通道，射频直采） AFE7921（ADC：6×1 通道，DAC：4×1 通道，射频直采） AFE7988（ADC：2×1+2×2 通道，DAC：4×1 通道，射频直采） AFE7989（ADC：2×1+2×2 通道，DAC：4×1 通道，射频直采） AFE8030（ADC：8×1+2×1 通道，DAC：8×1 通道，射频直采） AFE8092（ADC：8×1+2×1 通道，DAC：8×1 通道，射频直采）		AD9081（4 通道，射频直采） AD9082（4 通道，射频直采） AD9986（4 通道，射频直采） AD9988（4 通道，射频直采）

用 ASIC 芯片来实现软件无线电数字前端功能，由于厂家已经完成了绝大部分的设计工作，所以，用户的设计工作相对来说就简单多了。主要是根据具体的应用，设计数字信道的各种参数。厂家一般都提供 ASIC 芯片的详细数据手册，代表性的 ASIC 芯片还有评估套件、使用指南乃至应用笔记，因此，对用户来说，使用 ASIC 设计和实现数字前端比较容易、难度不大。

4.5　高速数字信号处理器

高速数字信号处理器是整个软件无线电的灵魂和核心。软件无线电信号处理的实时性、灵活性、开放性、兼容性、可重构能力等特点主要是通过以数字信号处理器为中心的通用硬件平台及其相关软件来实现的。从前端接收下来的信号或从功放发射出去的信号都要经过数字信号处理器的处理，如数字上下变频与数字滤波、信号调制与解调、比特流的编码与译码、频谱分析与信号识别等。软件无线电这些功能的实时实现对数字信号处理提出了非常高的要求；同时，微电子技术以摩尔定律的高速发展，使数字信号处理器件的性能不断提高，为软件无线电的实现奠定了坚实基础。本节将重点介绍高速数字信号处理器件的最新发展、它们的特点及其在软件无线电中的应用技巧。

4.5.1　软件无线电信号处理的特点

软件无线电中的数字信号处理需要高精度、大动态、大运算量的高速实时处理，还应具有高效率的结构和指令集、较大的内存容量、较低的功耗等特点，这就必然要求软件无线电中的信号处理需要采用高速数字信号处理器来实现。

由于软件无线电强调最大限度地适应能力和通用性，这就要求软件无线电要具有更强大的功能、性能和灵活性，软件无线电无论是硬件还是软件设计都要比传统的无线电系统复杂得多。软件无线电虽然以软件为核心，但软件是依附在硬件平台之中的。没有一个高效、实时，满足可重构、可升级需求的软件无线电硬件平台作支撑，软件也难以发挥应有的效能。所以，软件无线电的硬件体系结构设计也是软件无线电实现的关键。

软件无线电的数字硬件系统为软件提供运行和处理的平台，主要包括数据处理、数据传输和数据存储三大基本要素。三者是相辅相成、密不可分的。数据处理的硬件通常可分为专用集成电路（ASIC）、现场可编程门阵列（FPGA）、通用数字信号处理器（DSP）和通用处理器（GPP）等四类，近年来，随着人工智能的兴起和应用到无线电领域，数据处理的硬件新增图形处理器（GPU）一类，主要用于人工智能模型训练和推理的数据处理；数据传输有流传输和分组传输两大类；数据存储有 RAM 和 ROM 两大类。从硬件设计角度而言，软件无线电硬件平台的设计就是在数据处理、数据传输和数据存储三大基本要素上如何进行可伸缩性（裁剪性）和可重构性的优化设计。我们可以从如下四个既相关又互相制约的因素来描述软件无线电数字硬件系统的构成[4]。

（1）性能

数字信号处理平台的性能主要用计算能力来衡量，软件无线电在不同的应用场合对计算能力的需求是不一样的。由于软件无线电具有多任务、多功能的特点，因此，设计者必须对不同的任务和不同的功能对计算能力的不同需求进行仔细分析，并确定其中的最大计算能力需求作为软件无线电处理平台计算能力的最低需求，以确保系统最大的适应性。软件无线电的数字硬件系统的性能主要以处理能力来衡量，而处理能力的度量，以每秒完成的指令数或者操作数等作为指标：主要有 MIPS（Millions of Instructions per Second，百万条指令每秒）、MOPS（Millions of Operations per Second，百万次操作每秒）两个运算速度单位，对于浮点处理器还有 MFLOPS（Millions of Floating Point Operations per Second，百万次浮点操作每秒）。另外，目前国际上还有以运算能力与功耗之比（单位功耗处理能力）来代表处理能力，如 MFLOPS/W，还有就是效率指标。

（2）模块化

模块化是软件无线电系统构建的一种标准方式，是主流趋势。模块化可以分为硬件模块化和软件模块化。特别是软件通信体系结构（SCA）规范的制定，将硬件模块作为软件对象，这样软硬件的有机结合，可以从软件角度来设计、测试、维护更加复杂的软件无线电系统。模块化的软、硬件结构，对于系统的构建带来了很大的方便，可以像搭积木一样构建软件无线电系统，可推倒重来、可复用、可移植、可升级。随着硬件技术的进步和算法研究的深入，设计更多新的硬件模块和软件模块，这样软、硬件模块库规模越来越大，模块的种类越来越丰富。模块化具有非常大的好处和利益，可提供货架化构件库，将极大地缩短产品设计和生产（装配）时间、降低研制成本、增加可靠性、可维护性和可维修性等等。因此，软件无线电平台的模块化设计是软件无线电的最大特点之一。

（3）可扩展

可扩展性就是系统规模的可伸缩性，允许对软件无线电进行增强以提高系统的能力，例如增加收发通道，增强系统的通信容量或增加阵列信号处理新功能。可扩展性与模块化相关，特别是模块之间接口的标准化、灵活性和性能是实现可扩展性的关键。

（4）灵活性

灵活性是指处理现有或是将来的各种空中接口和协议的能力，灵活性与性能、模块化和可扩展性等因素密切相关、密不可分。

4.5.2　数字信号处理器件的选择技巧

首先，需要指出本节的数字信号处理器件是指专用集成电路、现场可编程门阵列、通用数字信号处理器和通用处理器等所有具有数字信号处理功能和一定编程能力的器件，DSP 专门指通用数字信号处理器。目前，可构建软件无线电数字实时处理系统的主要是四类器件。

ASIC 是一种硬连线结构处理单元，在固定的硅片上实现系统电路，从而在速度和功耗方面导致最优的电路实现，其特点是功能固定，ASIC 往往作为硬件加速器，完成特定的算法，适合于功能实现相对固定、数据结构明确的应用。ASCI 的弱点：当用户定制时，费用较高，设计周期较长，需要足够大的量把费用均摊下来。当然，如果采用商品化的 ASIC，相对于其他种类的数字处理芯片，价格相对来说是最低的。另外，ASIC 由于处理电路已经固定下来了，没有可编程性，只能通过改变参数来对功能进行有限的修改，可扩展性和灵活性相对来说最差。

FPGA 是一种可编程的逻辑器件，提供硬件底层的现场可重构能力，比 ASIC 具有更高的灵活性。FPGA 具有并行处理的架构，而且，可以构造多个并行处理执行单元并同时执行，具有极高的效率，所以，FPGA 最适合那些高度并行的流水线应用，可提供极高性能的信号处理能力。FPGA 的弱点：当算法中存在复杂的判决、控制和嵌套循环时，实现起来比较困难。

DSP 本质上是一种针对数字信号处理的应用而进行优化的处理器，是基于哈佛体系结构的微处理器，并且支持低级语言（汇编语言）和高级语言（C/C++语言）进行编程，通过指令来实现各种功能，这些为 DSP 提供了比 FPGA 更大的灵活性。DSP 可通过高级语言进行反复编程、修改和升级，相同的功能模块只需修改一小部分就可移植到新的 DSP 中，减少了设计的时间，具有很大的灵活性。对算法中存在复杂的判决、控制和嵌套循环等情况，DSP 也游刃有余。或者说，DSP 处理器的灵活性主要体现在软件容易更改以及对各种算法处理和复杂算法的实现上。而硬件本身的更改则没有任何灵活性而言。DSP 的所有信号处理都是串行处理的方式实现的，这种架构局限就是：当要求进行并行处理时，不得不分解成一系列串行计算动作，分步顺序执行，这就大大降低了运行效率。

GPP 是基于冯 • 诺依曼结构的 RISC 微处理器，支持操作系统和高级语言编程，具有最大的灵活性。在软件追求“Write One，Run Anywhere，AnySize”的时代，软件可移植性和可重用性提到了前所未有的高度，所以，GPP 在嵌入式系统中也得到了从未有过的重视，并获得了越来越广泛的应用。

各类数字信号处理器件可以从计算能力、灵活性、功耗和成本等四个方面进行比较，如表 4-17 所示。

表 4-17　各类数字信号处理器件比较

数字信号处理器件		计算能力	灵活性	功耗	成本
ASIC		高	低	低	低
FPGA	高端 FPGA	高	中	高	高
	低端 FPGA	中	中	中	中
DSP		低	中	低	低
GPP		低	高	高	低

需要注意的是，上述各类器件的厂商，现在在开发新产品时，都在取长补短，也就是说，新产品中结合其他种类的优点，目标是尽量增强高速处理能力、尽量降低功耗、尽量提供最好水平的灵活性。例如，新型的 ASIC 产品内部集成了 DSP 核；新型的 FPGA 产品将 DSP 核嵌入在其结构中，将 GPP 作为硬核也集成在其中；新型的 DSP 产品集成了类似 FPGA 的功能、集成了 GPP 的网络交换接口等，另外，DSP 向多核发展，未来的 DSP 可能包含几十个甚至几百个小的 DSP 核，来增强它的处理能力。

在软件无线电数字处理平台设计时，有许多相互制约的因素必须综合考虑。计算能力是首先需要考虑的，也是最重要的。如果平台的计算资源不能支撑某一应用的需要，其他的性能就别提了；其次，成本和功耗两者也是两种“分水岭”；最后可能是灵活性了。也许，读者会觉得疑惑，软件无线电不是最强调灵活性吗？怎么反而是最后考虑的。其实这一点不必感到奇怪，这是因为无论采用上述的何种器件，都具有相当的灵活性，都能满足一般的灵活性需求。当然，如果强调功能和软件的移植性，如遵循 SCA 规范，则灵活性应放在计算能力后的第二位考虑。所以，根据各种应用，可从计算能力、灵活性、功耗、成本等不同侧重进行考虑和折中来构建软件无线电数字处理平台。

根据不同的侧重考虑，三类基本架构及其应用领域如表 4-18 所示。对于性能要求极高的应用，可以采用高端 FPGA+高端 GPP 和高端 FPGA+高端 DSP 结构这两种架构，可将复杂的算法分成两部分，结合 FPGA 和 DSP（GPP）的各自的结构和长处，将算法的各部分映射到这两类的硬件。将实时性要求高、数据处理量大、速度要求快，但是运算结构相对比较简单的算法，用 FPGA 高度并行来实现。例如，DDC/DUC、信号调制/解调、信道编码/译码、加密/解密等算法。处理数据量较小，但控制结构算法复杂的，用运算速度高、寻址方式灵活、通信机制强大的 DSP 来实现。FPGA+DSP（GPP）架构是目前高性能数字处理系统的主流结构。这种结构处理能力强、算法效率高、通用性好、非常灵活，适于模块化设计，易于扩展和维护。另外，在需要具备人工智能功能的应用，可以在这些基本架构的基础上，增加 GPU 处理资源。具体实现时，可通过设计符合软件无线电平台标准的 GPU 板卡，集成到基于这些基本架构设计的软件无线电平台即可。

表 4-18　三类基本架构及其应用领域

序　号	侧　重	架　构	主要应用领域
1	注重计算能力+灵活性型	高端 FPGA+高端 GPP	舰载、车载等国防电子产品
2	注重计算能力+功耗型	高端 FPGA+高端 DSP	机载、星载等国防电子产品
3	注重成本、功耗型	ASIC+DSP 或低端 FPGA+DSP	民用电子产品

下面，侧重介绍各类数字信号处理器件系统性知识，对芯片的发展过程作一概述性说明，使对数字信号处理器件比较陌生的读者，对高速数字信号处理器件有一个总体的印象和把握。在软件无线电方案论证和数字处理硬件平台设计时，能够选择合适的高速数字信号处理器件。

ASIC 数字信号处理器件目前主流是数字上、下变频通用芯片，详见 4.4 节的介绍。另外，还有一些针对不同应用场合、不同应用需求而开发的专用片上系统 ASIC 芯片。在 20 世纪八九十年代，由于 DSP 和 FPGA 性能不强，ASIC 芯片作为协处理器曾经广泛应用，比如有专门实现 FFT 算法的，如 PDSP16510、TMC2310；有专门实现卷积运算的，如 A100、PDSP16256、HSP43168；有专为求相角、取模值设计的，如 PDSP16330 等。如今，FPGA 和 DSP 能轻松实现这些功能，所以，这些专用 ASIC 数字信号处理芯片已成为历史。

4.5.3　数字信号处理器介绍

自从 20 世纪 80 年代初第一片数字信号处理器（DSP）诞生以来，伴随着微电子技术、数字信号处理技术的快速发展，DSP 得到了日新月异的进步，在处理速度、运算精度、处理器的结构、指令系统、指令流程等诸多方面都有很大的提高。目前，DSP 产品正在向高性能、多功能、低功耗、多领域等方向发展。DSP 已经渗透到消费、军事、民用、商业等各个领域，成为许多电子产品的技术核心。

DSP 擅长的是实时数据处理，在控制方面的能力欠缺一些，而微控制器（MCU）的控制功能强，但没有处理能力，多用于嵌入式系统的实时控制。通用处理器（GPP）则系统复杂、功耗较大，大量应用于计算机中。DSP 的结构、高速寻址方式、特殊的指令结构和指令流程决定了 DSP 具有极强的数字处理功能。以 FFT 为例，为了提高处理效率，早期的 DSP 的程序普遍采用汇编语言编写，它的运算时间完全可以通过时钟周期的数目来确定。比如，ADSP TS201 计算 1024 点的基 2 复数 FFT 程序的时钟周期数为 9419，它的运算时间（600MHz 时钟时）为 15.7 微秒。

按照器件所实现的功能，我们可以把 DSP 分成通用数字信号处理器和专用数字信号处理器两大类。由于专用 DSP 所能实现的功能比较单一，它们的组成结构较规则简单，数据的吞吐率可以做得很高，但是它们的灵活性较差。而通用 DSP 芯片的结构就较复杂，但可以灵活使用，容易实现各种算法，可以较好地满足软件可重构、可升级的软件无线电需求。通用 DSP 可以有几种不同分类方式。按照数据类型分类：可分为定点数字信号处理器和浮点处理器两大类；按照数据位数分类，可分为 16 位 DSP 和 32 位 DSP；按照应用领域分类，可分为消费电子类 DSP

和高端实时信号处理类DSP。应用于软件无线电系统的一般是通用的高端实时信号处理的DSP，实现高速、实时、海量的数据处理。

下面以数据类型分类介绍 DSP 处理器的特点，定点和浮点两大类 DSP 适用于不同场合。定点处理器适合于动态要求不高的信号处理，如通信、音频信号和视频信号等；浮点处理器适合于动态要求较高的处理，如雷达信号、声呐信号等。早期的定点处理 DSP 可以胜任大部分数字信号处理应用，但其可处理的数据的运算精度和动态范围相对较差一些，字长每增加 1bit，动态范围扩大 6dB，如 16 位定点 DSP 动态范围只有 96dB。在某些数据的动态范围很大的场合，按定点处理可能会发生数据溢出，在运算过程中，必须不断检测是否有数据溢出问题发生，不断地移位定标或作截尾处理。不断地移位定标就会浪费程序空间和宝贵的执行时间，使程序执行速度大大降低。截尾处理会造成很大的误差，使得系统的性能下降。浮点处理器的出现解决了这些问题，它拓展了数据动态范围。浮点运算 DSP 比定点运算 DSP 的动态范围要大得多。浮点运算大大提高了动态范围和运算精度。以 TMS320C6678 为例，它的数据在采用单精度浮点格式时，32bit 长的数据中，用 8bit 来表示指数，24bit 表示尾数（含符号位）。这样可以表示的最大正数为：$(2-2^{-23})\times 2^{127}=3.4028234\times 10^{38}$，最小正数为：$1\times 2^{127}=5.8774717\times 10^{38}$，最小负数为：$-2\times 2^{127}=3.4028236\times 10^{38}$，最大负数为：$(-1-2^{-23})\times 2^{-127}=5.8774724\times 10^{38}$。

那么，运算时的最大动态范围可达：

$$20\lg\frac{(2-2^{-23})\times 2^{127}}{2^{-127}}+6=1541\text{dB}$$

C6678 采用单精度定点格式时，32bit 长的数据中，用 31bit 来表示数据，1bit 表示符号。这样最大的正整数为：$2^{31}-1=2147483647$，最大的负整数为：$-2^{31}=-2147483648$。

运算时的最大动态范围为

$$20\lg(2^{31}-1)+6=192\text{dB}$$

可见，浮点运算的动态范围远远大于定点运算的动态范围。

定点 DSP 芯片主频高，运行速度快，在只需要实现定点算法应用的情况下，它有很大的优势。但对于当前越来越复杂的通信系统，常常会面临算法复杂、精度要求高并且在处理过程中数值变化范围很大的情况。尽管与浮点处理器相比，定点处理器能够实现更快的定点处理，但却不得不为复杂算法的实现付出很大的代价。复杂系统典型的设计流程一般是先基于系统模型开发相应的算法，通常使用 MATLAB 或其他浮点工具软件完成浮点算法的验证，当要在定点处理器中实现这些算法时，面临的挑战是如何在保持算法和系统性能的同时，将这些浮点算法转换为简单的定点算法，而现实常常只能是转换成复杂拙劣近似的定点算法，而实现这些算法时，往往需要大量的运算量和更长的运算时间，从而导致系统的整体性能的下降。另外，在需要用到复杂处理的情况下，从 MATLAB 代码移植到嵌入式处理系统中，需要花费数周乃至数月时间。而复杂系统需要从建模仿真、到算法开发、到算法验证、到代码移植、到实际试验、再反馈修改，这个过程要几次反复，才可能最终完成。如果用浮点处理器则使得从浮点到定点的整个转换过程变得毫无必要，可轻松地将代码从 MATLAB 等工具中进行移植，可进一步提高精确度，并且直接编译至浮点 DSP 中。采用浮点处理器实现这种复杂系统不仅简化了开发，缩短了开发周期，同时还能大幅提高性能。

DSP 的重要特点是其处理速度大大高于一般的微处理器，这主要得益于 DSP 器件具有强大的硬件运算电路和特殊的总线结构。DSP 普遍采用了哈佛结构或改进的哈佛结构，这种结构把数据总线和程序总线相分离，它比冯 • 诺依曼结构的指令执行速度更快。很多 DSP 都采用流水操作技术，每条指令的取指、译码、取数、执行等功能由几个功能单元分别完成，减少了指令的处理时间。DSP 的功能是快速实现各种运算，特别是在卷积、相关、滤波、FFT 等应用要用到的乘法累加运算，为此，DSP 大多都配有独立的乘法器和加法器，有的甚至配有多个，从而使得 DSP 在一个时钟周期内可以完成几次相乘和累加运算。同时，在 DSP 片内往往有多条总线可以同时进行取指和存取多个操作数，并且利用辅助寄存器寻址，使数据的访问更加便捷。1982 年，单个 DSP 产品的平均处理速度仅为 5MIPS，1992 年增至 40MIPS，到 1998 年进一步提高到 1600MIPS，2009 年已经发展到 9600MIPS（TMS320C6457）。然而，单个 DSP 的速度终究有限，多个 DSP 并行处理则可以极大地提高处理速度。于是多个 DSP 集成的处理芯片应运而生，如 TI 公司的多核芯片 TMS320C80，这种集成一体化产品的处理速度可达 2000MOPS，到 2009 年提高到 28800MIPS（TMS320C6474）。近年来出现了以 TMS320C6678 为代表的 8 核 DSP 处理器。TMS320C6678 采用 Keystone 架构，内含 8 核，每核的最高工作频率为 1.25GHz，可提供强大的定点和浮点运算能力。

由于实际应用中要求系统具有高实时性、高精度、高可靠性、强大的处理功能等要求，使得 DSP 的结构越来越复杂。TI 的生产工艺从第一代 2.4μm 的 NMOS 工艺，发展到 0.040μm 的 CMOS，在一个拇指大小的芯片上集成 8 个 DSP 内核。为了降低功耗，DSP 芯片的工作电压从 5V、3.3V、1.5V、1.2V，降至目前的 0.9V。从芯片封装上，从第一代的 40 脚 DIP，经过 PLCC、PGA、TQFP、TQRP、1.0mm BGA，到 841 脚的 0.8mm 间距的 BGA 封装。尽管 DSP 器件已有了很大的发展，但新的 DSP 器件还将源源不断地涌现。

目前，世界上生产 DSP 芯片的厂商中，TI 和 ADI 是两家主流厂商，而 TI 又是 DSP 领导厂商，占据了一半以上的份额，其产品线完备，产品种类非常丰富，有明确的发展路线图，按时有新产品推出；ADI 近年来致力于消费类、多媒体应用的 DSP 产品开发（Blackfin 系列）。

4.5.4　通用处理器介绍

通用处理器（General Purpose Processor，GPP），例如，Intel 的 CPU、Motorola 的 PowerPC 等，多采用冯 • 诺依曼结构。普遍没有 DMA 通道控制器，数据传输和处理不能并行，普遍没有通用存储器接口和 I/O 接口，需要芯片组配合。功耗较大，如 Intel 的 CPU 多在几十到几百瓦，PowerPC 最小也要 5～10 瓦，而 DSP 可做到 1～2 瓦。系统复杂，一般不适合嵌入式系统。随着软件无线电系统越来越强调软件的可重用性和可移植性，特别是美军 JTRS 项目研发过程中制定的 SCA 规范已成为标准，由于 GPP 的软件可重用性和可移植性优于 DSP，所以，GPP 在嵌入式系统应用得到了发展。其中，嵌入式 PowerPC 由于功耗相对较小、性能强、结构紧凑，在软件无线电这种嵌入式高速实时系统中得到了应用。下面，对嵌入式 PowerPC 进行介绍。

PowerPC（Performance optics with enhance RISC PC）是由 Apple 公司、IBM 公司和 Motorola 公司组成的联盟（简称 AIM）共同设计的，属于 RISC 体系结构。从 1992 年 10 月推出第一款 PowerPC601 产品以来，到现在已形成一个完整的处理器产品体系，应用领域涉及服务器、工作站、PC、便携机、功控机以及多处理并行体系。PowerPC 微处理器的性能与同期的 Pentium 芯片相当。为了扩大 PowerPC 的应用范围，Motorola 公司积极开发嵌入式设备市场。Motorola（Freescale）的 PowerPC 结构使用的 PowerPC BookE 体系结构，是 RISC 嵌入式应用的理想基础平台，提供了极具吸引力的性价比、很宽的运行温度、多处理功能、高集成度，它的指令在整个产品线兼容，并提供丰富的开发工具。此外，Freescale（2015 年，被 NXP 公司并购）的 AltiVec 技术，是高性能 128 位 SIMD 矢量处理扩展指令集，提供更高的性能和更高带宽的计算能力。目前几种典型的嵌入式 PowerPC 主处理器件，如表 4-19 所示。

表 4-19　几种典型嵌入式 PowerPC 器件

芯片型号	内核类型	工作频率(MHz)	最大功耗(W)	典型功耗(W)	L1Cache(KB)	L2 Cache(KB)	总线频率(MHz)	总 线 接 口
MPC7410	e600	500	11.9	7.3	2064	512	133	MPX、60x
MPC7447A	e600	773	10.3	7.8	576	512	167	MPX、60x
MPC7448	e600	1500	13.9	10	1064	1024	200	MPX、60x
MPC7457	e600	867	10.3	7.3	2576	512	167	MPX、60x
MPC8610	e600	1333	16	10.7	64	256	133	MPX、PCIe
MPC8641D（双核）	e600	1500	50	30	64	1024	133	MPX、PCIe、SRIO
T2080（四核）	e6500	1800	-	<19	64	2048	-	PCIe、SRIO

4.5.5　图形处理器介绍

近十年来，随着人工智能技术应用到无线电领域，相应的智能处理计算随之成为软件无线电平台考虑、设计和研制的组成。

人工智能（AI）概念于 1956 年正式提出，经过半个多世纪的发展，在 2010 年前后，以深度神经网络为代表的机器学习技术取得了重大进展，目前已在视频图像识别、声音语音识别、文本分析翻译、智能控制等领域得到了广泛的应用。在软件无线电领域，深度学习（Deep Learning，DL）的典型应用主要有信号目标识别、信号调制样式识别、测向定位分析、智能决策和自适应波形生成等，初步应用已表现出其卓越的性能，目前正在加速推进中。

深度学习计算分为二大部分算力，第一部分是训练算力，第二部分是推理算力。训练是指通过大量的数据输入或采取增强学习等学习方法，训练出一个复杂的神经网络；推理是指利用训练好的模型，使用新的数据去推断出结论。到目前为止，工程界主要使用四类不同的运算器件来实现智能计算。按照处理能力和功耗的递增顺序，以及灵活性/适应性的递减顺序，这些器件包括：中央处理单元（x86 CPU），图形处理器（GPU），FPGA 和 AI 专用集成电路(AI-ASIC)。表 4-20 总结了 4 种计算器件各种指标对比。

表 4-20　4 种计算器件（CPU、GPU、FPGA 和 AI-ASIC）各种指标对比

	CPU	GPU	FPGA	AI-ASIC
灵活性	最高	高	很高	最低
适应性	最高	高	很高	最低
处理峰值	一般	很高	高	最高
功耗	较高	高	很低	低
训练	效果差	性能最好	效率一般	专用最佳
推理	能力差，但有时很方便	性能好	性能好	不注重
开发难度	最低	低	最高	低
主要厂商	intel	NVIDIA	Xilinx	Google

CPU 基于冯 • 诺依曼架构。虽然灵活性最高，但 CPU 会受到长延迟的影响，因为存储器访问要耗费几个时钟周期才能执行一个简单的任务。当应用于要求低延迟的任务时，如神经网络（NN）计算，特别是 DL 训练和推理，它是最差的选择。

AI-ASIC 似乎是一种理想的解决方案，但它也有一系列自身的问题。首先，其针对特定网络模型开发；其次，开发 AI-ASIC 需要耗费数年时间，而 NN 仍在快速演化中，也许一个新的

突破马上就让过去的技术变得无关紧要了；最后，为了与 CPU 或 GPU 竞争，AI-ASIC 较大的硅片面积就需要使用最新最小的晶圆工艺技术来制造。这使得前期的巨额投资十分昂贵，但又不能保证其长期可用性，所以，AI-ASIC 对特定任务才比较有效。

FPGA 器件具有快速、灵活的优点。近年来，随着人工智能的快速应用，算力的需求超速增长，FPAG 主要厂商也不断推出相应的产品来满足市场的需求，为数据中心的数据处理提供良好的解决方案。但是，其智能计算开发难度最大，且是小众市场，这是其推广应用的最大障碍。

GPU 以牺牲灵活性为代价来提高计算吞吐量，但 GPU 处理能力很强，智能算法适应性强，“生态”系统最好、开发难度低，这是其应用最广的原因。

GPU 的名称是 NVIDIA 公司在 1999 年发布其著名的产品 GeForec256 时提出来的，GeForec256 是世界上第一款 GPU，专门用于计算机图形显示加速，极大地减轻了 CPU 的负担。2006 年，NVIDIA 在发布其划时代的 GeForce8800 GTX GPU 的同时发布了著名的 CUDA（Compute Unified Device Architecture）。CUDA 利用 NVIDIA GPU 的运算能力进行并行计算，拓展了 GPU 的除传统图形显示外的另一大应用领域——超级计算（GPGPU）。GPGUP 在图形 GPU 的基础上进行了优化设计，使之更适合高性能并行计算。到 2011 年，NVIDIA 发布 TESLA GPU 计算卡，标志着在超级计算领域，GPU 取代 CPU 成为主角。

GPU 的并行处理结构非常适合 AI 计算，但 AI 计算精度要求不高，只需 INT4/INT8/FP16 即可，传统的 GPU 具有 FP32/FP64 计算精度，所以，针对 AI 应用，NVIDIA 进行了优化设计，设计了专用的 Tensor Core，用于 AI 计算，支持 INT4/INT8/FP16 等不同精度的计算。NVIDIA 公司作为 GPU 领域的领导厂商，拥有全球领先的技术，目前，可用于 AI 计算的典型产品如表 4-21 所示。

表 4-21　NVIDIA 公司用于 AI 计算的典型产品

GPU 架构	架构发布时间	GPU 系列	典型产品型号
NVIDIA Ampere	2020 年	Tesla A 系列	A100、A40、A30
NVIDIA Turing	2018 年	Tesla T 系列	T4
NVIDIA Volta	2017 年	Tesla V 系列	V100
NVIDIA Pascal	2016 年	Tesla P 系列	P100、P40、P4

软件无线电处理平台要实现各种机器学习的算力要求一般不会高于 DL 的算力要求，考虑开发难度、灵活度、可编程性、算法兼容性、通用软件兼容性等多个维度，在现阶段，基于 CPU+GPU 计算结构是目前软件无线电处理平台中额外配备专门用于实现智能计算的最合适的架构。

4.6　高速 FPGA 设计技术

由第 1 章的讨论已经知道，软件无线电的设计原则是射频宽开化、中频宽带化。也就是说，软件无线电的中频带宽应该尽可能地宽，这样无论是对信号环境的适应性还是产品的升级换代能力都会显著增强。由于软件无线电的宽带中频特性，势必带来带通采样速度的显著提高。从目前 ADC/DAC 的技术水平来看，软件无线电的采样速率达到 1000MSPS 以上，最高超过 10GSPS。所以，如何对如此高速的 A/D 采样数据进行实时处理就成为主要的技术瓶颈。从目前的水平来看，无论是 DSP 还是 GPP 都还难以满足这一实时处理的计算能力需求，而采用 FPGA 也许是能适应这一高速、实时处理需求的唯一技术途径。所以，本节将专门介绍高速 FPGA 器件的新发展、特点及其应用。

4.6.1　软件无线电中的高速 FPGA

从软件无线电实现角度看，软件无线电最高设计原则有三点，即：

- 最大限度地进行宽带数字化；
- 最大限度地实现功能软件化；
- 最大可能地进行灵活重构。

这三大设计原则是软件无线电所有设计工作的指导思想，贯穿于软硬件设计的全过程，体现在具体实现的方方面面，三者互相依存。

表现在具体实现上：模数/数模转换尽可能地靠近天线，模拟部分的作用从传统的信号收发、处理和变换，到在软件无线电中仅仅起信号调理的作用。根据 ADC 对信号输入的要求和天线输出的信号状态，模拟接收部分进行滤波、放大和混频的工作，随着 ADC 器件性能（模拟宽带、采样灵敏度、采样位数、采样速率等）和相匹配的数字处理器以及天线性能的提高，采样从目前的中频宽带采样，向射频宽带带通采样和射频宽带低通采样演进。模拟接收部分将随之越来越少，最后，当射频滤波器可集成到 ADC 时，模拟接收部分在名义上将消失；模拟发射部分除功率放大外，其余部分也和模拟接收一样，将逐渐消失。与此相反，ADC、数字处理系统的规模、功能和性能将空前地强大，原来用模拟前端实现的功能，都集中到数字处理系统处理实现，也就是说软件无线电的一切功能都在数字域实现。最后，理想的软件无线电，从硬件角度看只有天线、ADC/DAC 和数字处理平台；从软件角度看，就是符合 SCA 规范的软件平台和应用功能软件组成的软件系统；从灵活重构看，包括符合 SCA 规范的软、硬件两部分，软件可重构、可复用、可移植和升级，由模块化、标准化的硬件模块组成的系统提供功能重构、移植、升级的物理支持，硬件系统规模可方便伸缩等。

为了实现上述设计思想，软件无线电对数字处理系统硬件的性能提出了极高的要求，主要是无论中频数字化还是射频数字化，都是宽带采样的，采样输出的数据量都非常大，在数字域处理的任务多、任务重，而且常常是多任务同时并行处理。概括来说就是“海量高速连续数据，海量高速实时处理”。海量高速实时处理，对数字处理器件来说常常是不堪重负的。所以，对构建软件无线电数字处理系统硬件的器件性能的要求是超常的，主要有以下四点：

- 处理能力——尽量强大；
- 片内资源——尽量丰富；
- I/O 接口——尽量丰富；
- 重配置能力——灵活的动态可重构能力。

从目前主要的 FPGA、DSP、ASIC、PPC、GPU 等数字信号处理器中，对承担海量高速实时处理的任务来说，高速、大容量 FPGA 是最佳的。高速、大容量 FPGA 的高性能信号处理、灵活性和可升级性，使其在极其苛刻的软件无线电数字处理系统中是不可或缺的，起着越来越重要的作用，基于极高性能的 FPGA 实现软件无线电数字信号处理有以下五大好处。

（1）极其强大的处理能力

能承担繁重的运算工作，替代 DSP 处理器进行计算密集型任务。FPGA 做数字处理的特点是它的并行架构，通用 DSP（单核）做数字信号处理只能用一个运算单元，虽然，可能是一个可以跑到几 GHz 的高性能运算单元，但是请注意它是一个运算单元，当作比较复杂的运算时，就可能需要来回循环几百次才能完成，因此，它的速度并不很快。FPGA 是具有一种天生的并行处理结构，在一颗 FPGA 中包含有上千个 MACC 单元，Xilinx 的 FPGA 芯片中目前最多可以有 12288 个 MACC 单元，处理能力可达 21897GMAC/s（Virtex UltraScale+系列），所以，它的性能是非常高的。FPGA 这种高度并行架构可以使计算数据吞吐速率与 FPGA 时钟速率相等，其突出的优点是数字处理系统性能水平高达 891MHz（Virtex UltraScale+系列）。如此卓越的性能很适合构建速度很高的单通道数字处理系统或速度相对较低的数百个通道组成的数字信道化系统。

以 256 阶 FIR 滤波为例［见式（4-101）］，FPGA 和 DSP 对比如图 4.72 所示。用传统 DSP 处理器处理，每输入一个新数据，新数据和保存的 255 个旧数据分别与相应的滤波器系数相乘，需要 256 次乘法，255 次加法，由于 DSP 是单引擎运算器件，只能串行计算，需要 256 次循环，即使是高达 1GHz 的高端 DSP，其输入数据的速率最高也只能达到 4MSPS。而 FPGA 采用高速并行计算机制，用 256 个乘法器、256 个加法器和 765 个寄存器组成一个 256 阶 FIR 滤波运算，每个时钟输入一个新数据，能在一个时钟周期内完成 256 阶 FIR 滤波运算。如果 FPGA 能支持 500MHz 处理时钟，则输入数据的速率可高达 500MSPS。从这个例子可看出 FPGA 和 DSP 的处理能力的巨大差距。

$$y(n) = \sum_{i=0}^{255} h(i) \cdot x(n-i) \tag{4-101}$$

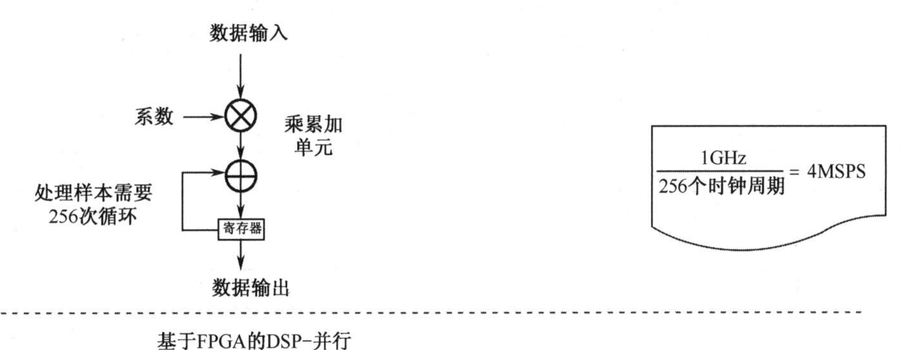

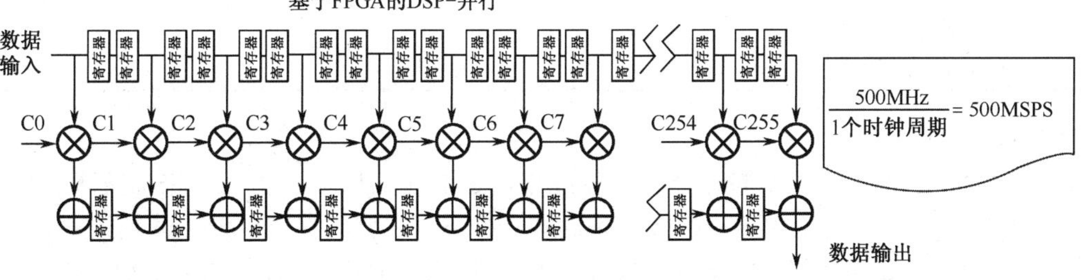

图 4.72　256 阶FIR滤波的不同处理架构

（2）最理想化的算法定制

FPGA 片内运算、存储和逻辑等资源极其丰富，有大量的 MAC 或乘法器可实现单 tap 或多 tap 架构，还能利用很多 RAM 和逻辑，可反复修改、优化，为算法的最理想实现提供保证。另外，FPGA 有许多 IP 核，通过 IP 的组合可提供丰富的算法集，可多快好省地支持新算法的实现。例如，Xinlinx 的 CORE Genertor 系统能生成针对 Xilinx FPGA 优化的可参数化算法（作为完全支持的 IP 核提供）。利用这些参数可在性能与硅片面积之间进行权衡，开发出适合的理想架构，在 FPGA 中实现高密度设计。在获得高性能结果的同时，还能缩短设计时间。CORE

Genertor 系统附有丰富的 Xilinx LogiCORE IP 库，部分 IP 库如表 4-22 所示，包括 DSP 功能、存储器、数学功能核等多种基本元件。还有更复杂的系统级核可利用。

表 4-22　Xilinx LogiCORE 部分 IP 库[22]

通信 IP	LogiCORE	AllianceCORE
滤波器		
FIR 滤波器编译器	√	
级联积分梳状滤波器（CIC）	√	
MAC FIR 滤波器	√	
使用 DPRAM 实现 FIR 滤波器		√
并行分布式算法 FIR 滤波器		√
构建模块		
复数乘法器	√	
CORDIC	√	
乘累加器	√	
乘法发生器	√	
流水线除法器	√	
正弦余弦查找表	√	
变换		
可达 64K 点的 FFT	√	
流水线 FFT(Vectis-QuadSpeed)		√
流水线 FFT(Vectis-HiSpeed)		√
调制/解调		
数字下变频器(DUC)	√	
数字上变频器(DDC)	√	
直接数字综合器	√	
高速宽带数字下变频器(4954-422)		√
宽带数字下变频器(4954-421)		√
DVB 卫星调制器(MC-XILDVBMOD)		√

（3）最理想的适配接口

目前，ADC 的输出和 DAC 的输入的采样速率高达 GSPS 级，不同的应用采样速率从几 kSPS 到几 GSPS 之间，不同的 ADC/DAC 又有不同的数据位宽、电气接口以及传输模式（如分路、合路和 DDR 等）。数字处理系统唯有 FPGA 可与之兼容，适应千变万化的输入输出接口。

另外，FPGA 很容易在片内设计各种接口，如 Xilinx FPGA 集成 Serial RapidIO、PCI express、10/100/1000Mbps 以太网接口、胶合逻辑、高速 RocketIO 串行收发器等；支持引脚接口可编程控制；支持种类繁多的标准接口，如单端 I/O 标准（LVCMOS、LVTTL、HSTL、SSTL、GTL、PCI）、差分 I/O 标准（LVDS、HT、LVPECL、BLVDS、差分 HSTL 和 SSTL）等。FPGA 这些接口能力很其容易实现以下接口。

① 总线接口。FPGA 支持多种接口标准，非常适合总线桥接应用。无论是连接串行接口（如串行 RapidIO 和 PCI Express）还是连接并行接口（如 PCI、PCI-X 和 VLYNQ），FPGA 都能满足接口和桥接的需要。

② 存储器接口。用 FPGA 桥接使用 DDR、DDR2 和 DDR3 的不同存储器。另外，Xilinx FPGA

还支持 DSP 处理器常见存储器接口，如 TI DSP 的 EMIF。

③ 合并系统逻辑。降低系统成本常常是延长产品存市寿命的重要方面。通过将系统胶合逻辑并入 FPGA，可以减少材料用量和缩小器件尺寸，从而节省成本。

④ 实现新外设。尽管 DSP 处理器供应商竭力在其器件上加入恰当的外设组合，但常常还是需要加上自己的定制外设。在处理器边上放置 FPGA，可以提供加入和升级外设的灵活性。

（4）无比灵活的重配置能力

FPGA 的可重配置性是最彻底、最独立的、受牵连度最小的。还具有现场远程配置能力，可保证设计适应未来的发展并节省维护成本。

在无线通信的全球性需求的推动下，通信标准的数量和复杂性呈指数增长，要及时跟上这些标准的发展步伐，并且要满足价格/性能/功耗比要求，这绝非易事。FPGA 可以通过实现最新算法的解决方案和标准来缩短上市时间，为新产品的设计与移植提供物理基础，以跟上用户的需求和市场要求的变化的步伐。还可以通过延长现有设计的寿命周期，从而缩减开支。

（5）相对低的功耗

用每 GMACs 功耗计算，FPGA 在高采样速率下的功耗是很低的。

4.6.2　FPGA 基本原理

FPGA（现场可编程门阵列）是一种可编程逻辑器件（PLD），PLD 是 20 世纪 70 年代发展起来的一种新型器件，主要有 PROM、EPROM、EEPROM、PAL、GAL、CPLD 和 FPGA 等种类。PROM（可编程只读存储器）只能存储少量数据，完成简单逻辑功能；EPROM（紫外线可擦除只读存储器）是一种“与阵列”和“或阵列”组成的，可用紫外线擦除的可编程只读存储器；EEPROM（电可擦除只读存储器）也是一种“与阵列”和“或阵列”组成的，可用电可擦除的可编程只读存储器；PAL（可编程阵列逻辑）是一种基于“与-或”阵列的一次性编程器件；GAL（通用阵列逻辑）是一种电可擦除的、可反复编程的阵列逻辑，能完成小规模的数字逻辑功能；CPLD（复杂可编程逻辑器件）可以完成超大规模的复杂组合逻辑；FPGA 可以完成超大规模的复杂组合逻辑与时序逻辑。由于 FPGA 器件具有强大的功能，可进行功能修改和现场升级的灵活性，所以，在通信、数据处理、网络、仪器、工业控制、军事和航空航天等众多领域得到了广泛应用。随着功耗和成本的进一步降低，FPGA 还将进入更多的应用领域。

1984 年，Xilinx 发明的 FPGA 是在 PAL、GAL、EPLD 等可编程器件的基础上进一步发展的一种全新的可编程逻辑器件。它是作为专用集成电路领域中的一种半定制电路而出现的，既解决了定制电路的不足，又克服了原有可编程器件门电路数有限的缺点。FPGA 的使用非常灵活，同一片 FPGA 通过不同的编程可以产生不同的电路功能。FPGA 是基于可配置逻辑块矩阵的可编程半导体器件，这些逻辑块可以通过编程实现互联。与为特殊设计而定制的专用集成电路（ASIC）不同，FPGA 可以针对所需的应用或功能要求进行编程。FPGA 有一次性可编程（OTP）FPGA，但主要还是基于 SRAM 的 FPGA，可随着设计的变化进行重编程。FPGA 的结构一般由可编程逻辑功能模块（Configurable Logic Blocks，CLB）、可编程输入输出模块（Input/Output Blocks，IOB）、可编程内部互连资源（Programmable Interconnection，PI）等几个基本组成部分构成，当今高密度、大容量、平台级 FPGA 中还包含存储器资源（分布式 RAM 和块 RAM）、数字时钟管理器（DCM，包括分频、倍频、数字延迟）、数字时钟锁相环（DCPLL）、I/O 多电平标准兼容（Select I/O）、DSP 运算单元（乘法器、加法器）、特殊功能模块（PCI Express、Ethernet MAC 等硬 IP 核）、微处理器（PPC405 等硬 IP 核）等。FPGA 的结构图如图 4.73 所示。

FPGA 内的基本组成部分简单介绍如下。

可编程逻辑功能模块：CLB 是 FPGA 内的基本逻辑单元，其实际数量和特性不同的器件各不相同，每个 CLB 都包含一个由 4 或 6 个输入、一些选择电路（多路复用器等）和触发器组成的可配置开关矩阵。开关矩阵是高度灵活的，可以进行配置以便处理组合逻辑、移位寄存器或 RAM。CLB 结构如图 4.74 所示。

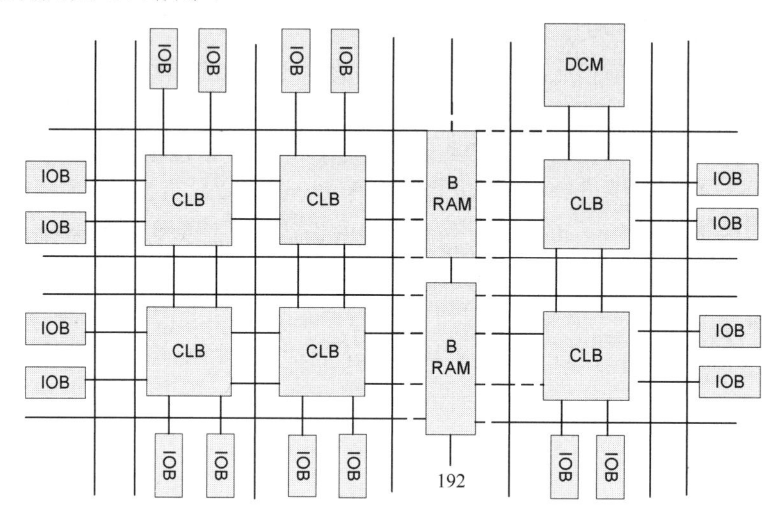

图 4.73　FPGA结构图

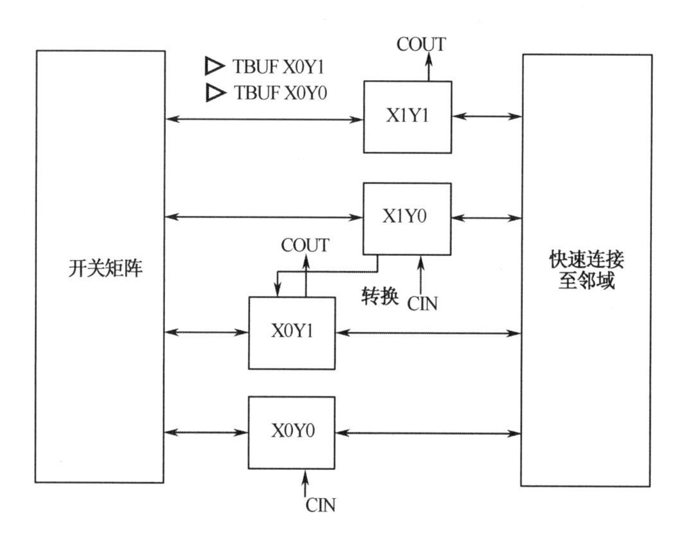

图 4.74　CLB结构

可编程内部互连线：CLB 提供了逻辑性能灵活的互联布线在 CLB 和 I/O 之间发送信号。有几种布线方法：从专门实现 CLB 互联的到快速水平和垂直长线，再到实现时钟与其他全局信号的低歪斜发送的器件。除非特别规定，设计软件使得互联布线任务从用户眼前消失，这样就极大地降低了设计复杂度。

可编程输入输出模块：目前，FPGA 支持多达 40 种 I/O 标准，单片用户 I/O 引脚高达 1200 个以上，这样就为包括软件无线电系统的用户系统提供了理想的接口连接。FPGA 内的 I/O 按组分类，每组都能够独立地支持不同的 I/O 标准。当今领先的 FPGA 提供了很多 I/O 组，这样就实现了 I/O 支持的灵活性。

嵌入式存储器：大多数 FPGA 均提供嵌入式 Block RAM 和分布式 RAM 存储器，可方便地实现片上存储器。Xilinx FPGA 的 Block RAM 总共可提供高达 60Mbits 以上的片上存储器，可以支持真正的双端口操作。

数字时钟管理：业内大多数 FPGA 均提供完整的数字时钟管理（Xilinx 的全部 FPGA 均具有这种特性）。数字时钟管理几乎消除了过去设计者在将全局信号设计到 FPGA 中时不得不面对的歪斜和其他问题。Xilinx 推出的最先进的 FPGA 提供了数字时钟管理和相位环路锁定。相位环路锁定能够提供精确的时钟综合，且能够降低抖动，并能够实现过滤功能。

当前的 FPGA 具有以下主要特点：

- 容量大：高端的 FPGA 规模已达到上千万门级，能承担繁重的信号处理任务、完成复杂的功能；
- 功能强：以 PowerPC、MicroBlaze 和 Nios 等为代表的 RISC 处理器软硬 IP 核，极大地加强了 FPGA 的功能，可轻松实现大规模的片上系统（SOC）；
- 保密性好：有防止反向技术的 FPGA，能很好地保护系统的安全性和设计者的知识产权；
- 开发容易：FPGA 开发工具功能强大，可完成从输入、综合、实现到配置芯片等一系列的功能。还有很多工具可以完成对设计的仿真、优化、约束和在线调试等功能。这些工具智能化程度高、易学易用。

FPGA 的发展趋势：

- 向更高密度、更大容量的系统级方向发展；
- 向低电压、低功耗、环保型发展；
- IP 资源复用理念得到普遍认同并成为主要设计方式；
- FPGA 动态可重构技术越来越重视。

以 FPGA 为核心的 PLD 产品是近几年中发展最快的集成电路产品。随着 FPGA 性能的高速发展和设计人员能力的提高，FPGA 进一步扩大可编程芯片的领地。目前，高端的 FPGA，单片逻辑容量按门电路算早已超过了 1200 万门以上，运算速度大大高于目前最快的 DSP 处理器，并且已经有许多支持 FPGA 应用的 IP 核，包括各种滤波器、变换器、存储器、编解码器以及数学处理功能单元等。FPGA 可以容易地在片内实现细粒度的高度并行的运算结构。使用 FPGA，可以实现功能强大的数字信号处理系统。FPGA 在包括软件无线电等实时系统中的应用越来越普及。

目前，世界上生产 FPGA 芯片的厂商有十几家，包括 Xilinx、Altera、Lattice、Actel、QuickLogic、Atmel 等公司。其中，Xilinx 和 Altera 是两家主要厂商，占全球 FPGA 市场 85%左右的份额，Xilinx 公司（2022 年，被 AMD 公司收购）是 FPGA 领域的领导厂商，是首家采用 180nm、150nm、130nm、90nm、65nm、28nm、20nm 和 16nm 工艺技术的企业，目前产品工艺制程覆盖 45～16nm 节点，2018 年拥有世界约 49%的市场份额。Altera（2015 年，被 Intel 公司收购）是 Xilinx 强有力的竞争对手，也有很强的研发实力，其产品性能与 Xilinx 同类产品不相上下。在 2008 年，它率先推出了其高端产品 Stratix 系列——40nm 工艺的 Stratix Ⅳ FPGA。Lattice 是 ISP 技术的发明者。Actel 提供宇航级的产品。

4.6.3 基于高速 FPGA 的软件无线电系统设计

基于 FPGA 的软件无线电处理系统设计的文献很多，所以，这里我们不想对 FPGA 的具体设计技术进行讨论和展开描述。从整体和局部的概念来说，诸多文献是局部说明有余，而整体论述比较缺乏。所以，在这里我们将从整体的角度向读者说明高速 FPGA 在软件无线电处理系统的一般性设计和重构方法。

1. 软件无线电处理系统中高速 FPGA 的一般性设计

从物理层角度看，软件无线电处理系统与一般的无线电数字处理系统并无本质的区别，数据主要还是信号数据、控制数据和算法数据三种，数据的形态主要还是传输、处理、存储等三种状态。但是软件无线电处理系统要求传输的速度更快、传输的结构更复杂；要求处理速度也更快、处理的种类也多得多；要求存储的速度也更快、存储的容量更大。另外，它特别强调通用性、可伸缩性和可重构性等。正像前面所说，软件无线电处理系统这些特别的要求，只有高速、大容量的 FPGA 能够胜任。基于高速 FPGA 的软件无线电处理系统一般性设计的示意图如图 4.75 所示。FPGA1 中示例的功能是 LTE（Long Term Evolution）2×2（两收两发）的无线通信系统。

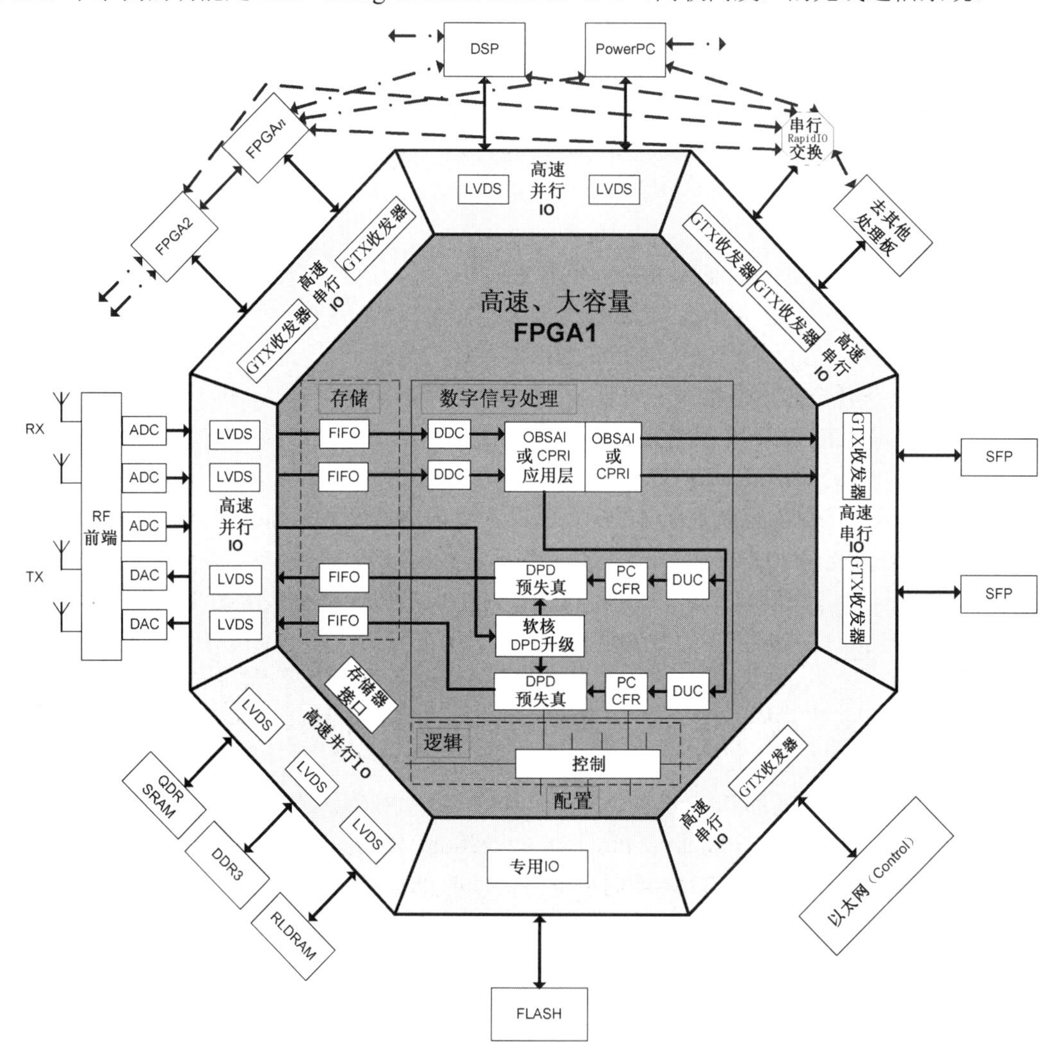

图 4.75　基于高速FPGA的软件无线电处理系统一般性设计示意图

2. 基于高速 FPGA 的软件无线电系统硬件体系结构设计

软件无线电系统硬件体系结构采用全交换体系结构（关于全交换硬件体系结构的介绍详见

4.1节)，按板级和系统级二级全交换架构设计。板级全交换是指处理板内所有处理芯片之间都通过高速传输路由进行互连。高速传输模式分为两种，一种是采用单星拓扑结构进行数据交换；另一种是采用全网状网（Full Mesh）拓扑结构的点对点传输，传输通道必须有足够高的传输带宽。系统级全交换是指所有处理板间采用Full Mesh拓扑结构交换网络进行高速数据交换。目前，一块处理板已经能完成一个通常系统的功能，即单板系统，所以，各块处理板之间的数据交换就称之为系统级交换。

研究设计出全交换的软件无线电系统硬件体系结构，是两个方面的因素促成的，一方面是软件无线电对硬件系统的需求，因为软件无线电硬件系统要求是一个通用的平台系统，而不以某一个具体实现的需求为诉求，而且要求对所有的具体实现的需求都要能满足、都能完成所要实现的功能。由于软件无线电所有功能都要求在数字域用算法来实现，算法实现就是数据运算、数据传输和数据存储。对硬件来说就是运算资源和运算能力、传输链路和传输带宽、存储容量和存储速度，所以，软件无线电对硬件平台系统的通用性要求就转化为对运算、传输、存储三者的通用性要求。不管象本节开始所说的软件无线电中“处理是海量的，而且要求是实时处理”，还是这里所说的通用性要求，对于运算的通用性要求而言，无非就是整个硬件系统的处理能力要足够强，也可以说组成硬件系统的各个处理单元运算能力要足够强，并且能同时并行运行的处理单元要足够多；对传输的通用性要求，就是哪里有数据输入请求，这个数据就能以足够快的速率传输到所请求的地方，而且，这种要求同时可能有多个存在，所以，传输的通用性要求，就是对传输网络的拓扑结构和传输链路的带宽的要求；存储通用性要求，就是要求存储的数据速率无论多高、时间无论多长、要存储的路数无论多少，都应满足。

单片数字信号处理器的运算、传输、存储三者都是有限的，目前，唯一的方法是多片处理器的组合来实现上面对运算、传输、存储三者的要求。由于物理的隔离，多片处理器组成的软件无线电硬件系统其运算资源、传输资源和存储资源必然分散在各片处理器之中，如何做到硬件系统每种资源的有机结合是最关键的。要实现软件无线电的各种功能，只能将各个算法分配到相对应的各个处理器中，各种算法如果是相互关联的，因为运算资源和存储资源都是物理固定的，所以，只有通过相关数据的移动来实现，这又涉及到数据传输的问题了。

另外，由于软件无线电硬件系统要求设计成通用的或者是功能很强的系统，所以，必定采用高端的器件，导致成本很高。这样的软件无线电系统假定能够实现所有用户所要求的各种各样的功能，而对于某个要购买该软件无线电系统的特定用户来说，实现其所要求的功能，只需要整个系统一部分资源，很大一部分资源是空闲的，所以，又会提出软件无线电硬件系统的规模是可裁剪的，当然，也需要能扩展的。这种需求定性说就是从多片处理器系统中，减少或增加处理器的问题，多片处理器是用传输网络来连接的，所以，减增处理器实现又归结到传输网络上。综上所述，软件无线电硬件系统的顶层设计和具体实现都归结到系统的传输网络上，即传输网络的拓扑结构和链路传输能力，特别是拓扑结构，对应着软件无线电硬件的体系结构。从目前的技术水平来说，基于二级全交换的体系结构能够将整个软件无线电系统的所有硬件的运算、传输、存储三种资源有机结合得最好的结构。

以上是全交换的软件无线电系统硬件体系结构提出的一方面因素，另一个方面的因素就是可行性的因素了，这就是最近几年来FPGA器件的飞速发展，使得这种结构能够得到实现。高端、高速FPGA器件是多片处理器软件无线电硬件系统的最佳选择，这是因为高端的、高速FPGA有三大绝对优势。第一个绝对优势是由于超大规模集成电路设计的发展和深亚微米加工工艺的进步，目前这种FPGA片内集成的运算、传输、存储的资源非常强大，一片FPGA可以抵原来5到10片处理器。这样，可以大大地降低多片系统处理器的个数，多片系统处理器个数的减少，使得传输网络的拓扑结构变得简单了，实现变得容易了，传输链路数也少了，每条传输链路的带宽提高了。第二个绝对优势是这种 FPGA 接口非常丰富，接口的性能很高，不仅使传输网络的端口设计变得简单，而且链路的性能得到了极大的提升，例如一个通道（Lane）的线速高达 13.1Gbps（virtex-7 GTH），单片 virtex-7 最多有 96 个这样的通道，所以，单片 virtex-7 总传输带宽最高可到 1257.6Gbps，双向传输带宽可高达 2515.2Gbps。另外，由于 FPGA 的接口有很好的兼容性，不仅能兼容各种 FPGA，而且对异类的 DSP、ASIC、GPP、存储器以及各种各样的接口芯片都能很好地兼容。第三个绝对优势是 FPGA 有非常丰富的逻辑资源，这是所有数字信号处理器中独有的，能够很方便地实现各种复杂的时序逻辑和组合逻辑，可大大降低软件无线电硬件系统的电路设计的负担。下面，对基于高速 FPGA 的软件无线电设计进行简要介绍。

3. 基于高速 FPGA 的软件无线电处理系统硬件概要设计

基于高速 FPGA 的软件无线电处理系统采用 FPGA+DSP/GPP 结构进行设计，通过 FPGA 和 DSP/GPP 互相弥合，得到一个最优化的软件无线电处理系统设计方案。用 N 片高速、大容量、并行处理能力很强的 FPGA 进行多通道、实时、高速处理等，用 DSP 和或 GPP 做后续低速基带处理，用 FPGA 中的微处理核（如 Xilinx FPGA 中的 PPC440 硬核或 MicroBlaze 软核）来做控制。

高速 FPGA 在软件无线电处理系统的作用，主要有五大功能（见图 4.75）：

- 数字信号处理功能；
- 存储功能；
- 逻辑功能；
- 接口功能；
- 配置功能。

在概要设计说明之前，为了论述的方便，先认识一下 FPGA 的功能和性能。图 4.75 中的所有 FPGA，假设都是 Xilinx 公司高性价比、成熟的 Virtex-6 的 SX 系列（SX 系列是针对信号处理进行优化设计，超强的信号处理能力和超高速串行互连是其两大特色）顶级芯片 XC6VSX475T。相对于 FPGA 在软件无线电处理系统的五大功能，FPGA 内的相应资源如下（具体指标见表 4-23）：

- 数字信号处理功能主要由嵌入式硬核 DSP48E1 来实现；
- 存储功能主要由分布式 RAM 和块 RAM 来实现；
- 逻辑功能主要由逻辑单元实现；
- 接口功能主要由通用的 IO 引脚，PCI express 接口模块、10/100/1000Mbps 以太网 MAC 模块硬核以及 GTX 来实现；
- 配置功能由专用的引脚和电路来实现。

表 4-23　XC6VSX475T 芯片主要资源

主 要 功 能	主 要 指 标
数字信号处理功能	主要由 2016 个先进的 DSP48E1 硬核构成，每个 DSP48E1 具有： — 25×18 乘法器和累加器各一 — 流水线操作功能 — 新的辅助滤波应用的预加法功能 — 比特操作逻辑功能 — 专用的级联功能
存储功能	总容量达 45944Kb，其中，块 RAM 为 38304Kb，分布式 RAM 为 7640Kb

续表

主 要 功 能	主 要 指 标
逻辑功能	先进、高性能的逻辑，逻辑单元达 476160 个
接口功能	用户 I/O 引脚高达 840 个，每个引脚支持单端和差分配置。 支持接口标准：HT、LVCMOS(2.5、1.8、1.5、1.2V)、HSTL I (1.2、1.5、1.8V)、HSTL II (1.5、1.8V)、HSTL III (1.5、1.8V)、LVDS、Extended LVDS、RSDS、Bus LVDS、LVPECL、SSTL I (1.8、2.5V)、SSTL II (1.8、2.5V)、SSTL (1.5V) 高性能 SelectIO 技术： — 1.2～2.5V 的 I/O 操作 — ChipSync 技术的源同步接口 — 数控阻抗（DCI）有效终端 — 灵活的细粒度 I/O 组 — 支持集成写标准能力的高速存储接口
	专用超高速低功耗收发器（GTX）：36 个 — 具有波特率为 150Mbps～6.5Gbps 的全双工串行收发器 — 8B/10B 编码和可编程变速箱，支持 64B/66B 和 64B/67B 编码 — 支持通道绑定
	集成 PCI Express 接口模块硬核：2 个 — 兼容 PCIe 规范 2.0，支持 Gen1（2.5Gbps）和 Gen2（5Gbps） — 每块支持×1, ×2, ×4 或×8 个通道（lane） — Endpoint 和 Root Port 能力
	集成 10/100/1000Mbps 以太网 MAC 模块硬核：4 个 — 支持可达到 2500Mbps — 支持 1000BASE-X PCS/PMA 和 SGMII — 支持 MII，GMII 和 RGMII
配置功能	灵活的配置选项：SPI 和并行 Flash 接口

如表 4-23 所示，FPGA 的数字信号处理、存储、逻辑和互连资源都非常丰富和强大，还可利用许多 IP 内核，所以，分配到芯片上的处理任务可以认为都能很理想地实现，因此，我们对数字信号处理、存储、逻辑这三大功能这里不展开讨论。由于单个 FPGA 芯片实现一个或几个复杂算法是绰绰有余的，一般不用考虑一个算法要用几个处理器来实现的设计问题。而只要考虑一个任务的所有算法分配到各个 FPGA 后，落在不同 FPGA 中的算法之间的数据传输问题，这种数据传输对传输网络结构要求较高，对传输网络链路速度要求不会很高。考虑到系统的通用性和系统规模的可伸缩性，在具体设计时，对传输网络的结构和传输链路的速度都要进行高标准设计。所以，需要对 FPGA 的接口进行详细的讨论。

通过研究认为，基于高速 FPGA 的软件无线电处理系统中，FPGA 主要可实现如下接口：

- 系统级（板间交换）接口；
- 板级（板内交换）接口；
- 原始数据输入/出接口：AD/DA 接口（满足多通道、多电平、多协议）；
- 海量存储接口；
- Flash 配置接口；
- 重构配置接口；
- SDRAM 接口；

● 控制接口等。

下面，对这些接口进行设计说明。

（1）系统级（板间交换）接口

软件无线电系统采用全交换体系结构，系统级全交换可以通过基于 Full Mesh 拓扑结构的串行 RapidIO 交换网络和基于级联拓扑结构的点对点传输网络来实现，系统所有的数字信号处理芯片都连到该交换网络，数字信号处理芯片通过该网络可与其他任何一个处理芯片进行数据交换；板级全交换基于单星拓扑结构的串行 RapidIO 交换网络和基于 Full Mesh 拓扑结构的点对点传输网络来实现。这种体系结构的优势是，在目前交换网络性能还不能很好地满足海量数据传输的情况下，采用以交换网络为主，点对点传输网络辅助的模式来实现。交换网络以连通所有处理器为目标，实现任意处理器间的有效传输，以速率相对较低的数据传输为主。点对点传输网络以传输高速数据为目标，通过多条点对点“专用通道”实现板级所有处理芯片之间和邻近处理板之间的高带宽传输，并通过级联方式，实现与非邻近处理板之间的高速数据传输。

采用串行 RapidIO 交换网络主要有三个因素：

① 交换网络拓扑结构可任意，有利于软件无线电系统规模的可伸缩性；

② 高可靠性，是目前嵌入式领域唯一的国际标准；

③ 传输速率（3.125Gbps）和传输效率（传输协议效率 90%）很高。

点对点传输网络一般用于传输高速的、传输模式比较简单的数据如多路 ADC 和或 DAC 采样的原始数据，当单板的运算能力不够时，在该板的邻槽插新的处理板，通过点对点传输网络将要处理的数据传输过去，在新板中进行相应的处理，达到系统规模的可扩展性和可裁剪性。传输的极限状态是要实时、连续，同时传输多路原始高速数据（ADC 和 DAC），所以，点对点传输能力要求很高，例如，按 8 路、296MSPS 采样速率（对 100MHz 模拟通道带宽采样）、16 位 ADC 数据的则需要每秒 4.736G 字节有效传输带宽。硬件设计时向左和右的相邻处理板都需要设计传输通道，形成整个系统的点对点级联结构，级联结构可组成流水线，能将数据从最左端传到最右端。这样对处理板来说就需要每秒 4.736G×2 字节有效传输带宽。

利用 RapidIO 网络进行板间交换，如果是 Full Mesh 拓扑结构，根据目前的技术状态，一般利用 RapidIO 交换芯片的四个端口，每个端口是 4 个通道绑定，每个通道线速为 3.125Gbps，即 3.125Gbps×16 这样的传输宽带进行系统间数据交换。

以图 4.75 的 FPGA1 为例，它共有 36 个 GTX 高速收发器，每个收发器传输线速高达 6.5Gbps，用 64B/66B 编码，传输协议用 Xilinx Aurora。Aurora 协议用流方式时，协议效率几乎为 100%。所以，每个收发器单向传输有效速率达：6.5Gbps×64/66=6.303Gbps。对于点对点传输的级联结构的每秒 4.736G×2 字节有效传输带宽的需求，FPGA 只需要 12 个 GTX 高速收发器。

以上，我们对处理板连到系统级交换的传输带宽，进行了概要的设计和说明，下面，我们来设计板级交换网络所要求的传输带宽。

（2）板级（板内交换）接口

板级交换采用上述所介绍的单星拓扑交换和 Full Mesh 拓扑点对点传输的两种高速传输结构，如图 4.75 所示。单星拓扑交换，基于 RapidIO 网络。根据目前的技术状态，每个数字处理处理器连到 RapidIO 交换芯片的一个端口上，一个端口是 4 个通道绑定，每个通道线速为 3.125Gbps，即一个端口需要 3.125Gbps×4 传输宽带。FPGA 需要 4 个 GTX 高速收发器，但收发器线速与 RapidIO 交换匹配，降为为 3.125Gbps。

由于处理板面积有限（主流是 6U 板，长×宽尺寸为 230×160mm），每块板一般设计 4 片（3 片 FPGA+1 片 DSP）处理器。对于板上 Full Mesh 点对点传输，4 片处理器互连，对于其中三片 FPGA 互连见图 4.75，每片 FPGA 需要有两条与其他两片 FPGA 的传输链路，每条链路的传输不应低于板间点对点传输的带宽，即需要每秒 4.736G×2 字节有效传输带宽。FPGA 用 12 个 GTX 高速收发器来传输。

（3）原始数据输入/出接口

原始数据输入/输出接口，一般指与 A/D 的接口、与 D/A 的接口和从系统外输入待处理数据的接口。由于硬件系统一般以采购货架式商业部件来搭建，A/D/A 板及其他数据输入卡接口，会多种多样，FPGA 输入/输出接口需要满足多通道、多电平、多协议的要求。这一点没有哪种数字信号处理器能有 FPGA 这样强的能力了，FPGA 的 IO 不仅支持各种接口标准，而且，还有高性能的 SelectIO 电路技术，能很好地满足这种要求，如表 4-23 所示。

对于多通道接口设计，一般需要 FPGA 连接足够多的引脚，按上面的例子设计：8 路、16 位 ADC 输入，用 LVDS 连接，加上采样时钟和溢出位，大概需要连接（8×（16+2）×2=288 个 FPGA IO 引脚。从表 4-23 中可以看到 FPGA 总共有 840 个 IO 引脚，绰绰有余，当然，外部存储器连到 FPGA，也要占用很多 IO 引脚，在下面将有讨论。

FPGA IO 引脚用 LVDS 接口，其传输速度可以达到 1200 MSPS，从降低硬件设计的难度出发，按 600MSPS 的传输速度设计，对硬件设计技术的要求已经不高了，所以，对于 296MSPS 的输入，能很好地满足。有一点需要强调的是，由于 288 个的输入连接对于连接器的实现来说有一定的压力，一般是采用“位宽换速度”的设计方法，即，ADC 数据两两插入，速率提高一倍，引脚减少一半。速率虽然提高了一倍，FPGA 对此也有足够接收能力。

（4）海量存储接口

对于一些应用，需要将某些数据进行连续保存，一般来说，对多路 A/D 的原始数据的连续输出进行保存是最极端的。如图 4.75 的 SFF 接口，8 路、296MSPS 采样速率、16 位 ADC 数据需要每秒 4.736G 字节有效传输带宽，FPGA 只需要 6 个 GTX 高速收发器来传输。

（5）Flash 配置接口

FPGA 有专门的引脚和电路来配置，如 SPI/BPI 和串行/并行 Flash 的配置接口，支持专用失效重配置逻辑的多比特流和自动总线宽度探测等。

（6）配置接口

见下面的 FPGA 重配置设计。

（7）SDRAM 接口

可以用 IP 核（Memory Interface Generator，MIG）生成专用存储器控制器，FPGA 丰富的 IO 引脚，足够对 SDRAM 进行连接了。

（8）控制接口

系统的控制可以用包括以太网等传输控制信息， FPGA 只需要 1 个 GTX 高速收发器来与以太网来连接，FPGA 内部还有相应的以太网 MAC 模块硬核，能很方便地进行设计和实现。

从上述的设计可以发现，FPGA 卓越的数字信号处理能力、丰富的存储和逻辑资源、强大而又灵活的接口、可重复配置的重构能力，能很好地满足软件无线电苛刻的硬件系统要求，是构建软件无线电系统的核心器件。另外，系统设计师还可充分利用多达 100 多个的 FPGA IP 内核和新一代 FPGA 开发工具，这些都为软件无线电产品的设计、开发、移植提供了强大的支持。

4．FPGA 重配置设计

功能可重构是软件无线电的核心能力之一。怎样进行功能重构，对 FPGA 来说，目前有三种方法。第一种方法是，功能实现时有一定的参数变量，通过设置不同的参数，实现有一定差别的功能；第二种方法是，片内本身就已设计了几种功能，通过切换，来进行功能重构；第三种方法是，用新功能的 FPGA 模块，重新配置，来实现新的功能。这三种方法互相之间并不排斥，在软件无线电系统设计中，都会充分利用这三种方法，来重配置、更改和升级系统的功能。第一、二方法涉及到功能实现的具体设计，对 FPGA 本身的配置来说，并无多大关系。只有第三种方法，是与其具体硬件设计有关的，而且，也是第一、二种方法实现的基础，所以，下面我们针对第三种方法的各种配置方式的设计进行简要的介绍。

（1）FPGA 配置设计

由于 FPGA 中静态随机存储器掉电后数据会丢失，系统每次上电后需要重新配置数据后才能运行。以 Xilinx 公司 FPGA 为例，FPGA 的配置模式归纳起来有 8 种，见表 4-24。

表 4-24　Xilinx FPGA 配置模式

配 置 模 式	配置时钟 CCLK 方向	数 据 位 宽
主串模式	OUT	1
主 SPI 模式	OUT	1
主 BPI-Up 模式	OUT	8，16
主 BPI-Down 模式	OUT	8，16
主 SelectMAP 模式	OUT	8，16
边界扫描	IN（TCK）	1
从 SelectMAP 模式	IN	8，16，32
从串模式	IN	1

其中，SPI 和 2 种 BPI 模式主要用于实现固定芯片的配置；边界扫描（JTAG）模式可进行在线配置，可随时更新，但是掉电后配置将丢失，只适合开发调试阶段；主串和主 SelectMAP 模式下，下载时钟由 FPGA 内部提供，不适合软件上载的配置方式；而在从 SelectMAP 模式和从串模式下，下载时钟由外部时钟源或者外部控制芯片提供。从并模式是一种 8 位双向并行数据传输模式，可以通过其 8 位宽度数据端口对 FPGA 进行配置，也可以通过此端口读回配置数据，是 Xilinx 芯片最快的配置方式。从串模式是一种单位传送数据的模式，该方式实现简单，配置数据传输稳定可靠。

针对上面各种配置方式的特点，软件无线电系统可采用从并模式或从串模式进行配置文件上载设计。在从串配置模式中，有数据信号 DIN 和 7 个控制/状态信号引脚：CCLK、/PROG、DONE、/INIT、/CS、/WRITE、/BUSY。从串模式配置流程（见图 4.76）分为下面几个步骤。

① 初始化。系统上电后，或者给/PROG 引脚一个低脉冲就开始清除配置存储器。当/PROG 由低变高执行清空配置存储器后，/INIT 引脚会自动产生一个由低到高的跳变。当/INIT 为高时，表明 FPGA 内部的配置存储器已被清空，可以开始下载。器件在/INIT 的上升沿对配置模式进行采样，确定加载数据的模式。当系统要求延迟配置下载的开始时间，可以通过延长保持/INIT 信号为低脉冲的时间间隔来解决。

② 加载配置数据。当/INIT 变高后，不需要额外的等待时间，FPGA 器件就可以立即开始数据的配置。配置数据在时钟信号 CCLK 的上升沿按照 BIT 的方式置入。同时，在配置的过程中，会根据一定的算法产生一个 CRC 值，这个值将会和配置文件中内置的 CRC 值进行比较，如果不一致出现 CRC 错误，/INIT 将会重新置低，并中止 FPGA 的启动过程。此时如果要重新配置，只需把/PROG 重新置低。

③ 器件启动。数据加载完毕并成功校验 CRC 码位后，继续送出 CCLK 时钟，等待 DONE 置高。当 DONE 置高后，FPGA 进入器件启动状态。器件启动状态是配置态到用户运行态之间的一个过渡带。之后，全局复位信号 GRS 置低，所有触发器进入工作状态。全局写允许信号 GWE 置低，所有内部 RAM 有效，FPGA 开始正常工作。

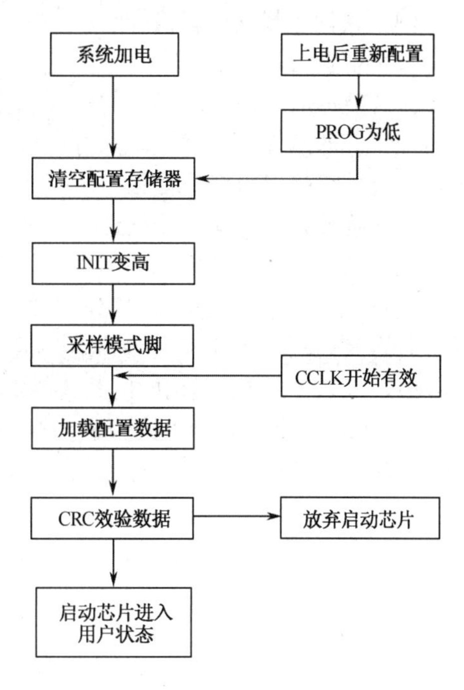

图 4.76　FPGA配置流程图

（2）多片 FPGA 系统配置设计

软件无线电系统一般都是由多片 FPGA 组成的系统，这时系统配置可以这样设计，例如，系统由 3 片 FPAG 和 1 片 PowerPC/DSP 组成，如图 4.77 所示。其中，一片 FPAG 的配置需要是固定的，由板上固有的 Flash 进行初始配置，起基本的控制作用，如 FPGA2 采用固化的配置方式，在上电后直接加载 FPGA 程序（按上面 1 中介绍的设计和方式启动）。PowerPC/DSP 通过 FPGA2，来保证对其他 2 片 FPGA 的实时上载。PowerPC/DSP 作为配置功能的发起端，进行整个流程的控制，而 FPGA2 进行控制信号的译码和时序控制，产生符合配置要求的相关信号，对其他 2 片 FPGA 进行配置。

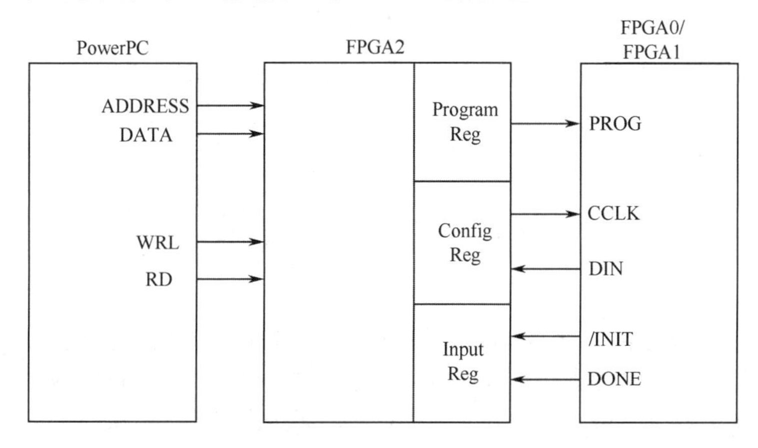

图 4.77　多片FPGA从串模式配置图

FPGA2 在对 PowerpC/DSP 地址译码后，映射到 3 个寄存器，来控制 FPGA0 或 1 的加载功能。其中编程寄存器用来启动整个配置过程，对 FPGA0 或 1 进行配置初始化，清除原有内容；配置寄存器来输出配置时钟和数据，该时钟和数据都由 PowerPC 产生，时钟频率在 2MHz 左右，配置文件为 iMPACT 生成的 HEX 文件；输入寄存器为反馈寄存器，PowerPC/DSP 获得 FPGA 的状态，其中/INIT 作为配置数据发送的依据，而 DONE 作为配置完成的信号。在 DONE 信号到达后，PowerPC 继续持续 4～8 个时钟周期用于 FPGA 进行全局的复位。

为了在不改动硬件电路的基础上，选择 FPGA0 或 1 的加载模式，需要把该 2 片 FPGA 的配置模式选择引脚都连接到 FPGA2 上，由 FPGA2 进行选择，这样即可以通过 PowerPC/DSP 控制，在 FPGA2 中译码后选择相应配置模式，保证了配置模式的用户可控。

（3）软件上载的配置设计

采用配置芯片对 FPGA 进行配置，每次上电后只能载入固定配置的文件。为了使软件无线电电系统能适应不同应用场合的需要，需要把不同功能的 FPGA 程序按照用户的需求进行加载、实时配置，即软件上载模式。同时也要考虑前面固定芯片配置和软件上载模式这两种模式的兼容，通过外部接口可以选择相应的模式。固定芯片配置可以作为系统的默认模式，在上电或者复位后达到预定的功能。而软件上载模式可以根据新需求、新算法来对系统进行调整。

在软件无线电系统实际使用中，如果需要采用新的算法，或者进行不同的处理功能，就需要调整系统中 FPGA 模块的内容。例如，一种远程软件上载的方法是：远程计算机通过网络将软件传送到控制板上存储，控制板得到配置命令后把相应文件传送到相应处理板上的 PowerPC，PowerPC 通过 FPGA2 对相应的其他的 FPGA（FPGA1/FPGA0）进行重配置。如果配置后 FPGA（如 FPGA1 或 FPGA0）功能出现异常，PowerPC 可发出重启命令，进行系统复位，恢复原来的设置，保证系统的运行。软件上载模式重配置框图如图 4.78 所示。

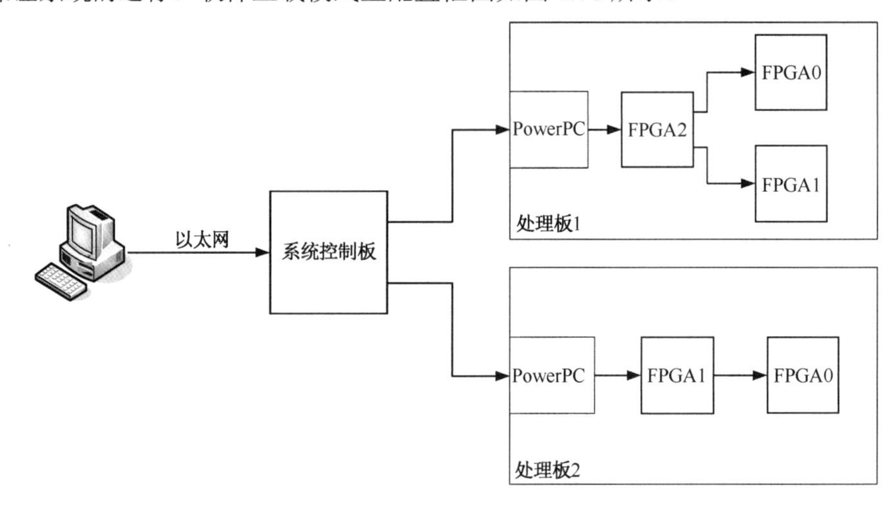

图 4.78　软件上载模式重配置框图

（4）IRL 重配置[23]

因特网重配置逻辑（Internet Reconfigurable Logic，IRL）是 Xilinx 等公司推出的一种能够通过互联网对目标系统的硬件进行远程更新和动态重构的设计方法。IRL 通过比特流文件的传输以及远程硬件的驱动来实现这个过程。FPGA 通过新的比特流文件来改变功能，IRL 能同时升级多个系统，也能在需要时返回原来的配置版本。

一个典型的 IRL 系统包括：

- 基于 TCP/IP 网络的 32 位处理器：如基于 CPCI 总线和 VME 总线的单板计算机；
- 实时操作系统：如 WindRiver 公司的 VxWorks 系统；
- Xilinx PAVE（PLD API VxWorks Embedded）构架。

IRL 系统的组成：创建一个基于 IRL 的系统需要特定的硬件和结构组件，来保证远程配置的实现。IRL 系统的组成框图如图 4.79 所示。

主机（Host）是软件和硬件的设计环境，FPGA 的配置文件和应用软件都在主机上产生。包括 Xilinx 设计工具（如 ISE）、RTOS 编译环境（如 WindRiver 的 Tornado，用于开发软件应用程序）和 PAVE 系统集成框架。主机把多种设计工具及设计环境结合起来，并将配置文件传送到升级入口。

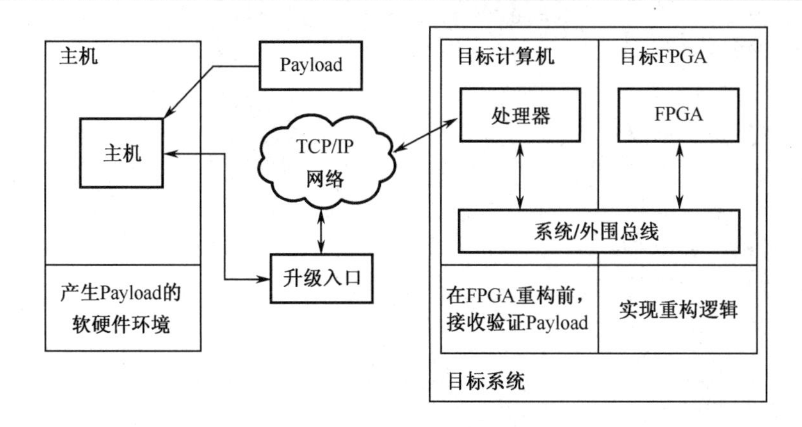

图 4.79　IRL系统组成框图

升级入口（Upgrade Portal）是与目标进行通信的计算机，目标可以通过升级入口获取配置文件。升级入口可以由主机控制，也可以由终端用户操作通过通信获得载荷的目标机。

网络（Network）是任何基于 TCP/IP 的网络，如 Intranet、本地局域网、虚拟专用网和公用网络。PAVE 能支持基本的 TCP/IP socket 连接；开发人员可以通过附加的安全协议来保证传输的安全。

目标系统（Target）是需要进行软硬件升级的系统。一个基于 IRL 的目标系统最低要求有一个能运行用户程序的处理器，PAVE API（PAVE 框架的部分）、RTOS 和 FPGA。处理器与网络进行通信并连接到 FPGA。PAVE API 通过用户的嵌入式应用程序来进行升级。

实际上，一个 IRL 目标系统通常由处理器、系统或外围总线和目标 FPGA 组成。处理器接收、验证 payload，运行用户应用程序、PAVE API 和 RTOS，升级入口运行 PAVE 主机程序并与运行在目标系统上的 PAVE 服务器进行通信。payload 经过升级入口和 Internet 从主机下载到目标系统上，到达目标系统后，PAVE 服务器和 API 执行必要的功能来对系统进行升级。

如果目标系统是软件无线电系统，同样可以通过因特网用 IRL 方法来进行重配置和功能重构。

4.7　软件无线电系统设计实例

下面，将通过一个软件无线电系统实际设计案例的介绍，将本章各部分所介绍的设计技术进行系统性地回顾和集中描述。由于各部分的理论和设计技术在前面章节已经有详细的论述，为避免重复，这里将很简要地对设计过程进行说明。

软件无线电系统主要技术指标：

- 工作频段：1～2GHz；
- 通道带宽：60MHz；
- 通信路数：8 路；
- 调制样式：BPSK、QPSK；
- 瞬时动态：⩾60dB；
- 噪声系数：⩽6dB。

软件无线电系统设计师在设计方案时，需要对各个方面的因素进行综合考虑，主要有以下几点：

- 体系结构选择；

- 选择中频和采样频率；
- 选择目标硬件；
- 划分模拟和数字部分；
- 系统性能；
- 为子系统分配设计指标；
- 确定信号精度和电平；
- 解决抽象和独立性的需求；
- 选择特定的滤波设计；
- 硬件和软件的划分；
- 采用已存在的硬件器件和软件库；
- 对处理器/进程/芯片分配实体。

目前软件无线电体系结构有外差式和零中频式两大类，从工程应用的角度来说，超外差式宽带中频软件无线电系统整体性能最好，所以，首先确定设计方案为超外差式宽带中频软件无线电系统，数字信号处理部分为全交换体系结构。

系统组成主要由二级下变频宽带模拟前端、高速高灵敏度宽带模数转换、可重配置超高速数字处理、高速宽带数模转换、二级宽带模拟上变频及线性功放等部分，如图 4.80 所示。硬件

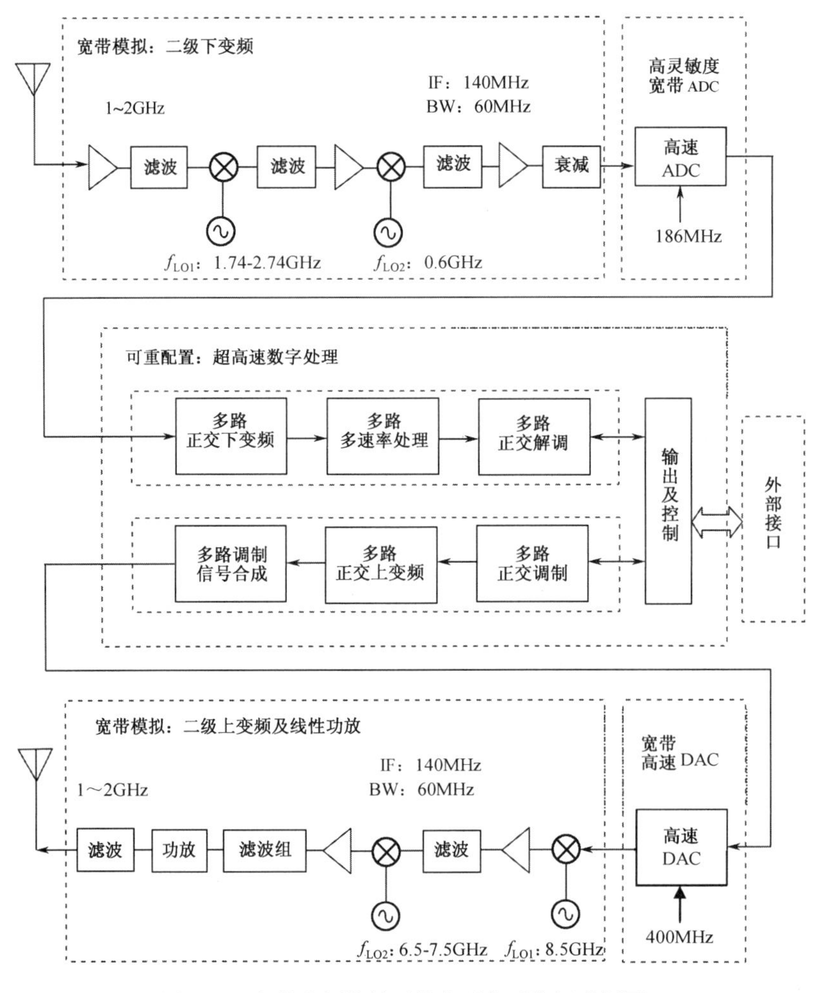

图 4.80　宽带中频软件无线电通信系统组成框图

结构用 5 槽小规模系统，模拟前端和宽带模拟上变频设计单板部件，分别占一个槽，其他三槽插二块高性能信号处理板和一块数据处理板。一块高性能信号处理板用于接收部分多个通道的信号数字下变频、解调，ADC 设计成子卡，通过 FMC 接口安装在其上；另一块高性能信号处理板用于发射部分多个通道的信号调制和数字上变频，DAC 设计成子卡，也通过 FMC 接口安装在其上。数据处理板用于信道的编/译码等运算。

软件无线电系统的模拟宽带接收前端设计：从系统的需求出发，通过对接收增益、噪声系数、动态范围、组合干扰、本振步进和相位噪声等等指标结合已商品化的器件性能指标的综合考虑和设计，一个比较合理和性能比较优秀的模拟宽带接收前端组成如图 4.80 所示。主要技术参数标注在图中，其他指标，如接收前端总的增益为 46dB；NF 为 4.7dB；$IP3_{in}$ 为-6dBm。

模拟宽带发射部分可分为模拟宽带上变频和宽带线性功放两部分。从频域的观点来看，模拟宽带上变频实际上是调制信号频谱搬移的过程，即把中频信号通过变换将其频谱搬到所需的工作频率范围内。如何实现调制信号的频谱搬移以及减少搬移过程中由于器件的非线性、整机的电磁兼容等引起输出信号频谱无用分量，使达到比较好的技术指标是设计的基本思路。

ADC 采样设计主要考虑转换灵敏度、信噪比、动态范围、采样速率和输入带宽等几项指标，希望这些指标都越高越好。软件无线电 ADC 部分的设计方式现在已经非常成熟，不再展开描述，采样速率确定为 186MSPS。DAC 采样速率确定为 400MSPS。

可重配置的高速数字信号处理系统是核心。要实现的功能（功能算法/功能软件）如表 4-25 所示。主要有数字正交下变频、多速率数字信号处理、数字正交解调等设计。

表 4-25　数字信号处理主要功能

通信功能	数字信道功能
	信道编/译码功能
	多址功能
	调制/解调功能

由于 ADC 采样速率较高，宽带中频进行数字化后产生一个 186Mbps 的高速数据流，对高速数据流的实时处理是高速数字信号处理系统实现的关键。由于 8 个信道要同时通信。需要利用多速率数字信号处理来将数据流速率将下来，运算量可大大减少，能够实现实时处理。数字正交下变频先对模拟前端输出经高速 ADC 数字化的宽带数字中频信号中的某个信号/信道下变频到零中频，然后用低通数字滤波器滤除带外信号/杂散和噪声。数字正交下变频法不仅能对单一信号进行正交分解，尤其是能够通过改变数字本振频率和数字低通滤波器的带宽在多个信号中提取任一频率和任意宽带的信号并实现正交分解。由于数字本振的频率和相位精度很高，正交分解出来的同相和正交两路的正交偏差极小、正交性能非常理想。另外，数字低通滤波器很容易设计成匹配滤波器，在输出信噪比一定的情况下，能提高信号的解调灵敏度。图 4.81 是一种通用的单通道解调器组成框图，可以解调类型：AM、FM、FSK、BPSK、QPSK、OQPSK、1/4　QPSK、16QAM。解调速率范围：600bps～1.5Mbps。二块信号处理板，分别设计了 8 路数字上/下变频、多速率数字信号处理和调制/解调等。图 4.82 是一种通用的单通道正交调制器组成框图。在 FPGA 中具体的设计不再展开说明。图 4.83 是其中一个通道的 BPSK 信号解调的星座图、码流输出和另一通道的 BPSK 调制信号射频输出频谱图。

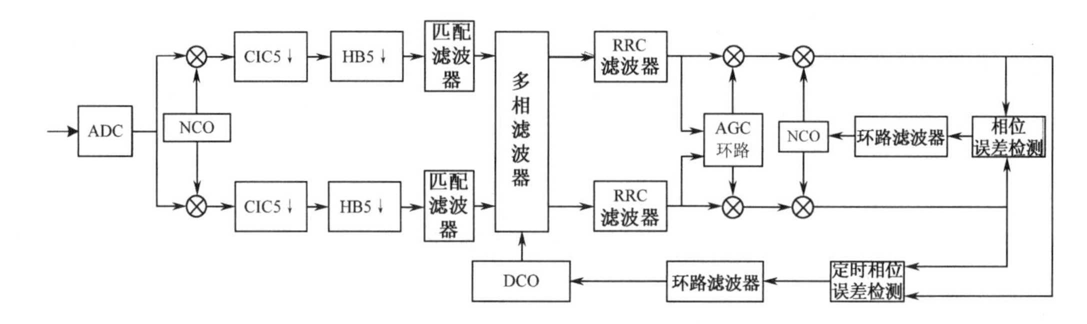

图 4.81　一种通用的单通道解调器组成框图

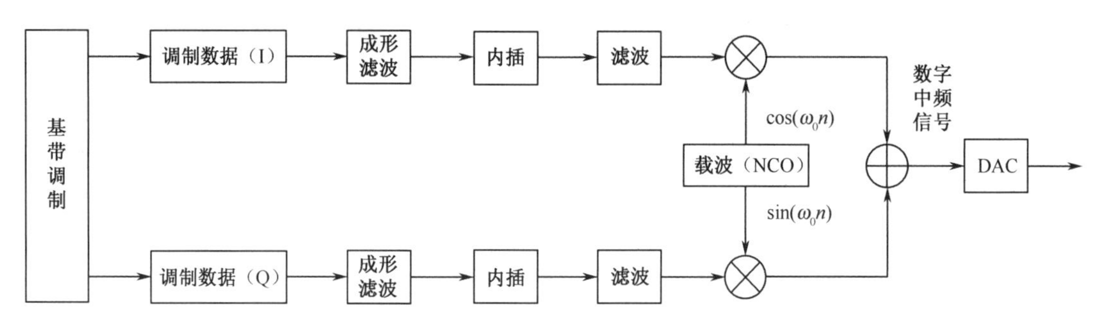

图 4.82　一种通用的单通道正交调制器组成框图

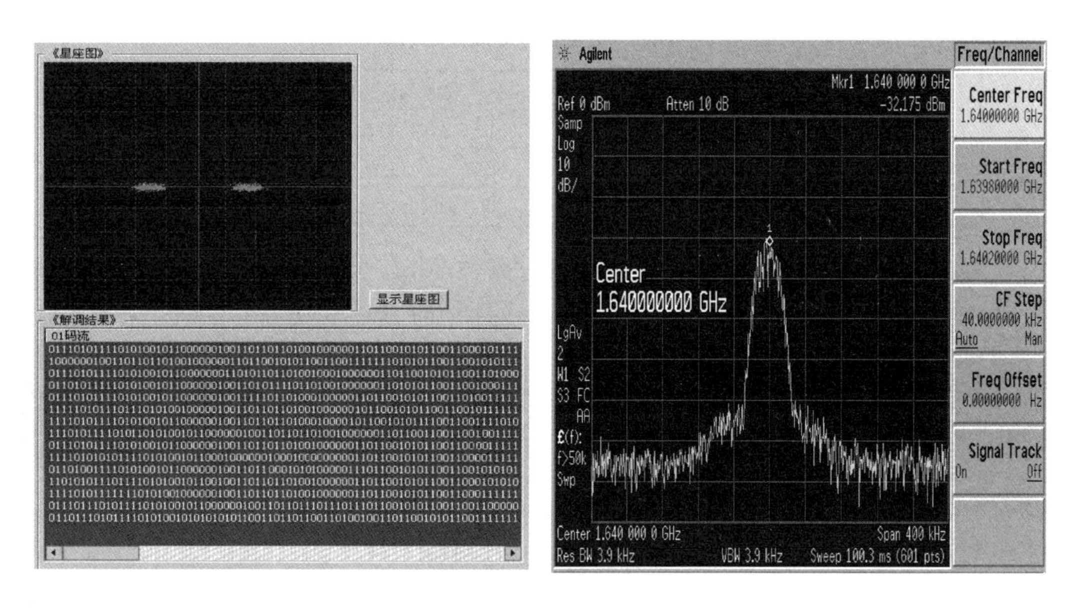

图 4.83　BPSK信号解调和调制

习题与思考题 4

1．一个 50Ω 的阻抗和一个等效阻抗为 50Ω 的接收机相连，接收机的通带宽度为 10MHz，阻抗温度为环境温度（290K）。试计算接收机输入端的噪声功率和噪声电压。

2．一个放大器的噪声系数为 2dB，试计算它的等效噪声温度。

3．有一个三级放大器，其特性参数如下表所示，假设各级阻抗匹配，试计算整个系统的增益、噪声系数、噪声温度。

级　数	增益/dB	噪声系数/dB
1	10	2
2	15	5
3	25	7

4．已知某接收网络的三阶互调抑制比 a_{IM3}=85dB，输入信号为 P_{in}=−10dBm，求其三阶输入截点 $IP3_{in}$ 为多少？

5．已知某接收网络的三阶输出截点 $IP3_{out}$=+30dBm，增益 G=30dB，输入信号为 P_{in}=−30dBm，求互调抑制比 a_{IM3} 为多少？

6．把图 4.37 中的滤波器放到 RF 放大器之前，试求整个网络的噪声系数、输入三阶截点值、灵敏度和无虚假动态范围。

7. 有一种 ADC，其参考电压为：$V_{REF+}=1.5V$，$V_{REF-}=0V$，经测量得到其噪声电压为 1.8mV，求该 ADC 的有效转换位数。

8．假设有一个转换位数为 10bit 的 ADC，其采样时钟的频率为 900MHz，。假定允许的最大采样误差为 0.5LSB，输入信号为 100MHz 的正弦波。试求 ADC 所允许的最大抖动。

9．一个采样时钟为 100MHz 的 8bit 理想 ADC，输入采样时钟的峰-峰抖动 t_{con} 为 100ps，若 ADC 的输入信号是 25MHz 的满幅正弦波，求该 ADC 的 SNR。

10．一个 12bit 的数模转换器（DAC），其输出幅度为满量程幅度的 80%，采样频率为 Nyquist 采样速率的 4 倍，求其输出信噪比。

11．什么是前端、什么是软件无线电前端、模拟前端、数字前端？

12．软件无线电前端有哪几个部分组成？数字前端主要有几个功能？

13．数字上、下变频器有哪几部分组成？工作原理是什么？

14．数字控制振荡器工作原理是什么？简述数字控制振荡器优化设计。

15．用 FPGA 实现 FIR 滤波器有哪几种结构，各种结构有哪些优缺点？

16．软件无线电的数字硬件系统包括哪三大基本要素？

17．软件无线电的数字硬件系统性能怎样表征？

18．各种数字信号处理器优缺点是什么？

19．软件无线电数字处理系统硬件要求怎样的器件性能？

20．FPGA 实现软件无线电数字信号处理有哪些优越性？

21．FPGA 基本组成有哪些？当前 FPGA 有哪些主要特点？有哪些发展趋势？

22．基于 FPGA 的软件无线电系统设计要考虑些什么？

23．FPGA 重配置设计有哪些方法？

第 5 章　软件无线电信号处理算法

由第 1 章的讨论知道，软件无线电具有六大特点，即天线智能化、射频前端宽开化、中频宽带化、硬件通用化、功能软件化、软件构件化。前面的四大特点都是通过软件无线电平台的硬件设计来保证和支撑的。第 4 章讨论的主要问题实际上就是如何设计软件无线电硬件平台，以充分体现软件无线电的前面四大特点。本章将重点讨论软件无线电功能软件化的问题，软件无线电的灵活性、可扩展性主要是通过功能软件化来实现的，只有软件无线电的所有功能都用软件来实现或用软件来定义，才有可能通过软件的增加、修改或升级实现新的功能，做到灵活可扩展。可以说，无线电功能的软件化是软件无线电的最大优势。在所有软件中数字信号处理软件占据着重要的位置，比如编码、调制、解调、译码、同步提取、频谱分析、信号识别等都是采用信号处理算法来实现的。本章将对调制、解调、参数估计、同步、均衡、信号识别等几种重要的数字信号处理算法进行分析讨论，信道编译码算法将在第 6 章介绍。

5.1　软件无线电中的调制算法

任何无线电信号，无论是通信信号还是雷达信号或者是测控、敌我识别、导航信号等，它的发射和接收过程实际上都是可以采用调制解调基本原理来分析讨论的。所以，调制与解调是软件无线电中最具普适性也是最为关键的信号处理功能。本节将首先讨论软件无线电中的调制算法，它是软件无线电发射机的重要组成部分。

5.1.1　信号调制通用模型

随着现代通信的飞速发展，通信体制的变化也日新月异：一些旧的通信方式或者被改进完善，或者被淘汰，适合现代通信体制的新通信方式不断涌现并且日臻完善。目前常用的模拟调制方式主要有 AM、FM、SSB、CW 等，而数字信号通信的调制方式却非常多，如 ASK、FSK、MSK、GMSK、PSK、QAM 等。如果按照常规的方法，产生一种信号就需要一个硬件电路，甚至一个模块，那么要在一部通信机中产生几种、十几种通信信号其电路就会极其复杂，体积质量都会很大。如果要增加一种新的调制方式也将非常困难。显然，这种方法是不可取的。

软件无线电中的各种调制信号是以一个通用的数字信号处理平台为支撑，利用各种软件来产生的。每一种调制算法都做成软件模块形式，要产生某种调制信号只需调用相应的模块即可。由于各种调制用软件实现，因此在软件无线电中，可以不断地更新调制模块的软件来适应不断发展的调制体制，具有相当大的灵活性和开放性。我们已经在前面讨论了数字信号处理技术和数字信号处理器等有关内容。软件无线电的各种调制完全可以基于数字信号处理技术来实现。通过第 2、3 章的讨论已经知道，从理论上来说，各种通信信号都可以用正交调制的方法加以实现，如图 3.30 所示。为讨论方便，现在重新画出，如图 5.1 所示。

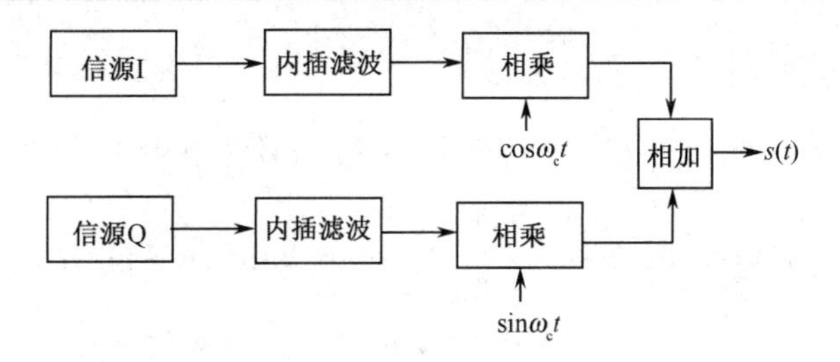

图 5.1　正交调制的实现框图

根据图 5.1 可以写出它的时域表达式：

$$s(t)=I(t)\cos(\omega_{c}t)+Q(t)\sin(\omega_{c}t) \tag{5-1}$$

其中 ω_c 为载波角频率，在以后的论述中除非特殊说明，否则有 $\omega_c=2\pi f_c$。调制信号的信息包含在 $I(t)$，$Q(t)$内。由于各种调制信号都是在数字域实现的，因此在数字域实现时要对式（5-1）进行数字化：

$$s(n)=I(n)\cos(n\omega_{c}/\omega_{s})+Q(n)\sin(n\omega_{c}/\omega_{s}) \tag{5-2}$$

其中 ω_s 为采样频率的角频率。在对调制信号和载波频率分别进行采样数字化时，其采样频率可能不一样，这里内插滤波器的作用就是用来提高数据源的采样速率，使得调制信号的采样频率和载波的采样频率一致。下面将对几种信号进行简单的讨论后，给出正交调制的实现方法。为了叙述方便，在下面的讨论中，仍将采用模拟表达式。

5.1.2　模拟信号调制算法

1．调频信号（FM）

调频（FM）是载波的瞬时频率随调制信号成线性变化的一种调制方式，音频调频信号的数学表达式可以写为

$$s(t)=A[\cos(\omega_{c}t+k_{\Omega}\int_{0}^{t}v_{\Omega}(t)\mathrm{d}t)] \tag{5-3}$$

把式（5-3）展开并化简得：

$$\begin{aligned}s(t)&=A\cos(\omega_{c}t)\cos(k_{\Omega}\int_{0}^{t}v_{\Omega}(t)\mathrm{d}t)-A\sin(\omega_{c}t)\sin(k_{\Omega}\int_{0}^{t}v_{\Omega}(t)\mathrm{d}t)\\&=A\cos(\omega_{c}t)\cos\Phi-A\sin(\omega_{c}t)\sin\Phi\end{aligned} \tag{5-4}$$

其中 ω_c 为载波角频率，$v_\Omega(t)$为音频调制信号，k_Ω为调制角频偏，而Φ由下式给出：

$$\Phi=k_{\Omega}\int_{0}^{t}v_{\Omega}(t)\mathrm{d}t \tag{5-5}$$

从式（5-4）看到，在实现 FM 时要对调制信号进行积分，然后对这积分后的信号分别取正弦和余弦即可。因此用正交调制法实现时只需令：

$$I(t)=\cos\Phi \tag{5-6}$$

$$Q(t)=\sin\Phi \tag{5-7}$$

为简单起见，下面来看一下调制信号为单音时，FM 信号的频谱。假设输入的调制信号为

$$v_{\Omega}(t)=\cos(\Omega t)$$

代入式（5-4），可得：

$$s(t)=A\cos(\omega_{c}t)\cos(m_{f}\sin\Omega t)-A\sin(\omega_{c}t)\sin(m_{f}\sin\Omega t) \tag{5-8}$$

其中 $m_f = k_\Omega / \Omega$ 为调制指数。

$$\cos(m_f \sin\Omega t) = J_0(m_f) + 2\sum_{n=1}^{\infty} J_{2n}(m_f)\cos 2n\Omega t \tag{5-9}$$

$$\sin(m_f \sin\Omega t) = 2\sum_{n=0}^{\infty} J_{2n+1}(m_f)\sin(2n+1)\Omega t \tag{5-10}$$

式中，n 为正整数，$J_n(m_f)$ 是以 m_f 为参数的 n 阶第一类贝塞尔函数。调频信号的时域波形和频谱图如图 5.2 所示。

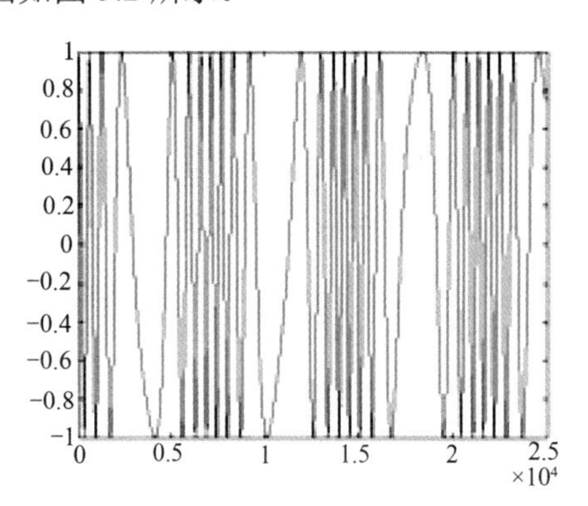

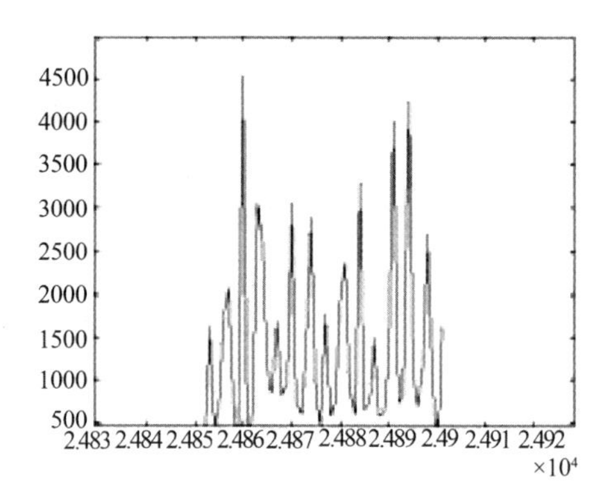

图 5.2　FM信号的时域波形、频谱图

调频信号的带宽为

$$\mathrm{BW}=2(m_f+1)F \tag{5-11}$$

其中 $F=\Omega/2\pi$ 为调制单音频率。

最后我们给出对应式（5-3）的数字域表达式为

$$s(n) = A\cos(\omega_c n T_s + \varphi(n)) = A\cos\left(2\pi\frac{f_c}{f_s}\cdot n + \varphi(n)\right)$$
$$= A\cos(\omega_c'\cdot n + \varphi(n)) = A\cos(2\pi f_c'\cdot n + \varphi(n))$$

式中，$\omega_c'=\omega_c\cdot T_s$ 为数字域角频率（取值范围 0～π）；$f_c'=f_c/f_s$ 为数字域频率（取值范围 0～0.5）。在不会发生混淆的情况下，通常用 ω_c' 替代 ω_c，或用 f_c' 替代 f_c。这样上式就可以简单表示为

$$s(n) = A\cos(\omega_c n + \varphi(n)) = A\cos(2\pi f_c n + \varphi(n))$$

对于调频信号，有：

$$\varphi(n) = \frac{k_\Omega}{2f_s}\left[v_\Omega(1) + v_\Omega(n) + 2\sum_{m=2}^{n-1} v_\Omega(m)\right]$$

2．调幅信号（AM）

调幅就是使载波的振幅随调制信号的变化规律而变化。用音频信号进行调幅时，其数学表达式可以写为

$$s(t) = A(1 + m_a v_\Omega(t))\cos\omega_c t \tag{5-12}$$

式中，v_Ω 为调制音频信号，m_a 为调制指数，它的范围在（0，1）之间，如果 $m_a>1$，已调波的包络会出现严重的失真，而不能恢复原来的调制信号波形，也就是产生过量调幅。如要实现正交调制，只要令：

$$I(t) = A(1 + m_a v_\Omega(t)) \tag{5-13}$$

$$Q(t)=0 \tag{5-14}$$

对式（5-12）进行傅氏变换可得：

$$S(\omega)=A\pi[\delta(\omega+\omega_c)+\delta(\omega-\omega_c)]+\frac{1}{2}Am_aV_\Omega(\omega-\omega_c)+\frac{1}{2}Am_aV_\Omega(\omega+\omega_c) \tag{5-15}$$

式中，$V_\Omega(\omega)$ 为 $v_\Omega(t)$ 的频谱。式（5-15）说明，由正弦波调制的调幅信号由三种频率成分组成：载波、载波与调制频率的差频（下边带）、载波与调制频率的和频（上边带）。调幅波所占的频谱宽度等于调制信号最高频率的两倍。调幅信号的时域波形、频谱图如图 5.3 所示。

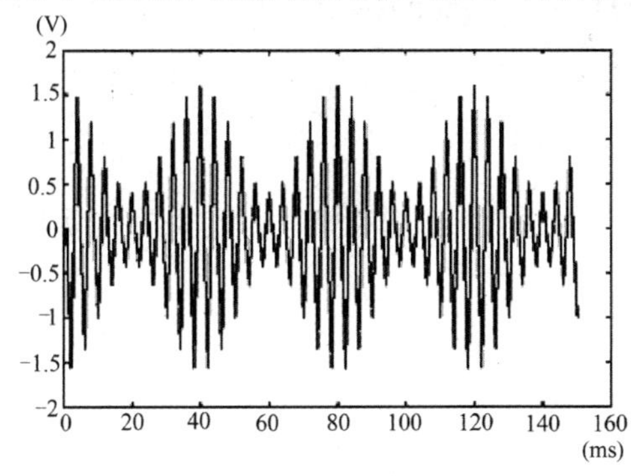

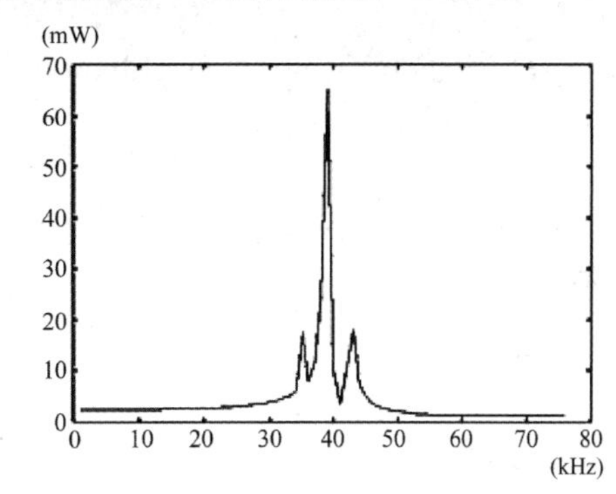

图 5.3　AM信号时域波形、频谱图

3．双边带信号（DSB）

双边带信号是由调制信号和载波直接相乘得到的，它只有上下边带分量，没有载波分量。如对 DSB 信号进行滤波，滤除其一个边带就可以实现单边带调制。DSB 信号的时域表达式为

$$s(t)=Av_\Omega(t)\cos\omega_c t \tag{5-16}$$

如要实现正交调制只要令：

$$I(t)=Av_\Omega(t) \tag{5-17}$$

$$Q(t)=0 \tag{5-18}$$

对式（5-16）进行傅氏变换可得：

$$S(\omega)=\frac{1}{2}AV_\Omega(\omega-\omega_c)+\frac{1}{2}AV_\Omega(\omega+\omega_c) \tag{5-19}$$

式中，$V_\Omega(\omega)$ 为 $v_\Omega(t)$ 的频谱。双边带信号的时域波形和频谱图如图 5.4 所示。双边带信号的频谱带宽与 AM 信号相同。

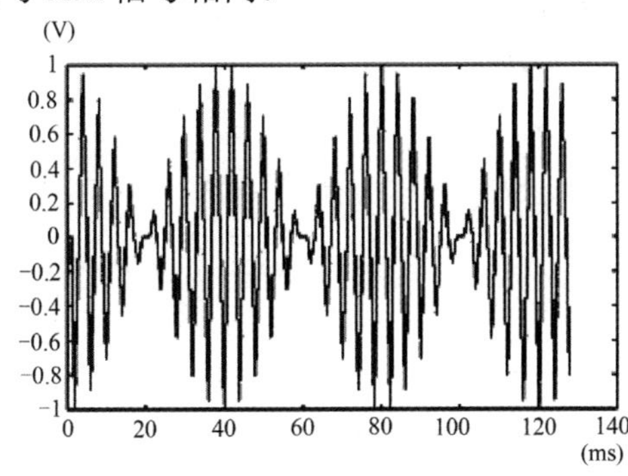

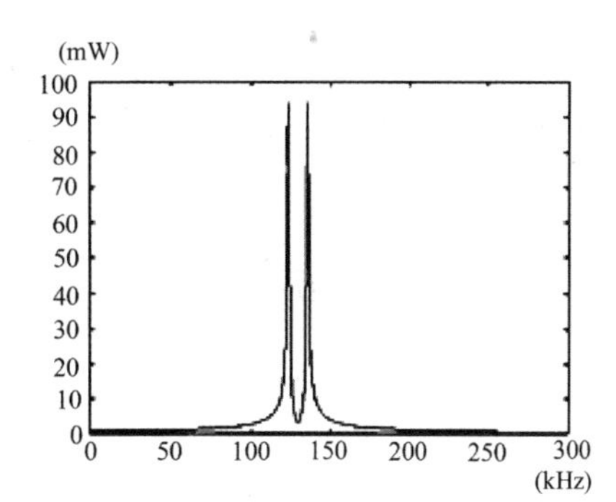

图 5.4　双边带信号的时域波形、频谱图

4．单边带信号（SSB）

上文已经提到，SSB 信号是通过滤除双边带信号的一个边带而得到的。滤除其上边带就是下边带（LSB）信号，滤除其下边带就可得到上边带（USB）信号。由于单边带信号的频谱宽度仅为双边带信号的一半，单边带一方面可以为日益拥挤的短波频段节约频率资源；另一方面，单边带只传送携带信息的一个边带功率，因而在接收端获得同样信噪比时，单边带能大大节省发射功率。因此短波频段广泛应用单边带信号传输信息。LSB 的表达式为

$$s(t)=v_{\Omega}(t)\cos(\omega_{c}t)+\hat{v}_{\Omega}(t)\sin(\omega_{c}t) \tag{5-20}$$

USB 的数学表达式为

$$s(t)=v_{\Omega}(t)\cos(\omega_{c}t)-\hat{v}_{\Omega}(t)\sin(\omega_{c}t) \tag{5-21}$$

其中，$\hat{v}_{\Omega}(t)$ 为调制信号 $v_{\Omega}(t)$ 的 Hilbert 变换，即：

$$\hat{v}_{\Omega}(t)=v_{\Omega}(t)\otimes\frac{1}{\pi t} \tag{5-22}$$

其中，$\otimes$ 表示卷积。Hilbert 变换实际上就是对该信号进行 $\pi/2$ 的移相。因此 SSB 要实现正交调制，只要令：

$$I(t)=v_{\Omega}(t) \tag{5-23}$$

$$Q(t)=\hat{v}_{\Omega}(t) \tag{5-24}$$

就可以得到 LSB 信号。令：

$$I(t)=v_{\Omega}(t) \tag{5-25}$$

$$Q(t)=-\hat{v}_{\Omega}(t) \tag{5-26}$$

就可实现 USB 信号。单边带信号的频谱图如图 5.5 所示。

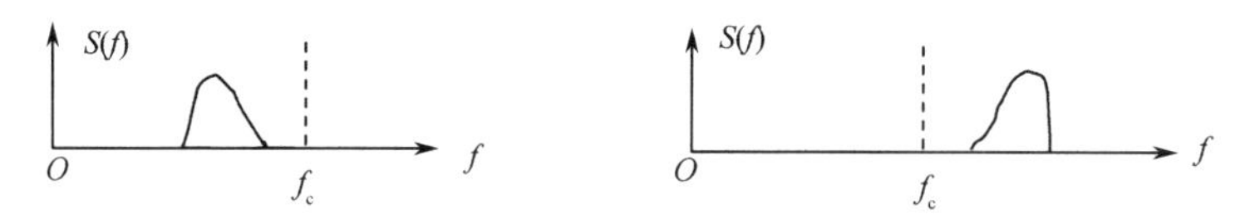

图 5.5　上、下边带信号的频谱图

如果发射机仍然发射两个边带，但是和双边带不同，两个边带中含有两种不同的信息，这种调制方式叫独立边带（ISB）。它的数学表达式为

$$s(t)=[v_{U}(t)+v_{L}(t)]\cos(\omega_{c}t)+[\hat{v}_{U}(t)-\hat{v}_{L}(t)]\sin(\omega_{c}t) \tag{5-27}$$

其中 $v_{U}(t)$，$v_{L}(t)$ 分别为上、下边带信号，$\hat{v}_{U}(t)$，$\hat{v}_{L}(t)$ 分别为上、下边带信号的 Hilbert 变换。要实现正交调制，只需令：

$$I(t)=v_{U}(t)+v_{L}(t) \tag{5-28}$$

$$Q(t)=\hat{v}_{U}(t)-\hat{v}_{L}(t) \tag{5-29}$$

独立边带信号的频谱图如图 5.6 所示。

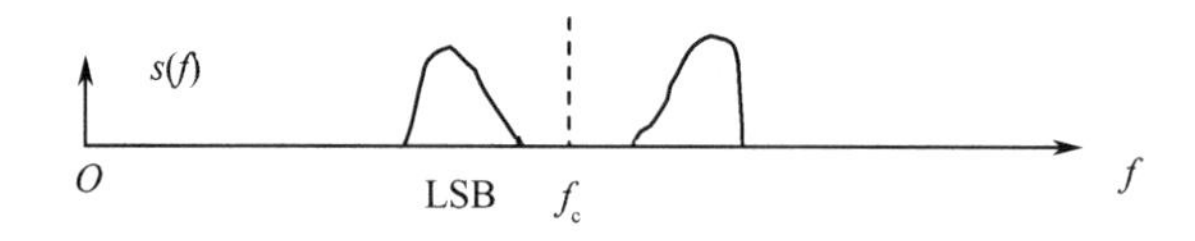

图 5.6　独立边带信号频谱图

5.1.3　数字信号调制算法

1．振幅键控（2ASK）信号

一个二进制的振幅键控信号可以表示为一个单极性脉冲与一个正弦载波相乘，即：

$$s(t)=\sum_n a_n g(t-nT)\cos(\omega_c t) \tag{5-30}$$

其中，$g(t)$是持续时间为 T 的矩形脉冲，a_n 为信源给出的二进制符号 0，1。如果令：

$$m(t)=\sum_n a_n g(t-nT) \tag{5-31}$$

那么，

$$s(t)=m(t)\cos(\omega_c t) \tag{5-32}$$

因此，要实现正交调制，只要令：

$$I(t)=0 \tag{5-33}$$

$$Q(t)=m(t) \tag{5-34}$$

就可以实现 2ASK 调制。2ASK 的功率谱表达式可以写为

$$P(f)=\frac{T}{16}\left|\frac{\sin[(f+f_c)T]}{\pi(f+f_c)T}\right|^2+\frac{T}{16}\left|\frac{\sin[(f-f_c)T]}{\pi(f-f_c)T}\right|^2+\frac{1}{16}[\delta(f+f_c)+\delta(f-f_c)] \tag{5-35}$$

2ASK 的时域波形、功率谱如图 5.7 所示。

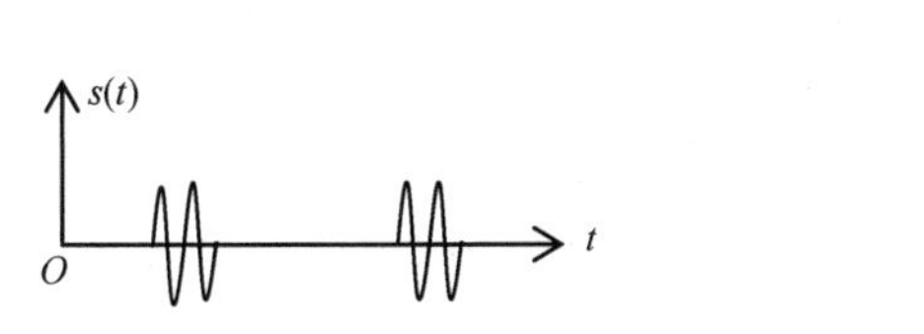

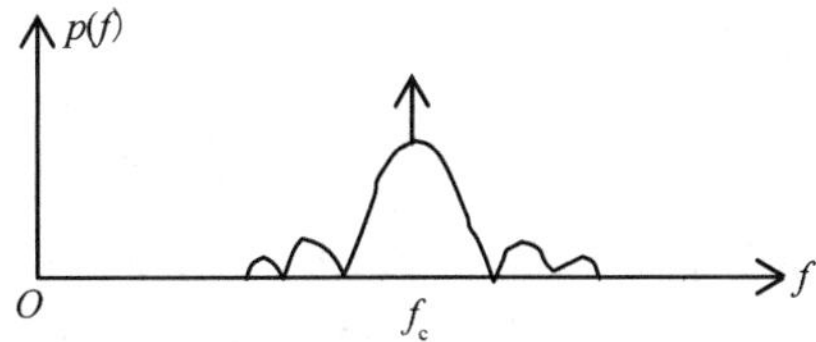

图 5.7　2ASK的时域波形、功率谱

2ASK 的功率谱由连续谱和离散谱两部分组成，其中连续谱取决于 $g(t)$经线性调制后的双边带谱，而离散谱则由载波分量确定。2ASK 信号的带宽是基带脉冲波形带宽的 2 倍。

2．二进制频移键控（2FSK）信号

2FSK 信号是符号 0 对应载波角频率为ω_1，符号 1 对应载波角频率为 ω_2 的已调波形。它可以用一个矩形脉冲对一个载波进行调频实现，其表达式为

$$s(t)=\sum_n a_n g(t-nT)\cos(\omega_1 t)+\sum_n \overline{a}_n g(t-nT)\cos(\omega_2 t) \tag{5-36}$$

其中 a_n 的取值为 0，1，$g(t)$为矩形脉冲，$\overline{a}_n$ 为 a_n 的反码，T 为码元周期。因此只要把调制数据序列形成矩形脉冲，并把 2FSK 看成两个 ASK 信号相加就可以了,令：

$$\omega_1=\omega_c+\Delta\omega_1 \tag{5-37}$$

$$\omega_2=\omega_c+\Delta\omega_2 \tag{5-38}$$

利用式（5-33）、式（5-34）就可以实现正交调制了。另外一种方法就是采用第 2 章介绍的正交分解法，见式（2-269）～式（2-272）。下面画出它的时域波形和频谱图如图 5.8 所示。

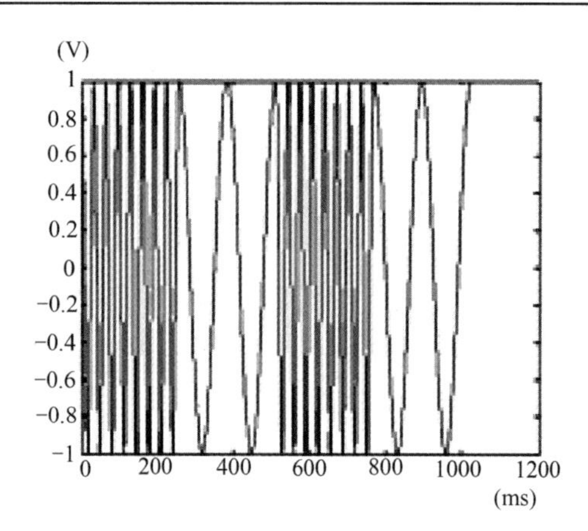

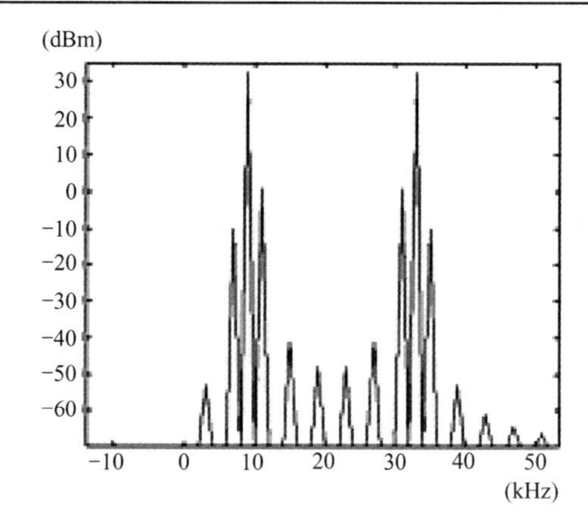

图 5.8　2FSK的时域波形、频谱图

2FSK 的功率谱也是由连续谱和离散谱构成的，其中连续谱由两个双边带谱叠加而成，离散谱出现在两个载波的位置上。如两个载波之间的距离较小，则连续谱出现单峰，比如小于 $1/T$；如载频之差较大，则出现双峰。2FSK 信号所需的带宽为

$$\mathrm{BW}=|f_2-f_1|+\frac{2}{T} \tag{5-39}$$

3．二进制相移键控（2PSK）信号

2PSK 方式是键控的载波相位按基带脉冲序列的规律而改变的数字调制方式。2PSK 的信号形式一般表示为

$$s(t)=\sum_n a_n g(t-nT)\cos(\omega_{\mathrm{c}}t) \tag{5-40}$$

其中 a_n 的取值为-1，+1，即发送二进制符号 0 时 a_n 取 1，发送二进制符号 1 时 a_n 取-1。这种调制方式的正交实现与 2ASK 信号十分类似。具体的实现见式（5-33）、式（5-34）。

在用 2PSK 调制方式时由于发送端以某个相位作为基准的，因而在接收端也必须有这样一个固定的基准相位做参考。如果参考相位发生变化，则接收端恢复的信息就会出错，即存在“倒π”现象。为此，在实际中一般采用差分移相（2DPSK）。2DPSK 是利用前后相邻码元的相对载波相位去表示数字信息的一种表示方法。2DPSK 和 2PSK 只是对信源数据的编码不同，在实现 2DPSK 调制时，只要把码序列变成 2DPSK 码，其他的操作和 2PSK 完全相同。假设在 2PSK 调制时，数字信息 0 用相位 0，数字信息 1 用相位 π 表示，在 2DPSK 调制时数字信息 0 用相位变化 0 表示，数字信息 1 用相位变化 π 表示，则 2PSK 和 2DPSK 调制举例如下：

数字信息：　　　　　0　0　1　1　1　0　0　1　0　1

2PSK 相位：　　　　 0　0　π　π　π　0　0　π　0　π

2DPSK 相位：0（参考）0　0　π　0　π　π　π　0　0　π

在实现 2DPSK 调制时，只要先把原信息序列（绝对码）变换成相对码，然后进行 2PSK 调制就可以了。相对码就是按相邻符号不变表示原信息 0，相邻符号改变表示原信息 1 的规律变换而成的。上述信息码的相对码为：2DPSK 编码 0（参考）0 0 1 0 1 1 1 0 0 1。

在一般情况下，2PSK 的功率谱与 2ASK 的功率谱一样，但 2ASK 信号总存在离散谱，而 2PSK 可能无离散谱（比如符号 0 与 1 出现的概率相等时）。当然，2PSK 信号的带宽与 2ASK 的带宽相同。下面画出在同一信息源下 2PSK 和 2DPSK 的波形，如图 5.9 所示。

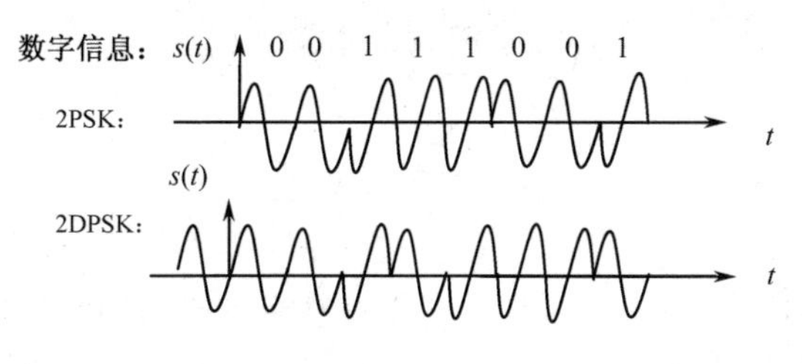

图 5.9　2PSK和 2DPSK信号波形

4．*M* 进制数字振幅调制（MASK）信号

MASK 信号比 2ASK 的信息传输效率更高。在相同的码元传输速率下，MASK 信号和 2ASK 的带宽相同，2ASK 的信道利用率最高为 2bit/s·Hz，MASK 的信道利用率可超过 2bit/s·Hz。*M* 电平调制信号可表示为

$$s(t)=\sum_{n} a_n g(t-nT)\cos(\omega_{\mathrm{c}} t) \tag{5-41}$$

式中，$g(t)$是持续时间为 T 的矩形脉冲，a_n 为信源给出的 M 进制符号 0，1，…，M−1。与 2ASK 信号类似，只要利用式（5-32）～式（5-34）就可以实现 MASK 调制了。

5．*M* 进制数字频率调制（MFSK）信号

MFSK 是 2FSK 信号的直接推广。其数学表达式一般可以写为

$$s(t)=\sum_{n} g(t-nT)\cos(\omega_{\mathrm{c}} t+\Delta\omega_m t) \tag{5-42}$$

式中，$\Delta\omega_m(m=0，1，\cdots，M-1)$为与 a_n 相对应的载波角频率偏移。在实际使用中，通常有：$\Delta\omega_0=\Delta\omega_1=\cdots=\Delta\omega_{M-1}=\Delta\omega$。这样，式（5–42）可以重写为

$$s(t)=\sum_{n} g(t-nT)\cos(\omega_{\mathrm{c}} t+a_n\Delta\omega t) \tag{5-43}$$

因此，只要把 a_n、$\Delta\omega$看成调制频率，就可以利用调频的方法实现 MFSK 调制了。

MFSK 信号的带宽一般定义为

$$\mathrm{BW}=f_{\max}-f_{\min}+\Delta f_{\mathrm{g}} \tag{5-44}$$

式中，$f_{\max}$为选用的最高频率，$f_{\min}$为选用的最低频率，Δf_{g}为单个码元的带宽。

同样，利用第 2 章中的正交调制式（2-269）～式（2-272）也可以产生基于 I/Q 调制的 MFSK 信号，读者可自行推导。

6．四进制数字相位调制（QPSK）信号

在多进制相位调制中，QPSK 信号是最常用的一种调制方式。它的一般表示式为

$$s(t)=\sum_{n} g(t-nT)\cos(\omega_{\mathrm{c}} t+\varphi_n) \tag{5-45}$$

式中，φ_n 是受信息控制的相位参数，它将取可能的四种相位之一，比如 0°、90°、180°、270°或 45°、135°、225°、315°。将上式进一步化简可得：

$$s(t)=\sum_{n}\cos\varphi_n g(t-nT)\cos(\omega_{\mathrm{c}} t)-\sum_{n}\sin\varphi_n g(t-nT)\sin(\omega_{\mathrm{c}} t) \tag{5-46}$$

由此只要令：

$$I(t)=\sum_{n}\cos\varphi_n g(t-nT) \tag{5-47}$$

$$Q(t)=-\sum_{n}\sin\varphi_n g(t-nT) \tag{5-48}$$

就可以实现 QPSK 调制了。

同样考虑到绝对移相存在倒 π 现象，常用相对移相方式 DQPSK 来代替 QPSK 调制。也就是利用前后码元的相对相位变化来表示信息。若以前一码元的相位作为参考，并设 $\Delta\varphi$ 为本码元与前一码元初相差，则信息编码与相位变化关系见表 5-1。

表 5-1　信息编码与相位变化关系

$\Delta\varphi$	0°	90°	180°	270°
编码	00	01	11	10

假如我们规定 00：0°，01：90°，11：180°，10：270°，那么 QPSK，DQPSK 信号举例如表 5-2 所示。

表 5-2　QPSK，DQPSK 信号一览表

输入序列	10	11	00	01	11	10	01	00
绝对编码	10	11	00	01	11	10	01	00
QPSK	270°	180°	0°	90°	180°	270°	90°	0°
DQPSK（参考为 0°）	270°	90°	90°	180°	0°	270°	0°	0°
相对序列	10	01	01	11	00	10	00	00

由表 5-2 可以得到，要实现 DQPSK 调制，只要把绝对码变换成相对码，就可以用 QPSK 的调方法来完成。

7．正交振幅调制（QAM）信号

正交振幅调制是一种多进制混合调幅调相的调制方式。4QAM 就是 QPSK，我们画出 8QAM 和 16QAM 的信号分布图如图 5.10 所示，这种分布图通常称为星座图。

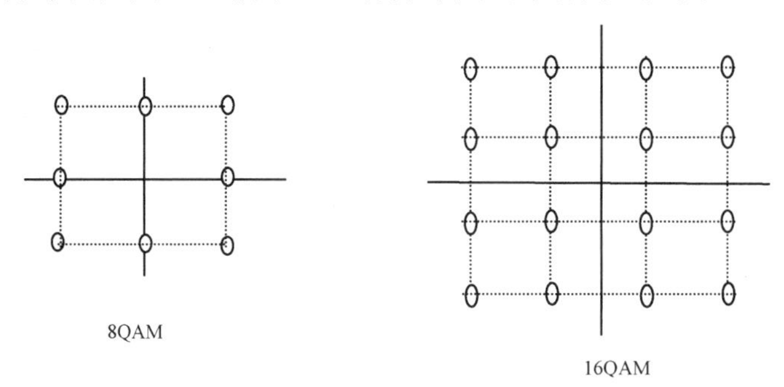

图 5.10　8QAM和 16QAM的信号分布图

从图 5.10 可以看出，8QAM 用 8 个点的星座位置来代表八进制的 8 种数据信号（000，001，010，011，100，101，110，111）。这 8 个点的相位各不相同，而振幅只有两种。8QAM 和 8PSK（8 个点均匀分布在一个圆周上的八进制相移键控）相比，8QAM 各信号之间的差距要大一些。在 8QAM 中，每两个相邻的信号，相位差 45°，而且振幅也有差别，振幅相同的信号，相位相差 90°。而 8PSK 信号，只是相邻的信号，相位差 45°。所以 8QAM 信号比 8PSK 信号抗误码能力强一些。同样 16QAM 用 16 个点的星座位置来代表十六进制的 16 种数据信号，它有 12 种相位，3 种振幅，它的抗误码能力远大于 16PSK 信号。

QAM 信号的数学表达式为

$$\begin{aligned} s(t) &= \sum_n a_n g(t-nT)\cos(\omega_c t) - \sum_n b_n g(t-nT)\sin(\omega_c t) \\ &= \sum_n A_n g(t-nT)\cos(\omega_c t + \varphi_n) \end{aligned} \tag{5-49}$$

式中，$A_n = \sqrt{a_n^{\ 2} + b_n^{\ 2}}$，$\varphi_n = \arctan(b_n / a_n)$，$g(t-nT)$是宽度为 T 的脉冲信号。只要令：

$$I(t) = \sum_n a_n g(t-nT) \tag{5-50}$$

$$Q(t) = \sum_n b_n g(t-nT) \tag{5-51}$$

就可以实现 QAM 信号了。

8. 最小移频键控（MSK）信号

MSK 信号是相位连续移频键控的一种特例，也可以把其看成一类特殊的 OQPSK 信号。MSK 信号的主要特点是包络恒定、带外辐射小、实现较简单。把 MSK 看成 FSK 的一种特殊情况时，其信号正交（满足 $f_2 - f_1 = n/(2T)$，T 为码元宽度，n 为整数）、相位连续。

当输入符号为+1 时，发送的角频率为：$f_c + \dfrac{1}{4T}$；

当输入符号为−1 时，发送的角频率为：$f_c - \dfrac{1}{4T}$。

其数学表达式为

$$s(t) = \cos\left(2\pi f_c t + \frac{\pi}{2T} a_n t + \varphi_n\right) \qquad nT \leqslant t \leqslant (n+1)T \tag{5-52}$$

式中，T 为码元宽度，a_n 为+1，−1，φ_n 是为保证在 $t = nT$ 时刻的相位连续而加入的相位常数。其瞬时相位为：

$$\phi_n = 2\pi f_c t + \frac{\pi}{2T} a_n t + \varphi_n \qquad nT \leqslant t \leqslant (n+1)T$$

为保持相位连续，则有：$\phi_{n-1}(nT) = \phi_n(nT)$。

所以，$\varphi_n = \varphi_{n-1} + \dfrac{n\pi}{2}(a_{n-1} - a_n)$。

假定初相为 $\varphi_0 = 0$，那么 $\varphi_n = 0$ 或 $\pm\pi$，由此，式（5-52）可以分解为

$$\begin{aligned} s(t) &= \cos\left(2\pi f_c t + \frac{\pi}{2T} a_n t + \varphi_n\right) \\ &= \cos(\varphi_n)\cos\left(\frac{\pi}{2T} t\right)\cos(2\pi f_c t) - a_n \cos(\varphi_n)\sin\left(\frac{\pi}{2T} t\right)\sin(2\pi f_c t), \\ &\qquad nT \leqslant t \leqslant (n+1)T \end{aligned}$$

其中，

$$\cos(\varphi_n) = \cos\left[\varphi_{n-1} + (a_{n-1} - a_n)\frac{n\pi}{2}\right] \tag{5-53}$$

其表示为正交形式为

$$s(t) = I(t)\cos(2\pi f_c t) - Q(t)\sin(2\pi f_c t), \qquad nT \leqslant t \leqslant (n+1)T \tag{5-54}$$

其中，

$$I(t)=\sum_n \cos(\varphi_n)g(t-nT)\cos\left(\frac{\pi t}{2T}\right)$$

$$Q(t)=\sum_n a_n\cos(\varphi_n)g(t-nT)\sin\left(\frac{\pi t}{2T}\right)$$

对式（5-53）进行分解，

$$\begin{aligned}\cos(\varphi_n)&=\cos\left[\varphi_{n-1}+(a_{n-1}-a_n)\frac{n\pi}{2}\right]\\&=\cos(\varphi_{n-1})\cos\left[(a_{n-1}-a_n)\frac{n\pi}{2}\right]-\sin(\varphi_{n-1})\sin\left[(a_{n-1}-a_n)\frac{n\pi}{2}\right]\end{aligned}\tag{5-55}$$

由于 $\varphi_n=0$ 或 $\pm\pi$ ， $a_{n-1}-a_n=0,\pm2$

$$\cos(\varphi_n)=\cos(\varphi_{n-1})\cos\left[(a_{n-1}-a_n)\frac{n\pi}{2}\right]$$

进一步，

$$\cos\left[(a_{n-1}-a_n)\frac{n\pi}{2}\right]=\begin{cases}+1 & a_n=a_{n-1}\\-1 & a_n\neq a_{n-1}\text{且}n\text{为奇数}\\+1 & a_n\neq a_{n-1}\text{且}n\text{为偶数}\end{cases}$$

由于输入符号为+1，−1 时，发送的频率分别为 $f_c+\dfrac{1}{4T}$， $f_c-\dfrac{1}{4T}$ 。根据调制指数的定义：

$$h=\frac{2\text{倍的调制频偏}}{\text{数据速率}}$$

对于 MSK 就是 $h=\dfrac{2\times(1/4T)}{1/T}=0.5$ 时的一种特殊情况。上式也可以写为

$$h=\frac{\left(\omega_c+\dfrac{\pi}{2T}\right)-\left(\omega_c-\dfrac{\pi}{2T}\right)}{2\pi/T}=0.5\tag{5-56}$$

进一步，

$$\left[\left(\omega_c+\frac{\pi}{2T}\right)-\left(\omega_c-\frac{\pi}{2T}\right)\right]\times T=\pi\tag{5-57}$$

这表明，这两个频率在一个码元 T 时间末，刚好相差π。它们是相差半个周期的正弦波，产生的相差最大，同时码元在交替点保持相位的连续。

把 MSK 看成一类特殊 OQPSK 时，可将 MSK 信号表示为

$$s(t)=I(t)\cos(2\pi f_c t)-Q(t)\sin(2\pi f_c t)\qquad nT\leqslant t\leqslant(n+1)T$$

其中，

$$I(t)=\sum_n a_n\cdot g[t-(2n-1)T]\cos\left(\frac{\pi t}{2T}\right)$$

$$Q(t)=\sum_n b_n\cdot g(t-2nT)\sin\left(\frac{\pi t}{2T}\right)$$

式中，a_n和b_n的取值均为+1 和−1，分别对应于 1 和 0，是输入序列经过串并转换后得到的两个二进制序列。

结合 MSK 的特性，利用三角恒等式，可以得到：

$$s(t)=\begin{cases}a_n\cdot\cos\left(2\pi f_c t+\dfrac{\pi}{2T}t\right) & a_n\neq b_n\\ a_n\cdot\cos\left(2\pi f_c t-\dfrac{\pi}{2T}t\right) & a_n=b_n\end{cases}$$

令 $c_n=a_n\cdot b_n$，则意味着 $a_n\neq b_n$ 时，$c_n=-1$，发射信号频率为 $f_c+\dfrac{1}{4T}$；$a_n=b_n$ 时，$c_n=1$，发射信号频率为 $f_c-\dfrac{1}{4T}$；由此可见，上式与式（5-52）是等效的。

MSK 的功率谱表示为

$$p(f)=\frac{16T}{\pi^2}\left\{\frac{\cos[2\pi(f-f_c)T]}{1-16(f-f_c)^2T^2}\right\}^2 \tag{5-58}$$

与 2PSK 信号相比，MSK 信号的主瓣较窄，它的第一个零点出现在 0.75/T 处，且它的旁瓣要比 2PSK 信号低 20dB 左右。MSK 信号的主瓣比 4PSK 信号的主瓣要宽，但它的旁瓣要比 4PSK 信号低得多。

9．高斯最小移频键控（GMSK）信号

GMSK 调制是把输入数据经过高斯低通滤波器进行预调制滤波后，再进行 MSK 调制的数字调制方式。它在保持恒定幅度的同时，能够通过改变高斯滤波器的 3dB 带宽对已调信号的频谱进行控制。这种信号具有恒幅包络，功率谱集中，频谱较窄等特点。其数学表达式可以写成：

$$s(t)=\cos\left\{2\pi f_c t+\frac{\pi}{2T}\int_{-\infty}^{t}\left[\sum a_n g\left(\tau-nT-\frac{T}{2}\right)\right]\mathrm{d}\tau\right\} \tag{5-59}$$

其中，$g(t)$为脉冲宽度为 T 的矩形脉冲响应，a_n 为输入不归零的数据。高斯低通滤波器的冲激响应为

$$h(t)=\sqrt{\pi}\alpha\,\mathrm{e}^{-\pi\alpha^2t^2} \tag{5-60}$$

式中，$\alpha=\sqrt{\dfrac{2}{\ln 2}}B$，$B$ 为高斯滤波器的 3dB 带宽。所以有：

$$g(t)=Q\left[\frac{2\pi B}{\sqrt{\ln 2}}\left(t-\frac{T}{2}\right)\right]-Q\left[\frac{2\pi B}{\sqrt{\ln 2}}\left(t+\frac{T}{2}\right)\right]$$

其中，$Q(t)=\int_t^{\infty}\dfrac{1}{\sqrt{2\pi}}\mathrm{e}^{-\frac{\tau^2}{2}\mathrm{d}\tau}$。

$$\begin{aligned}s(t)&=\cos[2\pi f_c t+\theta(t)]=\cos\theta(t)\cos(2\pi f_c t)-\sin\theta(t)\sin(2\pi f_c t)\\&=I(t)\cos(2\pi f_c t)-Q(t)\sin(2\pi f_c t)\end{aligned} \tag{5-61}$$

其中，

$$\theta(t)=\frac{\pi}{2T}\int_{-\infty}^{t}\left[\sum a_n g\left(\tau-nT-\frac{T}{2}\right)\right]\mathrm{d}\tau$$

它的信号形式和 MSK 相似，只是多了滤波环节，因此只要把输入数据先进行滤波，再进行 FM 调制就可以了。

我们可以采用正交调制方案，采用 DSP、FPGA 或专用数字上变频器等器件上实现 AM、FM、FSK、ASK、LSB、USB、QAM、CW、PSK 等各种通信信号。

5.2 软件无线电解调算法

如前所述，调制与解调是软件无线电中最具普适性也是最为关键的信号处理功能。所以，在上一节讨论完软件无线电中的调制算法后，本节将重点讨论软件无线电中的解调算法。解调是调制的逆过程，它的目的是把调制在射频载波上的调制信息经过解调后尽可能无失真地提取出来。所以解调单元是软件无线电接收机的重要组成部分。本节在给出通用解调模型的基础上，分别讨论模拟调制信号与数字调制信号的解调基本原理。解调的一个重要环节是同步和均衡，但考虑到同步与均衡的复杂性，将另辟小节进行讨论。

5.2.1 信号解调通用模型

为了便于信号发射，提高信道利用率、发射功率效率以及改善通信质量，人们研制出各种通信信号的调制样式，相对于调制的逆过程——解调也因调制样式的不同而不同，解调方法大致有相干解调和非相干解调二类。一般而言，相干解调性能比非相干解调好，在某些场合利用非相干解调的主要原因是其解调电路简单，在解调需要用硬件电路实现的时代，当然有其存在的理由，但其不足也是显而易见的，如作为非相干解调的一种方法——包络检波法，在输入为小信噪比的情况下，存在“门限效应”；另一种非相干解调法——对 FM 解调的鉴频器法也有类似的“门限效应”。

软件无线电几乎所有功能都将用软件来实现，解调也不例外。软件无线电的解调一般采用数字相干解调的方法。数字相干解调法从原理上讲与模拟相干解调法一样。常见于模拟解调电路的一般相干解调法（指用一个同频同相的本地载波去相干解调），当同频同相不满足时，解调输出就会严重失真，例如，在移动通信中，接收的信号由于受到严重的衰落，提取出来的载波质量达不到要求，特别是在多普勒效应等引起的频偏环境下更是如此。由于正交解调法在一定程度上能克服以上这些弱点，因此，软件无线电的解调一般采用数字正交解调法。下面首先对数字正交解调法进行简单的介绍，然后再对具体调制样式的数字正交解调基本原理进行分析。

尽管调制样式多种多样，但实际上调制不外乎是用调制信号去控制载波的某一个（或几个）参数，使这个参数按照调制信号的规律而变化的过程。载波可以是正弦波或脉冲序列，以正弦型信号作为载波的调制叫作连续波调制，在这里只讨论连续波调制信号的解调。对于连续波调制，已调信号的数字表达式为

$$s(n)=a(n)\cos[\omega_c n+\phi(n)] \tag{5-62}$$

式中，ω_c 表示载波的数字域角频率。调制信号可以分别“寄生”在已调信号的振幅 $a(n)$和相位 $\phi(n)$中，相应的调制就是幅度调制和角度调制这两大类人们熟知的调制方式。所以

$$\begin{aligned}s(n)&=a(n)\cos[\phi(n)]\cos(\omega_c n)-a(n)\sin[\phi(n)]\sin(\omega_c n)\\&=X_I(n)\cos(\omega_c n)-X_Q(n)\sin(\omega_c n)\end{aligned} \tag{5-63}$$

其中：$X_I(n)=a(n)\cos[\phi(n)]$

$X_Q(n)=a(n)\sin[\phi(n)]$

这就是同相和正交两个分量，根据 $X_I(n)$、$X_Q(n)$，可以对各种调制样式进行解调，三大类解调算法如下。

调幅（AM）解调：

$$a(n)=\sqrt{X_{\mathrm{I}}^{2}(n)+X_{\mathrm{Q}}^{2}(n)} \tag{5-64}$$

调相（PM）解调：

$$\phi(n)=\arctan\left[\frac{X_{\mathrm{Q}}(n)}{X_{\mathrm{I}}(n)}\right] \tag{5-65}$$

$$\phi(n)=\begin{cases}\arctan\left[\dfrac{X_{\mathrm{Q}}(n)}{X_{\mathrm{I}}(n)}\right] & X_{\mathrm{I}}(n)>0,\quad X_{\mathrm{Q}}(n)>0\\ \pi-\arctan\left[\dfrac{X_{\mathrm{Q}}(n)}{X_{\mathrm{I}}(n)}\right] & X_{\mathrm{I}}(n)<0,\quad X_{\mathrm{Q}}(n)>0\\ \dfrac{\pi}{2} & X_{\mathrm{I}}(n)=0,\quad X_{\mathrm{Q}}(n)>0\\ \pi+\arctan\left[\dfrac{X_{\mathrm{Q}}(n)}{X_{\mathrm{I}}(n)}\right] & X_{\mathrm{I}}(n)<0,\quad X_{\mathrm{Q}}(n)<0\\ \dfrac{3\pi}{2} & X_{\mathrm{I}}(n)=0,\quad X_{\mathrm{Q}}(n)<0\\ 2\pi-\arctan\left[\dfrac{X_{\mathrm{Q}}(n)}{X_{\mathrm{I}}(n)}\right] & X_{\mathrm{I}}(n)>0,\quad X_{\mathrm{Q}}(n)<0\end{cases}$$

调频（FM）解调：

$$f(n)=\phi(n)-\phi(n-1)=\arctan\left(\frac{X_{\mathrm{Q}}(n)}{X_{\mathrm{I}}(n)}\right)-\arctan\left(\frac{X_{\mathrm{Q}}(n-1)}{X_{\mathrm{I}}(n-1)}\right) \tag{5-66}$$

在利用相位差分计算瞬时频率，即 $f(n)=\phi(n)-\phi(n-1)$时，由于计算$\phi(n)$要进行除法和反正切运算，这对于非专用数字处理器来说是较复杂的，在用软件实现时也可用下面的方法来计算瞬时频率 $f(n)$：

$$f(n)=\phi'(n)=\frac{X_{\mathrm{I}}(n)X_{\mathrm{Q}}'(n)-X_{\mathrm{I}}'(n)X_{\mathrm{Q}}(n)}{X_{\mathrm{I}}^{2}(n)+X_{\mathrm{Q}}^{2}(n)} \tag{5-67}$$

对于调频信号，其振幅近似恒定，不妨设 $X_{\mathrm{I}}^{2}+X_{\mathrm{Q}}^{2}$ 为 1，则：

$$f(n)=X_{\mathrm{I}}(n)X_{\mathrm{Q}}'(n)-X_{\mathrm{I}}'(n)X_{\mathrm{Q}}(n)$$

$$\begin{aligned}f(n)&=X_{\mathrm{I}}(n)\cdot[X_{\mathrm{Q}}(n)-X_{\mathrm{Q}}(n-1)]-[X_{\mathrm{I}}(n)-X_{\mathrm{I}}(n-1)]\cdot X_{\mathrm{Q}}(n)\\&=X_{\mathrm{I}}(n-1)\cdot X_{\mathrm{Q}}(n)-X_{\mathrm{I}}(n)\cdot X_{\mathrm{Q}}(n-1)\end{aligned} \tag{5-68}$$

式（5-68）就是利用 X_{I}、X_{Q} 直接计算 $f(n)$的近似公式，这种方法只有乘减运算，计算比较简便。最后我们得到的软件无线电数字正交解调的通用模型，如图 5.11 所示。

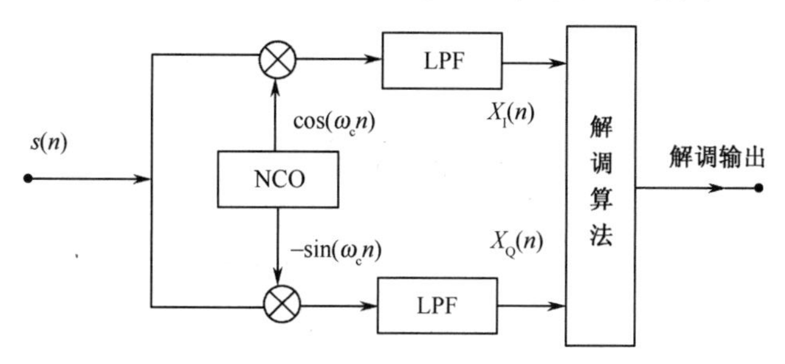

图 5.11　数字正交解调的通用模型

需要指出的是，图 5.11 只是说明了采用数字正交分解实现解调的基本原理。根据第 2 章的讨论，这里有一个不言自明的假设，那就是图中的低通滤波器带宽为信号带宽的一半；而且为了降低采样速率，减轻解调处理的计算负担，该低通滤波器实际上是一个抽取滤波器。比较完整的数字正交解调通用模型如图2.34所示。下面对具体调制样式的正交解调算法进行简要讨论。

5.2.2　模拟调制信号解调算法

1．AM 解调

AM 信号表达式为

$$s(n) = a(n)\cos(\omega_c n + \phi_0) \tag{5-69}$$

其中，$a(n) = A_0 + m(n)$；$A_0 > |m(n)|$；$m(n)$为调制信号；ϕ_0为载波的初始相位。

对信号进行正交分解，得同相和正交分量：

$$同相分量：X_I(n) = a(n)\cos(\phi_0)$$

$$正交分量：X_Q(n) = a(n)\sin(\phi_0)$$

对同相与正交分量平方之和开方：

$$\sqrt{X_I^2(n) + X_Q^2(n)} = A_0 + m(n) \tag{5-70}$$

减去直流分量 A_0 就可解得了调制信号 m（n）。这种方法，具有较强的抗载频失配能力，即本地载波与信号载波之间允许一定的频率偏差，当由于传输信道或其他一些原因（如对未知载波频率的信号进行接收解调时，载频估计不准）而造成本地载波与信号的载波之间存在频差和相差时，同相分量和正交分量可表示为

$$X_I(n) = a(n)\cos\left[\Delta\omega(n)n + \Delta\phi(n)\right]$$

$$X_Q(n) = a(n)\sin\left[\Delta\omega(n)n + \Delta\phi(n)\right]$$

其中 $\Delta\omega = \omega_c - \omega_{LO}$；$\Delta\phi = \phi_0 - \phi_{LO}$；$\Delta\omega(n)$，$\Delta\phi(n)$ 表示差频和差相，可以是常量也可以是随机变量。ω_{LO} 为本地载波的角频率；ϕ_{LO} 为本地载波的初始相位。

对同相与正交分量平方之和开方：

$$\sqrt{X_I^2(n) + X_Q^2(n)} = A_0 + m(n) \tag{5-71}$$

所以 AM 信号用正交解调算法解调时，不要求载频严格的同频同相。从以上分析过程中可知，理论上失配可以任意大，但由于失配时，同相和正交分量相当于调制在以失配频率为载频的载波上，失配严重时，信号会超出数字信道而发生失真，当然这种现象一般是不会发生的，因为即使是对未知载波频率的信号进行接收解调时，载频估计频率差不会超过 50Hz。

2．DSB 解调

DSB 信号表达式为

$$s(n) = m(n)\cos(\omega_c n) \tag{5-72}$$

对信号进行正交分解得：

$$同相分量：X_I(n) = m(n)$$

$$正交分量：X_Q(n) = 0$$

解调时要求本地载频与信号载频同频同相，此时，同相分量输出就是解调信号。同频同相本地载频的提取，可以利用数字科斯塔斯环获得，数字科斯塔斯环既可以用软件实现也可以利

用专门的数字信号处理硬件来实现。关于信号载频同频同相获得的具体方法详见 5.3 节软件无线电同步算法的具体介绍。

3．SSB 解调

SSB 信号表达式为

$$s(n)=m(n)\cos(\omega_c n)\pm\hat{m}(n)\sin(\omega_c n) \tag{5-73}$$

其中，“-”是上边带，“+”是下边带，$\hat{m}(n)$是$m(n)$的 Hilbert 变换。

对信号正交分解得：

同相分量：$X_I(n)=m(n)$

正交分量：$X_Q(n)=\pm\hat{m}(n)$

无论是上边带，还是下边带，同相分量输出就是调制信号。

下面再介绍 SSB 信号解调的另外一种方法：解调原理如图 5.12 所示，根据 Hilbert 变换的性质，在 $f_c \gg f_{max}$（f_c 为信号的载波频率；f_{max} 为调制信号的最大频率分量）的条件下，有以下近似的表达式：

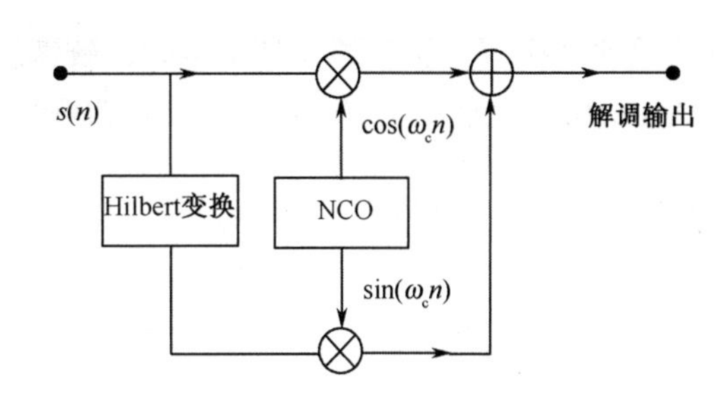

图 5.12　SSB信号的一种解调方法

$$\begin{aligned}H[m(n)\cos(\omega_c n)]&\approx m(n)\sin(\omega_c n)\\ H[\hat{m}(n)\sin(\omega_c n)]&\approx -\hat{m}(n)\cos(\omega_c n)\end{aligned} \tag{5-74}$$

因此下边带信号 $s(n)$的 Hilbert 变换为

$$\hat{s}(n)=m(n)\sin(\omega_c n)-\hat{m}(n)\cos(\omega_c n)$$

按照图 5.12 的运算过程有：

$$\begin{aligned}&s(n)\cos(\omega_c n)+\hat{s}(n)\sin(\omega_c n)\\ &=m(n)\cos^2(\omega_c n)+m(n)\sin^2(\omega_c n)=m(n)\end{aligned} \tag{5-75}$$

经上述运算可以解调出调制信号。同理，对上边带调制信号的解调也可同样进行。

4．FM 解调

FM 信号表达式为

$$s(n)=A_0\cos[\omega_c n+k\sum m(n)+\phi_0] \tag{5-76}$$

对信号进行正交分解得：

同相分量：$X_I(n)=A_0\cos[k\sum m(n)+\phi_0]$

正交分量：$X_Q(n)=A_0\sin[k\sum m(n)+\phi_0]$

对正交与同相分量之比值反正切运算：

$$\phi(n)=\arctan\left[\frac{X_Q}{X_I}\right]=k\sum m(n)+\phi_0 \tag{5-77}$$

然后，对相位差分，即可求得调制信号：

$$\phi(n)-\phi(n-1)=m(n) \tag{5-78}$$

为论述方便，这里及以下对比例因子及常数忽略。

FM 信号用正交解调方法进行解调时，也具有较强的抗载频失配（指失配差频和差相是常量，非随机变量）能力，本地载波与信号的载波存在频差和相差时，同相分量和正交分量可表

示为

$$X_{\mathrm{I}}(n)=A_0\cos[\Delta\omega\cdot n+\Delta\phi+k\sum m(n)]$$

$$X_{\mathrm{Q}}(n)=A_0\sin[\Delta\omega\cdot n+\Delta\phi+k\sum m(n)]$$

同样，对正交与同相分量之比值反正切及差分运算，就可得到调制信号：

$$\begin{aligned}&\arctan\left(\frac{X_{\mathrm{Q}}(n)}{X_{\mathrm{I}}(n)}\right)-\arctan\left(\frac{X_{\mathrm{Q}}(n-1)}{X_{\mathrm{I}}(n-1)}\right)\\&=[\Delta\omega\cdot n+\Delta\phi+k\sum m(n)]-[\Delta\omega\cdot(n-1)+\Delta\phi+k\sum m(n-1)]\\&=\Delta\omega+m(n)\end{aligned}$$

当载波失配差频和差相是常量时，解调输出只不过增加了一个直流分量 $\Delta\omega$，减去直流分量 $\Delta\omega$ 就可得到调制信号 $m(n)$。差频和差相允许的极限值可按照 AM 的分析类似地进行计算。

5.2.3　数字调制信号解调算法

1. ASK 解调

ASK 信号表达式为

$$s(n)=\sum_{m=-\infty}^{+\infty}a_m g(n-m)\cdot\cos(\omega_{\mathrm{c}}n+\phi_0) \tag{5-79}$$

式中，a_m 为输入码元，且 $a_m=0$，1；$g(n-m)$是幅度为 1、宽度为码元传输速率倒数的矩形脉冲门函数。

ASK 的解调方法与 AM 解调一样，对信号进行正交分解，得同相和正交分量：

$$同相分量：X_{\mathrm{I}}(n)=\sum_{m=-\infty}^{+\infty}a_m g(n-m)\cos(\phi_0)$$

$$正交分量：X_{\mathrm{Q}}(n)=\sum_{m=-\infty}^{+\infty}a_m g(n-m)\sin(\phi_0)$$

对同相与正交分量平方之和开方：

$$a(n)=\sqrt{X_{\mathrm{I}}^2(n)+X_{\mathrm{Q}}^2(n)}=\sum_{m=-\infty}^{+\infty}a_m g(n-m) \tag{5-80}$$

计算出 $a(n)$后，再对 $a(n)$进行抽样判决，就可恢复出调制的码元信号。ASK 的正交解调性能与 AM 一样，具有较强的抗载频失配能力。

2. MASK 解调

MASK 信号表达式为

$$s(n)=\sum_{m=-\infty}^{+\infty}a_m g(n-m)\cdot\cos(\omega_{\mathrm{c}}n+\phi_0) \tag{5-81}$$

式中，a_m 为输入码元，且 $a_m=0$，1，2，…，$M-1$。

解调方法与 ASK 一样，对信号进行正交分解，得同相和正交分量：

$$同相分量：X_{\mathrm{I}}(n)=\sum_{m=-\infty}^{+\infty}a_m g(n-m)\cos(\phi_0)$$

$$正交分量：X_{\rm Q}(n)=\sum_{m=-\infty}^{+\infty}a_m g(n-m)\sin(\phi_0)$$

按照式（5-80）计算瞬时幅度 $a(n)$：

$$a(n)=\sum_{m=-\infty}^{+\infty}a_m g(n-m) \tag{5-82}$$

计算出 $a(n)$后，再进行抽样多电平幅度判决，就可恢复出调制码元信号。MASK 解调性能与 ASK 一样，具有较强的抗载频失配能力。

3. FSK 解调

FSK 信号表达式为

$$s(n)=\sum_{m=-\infty}^{+\infty}A_0 g(n-m)\cos[(\omega_{\rm c}+a_m\Delta\omega)n] \tag{5-83}$$

式中，$\Delta\omega$ 为载波角频率间隔；a_m 为输入的码元，a_m=0,1。

FSK 解调类似于 FM 解调，对信号进行正交分解，得同相和正交分量：

$$同相分量：X_{\rm I}(n)=\sum_{m=-\infty}^{+\infty}A_0 g(n-m)\cos(a_m\Delta\omega n)$$

$$正交分量：X_{\rm Q}(n)=\sum_{m=-\infty}^{+\infty}A_0 g(n-m)\sin(a_m\Delta\omega n)$$

按照式（5-66）计算瞬时频率 $f(n)$：

$$\begin{aligned} f(n) &=\arctan\left(\frac{X_{\rm Q}(n)}{X_{\rm I}(n)}\right)-\arctan\left(\frac{X_{\rm Q}(n-1)}{X_{\rm I}(n-1)}\right) \\ &=\sum_{\rm m=-\infty}^{+\infty}g(n-m)a_m\Delta\omega \end{aligned} \tag{5-84}$$

在计算出瞬时频率 $f(n)$后，对 $f(n)$经抽样门限判决，即可恢复出传输的数据。

4. MFSK 解调

MFSK 信号表达式为

$$s(n)=\sum_{m=-\infty}^{+\infty}A_0 g(n-m)\cos[(\omega_{\rm c}+a_m\Delta\omega)n] \tag{5-85}$$

式中，a_m 为输入码元，且 a_m=0，1，2，…，M−1；MFSK 解调类似于 FSK 解调，对信号进行正交分解，得同相和正交分量：

$$同相分量：X_{\rm I}(n)=\sum_{m=-\infty}^{+\infty}A_0 g(n-m)\cos(a_m\Delta\omega n)$$

$$正交分量：X_{\rm Q}(n)=\sum_{m=-\infty}^{+\infty}A_0 g(n-m)\sin(a_m\Delta\omega n)$$

按照式（5-68）计算瞬时频率 $f(n)$：

$$f(n)=\sum_{\rm m=-\infty}^{+\infty}g(n-m)a_m\Delta\omega$$

在计算出瞬时频率 $f(n)$后，对 $f(n)$抽样经多电平门限判决，即可恢复出数据。

5．MSK 解调

MSK 信号表达式为

$$s(n)=\sum_{m=-\infty}^{+\infty}\left\{A_0\cos\left[\left(\omega_c+\frac{\pi}{2T}a_m\right)n+X_m\right]\right\} \tag{5-86}$$

式中，T 为码元持续时间；a_m 为输入码元，且 a_m =−1，+1。

$X_m=\begin{cases}X_{m-1}, & a_m=a_{m-1}\\ X_{m-1}\pm m\pi, & a_m\neq a_{m-1}\end{cases}$，$X_m$ 是为保证相位连续而加入的相位常数。

MSK 信号的解调同 FM，对信号进行正交分解，得同相和正交分量：

$$同相分量：X_I(n)=\sum_{m=-\infty}^{+\infty}A_0g(n-m)\cos\left(\frac{\pi}{2T}a_mn+X_m\right)$$

$$正交分量：X_Q(n)=\sum_{m=-\infty}^{+\infty}A_0g(n-m)\sin\left(\frac{\pi}{2T}a_mn+X_m\right)$$

按照式（5-66）计算瞬时频率 $f(n)$:

$$\begin{aligned}f(n)&=\arctan\left(\frac{X_Q(n)}{X_I(n)}\right)-\arctan\left(\frac{X_Q(n-1)}{X_I(n-1)}\right)\\&=\sum_{m=-\infty}^{+\infty}\left(\frac{\pi}{2T}a_m+X'_m\right)\end{aligned} \tag{5-87}$$

在计算出瞬时频率 $f(n)$后，对 $f(n)$抽样判决，即可恢复出码元。

6．GMSK 解调

GMSK 信号与 MSK 信号相比，仅对输入数据多加了一个预调制滤波器，因此，可按 MSK 信号那样解调后，再经一个滤波器 $H(\omega)=\dfrac{1}{G(\omega)}$ [$G(\omega)$ 为预滤波器频率响应]，即可求得码元。

7．SFSK 解调

SFSK 信号表达式为

$$s(n)=A_0\sum_{m=-\infty}^{+\infty}\cos\left\{\omega_cn+a_m\left(\frac{\pi}{2T}n\right)-\frac{1}{4}\sin\left(\frac{2\pi}{T}n\right)\right\} \tag{5-88}$$

SFSK 信号解调方法同 MSK，对信号进行正交分解后，按照式（5-87）计算瞬时频率 $f(n)$。在计算出瞬时频率 $f(n)$后，对 $f(n)$抽样判决，即可恢复出码元。

8．PSK 解调

PSK 信号表达式为

$$s(n)=\sum_{m=-\infty}^{+\infty}A_0g(n-m)\cos[\omega_cn+\phi_m] \tag{5-89}$$

式中，$\phi_m=\theta_i$，　$i=0,1$。

PSK 解调：对信号进行正交分解后，得同相和正交分量：

$$同相分量：X_I(n)=\sum_{m=-\infty}^{+\infty}A_0g(n-m)\cos(\phi_m)$$

$$正交分量：X_Q(n)=\sum_{m=-\infty}^{+\infty}A_0g(n-m)\sin(\phi_m)$$

按照式（5-65）求得瞬时相位$\phi(n)$：

$$\phi(n)=\sum_{m=-\infty}^{+\infty}[g(n-m)\phi_m]$$

在计算出瞬时瞬时相位$\phi(n)$后，对$\phi(n)$抽样判决，即可恢复数据。在解调时需要本地载波与信号载波严格的同频同相，同频同相可由数字科斯塔斯环获得。

9．MPSK 解调

MPSK 信号表达式为

$$s(n)=\sum_{m=-\infty}^{+\infty}[A_0g(n-m)\cos(\omega_c n+\phi_m)] \tag{5-90}$$

式中，$\phi_m=\theta_i,i=0,1,\cdots,m-1$。MPSK 信号解调方法同 PSK，对信号进行正交分解，得同相和正交分量：

$$同相分量：X_I(n)=\sum_{m=-\infty}^{+\infty}A_0g(n-m)\cos(\phi_m)$$

$$正交分量：X_Q(n)=\sum_{m=-\infty}^{+\infty}A_0g(n-m)\sin(\phi_m)$$

按照式（5-64）计算瞬时相位$\phi(n)$：

$$\phi(n)=\sum_{m=-\infty}^{+\infty}[g(n-m)\phi_m]$$

在计算出瞬时瞬时相位$\phi(n)$后，对$\phi(n)$抽样进行多电平门限判决，即可恢复出码元数据。

10．QPSK 解调

QPSK 信号表达式为

$$s(n)=\sum_{m=-\infty}^{+\infty}a_m g(n-m)\cos(\omega_c n)+\sum_{m=-\infty}^{+\infty}b_m g(n-m)\sin(\omega_c n) \tag{5-91}$$

式中，a_m、b_m为双极性数据。

QPSK 解调：对信号进行正交分解，得同相和正交分量：

$$同相分量：X_I(n)=\sum_{m=-\infty}^{+\infty}a_m g(n-m)$$

$$正交分量：X_Q(n)=\sum_{m=-\infty}^{+\infty}b_m g(n-m)$$

由信号形式可知，I、Q 分量即为恢复出的并行数据，经抽样判决，恢复出码元数据后，再经并/串变换，就可恢复出串行码元数据。

11．OQPSK 解调

OQPSK 信号表达式为

$$s(n)=\sum_{m=-\infty}^{+\infty}a_m g(n-m)\cos(\omega_c n)+\sum_{m=-\infty}^{+\infty}b_m g\left(n-m-\frac{T}{2}\right)\sin(\omega_c n) \tag{5-92}$$

OQPSK 与 QPSK 信号形式类似，因此可类似地进行解调，只需在并/串变换时对 I 路信号进行 $\frac{T}{2}$ 延迟。

12．π/4 QPSK 解调

π/4 QPSK 信号表达式为

$$s(n)=\sum_{m=-\infty}^{+\infty}A_0 g(n-m)\cos(\omega_c n+\phi_m) \tag{5-93}$$

式中，$\phi_n=\phi_{n-1}+\Delta\phi_n$ 表示第 n 个码元结束时信号的绝对相位。$\Delta\phi_n$ 是由输入数据决定的相位差，$\Delta\phi$ 与输入数据的对应关系见表 5-3。

表 5-3　Δϕ与输入数据的对应关系

输 入 数 据		$\Delta\phi$	cos（$\Delta\phi$）	sin（$\Delta\phi$）
0	0	$\frac{\pi}{2}$	$\frac{\sqrt{2}}{2}$	$\frac{\sqrt{2}}{2}$
0	1	$\frac{3\pi}{4}$	$-\frac{\sqrt{2}}{2}$	$\frac{\sqrt{2}}{2}$
1	0	$-\frac{\pi}{4}$	$\frac{\sqrt{2}}{2}$	$-\frac{\sqrt{2}}{2}$
1	1	$-\frac{3\pi}{4}$	$-\frac{\sqrt{2}}{2}$	$-\frac{\sqrt{2}}{2}$

π/4 QPSK 解调：对信号进行正交分解，得同相和正交分量：

$$\text{同相分量：}\ X_I(n)=\sum_{m=-\infty}^{+\infty}g(n-m)\cos(\phi_m) \tag{5-94}$$

$$\text{正交分量：}\ X_Q(n)=\sum_{m=-\infty}^{+\infty}g(n-m)\sin(\phi_m) \tag{5-95}$$

根据式（5-94）、式（5-95）同相、正交分量的两路信号的极性，通过查 5.3 表即可恢复出调制的码元数据。

13．QAM 解调

QAM 信号表达式为

$$s(n)=\sum_{m=-\infty}^{+\infty}a_m g(n-m)\cos(\omega_c n)+\sum_{m=-\infty}^{+\infty}b_m g(n-m)\sin(\omega_c n) \tag{5-96}$$

式中，a_m、$b_m=1,2,\cdots,M$。

QAM 解调：对信号进行正交分解，得同相与正交分量：

$$\text{同相分量：}\ X_I(n)=\sum_{m=-\infty}^{+\infty}a_m g(n-m) \tag{5-97}$$

$$\text{正交分量：}\ X_Q(n)=\sum_{m=-\infty}^{+\infty}b_m g(n-m) \tag{5-98}$$

对同相、正交分量两路信号进行抽样判决，即可恢复量出并行数据，经并/串变换后可得所传输的数据。

以上主要利用数字正交解调方法粗略地分析了各种调制信号的解调，实现了对 AM、DSB、LSB、USB、FM、ASK、FSK、PSK、MASK、MFSK、MPSK、MSK、GMSK、QAM 等通信信号的解调。在软件无线电具体实现各种解调算法时，可用各自的解调子程序实现，然后用标准的参数接口进行调用，以尽量符合软件无线电的软件结构形式。

5.3　软件无线电中的同步算法

电台互相通信时，要正确地接收对方的信息，接收方必须从接收信号中恢复出载波信号，使双方载波的频率、相位一致，这就是载波同步。在数字通信时，除了载波同步外，还需要位同步、帧同步。因为消息是一串连续的码元序列，解调时必须知道码元的起止时刻，即码同步。数字通信中信息的传输一般按帧进行，接收时需要知道帧的开始与结束，即帧同步。通信中的同步除载波同步、位同步、帧同步外，还包括直扩通信中的伪码同步，跳频通信中的跳频同步，通信网中的网同步，等等。本节主要讨论与信号处理有关的载波同步和位同步问题。锁相环（Phase Locked Loop，PLL）是通信中实现各种同步的基础部件，为此先讨论锁相环（或数字锁相环）。

5.3.1　数字锁相环

锁相环（PLL）是实现两个信号相位同步的自动控制系统，它由鉴相器（PD）、环路滤波器（LF）、压控振荡器（VCO）等组成，如图 5.13 所示。鉴相器可以用乘法器后接一个低通滤波器来实现。

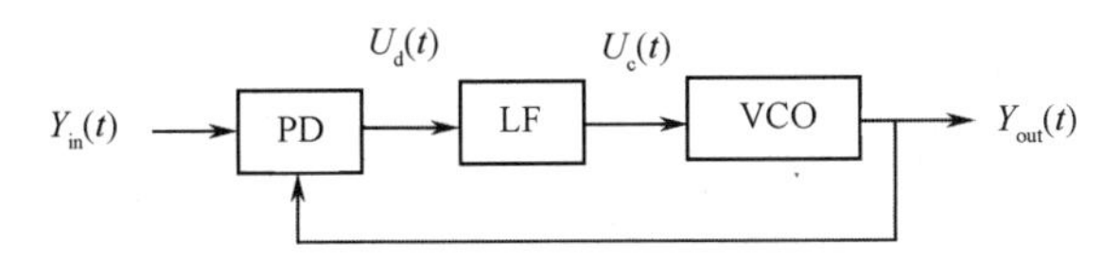

图 5.13　锁相环结构

以图 5.13 为例来讨论锁相环的整个工作过程。设输入信号为

$$Y_{in}(t)=U_i\sin(\omega_i t+\theta_i) \tag{5-99}$$

输出信号为

$$Y_{out}(t)=U_o\cos(\omega_o t+\theta_o(t)) \tag{5-100}$$

令 $\Delta\omega_o=\omega_i-\omega_o$，则：

$$Y_{in}(t)=U_i\sin(\omega_o t+\Delta\omega_o t+\theta_i) \tag{5-101}$$

则在乘法器输出端有：

$$\begin{aligned}k_m Y_{in}(t)Y_{out}(t)&=k_m U_i U_o\sin(\omega_o t+\Delta\omega_o t+\theta_i)\cos(\omega_o t+\theta_o(t))\\&=0.5k_m U_i U_o[\sin(2\omega_o t+\Delta\omega_o t+\theta_i+\theta_o(t))+\sin(\Delta\omega_o t+\theta_i-\theta_o(t))]\end{aligned} \tag{5-102}$$

经过低通滤波器后，得到输出误差电压：

$$U_d(t)=0.5k_m U_i U_o\sin[\Delta\omega_o t+\theta_i-\theta_o(t)] \tag{5-103}$$

方括号内部分就是环路的相位误差。输出的误差电压通过环路滤波器来抑制噪声和高频频率分量。滤波器在时域分析中用一个传输算子 $F(p)$来表示，p 为微分算子。于是：

$$U_c(t)=F(p)U_d(t) \tag{5-104}$$

这个信号送入 VCO，使得其输出频率随着控制电压线性变化。VCO 是具有线性控制特性的调频振荡器。

$$\omega_{\text{out}}(t) = f[U_{\text{c}}(t)] = \omega_{\text{o}} + K_0 U_{\text{c}}(t) \tag{5-105}$$

ω_{o}为 VCO 的自由振荡角频率。把输出信号的瞬时角频率转换为瞬时相位，得到：

$$Y_{\text{out}}(t) = \int_0^t [\omega_{\text{o}} + K_0 U_{\text{c}}(t)] \mathrm{d}t = \omega_{\text{o}} t + K_0 \int_0^t U_{\text{c}}(t) \mathrm{d}t \tag{5-106}$$

如写成算子形式，则：

$$Y_{\text{out}}(t) = \sin\left[\omega_{\text{o}} t + \frac{K_0}{p} U_{\text{c}}(t)\right] \tag{5-107}$$

锁相环路是一个相位负反馈控制系统，输入信号的相位与输出信号的相位进行比较，得到相位误差，反映相位误差的误差电压经过环路滤波后得到控制电压，控制电压加到压控振荡器的控制端，使其振荡角频率向着输入信号角频率的方向牵引。如果满足锁定条件，则输入输出角频率差越来越小，直至相等，最后相位误差也将成为接近于 0 的一个非常小的常数。

随着微电子技术的发展，广泛应用数字锁相环，其解决了模拟锁相环中的零点漂移、部件饱和等难以解决的问题。

5.3.2 同步参数估计

实现各种同步时，首先需要知道一个参数的初值，对同步所需要的各种参数进行估计，并且估计精度至少要达到同步捕获的要求。对于信号解调来说，需要对载波频率、信息码速率、伪码速率、信号带宽等参数进行估计。

1. 载波估计

信号中含有载波时，可以采用周期图法，把周期图中幅度最大处所对应的频率看作载波。其估计一般可以用 FFT 来实现，对某个频率 f，经过 FFT 后，它的频率表示为

$$f = \frac{f_{\text{s}}}{N} k, \qquad k = 0,1,2,\cdots,N-1 \tag{5-108}$$

f_{s}为采样频率，N 为 FFT 的点数。

估计精度可以用下式表示：

$$\Delta f = \frac{f_{\text{s}}}{N\sqrt{3}} \tag{5-109}$$

由式（5-109）可以看出，为了提高测频精度，可以降低采样频率，或增加 FFT 的点数。增加 FFT 点数可以通过两种方法来实现：增加采样时间或在采集数据后补零。当要分析的频率不是 f_{s}/N 的整数倍时，它的频率分量将出现在所有 N 个频率上，也就是“频谱泄漏”，一般可通过对采样数据进行加窗来减少“频谱泄漏”。

一些文献中给出了提高窄带信号频率估计精度的方法，在窄带信道中，只存在一个信号，可以对其峰值位置进行估计。

假如对采集的数据 $x(n)$进行 FFT 变换，得到序列 $X(k)$，可以发现 $X(k)$中最大值位于 $k_{\max}$ 点处，则可通过如下校正因子，对 $k_{\max}$ 的值进行进一步求精。

$$k'_{\max} = k_{\max} - \text{real}(\delta) \tag{5-110}$$

式中，real(·)表示取实部，且

$$\delta=\frac{X(k_{\max}+1)-X(k_{\max}-1)}{2X(k_{\max})-X(k_{\max}-1)-X(k_{\max}+1)} \tag{5-111}$$

那么峰值频率就为

$$f_{\max}=\frac{f_s}{N}k'_{\max} \tag{5-112}$$

如果信号中不存在独立的载波分量，但信号频谱具有对称特性时，可以利用下式实现对频率的估计。

$$f=\frac{f_s}{N}\frac{\sum_{i=1}^{N/2}i\left|X(i)\right|^2}{\sum_{i=1}^{N/2}\left|X(i)\right|^2} \tag{5-113}$$

式中，f_s为采样频率，N为 FFT 点数，$X(i)$为序列的 FFT 结果。当然对某些信号也可以通过一些变换，得到载波（或 M 次）分量。如对 BPSK 信号，对其进行平方，可得到 2 倍频的窄带信号；对 QPSK、OQPSK、16QAM 信号进行四次方，可得到其载波 4 倍频的窄带信号。然后可采用与有载波信号一样的方法，估计出载波的 M 倍频信号，进而确定载波信号。

信号带宽的估计相对简单。设 $X(k)$是信号之 FFT 变换，则其带宽由下式给出：

$$B=(k_{\max}-k_{\min})\Delta f \tag{5-114}$$

式中，$k_{\max}$为满足$|X(k)|\geqslant L_0$的谱线之最大序号，$k_{\min}$为满足$|X(k)|\geqslant L_0$的谱线之最小序号，L_0为选取的门限电平，$\Delta f=f_s/N$为 FFT 之分辨率。

2. 码速率估计

数字信号的码速率估计也可以利用 FFT 的方法来实现。由于信号在码元交替时，在其包络上总会呈现出相应的变化，特别是对于经过成形滤波的数字信号，其幅度谱的基波分量就是码元速率。图 5.14 是采用滚降系数为 0.35 的升余弦滤波器成形后的 QPSK 信号幅度谱。

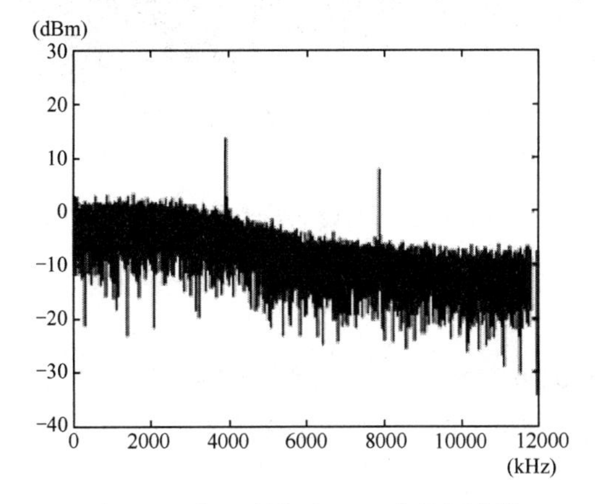

图 5.14　成形滤波后QPSK信号幅度谱

码元速率的估计可以采用如图 5.15 所示的延时相乘的方法求得。

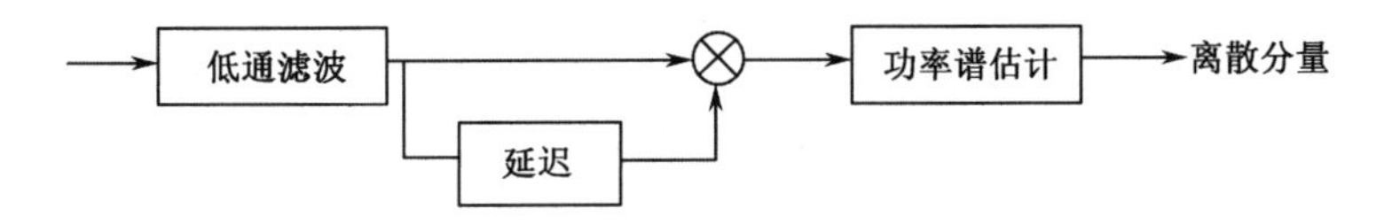

图 5.15　延迟相乘算法结构图

设基带信号为

$$s(t)=\sum_{n=-\infty}^{\infty}a_n g(t-nT) \tag{5-115}$$

其中，$a_n=\begin{cases}A & \text{为符号“0”时}\\ -A & \text{为符号“1”时}\end{cases}$，$g(t)$为基带波形。

经过延迟相乘后，输出信号的双边功率谱密度为

$$P(f)=A^4\left[\left(1-\frac{\tau}{T}\right)^2\delta(f)+\left(\frac{\tau}{T}\right)^2\sum_{\substack{n=-\infty\\ n\neq 0}}^{\infty}\operatorname{sinc}^2\left(\frac{n\pi\tau}{T}\right)\cdot\delta\left(f+\frac{n}{T}\right)+\left(\frac{\tau}{T}\right)^2\operatorname{sinc}^2(\pi f\tau)\right] \tag{5-116}$$

式中，$\operatorname{sinc}(x)=\dfrac{\sin x}{x}$，$\tau<T$ 为时间延迟，第一项为直流分量，第二项为码速率及高次谐波，第三项为连续谱。第二项中 n 为±1 时的分量：

$$\frac{A^4}{4}\operatorname{sinc}^2\left(\frac{\pi\tau}{T}\right)\cdot\delta\left(f+\frac{1}{T}\right)+\frac{A^4}{4}\operatorname{sinc}^2\left(\frac{\pi\tau}{T}\right)\cdot\delta\left(f-\frac{1}{T}\right)$$

就是码速率。值得注意的是，时延长度必须大于码元宽度的一半。图 5.16 给出了对 QPSK 信号利用延迟相关法得到的幅度谱，该信号经过了滚降系数为 0.35 的升余弦成形滤波。

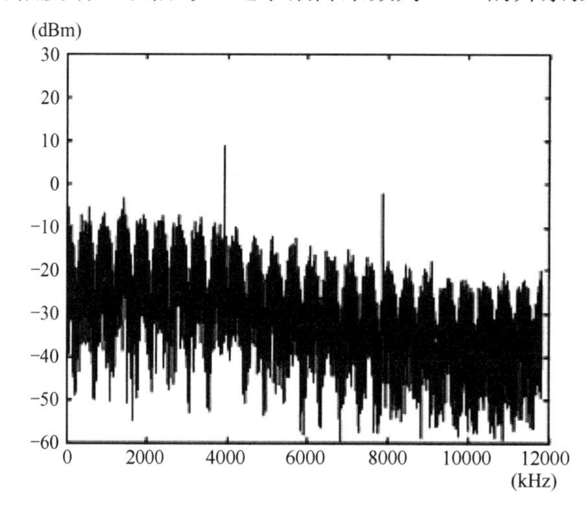

图 5.16　信噪比 10dB、时延 0.7 码元时的QPSK信号幅度谱

3．信噪比估计

介绍一种利用特征值分解和子空间分割实现对信噪比估计的方法，先构造出接收信号的相关矩阵，然后利用最小描述原理（MDL）来确定接收数据中信号子空间的维数，从而分离出信号子空间和噪声子空间[7]。

定义接收信号为 M×1 维列矢量

$$\boldsymbol{r}=[r_1,r_2,\cdots,r_M]^{\mathrm{T}}$$

其估计算法如下：

（1）利用接收矢量计算出 L 阶自相关矩阵

$$\boldsymbol{R}_{xx}=E[\boldsymbol{r}\boldsymbol{r}^{\mathrm{H}}]$$

（2）对自相关矩阵作特征值分解

$$\boldsymbol{R}_{xx}=\boldsymbol{U\Lambda U}^{\mathrm{H}}\text{，其中 }\boldsymbol{\Lambda}=\mathrm{diag}(\lambda_i)\text{为对角阵，}\lambda_1\geqslant\lambda_2\geqslant\cdots\lambda_L$$

（3）利用下式计算出 F_{DML} 的值，$k=1,2,\cdots,L$

$$T_{\mathrm{sph}}(k)=\frac{1}{L-k}\frac{\sum\limits_{i=k+1}^{L}\lambda_i}{\left(\prod\limits_{i=k+1}^{L}\lambda_i\right)^{\frac{1}{L-k}}}\tag{5-117}$$

$$F_{\mathrm{MDL}}(k)=M(L-k)\lg[T_{\mathrm{sph}}(k)]+\frac{1}{2}k(2L-k)\lg(M)\tag{5-118}$$

（4）利用下式估计出合适的 d_1，d_2:

$$\omega(k)=\left|\frac{F_{\mathrm{MDL}}(k)}{F_{\mathrm{MDL}}(k)-2F_{\mathrm{MDL}}(k+1)}\right|\qquad k=\ 1,2,\cdots,L\tag{5-119}$$

$$d_1=\underset{1\leqslant k\leqslant L-1}{\arg\ \max}\ \omega(k)$$

$$d_2=\underset{1\leqslant k\leqslant L-1,k\neq d1}{\arg\ \max}\ \omega(k)$$

（5）估计噪声功率和信号功率：

$$\sigma_N{}^2=\sum_{i=d_2}^{d_1}\lambda_i/(d_2-d_1)\tag{5-120}$$

$$\sigma_S{}^2=\sum_{i=1}^{d_1}\lambda_i-d_1\sigma_N{}^2\tag{5-121}$$

（6）计算信噪比：

$$\mathrm{SNR}=10\lg[\sigma_S{}^2/(d_2\sigma_N^2)]\tag{5-122}$$

5.3.3 软件无线电中的载波同步算法

载波同步（跟踪）可以分为两类：接收到的信号中存在载频分量时，如有载波的模拟或数字调制信号，此时采用窄带滤波器或基本的锁相环路就可以提取出载波分量，锁相环中 VCO 的输出就是载波；而对于一些接收信号中不含载波分量的信号，也就是抑制载波的调制信号，比如 BPSK、QPSK 等就需要通过一些特殊的环路来实现对同步载波的恢复。对于后者往往要先对接收到的信号进行非线性处理，产生相应的载波，然后用窄带滤波器或锁相环进行滤波提纯，得到所需的载波信号。

对接收到的信号 $x(t)$，可表示为

$$x(t)=s(t,\tau,\theta)+n(t)\tag{5-123}$$

式中，τ、θ 为待估计的参数，分别为时间延迟和相位；$s(t,\tau,\theta)$为信号；$n(t)$为高斯噪声。应用[1]最大似然准则（ML），可以得到似然函数：

$$\begin{aligned}\Lambda(\tau,\theta)&=\exp\left\{-\frac{1}{N_0}\int_0^{T_0}[x(t)-s(t,\tau,\theta)]^2\,\mathrm{d}t\right\}\\&=\exp\left\{-\frac{1}{N_0}\int_0^{T_0}[x^2(t)-2x(t)s(t,\tau,\theta)+s^2(t,\tau,\theta)]\mathrm{d}t\right\}\end{aligned}\tag{5-124}$$

式中，T_0 为积分间隔；积分号内，第一项中不含 θ，第三项表示积分区间内的能量，与 θ 无关。如令 τ=0，那么，只有第二项与 θ 有关。于是似然函数又可以表示为

$$\Lambda(\theta)=-\frac{2}{N_0}\int_0^{T_0}[x(t)s(t,\theta)]\mathrm{d}t \tag{5-125}$$

式（5-125）表明，在加性高斯噪声下，只要在上述似然函数最大化的准则下获取参数估计，即可实现最佳信号接收。

由式（5-125）可以得到载波相位的估计结构如图 5.17 所示。

其实这就是一个基本的锁相环路结构，乘法器实现鉴相，积分器起着环路滤波的作用，VCO 的输出就是跟踪载波。

载波抑制信号不能用普通的锁相环来实现载波提取，需要通过采取非线性处理和滤波提纯两个步骤来实现，这种具有非线性处理能力的锁相环常称为载波跟踪环，常用的载波跟踪锁相环有平方环、同相－正交环、判决反馈环等[2]。

对 BPSK 信号，可采用平方环来实现载波提取，其组成框图如图 5.18 所示。首先对输入的信号进行平方，产生载波的二倍频信号，然后用带通滤波器将其滤出，再用一个锁相环来跟踪提取这个载波的二倍频分量。

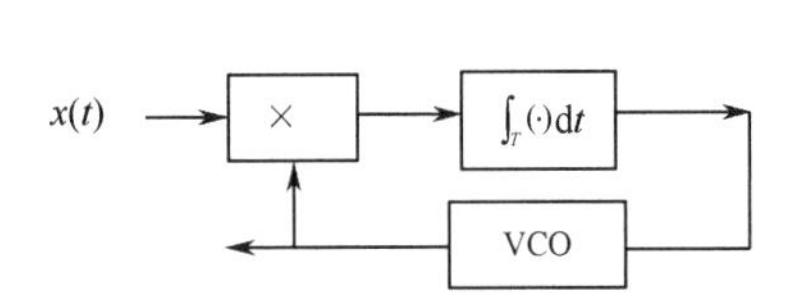

图 5.17　载波恢复结构（信号中含有载波分量）

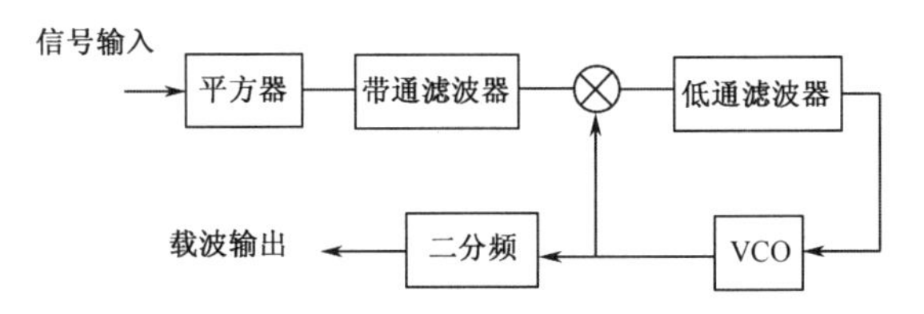

图 5.18　平方环组成框图

设输入信号为

$$x(t)=s(t)+n(t)=m(t)\sin[\omega_c t+\theta_1(t)]+n(t) \tag{5-126}$$

式中，$m(t)=\pm1$，为调制信息。由于输入噪声为带限白噪声，所以有：

$$n(t)=n_c(t)\cos[\omega_c t+\theta_1(t)]-n_s(t)\sin[\omega_c t+\theta_1(t)] \tag{5-127}$$

对输入信号进行平方可得：

$$\begin{aligned}x^2(t)&=\{m(t)\sin[\omega_c t+\theta_1(t)]+n(t)\}^2\\&=\{m(t)\sin[\omega_c t+\theta_1(t)]+n_c(t)\cos[\omega_c t+\theta_1(t)]-n_s(t)\sin[\omega_c t+\theta_1(t)]\}^2\\&=\frac{1}{2}[m(t)-n_s(t)]^2+\frac{1}{2}n_c^{\,2}(t)-\left\{\frac{1}{2}[m(t)-n_s(t)]^2-\frac{1}{2}n_c^{\,2}(t)\right\}\cos[2\omega_c t+2\theta_1(t)]+\\&\quad[m(t)-n_s(t)]n_c(t)\sin[2\omega_c t+2\theta_1(t)]\end{aligned} \tag{5-128}$$

通过带通滤波器后：

$$\begin{aligned}y(t)=&\left\{-\frac{1}{2}m^2(t)+n_s(t)m(t)-\frac{1}{2}n_s^{\,2}(t)+\frac{1}{2}n_c^{\,2}(t)\right\}\cos[2\omega_c t+2\theta_1(t)]+\\&[m(t)n_c(t)-n_s(t)n_c(t)]\sin[2\omega_c t+2\theta_1(t)]\end{aligned} \tag{5-129}$$

若 VCO 的输出为

$$v(t)=V_0\sin[2\omega_c t+2\theta_2(t)] \tag{5-130}$$

则输入的倍频信号与 VCO 信号相乘，略去 4 倍频分量得：

$$\begin{aligned}z(t)&=\frac{V_0}{2}\left\{-\frac{1}{2}m^2(t)+n_{\mathrm{s}}(t)m(t)-\frac{1}{2}n_{\mathrm{s}}^{\,2}(t)+\frac{1}{2}n_{\mathrm{c}}^{\,2}(t)\right\}\sin[2\theta_2(t)-2\theta_1(t)]+\\&\quad\frac{V_0}{2}[m(t)n_{\mathrm{c}}(t)-n_{\mathrm{s}}(t)n_{\mathrm{c}}(t)]\cos[2\theta_2(t)-2\theta_1(t)]\\&=\frac{V_0}{4}m^2(t)\sin[2\theta_1(t)-2\theta_2(t)]+\\&\quad\frac{V_0}{2}\left\{\frac{1}{2}n_{\mathrm{s}}^{\,2}(t)-n_{\mathrm{s}}(t)m(t)-\frac{1}{2}n_{\mathrm{c}}^{\,2}(t)\right\}\sin[2\theta_1(t)-2\theta_2(t)]+\\&\quad\frac{V_0}{2}[m(t)n_{\mathrm{c}}(t)-n_{\mathrm{s}}(t)n_{\mathrm{c}}(t)]\cos[2\theta_1(t)-2\theta_2(t)]\\&=k_{\mathrm{d}}\sin[2\theta_{\mathrm{e}}(t)]+N(t)\end{aligned}\tag{5-131}$$

式中，

$$\begin{aligned}N(t)&=\frac{V_0}{2}\left\{\frac{1}{2}n_{\mathrm{s}}^{\,2}(t)-n_{\mathrm{s}}(t)m(t)-\frac{1}{2}n_{\mathrm{c}}^{\,2}(t)\right\}\sin[2\theta_1(t)-2\theta_2(t)]+\\&\quad\frac{V_0}{2}[m(t)n_{\mathrm{c}}(t)-n_{\mathrm{s}}(t)n_{\mathrm{c}}(t)]\cos[2\theta_1(t)-2\theta_2(t)]\\k_{\mathrm{d}}&=\frac{V_0}{4}m^2(t)\\\theta_{\mathrm{e}}(t)&=\theta_1(t)-\theta_2(t)\end{aligned}\tag{5-132}$$

经过环路滤波后得到控制电压：

$$v_{\mathrm{c}}(t)=F(p)\{k_{\mathrm{d}}\sin[2\theta_{\mathrm{e}}(t)]+N(t)\}\tag{5-133}$$

式中，$F(p)$为环路滤波器的线性微分方程的算子形式。

同相－正交环又称科斯塔斯环（costas）组成框图如图 5.19 所示。输入信号被分成上下两个支路，分别与同相和正交载波相乘，它们的积就是环路误差电压，这个电压经过低通滤波后去控制 VCO。假设输入信号为 BPSK 信号，并存在加性噪声，可表示为

$$\begin{aligned}x(t)&=s(t)+n(t)\\&=m(t)\sin[\omega_0t+\theta_1(t)]+n_{\mathrm{c}}(t)\cos[\omega_0t+\theta_1(t)]-n_{\mathrm{s}}(t)\sin[\omega_0t+\theta_1(t)]\end{aligned}\tag{5-134}$$

VCO 的同相、正交分量输出分别为

$$v_{\mathrm{c}}(t)=V_0\cos[\omega_0t+\theta_2(t)]\tag{5-135}$$

$$v_{\mathrm{s}}(t)=V_0\sin[\omega_0t+\theta_2(t)]\tag{5-136}$$

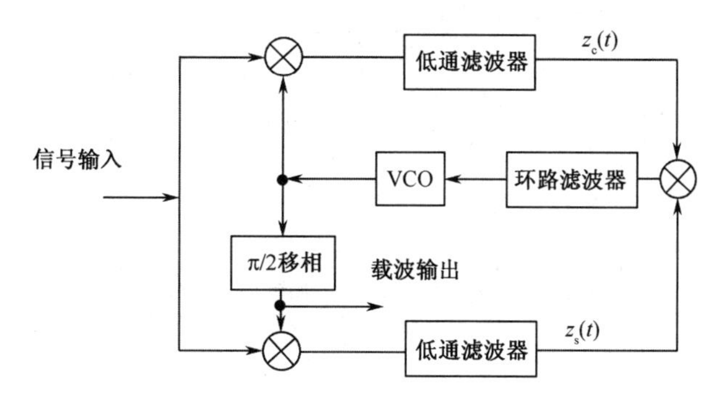

图 5.19　同相－正交环组成框图

所以同相支路输出为

$$
\begin{aligned}
y_c(t) &= x(t)v_c(t) \\
&= V_0[m(t)-n_s(t)]\cos[\omega_0 t+\theta_2(t)]\sin[\omega_0 t+\theta_1(t)]+ \\
&\quad V_0 n_c(t)\cos[\omega_0 t+\theta_2(t)]\cos[\omega_0 t+\theta_1(t)] \\
&= \frac{1}{2}V_0[m(t)-n_s(t)]\{\sin[2\omega_0 t+\theta_1(t)+\theta_2(t)]+\sin[\theta_1(t)-\theta_2(t)]\}+ \\
&\quad \frac{1}{2}V_0 n_c(t)\{\cos[2\omega_0 t+\theta_1(t)+\theta_2(t)]+\cos[\theta_1(t)-\theta_2(t)]\}
\end{aligned}
\tag{5-137}
$$

经过低通滤波后：

$$
\begin{aligned}
z_c(t) &= \frac{1}{2}V_0[m(t)-n_s(t)]\sin[\theta_1(t)-\theta_2(t)]+\frac{1}{2}U_0 n_c(t)\cos[\theta_1(t)-\theta_2(t)] \\
&= \frac{1}{2}V_0[m(t)-n_s(t)]\sin[\theta_e(t)]+\frac{1}{2}U_0 n_c(t)\cos[\theta_e(t)]
\end{aligned}
\tag{5-138}
$$

同理得正交支路的输出为

$$
z_s(t)=\frac{1}{2}V_0[m(t)-n_s(t)]\cos[\theta_e(t)]-\frac{1}{2}U_0 n_c(t)\sin[\theta_e(t)] \tag{5-139}
$$

把正交和同相支路相乘，可得到误差电压：

$$
u_d(t)=\frac{1}{8}{U_0}^2 m^2(t)\sin[2\theta_e(t)]+N(t) \tag{5-140}
$$

其中，

$$
\begin{aligned}
N(t) &= \frac{{V_0}^2}{4}\left\{\frac{1}{2}{n_s}^2(t)-n_s(t)m(t)-\frac{1}{2}{n_c}^2(t)\right\}\sin[2\theta_1(t)-2\theta_2(t)]+ \\
&\quad \frac{{V_0}^2}{4}[m(t)n_c(t)-n_s(t)n_c(t)]\cos[2\theta_1(t)-2\theta_2(t)]
\end{aligned}
\tag{5-141}
$$

比较式（5-132）和式（5-141），可以看到同相正交环和平方锁相环的等效噪声特性 $N(t)$形式完全相同，只是系数不同；比较式（5-131）和式（5-140）这两种环的鉴相特性也是完全一样的。

压控振荡器的输出将受误差信号的控制，理论上应该锁定在误差电压的最小处，$\sin[2\theta_e(t)]=0$ 所以，$\theta_e(t)=0$或π，因此 Costas 环和平方环输出的为相干载波，但可能存在相位模糊问题，相差可能为 0 或 π。

载波同步的第三种方法是采用判决反馈环，其基本原理是对信号进行相干解调，然后将解调出来的信号去抵消接收信号中的调制来恢复载波分量。其组成框图如图 5.20 所示。

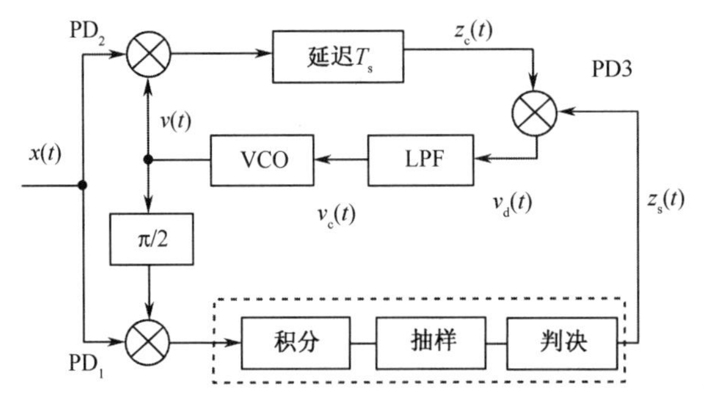

图 5.20　判决反馈的组成框图

设输入信号为

$$
x(t)=s(t)+n(t)=m(t)\sin[\omega_0 t+\theta_1(t)]+n(t) \tag{5-142}
$$

VCO 的输出为

$$v(t) = V_0 \cos[\omega_0 t + \theta_2(t)] \tag{5-143}$$

那么，输入信号与 VCO 信号共同作用于 PD_2，得：

$$\begin{aligned} y_0(t) &= x(t)v(t) \\ &= V_0[m(t) - n_s(t)]\cos[\omega_0 t + \theta_2(t)]\sin[\omega_0 t + \theta_1(t)] + \\ &\quad V_0 n_c(t)\cos[\omega_0 t + \vartheta_2(t)]\cos[\omega_0 t + \theta_1(t)] \\ &= \frac{1}{2}V_0[m(t) - n_s(t)]\{\sin[2\omega_0 t + \theta_1(t) + \theta_2(t)] + \sin[\theta_1(t) - \theta_2(t)]\} + \\ &\quad \frac{1}{2}V_0 n_c(t)\{\cos[2\omega_0 t + \theta_1(t) + \theta_2(t)] + \cos[\theta_1(t) - \theta_2(t)]\} \end{aligned} \tag{5-144}$$

滤除 2 倍频分量后得：

$$\begin{aligned} y(t) &= \frac{1}{2}V_0[m(t) - n_s(t)]\sin[\theta_1(t) - \theta_2(t)] + \frac{1}{2}U_0 n_c(t)\cos[\theta_1(t) - \theta_2(t)] \\ &= \frac{1}{2}V_0 m(t)\sin[\theta_e(t)] - \frac{1}{2}U_0 n_s(t)\sin[\theta_e(t)] + \frac{1}{2}U_0 n_c(t)\cos[\theta_e(t)] \\ &= \frac{1}{2}V_0 m(t)\sin[\theta_e(t)] + N_y[t, \theta_e(t)] \end{aligned} \tag{5-145}$$

其中，

$$N_y[t, \theta_e(t)] = -\frac{1}{2}V_0 n_s(t)\sin[\theta_e(t)] + \frac{1}{2}V_0 n_c(t)\cos[\theta_e(t)] \tag{5-146}$$

而另一支路，输入信号与 VCO 输出（移相 90°）信号共同作用于 PD_1，并滤除倍频分量后得到：

$$z_s(t) = \frac{1}{2}V_0[m(t) - n_s(t)]\cos[\theta_e(t)] - \frac{1}{2}V_0 n_c(t)\sin[\theta_e(t)] \tag{5-147}$$

此信号用于对信号所携带信息的恢复。检测判决器对接收到的信号进行判决，并重构出无噪声 $m(t)$信号。为了保证在 PD_3 中重构的调制波形与对应输入调制波形相乘，需要对 PD_2 输出信号进行一个码元周期 T_s 的延迟。考虑到环路带宽远小于码元速率 $1/T_s$，在相邻两个符号内 $n_s(t)$、$n_c(t)$、$\theta_e(t)$ 近似为不变，可以用平均值 $<\hat{m}(t)m(t)>$ 代替 $\hat{m}(t-T_s)m(t-T_s)$，这样 PD_3 的两个输入信号分别为

$$z_s(t) = \frac{1}{2}V_0 m(t - T_s)\sin[\theta_e(t)] + N_y[t, \theta_e(t)] \tag{5-148}$$

$$z_c(t) = \hat{m}(t - T_s) \tag{5-149}$$

PD_3 的输出为

$$v_d(t) = \frac{1}{2}V_0 m(t - T_s)\hat{m}(t - T_s)\sin[\theta_e(t)] + \hat{m}(t - T_s)N_y[t, \theta_e(t)] \tag{5-150}$$

式（5-150）中，若误码率为 P_e，当下支路解码正确时有 $\hat{m}(t-T_s) = m(t-T_s)$，则 $\hat{m}(t-T_s)m(t-T_s) = 1$，其概率为 $P[\hat{m}(t-T_s) = m(t-T_s)] = 1 - P_e$。当解码出错时，有 $\hat{m}(t-T_s) = -m(t-T_s)$，则 $\hat{m}(t-T_s)m(t-T_s) = -1$，出现这种情况的概率为 P_e。故 $<\hat{m}(t-T_s)m(t-T_s) \geqslant (+1)(1-P_e) + (-1)P_e = 1 - 2P_e$。所以式（5-150）又可写成：

$$v_d(t) = \frac{1}{2}V_0(1 - 2P_e)\sin[\theta_e(t)] + \hat{m}(t - T_s)N_y[t, \theta_e(t)] \tag{5-151}$$

以上主要以 BPSK 为例进行了讨论，对 N 相 PSK 信号进行载波恢复时，只要在 BPSK 环的原理上进行扩展就可以了。比如，把平方环改进成 N 次幂环，把同相一正交环扩展成多相同

相一正交环，就可以实现对多相信号的载波提取了。N 次幂环的实现框图，如图 5.21 所示。

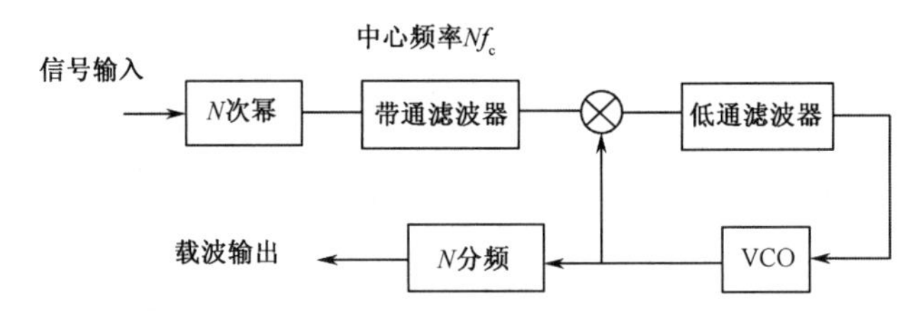

图 5.21　N次幂环实现框图

为简化讨论，噪声分量不包含在表达式中。以 QPSK 为例，其输入信号为

$$x(t) = V_0 \cos[\omega_c t + \varphi(t) + \theta_1] \tag{5-152}$$

经过 4 次方，并带通滤波取出 4 倍频分量，

$$y(t) = \frac{1}{8} V_0^4 \cos[4\omega_c t + 4\theta_1] \tag{5-153}$$

若 VCO 的输出为

$$v(t) = V_1 \sin[4\omega_c t + 4\theta_2] \tag{5-154}$$

则鉴相器输出，经低通滤波后为

$$v_d(t) = \frac{1}{16} k_m V_0^4 V_1 \sin[4(\theta_2 - \theta_1)] = k_d \sin(4\theta_e) \tag{5-155}$$

4 次幂环可能存在 4 重相位模糊问题，相差可能为 0 或 π/2、π、3π/2。

同理，可以得到 N 次幂环的鉴相特性为

$$v_d(t) = k_d \sin(N \cdot \theta_e) \tag{5-156}$$

同样 N 次幂环可能存在 N 重相位模糊问题，分别为：$k \cdot \frac{2\pi}{N}$，其中 $k = 0, 1, \cdots, N-1$。

可以对基本 costas 环进行推广用于 QPSK 的载波恢复，对输出的两路基带信号进行非线性数字处理，消除基带信号中的调制信息，产生只与相位有关的误差信号。这种基带处理 costas 环又叫松尾环。松尾环电路简单，适合于宽带工作，恢复出的载波静态相位误差小，载波的同步捕捉带宽，可以同时实现 QPSK 信号的载波恢复和信号解调。其组成框图如图 5.22 所示。

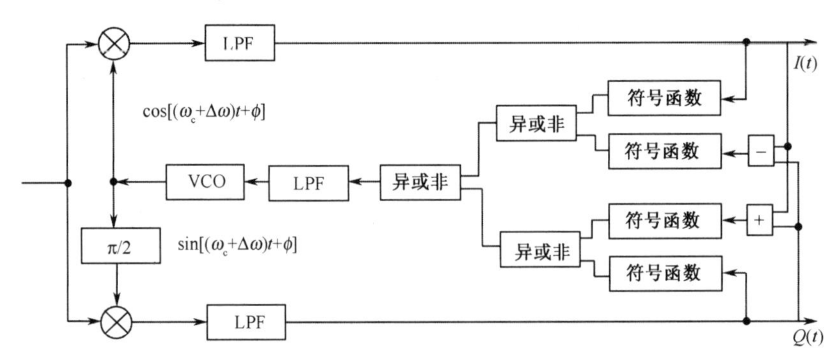

图 5.22　松尾环的组成框图

下面对其进行简单讨论。假设输入信号为：$s(t) = I(t)\cos(\omega_c t) + Q(t)\sin(\omega_c t)$，则上支路（同相支路）的输出为

$$
\begin{aligned}
&s(t)\cdot\cos[(\omega_c+\Delta\omega)t+\phi] \\
&=[I(t)\cos(\omega_c t)+Q(t)\sin(\omega_c t)]\cdot\cos[(\omega_c+\Delta\omega)t+\phi] \\
&=\frac{1}{2}I(t)\{\cos[(2\omega_c+\Delta\omega)t+\phi]+\cos(\Delta\omega t+\phi)\}+ \\
&\quad\frac{1}{2}Q(t)\{\sin[(2\omega_c+\Delta\omega)t+\phi]-\sin(\Delta\omega t+\phi)\}
\end{aligned}
\tag{5-157}
$$

经过低通滤波后得到：

$$
A=\frac{1}{2}I(t)\cos(\Delta\omega t+\phi)-\frac{1}{2}Q(t)\sin(\Delta\omega t+\phi) \tag{5-158}
$$

同理，可以得到正交支路的输出信号：

$$
\begin{aligned}
&s(t)\cdot\sin[(\omega_c+\Delta\omega)t+\phi] \\
&=[I(t)\cos(\omega_c t)+Q(t)\sin(\omega_c t)]\cdot\sin[(\omega_c+\Delta\omega)t+\phi] \\
&=\frac{1}{2}I(t)\{\sin[(2\omega_c+\Delta\omega)t+\phi]+\sin(\Delta\omega t+\phi)\}+ \\
&\quad\frac{1}{2}Q(t)\{-\cos[(2\omega_c+\Delta\omega)t+\phi]+\cos(\Delta\omega t+\phi)\}
\end{aligned}
\tag{5-159}
$$

经过低通滤波后得到：

$$
B=\frac{1}{2}I(t)\sin(\Delta\omega t+\phi)+\frac{1}{2}Q(t)\cos(\Delta\omega t+\phi) \tag{5-160}
$$

当环路锁定，$\Delta\omega=0$，ϕ 很小时，同相支路的输出为 $I(t)$，正交支路输出为 $Q(t)$，这样就可以实现 QPSK 的解调。

两个支路的输出信号经过符号函数后送到异或非门，第三个异或门输出 U_d 为

$$
U_d=\overline{\overline{\text{sgn}(B)\oplus\text{sgn}(A+B)}\oplus\overline{\text{sgn}(A)\oplus\text{sgn}(A-B)}} \tag{5-161}
$$

其中 $\oplus$ 表示异或运算，— 表示非运算。符号函数的表达式为

$$
\text{sgn}(x)=\begin{cases}1 & x>0\\ -1 & x<0\end{cases}
$$

又因：

$$
\overline{x\oplus y}=\begin{cases}1 & x,y\ \text{同号}\\ -1 & x,y\ \text{异号}\end{cases}
$$

所以：

$$
\text{sgn}(\overline{x\oplus y})=\text{sgn}(x\cdot y) \tag{5-162}
$$

因此式（5-161）可以表示为

$$
U_d=\text{sgn}\{[B\cdot(A+B)]\cdot[A\cdot(A-B)]\} \tag{5-163}
$$

为了简化推导，可认为，$I^2(t)=Q^2(t)=1$。把式（5-159）、式（5-160）代入式（5-163），并忽略其振幅，可以得到：

$$
U_d=\text{sgn}[\sin(-4\Delta\omega t-4\phi)] \tag{5-164}
$$

当环路锁定时，$\Delta\omega=0$，则：

$$
U_d=\text{sgn}[-\sin(4\phi)] \tag{5-165}
$$

从式（5-165）可以看出，环路的跟踪控制电压 U_d 仅取决于发送载波和本地接收端相干载波之间的相位差 ϕ，而与调制信息无关。根据式（5-165）可以画出松尾环的鉴相特性图，如图 5.23

所示。

讨论了四相 costas 环（或同相-正交环）后，给出 N 相 costas 环的组成框图如图 5.24 所示。

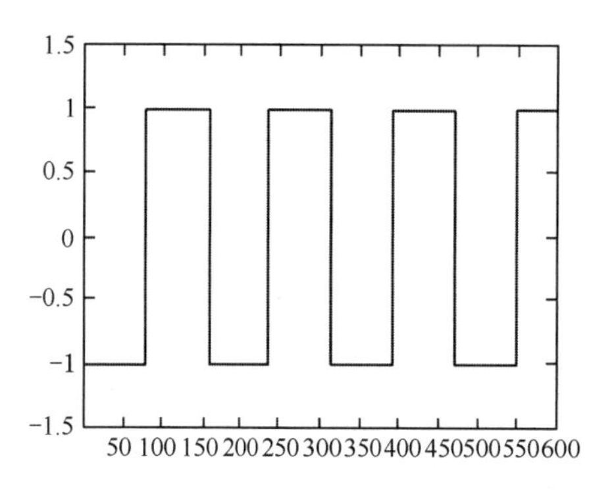

图 5.23　松尾环的鉴相特性

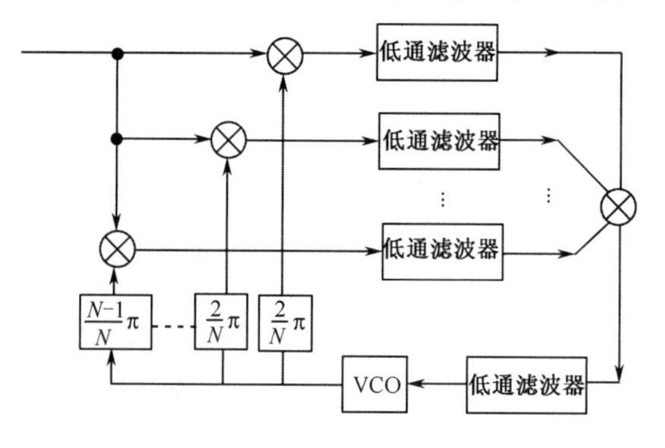

图 5-24　N相costas环的组成框图

N 相同相-正交环需要 N+1 个相乘器与 N 个支路的滤波器，其第 k 个鉴相器是在输入信号与压控振荡器输出信号经过 $\frac{(k-1)}{N}\pi$ 移相后的信号之间进行鉴相。N 相 costas 环的鉴相特性为：$u_{\mathrm{d}}=k_{\mathrm{d}}\sin(N\cdot\theta_{\mathrm{e}})$，与 N 次幂环完全等效。采用 N 次平方法或 N 相同相－正交环，在实现 N 相信号的载波提取时，同样存在 N 重相位模糊问题，可以通过对发射数据采用差分编码来克服。四相判决反馈环的结构如图 5.25 所示[3]。

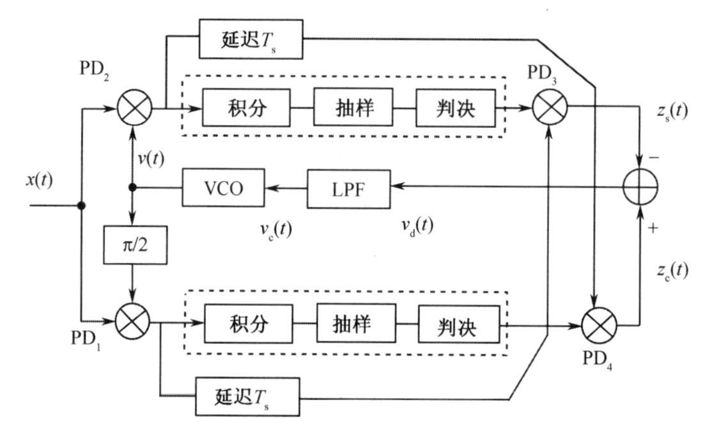

图 5.25　QPSK的判决反馈环的结构

设输入信号为

$$s(t)=I(t)\cos(\omega_{\mathrm{c}}t+\theta_1)+Q(t)\sin(\omega_{\mathrm{c}}t+\theta_1)\tag{5-166}$$

VCO 输出信号为

$$v(t)=\sin(\omega_{\mathrm{c}}t+\theta_2)\tag{5-167}$$

输入信号与 VCO 输出信号作用于 PD_2，并经过低通滤波后，得到：

$$\begin{aligned}x_{\mathrm{s}}(t)&=\frac{1}{2}I(t)\sin(\theta_2-\theta_1)+\frac{1}{2}Q(t)\cos(\theta_2-\theta_1)\\&=\frac{1}{2}I(t)\sin\theta_{\mathrm{e}}+\frac{1}{2}Q(t)\cos\theta_{\mathrm{e}}\end{aligned}\tag{5-168}$$

输入信号与 VCO 输出之正交信号作用于 PD_1，并经过低通滤波后，得到：

$$x_{\mathrm{c}}(t)=\frac{1}{2}I(t)\cos\theta_{\mathrm{e}}-\frac{1}{2}Q(t)\sin\theta_{\mathrm{e}} \tag{5-169}$$

对 $x_{\mathrm{c}}(t)$、$x_{\mathrm{s}}(t)$ 分别进行判决，得到 $\hat{I}(t)$、$\hat{Q}(t)$。

假如 $|\sin\theta_{\mathrm{e}}|>|\cos\theta_{\mathrm{e}}|$，则：

$$\hat{I}(t)=\begin{cases} I(t), & \sin\theta_{\mathrm{e}}>0 \\ -I(t), & \sin\theta_{\mathrm{e}}<0 \end{cases}$$

假如 $|\sin\theta_{\mathrm{e}}|<|\cos\theta_{\mathrm{e}}|$，则：

$$\hat{I}(t)=\begin{cases} Q(t), & \cos\theta_{\mathrm{e}}>0 \\ -Q(t), & \cos\theta_{\mathrm{e}}<0 \end{cases}$$

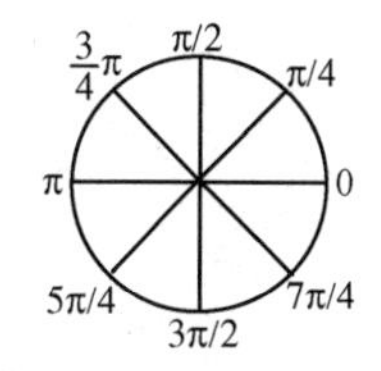

图 5.26　相位分割图

整个相位分割图如图 5.26 所示。其余情况类推，可得表 5-4。

表 5-4　根据相位误差得出的判决表

θ_{e}	0-π/4	π/4-π/2	π/2-3π/4	3π/4-π	π-5π/4	5π/4-3π/2	3π/2-7π/4	7π/4-2π
$\hat{I}(t)$	$Q(t)$	$I(t)$	$I(t)$	$-Q(t)$	$-Q(t)$	$-I(t)$	$-I(t)$	$Q(t)$
$\hat{Q}(t)$	$I(t)$	$-Q(t)$	$-Q(t)$	$-I(t)$	$-I(t)$	$Q(t)$	$Q(t)$	$I(t)$

PD_3 的输出信号为

$$z_{\mathrm{s}}(t)=\left[\frac{1}{2}I(t)\cos\theta_{\mathrm{e}}-\frac{1}{2}Q(t)\sin\theta_{\mathrm{e}}\right]\hat{I}(t) \tag{5-170}$$

PD_4 的输出信号为

$$z_{\mathrm{c}}(t)=\left[\frac{1}{2}I(t)\sin\theta_{\mathrm{e}}+\frac{1}{2}Q(t)\cos\theta_{\mathrm{e}}\right]\hat{Q}(t) \tag{5-171}$$

因此加法器输出为

$$\begin{aligned} v_{\mathrm{d}}(t)&=\left[\frac{1}{2}I(t)\sin\theta_{\mathrm{e}}+\frac{1}{2}Q(t)\cos\theta_{\mathrm{e}}\right]\hat{Q}(t)-\left[\frac{1}{2}I(t)\cos\theta_{\mathrm{e}}-\frac{1}{2}Q(t)\sin\theta_{\mathrm{e}}\right]\hat{I}(t) \\ &=\frac{1}{2}\left[I(t)\hat{Q}(t)+Q(t)\hat{I}(t)\right]\sin\theta_{\mathrm{e}}+\frac{1}{2}\left[Q(t)\hat{Q}(t)-I(t)\hat{I}(t)\right]\cos\theta_{\mathrm{e}} \end{aligned} \tag{5-172}$$

由于 $I^2(t)=Q^2(t)=1$，利用表 5-4，可以得到：

$$v_{\mathrm{d}}(t)=\begin{cases} \sin[\theta_{\mathrm{e}}(t)] & -\pi/4<\theta_{\mathrm{e}}<\pi/4 \\ -\cos[\theta_{\mathrm{e}}(t)] & \pi/4<\theta_{\mathrm{e}}<3\pi/4 \\ -\sin[\theta_{\mathrm{e}}(t)] & 3\pi/4<\theta_{\mathrm{e}}<5\pi/4 \\ \cos[\theta_{\mathrm{e}}(t)] & 5\pi/4<\theta_{\mathrm{e}}<7\pi/4 \end{cases} \tag{5-173}$$

最后给出基于判决反馈环的 N 元 PSK 信号的载波恢复结构框图，如图 5.27 所示。

设输入信号为

$$x(t)=\cos(\omega_{\mathrm{c}}t+\theta+\theta_1) \tag{5-174}$$

其中，θ 为调制相位，θ_1 为初相。

VCO 输出信号为

$$v(t)=\sin(\omega_{\mathrm{c}}t+\theta_2) \tag{5-175}$$

输入信号与 VCO 输出信号作用于 PD_2，并经过低通滤波后，得到：

$$x_{\mathrm{s}}(t)=\frac{1}{2}\sin(\theta_2-\theta_1-\theta)=\frac{1}{2}\sin(\theta_{\mathrm{e}}-\theta) \tag{5-176}$$

输入信号与 VCO 输出之正交信号作用于 PD_1，并经过低通滤波后，得到：

$$x_{\mathrm{c}}(t)=\frac{1}{2}\cos(\theta_{\mathrm{e}}-\theta) \tag{5-177}$$

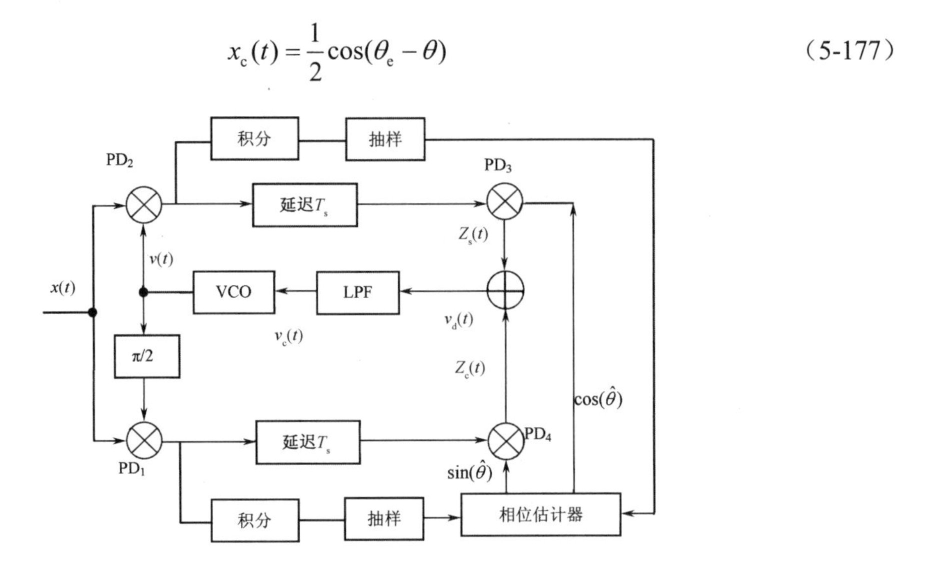

图 5.27　基于判决反馈的N元PSK信号的载波恢复结构框图

利用$x_{\mathrm{c}}(t)$、$x_{\mathrm{s}}(t)$进行相位估计，得到$\hat{\theta}$。于是，PD_3的输出信号为

$$z_{\mathrm{s}}(t)=\frac{1}{2}\sin(\theta_{\mathrm{e}}-\theta)\cos\hat{\theta}=\frac{1}{4}\sin(\theta_{\mathrm{e}}-\theta+\hat{\theta})+\frac{1}{4}\sin(\theta_{\mathrm{e}}-\theta-\hat{\theta}) \tag{5-178}$$

PD_4的输出信号为

$$z_{\mathrm{c}}(t)=\frac{1}{2}\cos(\theta_{\mathrm{e}}-\theta)\sin\hat{\theta}=\frac{1}{4}\sin(\theta_{\mathrm{e}}-\theta+\hat{\theta})+\frac{1}{4}\sin(-\theta_{\mathrm{e}}+\theta+\hat{\theta}) \tag{5-179}$$

因此加法器输出为

$$v_{\mathrm{d}}(t)=\frac{1}{2}\sin(\theta_{\mathrm{e}}-\theta+\hat{\theta}) \tag{5-180}$$

当相位估计（判决）正确时，$\theta=\hat{\theta}$，$v_d(t)$是环路的误差信息；判决出错时，不能正确反映误差信息。所以误差电压与误码率密切相关。判决反馈环同样存在N重相位模糊问题。

5.3.4　软件无线电中的位同步算法

数字通信中解调器必须产生一个频率与符号速率相同的定时抽样脉冲，以在合适的时刻对输出波形进行抽样判决。这个定时抽样脉冲是通过位同步也叫定时同步来获得的。

位同步可分为自同步和外同步两种。自同步是直接从接收的信号中提取位同步信息，而外同步是在发端专门发射导频信号。比如在基带信号频谱的零点插入所需的导频信号，在接收端利用窄带滤波器就可以从解调后的基带信号中提取所需的同步信息。插入导频也可以使数字信号的包络随同步信号的某种波形而发生变化。在相移或频移键控时，在接收端只要进行包络检波就可得到同步信号。

在某些通信设备中，还通常让发射方在发射信息之前，先发射一串特定的码（同步码），来进行位同步。比如常用的是一串 0、1 交替序列。接收方接收到同步码字后与本地产生的定时脉冲进行互相关运算。根据相关结果不断调整时钟脉冲的位置，当相关值最大时就认为位同步信号对准了。

自同步法是数字通信中常用的方法。它可以从数字信号中直接提取位同步信号，如微分全波整流法、迟延相干法等；另一种是本地生成一个定时时钟信号，通过比较本地时钟和接收信号，提取相位误差来控制本地时钟的相位。其过程与载波同步类似。

由通信原理知识可知，对于随机的单极性二进制基带脉冲序列，

$$s(t)=\sum_{n=-\infty}^{\infty}a_n g(t-nT) \tag{5-181}$$

其中 $a_n=\begin{cases}A & \text{为符号“0”时,概率为}P\\ -A & \text{为符号“1”时，概率为}1-P\end{cases}$，$g(t)$为归一化基带波形，$T$ 为码元宽度。

对非归零码，基带脉冲波形：

$$g(t)=\begin{cases}1 & 0\leqslant t\leqslant T\\ 0 & \text{其他}\end{cases} \tag{5-182}$$

假如 0、1 等概出现，且相互独立，则有：

$$E(a_n a_m)=\begin{cases}A^2 & m=n\\ 0 & m\neq n\end{cases} \tag{5-183}$$

可得出非归零码的功率密度谱：

$$P(f)=\frac{A^2 T}{16}\left(\frac{\sin(\pi fT)}{\pi fT}\right)^2+\frac{A^2}{16}\delta(f) \tag{5-184}$$

对于归零码，其基带脉冲波形为

$$g(t)=\begin{cases}1 & 0\leqslant t\leqslant \tau<T\\ 0 & \text{其他}\end{cases}$$

可得归零码的功率密度谱：

$$P(f)=\frac{A^2\tau^2}{16T}\left(\frac{\sin(\pi f\tau)}{\pi f\tau}\right)^2+\frac{A^2\tau^2}{16T^2}\left(\frac{\sin(n\pi\tau/T)}{n\pi\tau/T}\right)^2\delta(f-n/T) \tag{5-185}$$

可见在归零的二进制随机脉冲序列中存在位同步的频率分量。

对于不归零的二进制随机序列，不能直接从中滤出位同步信号，但可以通过波形变换，将其变成归零信号，然后进行滤波，得到同步信号。变换的方法有微分全波整流法、平方法、延迟相干法等，如图 5.28～图 5.30 所示。

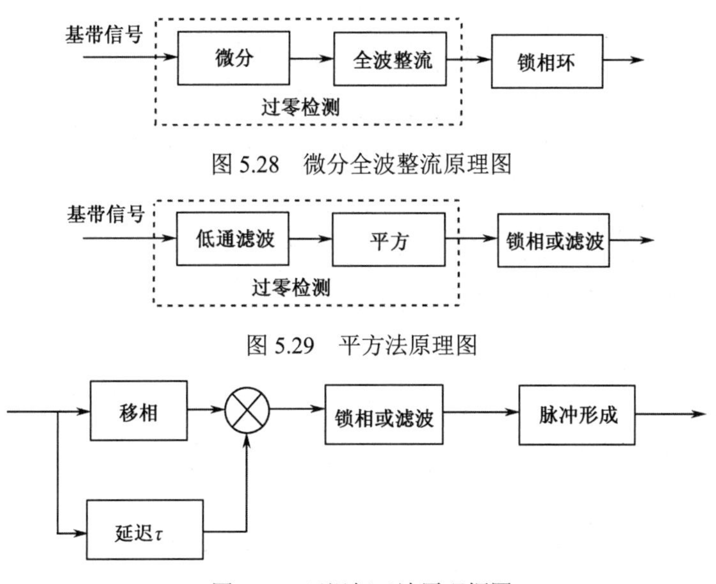

图 5.28　微分全波整流原理图

图 5.29　平方法原理图

图 5.30　延迟相干法原理框图

下面对平方法作一简单分析[5]。对于式（5-161）的输入信号经过低通滤波后，得到：

$$\tilde{s}(t)=\sum_{n=-\infty}^{\infty}a_n\tilde{g}(t-nT) \tag{5-186}$$

式中，$\tilde{g}(t)=g(t)\otimes h(t)$，$h(t)$为滤波器得冲激响应，$\otimes$表示卷积。$\tilde{s}(t)$经过平方器后，得：

$$x(t)=[\tilde{s}(t)]^2=\sum_{n=-\infty}^{\infty}\ \sum_{m=-\infty}^{\infty}a_n\tilde{g}(t-nT)\,a_m\tilde{g}(t-mT) \tag{5-187}$$

令

$$x(t)=\overline{x(t)}+[x(t)-\overline{x(t)}]=x_{\text{v}}(t)+x_{\text{c}}(t) \tag{5-188}$$

其中 $x_{\text{v}}(t)=\overline{x(t)}=\sum_{n=-\infty}^{\infty}\ \sum_{m=-\infty}^{\infty}\overline{a_na_m}\tilde{g}(t-nT)\tilde{g}(t-mT)$。由式（5-183）得：

$$x_{\text{v}}(t)=\sum_{n=-\infty}^{\infty}\overline{a_na_m}\ \ \tilde{g}^2(t-nT) \tag{5-189}$$

这是一个周期为 T 的周期性函数，利用傅里叶级数，可以得到其双边功率谱密度：

$$P_{\text{v}}(f)=\frac{A^4}{T^2}\sum_{n=-\infty}^{\infty}\left|Q(n/T)\right|^2\delta(f-n/T) \tag{5-190}$$

式中，$Q(f)=[G(f)\cdot H(f)]\otimes[G(f)\cdot H(f)]$，且$G(f)$和$H(f)$为$g(t)$和$h(t)$的傅里叶变换。所以在式（5-190）中包含了位同步频率。还可以证明 $x_{\text{c}}(t)$具有连续谱，其在位同步时钟附近的那部分功率将落在平方器后的滤波器或锁相环的通带内，从而形成自噪声。

迟延相干法与相干解调类似，不过其迟延时间 τ 要小于码长 T。接收信号与迟延信号相乘后，就可以得到一组码冲宽度为 τ 的矩形归零码，这样就可以得到同步信号的频率分量。位同步信号的大小与移相数值有关，当移相后的信号与原信号同相或反相时输出的位同步信号最大。

早-迟积分同步法就是通过比较本地时钟与接收码元，使本地时钟与接收码元同步的定时（位）同步方法，这种方法利用了滤波器或相关器输出信号的对称性。早-迟积分同步法有多种实现形式，这里仅就绝对值型（见图 5.31）进行讨论。

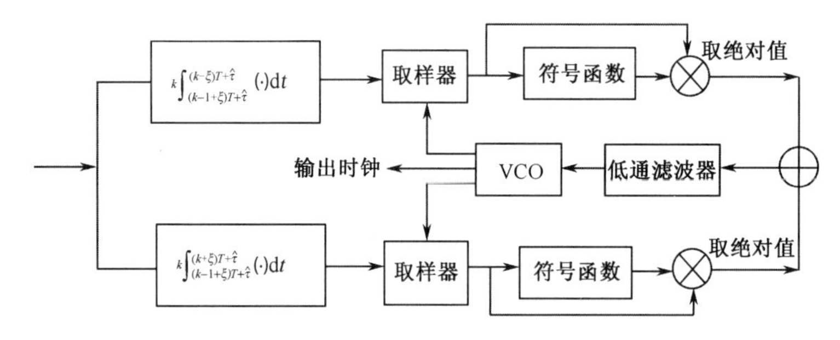

图 5.31　绝对值型早-迟积分同步框图

设 τ 为信号的传输延迟，环路提取的同步相对于数据的过零点可能存在误差$\varepsilon=\tau-\hat{\tau}$，则上支路输出为

$$y_{1k}(t)=K\int_{(k-1-\xi)T+\hat{\tau}}^{(k-\xi)T+\hat{\tau}}x(t-\tau)\text{d}t=K\int_{(k-1-\xi)T-\varepsilon}^{(k-\xi)T-\varepsilon}x(t)\,\text{d}t \tag{5-191}$$

式中，K 为积分器增益。下支路输出为

$$y_{2k}(t)=K\int_{(k-1+\xi)T+\hat{\tau}}^{(k+\xi)T+\hat{\tau}}x(t-\tau)\text{d}t=K\int_{(k-1+\xi)T-\varepsilon}^{(k+\xi)T-\varepsilon}x(t)\,\text{d}t \tag{5-192}$$

上支路比下支路在时间上超前提前了$2\xi T$，积分区间示意图如图 5.32 所示。

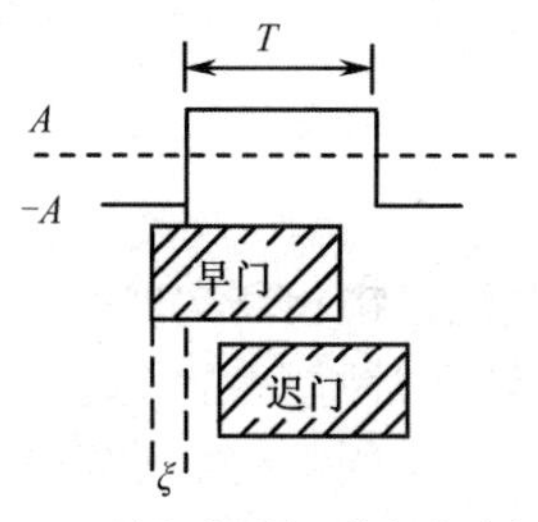

（a）无定时误差下的积分时序

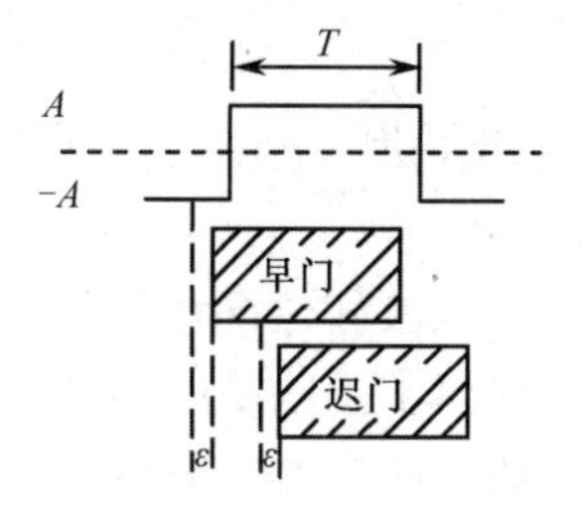

（b）存在定时误差下的积分时序

图 5.32　早-迟环积分区间示意图

输入两个支路的信号经过积分、取绝对值后，得到误差信号：

$$e_k=|y_{1k}|-|y_{2k}| \tag{5-193}$$

可把 N 个符号的鉴相误差信号进行多次累积平均后去控制 VCO，以提高误差信号的抗噪能力。若取 $\xi=\frac{1}{4}T$，当定时恢复无误差时 $\varepsilon=0$，则上下两个支路得积分输出分别为

$$y_{1k}(t)=K\int_{(k-1-1/4)T}^{(k-1/4)T}x(t)\mathrm{d}t=-K\int_{\left(k-1-\frac{1}{4}\right)T}^{(k-1)T}A\mathrm{d}t+K\int_{(k-1)T}^{\left(k-\frac{1}{4}\right)T}A\mathrm{d}t=\frac{A}{2}KT \tag{5-194}$$

$$y_{2k}(t)=K\int_{\left(k-1+\frac{1}{4}\right)T}^{\left(k+\frac{1}{4}\right)T}x(t)\mathrm{d}t=K\int_{\left(k-1+\frac{1}{4}\right)T}^{kT}A\mathrm{d}t-K\int_{kT}^{\left(k+\frac{1}{4}\right)T}A\mathrm{d}t=\frac{A}{2}KT \tag{5-195}$$

由此可见，当无定时误差时，上下两个支路得输出相同，误差输出信号为 0。

当存在定时误差 $0<\varepsilon<\frac{1}{4}T$ 时：

$$y_{1k}(t)=-K\int_{\left(k-1-\frac{1}{4}\right)T+\varepsilon}^{(k-1)T}A\mathrm{d}t+K\int_{(k-1)T}^{\left(k-\frac{1}{4}\right)T+\varepsilon}A\mathrm{d}t=AK\left(\frac{T}{2}+2\varepsilon\right) \tag{5-196}$$

$$y_{2k}(t)=K\int_{\left(k-1+\frac{1}{4}\right)T+\varepsilon}^{kT}A\mathrm{d}t-K\int_{kT}^{\left(k+\frac{1}{4}\right)T+\varepsilon}A\mathrm{d}t=AK\left(\frac{T}{2}-2\varepsilon\right) \tag{5-197}$$

考虑到调制符号－A、A 等概出现，误差输出均值为

$$\overline{e}_k(t)=|y_{1k}|-|y_{2k}|=AK(4\varepsilon)=4AKT\left(\frac{\varepsilon}{T}\right) \tag{5-198}$$

当存在定时误差 $\frac{1}{4}T<\varepsilon<\frac{1}{2}T$ 时，则：

$$y_{1k}(t)=AK\left[T-2\left(\varepsilon-\frac{T}{4}\right)\right] \tag{5-199}$$

$$y_{2k}(t)=AK\left[2\left(\frac{T}{4}+\varepsilon\right)-T\right] \tag{5-200}$$

$$\overline{e}_k(t)=2AKT\left(\frac{1}{2}-\frac{\varepsilon}{T}\right) \tag{5-201}$$

同样可得到定时误差 $\varepsilon<0$ 的情况。综合以上分析结果，可以得到早-迟环的归一化鉴相特性：

$$y\left(\frac{\varepsilon}{T}\right)=\frac{\overline{e}_k}{2AKT} \tag{5-202}$$

5.3.5 载波和位同步的联合最大似然估计算法

在上面的讨论中，载波和位同步信号的获取主要是通过锁相环实现的，有一个控制反馈的过程。近年来，人们提出了接收端的本地参考载波和定时时钟都独立振荡于固定频率，不再需要反馈控制的方法。载波相位和定时时钟的误差消除、信号判定都由数字信号处理器来完成，也就是所谓的开环结构（Open loop）。下面讨论一下这种开环结构。

假设收到的模拟信号为

$$r_c(t)=\mathrm{Re}\{[\sum_{k=-\infty}^{\infty}a_k g_t(t-kT-\varepsilon T)\mathrm{e}^{\mathrm{j}\theta}+n(t)]\mathrm{e}^{\mathrm{j}\omega_c t}\} \tag{5-203}$$

式中，$g_t(t)$为发送滤波器的冲激响应，a_k 为随机的调制数据（实数或复数）；ε 和 θ 分别为时钟和载波的相位误差；T 为码元持续时间；$n(t)$为窄带白高斯噪声，双边功率谱密度为 $N_0/2$，均值为 0；ω_c 是载波角频率。对模拟信号进行采样、数字混频、匹配滤波后得到基带信号：

$$r_c(mT_s)=\sum_{k=-\infty}^{\infty}a_k g(mT_s-kT-\varepsilon T)\mathrm{e}^{\mathrm{j}\theta}+n(mT_s) \tag{5-204}$$

式中，$g(t)$为接收匹配滤波器和发射滤波器的总响应；T_s 为采样周期，通常把采样周期设计为码元持续时间的整数倍，即

$$T=N\cdot T_s \tag{5-205}$$

由于发射端的时钟和接收端的时钟是完全独立的，接收端只有采取适当的措施，才能做到这种倍数关系。对同步参数 ε 和 θ 的估计是在有限的时间长度内进行的，在这段时间内可以看成是固定的。以[0，MT]时间段为例，估计 ε 和 θ 的值。利用数据辅助（DA）法，假设已知判决数据 $\hat{a}$，那么 ε 和 θ 的最大似然估计是使概率密度函数 $p(r|\theta,\varepsilon)$ 最大化。在白高斯噪声下，就是使下列对数似然函数最大化：

$$\lambda(\theta,\varepsilon)=\sum_{m=0}^{NM-1}\left|r(mT_0)-s(mT_0-\varepsilon T,\hat{a})\mathrm{e}^{\mathrm{j}\theta}\right|^2 \tag{5-206}$$

其中 $s(t,\hat{a})=\hat{a}_k g(t-kt)$ 为参考信号。

对于恒定包络信号，可以近似认为参考信号的能量不取决于 ε 和 θ。于是，式（5-206）等价于式（5-207）。

$$\lambda'(\theta,\varepsilon)=\sum_{m=0}^{NM-1}\mathrm{Re}\{r(mT_0)[s(mT_0-\varepsilon T,\hat{a})\mathrm{e}^{\mathrm{j}\theta}]^*\} \tag{5-207}$$

令：

$$K_c(\varepsilon)=\mathrm{Re}\sum_{m=0}^{NM-1}r(mT_0)s^*(mT_0-\varepsilon T,\hat{a}) \tag{5-208}$$

$$K_s(\varepsilon)=\mathrm{Im}\sum_{m=0}^{NM-1}r(mT_0)s^*(mT_0-\varepsilon T,\hat{a}) \tag{5-209}$$

其中，Re、Im 和*分别表示取实部、虚部、求共轭。重写式（5-207）：

$$\begin{aligned}\lambda'(\theta,\varepsilon)&=K_c(\varepsilon)\cos\theta+K_s(\varepsilon)\sin\theta\\&=\sqrt{K_c{}^2+K_s{}^2}\cos(\theta-\arctan(K_s/K_c))\end{aligned} \tag{5-210}$$

由于余弦项的最大值为 1，ε 的最优估计是使下式取得最大值：

$$\lambda = \sum_{m=0}^{NM-1} \left| r(mT_0) s^*(mT_0 - \varepsilon T, \hat{a}) \right|^2 \tag{5-211}$$

θ 的估计值为

$$\hat{\theta} = \arctan(K_s / K_c) \tag{5-212}$$

求解ε的估计值时可以采用搜索法，将ε值取为[−0.5,0.5]，并把它分成若干等份，将每个值代入式（5-211），取使 λ 最大值作为ε的估计值。根据ε的估计值，再算出 θ 的估计值。

5.3.6 软件无线电中的帧同步算法

帧同步的作用是在数字信息流中插入特殊的码组作为每帧的头尾标记。接收端产生与发射端相同的码组，并与接收到的信号进行相关运算，当相关值为最大时，就认为找到了帧的起始位置。作为帧同步的码组应是具有尖锐单峰特性的局部自相关函数，而且识别器要尽量简单。巴克（Barker）码就具有这种特性。它是一种非周期序列，一个 n 位的巴克码组为 $\{x_1, x_2, \cdots, x_n\}$，其中 x_i 为+1 或−1。它的局部自相关函数为

$$R(j) = \sum_{i=1}^{n-j} x_i x_{i+j} = \begin{cases} n, & j = 0 \\ 0\text{或}\pm 1, & 0 < j < n \\ 0, & j \geqslant n \end{cases} \tag{5-213}$$

实际使用中的巴克码都在 7 位以上，过短的码组容易受衰落或干扰的影响。表 5-5 给出目前已找到的巴克码组。

当相邻的随机序列以相等的概率取±1 时，巴克码具有较好的相关特性，但对于任意的二进制数，巴克码太短，并不能在所有情况下作最佳相关的近似。威拉德（Willard）序列适用于随机相邻码元，具有与巴克码相同的长度，假同步概率最小，见表 5-6。

表 5-5　巴克码组

长　　度	巴 克 码 组
2	++
3	++−
4	+++−或++−+
5	+++—+
7	+++−−+−
11	+++−−−+−−+−
13	+++++−−++−+−+

表 5-6　威拉德序列

长　　度	威拉德序列
2	+−
3	++−
4	++−−
5	++−+−
7	+++−+−−
11	+++−++−+−−−
13	+++++−−+−+−−−

5.4 软件无线电的中均衡算法

为了实现信号的无失真传输，要求通信系统（含传输信道）的总响应满足以下条件：幅频响应为常数；相频响应为频率的线性响应。也就是说，要实现无失真传输要求系统对所有的频率分量进行相同的放大或衰减，若在传输的信号带宽内幅频响应不是常数，就会引起振幅失真；所有的频率分量都同时到达（时间延迟，或群时延为常数），否则就会引起相位失真。当无线信道中存在多径反射（或频率选择性弥散）时，会引起信号的振幅和相位失真，导致出现信号拖

尾，产生码间干扰（ISI）。而码间干扰会引起抽样判决出错，使得数字通信的误码率增加。

通过在基带系统中插入一种信道补偿器可以减小码间干扰，这种补偿器就叫均衡器。均衡可以分成时域均衡和频域均衡两种，时域均衡利用均衡器修正系统的脉冲响应特性，使得合成脉冲响应满足无码间干扰的要求；频域均衡通过可调滤波器的频率特性去补偿基带系统的频率特性，使其总特性满足无码间干扰的要求，目前主要采用时域均衡方法。根据信号处理方法的不同，均衡器可分成线性均衡器、非线性均衡器两类，非线性均衡器又可分成判决反馈型（DFE）、ML 符号检测、最大似然估计均衡器等。这里主要讨论以下均衡方法：基于最大似然序列估计（Maximum-Likelihood Sequence Estimation，MLSE）的均衡、基于可调线性滤波器的均衡、判决反馈均衡、自适应均衡。

5.4.1 线性均衡算法

最常用的线性均衡器是横向滤波器，其组成如图 5.33 所示。

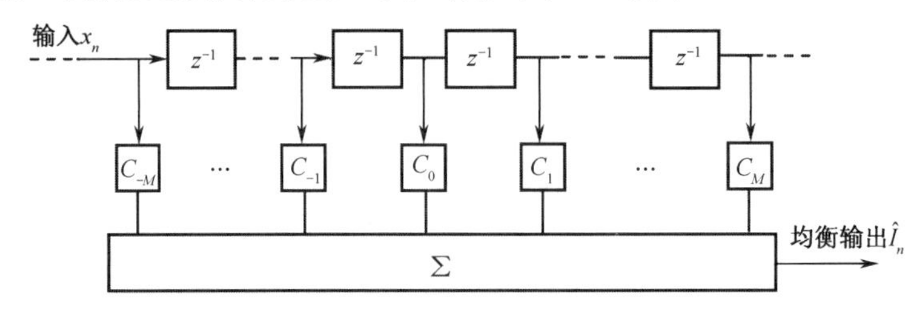

图 5.33 横向滤波器

此时均衡器的输出为

$$\hat{I}_n = \sum_{k=-M}^{M} c_k x_{n-k} \tag{5-214}$$

一般的数字通信系统，其组成框图如图 5.34 所示。

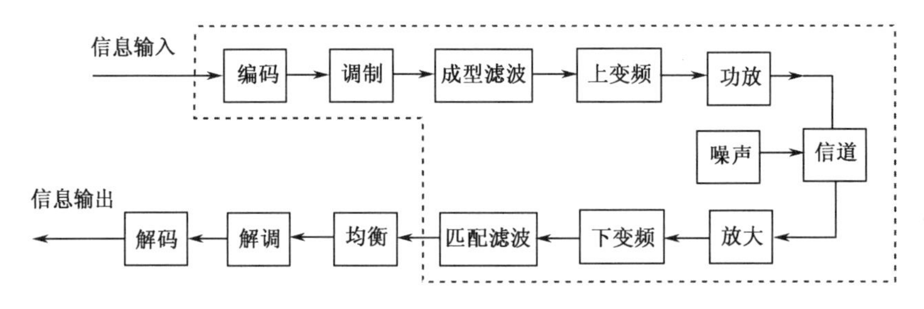

图 5.34 数字通信系统组成框图

对于图 5.34 中的虚线部分，可以用一个时变线性滤波器系统来表示。于是上述数字通信系统可以等效成图 5.35。

输入序列$\{I_k\}$通过时变传输系统后的输出为

$$x_n = \sum_{k=0}^{L} h_k I_{n-k} + \eta_n \tag{5-215}$$

其中 h_k 为系统冲激响应，η_n 为白噪声。

输入 I_n，其输出信号 x_n，除了在 n 时刻存在信号外，在 $n+i$ 时刻也存在，即存在 ISI。通过优化均衡器的系数，就可以抑制 ISI。最常用的优化方式是最大失真准则和积分误差准则。下面简要讨论基于这两种准则的均衡器。

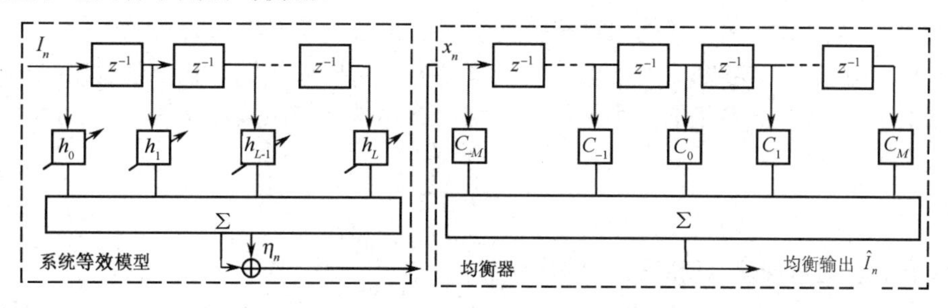

图 5.35　数字通信系统等效模型及均衡器

1．基于最大失真准则的线性均衡器

由图 5.35 可以得到 I_n 的一个估计 $\hat{I}_n$：

$$\hat{I}_n = \sum_{k=-M}^{M} c_k x_{n-k} = c_n \otimes h_n \otimes I_n + c_n \otimes \eta_n \tag{5-216}$$

式中，⊗ 表示卷积。不妨设：

$$q_n = c_n \otimes h_n = \sum_{k=-M}^{M} c_k h_{n-k} \tag{5-217}$$

于是，

$$\hat{I}_n = q_n \otimes I_n + c_n \otimes \eta_n = \sum_{k=-M}^{M} I_k q_{n-k} + \sum_{k=-M}^{M} \eta_k c_{n-k} \tag{5-218}$$

或：

$$\hat{I}_n = q_0 I_n + \sum_{k\neq n} I_k q_{n-k} + \sum_{k=-M}^{M} \eta_k c_{n-k} \tag{5-219}$$

式中第一项表示 n 时刻需要的信息符号，第二项是符号间干扰。为方便计，可将 q_0 归一化为 1。定义峰值失真（码间干扰的最大值）为

$$D(c) = \frac{1}{|q_0|}\sum_{k\neq 0}|q_k| = \sum_{k\neq 0}|q_k| = \sum_{k\neq 0}\left|\sum_{j=-M}^{M} c_j h_{k-j}\right| \tag{5-220}$$

当采用无限抽头均衡器时，有可能选择抽头权值使得 $D(c)=0$，也即除 $n=0$ 外，对任意 n 均有 $q_n = 0$。这样就可以消除 ISI。此时实现均衡器的权系数满足：

$$q_n = \sum_{j=-\infty}^{\infty} c_j h_{n-j} = \begin{cases} 1 & n = 0 \\ 0 & n \neq 0 \end{cases} \tag{5-221}$$

对式（5-221）进行 z 变换：

$$Q(z) = C(z)H(z) = 1 \tag{5-222}$$

所以，

$$C(z) = \frac{1}{H(z)} \tag{5-223}$$

由此可知均衡器为系统模型滤波器的逆滤波器。

实际应用中均衡器采用有限脉冲响应，即 M 为有限值。系统等效模型的脉冲响应长度为 $L+1$，均衡器脉冲响应长为 $2M+1$，合成脉冲响应 q_n 的长度为（$2M+L+1$）。为了实现抑制码间

干扰，要求 $q_0 \neq 0$ 其余 $q_n = 0$（共有 2M+1 个）。由于均衡器系数有限，不能完全实现无码间干扰，总会存在一些残余干扰。只能通过选择均衡器的系数，使得峰值失真最小。

Lucky 已经证明式（5-220）给出的峰值失真是系数 c_j 的凸函数，有一个全局最小值，没有局部的最小值。可以求出 $D(c)$的最小值，此时均衡器输入端的失真定义为

$$D_{\text{in}} = \frac{1}{|h_0|}\sum_{k=0}^{L}|h_k| \tag{5-224}$$

2．基于最小均方误差（MMSE）的均衡器

把横向滤波器的输入 $\boldsymbol{x}$，均衡器系数 $\boldsymbol{c}$，横向滤波器输出 $\boldsymbol{y}$ 之间的关系表示为

$$\boldsymbol{y} = \boldsymbol{xc} \tag{5-225}$$

式中，

$$\boldsymbol{x} = \begin{bmatrix} x(-N) & 0 & 0 & \cdots & 0 & 0 \\ x(-N+1) & x(-N) & 0 & \cdots & \cdots & \cdots \\ \vdots & & \vdots & & & \vdots \\ x(N) & x(N-1) & x(N-2) & \cdots & x(-N+1) & x(-N) \\ \vdots & & \vdots & & & \vdots \\ 0 & 0 & 0 & \cdots & x(N) & x(N-1) \\ 0 & 0 & 0 & \cdots & 0 & x(N) \end{bmatrix}$$

$$\boldsymbol{c} = \begin{bmatrix} c(-N) \\ \vdots \\ c(0) \\ \vdots \\ c(N) \end{bmatrix},\quad \bar{y} = \begin{bmatrix} y(-2N) \\ \vdots \\ y(0) \\ \vdots \\ y(2N) \end{bmatrix}$$

均方误差定义为期望数据码元与估计数据码元差之平方的数学期望。把式（5-225）两边同左乘 $\boldsymbol{x}^{\mathrm{T}}$，于是得到：

$$\boldsymbol{x}^{\mathrm{T}}\boldsymbol{y} = \boldsymbol{x}^{\mathrm{T}}\boldsymbol{xc} \tag{5-226}$$

令：互相关向量 $\boldsymbol{R}_{xy} = \boldsymbol{x}^{\mathrm{T}}\boldsymbol{y}$，自相关向量 $\boldsymbol{R}_{xx} = \boldsymbol{x}^{\mathrm{T}}\boldsymbol{x}$。得到：

$$\boldsymbol{c} = \boldsymbol{R}_{xx}^{-1}\boldsymbol{R}_{xy} \tag{5-227}$$

自相关和互相关向量可以通过发送一组测试信号，取时间平均值作为近似估计值。通过运算将矩阵 $\boldsymbol{x}$ 变换为自相关矩阵，得到一个含有 2N+1 个方程的联立方程组。方程组的解就是最小均方误差准则下的抽头系数。向量 $\boldsymbol{c}$ 中的元素个数和矩阵 $\boldsymbol{x}$ 的列数都与均衡器滤波器的抽头个数相同。

信源恢复误差可以表示为

$$\boldsymbol{e} = \boldsymbol{I} - \boldsymbol{xc} \tag{5-228}$$

信源误差的平方和为

$$J_{\text{LS}} = \sum_{k=0}^{n} e^2(k) \tag{5-229}$$

$$J_{\text{LS}} = \boldsymbol{e}^{\mathrm{T}}\boldsymbol{e} = (\boldsymbol{I} - \boldsymbol{xc})^{\mathrm{T}}(\boldsymbol{I} - \boldsymbol{xc}) = \boldsymbol{I'I} - 2\boldsymbol{I}^{\mathrm{T}}\,\boldsymbol{xc} + (\boldsymbol{xc})^{\mathrm{T}}\boldsymbol{xc} \tag{5-230}$$

通过选择 $\boldsymbol{c}$ 的 2N+1 个系数，使得信源误差的平方和最小。

5.4.2　判决反馈均衡算法

判决反馈均衡器（DFE）是一种非线性均衡器，它由一个前馈滤波器和一个反馈滤波器组成[4]。前馈滤波器的输入是接收信号序列，其功能与线性横向滤波器相同，反馈滤波器把先前被检测符号的判决序列作为输入，反馈滤波器用来消除当前估计值中由先前被检测符号引起的码间干扰。其组成框图如图 5.36 所示。

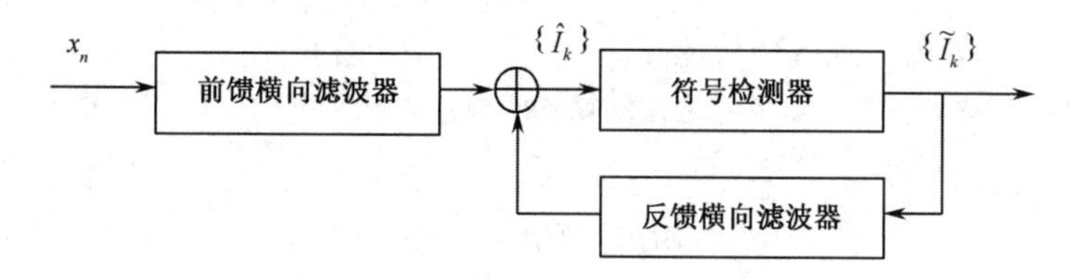

图 5.36　判决反馈均衡器组成框图

$$\hat{I}_k = \sum_{j=-k_1}^{0} c_j x_{k-j} + \sum_{j=1}^{k_2} c_j \tilde{I}_{k-j} \tag{5-231}$$

式中，$\hat{I}_k$ 表示第 k 个信息符号 I_k 的估计值，c_j 为均衡器系数，$\tilde{I}_k$ 为前面已经检测出的符号。假定该均衡器前馈部分有 k_1+1 抽头，在反馈部分有 k_2 个抽头。由于在反馈滤波器中包含前面检测的符号 $\tilde{I}_k$，所以这种均衡器是非线性的。假定前面检测的符号是正确的，那么均方误差（MSE）准则下的代价函数为

$$J(k_1,k_2) = E\left|I_k - \hat{I}_k\right|^2 \tag{5-232}$$

使得上述均方误差最小，可以得到如式（5-233）所示的方程组。

$$\sum_{j=-k_1}^{0} \psi_{lj} c_j = h_{-l}^{*} \quad (l = -k_1,\cdots,-1,0) \tag{5-233}$$

式中，$\psi_{lj} = \sum_{m=0}^{-l} h_m^{*} h_{m+l-j} + N_0 \delta_{1j} \quad (l,j = -k_1,\cdots,-1,0)$

若前面的判决正确，且 $k_2 \geqslant L$（若码间干扰的时间离散模型可由 L+1 个抽头系数表示），则反馈滤波器 c_k 的系数可由前馈横向滤波器的抽头系数和匹配滤波器抽头系数计算得到：

$$c_k = -\sum_{j=-k_1}^{0} c_j h_{k-j} \quad (k = 1,2,\cdots,k_2) \tag{5-234}$$

5.4.3　自适应均衡算法

线性均衡器的自适应算法主要有迫零算法和最小均方（LMS）算法。

1. 迫零算法

前面提到，在线性均衡的峰值失真准则中，通过选择均衡器系数 c_j 可以使得峰值失真最小。除了均衡器输入端的峰值失真小于 1 的特殊情况，一般没有实现最佳化的简单方法。该失真小于 1 时，令均衡器具有如下响应，可使均衡器输出端的峰值失真最小。

$$q_0 = 1,\ q_n = 0\ (1 \leqslant |n| \leqslant M) \tag{5-235}$$

在这种情况下，可用一种简单的算法——迫零算法来实现（见图 5.37）。迫零算法通过选择加权系数，最小化峰值失真，使得均衡器输出信号在期望脉冲两侧的各 N 个采样点值为零。

假设信息符号不相关，有：

$$E\{I(n)I^*(k)\} = \delta(n-k) = \begin{cases} 1 & n = k \\ 0 & n \neq k \end{cases} \tag{5-236}$$

信息与噪声不相关，有：

$$E\{I(n)\eta^*(k)\} = 0 \tag{5-237}$$

可以证明式（5-237）与式（5-238）等价：

$$E\{\varepsilon(n)I^*(n-k)\} = 0 \tag{5-238}$$

式中，

$$\varepsilon(n) = I(n) - \hat{I}(n) \tag{5-239}$$

实现式（5-238）的递推方程为

$$c_k(n+1) = c_k(n) + \mu \cdot \varepsilon(n)I^*(n-k) \qquad k = -M,\cdots,M \tag{5-240}$$

式中，$c_k(n)$ 是第 k 个系数在 $t = nT$ 时刻的值，$\varepsilon(n) = I_n - \hat{I}_n$ 是在 $t = nT$ 时刻的误差信号，μ为控制调整步进的因子。可以先用已知序列 $I(n)$ 对系数进行训练，训练结束使均衡器的权值收敛到最佳值，然后检测器输出端的判决可以可靠应用。用检测出的 $\tilde{I}(n)$ 输出代替 $I(n)$ 。通过递推不断计算权值，实现均衡器权值的自适应更新。于是自适应模式中，

$$c_k(n+k) = c_k(n) + \mu \cdot [\tilde{I}(n) - \hat{I}(n)]\tilde{I}^*(n-k) \tag{5-241}$$

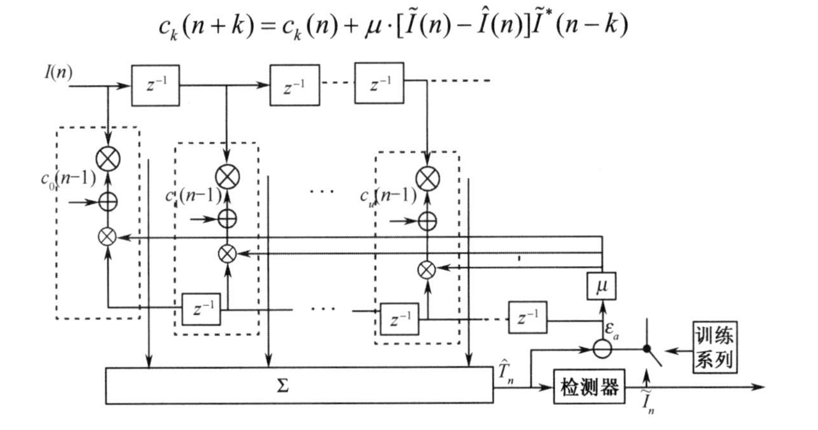

图 5.37　自适应迫零均衡器组成框图

2．最小均方（LMS）类算法

为便于分析，下面先讨论横向滤波器系数的自适应更新问题。

M 阶 FIR 滤波器的抽头系数为 $c_j(j=1,\cdots,M)$，滤波器的输入输出分别为 $x(n), y(n)$,而 $d(n)$ 为期望输出，则有：

$$y(n) = \sum_{k=i}^{M} c_k x(n-k+1) = \boldsymbol{C}^{\mathrm{T}} \boldsymbol{x}(n) \tag{5-242}$$

式中，

$$\boldsymbol{x}(n) = [x(n), x(n-1), \cdots, x(n-M+1)]^{\mathrm{T}} \tag{5-243}$$

$$\boldsymbol{C} = [c_n, c_{n-1}, \cdots, c_M]^{\mathrm{T}} \tag{5-244}$$

不妨令：

$$\boldsymbol{R}=E\left\{\boldsymbol{x}(n)\boldsymbol{x}^{\mathrm{T}}(n)\right\},\quad \boldsymbol{r}=E\left\{\boldsymbol{x}(n)\boldsymbol{y}(n)\right\} \tag{5-245}$$

以均方误差作为代价函数：

$$J(c)=E\left\{\left|d(n)-\boldsymbol{C}^{\mathrm{T}}\boldsymbol{x}(n)\right|^{2}\right\} \tag{5-246}$$

可以证明，在最小均方误差（MMSE）意义下的最佳横向滤波器的权向量为

$$\boldsymbol{C}_{\mathrm{opt}}=\boldsymbol{R}^{-1}\boldsymbol{r} \tag{5-247}$$

式（5-247）就是式（5-227）。满足这一关系的离散时间横向滤波器称为 Wiener 滤波器，它在 MMSE 准则下是最优的。Wiener 滤波器的最优权值计算需要已知如下统计量：①输入向量的自相关矩阵；②输入向量与期望响应的互相关向量。

在自适应均衡应用中，必须将式（5-247）变成自适应算法。应用最广的自适应算法“下降算法”，也就是：

$$\boldsymbol{C}(n)=\boldsymbol{C}(n-1)+\mu(n)\boldsymbol{v}(n) \tag{5-248}$$

式中，$\boldsymbol{C}(n)$、$\mu(n)$、$\boldsymbol{v}(n)$ 分别为 n 时刻的权向量、第 n 次迭代的步长、第 n 次迭代的更新向量。下降算法主要有两种实现方式。一种是自适应梯度法，如 LMS 算法及其改进型等；另一种是自适应高斯－牛顿算法，如 RLS 算法及其改进型等。

1）LMS 算法[10]

最常用的 LMS 算法是最陡下降法（又称梯度算法）。在这种算法里，更新向量取为第 n−1 次迭代的代价函数 $J[\omega(n-1)]$ 的负梯度。

$$令\ c_k=a_k+\mathrm{j}b_k,\quad k=0,1,2,\cdots,M-1 \tag{5-249}$$

定义梯度向量：

$$\nabla_k J(n)=\frac{\partial J(n)}{\partial a_k}+\mathrm{j}\frac{\partial J(n)}{\partial b_k},\qquad k=0,1,2,\cdots,M-1 \tag{5-250}$$

误差函数为

$$J(c)=E\left\{\left|y(n)-\boldsymbol{C}^{\mathrm{T}}\boldsymbol{x}(n)\right|^{2}\right\}=E\left\{\varepsilon(n)\varepsilon^{*}(n)\right\} \tag{5-251}$$

式中，$\varepsilon(n)=y(n)-\boldsymbol{C}^{\mathrm{T}}\boldsymbol{x}(n)$。于是 $J(n)$ 的梯度为

$$\begin{aligned}\nabla_k J(n)&=E\left\{\frac{\partial\varepsilon(n)}{\partial a_k}\varepsilon^{*}(n)+\frac{\partial\varepsilon^{*}(n)}{\partial a_k}\varepsilon(n)+\mathrm{j}\frac{\partial\varepsilon(n)}{\partial b_k}\varepsilon^{*}(n)+\mathrm{j}\frac{\partial\varepsilon^{*}(n)}{\partial b_k}\varepsilon(n)\right\}\\&=E\left\{-x(n-k)\varepsilon^{*}(n)-x^{*}(n-k)\varepsilon(n)-x(n-k)\varepsilon^{*}(n)+x^{*}(n-k)\varepsilon(n)\right\}\\&=-2E\left\{x(n-k)\varepsilon^{*}(n)\right\}\qquad k=0,1,2,\cdots,M-1\end{aligned} \tag{5-252}$$

令

$$\begin{aligned}\nabla\boldsymbol{J}(n)&=[\nabla_0 J(n),\nabla_1 J(n),\cdots,\nabla_{M-1}J(n)]^{\mathrm{T}}\\&=\left[\frac{\partial J(n)}{\partial a_0(n)}+\mathrm{j}\frac{\partial J(n)}{\partial b_0(n)},\frac{\partial J(n)}{\partial a_1(n)}+\mathrm{j}\frac{\partial J(n)}{\partial b_1(n)},\cdots,\frac{\partial J(n)}{\partial a_{M-1}(n)}+\mathrm{j}\frac{\partial J(n)}{\partial b_{M-1}(n)}\right]^{\mathrm{T}}\\&=-2E\{\boldsymbol{x}(n)[y^{*}(n)-\boldsymbol{x}^{\mathrm{T}}(n)\boldsymbol{C}^{\mathrm{H}}(n)]\}\\&=-2\boldsymbol{r}+2\boldsymbol{R}\boldsymbol{C}(n)\end{aligned} \tag{5-253}$$

最陡梯度法的统一表形式为

$$C(n) = C(n-1) - \frac{1}{2}\mu(n)\nabla J(n-1) \tag{5-254}$$

式中的 1/2 是为了使更新公式更简单。

将式（5-253）代入式（5-254），得到：

$$C(n) = C(n-1) - \mu(n)[r - RC(n-1)] \tag{5-255}$$

式（5-255）表明：

① $[r - RC(n-1)]$ 为误差向量，代表了 $c(n)$ 每一步的校准量；

② $\mu(n)$ 控制 $c(n)$ 每步实际校准量的参数，决定了算法的收敛速度；

③ 当自适应算法收敛时，$r - RC(n-1) \to 0$（若 $n \to \infty$），即有，

$\lim\limits_{n\to\infty} C(n-1) = R^{-1}r$。可见抽头的权值向量收敛于 Wiener 滤波器的权值向量。

当式（5-252）中的数学期望分别用瞬时值代替时，就可以得到真实梯度向量的估计值，又称瞬时梯度。

$$\nabla\hat{J}(n) = -2x(n)[y^*(n) - x^{\mathrm{T}}(n)C^{\mathrm{H}}(n)] \tag{5-256}$$

这样，用瞬时梯度代入式（5-254），得到：

$$\begin{aligned} C(n) &= C(n-1) + \mu(n)x(n)[y^*(n) - x^{\mathrm{T}}(n)C^{\mathrm{H}}(n)] \\ &= C(n-1) + \mu(n)x(n)e^*(n) \end{aligned} \tag{5-257}$$

式中，$e(n) = y(n) - C^{\mathrm{T}}(n-1)x(n)$。式（5-257）就是著名的最小均方误差自适应算法，简称 LMS 算法，它是 Widrow 在 20 世纪 60 年代提出来的。其算法流程如下：

step1：初始化 $C(n) = 0$;

step2：更新 $n = n + 1$;

$e(n) = d(n) - C^{\mathrm{T}}(n-1)x(n)$

$C(n) = C(n-1) + \mu(n)x(n)e^*(n)$

注：① 若 $\mu(n) =$ 常数，称为基本 LMS 算法；

② $\mu(n) = \dfrac{\alpha}{\beta + x^{\mathrm{T}}(n)x(n)}$，其中 $\alpha \in (0,2)$，$\beta \geqslant 0$，则称归一化 LMS 算法；

③ 当期望信号 $d(n)$未知时，可以用 $y(n)$代替。

2）RLS 自适应算法

递推最小二乘算法（RLS）是一种指数加权的最小二乘方法，它采用指数加权的误差平方和作为代价函数，即：

$$J(n) = \sum_{i=0}^{n} \lambda^{n-i} |\varepsilon(i)|^2 \tag{5-258}$$

式中，加权因子 $0 < \lambda < 1$ 称为遗忘因子，对离 n 时刻较近的误差加的权重比较大，对离 n 时刻较远的误差加比较小的权重。

$$\varepsilon(i) = d(i) - C^{\mathrm{H}}(n)x(i) \tag{5-259}$$

加权误差平方和表示为

$$J(n) = \sum_{i=0}^{n} \lambda^{n-i} \left|d(i) - C^{\mathrm{H}}(n)x(i)\right|^2 \tag{5-260}$$

令 $\dfrac{\partial J(n)}{\partial C} = 0$，可以得到：

$$R(n)C(n) = r(n) \tag{5-261}$$

其解为

$$C(n) = R^{-1}(n)r(n) \tag{5-262}$$

式中，

$$R(n) = \sum_{i=0}^{n} \lambda^{n-i} x(i)x^{\mathrm{H}}(i),\ r(n) = \sum_{i=0}^{n} \lambda^{n-i} x(i)d^{*}(i)$$

由以上两式，得到其递推公式：

$$R(n) = \lambda R(n-1) + x(i)x^{\mathrm{H}}(i) \tag{5-263}$$

$$r(n) = \lambda r(n-1) + x(i)d^{*}(i) \tag{5-264}$$

令

$$P(n) = R^{-1}(n)$$

定义：

$$k(n) = \frac{P(n-1)x(n)}{\lambda + x^{\mathrm{H}}(n)P(n-1)x(n)}$$

可以得到如下 RLS 的算法流程[10]：

step1：初始化，$C(0)=0$，$P(0)=\delta^{-1}I$，δ 为一个很小的值，I 为单位矩阵；

step2：更新 $n=n+1$；

$$e(n) = d(n) - C^{\mathrm{H}}(n-1)x(n)$$

$$k(n) = \frac{P(n-1)x(n)}{\lambda + x^{\mathrm{H}}(n)P(n-1)x(n)}$$

$$P(n) = \frac{1}{\lambda}[P(n-1) - k(n)x^{\mathrm{H}}(n)P(n-1)]$$

$$C(n) = C(n-1) - k(n)e^{*}(n)$$

5.4.4　盲自适应均衡算法

不需要已知信号 $I(n)$进行自适应均衡的算法称为盲自适应均衡算法。盲自适应均衡算法有 Bussgang 算法、基于高阶统计量的算法、基于周期特性的算法、最大似然估计算法等。下面就 Bussgang 算法进行介绍。Bussgang 算法的核心是把 $g[y(n)]$作为需要信号的估计，$y(n)$为均衡器输出，$g[.]$是无记忆非线性函数，且满足如下条件：

$$E\{y(n)y(n+k)\} = E\{y(n)g[y(n+k)]\} \tag{5-265}$$

采用 LMS 算法的 Bussgang 盲自适应均衡器组成框图如图 5.38 所示。

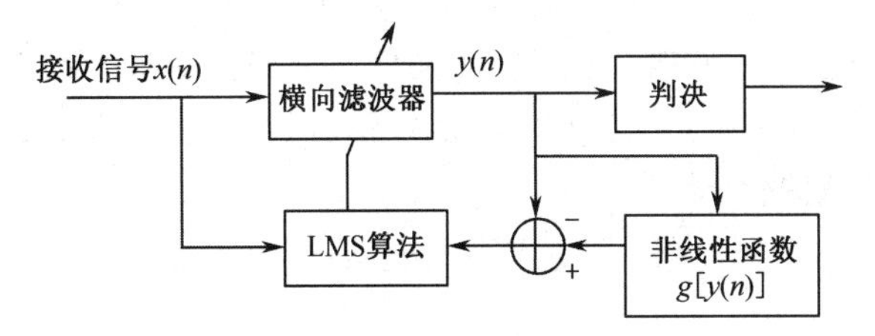

图 5.38　盲自适应均衡器组成框图

其中 LMS 自适应算法如下：

$$\boldsymbol{C}(n)=\boldsymbol{C}(n-1)+\mu \boldsymbol{x}(n)e^{*}(n) \tag{5-266}$$

式中，$e(n)=g[y(n)]-y(n)$，μ 为步长。以上两式，连同以下横向滤波器的输出就构成了盲自适应均衡算法。

$$y(n)=\sum_{k=-L}^{L} c^{*}{}_{k}\, x(n-k) \tag{5-267}$$

通过选择不同的无记忆非线性函数，可以得到不同的盲均衡算法，如戈达尔（Godard）算法、塞托（Sato）算法等。实际中应用最广泛的是 Godard 算法，也称恒模算法（constant-modulus algorithm，CMA），它把均衡、载波相位恢复和跟踪结合在了一起。

1. Sato 算法

该算法使如下代价函数最小化得到：

$$J(n)=E\{[\hat{I}(n)-y(n)]^{2}\} \tag{5-268}$$

式中，$\hat{I}(n)$ 为发射数据的估计，$y(n)$为横向滤波器的输出。Sato 算法使用的非线性函数为

$$g[y(n)]=\gamma\ \ c\,\mathrm{sgn}[y(n)] \tag{5-269}$$

式中，$\gamma=\dfrac{E\{|I(n)|^{2}\}}{E\{|I(n)|\}}$ 为均衡器的增益。

$$c\,\mathrm{sgn}[z]=c\,\mathrm{sgn}[z_{r}+\mathrm{j}z_{i}]=\mathrm{sgn}(z_{r})+\mathrm{j}\,\mathrm{sgn}(z_{i}) \tag{5-270}$$

$\mathrm{sgn}(\cdot)$ 为符号函数。

$$e(k)=\gamma\ \ c\,\mathrm{sgn}[y(n)]-y(k) \tag{5-271}$$

2. Godard 算法

该算法使如下代价函数最小化得到：

$$J(n)=E[(|y(n)|^{P}-R_{p})^{2}] \tag{5-272}$$

式中，P 为正整数，通常取为 1、2；$y(n)$为横向滤波器的输出。

$$R_{p}=\frac{E[|I(n)|^{2P}]}{E[|I(n)|^{P}]} \tag{5-273}$$

Godard 算法采用如下的非线性函数：

$$g[y(n)]=\frac{y(n)}{|y(n)|}[|y(n)|+R_{p}|y(n)|^{P-1}-|y(n)|^{2P-1}] \tag{5-274}$$

误差函数为

$$e(n)=y(n)|y(n)|^{P-2}(R_{p}-|y(n)|^{P}) \tag{5-275}$$

基于 Godard 算法的盲自适应均衡器，其系数的递推不需要恢复载波相位，消除了 ISI 均衡与载波相位恢复之间的相互影响，可是这种算法收敛很慢。有二类 Godard 算法人们比较感兴趣。

当 P=1 时，代价函数退化为

$$J(n)=E[(|y(n)|-R_{1})^{2}] \tag{5-276}$$

其中 $R_{1}=\dfrac{E[|I(n)|^{2}]}{E[|I(n)|]}$。这种情况可以看成 Sato 算法的修正。

当 P=2 时，又称恒模算法（CMA），可得到如下 LMS 型算法[1]：

$$c_{k+1} = c_k + \mu x(n)e^*(n) \tag{5-277}$$

$$e(n) = y(n)[R_2 - |y(n)|^2] \tag{5-278}$$

相位跟踪递推算法：

$$\phi_{n+1} = \phi_n + \mu_\phi \operatorname{Im} g[\tilde{I}(n)y^*(n)\mathrm{e}^{\mathrm{j}\phi_n}] \tag{5-279}$$

其中 $R_2 = \dfrac{E[|I(n)|^4]}{E[|I(n)|^2]}$；Im 表示取虚部；$\tilde{I}(n)$ 为判决输出。均衡器的初始值除中心抽头按下列条件设置外，其余各系数都设置成 0。

$$|c_0|^2 > \frac{E[|I(n)|^4]}{2|x_0|^2 E[|I(n)|^2]} \tag{5-280}$$

图 5.39 所示为盲自适应均衡与载波相位跟踪相结合的 Godard 方案。

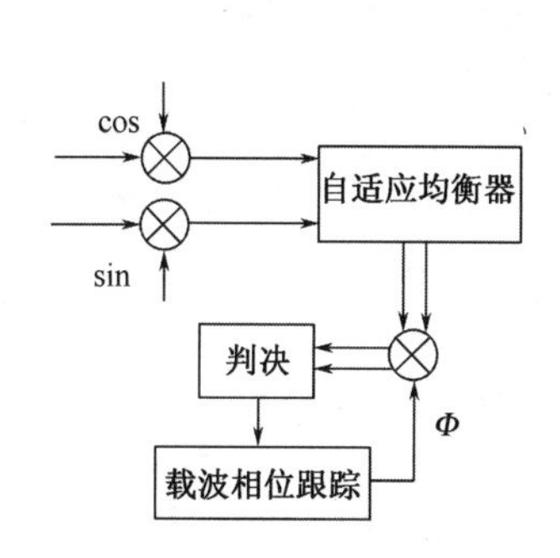

图 5.39　盲自适应均衡器与载波相位跟踪相结合

对于盲自适应均衡算法来说，主要考虑收敛速度、稳态均方误差、计算复杂度、可实现性等多个因素。对于复基带信道的 Bussgang 算法迭代过程总结如下：

初始化：$c_k(0) = 0;\quad c_0(0) = 1;\quad k = \pm 1, \cdots, \pm L$

step1：$y(k) = y_I(k) + \mathrm{j}y_Q(k) = \sum_{i=-L}^{L} c^*(i)x(k-i)$

step2：$e(k) = g[y_I(k)] + \mathrm{j}g[y_Q(k)] - y(n)$

step3：$\bar{c}(k+1) = \bar{c}(k) - \mu e^*(k)\bar{x}(k)$

示例 1：三抽头的迫零均衡器

假定横向滤波器的抽头个数为 3，接收到的一组数据为 0，0.2，0.9，−0.3，0.1。试求加权系数{c_{-1}, c_0, c_1}，使得均衡后采样脉冲的值{$y(-1)=0$，$y(0)=1$，$y(1)=0$}。并计算在采样时刻 $k=-3,-2,-1,0,1,2,3$ 时均衡脉冲的 ISI 值，造成 ISI 的最大采样幅值，以及造成 ISI 的采样幅值之和。

解：利用卷积公式有，$y(k) = \sum_{n=-1}^{1} c_n x(k-n)$

可列出如下矩阵：

$$\begin{bmatrix} 0 \\ 1 \\ 0 \end{bmatrix} = \begin{bmatrix} x(0) & x(-1) & x(-2) \\ x(1) & x(0) & x(-1) \\ x(2) & x(1) & x(0) \end{bmatrix} \begin{bmatrix} c_{-1} \\ c_0 \\ c_1 \end{bmatrix} = \begin{bmatrix} 0.9 & 0.2 & 0 \\ -0.3 & 0.9 & 0.2 \\ 0.1 & -0.3 & 0.9 \end{bmatrix} \begin{bmatrix} c_{-1} \\ c_0 \\ c_1 \end{bmatrix}$$

解此方程得：

$$\begin{bmatrix} c_{-1} \\ c_0 \\ c_1 \end{bmatrix} = \begin{bmatrix} -0.2140 \\ 0.9631 \\ 0.3448 \end{bmatrix}$$

利用卷积公式，可以求出在−3，−2，−1，0，1，2，3 时刻的输出为：0，−0.0428，0，1，0，−0.00713，0.3345。

显见，引起 ISI 的最大幅值为 0.0428，产生 ISI 的采样幅度总和为 0.0844。

示例 2：假设有一个 7 抽头均衡器，发送一个单独脉冲作为训练序列，其接收到信号的采样值{$x(k)$}为：$x(-3)=0.012$，$x(-2)=0.023$，$x(-1)=-0.170$，$x(0)=1.00$，$x(1)=0.162$，$x(2)=-0.056$，

$x(3)=0.011$。试求在最小均方误差准则下的均衡器抽头系数。并以此算出 $k=\pm 3$，± 2，± 1，0 时刻的均衡器输出脉冲的采样值。试计算造成码间干扰的最大采样值，以及所有码间干扰的幅值之和。

解：输入矩阵：

$$
\boldsymbol{x}=\begin{bmatrix}
0.0120 & 0 & 0 & 0 & 0 & 0 & 0 \\
0.0230 & 0.0120 & 0 & 0 & 0 & 0 & 0 \\
-0.1700 & 0.0230 & 0.0120 & 0 & 0 & 0 & 0 \\
1.0000 & -0.1700 & 0.0230 & 0.0120 & 0 & 0 & 0 \\
0.1620 & 1.0000 & -0.1700 & 0.0230 & 0.0120 & 0 & 0 \\
-0.0560 & 0.1620 & 1.0000 & -0.1700 & 0.0230 & 0.0120 & 0 \\
0.0110 & -0.0560 & 0.1620 & 1.0000 & -0.1700 & 0.0230 & 0.0120 \\
0 & 0.0110 & -0.0560 & 0.1620 & 1.0000 & -0.1700 & 0.0230 \\
0 & 0 & 0.0110 & -0.0560 & 0.1620 & 1.0000 & -0.1700 \\
0 & 0 & 0 & 0.0110 & -0.0560 & 0.1620 & 1.0000 \\
0 & 0 & 0 & 0 & 0.0110 & -0.0560 & 0.1620 \\
0 & 0 & 0 & 0 & 0 & 0.0110 & -0.0560 \\
0 & 0 & 0 & 0 & 0 & 0 & 0.0110
\end{bmatrix}
$$

计算自相关矩阵：

$$
\boldsymbol{R}_{xx}=\boldsymbol{x}'\boldsymbol{x}=\begin{bmatrix}
1.0591 & -0.0213 & -0.0608 & 0.0362 & -0.0012 & -0.0004 & 0.0001 \\
-0.0213 & 1.0591 & -0.0213 & -0.0608 & 0.0362 & -0.0012 & -0.0004 \\
-0.0608 & -0.0213 & 1.0591 & -0.0213 & -0.0608 & 0.0362 & -0.0012 \\
0.0362 & -0.0608 & -0.0213 & 1.0591 & -0.0213 & -0.0608 & 0.0362 \\
-0.0012 & 0.0362 & -0.0608 & -0.0213 & 1.0591 & -0.0213 & -0.0608 \\
-0.0004 & -0.0012 & 0.0362 & -0.0608 & -0.0213 & 1.0591 & -0.0213 \\
0.0001 & -0.0004 & -0.0012 & 0.0362 & -0.0608 & -0.0213 & 1.0591
\end{bmatrix}
$$

求相关矩阵的逆矩阵：

$$
\boldsymbol{R}_{xx}^{-1}=\begin{bmatrix}
0.9488 & 0.0183 & 0.0545 & -0.0305 & 0.0030 & -0.0031 & 0.0011 \\
0.0183 & 0.9491 & 0.0194 & 0.0539 & -0.0304 & 0.0029 & -0.0031 \\
0.0545 & 0.0194 & 0.9522 & 0.0177 & 0.0540 & -0.0304 & 0.0030 \\
-0.0305 & 0.0539 & 0.0177 & 0.9532 & 0.0177 & 0.0539 & -0.0305 \\
0.0030 & -0.0304 & 0.0540 & 0.0177 & 0.9522 & 0.0194 & 0.0545 \\
-0.0031 & 0.0029 & -0.0304 & 0.0539 & 0.0194 & 0.9491 & 0.0183 \\
0.0011 & -0.0031 & 0.0030 & -0.0305 & 0.0545 & 0.0183 & 0.9488
\end{bmatrix}
$$

计算输入输出互相关矩阵：

$$
\boldsymbol{R}_{xy}=\boldsymbol{x}'\boldsymbol{y}=\begin{bmatrix}
0.0110 \\ -0.0560 \\ 0.1620 \\ 1.0000 \\ -0.1700 \\ 0.0230 \\ 0.0120
\end{bmatrix}\text{，于是得到均衡器系数}\quad \boldsymbol{c}=\boldsymbol{R}_{xx}^{-1}\boldsymbol{R}_{xy}=\begin{bmatrix}
-0.0128 \\ 0.0093 \\ 0.1616 \\ 0.9506 \\ -0.1326 \\ 0.0675 \\ -0.0273
\end{bmatrix}
$$

进一步利用 $\boldsymbol{y}=\boldsymbol{xc}$，可以得到，$k$=−6, −5,⋯,5,6 各时刻的信号：−0.0002，−0.0002，0.0043，0.0007，0.0000，−0.0000，0.9999，0.0003，−0.0008，0.0016，−0.0097，0.0023，−0.0003。所以，引起 ISI 的最大幅值为 0.0097，产生 ISI 的采样幅度总和为 0.0204。

上述例子说明，在实际中可以发射一个训练序列，接收端利用该序列数据通过解方程组，可求出基于最小均方误差的均衡器抽头系数。

最后给出一个模拟通信系统均衡的 MATLAB 例子[11]。通过改变均衡器输出信号的延迟，计算信源恢复误差。

```
b=[0.5 1 -0.6];%define channel
m=1000;
I=sign(randn(1,m));%binary soure of length m;
x=filter(b,1,I);%output of channel
n=5;%length of equalizer -1
for k=n: -1:0;
delta=k;   % delay<=n
p=length(x)-delta;
x1=toeplitz(x(n+1:p),x(n+1: -1:1));%build matrix X
I1=I(n+1-delta:p-delta)';%vetor I
c=inv(x1'*x1)*x1'*I1;
jmin=I1'*I1-I1'*x1*inv(x1'*x1)*x1'*I1
%jmin for this f and delta
y=filter(c,1,x);%equalizer is a filter
dec=sign(y);%quantize and find errors
err=0.5*sum(abs(dec(delta+1:end)-I(1:end-delta)))
  end
```

5.5　调制样式自动识别算法

对一个通信信号（其他类型的无线电信号如雷达信号也是如此）进行接收解调的前提条件是首先要确知该信号的调制样式及其信号参数如信号带宽、波特率等。以往的通信电台或系统由于调制样式单一，通信双方一旦开机，就在一预先已知的调制样式上守候接收，显然就无须进行调制样式的识别。而软件无线电台却不一样，由于它所特有的多频段、多功能、多体制特性，使得通信收方无法在某一特定的调制样式上进行守候接收，除非事先约定。特别是用作无线网关的软件无线电台，在对信号进行接收解调前就首先必须识别出该信号的调制样式及其信号参数，才能解调出调制信息，并根据信息内容将其转换为其他频率、其他调制样式（体制）的转发（中继）信道上。所以信号调制样式的自动识别是软件无线电台必须具备的功能之一，本节将专题讨论基于决策理论的信号调制样式自动识别的基本原理和算法[12][13]，主要内容有：模拟信号调制样式的自动识别，数字信号调制样式的自动识别，以及模拟数字信号调制样式的联合自动识别，并简单介绍基于神经网络的调制识别的基本原理。

5.5.1　模拟调制信号的自动识别

假设所要识别的调制样式主要有：AM（调幅）、FM（调频）、DSB（双边带）、LSB（下边带）、USB（上边带）、VSB（残留边带）以及 AM－FM（组合调制）7 种模拟调制样式。任何调制样式的信号均可采用以下统一的数学表达式来表示：

$$s(t)=a(t)\cos[\omega_c t+\varphi(t)] \tag{5-281}$$

式中，$a(t)$为信号的瞬时包络（幅度），$\varphi(t)$为信号的瞬时相位，信号的瞬时频率为

$$f(t)=\frac{\mathrm{d}\varphi(t)}{\mathrm{d}t} \tag{5-282}$$

对不同调制样式的信号主要表现在 $a(t)$、$\varphi(t)$的不同，如对调幅信号：

$$\varphi(t)=0,\quad a(t)=[1+r\cdot m(t)]$$

其中 $r\leqslant 1$ 为调幅深度（调制度），$m(t)$为调制信号。对调频信号有：

$$a(t)=1,\quad \varphi(t)=k_{\mathrm{f}}\int_{-\infty}^{t}m(\tau)\mathrm{d}\tau$$

其中 k_{f} 为频偏指数，$m(t)$为调制信号。

对单边带信号则有：

$$a(t)=\sqrt{m^2(t)+\hat{m}^2(t)}$$

$$\varphi(t)=\mp\arctan\frac{\hat{m}(t)}{m(t)}$$

其中 $m(t)$为调制信号；$\hat{m}(t)$ 为 $m(t)$的 Hilbert 变换；$\varphi(t)$表达式中，上边带（USB）对应取负号，下边带（LSB）对应取正号。

对双边带信号则有：

$$s(t)=m(t)\cos\omega_c t \tag{5-283}$$

所以有：

$$a(t)=|m(t)|$$

$$\varphi(t)=\begin{cases}0, & m(t)\geqslant 0\\ \pi, & m(t)<0\end{cases}$$

对残留边带信号（VSB）有：

$$s(t)=\{[1+r\cdot m(t)]\cos\omega_c t\}*h(t)$$

其中 $h(t)$为残留边带滤波器。VSB 信号对应的瞬时幅度 $a(t)$和瞬时相位$\varphi(t)$的数学表达式推导起来比较困难，这里就不讨论了。

从上述分析可以看出，模拟调制信号除了 AM、VSB 外，其他调制样式不仅含有幅度信息，而且也含有相位信息，对这些幅度调制类信号（DSB、LSB、USB）含有相位变化信息这一特性的理解对调制样式的识别是至关重要的。

实现调制样式识别的第一步，也是最关键的一个环节是从接收的信号中提取用于信号样式识别的信号特征参数。对模拟信号的识别可以采用以下四种特征参数。

（1）归一化零中心瞬时幅度之谱密度的最大值$\gamma_{\max}$

$\gamma_{\max}$ 定义如下：

$$\gamma_{\max}=\frac{\max\left|\mathrm{FFT}\left[a_{\mathrm{cn}}(i)\right]\right|^2}{N_{\mathrm{s}}} \tag{5-284}$$

式中，N_s为抽样点数，$a_{cn}(i)$为零中心归一化瞬时幅度，由式（5-285）计算：

$$a_{\mathrm{cn}}(i)=a_n(i)-1 \tag{5-285}$$

其中$a_n(i)=\dfrac{a(i)}{m_a}$，而$m_a=\dfrac{1}{N_{\mathrm{s}}}\sum\limits_{i=1}^{N_{\mathrm{S}}}a(i)$为瞬时幅度$a(i)$的平均值，用平均值来对瞬时幅度进行归一化的目的是为了消除信道增益的影响。

γ_{max}主要用来区分是 FM 信号还是 DSB 或者 AM－FM 信号，因为对 FM 信号其瞬时幅度为常数（恒定不变），所以它的零中心归一化瞬时幅度$a_{cn}(i)=0$，其谱密度对应也就为零。而对 DSB 和 AM－FM 信号，由于其瞬时幅度不为恒定值，所以它的零中心归一化瞬时幅度$a_{cn}(i)$也就不为零，其谱密度对应也不为零。当然在实际情况下，不能以$\gamma_{max}=0$作为判别 FM 和 DSB 与 AM－FM 信号的分界线（门限），而需设置一个判决门限，以$t(\gamma_{max})$来表示，判决规则如下：

$$\begin{cases}\gamma_{\max}\leqslant t(\gamma_{\max})\text{时，判为FM信号；}\\ \gamma_{\max}>t(\gamma_{\max})\text{时，判为DSB或AM－FM信号。}\end{cases}$$

（2）非弱信号段零中心非线性瞬时相位分量绝对值的方差σ_{ap}

σ_{ap}定义如下：

$$\sigma_{\mathrm{ap}}=\sqrt{\frac{1}{c}\left[\sum_{a_n(i)>a_t}\phi_{\mathrm{NL}}^2(i)\right]-\left[\frac{1}{c}\sum_{a_n(i)>a_t}\left|\phi_{\mathrm{NL}}(i)\right|\right]^2} \tag{5-286}$$

式中，a_t是判断弱信号段的一个幅度判决门限电平，c是在全部抽样数据N_s中属于非弱信号值的个数，$\phi_{NL}(i)$是经零中心化处理后瞬时相位的非线性分量，在载波完全同步时有：

$$\phi_{\mathrm{NL}}(i)=\varphi(i)-\varphi_0$$

其中，$\varphi_0=\dfrac{1}{N_{\mathrm{s}}}\sum\limits_{i=1}^{N_{\mathrm{s}}}\varphi(i)$，$\varphi(i)$为瞬时相位。

σ_{ap}用来区分是 DSB 信号还是 AM－FM 信号。因为由前面讨论知道，对于 DSB 信号：

$$\varphi_0=\frac{\pi}{2},\qquad \phi_{\mathrm{NL}}(i)=\begin{cases}-\dfrac{\pi}{2}\\ \dfrac{\pi}{2}\end{cases}$$

所以 DSB 信号的绝对值相位无变化，其方差为零，即$\sigma_{ap}=0$；而 AM—FM 信号的绝对值相位是有变化的，故其方差不为零，即$\sigma_{ap}\neq0$。这样通过选取一个合适的门限$t(\sigma_{ap})$就可用σ_{ap}来区分 DSB 信号和 AM—FM 信号。

（3）非弱信号段零中心瞬时相位非线性分量的方差σ_{dp}

σ_{dp}定义如下：

$$\sigma_{\mathrm{dp}}=\sqrt{\frac{1}{c}\left[\sum_{a_n(i)>a_t}\phi_{\mathrm{NL}}^2(i)\right]-\left[\frac{1}{c}\sum_{a_n(i)>a_t}\phi_{\mathrm{NL}}(i)\right]^2} \tag{5-287}$$

σ_{dp}与σ_{ap}的区别在于后者是相位绝对值的方差，而前者是直接相位（非绝对值相位）的方差。σ_{dp}主要用来区别相位无变化的 AM、VSB 信号类和相位有变化的 DSB、LSB、USB、AM－FM 信号类，其判决门限设为$t(\sigma_{dp})$。

（4）谱对称性 P

P 由下式定义：

$$P=\frac{P_{\rm L}-P_{\rm U}}{P_{\rm L}+P_{\rm U}}$$

式中，

$$P_{\rm L}=\sum_{i=1}^{f_{\rm cn}}\left|S(i)\right|^2$$

$$P_{\rm U}=\sum_{i=1}^{f_{\rm cn}}\left|S(i+f_{\rm cn}+1)\right|^2$$

其中 $S(i)=\text{FFT}(s(n))$，即为信号 $s(t)$的傅里叶变换（频谱）；$f_{\rm cn}=\dfrac{f_{\rm c}\cdot N_{\rm s}}{f_{\rm s}}-1$（$f_{\rm cn}$ 取整数，$f_{\rm c}$ 为载频，$f_{\rm s}$ 为抽样率，$N_{\rm s}$ 为抽样点数）。

P 参数是信号频谱对称性的量度，主要用来区分频谱满足对称性的信号（如 AM、FM、DSB、AM－FM）和频谱不满足对称性的信号（如 VSB、LSB、USB），设其判决门限为 $t(P)$。

根据上述四个特征参数不难给出对模拟信号 AM、FM、VSB、LSB、USB、AM－FM 的调制样式自动识别流程如图 5.40 所示。

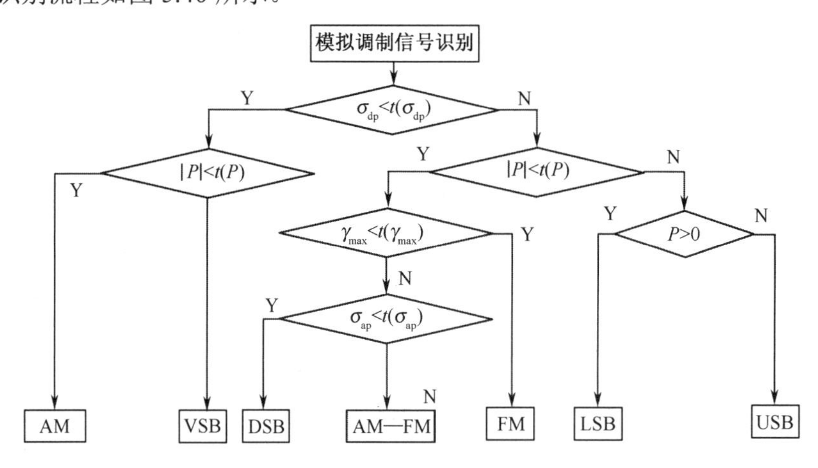

图 5.40　模拟调制信号的自动识别流程

5.5.2　数字调制信号的自动识别

假设所需识别的数字调制信号主要有 2ASK、4ASK、2FSK、4FSK、2PSK 和 4PSK（2PSK、4PSK 也被分别称为 BPSK 和 QPSK）。用于数字调制信号自动识别的特征参数除了前面用于模拟调制信号识别的前三个参数$\gamma_{\max}$、$\sigma_{\rm ap}$、$\sigma_{\rm dp}$外，还需再加上以下两个特征参数。

（1）归一化零中心瞬时幅度绝对值的方差$\sigma_{\rm aa}$

$\sigma_{\rm aa}$ 定义如下：

$$\sigma_{\rm aa}=\sqrt{\frac{1}{N_{\rm s}}\left[\sum_{i=1}^{N_{\rm s}}a_{\rm cn}^2(i)\right]-\left[\frac{1}{N_{\rm s}}\sum_{i=1}^{N_{\rm s}}\left|a_{\rm cn}(i)\right|\right]^2}\qquad(5\text{-}288)$$

式中，$a_{\rm cn}(i)$前面已经给出其定义式。它主要用来区分是 2ASK 信号还是 4ASK 信号。因为 2ASK 信号的幅度绝对值是一常数，无变化，即有$\sigma_{\rm aa}=0$。而 4ASK 信号的幅度绝对值不是常数，有变化，即它的$\sigma_{aa}\neq 0$。假设其判决门限为$t(\sigma_{aa})$。

（2）非弱信号段零中心归一化瞬时频率绝对值的方差σ_{af}

σ_{af}定义如下：

$$\sigma_{af}=\sqrt{\frac{1}{c}\left[\sum_{a_n(i)>a_t} f_N^2(i)\right]-\left[\frac{1}{c}\sum_{a_n(i)>a_t}\left|f_N(i)\right|\right]^2} \tag{5-289}$$

式中，$f_N(i)=\dfrac{f_m(i)}{R_s}$，$f_m(i)=f(i)-m_f$，$m_f=\dfrac{1}{N_s}\sum\limits_{i=1}^{N_s} f(i)$，$R_s$为数字信号的符号速率，$f(i)$为信号的瞬时频率。

σ_{af}用来区分是 2FSK 信号还是 4FSK 信号。因为对 2FSK 信号，它的瞬时频率只有两个值，所以它的零中心归一化瞬时频率的绝对值是常数，则其方差$\sigma_{af}=0$，而对 4FSK 信号由于它的瞬时频率有四个值，它的零中心归一化瞬时频率的绝对值不为常数，所以$\sigma_{af}\neq 0$，故可用σ_{af}来区分 2FSK 和 4FSK 两种数字信号。假设其判决门限为$t(\sigma_{af})$。下面说明其他三个特征参数γ_{max}、σ_{ap}、σ_{dp}在数字调制信号识别中的作用。

γ_{max}主要用来区分是 FSK 信号还是 ASK 或 PSK 信号。因为对 FSK 信号其包络（瞬时幅度）为常数，故其零中心归一化瞬时幅度为零，即$\gamma_{max}<t(\gamma_{max})$。对 ASK 信号因含有包络信息，其零中心归一化瞬时幅度不为零，故$\gamma_{max}>t(\gamma_{max})$。PSK 信号由于受信道带宽的限制，在相位变化时刻将会产生幅度突变，所以也含有幅度变化信息，即$\gamma_{max}>t(\gamma_{max})$。所以用$\gamma_{max}$可区分 FSK 和其他数字调制信号。

σ_{ap}主要用来区分是 4PSK 信号还是 2PSK 或者 ASK 信号。因为对 ASK 信号不含相位信息，故$\sigma_{ap}<t(\sigma_{ap})$，对 2PSK 信号因其只有两个相位值，故其零中心归一化相位绝对值也为常数，不含相位信息，故也满足$\sigma_{ap}<t(\sigma_{ap})$。而对于 4PSK 信号，因其瞬时相位有四个值，故其零中心归一化相位绝对值不为常数，故有$\sigma_{ap}>t(\sigma_{ap})$。

σ_{dp}主要用来区分是 ASK 信号还是 2PSK 信号，因为对于 ASK 信号无直接相位信息，即$\sigma_{dp}=0$，而 2PSK 信号含有直接相位信息（其瞬时相位取 0 或π），故$\sigma_{dp}\neq 0$。

根据上述五个特征参数γ_{max}、σ_{ap}、σ_{dp}、σ_{aa}、σ_{af}，可以得到数字调制信号的自动识别流程如图 5.41 所示。

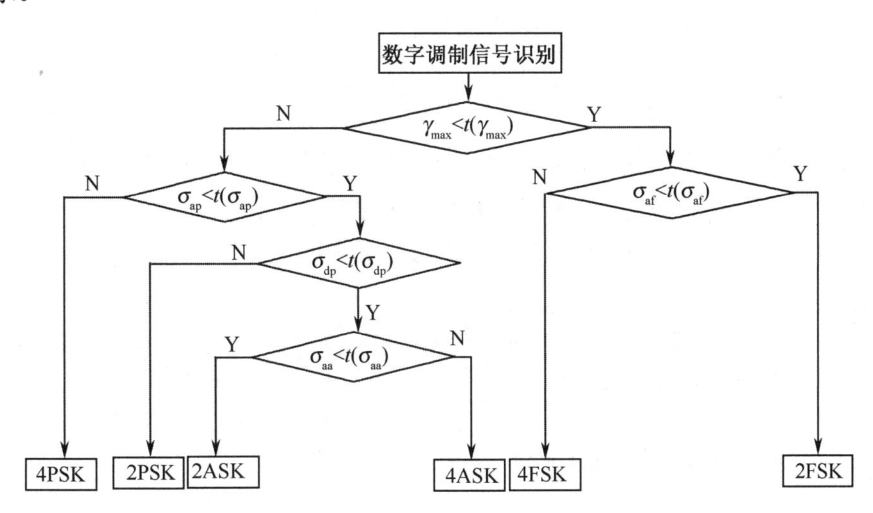

图 5.41　数字调制信号的自动识别流程

5.5.3　模拟数字调制信号的联合自动识别

假设所需识别的信号调制样式是前面介绍的模拟调制样式和数字调制样式的总和共 13 种，即 AM、FM、AM－FM、DSB、VSB、LSB、USB、2ASK、4ASK、2FSK、4FSK、2PSK、4PSK。用于模拟数字调制信号联合自动识别的特征参数除前面已介绍的 6 种特征即$\gamma_{\max}$、σ_{ap}、σ_{dp}、P、σ_{aa}、σ_{af}外，还需增加以下三种新的特征参数。

（1）非弱信号段零中心归一化瞬时幅度的方差σ_{a}

σ_{a}定义如下：

$$\sigma_{\mathrm{a}}=\sqrt{\frac{1}{c}\left[\sum_{a_n(i)>a_t} a_{cn}^2(i)\right]-\left[\frac{1}{c}\sum_{a_n(i)>a_t} a_{\mathrm{cn}}(i)\right]^2} \qquad (5\text{-}290)$$

式中参数的定义如前所述。σ_{a}主要用来区分是 DSB 信号还是 2PSK 信号，也可以用来区分是 AM－FM 信号，还是 4PSK 信号。因为对于 2PSK 和 4PSK 信号瞬时幅度无变化（除了在相邻符号变化时刻），即有$\sigma_{\mathrm{a}}\approx 0$；而对 DSB 或 AM－FM 信号，瞬时幅度是有变化的，故$\sigma_{\mathrm{a}}\neq 0$。这样就可以通过设置一个合适的判决门限 $t(\sigma_{\mathrm{a}})$来判别是 DSB 信号$[\sigma_{\mathrm{a}}>t(\sigma_{\mathrm{a}})]$还是 2PSK 信号$[\sigma_{\mathrm{a}}<t(\sigma_{\mathrm{a}})]$，或者用来判别是 AM－FM 信号$[\sigma_{\mathrm{a}}>t(\sigma_{\mathrm{a}})]$还是 4PSK 信号$[\sigma_{\mathrm{a}}<t(\sigma_{\mathrm{a}})]$。

（2）归一化零中心瞬时幅度的紧致性（四阶矩）μ_{42}^{a}

归一化零中心瞬时幅度的四阶矩定义如下：

$$\mu_{42}^{a}=\frac{E\{a_{\mathrm{cn}}^4(i)\}}{\{E[a_{\mathrm{cn}}^2(i)]\}^2} \qquad (5\text{-}291)$$

μ_{42}^{a}主要用来区分是 AM 信号还是 ASK 信号，即区分是模拟幅度调制还是数字幅度调制。因为对 AM 信号，其瞬时幅度具有较高的紧致性即μ_{42}^{a}值较大，而对 ASK 信号由于只有两个或 4 个电平值，其紧致性较差即μ_{42}^{a}值较小。所以可以通过设置一个适当的门限 t（μ_{42}^{a}）来判别是 AM 信号$[\mu_{42}^{a}>t(\mu_{42}^{a})]$还是 ASK 信号$[\mu_{42}^{a}>t(\mu_{42}^{a})]$。

（3）零中心归一化瞬时频率的紧致性（四阶矩）μ_{42}^{f}

归一化零中心瞬时频率的四阶矩之定义如下：

$$\mu_{42}^{f}=\frac{E\{f_N^4(i)\}}{\{E[f_N^2(i)]\}^2} \qquad (5\text{-}292)$$

μ_{42}^{f}主要用来区分是 FM 信号还是 FSK 信号，即区分是模拟调频信号，还是数字调频信号。因为对 FM 信号其瞬时频率具有较高的紧致性即μ_{42}^{f}值较大，而对 FSK 信号其瞬时频率只有 2 个或 4 个值，其紧致性较差即μ_{42}^{f}较小。所以可以通过设置一个适当门限$t(\mu_{42}^{f})$来判别是 FM 信号$[\mu_{42}^{f}>t(\mu_{42}^{f})]$还是 FSK 信号$[\mu_{42}^{f}<t(\mu_{42}^{f})]$。

根据上面介绍的三个特征参数以及前面的 6 个特征参数的性质，可以得到模拟数字调制信号的联合自动识别流程图如图 5.42 所示。

5.5.4　信号调制样式自动识别中应注意的几个问题

前面对基于决策理论的信号调制样式自动识别的基本原理进行了介绍讨论，在实现这些算法时还会碰到许多具体的实际问题，比如采样速率的选取、载频的精确估计（非线性相位分量的计算)、瞬时频率的计算、特征参数门限电平的确定以及非弱信号段的实际选取等。下面就这些问题进行简单讨论。

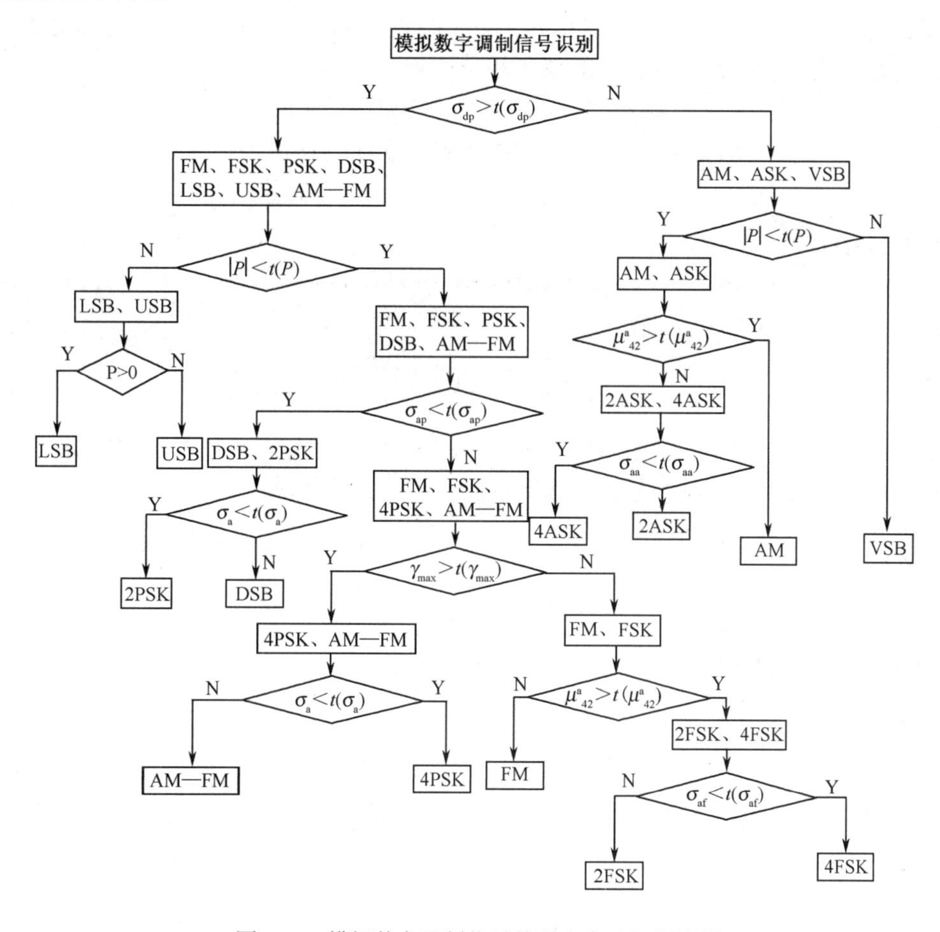

图 5.42　模拟数字调制信号的联合自动识别流程

（1）采样速率的选取

根据 Nyquist 采样定理，采样速率 f_s 只要满足：$f_s>2f_{max}$（其中 f_{max} 为最高信号频率）即可，如果采用带通采样，则有：$f_s>2B$ 或 $f_s>(r+1)B$，其中 B 为信号带宽。采样速率的这种选取原则主要是从保留信息内容，避免频谱混叠的角度来考虑的。而从调制样式自动识别的角度来看，采样速率的选取一般要求尽可能地选高一些，比如取 $f_s=(4\sim8)f_c$，其中 f_c 为载波频率（中心频率)。这样选取的理由主要有以下几点：一是信号的最高频率或带宽有时往往是不确知的，尤其是在非合作的侦察场合；二是在采用过零检测载频估计算法中，也要求采用过采样，否则会影响估计精度；三是为了用 Hilbert 变换实现从实信号到复解析信号的变换处理，也要求采用过采样；四是当采用模π计算瞬时相位时，为了确保相位非模糊，两个采样点之间的相位差应不大于π/2，这也就要求 $f_s>4f_{max}$。以上这四点总的来看都要求采样速率尽可能地选高一些，所以按 $f_s=(4\sim8)f_c$ 来选择采样速率是比较合适的。

（2）非线性相位分量 $\phi_{NL}(i)$ 的计算

一个实际信号的瞬时相位如下。

$$\hat{\varphi}(t)=\Delta f_c t+\varphi(t) \tag{5-293}$$

式中，Δf_c 是收发双方的载频误差，$\varphi(t)$是反映调制信息的非线性相位分量。由于载频误差以及实际相位计算时是以模 2π来计算的，这就使得非线性相位分量$\phi_{\rm NL}(i)$的计算复杂化，即如何从有相位折叠的$\hat{\varphi}(t)$中求出$\varphi(t)[\phi_{\rm NL}(i)=\varphi(t)]$，因为在有相位折叠的情况下，即使能准确地估计出载频（或载频误差$\Delta f_{\rm c}$）也无法直接计算出$\varphi(t)$。必须首先从$\hat{\varphi}(t)$中恢复出无折叠相位$\phi(t)$，再从$\phi(t)$中减去线性相位成份。为此首先计算修正相位序列$C(i)$：

$$C(i)=\begin{cases}C(i-1)-2\pi, & \text{如果}\quad \hat{\varphi}(i+1)-\hat{\varphi}(i)>\pi\\ C(i-1)+2\pi, & \text{如果}\quad \hat{\varphi}(i)-\hat{\varphi}(i+1)>\pi\\ C(i-1), & \text{其他}\end{cases}$$

则无折叠相位$\varphi(t)$为

$$\varphi(i)=\hat{\varphi}(i)+C(i) \tag{5-294}$$

所以非线性相位由式（5-295）计算：

$$\phi_{\rm NL}(i)=\phi(i)-\frac{2\pi f_c}{f_s}\cdot i \tag{5-295}$$

由此可见计算非线性相位分量$\phi_{\rm NL}(i)$必须要确知载频$f_{\rm c}$。在$f_{\rm c}$不能精确已知的情况下可以采用线性规划法估计出线性相位分量$\phi_{\rm L}(i)$，即设$\phi_{\rm L}(i)=C_1i+C_2$并使误差：

$$\varepsilon=\sum_{i=1}^{N_{\rm s}}\left[\phi(i)-\phi_L(i)\right]^2=\sum_{i=1}^{N_{\rm s}}\left[\phi(i)-C_1i-C_2\right]^2\text{最小，则可求出}C_1\text{、}C_2\text{两个常数，所以有：}$$

$$\phi_{\rm NL}(i)=\phi(i)-\phi_{\rm L}(i)=\phi(i)-C_1i-C_2 \tag{5-296}$$

（3）瞬时频率$f(i)$的计算

瞬时频率$f(t)$由瞬时相位的导数计算求得：

$$f(t)=\frac{1}{2\pi}\cdot\frac{{\rm d}\varphi(t)}{{\rm d}(t)}=\frac{1}{2\pi}\cdot\frac{{\rm d}\phi_{\rm NL}(t)}{{\rm d}t} \tag{5-297}$$

对应数字域计算可以有两种方法。方法一是直接求差分，即：

$$f(i)=\frac{f_{\rm s}}{2\pi}\left[\phi_{\rm NL}(i+1)-\phi_{\rm NL}(i)\right] \tag{5-298}$$

方法二是从频域计算，因为$f(t)$的傅里叶变换$F(f)$为：$F(f)=-{\rm j}\cdot f\cdot\Phi_{\rm NL}(f)$，其中$\Phi_{\rm NL}(f)$为$\phi_{\rm NL}(t)$的傅里叶变换，所以瞬时频率$f(i)$为

$$f(i)={\rm IFFT}\left\{-{\rm j}\cdot f\cdot\Phi_{\rm NL}(f)\right\}$$

其中IFFT$\{\cdot\}$表示傅里叶反变换。方法二比方法一具有更好的平滑性，但计算量较大。

（4）载频估计

如前所述非线性相位分量$\phi_{\rm NL}(i)$的计算需要精确已知信号载频，所以信号载频参数是调制样式识别的基本参数，载频估计有误差就势必带来识别正确率的下降，所以下面简单介绍载频估计的两种简单方法，方法一是频域估计法，方法二是基于过零检测的时域估计法。

频域估计法是用式（5-299）计算实信号频谱$S(k)$的中心频率f_0：

$$f_0=\frac{\sum_{k=1}^{N_{\rm s}/2}i\left|S(k)\right|^2}{\sum_{k=1}^{N_{\rm s}/2}\left|S(k)\right|^2} \tag{5-299}$$

并以f_0作为载频$f_{\rm c}$的估计值。式(5-299)中，$S(k)$为实信号$s(k)$的傅里叶变换，即$S(i)={\rm FFT}\{s(\hat{n})\}$。

当然这种频域估计法只适用于具有较好谱对称性的信号，如AM、DSB、FM、FSK、PSK等，对谱不具对称性的信号如LSB、USB、VSB等，其载频的估计精度将大大下降，这时可以

采用基于过零点的载频估计法。基于过零点的载频估计公式为

$$f_c = \frac{M_Z - 1}{2\sum_{i=1}^{M_Z-1} y(i)} \tag{5-300}$$

式中，M_z为信号 $s(i)$过零点数，$y(i)$为信号的过零差序列：

$$y(i) = s(i+1) - s(i);\quad i = 1,\quad 2,\quad \cdots,\quad M_Z - 1$$

该方法的缺点是对噪声特别敏感，尤其是在信号的弱区间，提高过零点载频估计法精度的方法是只考虑非弱信号段的过零点，模拟结果表明这种基于非弱信号段过零点检测原理的载频估计方法与一般的过零点载频估计方法相比其精度将大大提高，尤其是在低信噪比下的精度有比较大的改善。

（5）非弱信号段判决门限 a_t 的选取

在前面讨论的特征提取算法中，为了避免弱信号段信噪比差对特征值提取的影响，都采用了在非弱信号段提取（瞬时相位或频率）特征参数以及进行载频估计的特殊处理。如何选取非弱信号段，判决门限 a_t 的确定就成为问题的关键。显然 a_t 选得太低，其作用就不大，而选得太高则会丢失有用的相位信息而导致识别错误。一种比较直观的选取方法是以 $a_n(i)$的平均值作为判决门限 a_t，即：

$$a_t = E\{a_n(i)\} = \frac{E\{a(i)\}}{m_a} = 1$$

a_t 值的这种直观分析判断与理论分析是相符合的，因为理论分析表明，对模拟调制信号 a_t 之最佳值 a_{topt} 的变化范围为 0.858～1，而对数字调制信号 a_{topt} 的变化范围为 0.9～1.05，所以非弱信号段判决门限 a_t 取为 1 是比较合适的。

受噪声影响最大的是瞬时相位的计算，尤其是那些载波受到严重抑制（如 DSB、LSB、USB 等）其瞬时相位或频率的估计对噪声就更加敏感，这种情况等效于低信噪比接收，为了改善信噪比往往采用硬件锁相环（PLL）通过环路处理增益来提高输出信噪比。前面介绍的采用丢弃弱信号段的处置办法有时可能是不允许的（如采集数据量受限时），这时从软件上可以采取两种办法来处理。方法之一是对弱信号段的取样值人为地赋予一个常数相位如π/2；方法之二是根据非弱信号段的相位值外推出弱信号段的相位值。方法一简单，但不精确；方法二虽然比较精确但计算复杂，有关外推法计算弱信号段相位的算法可参阅有关资料，这里不再赘述。

（6）特征参数门限值 $t(x)$的确定

前面讨论了用于信号调制样式识别的九种特征参数，即γ_{max}、σ_{ap}、σ_{dp}、P、σ_a、μ^a_{42}、μ^f_{42}、σ_{aa}、σ_{af}，这九种特征参数对应都有一个判决门限值 $t(x)$（x 表示 9 种特征）。很明显，$t(x)$的选取对调制样式识别的正确概率是非常有影响的，所以确定这九个特征门限在信号调制识别中是关键的一环。应该注意的是，对不同的识别信号空间（如模拟信号空间、数字信号空间或模拟数字信号空间）特征门限值是不一样的。通过前面的介绍已经知道，对基于决策理论的调制识别算法，上述每个特征量都是用来区分两个信号子集 A、B 的，且判决规则如下：

$$x \underset{B}{\overset{A}{\gtrless}} t(x)$$

即当信号特征值 x 大于门限值 $t(x)$时，判为 A 子集中的信号；当 x 小于门限值 $t(x)$时，则判为 B 子集中的信号。选择 $t(x)$的最佳门限值 $t_{opt}(x)$的准则是使下面的平均概率最大（趋近于 1）：

$$P_{\mathrm{av}}[t_{\mathrm{opt}}(x)]=\frac{P[A(t_{\mathrm{opt}}(x)/A]+P[B(t_{\mathrm{opt}}(x)/B]}{2} \tag{5-301}$$

式中，$P[A(t_{\mathrm{opt}}(x)/A]$ 为在已知是 A 子集中的信号的条件下，用门限 $t_{\mathrm{opt}}(x)$判决是 A 子集的正确概率；$P[B(t_{\mathrm{opt}}(x)/B]$ 为在已知是 B 子集中的信号的条件下，用门限 $t_{\mathrm{opt}}(x)$判决是 B 子集信号的正确概率。通过大量的计算机仿真模拟，参考文献[14]给出了对应三种不同识别信号空间时的最佳特征门限值，如表 5-7 所示。

表 5-7　用于调制样式识别的最佳特征门限

参　数	模拟调制	数字调制	模拟数字调制	备　注
$t(\gamma_{\max})$	5.5～6	4	2～2.5	—
$T(\sigma_{\mathrm{ap}})$	π/6.5～π/2.5	π/5.5	π/5.5	—
$t(\sigma_{\mathrm{dp}})$	π/6	π/6.5～π/2.5	π/6	—
P	0.5～0.99	—	0.6～0.9	SSB
	0.55～0.6		0.5～0.7	VSB
$t(\sigma_{\mathrm{aa}})$	—	0.25	0.25	—
$t(\sigma_{\mathrm{af}})$	—	0.4	0.4	—
$t(\sigma_{\mathrm{a}})$	—	—	0.125～0.4	2PSK
			0.15	4PSK
$t(\mu^{\mathrm{a}}_{42})$	—	—	2.15	—
$t(\mu^{\mathrm{f}}_{42})$	—	—	2.03	—

（7）调制样式识别的其他方法

本章前面介绍的方法是在提取信号三大特征（幅度、频率、相位）的基础上，基于决策论（DT）的信号调制样式识别方法。可以看出，这种方法主要存在以下缺陷：一是对不同的识别算法采用了相同的特征参数，只是这些特征参数所处的判决位置不同而已，这就导致在相同的信噪比条件下识别的正确率完全不同；二是在每个判决节点处同时只使用一个特征量来判决，这就导致识别的成功率不仅与特征使用的先后次序有关，而且完全取决于每个特征的单次正确判决概率；三是每个特征都需要对应设置一个判决门限，而判决门限的选取对识别的正确率影响很大。

对于信号调制样式的识别方法，我们希望：其能适应尽可能多的信号种类；其具有很高的样式识别准确度，而且所需要的信噪比尽可能低；在各种信道环境下，针对不同的发射设备、参数的变化等都具有很高的健壮性；其识别所需要的信号长度尽可能地短（码元个数尽可能少）；算法运算效率高、对算力的需求尽可能低。

信号调制样式识别有基于似然分类器（最大似然、平均似然、广义似然等）、基于信号特征的分类（基于幅度/频率/相位特征、基于小波变换特征、基于高阶统计量等）、基于机器学习的调制样式分类（人工神经网络、k 最近邻、支持向量机、遗传算法等）等方法。这些方法各有所长，有的不需要训练数据，有的对频率、相位的敏感性低，有的不需要信道增益补偿等，随着技术的发展，基于机器学习的方法越来越受到重视。

基于人工神经网络（ANN）的识别方法，在每个节点（神经元）处的特征判决门限是自动选取的，而且对门限的选取具有自学习自适应能力；并且 ANN 识别方法每次判决使用全部特征量，而不仅仅是其中的一个特征量，这就使得识别成功率与特征选用次序无关，而且识别的成功概率与单个特征的识别性能关系不大，主要与整体性能有关。ANN 识别方法的这些内在的固有特性，使得其识别性能优于 DT 法。下面简单介绍一下 ANN 法的基本原理，不做深入讨论，有兴趣的读者可参阅有关文献资料[15,16]。

5.5.5　基于人工神经网络的调制识别

基于 ANN 的模拟信号调制识别原理结构如图 5.43 所示，该人工神经网络采用了三层结构即 1 个输入层，1 个输出层，1 个中间层。中间层可以采用多层，从而构成多层的网络结构。由于受计算复杂性的限制，目前采用单层或双层中间层的人工神经网络比较多见，其算法也比较成熟。另外中间层的节点数也是 ANN 结构所必须考虑的问题，计算机模拟结果表明图 5.43 所示的人工神经网络其中间层节点数选 25 时识别的平均成功概率最大（99.4%），故中间层选 25 个节点。而输入层和输出层的节点数取决于用于识别的信号特征参数的个数和待识别信号空间的维数，由于举例中选模拟调制信号，所以输入层节点数为 4（4 个识别参数），输出层节点数为 7（7 种调制样式）。

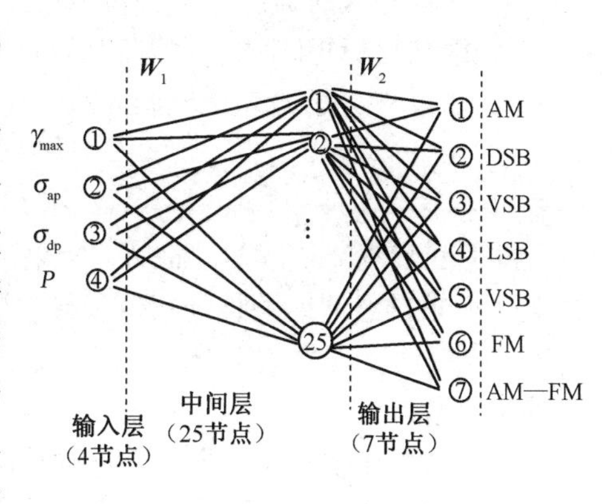

图 5.43　基于ANN的模拟信号调制识别原理结构

人工神经网络的结构确定后，接下来的工作就是算法设计，人工神经网络算法分四个阶段来实现：预处理阶段、训练阶段、学习阶段和测试阶段。预处理的主要工作是从信号中提取特征值$\gamma_{\max}$、σ_{ap}、σ_{dp}、P。训练和学习阶段的主要工作是根据给定的不同调制样式的信号（用于训练的信号样本）对人工神经网络进行训练和学习，以获得用于节点计算的加权矢量 $\boldsymbol{W}_1$、$\boldsymbol{W}_2$。加权矢量 $\boldsymbol{W}_1$、$\boldsymbol{W}_2$ 及其偏移量 $\boldsymbol{B}_1$、$\boldsymbol{B}_2$ 可以通过求解使下列误差和函数最小的优化问题而得到：

$$\min_{W_1W_2} E = \min_{W_1W_2}\left\{\sum_{i=1}^{I}\sum_{j=1}^{J}E(i,j)\right\} \tag{5-302}$$

其中：

$$E = (\boldsymbol{T}-\boldsymbol{A}_2)^2$$

$$\boldsymbol{A}_2 = \boldsymbol{W}_2\cdot\boldsymbol{A}_1+\boldsymbol{B}_2$$

$$\boldsymbol{A}_1 = \log-\mathrm{sigmoid}(\boldsymbol{W}_1\cdot\boldsymbol{P}_{\mathrm{in}}+\boldsymbol{B}_1)$$

$$\log-\mathrm{sigmoid}(\boldsymbol{Y}) = [\log-\mathrm{sigmoid}(y_{ij})]_{I\times J} = \left[\frac{1}{1+\mathrm{e}^{-y_{ij}}}\right]_{I\times J}$$

I为待实别信号空间的维数（输出层节点数）；

J为用于训练的信号样本数；

$\boldsymbol{T}$为实际的目标向量矩阵（$I\times J$阶）；

$\boldsymbol{P}_{\mathrm{in}}$为输入的信号样本矩阵（$M\times J$阶）；

M为输入的特征参数个数（输入层节点数）；

$\boldsymbol{W}_1$为输入层到中间层的加权矩阵（$N\times M$阶）；

$\boldsymbol{W}_2$为中间层到输出层的加权矩阵（$I\times N$阶）；

$\boldsymbol{B}_1$、$\boldsymbol{B}_2$为加权偏移量；

N为中间层节点数。

所谓的权值训练和学习（优化）就是不断地调整权值 $\boldsymbol{W}_1$、$\boldsymbol{W}_2$ 及 $\boldsymbol{B}_1$、$\boldsymbol{B}_2$，使得目标矩阵 $\boldsymbol{T}$ 与神经网络输出矩阵 $\boldsymbol{A}_2$ 的空间距离最小。下面介绍在人工神经网络中最常用的算法，即反向传播学习算算法（简称 BP 算法），其学习过程如下：

① 任意选取初始权值矩阵和初始偏移矩阵为 $\boldsymbol{W}_1(0)$、$\boldsymbol{W}_2(0)$、$\boldsymbol{B}_1(0)$、$\boldsymbol{B}_2(0)$；

② 根据输入的训练样本 $\boldsymbol{P}_{\text{in}}$ 计算 $\boldsymbol{A}_1$、$\boldsymbol{A}_2$；

③ 根据目标矩阵 $\boldsymbol{T}$ 和误差和函数公式计算误差函数 E；

④ 如果 E 大于给定误差容限 ξ，则按式（5-303）调整权值：

$$\begin{aligned}\boldsymbol{W}_1(k+1)=\boldsymbol{W}_1(k)\pm\Delta\,\boldsymbol{W}_1(k)\\ \boldsymbol{W}_2(k+1)=\boldsymbol{W}_2(k)\pm\Delta\,\boldsymbol{W}_2(k)\end{aligned}\tag{5-303}$$

并返回步骤②继续学习训练。如果 $E\leqslant\xi$，则退出学习，这时的权值 $\boldsymbol{W}_1$、$\boldsymbol{W}_2$ 及其偏移量 $\boldsymbol{B}_1$、$\boldsymbol{B}_2$ 就为所求神经网络的最佳权值和最佳偏移量。式中权值修正量 $\Delta\boldsymbol{W}_1(k)$、$\Delta\boldsymbol{W}_2(k)$ 可根据所需的精度、收敛速度等来适当选取，式中的正负号则根据是否能使 E 向变小的方向移动的准则通过试探法来选择。

上述采用自适应 BP 算法求解神经网络加权矩阵的过程就是所谓的训练和学习阶段。通过训练和学习，神经网络就获得了用于信号调制样式识别的所谓的“知识”即加权矩阵 $\boldsymbol{W}$，下面的工作就是对训练和学习进行考核也就是进入测试阶段，检验神经网络的性能。所谓测试就是把各种调制样式信号的测试样本输入到已受训练的神经网络中去（第一步需先把信号样本变换为特征样本），并根据在训练阶段已求得的权值和偏移量计算输出矩阵 $\boldsymbol{A}_2$。我们知道 $\boldsymbol{A}_2$ 是一个实数矩阵，如果不对 $\boldsymbol{A}_2$ 进行适当加工处理，就很难与所需识别的调制样式相对应，也就无法统计识别的正确概率。所以对神经网络的输出矩阵 $\boldsymbol{A}_2$ 做如下处理：即把 $\boldsymbol{A}_2$ 每列中的最大值取 1，其余取 0，与 1 所在位置对应的调制方式就是识别出的信号调制样式，一个识别正确率为 100% 的经极大值处理后的输出矩阵 $\boldsymbol{A}_2$ 应为单位矩阵，即：

$$\boldsymbol{A}_2'=\begin{bmatrix}1&0&0&0&0&0&0\\0&1&0&0&0&0&0\\0&0&1&0&0&0&0\\0&0&0&1&0&0&0\\0&0&0&0&1&0&0\\0&0&0&0&0&1&0\\0&0&0&0&0&0&1\end{bmatrix}$$

每列分别对应对 AM、DSB、VSB、LSB、USB、FM、AM－FM（见图 5.43）信号的识别结果。为此也可以把目标矩阵 $\boldsymbol{T}$ 设置为单位矩阵。把实际输出矩阵 $\boldsymbol{A}'_2$ 与目标矩阵 $\boldsymbol{T}$ 相比较，即可统计出识别正确率。如果正确率满足要求则可进入实际运行工作阶段，用于对实际信号的调制样式识别；如果不满足要求，则需进一步进行训练，或改变网络结构及参数重新进行训练学习，直至满足要求为止。

以上对人工神经网络（ANN）用于信号调制样式自动识别的基本原理和方法进行了简单介绍和讨论，从中可以看到，由于 ANN 方法无须事先确定特征门限，以及整个识别过程是从全局特征来综合分析判断的，不存在特征使用的先后顺序以及由于个别特征有失真或不准确会给整个识别带来全局性影响等弊端，使得基于 ANN 法的调制识别具有更好的性能，但 ANN 法也存在计算量大，实时性差的缺点。

习题与思考题 5

1．写出无线信号的统一表示形式，以及在数字域对瞬时幅度、相位、频率特征提取的表达式。

2．在一个数字通信系统中，需要实现哪些同步，如何实现？

3．载波同步一般有哪些方法？简述其实现原理。

4．试推导存在噪声情况下，松尾环的鉴相特性表达式。

5．早-迟积分同步环的基本依据是什么？画出绝对值运算的实现框图。

6．解调 QPSK 时，采用四次方锁相环实现载波同步，试求该锁相环输入端的信号和噪声分量。假定只考虑噪声 $n(t)$中线性分量，忽略其他分量，试求锁相环输出端的相位估计的方差。

7．画出 QPSK 信号的产生、解调框图，利用 MATLAB 对该信号的产生、解调进行仿真，并比较在不同误码率（10^{-1}～10^{-5}）下所需要的信噪比，画出星座图、误码率曲线。

8．如果发送一个冲激信号，接收到信号的采样序列值为 $x(-3)$、$x(-2)$、⋯、$x(3)$为：0.1，0.3，−0.2，1.0，0.4，−0.1，0.1。设计一个三抽头的横向滤波器，使主瓣的值为 1，并使主瓣两侧的采样点值为 0；计算 $k=-3, -2,-1,0,1,2,3$ 时刻的输出值；均衡器后，造成码间干扰的最大采样幅度为多少？所有码间干扰的采样点幅值之和为多少？

9．假如接收信号的采样序列为 $x(-4)$、$x(-2)$、⋯、$x(4)$为：0.001，0.002，−0.003，0.1，1，0.2，−0.1，0.005，0.02。在最小 MSE 准则下，利用计算机求出 9 个抽头系数；计算均衡器的输出信号在 k=0,±8, ±7, ±6, ±5, ±4, ±3, ±2,±1 时的取值。均衡后，造成码间干扰的最大采样幅度值为多少？所有造成码间干扰的采样幅度值之和为多少？

第 6 章 信道编译码技术

当代通信系统绝大多数都采用数字通信方式。数字通信系统往往采用信道编码技术来降低传输错误概率，提高传输性能。可以说，信道编码是数字通信系统不可或缺的重要组成部分，也是软件无线电的重要组成部分。软件无线电要能适应各种不同的通信业务、通信体制以及复杂多变的传输信道，就需要根据业务特点、信道特性，采用相应的编码方式，使误比特率性能满足特定的要求。为此，本章就信道编译码技术进行专门介绍。

6.1 信道编译码基础

现代通信飞速发展的一个重要原因是模拟信号的数字化，数字通信具有模拟通信无法比拟的特殊优点，如抗干扰能力强、便于实现保密、通信质量不受距离影响、能适应各种业务、电路易于集成化等。这些优点究其原因是广泛采用数字信号处理技术的结果，信息论、信道编码、密码学即是数字通信系统的三大基础技术，其中信道编码更是数字通信可靠性的支撑。数字通信系统中，信源编码并不考虑外在干扰对通信质量的影响，而在实际信道环境中，由于噪声、时延、多径衰落等各种因素的影响，接收序列存在误码的情况不可避免。对数字通信系统而言，不同业务有不同的误比特率要求，如对于压缩率较高的语音业务，可接受的误比特率为 10^{-4}，声乐、电邮、网络浏览为 10^{-6}，数据传输和视频通信为 10^{-7}。如将信源编码器与信道直接相连，信道中干扰所引起的误码将直接降低通信的可靠性。因此需要对信源编码器的输出进行一次再编码即信道编码，以提高其抗干扰能力。正是因为有了信道编码的可靠性保障，数字通信才能放手去开发异彩纷呈的各种数字信号处理算法。完全可以这样说，如果不存在信道编码技术的话，通信从模拟到数字的演进将变得失色不少。

那么到底什么是信道编码呢？广义的信道编码是指从信源编码信息到信道波形的映射，因此复接、代数编码、调制、成形滤波、扩频、上下变频等都可归于广义的信道编码范畴，如图 6.1 所示。

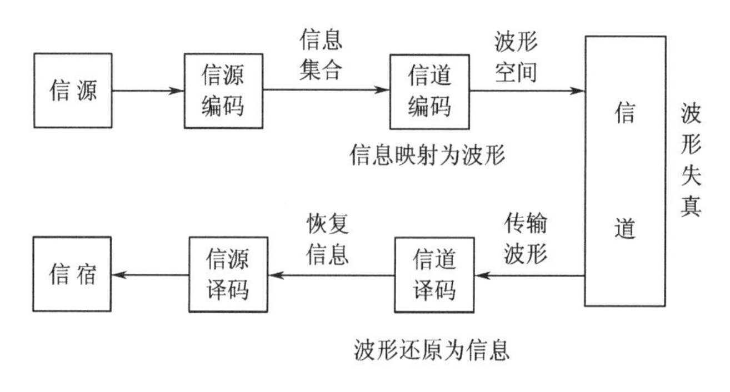

图 6.1 广义信道编码示意

信源编码通过压缩去冗余的方法提高传输效率，通常采用变长编码方法；信道编码则以提高传输可靠性为主要目的，通过增加冗余码元来实现，通常采用定长编码方法。信道编码本质上是利用冗余将所有可能的输入信息映射为信道波形空间的点，而这个点的集合要小于并且包含于全信道空间中。一种编码方案就是从信息空间到更大信道空间的一个映射，通过增加冗余度，即将信息空间映射到更大的信道空间（在信道空间中绝大多数是非许用码字），以提高不同码字间的差异程度，从而获得编码增益。

狭义的信道编码一般为大家所熟知的代数编码，主要指纠错码，还包括交织码及扰码，其中纠错码用于检测与纠正信号传输过程中因噪声干扰导致的差错，交织作为抗突发错误的一种有效手段，扰码用于对信源数据进行随机化处理。从数学上看，纠错码、交织码、扰码分别采用的是加冗、置换及混乱的数学处理。

1948 年 Shannon 在“A Mathematical Theory of Communications”中给出了著名的 Shannon 公式

$$C = W\log_2(1 + S/N) \tag{6-1}$$

式中，C 代表信道容量，是指单位时间内信道上所能传输的最大信息量，W 代表带宽，S/N 代表信噪比。从 Shannon 公式可以建立对信息通信的基本限制，从而得到信道编码定理：如果信源的信息速率 R 小于 $C(R < C)$，只要输入符号数目 n 足够大，则采用适当的编码来达到在信道上的可靠传输在理论上是可能的，即可以实现差错概率任意小，如果 $n \to \infty$，差错概率将接近于 0。反之，如果 $R > C$，则不管在发送端和接收端采用了多少信号处理措施，都不可能达到可靠传输。

可见信道编码需要在资源、可靠性（有时要进行延时考虑）和传信量之间做一个比较好的综合考虑。这里所指的资源指的是提供信息传输所要付出的代价，包括频率、时间、空间、功率等，一个好的编码就是要充分利用资源，传递尽可能多的信息。

由 Shannon 公式可以得到如下结论：

① 提高信噪比 S/N 可以增加信道容量 C；

② 当噪声功率 $N \to 0$ 的时候，信道容量 $C \to \infty$，这表明在无干扰时的信道容量为∞；

③ 增加信道带宽 W 并不能使信道容量 C 无限制地增加。当噪声为高斯白噪声时，随着 C 增大噪声功率 $N = Wn_0$ 也随之增大（n_0 为噪声的单边功率谱密度）：

$$\begin{aligned}\lim_{W\to\infty} C &= \lim_{W\to\infty} W\log_2(1 + S/N) = \frac{S}{n_0}\lim_{W\to\infty}\frac{n_0 W}{S}\log_2\left(1 + \frac{S}{n_0 W}\right)\\ &= \frac{S}{n_0}\log_2 \mathrm{e} \approx 1.44\frac{S}{n_0}\end{aligned}$$

④ 即使信道带宽 W 无限增大，信道容量 C 仍然是有限的 $(C \leqslant 1.44S/n_0)$；

⑤ 信道容量 C 一定的时候，信道带宽 W 与信噪比 S/N 之间可以彼此互换。

信道编码定理证明了最佳编码方法的存在性，指明了信道编码研究的方向：①逼近 Shannon 限，寻找有限运算量可进行译码的类随机长码；②在给定码长的情况下，寻找对应于特定信道的最佳码及相应的译码方法。信道编码理论正是为寻找最佳编码方法而发展起来的。信道编码理论发表之后，寻找能够实际应用且逼近 Shannon 限的编码方案就成了信道编码研究的最终目标。

信道编码的基本思想是：通过对发送端信息序列进行某种变换，使原来彼此独立、相关性极小的信息码元产生某种相关性，在接收端利用这种相关性来检查并纠正信息码元在信道传输中所产生的错误。

但凡事总有代价，在带宽固定的信道中，总的信息传输率是不变的，信道编码检纠错能力的获取是以增加冗余位、降低传输效率为代价的。所以信道编码的任务就是构造出以最小冗余代价换取最大检纠错性能的好码。

信道编码的一般要求如下：

① 寻找编码效率高，检纠错能力强的好码；

② 与信源相匹配，良好的传输透明性，对传输内容无限制；

③ 与信道相匹配，信号频谱特性与信道通频带匹配性好，传输损失小；

④ 接收端易于准确译码；

⑤ 误码的扩散小。

一般交织码和扰码本身并不具备检纠错能力，可看作纠错码的辅助编码。具备检纠错能力的纠错码在接收端的译码本身是一种信息处理，肯定会引入一定程度的信息损失，但最重要的是要尽量正确地恢复原始信息。纠错译码指的是根据接收的符号以最小的代价判断原发送信息码字，常用的译码方法有最小信息损失、最小差错概率、最大后验概率、极大似然准则、最小汉明距离等。

以最大后验概率准则为例，译码时很容易想到的一个要求就是如何使平均错误概率最小。设离散单符号信道的输入符号集为 $X=\{x_i\}, i=1,2,\cdots,p$；输出符号集为 $Y=\{y_j\}, j=1,2,\cdots,q$。对编码信息 x_i，编码输出符号 y_j，$P(x_i \mid y_j)$ 表示接收端在收到符号 y_j 条件下的条件正确概率，以 e 表示接收端收到符号 y_j 后译码为 x_i 以外信息的集合，则 $P(e \mid y_j)$ 为条件错误概率，且 $P(e \mid y_j)=1-P(x_i \mid y_j)$。表示译码后平均收到一个符号所产生的错误大小的平均错误概率：

$$P_E = E[P(e \mid y_j)] = \sum_{j=1}^{q} P(y_j)P(e \mid y_j) \tag{6-2}$$

因为 $P(y_j)$ 与译码方法无关，要使 P_E 最小，则译码算法需使条件错误概率 $P(e \mid y_j)$ 最小，由 $P(e \mid y_j)=1-P(x_i \mid y_j)$ 可知也就是 $P(x_i \mid y_j)$ 最大。

设 $x_i \neq x^*$，最大后验概率准则是指在收到符号 y_j 条件下译码得到 x^* 的概率满足条件：

$$P(x^* \mid y_j) \geqslant P(x_i \mid y_j) \tag{6-3}$$

采用最大后验概率准则进行译码时，对每一个输出符号均译成具有最大后验概率的那个输入符号，信道错误概率最小。一般已知信道的传递概率 $P(y_j \mid x_i)$ 与输入符号的先验概率 $P(x_i)$，根据贝叶斯定律，式（6-3）可写成：

$$\frac{P(y_j \mid x^*)P(x^*)}{P(y_j)} \geqslant \frac{P(y_j \mid x_i)P(x_i)}{P(y_j)} \quad x_i \in X, x_i \neq x^*, y_j \in Y \tag{6-4}$$

故最大后验概率准则也可表示为

$$P(y_j \mid x^*)P(x^*) \geqslant P(y_j \mid x_i)P(x_i) \quad x_i \in X, x_i \neq x^* \tag{6-5}$$

进一步，定义满足 $P(y_j \mid x^*) \geqslant P(y_j \mid x_i), x_i \in X, x_i \neq x^*$ 的译码规则称为极大似然译码准则，根据极大似然译码准则，接收端收到符号 y_j 后，应译成信道矩阵第 j 列中最大元素所对应的信源符号。如所对应取值最大的信源符号并不唯一，则不进行译码。极大似然译码方法不依赖先验概率 $P(x_i)$，但当先验概率为等概率分布时，它将使错误概率 P_E 最小，可见在输入符号等概率分布时，极大似然译码准则与最大后验概率译码准则是等价的。

6.2 信道编码概述

6.2.1 扰码

信源编码根据实际的业务变换得到，没有传输方面的考虑，编码后的信号出现长串连“0”

或连“1”序列在所难免。由于这种信号无法提供充分的定时信息，所以会给接收端的解调造成很大困难。为了符合 ITU 无线电管理规定并提供足够的二进制转换，从信源编码器出来的数据一般需要进行随机化处理以改变原有数据序列的统计特性，使之具有伪随机特性，这就是扰码。采用扰码后可以降低连“0”和连“1”序列的长度和概率，保证在任何情况下进入传输系统的码流中 0、1 的概率都能基本相等，改善位定时恢复的质量。

从信号功率谱的角度看，扰乱过程相当于将数字信号的功率谱进行扩展，使其分散开来，因此扰乱过程又被称为“能量分散”，通过对信源编码器送来的数据进行随机化处理，改变原有数据序列的统计特性，使之具有伪随机特性。与扰码相对的过程称为解扰。

在通信加扰中，从扰码序列是否独立于用于加扰的伪随机序列来看，扰码可分为自同步扰码和同步扰码两种，伪随机序列一般由一个或多个线性反馈移位寄存器（LFSR）来产生。扰码关系如图 6.2 所示。

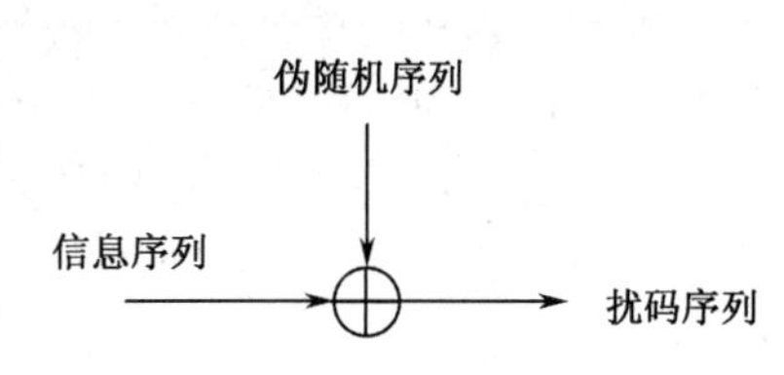

图 6.2　扰码关系示意图

自同步扰码与解扰以 LFSR 为基础，在反馈逻辑输出与第一级寄存器之间引入异或逻辑，将得到的结果作为寄存器的输入，形成如图 6.3 所示的自同步扰码器。

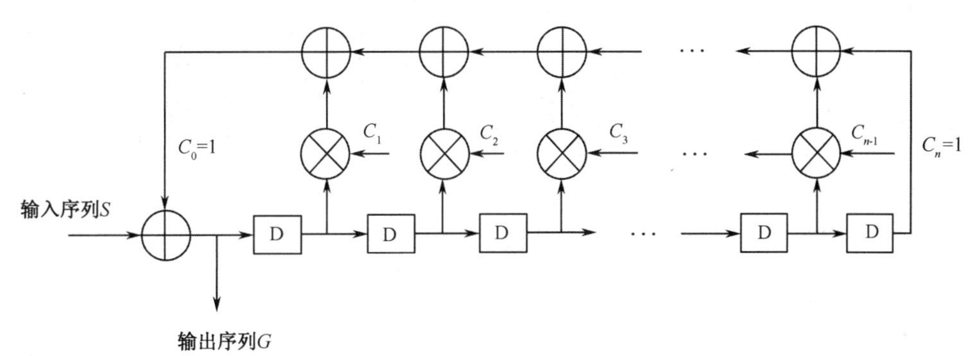

图 6.3　自同步扰码器

如以多项式形式表示数字序列，记原始序列为 $S(x)$，经过扰码后的序列为 $G(x)$，扰码器的变换过程可表示为

$$G(x) = S(x) + \sum_{i=1}^{n} C_i x^i G(x) \tag{6-6}$$

自同步解扰器需要采用不同的结构以完成相反的过程，如图 6.4 所示。这种结构可以从输入的加扰序列 G 中得到原始序列 S。

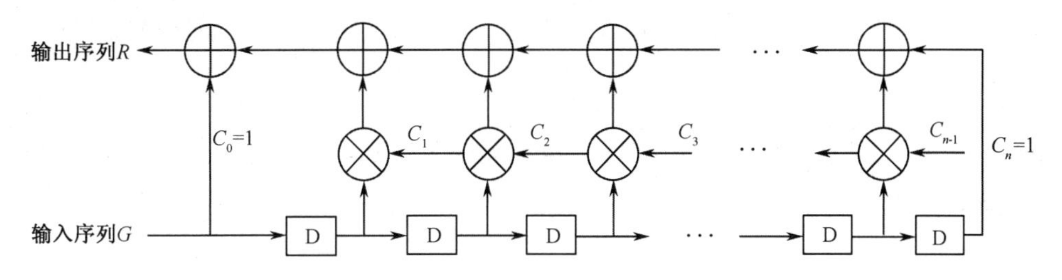

图 6.4　自同步解扰器

对输出序列 $R(x)$ 有：

$$R(x)=G(x)+\sum_{i=1}^{n}C_i x^i G(x)=\left[S(x)+\sum_{i=1}^{n}C_i x^i G(x)\right]+\sum_{i=1}^{n}C_i x^i G(x)$$

$$=S(x)+\left[\sum_{i=1}^{n}C_i x^i G(x)+\sum_{i=1}^{n}C_i x^i G(x)\right]=S(x)$$

在自同步解扰过程中，伪随机序列的产生与输入序列有关，如果输入序列存在 1 位错误，将会在结果序列中造成最多 n 位（n 为级数）出错，具体错误位数不大于解扰器的抽头个数。但是该结构的解扰器不需要建立同步，从解扰过程来看，由于解扰序列只与输入的扰码序列有关，因此可以从任意时刻开始进行解扰，除了输出序列中前 n 位受寄存器初始状态影响外，随后将得到正确的解扰序列。

同步扰码器是一种简单的扰码器，它把 m 序列加到数据序列上产生信道序列。信道序列减掉一个同样的 m 序列，被扰乱的数据序列就得到恢复。同步扰码的加扰器和解扰器具有相同的结构，如图 6.5 所示。

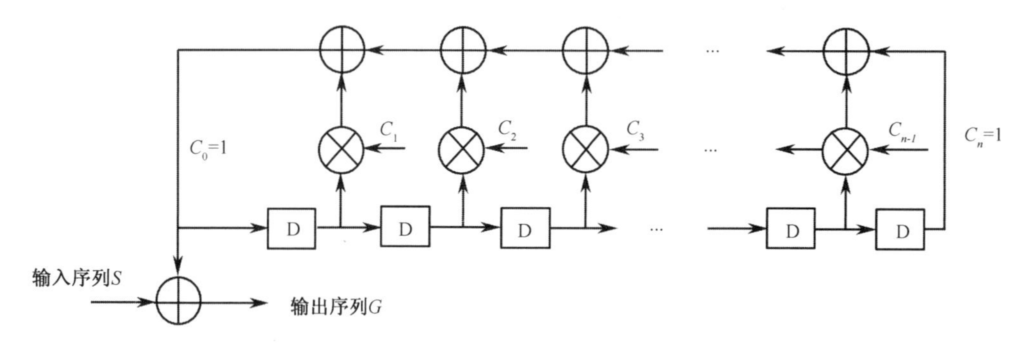

图 6.5　同步扰码器

同步扰码除了结构简单以外，当信道序列在传输过程中出现错误时，解扰后错误不会增加，因而不会降低数据序列的质量。但同步扰码器也有严重的缺陷，即收发双方必须严格同步，且在同步以后，当信道序列中插入或漏掉若干数据时又会失去同步，造成数据序列无法恢复，必须重新建立同步。

6.2.2　纠错码及交织

纠错码按功能可分为检错码和纠错码，按对信源序列进行的不同处理方式可分为分组码、卷积码及级联码，按照信息码元在编码之后是否保持原来的形式不变，又可分为系统码与非系统码。在系统码中，编码后的信息码元不发生变化，并且与监督位分开，而在非系统码中，信息码元发生改变。系统码与非系统码的纠错能力完全等价，并且系统码的译码较非系统码的译码更为简捷，所以实际应用中得到广泛应用的是系统码。

纠错码纠错能力的实现是通过利用冗余度和差错随机化获得的，其中冗余度通过在信息码元中附加监督码元来实现，通过监督码元与信息码元间的约束关系对接收序列进行校验，以检测和纠正错误。

从纠错码的技术发展史来看，其主要发展历程如表 6-1 所示。

表 6-1　纠错码发展历程

纠错码	提出时间	提出者
Hamming 码	1950	H.W.Hamming
Golay 码	1954	M.J.Golay
RM 码	1954	I.S.Reed、D.E.Muller
卷积码	1955	P.Elias
循环码	1957	E.Prange
RS 码	1960	I.S.Reed、G.Solomon
BCH 码	1960	R.C.Bose、D.K.Ray-Chaudhuri、A.Hocquenghem
LDPC 码	1961	R.G.Gallager
级联码	1966	G.D.Forney
Goppa 码	1970	V.D.Goppa
TCM 网格编码调制	1976	G.Ungerboeck
代数几何码	1982	M.A.Tsfasman、S.G.Vladut、T.Zink
Turbo 码	1993	C.Berrou、A.Glavieux、P.Thitimajshima

一般随机分组码译码需要进行 2^k 次长为 n 的距离计算及比较，为了分析和译码的方便引入线性分组码，线性分组码中信息码元和监督码元可以用线性方程联系起来，线性分组码把信源输出的信息序列，以 k 个码元划分为一段，通过编码器把这段 k 个信息元按一定规则产生 $n-k$ 个校验元，输出长为 n 的一个码组。每个 (n,k) 码组的校验元仅与本组的信息元有关，与别组无关。如图 6.6 所示，M 为编码器的输入，称为信息组，它由 k 位码元组成。C 为编码器的输出，称为码字，它由 n 位码元组成，其中有 k 位信息元，$n-k$ 位监督元。如果 (n,k) 分组码满足 $2^{n-k} \geqslant n+1$，则可以构成能够纠正一位或多位错误的线性码。

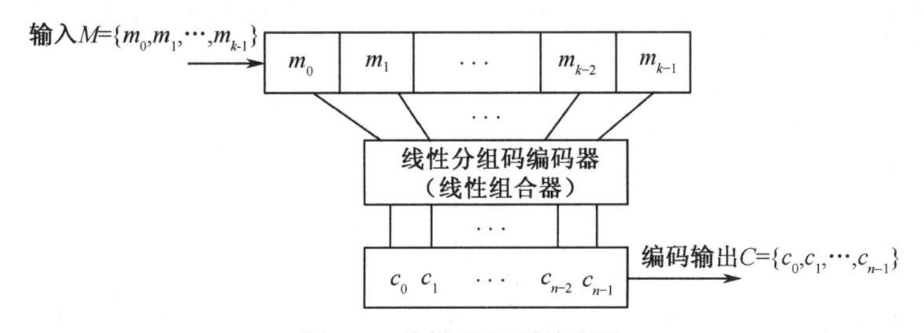

图 6.6　线性分组码编码器

码率是线性分组码的一个重要参数，它是一个表示码字所含信息码元多少的分数，用来衡量分组码的编码效率或传输效率，分组码码率 $r=k/n$。

线性分组码译码需要 $n-k$ 次长为 n 的矢量内积和一张大小为 2^{n-k} 宽度为 n 的表，运算量的减小说明约束起了作用，但还不够，需要进一步引入其他约束。在线性运算封闭约束的基础上，加入循环封闭的约束，将得到一类最重要的线性码即循环码，当循环码用多项式表示时，可以很好地利用近世代数的知识，它具有严格的代数结构，有许多特殊的代数性质，有助于按照所要求的纠错能力来构造。目前已发现的大部分线性分组码均与循环码有密切联系，可归入循环码的范畴。常见的分组码有汉明码、CRC 码、BCH 码和 RS 码等。

卷积码与分组码不同，卷积码是一种对信息流进行有记忆分组的编码方法，编码时本组的 $n-k$ 个检验元不仅与本组的 k 个信息元有关，而且还与以前各时刻输入至编码器的信息元有关；译码时也须利用之前和之后各时刻收到的码组提取有关信息。此外，卷积码中每组的信息位和码长，通常比分组码要小。卷积码的编码示意图如图 6.7 所示。

卷积码中每组的信息位 k_0 和码长 n_0，通常要比分组码的 k 和 n 要小。卷积码无论是编码还是译码，复杂度决定了 k_0 和 n_0 不可能很大，现实应用中的 n_0 一般不超过 8。卷积码的编码约束长度 N 表示编码过程中相互约束的码元个数，对 (n_0,k_0,m) 卷积码，$N=n_0(m+1)$。(n,k) 分组码和 (n_0,k_0,m) 卷积码的比较如表 6-2 所示。

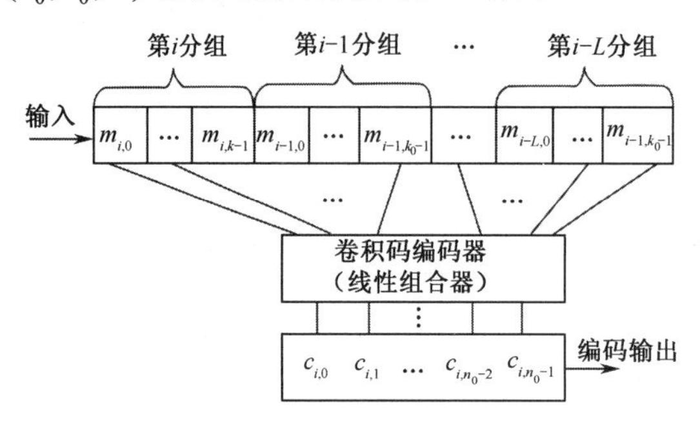

图 6.7　卷积码编码示意图

表 6-2　分组码和卷积码的比较

比较项	分组码	卷积码
码长	一般较大	一般小于 8
约束长度	n	$n_0(m+1)$
生成矩阵	有限长	半无限
生成多项式	单方程	方程组
复杂度	简单	复杂
记忆性	无	有

随着码长的增加，纠错码的译码错误概率按指数接近于零。目前构造性很强的编译码方法其性能都比较有限，与信道容量之间的差距较大，这也导致信息论提出半个世纪以来研究者所关心的容量仍不是信息论意义上的容量。信道编码定理指出只要所用随机编码长度足够长，就可以无限逼近信道容量。而实际编码长度是很有限的，随机编码又难以设计和分析。在实际应用中，为了解决性能与实现难度之间的矛盾，系统可以采用多次编码，对各级编码，看成一个整体编码，就是级联码。级联码不仅可以改善渐近性能，同样可以提高较低信噪比下的性能。当由两个编码串联起来构成一个级联码时，作为离散信道中的编码称为内码，以离散信道为信道的信道编码称为外码。由于内码译码结果不可避免地会产生突发错误。因此内外码之间一般都要有一层交织器。一般级联码结构如图 6.8 所示。

图 6.8　级联码结构

按交织方式进行分类，交织器可分为分组交织和卷积交织。分组交织以组为单位进行交织，即将纠错序列分割成 L 位一帧，对每帧实施置换，以达到将突发错误转换成离散错误的目的。一般若 L 较长，还可以将 L 分为几个等长的分组，在各分组内再分别进行置换，但各个分组内的置换顺序可以不同。分组交织中最常见的是行列交织，从结构上看行列交织就是一个 M 行 N 列的二维存储阵列。已编码的数据按位或者符号逐行写入存储器，然后按列从存储器中读出，这样就完成了交织过程。行列交织的原理图（去交织与其相似）如图 6.9 所示。

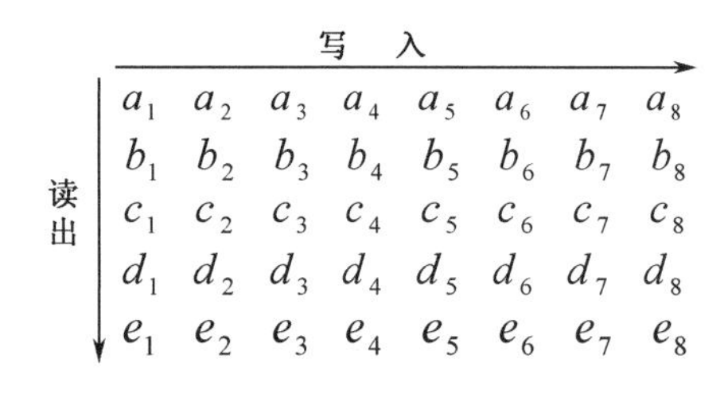

图 6.9　行列交织原理图

卷积交织器最早由 Ramsey 和 Forney 提出，(n_1,n_2) 卷积交织器满足如下要求：在该交织器输出上的任何一个长度为 n_2 的数据串中不包含交织前原来数据序列中相距小于 n_1 的任何两个数据。卷积交织器的结构示意图如图 6.10 所示。

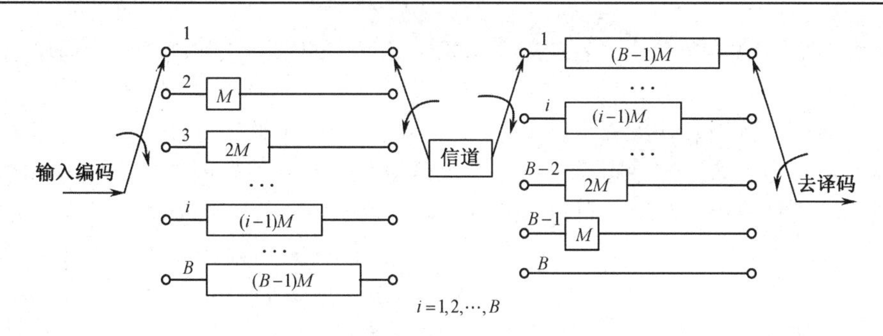

图 6.10　卷积交织器和去交织器示意图

卷积交织器的工作过程如下：交织器输入端的输入符号数据按顺序分别进入 B 支路延迟器，每路各延迟不同的符号周期，其中第一路无延迟，第二路延迟 M 个符号周期，第三路延迟 $2M$ 个符号周期⋯，第 B 路则延迟 $(B-1)M$ 个符号周期；与此同时交织器的输出端按输入端的节拍分别同步输出对应支路经过延迟的数据，这样就完成了整个卷积交织过程。

在深空通信中，RS 码和卷积码是一对黄金搭档，深空信道属随机差错信道，用卷积码比较合适。但一旦信道噪声超出卷积码的纠错能力，将会导致突发性质的译码错误，非常适合于 RS 码的应用。RS 码+卷积码形式的级联码已作为一种深空通信标准而被称为 NASA 码，可带来 5～7dB 的编码增益。

级联形式的编码虽然大大地提高了纠错能力，但这个能力的提高主要是用编码效率的降低换来的。当信道质量较差时，新增加的一层编码反而可能会使误码越纠越多。可见级联码的译码算法远未最优，其对硬判决解调信息的译码形式使得接收信号所包含的信息在输入译码器之前就已丢失一部分，接收序列内含的信息仍未被充分利用。对此问题一个可以改进的方向是利用迭代以充分利用信息。

采用图 6.8 所示的串行级联码译码中外码译码输出的符号信息并不能直接提供关于内码译码输入的软信息，而采用简单的反馈又必然会引入正反馈，使得算法不收敛或收敛到远离最优解处。如对串行级联码进行改进，希望外码译码符号信息能反映到内码上去，这就要求两层码均为系统码。引入反馈的理想要求是在进行第二次内码译码时用到的反馈信息中不包含上次译相同的码时用过的信息，但从严格意义上看这种要求是不可实现的。不过当两层码之间经过交织处理后，用于解一段连续码符号的反馈信息分别来源于前一次译码的分散码符号，当交织长度越长时相邻反馈符号的相关性就越低，所以如果能从反馈符号似然信息中去除已用过的关于该符号的部分，就可以基本清除正反馈，实现迭代译码。由此可以构造出译码性能非常优异的并行级联编码——Turbo 码，常见 Turbo 码结构如图 6.11 所示。

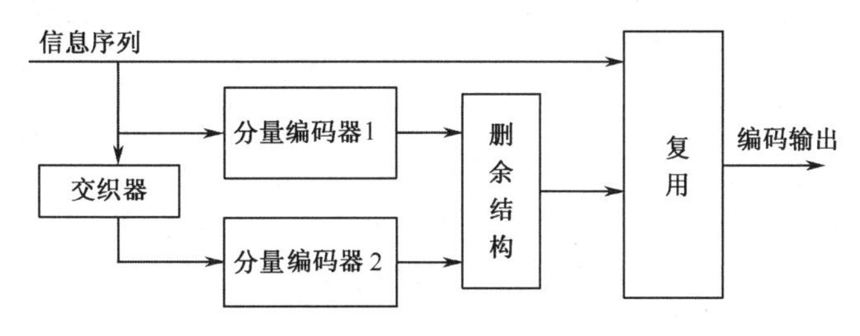

图 6.11　常用Turbo码结构

Turbo 码的最大的特点是通过引入交织器和解交织器实现随机性编码，并通过若干短码的有效结合实现长码，达到接近 Shannon 理论极限的性能。Turbo 码中并行级联的结构能够使两个码交替而互不影响地译码，并可通过关于系统码信息位的软判决输出相互传递信息，进行迭代译码。

一般信道容量是传输条件约束下的数据传输率极限，限定调制方式后的离散信道的容量显然不及实际容量。为了逼近实际容量，可以要求信道编码是一种与调制相结合的编码，也就是要真正实现从消息到波形的映射。可以考虑的办法是充分利用现有的有关离散信道编码的研究结果，但在编码设计及编码结果的调制时进行一些更有成效的控制，以期获得更好的性能。1982 年 Ungerboeck 提出了一种将纠错编码和调制信号结合起来进行设计的方案，该方案非常类似于卷积码，但又不同于卷积码。它突破了传统的编码和调制相互独立的模式，将它们作为一个整体来联合进行考虑，在不增加系统带宽的前提下，这种方案可获得大约 3～6dB 的性能增益，为达到相同的误码性能，未编码系统必须比编码系统增加 2～4 倍的发送功率。由于调制信号可以看成网格码，所以被称为网格编码调制（TCM）。TCM 一般由卷积码编码器和符号映射器两部分组成，结构如图 6.12 所示。

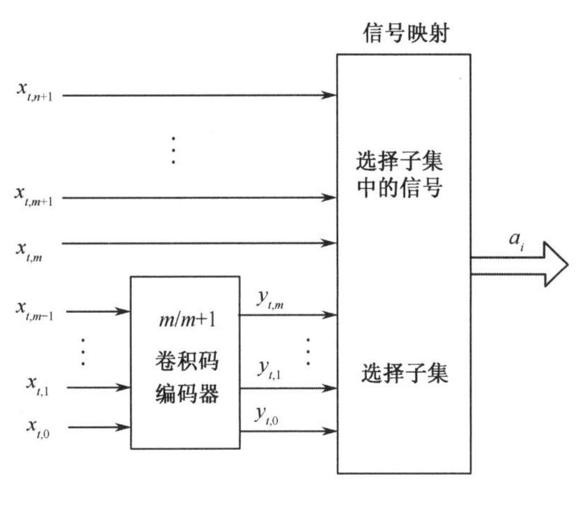

图 6.12　TCM的一般编码结构

编码器在每个调制间隔传送 n 个比特，选取其中 $m \leqslant n$ 个比特进行码率为 $m/(m+1)$ 的二进制卷积码编码，得到的 $m+1$ 个比特用于选择 2^{m+1} 个调制信号子集中的一个，剩余的 $n-m$ 个比特用于在所选定子集中选择 2^{n-m} 个信号中的某一个，然后送入发射信道。

TCM 通常是通过扩充调制信号集来为纠错编码提供所需的冗余，从而避免了信息传输速率因加纠错编码而降低。为了使编码信号序列具有最大的欧氏距离，可将扩充后的信号集分割为若干个子集，使每个子集内信号点之间的最小距离尽可能地大。

TCM 编码增益的来源从本质上讲是它所引入的冗余是星座点上的冗余，拓展了许用码字空间，然而这种拓展并没增加空间的体积，许用码字有更多的选择余地。这也是为什么调制数增加时解调误符号率增加而译码性能却可以得到改善的原因。

从纠错码的介绍中可以看出，实际应用中没有一种编码是万能的，必须根据具体业务的需求和传播信道的特点来选择和设计适当的好码。

6.2.3　信道编码的应用及性能

在对信道编码半个多世纪的研究中，能够更加逼近 Shannon 限的编译码方法不断出现，Shannon 限已基本达到。从汉明码、BCH 码、RS 码，到卷积码、级联码，以及 Turbo 码、LDPC 码，所能达到的性能与 Shannon 限的距离正在不断缩小。这些先进的信道编码技术已经在数字通信领域大放异彩，与人们的生活息息相关，如卫星通信、深空通信、地面移动通信、网络传输、数字电视等。表 6-3 列出了一些信道编码的使用情况。

表 6-3　信道编码应用举例

信 道 编 码	应 用 举 例
卷积码	GSM、TD-SCDMA、CDMA2000、WCDMA、DVB-T、DVB-S、Tetra、铱星

续表

信 道 编 码	应 用 举 例
Turbo 码	TD-SCDMA、CDMA2000、WCDMA
汉明码	Link11、Mobitex
CRC 码	TD-SCDMA、CDMA2000、WCDMA、DVB-S2、海事卫星
BCH 码	DVB-S2、FLEX、SDH
RS 码	DVB-T、DVB-S、DVB-C、ACUS、Voyager 探测器
LDPC 码	DVB-S2、嫦娥探月工程
伪随机交织	GSM、DVB-T、802.11a、Tetra、海事卫星
卷积交织	DVB-T、DVB-C、DVB-S、ATSC、ACUS
自同步扰码	STM-VSAT、802.3ba
同步扰码	802.11a、DVB-T、DVB-S、DVB-C、DVB-S2、Tetra、海事卫星

在 AWGN 信道，不同调制方式下对码率为 1/2 的（171,133）卷积码进行性能比较，性能曲线如图 6.13 所示。

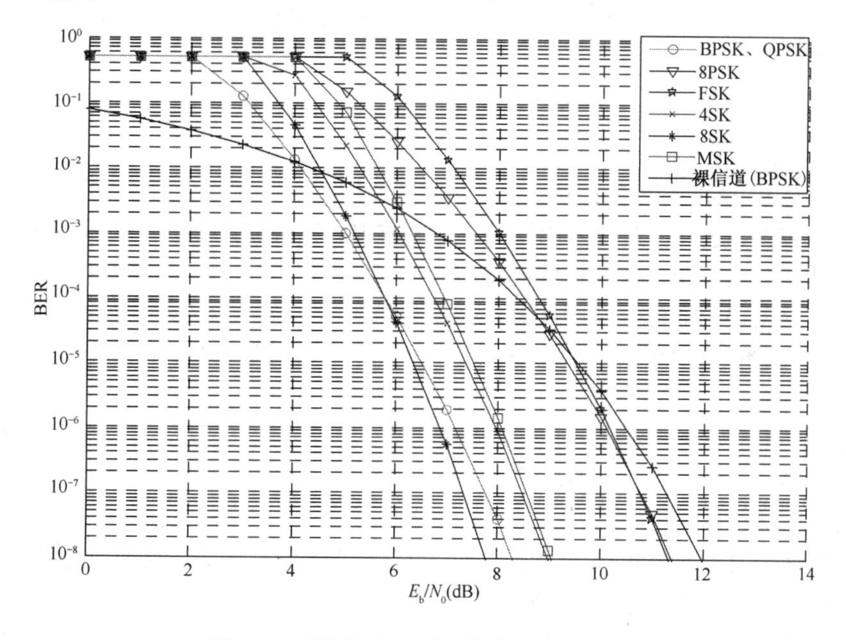

图 6.13　不同调制方式下的卷积码性能比较

可见在 E_b/N_0 很低的情况下，无论何种调制方式，信道编码都会恶化传输；在信道条件较好的条件下，MFSK 类调制中一般高阶调制的性能好于低阶调制，而 MPSK 类调制中却是低阶调制的表现更好。

在 AWGN 信道，BPSK 调制下对几种典型的纠错码进行性能比较，性能曲线如图 6.14 所示。图中 RS-卷积级联码率为 3/8，BCH 码的码率为 16/31，卷积码的码率为 1/2，RS 码的码率为 31/63，Turbo 码中的分量码生成多项式为（37，21）*，交织深度 400 位，LDPC 码是码长为 200、码率为 1/2 的（6，3）非规则码。各编码均采用流行的译码算法，从图中可以看出，在信

*（37，21）为生成多项式二进制系数的八进制数表示，如八进制数 37 的二进制数表示为 011111，因而其生成多项式为 $x^4+x^3+x^2+x+1$。

噪比极低情况下，BCH 码、RS 码、卷积码、RS-卷积级联码和 Turbo 码的性能都不太好，甚至恶化，特别是 RS 码和 BCH 码，这两种码只有在信道条件较好，裸信道误码率低的情况下才能很好地工作，而在裸信道误码率很高（大于 5×10^{-2}）的情况下很差，甚至会恶化传输。在突发干扰存在的条件下，要通过降低编码效率来提高系统的传输可靠性，而这种代价相对于高效率的信道编码方式（如 LDPC 码）来说是不明显的。

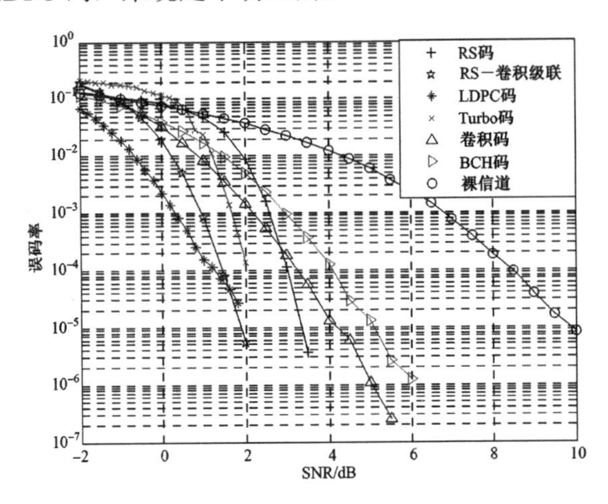

图 6.14　信道编码性能比较

虽然 Turbo 码和 LDPC 码性能较好，但其性能的提高是以实现复杂度为代价的。Turbo 码只有在交织长度较大、迭代次数较多的情况下才能获得较高的编码增益；同样 LDPC 码也只有在码长较大的情况下才能获得较高的编码增益。而较长的时延又会影响长码在通信系统中的应用，在实时性要求较高的通信系统中还是以采用分组码和卷积码为主。

实际应用中根据不同的信道情况，需要采用不同的信道编码方案，以数字电视为例，地面无线信道由于存在多径干扰和选择性衰落等不利因素，信道条件很差，对信道编码提出了很高的要求，所以 DVB-T 采用“扰码+复杂级联码（RS 码+外交织+卷积码+内交织）”的形式，其中卷积码的编码效率有 1/2、2/3、3/4、5/6、7/8 五种选择。有线信道由于信道条件很好，DVB-C 采用“扰码+RS+交积”的信道编码方案就足以保证优异的传输质量。卫星信道虽然也为无线信道，但它的信道条件比地面无线信道要好，所以 DVB-S 的信道编码方案复杂形式介于 DVB-C 和 DVB-T 之间，采用的是“扰码+一般级联码（RS+交织+卷积码）”的形式。随着对多媒体业务需求的激增，DVB-S2 采用了更高效的“扰码+级联码（BCH+LDPC）+交织”的信道编码方案。图 6.15 所示是 DVB-T、DVB-C、DVB-S 及 DVB-S2 的信道编码方案。

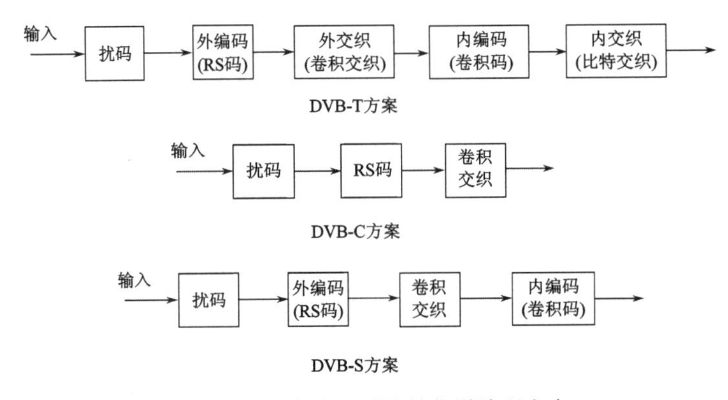

图 6.15　数字电视系统的信道编码方案

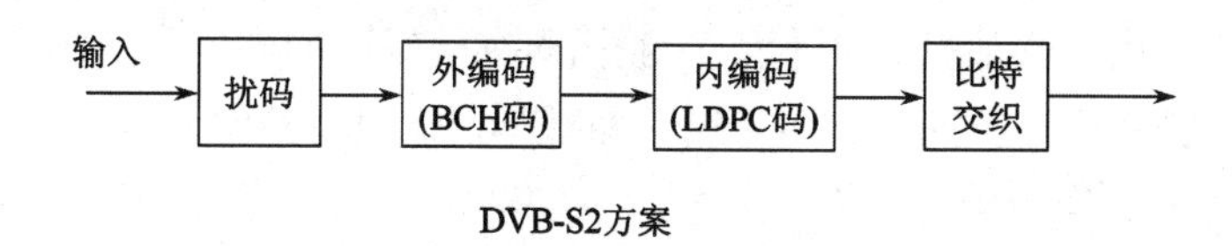

DVB-S2方案

图 6.15　数字电视系统的信道编码方案（续）

6.3　几种简单的检纠错码

线性分组码是信道编码中最基本的一类码，它有明显的数学结构，是讨论各类码的基础。一般把信道编码中非 0 码元的个数称为码组重量（简称码重），如 0001 码组的码重为 1，定义码距为两个码组中对应位上不同码元的个数。在编码的码组集合中，任何两个可用码组之间距离的最小值称为最小码距，用 $d_{\min}$ 表示，最小码距是信道编码的一个重要参数，它直接与编码的检错和纠错能力相关。一般情况下，对于分组码存在以下结论：

- 为检测 e 个错误，最小距离应满足 $d_{\min} \geqslant e+1$；
- 为纠正 t 个错误，最小距离应满足 $d_{\min} \geqslant 2t+1$；
- 为纠正 t 个错误，同时又能够检测 e 个错误，最小码距应满足 $d_{\min} \geqslant t+e+1, (e>t)$；
- 为纠正 t 个错误和 ρ 个删除，则要求最小码距应满足 $d_{\min} \geqslant 2t+\rho+1$。

(n,k) 分组码中的生成矩阵 $\boldsymbol{G}$ 把一个长为 k 的输入向量 $\boldsymbol{M}$ 编码为一个长为 n 的向量 $\boldsymbol{C}$，满足关系：

$$\boldsymbol{C}=\boldsymbol{MG} \tag{6-7}$$

其中 $\boldsymbol{C}$ 称作码字，而 $\boldsymbol{M}$ 称作信息字。

(n,k) 码的任意一个码字 $\boldsymbol{C}$ 均正交于其奇偶校验矩阵 $\boldsymbol{H}$ 的一行，有如下校验关系成立：

$$\boldsymbol{CH}^{\mathrm{T}}=\boldsymbol{0} \tag{6-8}$$

式中，$\boldsymbol{0}$ 代表由（$n-k$）个元素组成的全零行向量。

由于 $\boldsymbol{C}=\boldsymbol{MG}$，输出向量 $\boldsymbol{C}$ 为输入向量 $\boldsymbol{M}$ 的线性变换，故有 $\boldsymbol{MGH}^{\mathrm{T}}=\boldsymbol{0}$，则有 $\boldsymbol{GH}^{\mathrm{T}}=\boldsymbol{0}$，从而

$$\boldsymbol{H}=[\boldsymbol{P}^{\mathrm{T}}\ \boldsymbol{I}_{n-k}] \tag{6-9}$$

其中 $\boldsymbol{P}^{\mathrm{T}}$ 为一 $(n-k)\times k$ 矩阵，$\boldsymbol{H}$ 的一般形式为

$$\boldsymbol{H}=\begin{bmatrix} h_{1,1} & h_{1,2} & \cdots & h_{1,k} & 1 & 0 \cdots 0 \\ h_{2,1} & h_{2,2} & \cdots & h_{2,k} & 0 & 1 \cdots 0 \\ & & \cdots & & & \\ h_{n-k,1} & h_{n-k,2} & \cdots & h_{n-k,k} & 0 & 0 \cdots 1 \end{bmatrix}$$

系统码的校验矩阵 $\boldsymbol{H}$ 对应唯一的生成矩阵 $\boldsymbol{G}$，而非系统码的校验矩阵则可以对应多个生成矩阵。系统码的编码相对简单，复杂度较低，对分组码而言，系统码与非系统码的纠错能力完全等价，应用也更广泛。

在介绍纠错能力强比较复杂的 RS 码、卷积码、Turbo 码前，先介绍几种易于实现，检纠错能力强，实际中用得也较多的常用检纠错码。

1．奇偶校验码

奇偶校验码是一种非常简单的编码方式，在计算机通信中得到广泛应用，奇偶校验码中无

论信息位有多少位，校验位都只有 1 位，一般插入在一组码的末尾，码率等于 $k/(k+1)$。奇偶校验码可分为奇校验和偶校验两类，两者编码原理相同。偶校验中，校验位使码组中“1”的个数为偶数：$a_{n-1}\oplus a_{n-2}\oplus\cdots\oplus a_0=0$，其中 a_0 为校验位，其他位为信息位。奇校验中：$a_{n-1}\oplus a_{n-2}\oplus\cdots\oplus a_0=1$，此校验位使码组中“1”的个数为奇数。

奇偶校验码的最小码距为 1，只能检出 1 个错误，为了提高对抗突发错误的能力，可以对奇偶校验码进行改进。

水平奇偶校验码是奇偶校验码的一种改进形式，该编码方式是将信息按奇（偶）校验规则进行编码，然后将信息以每个码组一行排成一个阵列，发送按列的顺序进行。在接收端也以列的顺序排成方阵，然后进行奇（偶）校验。如表 6-4 为采用偶校验的水平奇偶校验码。

水平垂直奇偶校验码（又称二维奇偶校验码）是在水平奇偶校验码的基础上的一种改进，它不仅对每一行进行奇偶校验，同时对每一列也进行奇偶校验。如表 6-5 所示为水平垂直偶校验码，设每 5 位码元为一组，进行二维偶效验，数据序列：10100 00110 10011 01010 10101。

表 6-4　水平奇偶校验码

信息码元	校验码元
10100	0
00110	0
10011	1
01010	0
10101	1

表 6.5　水平垂直奇偶校验码

	信息码元	水平校验元
信息码元	10100	0
	00110	0
	10011	1
	01010	0
	10101	1
垂直校验元	11110	0

将数据序列排成方阵，每行每列都加偶校验码，发送按列的顺序传输。接收端仍将码元排成发送时的方阵形式，然后对每行每列都进行奇偶校验。发送的数据序列为：101011 000101 110011 011101 001010 001010。

2．恒比码

恒比码中每个码组均含有相同数目的“1”或“0”。在检测时，只要计算接收码组中的“1”的数目是否对，就知道有无错误。恒比码编码简单，适用于传输字母和符号，对二进制随机数字序列不适用。

恒比码广泛应用于电报传输中，国际上通用的 ARQ 电报通信系统采用 3 个“1”和 4 个“0”形式的恒比码，该码共用 $C_7^3=35$ 个码组来代表 26 个字母和其他符号，如 1100001 表示 G，1010010 表示 H。实际使用表明，采用恒比码能大大降低电报传输中的误码率。

3．正反码

正反码是一种简单的能够纠错的编码。正反码中编码的校验位数目与信息位数目相同，校验位内容为信息位的重复或取反，具体由信息码中“1”的个数而定，如可定义“1”的个数为奇数时校验位重复信息位，“1”的个数为偶数时校验位为信息位的反码。如 0101 的正反码为 0101 1010，0111 的正反码为 0111 0111。

4．群计数码

群计数码是将 k 位信息元经分组之后，计算出每个信息码组中“1”的数目，然后将这个数

目用 r 位二进制表示，并作为校验码元附加在信息码元后面一起传输，组成 $(k+r,k)$ 码。如 1101001 共有 4 个“1”，用二进制 100 表示十进制的 4，则传输码组变为 1101001 100。

群计数码除对某些成对发生的 0，1 互换型（0 错成 1 或 1 错成 0）错误不能进行检错外，能发现所有其他形式的错误，是一种检错力很强的检错码。

为能发现较长的突发错误，像水平奇偶校验码一样，可以对群计数码进行改进得到水平群计数码。

5．汉明码

汉明码的发现时间其实早于 Shannon 论文的发表时间，由于技术专利的原因导致其直到 1950 年才发表。汉明码是一种能纠正单个错误而且编码效率较高的一种线性分组码。它不仅性能好而且编译码电路非常简单，易于工程实现，是工程中常用的一种纠错码。

汉明码的信息码元与校验码元通过线性方程式联系起来，并且具有封闭性，即任意两个许用码组之和仍为一个许用码组。

对二元 (n,k) 线性分组码，监督位 $r=n-k=m$，称满足 $2^r=2^{n-k}=\sum_{i=0}^{t}C_n^i=C_n^0+C_n^1+\cdots+C_n^t$ 的 (n,k) 线性分组码为完备码，能够满足 $2^r=\sum_{i=0}^{t}C_n^i$ 条件的完备码并不多，纠错能力 $t=1$ 的汉明码即是完备码。汉明码具有以下特点：

码长：$n=2^m-1$

信息位长：$k=2^n-m-1$

监督位长：$r=n-k=m$

最小码距：$d=3$

纠错能力：$t=1$

其中 m 为大于 2 的整数，给定 m，即可构成具体的汉明码，如 $m=3\rightarrow(7,4)$，$m=4\rightarrow(15,11)$，$m=5\rightarrow(31,26)$，$m=6\rightarrow(63,57)$，$m=7\rightarrow(127,120)$，$m=8\rightarrow(255,247)$。

(n,k) 汉明码的校验矩阵 $\boldsymbol{H}(r\times n)$ 中 r 个码元所能组成的列矢量总数 2^r-1（全 0 矢量除外）恰好和校验矩阵的列数 $n=2^m-1$ 相等。

在偶校验码中 $a_{n-1}\oplus a_{n-2}\oplus\cdots\oplus a_0=0$，实际上就是计算 $S=a_{n-1}\oplus a_{n-2}\oplus\cdots\oplus a_0$，并检验 S 是否等于 0。若 S=0，就认为无错码；若 S=1，就认为有错码。此处 S 称为“校验子”。进一步如果增加校验子的个数，如 2 个校验子能表示 4 种不同的信息 00，01，10，11，如以其中 1 种表示无错，其余 3 种就有可能用来指示 1 位错码的 3 种不同位置，同理 r 个校验子能指示 1 位错码的 2^r-1 个可能位置。理论上当校正子可以指明的错码位置数目等于或大于码组长度 n 时，能够纠正码组中任何 1 个位置上的错码。

对常用的（7,4）汉明码，以 $a_6a_5a_4a_3a_2a_1a_0$ 表示 7 位码元，$S_1S_2S_3$ 表示校正子，假设校正子与误码位置的关系如表 6-6 所示。

表 6-6　校正子与误码位置关系

$S_1S_2S_3$	误码位置	$S_1S_2S_3$	误码位置
001	a_0	101	a_4
010	a_1	110	a_5
100	a_2	111	a_6
011	a_3	000	无

由表可知当误码位置在 a_2, a_4, a_5 或 a_6 时，校正子 $S_1 = 1$ 的值才等于 1，因此有：

$$S_1 = a_2 + a_4 + a_5 + a_6$$

同理，有：

$$S_2 = a_1 + a_3 + a_5 + a_6$$

$$S_3 = a_0 + a_3 + a_4 + a_6$$

（7,4）汉明码编码中当校正子 $S_1S_2S_3$ 均为 0 时，可得到校验位的关系：

$$a_2 = a_4 + a_5 + a_6$$

$$a_1 = a_3 + a_5 + a_6$$

$$a_0 = a_3 + a_4 + a_6$$

由上述方程可以计算得到 16 个许用码组，如表 6-7 所示。

表 6-7　（7,4）汉明码许用码组

信息位	校验位	信息位	校验位
0000	000	1000	111
0001	011	1001	100
0010	101	1010	010
0011	110	1011	001
0100	110	1100	001
0101	101	1101	010
0110	011	1110	100
0111	000	1111	111

汉明码译码时，接收端在接收到码组后计算相应校正子 $S_1S_2S_3$，如全为 0，则表示传输无误码，如不全为 0，可以按表 6-7 关系找出错误位置并加以纠正。如收到码组 0010100，可以计算得到 $S_1S_2S_3 = 001$，从表 6-6 可知 a_0 出错，正确码组应为 0010101。

6.4　RS 码的编译码

RS 码是一类应用非常广泛的处理突发错误的字符编码，本节介绍它的编译码实现技术。

6.4.1　RS 码的编码

定义系数取自域 GF(q) 上，以 GF(q^m) 中的本原元素为根的最小多项式 $p(x)$ 为本原多项式。设 q 进制循环码的生成多项式为 $g(x)$，包含 $2t$ 个连续根 $\alpha^j, \alpha^{j+1}, \cdots, \alpha^{j+2t-1}$，则由 $g(x)$ 生成的 (n,k) 循环码称为 q 进制 BCH 码。BCH 码可分为两类，本原 BCH 码和非本原 BCH 码。它们的主要区别在于本原 BCH 码的生成多项式 $g(x)$ 中含有最高次数为 m 的本原多项式，且码长为 $n = 2^m - 1$；而非本原 BCH 码的生成多项式不含有这种本原多项式，码长 n 是 $2^m - 1$ 的一个因子，即码长一定除得尽 $2^m - 1$。如果一个 BCH 码的码元和其生成多项式 $g(x)$ 的根均在 GF(q^m) 上 ($q^m \neq 2$)，则称此 BCH 码为 RS 码。

RS 码是一类非二进制 BCH 码，其编码系统建立在符号的基础上，而不是单个的 0 和 1，这使得它特别适合处理突发错误。在 (n,k) RS 码中，输入的信息分成 mk 比特一组，每组包括 k

个符号，每个符号由 m 比特组成。(n,k) RS 码的纠错能力为 $t=(n-k)/2$，最小码距为 $d=2t+1$。在所有的 (n,k) 线性分组码中，RS 码的最小码距是最大的，所以 RS 码的纠错能力是最强的。在接收端收到码流后，如果在一个包内发生的误码不大于 t 个符号，则可以在接收端重建原始的信息内容。在一个符号中，有一位或多位发生错误都算一个符号错误，因此 RS 编码特别适用于存在突发错误的信道。

设 α 表示 $\mathrm{GF}(2^m)$ 的本原元，那么 $\{1,\alpha,\alpha^2,\cdots,\alpha^{2^m-2}\}$ 是 $\mathrm{GF}(2^m)$ 上的 2^m-1 个不同的非零元素。最小码距为 $d=2t+1$ 的 RS 码生成多项式 $g(x)$ 可以表示为

$$g(x)=\sum_{j=0}^{2t-1} g_j x^j=(x-1)(x-\alpha)\cdots(x-\alpha^{2t-1}) \tag{6-10}$$

以 $\mathrm{GF}(2^8)$ 为例，$m=(m_0,m_1,\cdots,m_{k-1})$ 表示 $\mathrm{GF}(2^8)$ 上的 k 个信息符号序列，多项式表示为

$$m(x)=m_0+m_1x+\cdots+m_{k-1}x^{k-1} \tag{6-11}$$

将移位后的信息多项式与生成多项式 $g(x)$ 相除，就可以得到：

$$c(x)=x^{2t}m(x)+q(x) \tag{6-12}$$

其中 $x^{2t}m(x)$ 由信息多项式 $m(x)$ 左移 $2t$ 位得到，$q(x)=x^{2t}m(x) \bmod g(x)$ 是移位后的信息多项式被 $g(x)$ 除后的余式，它的次数低于 $2t$，$q(x)$ 被称为校验多项式。用矢量形式表示编码后的 $c(x)$ 码字为

$$\boldsymbol{c}=(m_0,m_1,\cdots,m_{k-1},q_0,q_1,\cdots,q_{2t-1}) \tag{6-13}$$

可以看到，在编码后的码字中，信息位可以清晰地与校验位分开。因此 RS 码的编码就是解决以生成多项式 $g(x)$ 为模的除法问题。

对于 (n,k) 系统循环码，只要令前面 j 个信息码元为 0，且满足 $j<k$，就可以将 (n,k) 循环码缩短为 $(n-j,k-j)$ 的循环码，称之为缩短循环码。删去前面 j 个 0 之后的缩短码纠错能力不会下降，对于经过缩短的循环码，最小距离不变。故而如果希望比较灵活的选择 RS 码参数，可以采用缩短 RS 码，将码组前面若干个码元符号置 0，且不发送这些符号。

如 RS（255，239）码的缩短码 RS（216，200），其最大纠错能力 $t=(n-k)/2=8$。由于码长的变短，增加了编码效率。

RS（216，200）码的生成多项式为 $g(x)=(x-1)(x-\alpha^1)(x-\alpha^2)\cdots(x-\alpha^{15})$，将生成多项式展开，并将本原元 $\alpha=2$，本原多项式 $x^8+x^4+x^3+x^2+1=0$ 代入，得到 $\mathrm{GF}(2^8)$ 中 RS（216，200）码的生成多项式：

$$\begin{aligned}
g(x)&=(x+\alpha^0)(x+\alpha^1)(x+\alpha^2)\cdots(x+\alpha^{15})\\
&=x^{16}+\alpha^{120}x^{15}+\alpha^{104}x^{14}+\alpha^{107}x^{13}+\alpha^{109}x^{12}+\alpha^{102}x^{11}+\alpha^{161}x^{10}+\alpha^{76}x^9+\\
&\quad\ \alpha^3x^8+\alpha^{91}x^7+\alpha^{191}x^6+\alpha^{147}x^5+\alpha^{169}x^4+\alpha^{182}x^3+\alpha^{194}x^2+\alpha^{255}x+\alpha^{120}\\
&=x^{16}+59x^{15}+13x^{14}+104x^{13}+189x^{12}+68x^{11}+209x^{10}+30x^9+8x^8+163x^7+\\
&\quad\ 65x^6+41x^5+229x^4+98x^3+50x^2+36x+59
\end{aligned}$$

生成多项式中各项系数为

$g_0=59$，$g_1=36$，$g_2=50$，$g_3=98$，$g_4=229$，$g_5=41$，$g_6=65$，$g_7=163$，$g_8=8$

$g_9=30$，$g_{10}=209$，$g_{11}=68$，$g_{12}=189$，$g_{13}=104$，$g_{14}=13$，$g_{15}=59$，$g_{16}=1$

虽然 RS（216，200）码由 RS（255，239）码截短而来，但仍然可以直接将其信息多项式对生成多项式求余得到校验多项式。RS（216，200）码编码器逻辑电路图如图 6.16 所示。

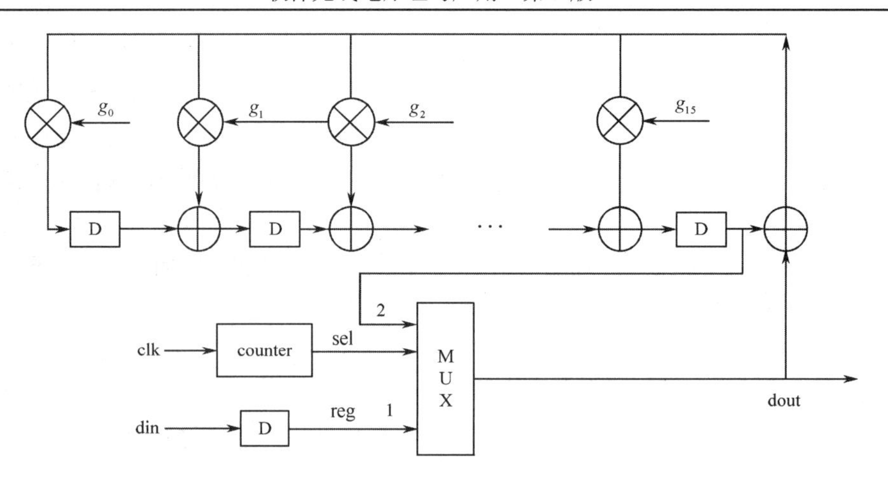

图 6.16　RS（216，200）码编码器逻辑电路

其工作过程如下：

（1）编码器复位于零初态，第一个信息码元到来时，计数器开始计数，每来一个信息码元计数器加 1，后端的选择器选择 1 端作为输出，并反馈回移位寄存器。

（2）当计数器记录到 200 时，最后一个信息码元输入完成，计数器计到 201 产生控制信息 sel，此时 MUX 开始选择 2 端即反馈移位寄存器的输出端作为校验码元输出，并反馈回寄存器，由于此时最右端加法器的输出端相同，根据有限域加法器的特点，加法器输出端此时输出为零。

（3）当计数器计数到 216 时，16 个校验码元最后一个开始输出，一次编码完成，在下个时钟周期 sel 控制信息取消，所有的寄存器，计数器，选择器回到初始状态，可以进行下一次编码。

6.4.2　RS 码的译码

通常纠错码的译码要比编码复杂得多，因此译码方法实现的难易程度往往是这种编码能否得到应用的关键。RS 编码后的码字多项式 $c(x)$ 在有噪信道中传输，噪声 $e(x)$ 叠加到 $c(x)$ 上并传送到接收端，接收端接收到的码字多项式 $r(x)=c(x)+e(x)$ 。其中

$$c(x)=c_0+c_1x+\cdots+c_{n-1}x^{n-1}$$

$$e(x)=e_0+e_1x+\cdots+e_{n-1}x^{n-1}$$

$$r(x)=r_0+r_1x+\cdots+r_{n-1}x^{n-1}$$

RS 译码的基本思想是从接收多项式 $r(x)$ 找出错误的位置和错误值即错误图样 $e(x)$ 的系数 $e_i(i=0,1,\cdots,n-1)$，从 $r(x)$ 中减去 $e(x)$ 得到译码后的正确码字 $c(x)=r(x)-e(x)$ 。若信道产生 t 个错误，则错误图样 $e(x)$ 可表示为

$$e(x)=Y_1x_1+Y_2x_2+\cdots+Y_tx_t=\sum_{i=1}^{t}Y_ix_i \tag{6-14}$$

其中 $Y_i\in\mathrm{GF}(q^m)$ 为错误值，$x_i=\alpha^i$ 为发生错误的位置。如果 $r(x)$ 有 t 个错误，则 $e(x)$ 共有 t 项 $Y_ix_i,i=1,2,\cdots,t$ 。

RS 码的译码算法主要有两种：时域译码法和变换域译码算法。由于变换域译码算法在实现上需要更多的硬件开销，实际应用中常采用时域译码算法。

RS 时域译码法通常可以分成五个步骤，分别为伴随式的计算、错误位置多项式的求解、

利用钱搜索法计算错误位置，Forney 法计算错误值及码字纠错。

1. 伴随式的计算

由接收码字多项式 $r(x)$ 计算伴随式 $s_i(i=0,1,\cdots,2t-1)$，将 $\alpha^i(i=0,1,\cdots,2t-1)$ 代入 $r(x)$ 中求多项式值。计算第 i 个伴随式 s_i 的公式为

$$
\begin{aligned}
s_i &= \sum_{j=0}^{t-1} Y_j(\alpha^i)^j = r(\alpha^i) \\
&= r_0(\alpha^i)^0 + r_1(\alpha^i)^1 + r_2(\alpha^i)^2 + \cdots + r_{n-1}(\alpha^i)^{n-1} \qquad i=0,1,2,\cdots,2t-1
\end{aligned}
$$

如果 s_i 全为 0，则认为传输过程中没有发生错误，若 s_i 不全为 0，则表示发生了错误，根据 s_i 找出错误图样 $e(x)$。由 $r(\alpha^i)=c(\alpha^i)+e(\alpha^i)$ 且 $c(\alpha^i)=0, i=0,1,\cdots,2t-1$，则

$$
s_i = \sum_{j=0}^{t-1} Y_j(\alpha^i)^j = e_0(\alpha^i)^0 + e_1(\alpha^i)^1 + e_2(\alpha^i)^2 + \cdots + e_{n-1}(\alpha^i)^{n-1}
$$

若令 $(\alpha^i)^j = x_j^{\ i}$，则上式可写成 $s_i = \sum_{j=0}^{t-1} Y_j x_j^{\ i} \quad (i=0,1,2,\cdots,2t-1)$，即

$$
\begin{aligned}
s_0 &= Y_0 + Y_1 + \cdots + Y_{t-1} \\
s_1 &= Y_0 x_0 + Y_1 x_1 + \cdots + Y_{t-1} x_{t-1} \\
s_2 &= Y_0(x_0)^2 + Y_1(x_1)^2 + \cdots + Y_{t-1}(x_{t-1})^2 \\
&\vdots \\
s_{2t-1} &= Y_0(x_0)^{2t-1} + Y_1(x_1)^{2t-1} + \cdots + Y_{t-1}(x_{t-1})^{2t-1}
\end{aligned}
$$

用矩阵表示为

$$
\begin{bmatrix}
1 & 1 & \cdots & 1 \\
x_0 & x_1 & \cdots & x_{t-1} \\
 & \cdots & \cdots & \cdots \\
x_0^{\ 2t-1} & x_1^{\ 2t-1} & \cdots & x_{t-1}^{\ 2t-1}
\end{bmatrix}
\begin{bmatrix}
Y_0 \\ Y_1 \\ \cdots \\ Y_{t-1}
\end{bmatrix}
=
\begin{bmatrix}
s_0 \\ s_1 \\ \cdots \\ s_{2t-1}
\end{bmatrix}
$$

从本质上说，RS 译码就是求解有限域 $\mathrm{GF}(2^m)$ 上的这组伴随式的非线性联立方程，由伴随式值 s_i 找出错误图样时，首先要确定错误位置 x_i，再求错误值 Y_i。一般都要避免直接求解非线性方程，采用间接的方法来首先计算错误位置多项式 $\sigma(x)$ 和错误值多项式 $\omega(x)$。

2. 错误位置多项式的求解

译码的目的就是要由非线性方程求出 x_i 和 Y_i，直接求解上述方程比较困难。1960 年 Peterson 提出不必计算上面的非线性联立方程组，而是将其转换为一组线性方程式，用错误位置多项式对其求解。为此定义错误位置多项式：

$$
\sigma(x) = \prod_{i=1}^{t}(1-x_i x) = (1-x_1 x)(1-x_2 x)\ldots(1-x_t x) = 1 + \sum_{i=1}^{t} \sigma_i x^i
$$

其中 $x_i = \alpha^i$ 是第 i 个错误位置，t 是实际的错误个数，σ_i 是错误位置多项式的系数。若第 k 个错误位置 $x = x_k^{-1}$，则 $\sigma(x_k^{-1}) = 0$。因此求错误位置就是求解错误位置多项式 $\sigma(x)=0$ 的根。求解错误位置多项式的方法可以采取直接解方程组的方法，但这种方法需要完成大量的乘除运算来求出错误位置多项式 $\sigma(x)$ 的系数，当错误个数 $t \geqslant 6$ 时，烦琐而低效。1966 年 Berlekamp 提出了由 $s(x)$ 求 $\sigma(x)$ 的迭代译码算法，极大加快了求 $\sigma(x)$ 的速度，在实现上比较简单，且易于

在计算机上完成；1969 年，Massey 指出了迭代译码算法与序列最短线性移位寄存器之间的关系，并进行了简化，自此后此种译码算法即被称为 BM 迭代译码算法。

把多项式$\sigma(x)$展开变换后有$\sigma(x)=1+\sigma_1 x+\sigma_2 x^2+\cdots+\sigma_t x^t=\prod_{i=1}^{t}(1-x_i x)$，设$s(x)=\sum_{i=0}^{\infty}s_i x^i=\sum_{i=0}^{\infty}\left(\sum_{j=0}^{t}Y_j x_j^{\ i}\right)x^i$，令$\omega(x)=s(x)\sigma(x)=\omega_0+\omega_1 x+\omega_2 x^2+\cdots$，可推出$s(x)\sigma(x)=\omega(x)\ \bmod\ x^{2t+1}$，此方程即为求解$\sigma(x)$的关键方程。

迭代法求解关键方程就是首先选择一组或两组合理的初值$\sigma^0(x)$和$\omega^0(x)$，然后开始第一次迭代运算求得$\sigma^1(x)$和$\omega^1(x)$，并用$\sigma^0(x)$和$\omega^0(x)$表示他们。这样依次进行，由$\sigma^i(x)$和$\omega^i(x)$求得$\sigma^{i+1}(x)$和$\omega^{i+1}(x)$，也就是首先计算满足上式的$\sigma(x)$和$\omega(x)$的低次项，然后通过迭代得到$\sigma(x)$和$\omega(x)$的高次项，最后解出满足上式的$\sigma(x)$和$\omega(x)$。

迭代过程中两个变量定义如下：$D(j)$表示第$i+1$次迭代过程中得到的$\sigma^i(x)$的最低次数。d_j表示当迭代到$j+1$步时，如果$\sigma^j(x)$，$\omega^i(x)$不再满足关键方程时，第$j+1$步的差值可以使得下式成立：

$$s(x)\sigma^j(x)=\omega^j(x)+d_j x^{j+1}(\bmod x^{j+2})$$

BM 的迭代步骤如下：

① 由初始值开始迭代

$$\sigma^{-1}(x)=1,\ \omega^{-1}(x)=0,\quad D(0)=0,\ d_{-1}=1$$

$$\sigma^{0}(x)=1,\ \ \omega^{0}(x)=1,\quad D(1)=0,\ d_{0}=s_1$$

② 按式$d_j=s_{j+1}+\sum_{i=1}^{\partial^0\sigma^{(j)}(x)}s_{j+1-i}\sigma_i^j$计算$d_j$

若$d_j=0$，则有：

$$\sigma^{(j+1)}(x)=\sigma^j(x)$$

$$\omega^{(j+1)}(x)=\omega^j(x)$$

$$D^*(j+1)=D^*(j)$$

并计算d_{j+1}，再进行下一次迭代；如果$d_j\neq 0$，则找出j之前的某一行i，它在所有j行之前各行中的$i-D(i)$最大，且按下式分别计算$\sigma^{j+1}(x)$和$\omega^{j+1}(x)$：

$$\sigma^{(j+1)}(x)=\sigma^j(x)-d_j d_i^{-1}x^{j-i}\sigma^j(x)$$

$$\omega^{(j+1)}(x)=\omega^j(x)-d_j d_i^{-1}x^{j-i}\omega^j(x)$$

得到第$j+1$步的解。

③ 计算d_{j+1}，重复②进行下一次迭代，这样$2t$次迭代后得到$\sigma^{2t}(x)$和$\omega^{2t}(x)$，即为所求的$\sigma(x)$和$\omega(x)$。$\omega(x)$是在求$\sigma(x)$过程中得到的辅助多项式，在求解错误值时将用到，故称$\omega(x)$为错误值多项式。

3．利用钱搜索法计算错误位置

求解错误位置多项式$\sigma(x)$的根，就是找出接收多项式$r(x)$中哪几位产生了错误，1964 年钱闻天提出了搜索错误位置的方法，从而无须直接求解错误位置多项式$\sigma(x)$。此方法称为钱搜索。

设接收码字$r(x)=r_{n-1}x^{n-1}+r_{n-2}x^{n-2}+\cdots r_1 x^1+r_0$，检验接收的第 1 位数据$r_{n-1}$是否错误，相

当于译码器要确定 α^{n-1} 是否是错误位置，这等于检验 $\alpha^{-(n-1)}$ 是否是 $\sigma(x)$ 的根，若 $\alpha^{-(n-1)}=\alpha$ 是 $\sigma(x)$ 的根，则有 $\sigma(\alpha^{-(n-1)})=\sigma(\alpha)=1+\sigma_1\alpha+\sigma_2\alpha^2+\cdots+\sigma_t\alpha^t=0$ 或是 $\sigma_1\alpha+\sigma_2\alpha^2+\cdots+\sigma_t\alpha^t=-1$ 所以在得到 $\sigma(x)$ 后，为了解 r_{n-1}，译码器首先需要计算 $\sigma_1\alpha$，$\sigma_2\alpha^2$，…，$\sigma_t\alpha^t$，然后计算它们的和是否为–1，当 $\sigma_1\alpha+\sigma_2\alpha^2+\cdots+\sigma_t\alpha^t=-1$，则 r_{n-1} 有错；当 $\sigma_1\alpha+\sigma_2\alpha^2+\cdots+\sigma_t\alpha^t\neq-1$，则 r_{n-1} 正确。

这样依次对每一个 r_{n-i} 进行校验，就求得了 $\sigma(x)$ 的根。钱搜索的方法从实现的角度看，可以简单有效地求出错误位置多项式的根即错误位置。

4．Forney 法计算错误值

利用 Forney 算法，根据求解错误位置多项式得到的错误值多项式 $\omega(x)$ 来计算错误值。

经推导可得（中间过程略去）错误值为

$$Y_i=\frac{-x_i\omega(x_i^{-1})}{\sigma'(x_i^{-1})}=-\frac{\omega(z)}{z\sigma'(z)}\bigg|_{z=\alpha^{-j}}$$

5．码字纠错

找到错误的位置和错误值之后，只需从相应的错误位置的码字中减去错误值，就可以得到纠错后的正确码字。

具体实现时可将 RS 码译码器分为伴随式计算、关键方程求解、错误位置计算、错误值计算，以及延时控制器 5 个部分，如图 6.17 所示。

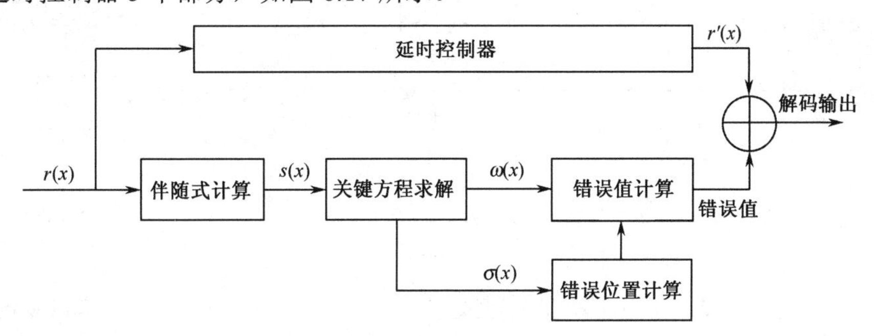

图 6.17　RS码译码器结构

图中 $r(x)$ 为接收多项式，$s(x)$ 为伴随式多项式，$\sigma(x)$ 为错误位置多项式，$\omega(x)$ 为错误值多项式，$r'(x)$ 为从 FIFO 控制器中读出的数据。采用流水线结构可以提高整个运算的速度，一个三级流水结构如图 6.18 所示。

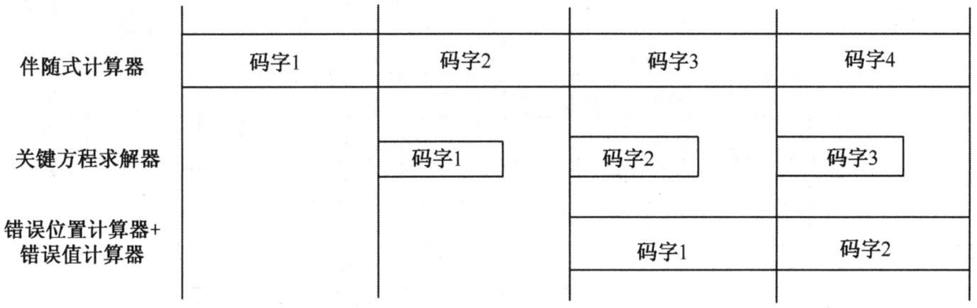

伴随式计算器	码字1	码字2	码字3	码字4
关键方程求解器		码字1	码字2	码字3
错误位置计算器+错误值计算器			码字1	码字2

图 6.18　RS码译码流水结构图

6.5 卷积码的编译码

6.5.1 卷积码的编码

一般卷积码的纠错能力随约束长度的增加而增强，差错率则随着约束长度增加而呈指数下降。卷积码的编码形式较为简单，如常用的（2,1,6）卷积码编码器生成多项式：

$$G_1(x)=1+x+x^2+x^3+x^6$$

$$G_2(x)=1+x^2+x^3+x^5+x^6$$

该卷积码的编码器框图如图6.19所示，其中 x，x^2，x^3，x^4，x^5，x^6 分别代表6个同步移位寄存器，⊕代表模2加法器。

由图6.19可知，在每个有效数据来临时，模2加法器按生成多项式计算出输入数据的编码结果并输出，与此同时移位寄存器开始工作即将所有移位寄存器右移一位，等待下一个有效数据来临重复上述过程。

约束长度不大时的（2,1,2）卷积码编码器框图如图6.20所示。

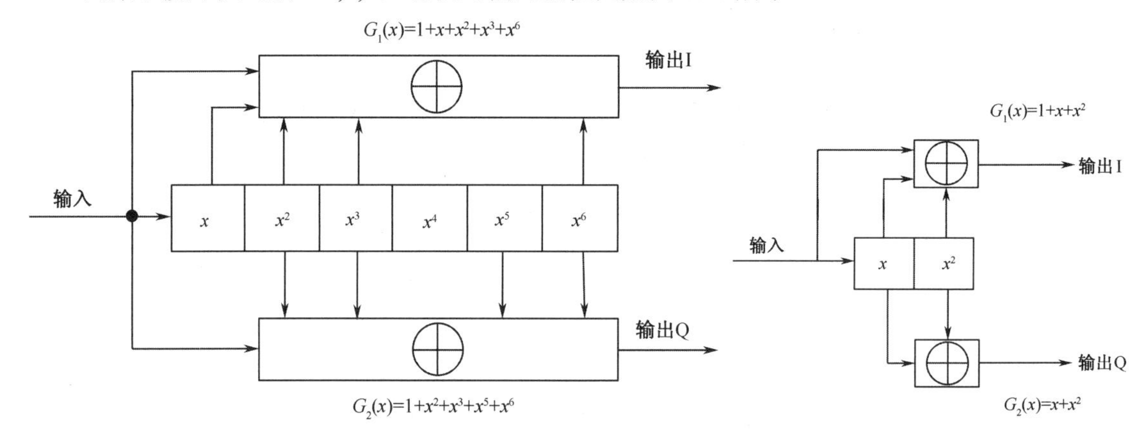

图6.19　（2,1,6）卷积码编码器框图　　　　图6.20　（2,1,2）卷积码编码器框图

表6-8列出了（2,1,2）卷积码的输入和输出比特关系的所有可能。

表6-8　（2,1,2）卷积码的输入和输出比特

输入比特	当前状态	输出比特	下一状态
0	00	00	00
1	00	10	10
0	01	11	00
1	01	01	10
0	10	11	01
1	10	01	11
0	11	00	01
1	11	10	11

移位寄存器状态共有 $2^2=4$ 种，可以构造如图 6.21 所示的状态图，图中实线表示输入比特 0，虚线表示输入比特 1，线上所标值为输出比特，可知同样输入比特编码器当前状态不同，编码结果也不同。

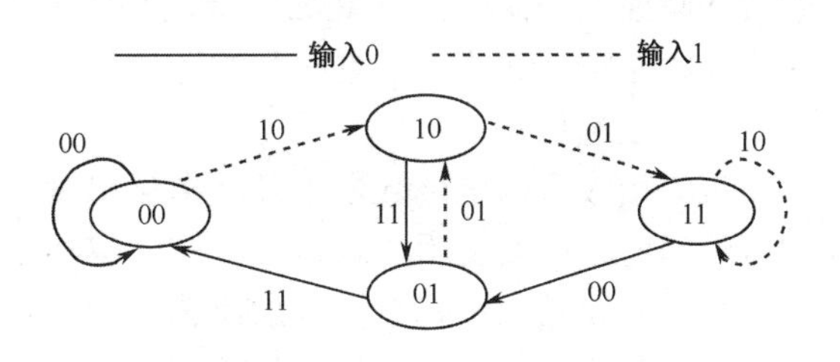

图 6.21　（2，1，2）卷积码状态图

假设初始状态为 00，输入序列为 110100，由状态图很容易得到编码输出序列为 100100011111。状态图中所包含的信息可以有效地搬运到如图 6.22 所示栅格图中，栅格图中的节点是长方形格子，右边为无限。

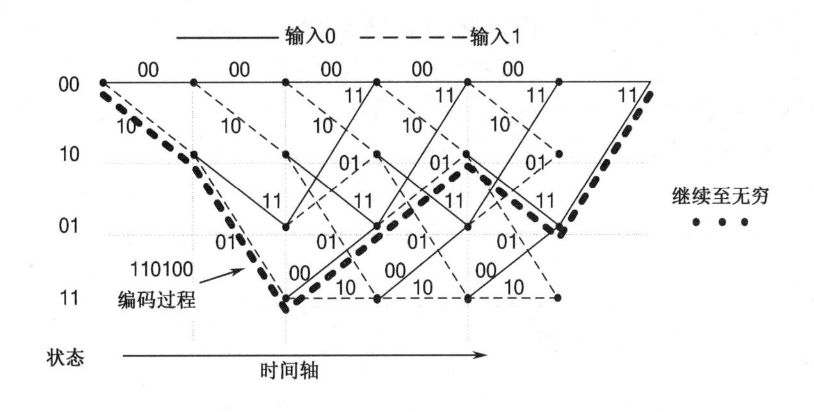

图 6.22　（2,1,2）卷积码栅格图

可见编码后序列和栅格图路径之间有一一对应的关系，那么译码是否可以就从栅格图中寻找最可能的路径呢？答案是肯定的，下面将要介绍的 Viterbi 译码法将充分利用了这一性质。

6.5.2　Viterbi 译码法

卷积码主要有三种译码方法：序列译码、门限译码和 Viterbi 最大似然译码，其中门限译码是一种代数译码法，序列译码和 Viterbi 最大似然译码都是概率译码法。代数译码利用编码本身的代数结构进行译码，并不考虑信道的统计特性，其主要特点是算法简单，易于实现，但是它的误码性能要比概率译码差，目前应用较多的是 Viterbi 译码法。

Viterbi 译码算法是一种估计一个有限状态过程中状态序列的最优算法。其主要思想就是根据产生卷积码的网格图确定最可能的发送序列，这个最可能的发送序列对应网格图上的某一特殊路径。译码时，将接收序列与网格图上所有可能的传输路径相比较，求其汉明距离或欧氏距离，从中选择具有最小距离的发送序列。距离最小表示接收码取此序列的可能性最大。具体工作过程如下：从解调器接收量化信息进行分支度量计算即计算接收码的似然程度，然后通过 ACS（加比选）计算出每个卷积码状态的路径度量并比较得出幸存路径，同时将留存路径的路径度量信息和幸存路径信息分别存储到各自的存储器中，最后在所有留存路径中挑选出一条最佳路径进行译码信息输出即由最大似然判决得到译码输出。

Viterbi 译码算法的步骤如下：

（1）初始化

设置起始时刻状态 S_0（零状态）的初始值为 0，其他状态的初始值为∞，如此处理可明显改善译码性能，提高整个 Viterbi 译码纠错能力。同时将新旧状态存储空间初始化成 0，包括路径度量存储空间和估计信息序列的存储空间。

（2）度量更新

根据接收到的量化数据以及状态转移输出数据，计算分支度量。分支度量也表示状态转移的可信程度，越大表明状态转移可信度越高即正确率越大。

累加－比较－选择单元（加比选，ACS）。以一个蝶形结构（见图 6.23）来说明 ACS 工作过程。由图可知每一个新状态都有两个输入路径，ACS 单元就是从中选择一条最佳路径作为幸存路径。

决定新状态 J 保存的幸存路径就是比较 $2*J$ 和 $2*J+1$ 旧状态路径度量加上各自的分支度量大小，表示如下：

$$\text{New\_Acc1}(J) = \text{Old\_Acc}(2*J) + M_0$$
$$\text{New\_Acc2}(J) = \text{Old\_Acc}(2*J+1) + M_1$$

选择上述两式中较大的（较大还是较小留存和采用何种距离度量有关）一条作为幸存路径并保存新的路径度量值和估计的信息序列。一般来说，蝶形的对称结构可以减小运算量。一些卷积编码的生成多项式决定了网格图结构对称，如图 6.24 所示就是一个对称结构。这种对称结构决定了在一个蝶形结构只需计算一个分支度量，另外一个值取反即可。

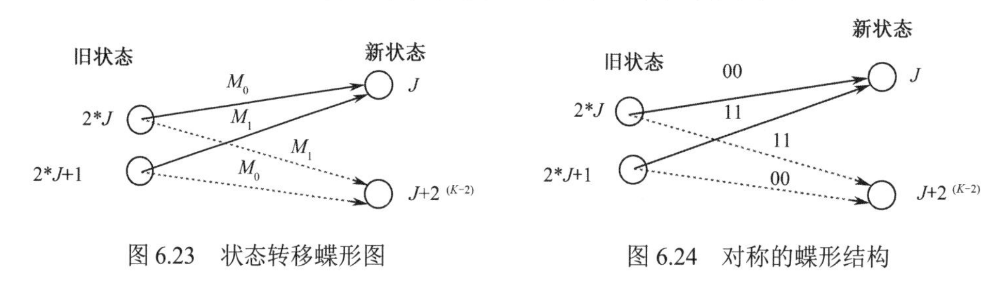

图 6.23　状态转移蝶形图　　　　图 6.24　对称的蝶形结构

以（2，1，6）卷积码为例，共有 32 个蝶形单元，蝶形运算结构包含的源状态和目标状态转换举例见表 6-9。

表 6-9　（2，1，6）状态转换举例

原 状 态	输　入	输出（IQ）	更 新 状 态	原 状 态	输　入	输出（IQ）	更 新 状 态
N0	0	00	N0	N7	0	10	N3
	1	11	N32		1	01	N35
N1	0	11	N0	N8	0	11	N4
	1	00	N32		1	00	N36
N2	0	01	N1	N9	0	00	N4
	1	10	N33		1	11	N36
N3	0	10	N1	N10	0	10	N5
	1	01	N33		1	01	N37
N4	0	00	N2	N11	0	01	N5
	1	11	N34		1	10	N37
N5	0	11	N2	N12	0	11	N6
	1	00	N34		1	00	N38
N6	0	01	N3	N13	0	00	N6
	1	10	N35		1	11	N38

续表

原 状 态	输　　入	输出（IQ）	更 新 状 态	原 状 态	输　　入	输出（IQ）	更 新 状 态
N14	0	10	N7	N18	0	10	N9
	1	01	N39		1	01	N41
N15	0	01	N7	N19	0	01	N9
	1	10	N39		1	10	N41
N16	0	11	N8	N20	0	11	N10
	1	00	N40		1	00	N42
N17	0	00	N8	N21	0	00	N10
	1	11	N40		1	11	N42

Viterbi 译码算法在挑选最佳路径作为留存路径的译码过程中，留存路径将高度重合即路径度量值将趋于一致，也就是说虽然路径度量经过不断的累加而使绝对值变得很大，但其相对值的动态范围比较小。而 Viterbi 译码输出只和度量之间的差异有关，所以可通过对度量进行归一化处理来进行优化，同时不影响 ACS 模块的判决输出。理论分析表明最大动态范围可表示为

$$R_{\max} \leqslant \lambda_{\max} \cdot \log_2 N \tag{6-15}$$

其中 N 代表状态数，$\lambda_{\max}$ 表示分支度量中最大值。如以（2,1,6）卷积码 3 位软判决的例子来说，$\lambda_{\max}$ 就等于 14，$\log_2 N$ 等于 6，由式（6-15）知最大动态范围 $R_{\max}$ 不超过 84，可用 7 位有限字长来表示。

在 Viterbi 译码算法中，一般有两种传统方法来实现幸存路径存储管理，一种是寄存器交换法 RE（Register Exchange），另一种是回溯法 TB（Trace Back），也叫寻迹法。寄存器交换法存储的是路径上译码信息，利用数据在寄存器阵列中的不断交换实现信息的译码。对每个状态分配一个寄存器，寄存器记录了从初始到结尾的译码输出序列，每个寄存器都是专有寄存器。加比选单元输出状态转移信息到幸存路径管理模块，该模块根据这个转移信息来推断转移到该状态的前状态，把前状态的寄存器中存储的信息全部复制到该状态的寄存器中，再把该状态的归并信息存储到寄存器之中。当状态转移信息为 0 时，可以判定前一个状态是通过网格图碟形中的上支路到达该状态，该状态的专有寄存器复制上支路前状态的幸存信息；反之当这个值为 1 时，可以判定前一个状态时通过网格图碟形中的下支路到达该状态，该状态的专有寄存器复制下支路前状态的幸存信息，最后将该状态的最高位的值添加到寄存器中。就这样，寄存器阵列中的数据不断交换，从而实现信息的译码。该方法的优点是存储单元少，译码延时短，输出端固定。缺点是内线关系过于复杂。

回溯法使用通用的 RAM 作为存储单元，存储的是幸存路径的格状连接关系，通过读写 RAM 来完成数据写入和回溯输出。在加比选单元产生的状态转移信息以及最小路径量度模块选择出具有最小路径状态的标号，这些转移信息被保存起来，在某个适当的时候，从最小路径量度的状态开始回溯。如果从基 2 碟形的 X 状态开始回溯且转移信息为 0，表示该状态是由上支路转移而来，即 $2X$ 状态转移而来，则下一步从 $2X$ 状态回溯；如果转移信息为 1，表示该状态是由下支路转移而来，即 $2X$+1 状态转移而来，则下一步从 $2X$+1 状态回溯。一直回溯到回溯深度的最后的状态，考察此状态的最高位，如果该状态的最高位为 0 则此时的译码信息为 0，如果该状态的最高为 1 则此时的译码信息为 1。该方法的优点是内连关系简单、规则。缺点是译码延时较长，通常是 RE 法的 3～4 倍。

（3）回溯

当接收的数据个数达到回溯深度 t=(5～10)m（m 为编码约束长度）后就可以开始进行回溯、

译码输出一位信息，以后每接收一次数据（两路）就重复步骤（2）、（3），一直到本帧数据结束重新初始化开始下一帧数据译码；即如果 $j < L + m$，重复步骤（2）、（3）；否则停止。

j 从 m 到 L，网格图的每个状态都有一条选留路径。但当 $j > L$ 以后，由于输入码元开始为 0，故网格图的状态数减少，选留路径也减少，到第 $L+m$ 单位时间，网格图回到 S_0 状态，最后只剩一条选留路径，这条路径就是所需要的具有最大似然函数的路径。

为了充分利用信道输出信号的信息，提高译码可靠性，往往把信道输出的信号进行 $Q(>2)$ 电平量化，然后再输入到 Viterbi 译码器中。量化的电平数与码元的可信度有直接的关系，量化位数越多，越能精确地接近似然函数，越能准确反映接收码元的可信度，从而使译码器的译码性能更接近最大似然译码，但随着量化位数的增多，译码的复杂度也相应增加，使用的资源也越多。一般采用 8 电平均匀量化后性能就基本上达到最大似然译码性能，但工程中具体取几位量化还和实际情况有关。

软判决 Viterbi 译码就是寻找出与接收序列有最小软判决距离的路径，而有最小软判决距离的路径就是欧几里得距离累加值最小的路径。欧几里得距离公式如下：

$$d(n,i) = \sum_j [S_j(n) - G_j(n)]^2$$

其中 $S_j(n)$ 表示解调器输出的软判决信息，该时刻接收的量化数据，$G_j(n)$ 表示该时刻每一路径状态转移的期望输入数据。展开上式有：

$$d(n,i) = \sum_j [S^2{}_j(n) + G^2{}_j(n) - 2S_j(n)G_j(n)]$$

在给定的符号周期内 $S_j^2(n)$、$G_j^2(n)$ 为常数，忽略这两个常数不影响最后的结果。故要使欧几里得距离最小，就是要求 $\sum_{\text{all } j}[-2S_j(n)G_j(n)]$ 最小，也即要求下式最大：

$$\sum_j S_j(n)G_j(n) \tag{6-16}$$

由于实际译码中处理的序列可能很长，但实际存储器不能存储如此多留存路径信息。可以发现，在存储 t 个留存信息后的每个状态留存路径的前几个分支已经完全重合在一起，它们在以后译码过程中不会发生变化，所以可以输出这几个已经一致的信息。这种不等处理完所有序列就进行译码输出的方法称截尾译码法。显然截尾译码的复杂性比非截尾译码要大大减小，但其性能可能稍差，不过如果 t 足够大，其对译码输出的译码错误概率影响就很小。

可见，Viterbi 译码器可分为 6 个功能单元：分支度量、加比选（ACS）、幸存路径管理、最小状态选择、溢出控制和控制。图 6.25 即为 Viterbi 译码器实现的逻辑框图。

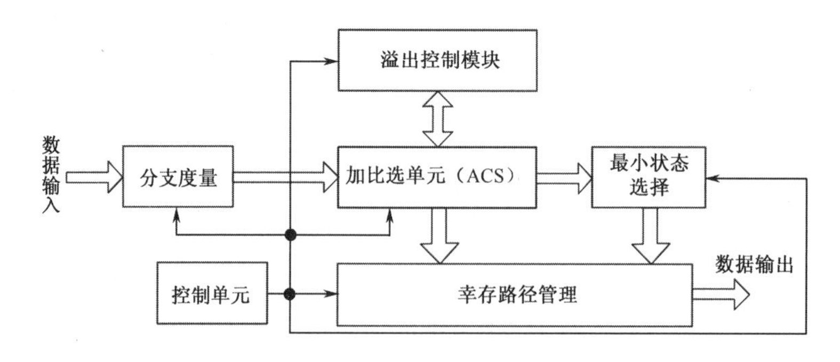

图 6.25　Viterbi译码器实现的逻辑框图

6.5.3 误码率检测

实际工程应用中通过误码率检测功能，可以很好地估计 Viterbi 译码器的性能。在误码检测功能模块中，一方面对译码的输出进行再编码，另一方面利用译码输出的再编码数据与译码输入延时后的数据进行比较。误码率检测的功能框图如图 6.26 所示。

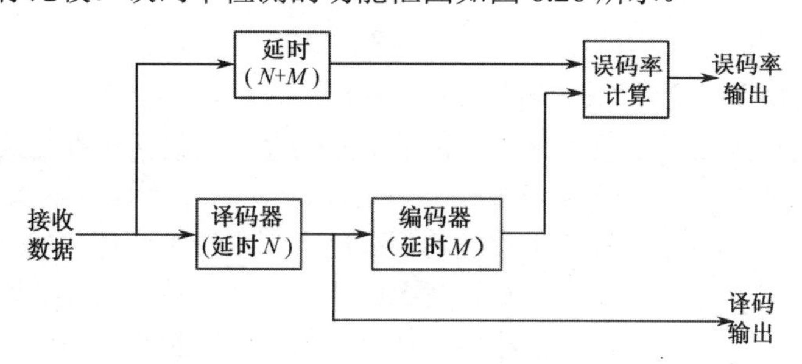

图 6.26 误码率检测功能框图

由再编码出来的数据和译码输入经过延时出来的数据必须严格同步，否则误码率输出就得不到相应的结果。图中 N 何 M 分别为延时的单位数，根据误码率计算模块的误码率输出结果就可以得出该 Viterbi 译码器的误码性能。

6.6 Turbo 码的编译码

Turbo 码是 1993 年在 ICC 国际会议上由 C.Berrou 等人提出的，它是在综合过去几十年来级联码、乘积码、最大后验概率译码与迭代译码等理论基础上的一种创新。其在低信噪比下所表现出的接近 Shannon 极限性能，使它在深空通信、移动通信等系统中有广阔的应用背景。在第三代移动通信系统中，Turbo 码在各种标准中被普遍作为高速数据业务（误码率要求 10^{-6} 以上）的信道编码方式。

6.6.1 Turbo 码的编码

Turbo 码由两个递归循环卷积编码（RSC）并行级联而成，卷积编码器之间用交织器相连，Turbo 码的一般编码结构如图 6.27 所示。

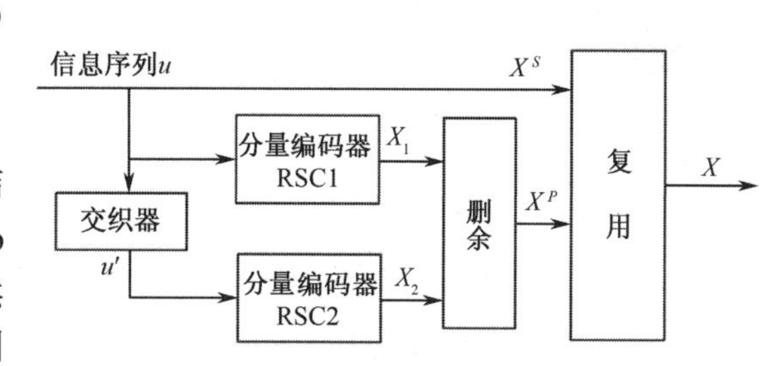

图 6.27 Turbo码的一般编码结构图

Turbo 码巧妙地将卷积码和随机交织器结合在一起，实现了随机编码的思想；同时 Turbo 码采用软输出迭代译码的方法来逼近最大似然译码，具有非常优异的误码率性能。信息序列 $u=\{u_1,u_2,\cdots,u_N\}$ 经过一个 N 位交织器，形成一个新序列 $u'=\{u_1',u_2',\cdots,u_N'\}$（长度与内容没变，但比特位置经过重新排列）。$u$ 与 u' 分别传送到两个分量编码器 RSC1 和 RSC2 生成校验序列 X_1 与 X_2。一般情况下，RSC1 和 RSC2 这两个分量编码器的结构相同。为提高码率，可对 X_1 与 X_2 进行删余，序列 X_1 与 X_2 经过周期性地删除一些校验位，形成校验序列 X^P， X^P 与未编

码序列 X^S 经过复用（并串转换）之后，生成 Turbo 码序列 X 。

Turbo 码的码率 R 与两个分量码的码率 R_1 和 R_2 之间满足：

$$\frac{1}{R}=\frac{1}{R_1}+\frac{1}{R_2}-1$$

即：

$$R=\frac{R_1R_2}{R_1+R_2-R_1R_2} \tag{6-17}$$

一般情况下，使用两个分量编码器的 Turbo 码的码率为 1/3，也就是说，编码器的输出经调制进入信道的编码序列中，每三位中只有一位是信息码元，而另两位都是校验码元。以无删余 Turbo 码为例，码率 R=1/3，对于不同约束度的 RSC，主要差别在于实现的复杂度，因为约束度每增加一位，相当于寄存器的状态转移情况将相应增加一倍，这样在译码时需要的存储空间也将相应增加近一倍，运算量也会增加近一倍。对约束度为 3 的 RSC 分量码，编码器中的状态寄存器为 2 个，较理想的生成多项式为（7，5）（其含义说明见 275 页的脚注），其相应的 RSC 编码器结构如图 6.28 所示。

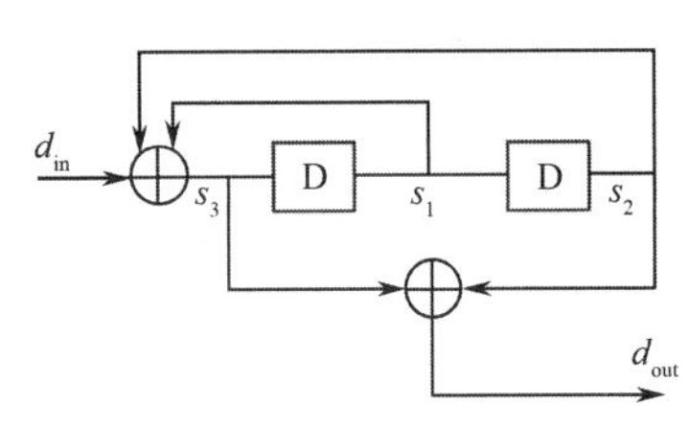

图 6.28　RSC编码器结构

图中 d_{in} 为输入序列，d_{out} 为输出序列，D 为寄存器单元。Turbo 码中由于使用了交织器，故对编码数据要按帧处理，当对每帧信息进行编码时，编码器的初始状态和终止状态会不相同。在 Turbo 码的一些重要译码算法中，都要根据编码器的初始状态和终止状态来初始化一些量。在传统的非递归卷积码中，可通过添加 m（m 为编码存储长度）比特的收尾序列，使编码器返回全零状态。但在 Turbo 码中，因为成员编码器间交织器的引入，m 个比特的收尾序列很难使所有的成员编码器都返回全零状态，因为将第一个 RSC 归零的终止比特要经过交织器的重新置换才进入第二个 RSC，由此不能保证第二个 RSC 的归零。如果要将第二个 RSC 归零，需要另外产生一组终止比特，这给系统带来了新的复杂度。

任意成员编码器的不归零都会对性能产生负面影响，因此 Turbo 码末状态的处理就有多种方法。对归零处理的研究有很多，当交织长度较小时，归零处理是必须的；但当交织长度较长时（一般为 1024 以上），归零处理对性能的改善可以忽略，就不必进行归零处理，这样也有利于码率的匹配。目前常用的归零方案是两个 RSC 编码器各自使用不同的结尾比特，此方案以译码复杂度为代价。以图 6.28 所示的 RSC 编码器为例，对于递归系统卷积码 RSC 来说，由于它具有无限冲激响应特性，靠嵌入 0 比特一般无法使 RSC 编码格图回到全零状态，此时可以通过解状态变量方程得到所需的尾比特。图 6.28 中：

$$s_3=d_{in}\oplus s_1\oplus s_2$$

则：

$$d_{in}=s_3\oplus s_1\oplus s_2$$

为使编码器状态回到零，令 s_3 等于零得到：

$$d_{in}=s_1\oplus s_2 \tag{6-18}$$

这就是使编码器回到全零状态所需的尾比特。

RSC 编码器的输出为

$$d_{out}=d_{in}\oplus s_1\oplus s_2\oplus s_2=d_{in}\oplus s_1 \tag{6-19}$$

当前状态：s_1s_2，下次转移状态：s_3s_1，RSC 的状态图和栅格图分别如图 6.29 和图 6.30 所示。

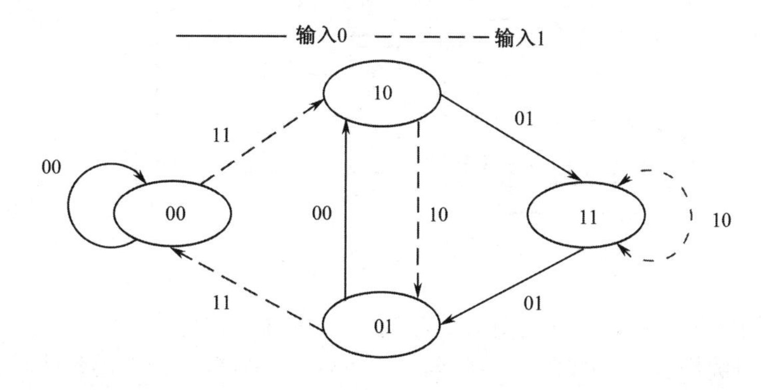

图 6.29　RSC状态图

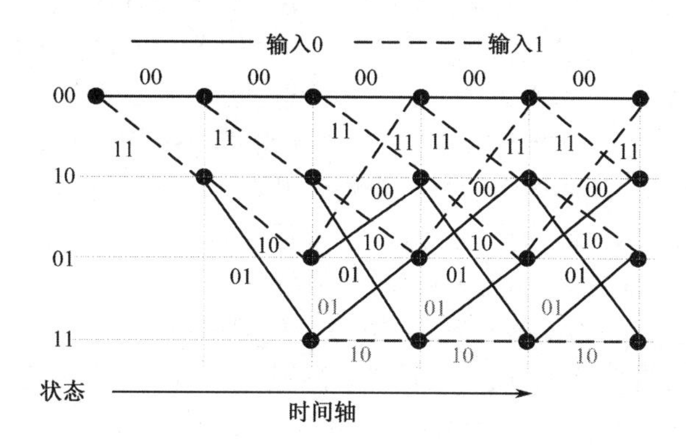

图 6.30　RSC栅格图

在 Turbo 码系统中，交织器是非常重要的组成部分，Turbo 码中由于应用删余技术而带来的影响比删余技术应用于其他传统编码中的影响更大，这是因为在 Turbo 码中冗余位的作用很大，正是由于乱序编码产生的冗余位才引入了交织器的随机性。一般编码在采取删余技术后，冗余位对信息位的保护是平衡的，而 Turbo 码中由于交织器的使用，如果采取不恰当的交织方式就会有较坏的情况发生，即有的信息位有重复的对应冗余位送入信道，而有的信息位却无对应的冗余位送入信道。这样就造成了冗余位对信息位保护不均的现象，也势必会影响码元的纠错能力。交织器的作用主要是用于减小校验比特之间的相关性，进而在迭代译码过程中降低误比特率。Turbo 码中交织器的设计应该遵循的设计准则：

① 最大限度地置乱原数据排列顺序，避免置换前相距较近的数据在置换之后仍相距较近，特别要避免置换前相邻的数据在置换后再次相邻；

② 尽可能避免与同一信息位直接相关的两个分量编码器中的校验位均被删除；

③ 对于不归零的编码器，交织器设计时要避免出现尾效应图案；

④ 在满足上述要求的交织器中选择一个较好的交织器，使码字之间的最小距离（或自由距离）尽可能大，而使码重为最小距离的码字数要尽可能少，以改善 Turbo 码在高信噪比时的性能。

6.6.2　Turbo 码的译码

Turbo 码的译码器主要由两个软输入软输出（SISO）译码器、交织器、解交织器以及逻辑控制部分组成（见图 6.31），其中 SISO 译码器为核心模块。

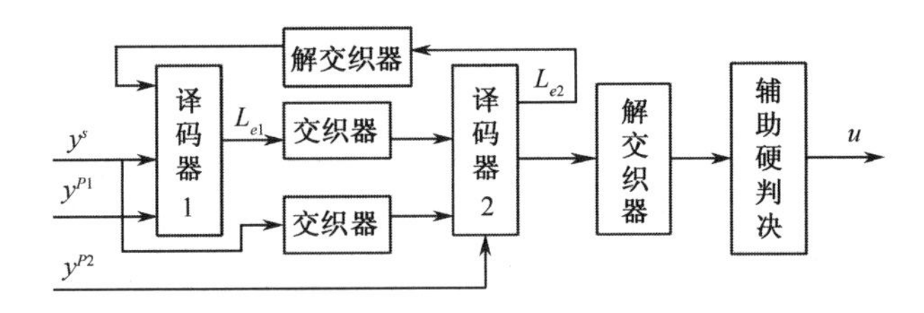

图 6.31　Turbo码译码结构

由于接收序列为串行数据，首先要对数据进行串/并转换，将接收序列分为并行的接收信息序列 y^s，对应分量编码器 1 的接收校验序列 y^{p1} 和对应分量编码器 2 的接收校验序列 y^{p2}。接收的信息序列经过解复用以后将其中的信息位 y^s、校验位 y^{p1} 及先验信息（前一次迭代中译码器 2 给出的外信息的解交织形式）送入译码器 1，经过译码器 1 译码后产生的外部信息经过交织器后作为译码器 2 的先验信息送入译码器 2，同时译码器 2 的输入还有信息位 y^s 经过交织后的信息以及校验信息 y^{p2}，译码器 2 产生的外部信息又送入解交织器以便循环再利用。

Turbo 码译码两个分量译码器采用的是 SISO 译码器，SISO 译码算法的选择是保证最佳译码的关键所在，也是 Turbo 译码器中的核心模块。最大后验概率（MAP）算法可以使 Turbo 译码的误码率最小，因此 MAP 算法是 Turbo 码的最佳译码算法，但其复杂度较高，不利于硬件实现。由于 Log-MAP 算法性能接近最佳，能把乘除法转化为加减法，大大减少了对系统资源的占用，实际中常采用 Log-MAP 算法作为 SISO 译码算法。

设信息比特 u_k 经过图 6.28 的 RSC 编码器后得到 v_k，调制后经高斯加性白噪声离散无记忆信道（均值 0，方差 σ^2）后，接收端接收到的序列为 $R_1,R_2,\cdots,R_k,\cdots,R_N$，其中 $R_k=(a_k,b_k)$ 即为 (u_k,v_k) 的接收码字，N 为交织长度。

定义 E 运算：$xEy=-\dfrac{1}{L_c}\ln(e^{-L_c x}+e^{-L_c y})$，其中 $L_c=\dfrac{2}{\sigma^2}$，E 函数可以简化如下：

$$xEy=-\frac{1}{L_c}\ln(e^{-L_c x}+e^{-L_c y})=-\frac{1}{L_c}\ln(e^{-L_c x}(1+e^{-L_c y+L_c x}))=x-\frac{1}{L_c}\ln(1+e^{L_c(x-y)})=y-\frac{1}{L_c}\ln(1+e^{L_c(y-x)})$$

$$=\min(x,y)-\frac{1}{L_c}\ln(1+e^{-L_c|y-x|})$$

由于 $xEy=yEx$，函数 $f(z)=\ln(1+e^{-z})$ $(z\geqslant 0)$ 的最大值为当 $z=0$ 时 $f(z)=\ln(2)$。随着 z 的增加，$f(z)$ 很快减小，当 $z\geqslant 7$ 时，$f(z)$ 趋于零。这些特性使得可以用一个很小的查找表实现 E 函数。由 E 运算定义 E 求和函数 $E_{j=0}^{l}a^j=a^0Ea'E\cdots Ea^{l-1}Ea^l$。

Log-MAP 算法的计算步骤如下：

（1）$k=0$ 开始，计算并存储所有的分支向量 $D_i(R_k,m)$

$$D_i(R_k,m)=a_k i+b_k y_{k,i}(m) \tag{6-20}$$

其中 $D_i(R_k,m)$ 对应图 6.30 中从时刻 k 到 k+1 编码器初态为 m，输入信息比特为 i 的分支向量，$y_{k,i}(m)$ 为该分支状态时的编码器输出。

（2）$k=N-1$ 时初始化 B，令 $B_{N-1,0}(S_{b,0}(00))=B_{N-1,1}(S_{b,1}(00))=0$，对其他所有 m 和 i，令 $B_{N-1,0}(m)=B_{N-1,1}(m)=\infty$。

（3）$k=N-2$ 开始到 $k=0$ 计算并存储所有的状态向量 B：

$$B_{k,i}(m)=E_{j=0}^{l}(\beta_{k+1,j}(S_{f,i}(m))+D_j(R_{k+1},S_{f,i}(m))) \tag{6-21}$$

其中 $S_{f,i}(m)$ 为当输入为 i 时由状态 m 转移到的下一状态，$\beta_{k+1,j}(S_{f,i}(m))$ 为后向状态向量，表示

在时刻 $k+1$ 当输入为 j，从状态 $S_{f,i}(m)$ 转移到下一状态的状态矢量。

（4）$k=0$ 初始化 A，令 $A_{0,0}(00)=A_{0,1}(00)=D_i(R_0,00)$，对于其他所有 m，令 $A_{0,0}(m)=A_{0,1}(m)=\infty$。

（5）$k=1$ 开始到 $k=N-1$ 计算并存储所有的状态向量 A：

$$A_{k,i}(m)=D_i(R_k,m)+E^{1}_{j=0}A_{k-1,j}(S_{b,j}(m)) \tag{6-22}$$

（6）$k=0$ 开始到 $k=N-1$ 计算对数似然概率并做出判决：

$$\Lambda_k=E^{2^l-1}_{m=0}(A_{k,1}(m)+\beta_{k,1}(m))-E^{2^l-1}_{m=0}(A_{k,0}(m)+\beta_{k,0}(m)) \tag{6-23}$$

其中 l 为 RSC 编码器中的寄存器数。

Turbo 码采用迭代译码思想，其译码是在接收完一帧数据之后才开始进行译码的，译码延时可分为两部分，一是接收码字的延时，二是迭代译码的计算延时，对高速率系统而言，译码延时主要为迭代计算延时，一个降低译码延时的可行办法是将整个译码帧分成若干子块，对各子块进行并行处理，在降低译码复杂度的同时大大降低译码计算延时。

此外 Turbo 码之所以有优越的性能，采用迭代译码的方法是个重要原因，但当迭代次数增加时，译码时间也将增加。一般迭代的次数越多，Turbo 码的纠错性能越好，但当迭代次数超过一定数量后，性能处于平层，再多次数的迭代已没有太大意义。为减少译码延迟，在保证性能的情况下应该使迭代的次数越少越好。一般在信噪比较小（低于 1.5dB）的时候，迭代次数为 10 会有较好的效果；在信噪比较大（高于 2dB）的时候，迭代次数为 4～6 即可。

习题与思考题 6

1．已知 Hamming 码的校验矩阵 $\boldsymbol{H}=\begin{bmatrix}1&0&0&1&0&1&1\\0&1&0&1&1&1&0\\0&0&1&0&1&1&1\end{bmatrix}$

（1）写出其生成矩阵 $\boldsymbol{G}$；

（2）如信息码组为 0 1 1 0，求对应编码后的码字；

（3）求所有校正子与误码位置的关系。

2．如 RS(255,239)码本原元 a=2，本原多项式为 $x^8+x^4+x^3+x^2+1$，求出该码的生成多项式，计算该码的缩短码 RS (55,39)中对信息码字：1,2,3⋯,39 进行编码的结果。

3．设计 RS (15,11)码的钱搜索电路。

4．RS(8,4)码的生成多项式为 $x^4+13x^3+12x^2+8x+7$，如接收码字为：6,7,2,7,5,13,1,13。

（1）求相应伴随式；

（2）求错误位置多项式。

5．已知(3,2,2)系统卷积码如下图所示。

（1）写出其生成多项式，并计算基本监督矩阵；

（2）列出该卷积码输入和输出比特关系的所有可能；

（3）画出该卷积码的状态图和栅格图；

（4）计算相应于信息序列(10，01，00，11，10)的编码序列。

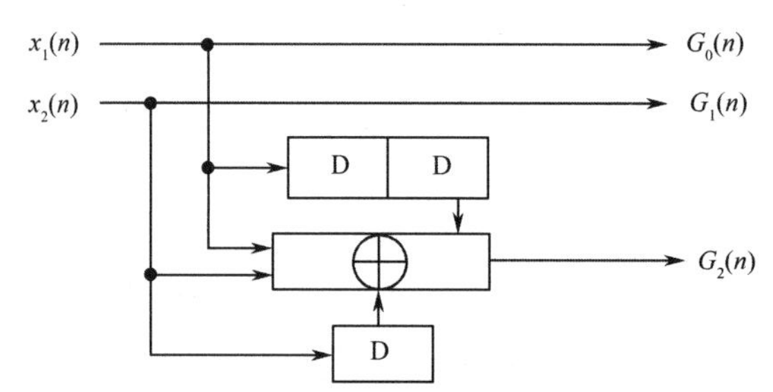

6．已知(2,1,4)卷积码的生成多项式 $G_1(x)=1+x^3+x^4$， $G_2(x)=1+x+x^2+x^4$

（1）求出所有的蝶形结构；

（2）用硬判决 Viterbi 算法对接收序列进行译码：11,01,11,11,10,10,11,10,10,00,00,00。

7．考虑 Turbo 码中 RSC 的一般编码结构，如下图所示。

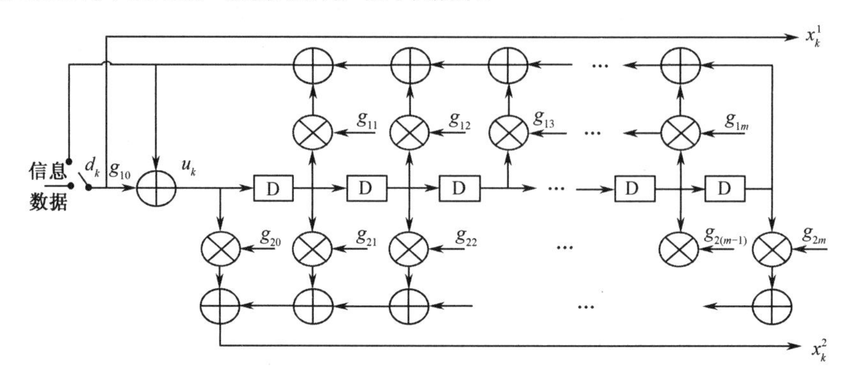

RSC编码器

如以 u_k 为输入，以 d_k 和 x_k^2 为输出，证明 d_k、 x_k^2、 u_k 之间存在普通卷积码的编码关系。

8．对于 1/3 码率的经典 Turbo 码，设两个分量编码器的生成多项式均为(7，5)，交织为 3×5 行列交织，删余结构为：101，110；计算对以下信息序列的编码结果：1 1 0 0 0 1 0 1 0 0 0 0 1 1 1。

第 7 章　无线电通信天线

天线是无线电系统中发射或接收无线电波的重要部件，它实现传输线上传播的导行波与无线媒介（通常为自由空间）中传播的电磁波的相互转换，处于最前端的天线对无线通信系统的性能优劣有着重要影响。软件无线电提供了一种建立多模式、多频段、多功能无线设备的有效方案，同时也对天线性能提出了更高的需求。实际工程应用中，天线的外形结构、尺寸等受到设备平台的限制，从而影响天线的性能。天线设计的任务是需要充分发挥自身特性，设计出满足使用环境要求的性能最佳的天线。

7.1　天线的主要性能指标

为了较好地反映空间电磁波与传输线导行波的转换能力，描述天线性能指标的参数主要包括：方向图、波束宽度、方向性系数、增益、电压驻波比、极化、功率容量等。受应用环境及平台的制约，在一副天线上很难使得各电性能参数都达到最佳，设计中需要根据实际应用情况进行权衡，加以综合考虑。

7.1.1　方向图及波束宽度

天线方向图是表征天线辐射的电磁场大小的三维空间分布图，通过天线方向图可以得到天线不同指向的辐射特性，如方向性系数、波束宽度、副瓣特性等。为更简洁地反映天线的辐射特性，工程上经常采用天线辐射方向上的两个相互垂直的平面内的方向图来表示天线的方向特性，以与相对应场矢量的描述：与电场矢量的平面平行的称为 E 面方向图；与磁场矢量的平面平行的称为 H 面方向图。常见的还有以天线的安装位置描述，用方位面和俯仰面两个主平面的方向图表示。

描述天线方向图的参数有：波束宽度［一般情况下为半功率（3dB）波瓣宽度，特殊要求下有专门的规定，如 10dB 波束宽度、零值宽度等］、副瓣电平（指副瓣中的最大值与主瓣最大值之比）。天线方向图示意图如图 7.1 所示。

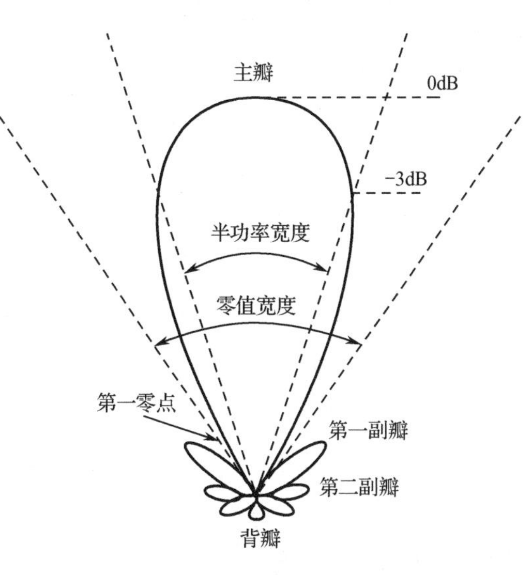

图 7.1　天线方向图示意图

7.1.2　方向性系数与增益

方向性系数用来描述天线集中在某方向的辐射能量较其他方向辐射能量的强弱特性。方向

性系数 D 定义为：在给定方向上天线辐射强度与在空间所有方向平均辐射强度之比。距离辐射源 R 处的空间平均辐射功率密度 S_o 表示为

$$S_0 = \frac{P_{in}}{4\pi R^2} \tag{7-1}$$

式中，P_{in} 为总辐射功率（单位为 W），R 为天线至辐射点的空间距离（单位为 m）；在辐射方向上该处的辐射功率密度为

$$S(\theta,\phi) = D(\theta,\phi)\frac{P_{in}}{4\pi R^2} \tag{7-2}$$

式中，$D(\theta,\phi)$ 为方向性系数，即在某辐射方向上功率密度比平均辐射功率密度的增加量。

$$D(\theta,\phi) = \frac{S(\theta,\phi)}{S_0} = \frac{E(\theta,\phi)^2}{E_0^{\ 2}} \quad \text{（相同辐射功率）} \tag{7-3}$$

方向性系数也可定义为在 (θ,ϕ) 方向某处，点源天线（球形方向图）与实际天线在该处产生相同功率密度所需辐射总功率之比：

$$D(\theta,\phi) = \frac{P_0}{P} \quad \text{（相同功率密度）}$$

式中，P_0 为采用点源天线的辐射功率。

计算方向性系数时没有考虑天线的输入功率转化为辐射功率的损耗，即转化效率为 1 的情况。而天线增益则是考虑了实际天线的转化效率，与方向性系数关系如下：

$$G(\theta,\varphi) = \eta \cdot D(\theta,\varphi) \tag{7-4}$$

该增益单位为 dBi。

引起实际天线的效率下降的因数主要包括：天线电阻损耗、匹配网络损耗以及失配损耗。

除了相对于理想点源的增益（也称绝对增益）外，天线增益有时也用相对增益表示，即在给定方向上天线的增益与极化相同的参考天线绝对增益之比，最常见的是以无耗半波偶极子天线为参考天线，单位为 dBd，如图 7.2 所示。

$$\text{dBd} = \text{dBi} - 2.15 \text{（dB）} \tag{7-5}$$

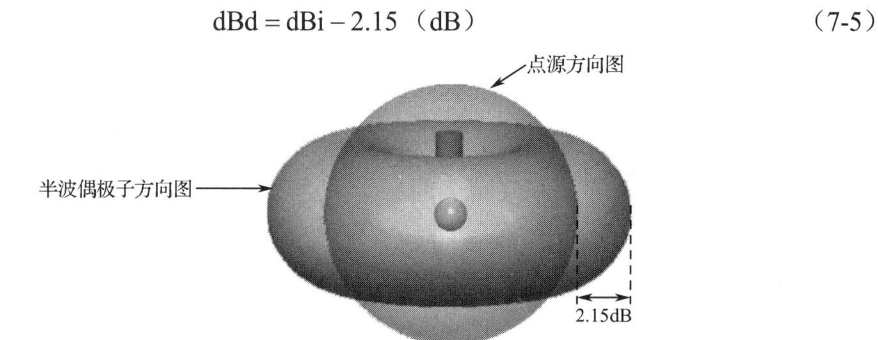

图 7.2　点源与半波偶极子增益关系

7.1.3　电压驻波比

天线的电压驻波比（VSWR）是描述天线输入阻抗与传输线阻抗的失配程度的一个重要参数，它反映了电磁能量通过天线馈线耦合至天线的程度。当天线的输入阻抗 Z_{in} 与传输线的特性阻抗 Z_o（通常，Z_o=50Ω）失配时，会在传输线至天线端口产生反射，与入射波叠加形成驻波。天线端口能量反射的大小用反射系数 $\varGamma$ 描述，其与电压驻波比间的关系为

$$\mathrm{VSWR}=\frac{1+|\Gamma|}{1-|\Gamma|} \tag{7-6}$$

反射系数 Γ 定义为

$$\Gamma=\sqrt{\frac{P_{\mathrm{r}}}{P_{\mathrm{in}}}} \tag{7-7}$$

P_{r}、P_{in} 分别为天线的反射功率和输入功率。

7.1.4　极化

天线极化是指在辐射远场区和规定的方向上，天线辐射的电场矢量端点在垂直于电磁波传播方向平面上的轨迹。在笛卡儿坐标系下，沿 z 轴传播电场可表示为

$$\boldsymbol{E}(t)=\boldsymbol{x}E_x(t)+\boldsymbol{y}E_y(t) \tag{7-8}$$

式中，

$$E_x(t)=E_{0x}\cos(\omega t+\phi_x)$$
$$E_y(t)=E_{0y}\cos(\omega t+\phi_y)$$

当 $\phi_x=\phi_y$ 时，

$$\frac{E_y(t)}{E_x(t)}=\frac{E_{0y}}{E_{0x}}=\text{常数}$$

此时，电场矢量的端点轨迹为一直线，极化为线极化，如图 7.3（a）所示。

当 E_{0x}=E_{0y}=E_0 且 $\phi_x-\phi_y=\pm\dfrac{\pi}{2}$ 时，

$$\frac{E_x^2(t)}{E_0^2}+\frac{E_y^2(t)}{E_0^2}=1$$

此时，电场矢量的端点轨迹为圆形，极化为圆极化，如图 7.3（b）所示。沿传播方向看电场矢量旋转方向是顺（逆）时针的，称为右（左）旋极化。

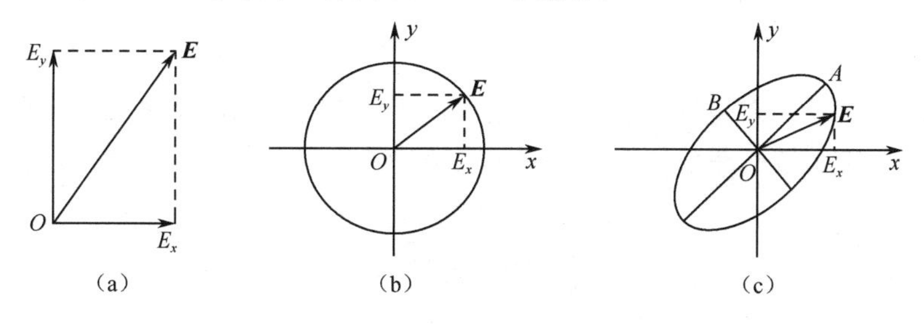

图 7.3　极化示意图

严格意义上说，一个周期内的电场矢量端点的轨迹为椭圆，如图 7.3（c）所示。衡量极化特性的一个重要指标为轴比（AR），定义为极化椭圆的长轴与短轴之比：

$$\mathrm{AR}=OA/OB \tag{7-9}$$

圆极化和线极化为椭圆极化的两个特例。AR→1 时，为圆极化；AR→∞时，为线极化，线极化又通常以电场矢量与地面的空间关系分水平极化（与地面平行）、垂直极化（与地面垂直）。天线的圆极化波可以分解为两个幅度相同、相互垂直且有 90° 相位差的线极化波；同样，线极化波也可以分解为两个幅度相同，旋转方向相反的圆极化波。

在同一系统中，收、发天线的极化应尽量相同，若接收天线的极化与入射平面波的极化不一致，则会因极化失配导致接收信号幅度的降低，即极化失配损耗。

7.2　几类基本天线形式

天线种类繁多，呈现出各种天线形态。然而大部分复杂天线可认为是基本天线单元的变形或组合（组阵）。本节介绍基本天线形式的特性。根据天线的使用要求，天线可大致分为全向天线、定向天线、阵列天线等。在短波、超短波频段，天线的主要形式为线天线；在微波、毫米波频段则以微带、喇叭以及反射面天线为主。

7.2.1　电偶极子天线

电偶极子天线是最为常见的线天线形式，由对称的二臂振子组成，中心馈电，如图 7.4（a）所示，其在垂直于天线振子的平面各方向辐射强度相等，呈现全向特性，在平行于振子平面为 8 字形方向图。

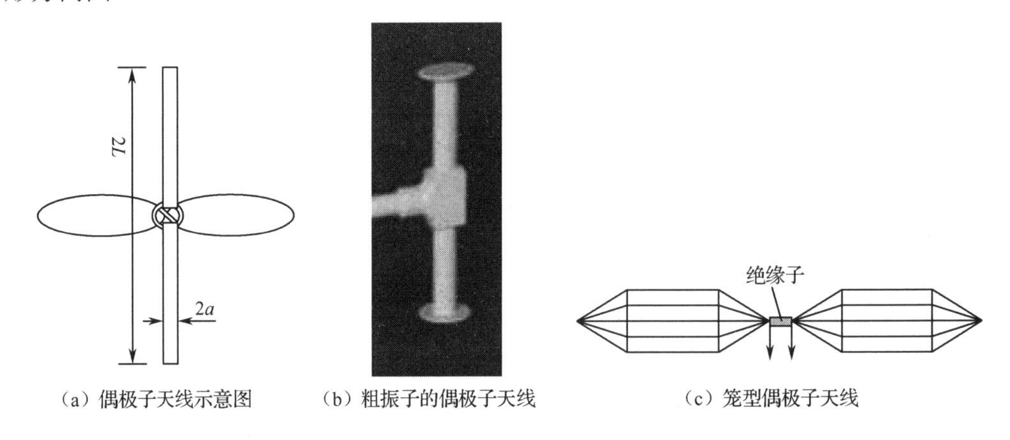

（a）偶极子天线示意图　（b）粗振子的偶极子天线　（c）笼型偶极子天线

图 7.4　电偶极子天线

细长的振子天线的输入阻抗随频率差异很大，不能直接与馈电系统实现宽带匹配，如何实现宽带匹配是振子类天线在通信系统中应用所要解决的主要问题。图 7.4（a）所示的偶极子的平均特性阻抗为

$$W_{\mathrm{A}}=120\left(\ln\frac{2L}{a}-1\right) \tag{7-10}$$

式中，L 为单臂振子的长度，a 为振子半径；单位为 m。

图 7.5 为不同特性阻抗（W_{A}）情况下，天线输入阻抗随阵子长度与波长比（L/λ）的变化曲线。

可以看到，特性阻抗越大，输入阻抗随电长度的变化就越剧烈，天线的阻抗带宽就越窄；反之，特性阻抗越小，天线的阻抗带宽就越宽。因此减小振子天线的特性阻抗就成为振子类天线拓宽频带的常用技术。从式（7-10）看出，振子长度与直径比越小，天线的特性阻抗越小，阻抗带宽范围就越宽。图 7.4（b）和图 7.4（c）为二种常见的通过减小振子长度与直径比的方法设计的宽带天线实例。

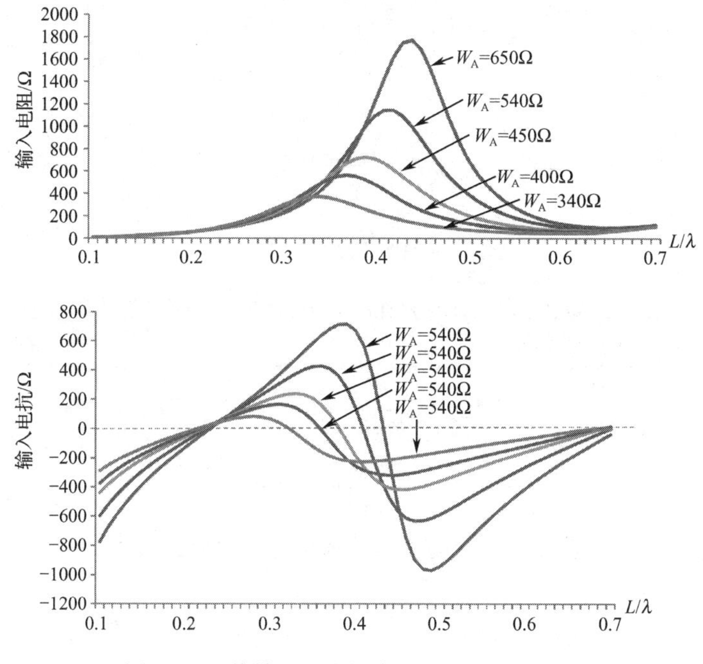

图 7.5　天线输入阻抗与波长比（L/λ）的关系

电偶极子天线的一个典型的派生产品是定向偶极子天线，如图 7.6 所示。其结构简单，将一对平板偶极子天线架设在距离反射面约 1/4 波长的位置，一臂振子直接与同轴电缆外皮连接，同轴芯线通过馈电片与另一臂振子连接，该振子通过短路柱连接至反射板。同轴电缆与短路柱一方面起着振子支撑作用，另一方面形成的约 1/4 波长短路枝节实现馈电的平衡转换。该天线具有中等增益（5～7dBi），天线剖面低，尺寸较小，常在机载等移动平台及基站中作为天线阵列单元。这种天线的 H 面波束宽度较 E 面波束宽度宽。

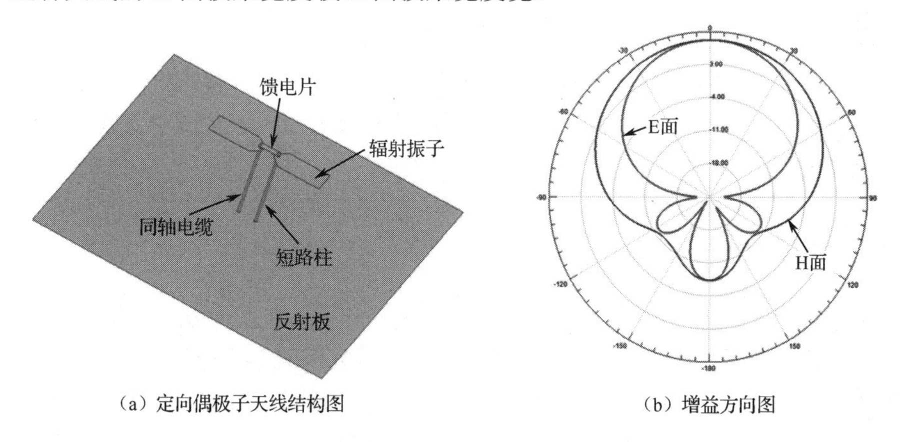

（a）定向偶极子天线结构图　　（b）增益方向图

图 7.6　定向偶极子天线

7.2.2　磁偶极子天线

典型的磁偶极子天线是电小环天线，用一根远小于波长的金属导线绕成一定的形状，以导体的两端作为馈电端的环状天线。为了提高电小环天线的辐射效率，可采用多圈环或在环中加入磁芯进行磁加载。常见的电小环天线绕制成圆形环、三角形环或菱形环，如图 7.7 所示。

图 7.7　常见的磁偶极子天线

磁偶极子天线导线上的电流近似均匀分布，与电偶极子具有类似的电磁场分布。水平放置在球坐标的电小环天线的远场分布为

$$E_\phi = \frac{Z_o k^2 m}{4\pi r} e^{-jkr} \sin\theta$$

$$H_\theta = -\frac{k^2 m}{4\pi r} e^{-jkr} \sin\theta$$

式中，Z_o 为波阻抗，k 为波数，r 为环到辐射点的距离，m 为磁矩，θ 为相对于环天线平面法线的夹角。

图 7.8 所示分别为电小环天线的模型［图 7.8（a）］和仿真方向图［图 7.8（b）］。

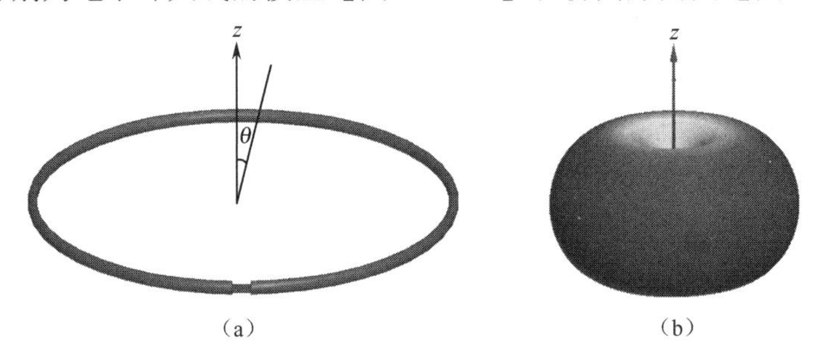

图 7.8　电小环天线的辐射特性

从图 7.8 可以看到，水平放置的电小环天线的方向图与垂直放置的电偶极子天线的方向图相似。垂直地面放置的电小环天线的主要辐射方向在高仰角方向，在短波侦收系统中常将其作为天波侦收天线使用。

7.2.3　磁电偶极子天线

磁电偶极子天线是将电偶极子天线和磁偶极子天线组合在一起的天线形式。电偶极子天线 E 面方向图为 8 字，H 面方向图为全向的 O 形，而磁偶极子天线则正好相反，二者间有互补关系。将二者结合的磁电偶极子天线 E 面和 H 面方向图宽度相近，且具有定向辐射特性；另外通过合理地选择天线尺寸，可实现较宽的工作频带内平稳的天线阻抗特性，该天线在移动通信的基站上有很多应用。

磁电偶极子天线的组成如图 7.9 所示，其中图 7.9（a）为由二金属臂组成的电偶极子天线，图 7.9（b）为约 1/4 波长短路贴片形式的磁偶极子天线，图 7.9（c）所示的磁电偶极子天线则由二者叠加而成。

图 7.10 为带反射板的磁电偶极子天线及性能仿真图，其中图 7.10（a）为磁电偶极子天线的结构图，其馈电通过一末端开路的片状耦合线馈电；图 7.10（b）和图 7.10（c）分别为该磁电偶极子天线仿真的驻波曲线及方向图。

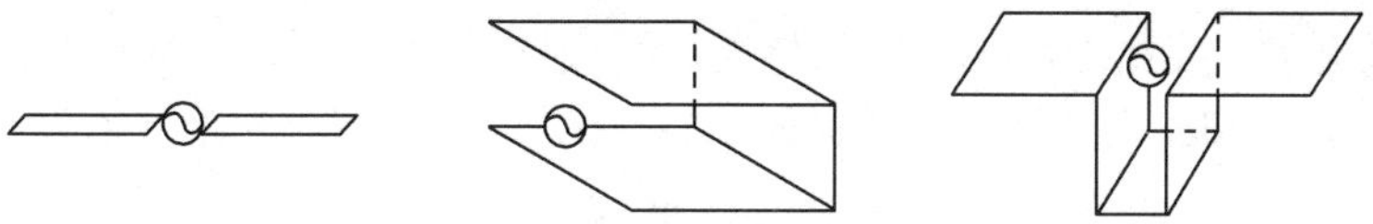

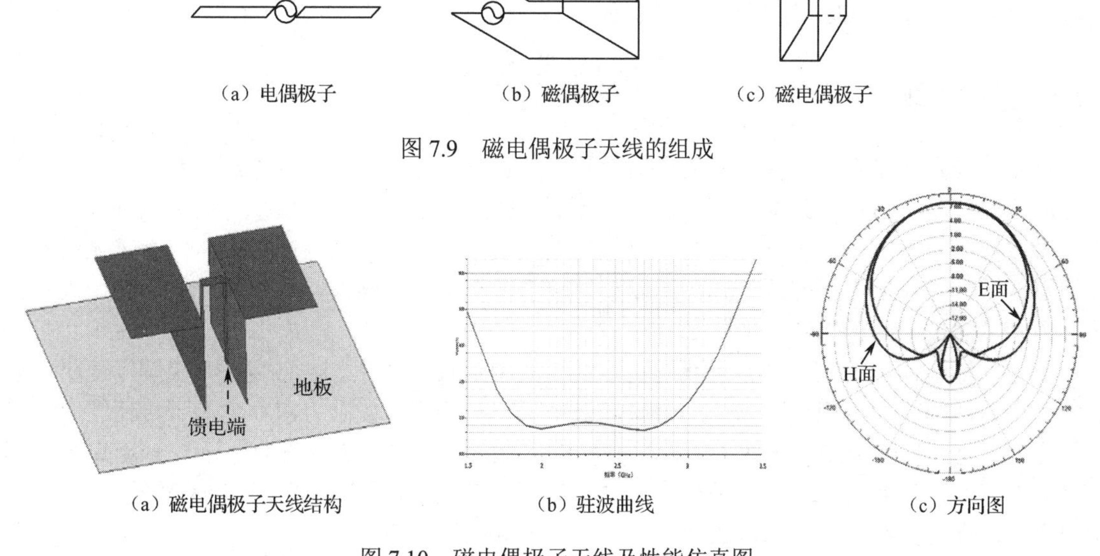

（a）电偶极子　　（b）磁偶极子　　（c）磁电偶极子

图 7.9　磁电偶极子天线的组成

（a）磁电偶极子天线结构　　（b）驻波曲线　　（c）方向图

图 7.10　磁电偶极子天线及性能仿真图

磁电偶极子天线具有较宽的工作频率范围，同时其 E 面和 H 面的波束宽度基本相等，其更加符合移动通信的波束覆盖要求。

7.2.4　正交偶极子天线

正交偶极子天线由两对相互垂直的对称偶极子天线组成，每对偶极子通过独立的馈电电缆馈电，分别组成一线极化天线。两对天线放置在同一口径内，由于彼此正交，相互间具有较好的隔离度。

以正交偶极子天线为基本单元组成的阵列天线，在移动通信基站中广泛使用。其在同一口径实现了两种正交极化电磁波的接收或发射，通过图 7.11（a）所示的正交偶极子天线由两根馈电电缆分别输出两个极化的信号，通过后端算法处理实现极化分集，降低由于在无线移动环境中信号衰落对通信的影响。在 MIMO 系统中，通过两种极化的分集，提高系统的信道容量。

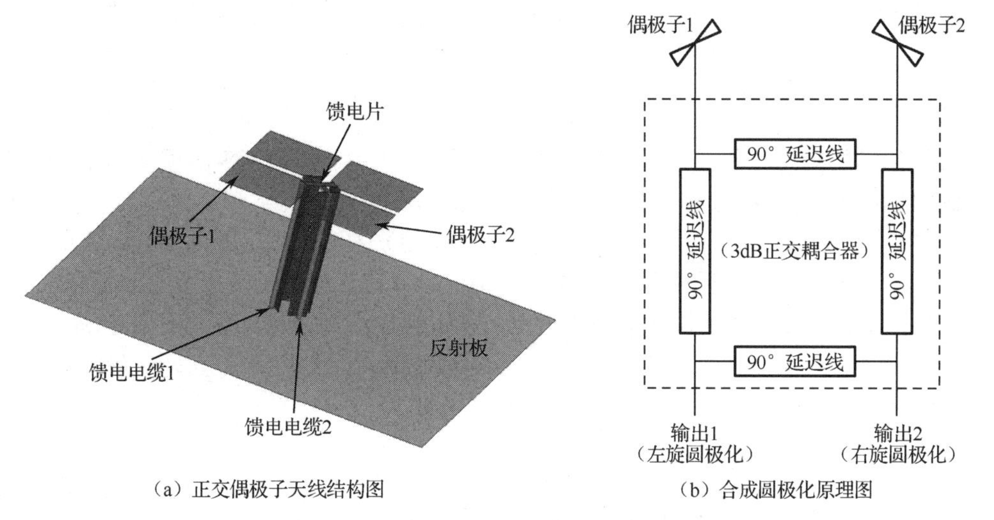

（a）正交偶极子天线结构图　　（b）合成圆极化原理图

图 7.11　正交偶极子天线及圆极化合成

采用正交偶极子天线组合实现圆极化特性是圆极化天线设计的一种常用方式，由两路正交的线极化输出，经过 3dB 正交耦合器［见图 7.11（b)］，可以得到左旋或右旋圆极化输出。

7.2.5 微带天线

微带天线是在带有导体接地板的介质基片上贴加导体薄片而形成的天线。具有质量轻、低剖面的特点，易于与载体共形。另外，在设计制作微带天线的同一介质基片还可以进行馈电网络、微波有源电路的设计与制作，在一块基片上完成天线与 RF 通道的集成。但微带天线也存在缺点：微带天线工作于谐振模式，所以频带较窄；在毫米波波段，导体和介质损耗增大，并且会激励表面波，导致辐射效率降低。

微带传输线馈电的矩形微带天线的基本结构如图 7.12（a）所示，它是在一块厚度远小于波长的介质基片的一面沉积或粘贴矩形金属辐射贴片，左侧与一段准 TEM 模微带传输馈电线连接；另一面全部粘贴金属薄层作接地板，辐射片及接地板所用金属一般为良导体（铜或金），辐射片可根据不同的要求设计成各种形状，如矩形、圆形、圆环形等。通过设计不同的贴片形状、馈电方式，微带天线可以实现线极化、圆极化等不同的极化方式。

微带天线贴片与地板间的场分布如图 7.12 右侧图所示，微带天线的辐射主要由微带贴片边缘与地板间的辐射缝隙产生。

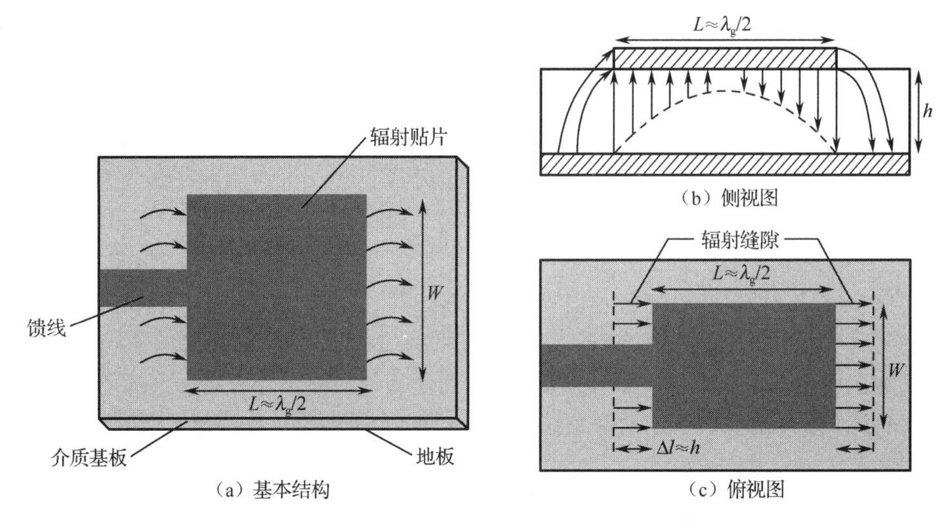

图 7.12 矩形微带结构及场分布图

图 7.12 所示的矩形辐射贴片长 L 近似为半波长，宽为 W，介质基板的厚度为 h。辐射贴片、介质基板和地板的组合可视为一段长为 $\lambda_g/2$ 两端开路的低阻抗微带传输线；由于基板厚度 $h<<\lambda_g$，在激励主模情况下，电场仅沿约为半波长（$\lambda_g/2$）的贴片长度方向变化，辐射基本上是由贴片开路边沿的边缘场引起的。两开路端的电场可以分解为相对于地板垂直分量和水平分量；因为辐射贴片元长度约为半波长（$\lambda_g/2$），因此平行于地板沿 L 方向的水平分量电场方向相同，在垂直于结构表面的方向上辐射电场同相叠加，从而在微带天线法线方向产生最大辐射场。其极化方式为沿辐射贴片 L 方向的线极化。

微带天线的馈电方式主要有如图 7.13 所示的几种方式。

其中，图7.13（a）为同轴馈电形式的微带天线结构图，图7.13（b）为嵌入式微带线馈电的结构图，图7.13（c）为孔缝耦合馈电示意图。微带天线的不同馈电方式可适应不同输入输出方式。其中孔缝耦合馈电方式，需要双层以上介质片组成，相对复杂，但其工作带宽较宽。

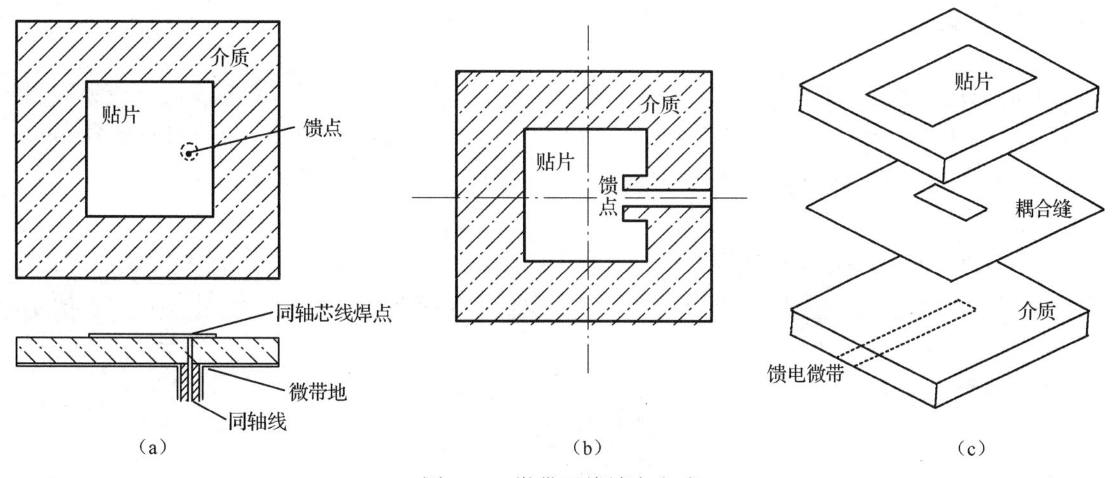

图 7.13　微带天线馈电方式

常见的微带天线产生圆极化的方式主要有两种，一种是通过馈电网路在正方形的微带辐射片两侧馈电，并使得两路馈电幅度相等，相位差 90°；另一种是在正方形贴片上切去或增加单元Δs（引入简并分离单元Δs 微扰）来实现圆极化辐射，馈电点与简并单元Δs 的相对位置决定了极化方向。图 7.14（b）给出的为右旋圆极化方式，若将馈电点位置移动至 y 轴的相对应位置或将馈电点以 x 轴为对称轴移动至对称位置，则为左旋圆极化方式。

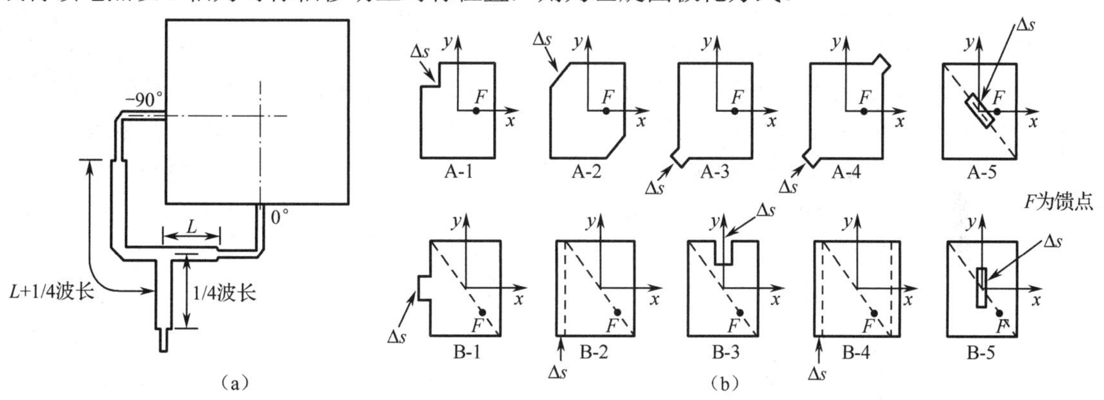

图 7.14　圆极化微带天线

微带天线的一大优点是可以与馈电网络一体化设计并制作在同一印制板上组成微带天线阵。如图 7.15 所示为典型的 4 单元微带天线阵列示意图。

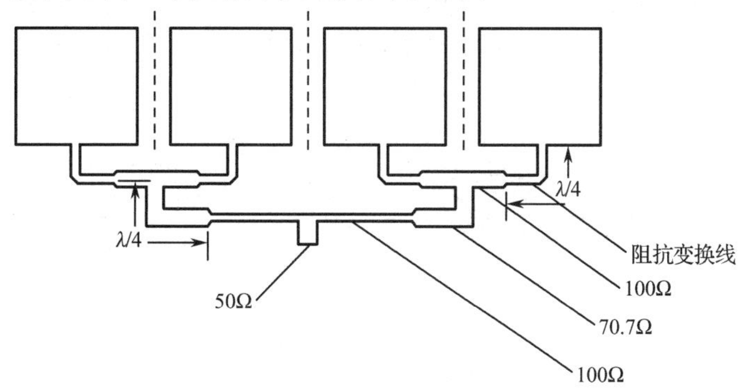

图 7.15　典型的 4 单元微带天线阵列示意图

7.2.6　Vivaldi 天线

Vivaldi 天线是一种宽带定向天线，具有两个对称的辐射臂，主要组成包括指数渐变槽线（辐射臂）和馈电巴伦。Vivaldi 天线是一种指数渐变槽线天线（Exponientially Tapered Slot Antenna，ETSA），起初是由 P.J. Gibson 于 1979 年提出的。采用的渐变槽线曲线函数如下：

$$y = \pm A e^{PX}$$

指数渐变的槽线满足比例变换原理，理论上无限长槽线的天线可具有无限的带宽。然而实际天线的尺寸受限，根据工作频段的要求，对无限长渐变槽线进行截断，如图 7.16（a）所示。

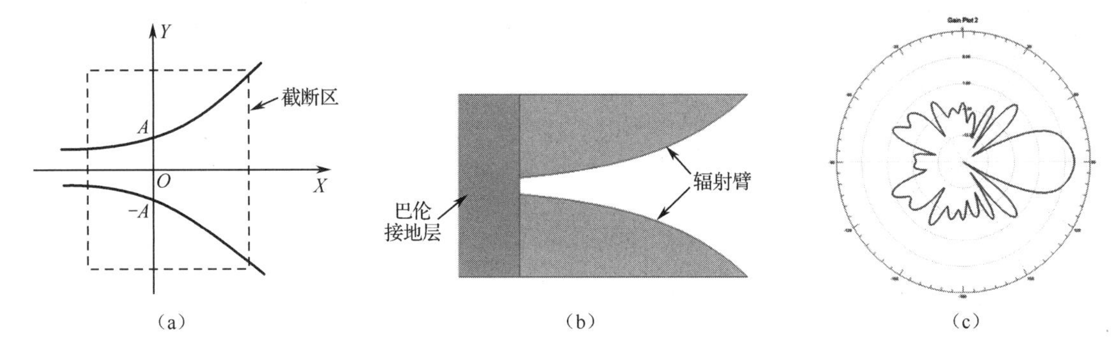

（a）　　（b）　　（c）

图 7.16　Vivaldi天线

制作在微波介质基板上的 Vivaldi 天线如图 7.16（b）所示，两个辐射臂印刷在微波介质基板的同一面上，二辐射臂间的槽线按指数规律渐变，从较窄逐步变宽，不同的工作频率其主要辐射区处于渐变槽线的不同区域，最窄和最宽的部分决定了天线高低截止频率，一般要求天线宽度为最低工作波长的二分之一。Vivaldi 天线是一种端射行波天线，辐射主要集中于二辐射臂的内部区域，槽线是辐射的主要区域，最大辐射方向指向槽线开口方向，如图 7.16（c）所示。Vivaldi 天线具有平稳的群时延，可以无失真地传输脉冲波形。

由于 Vivaldi 天线具有一系列优点，针对该类型的天线研究出不少改进形式，以满足宽带、小型化及阵列单元的应用。

7.2.7　喇叭天线

喇叭天线是微波波段常用的一种天线形式，其可以作为中等增益的口径天线，同时常作为反射面天线的馈源使用。通过不同的极化激励，喇叭天线可形成不同的极化方式。由于喇叭天线的设计值和实际测量值接近，喇叭天线常用作微波频段的标准天线。基本的喇叭天线形式有以下几种，如图 7.17 所示。

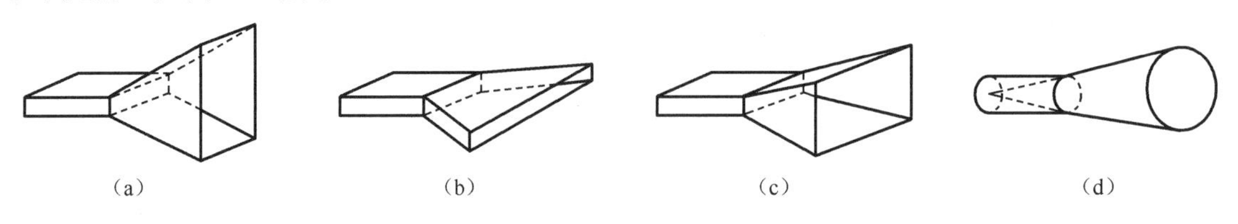

（a）　　（b）　　（c）　　（d）

图 7.17　喇叭天线的几种常用形态

图 7.17（a）为矩形波导 E 面开口逐渐扩大成 E 面扇形喇叭，其 H 面方向图与开口波导的

方向图相同，E 面方向图则与开口尺寸及开口过渡段长度有关。图 7.17（b）为矩形波导 H 面开口逐渐扩大成 H 面扇形喇叭，其 E 面、H 面方向图与尺寸关系与图 7.17（a）相反。图 7.17（c）为矩形波导 E、H 面开口同时逐渐扩大成角锥喇叭，H、E 面方向图皆与开口尺寸及开口过渡段长度有关。图 7.17（d）为圆波导逐渐扩大成圆锥喇叭，波束宽度是开口尺寸及开口过渡段长度的函数。

由于传输波从馈电波导传送至喇叭口面各点的长度不同，其相位延迟也不相同，口面上的辐射波不再是等相位波。在一定的过渡长度时，增大口面至某一尺寸，天线增益达到最大值，继续增大口径将导致增益下降。将达到增益最大值的口面尺寸及过渡长度的称为最佳喇叭。

上述几种喇叭天线激励为主模（矩形波导 TE10，圆波导 TE11），其 H 面方向图与 E 面方向图的宽度不一致，两个面的相位中心也相差较大。在对辐射特性要求较高的抛物面天线设计中，希望初级馈源的 E 面、H 面辐射图具有“等化”的波束宽度、重合的相位中心，上述几种喇叭天线不满足上述要求。多模喇叭通过在喇叭口面激励主模、高次模合理搭配，实现方向图等化、各辐射面的相位中心重合等要求。常见的多模喇叭有 3 种，即波纹喇叭、渐变圆锥多模喇叭和扼流环多模喇叭，如图 7.18 所示。

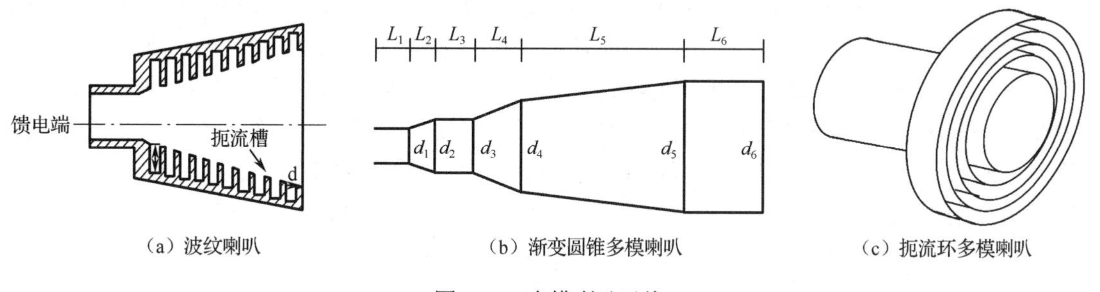

（a）波纹喇叭　　（b）渐变圆锥多模喇叭　　（c）扼流环多模喇叭

图 7.18　多模喇叭天线

波纹喇叭是一种混合模喇叭，在普通的圆锥喇叭内部加入扼流槽，它具有轴对称的方向图，各辐射面具有近似重合相位中心，其交叉极化电平与副瓣都很低。波纹喇叭具备上述优良性能的原因是：通过在喇叭的内壁开有深约 1/4 波长的槽，抑制喇叭内的纵向电流；其传播的是混合 HE 模，其中的 TE 波和 TM 波分量具有相同的截止频率和相速，在平衡混合状态，口径场分布为圆对称分布。

渐变圆锥多模喇叭由馈电段、移相段和张开段三部分组成，如 7.18（b）所示。圆锥多模喇叭的设计就是设法激励、控制和使用高次模。根据需要，在设计过程中采用张角渐变结构来激励高次模，通过相移段保证高次模在口径上有正确的相移。

扼流环多模喇叭由中心圆波导和外加环波导组成，中心圆波导由主模 TE11 模激励，外环波导则可激励多个模式 TE 模和 TM 模，通过合理设计各波导尺寸，外环波导激励 TE11、TE12、TM11，抑制掉外环波导的 TEM 以及其他高次模。控制模比使 E 面 H 面具有良好的相位特性和旋转对称主极化方向图特性。

工程应用中常见加“脊”喇叭天线，这种喇叭天线具有很宽的工作带宽。双脊角锥喇叭在喇叭的一面，加入双脊，双脊间的距离从馈电处向喇叭口处逐渐扩大，以实现馈电处向阻抗向自由空间阻抗的逐步过渡，在一个较宽的频率范围保持该特性，如图 7.19 所示。

矩形波导主模式为 TE10 模，在其中加入寄生脊后，并未使波导的主模发生变化，只是在双脊边沿处加容性加载，使波导主模频带得到扩展，主模截止波长变长，从而使单模传输带宽可以达到数倍频程；另外存在容性加载，可以直接与同轴线阻抗匹配。

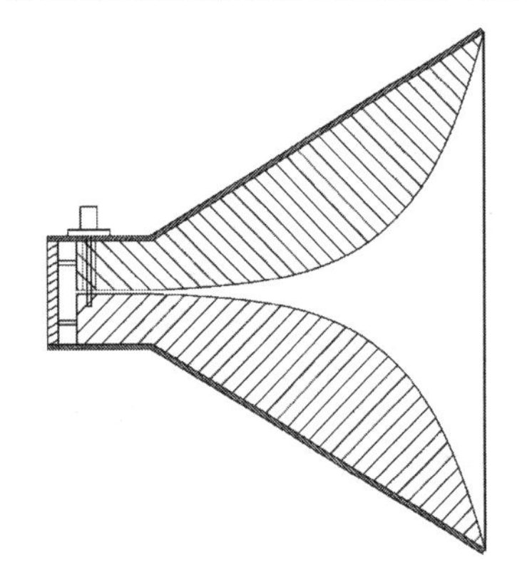

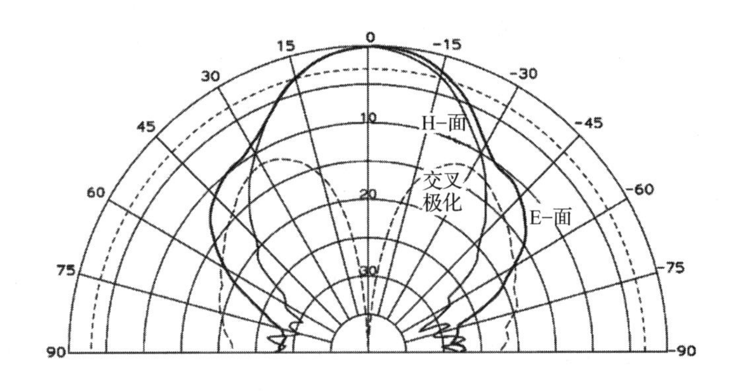

图 7.19　“脊”喇叭天线及方向图

7.2.8　对数周期天线

对数周期天线是很常见的宽频带定向天线，由长度按一定比例变化、平行排列的多根电偶极子组合而成，通过平衡传输线（集合线）从最短振子端馈电。天线的电特性随频率的对数作周期性变化，且在一个周期内天线的电特性变化不大。由于对数周期天线在整个频率范围内电特性变化小，又被称为频率无关天线。对数周期天线可以实现很宽的工作带宽，在工作频带内具有定向的辐射图及中等增益（5～10dBi）。该种天线既可作为单个辐射器或组成阵列用，又可作为宽带反射面天线的馈源用。对数周期天线结构如图 7.20 所示。

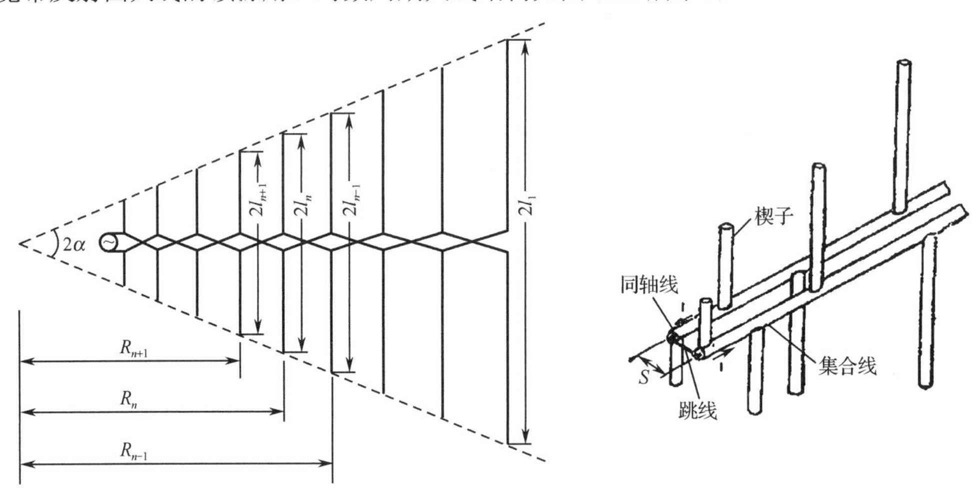

图 7.20　对数周期天线（LPDA）结构

该天线一般是用平行双导线的集合线对各振子馈电，天线的相邻振子是反相的。图 7.20 右图采用平行双臂集合线的结构实现了相邻振子交叉馈电，嵌于集合线一臂内的同轴线的外导体与该臂集合线直接相连，而同轴线的芯线通过跳线连接到集合线的另一个臂上。

对数周期天线的结构参数主要取决于参数比例因子 τ 、顶角 α 和间距因子 δ ，如图 7.20 所示。它们之间的相互关系为

$$\tau = \frac{l_n}{l_{n-1}} = \frac{R_n}{R_{n-1}} = \frac{d_n}{d_{n-1}} < 1$$

$$\text{tg}\alpha = \frac{l_n}{R_n}$$

$$\delta = \frac{d_n}{4l_n} = \frac{1-\tau}{4\tan\alpha}$$

对于某一工作频率，天线整个结构可划分为3个区域，即传输区、辐射区和未激励区，天线辐射主要由辐射区的天线振子产生。当振子的长度l_n约为工作频率的1/4波长时将产生谐振，该振子及前后相邻的振子激励的电流明显大于其他振子，它们组成天线的“辐射区”对天线的辐射起着决定性的作用。随着工作频率的变化，天线的辐射区随之移动，频率高时就移向短振子方向，反之亦然。图7.21给出了频率范围为200～600MHz的对数周期天线在三个工作频率时各振子辐射电流的幅度分布结果。

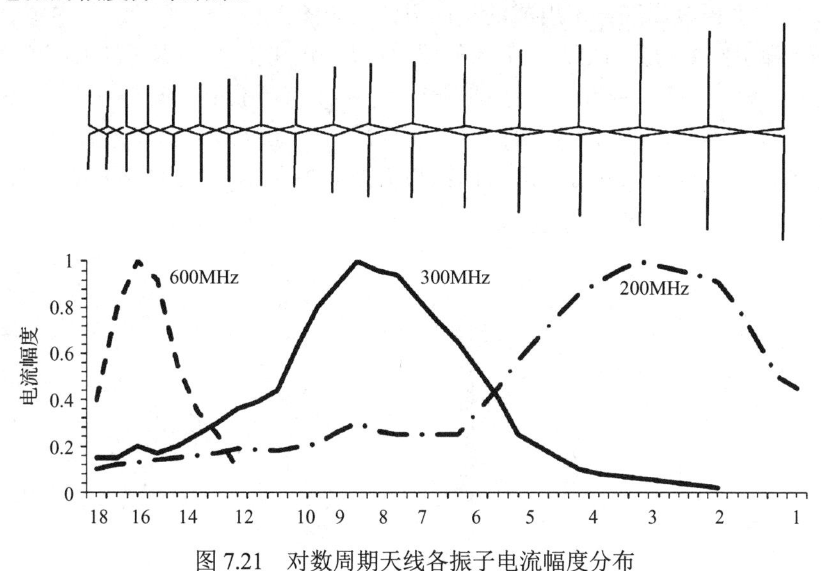

图 7.21　对数周期天线各振子电流幅度分布

从图 7.21 中可以看出，随着工作频率的升高，振子辐射电流的峰值，从“长振子”区域逐渐向“短振子”方向移动。

图 7.22 给出了对数周期天线增益随设计的各参数变化的曲线图。

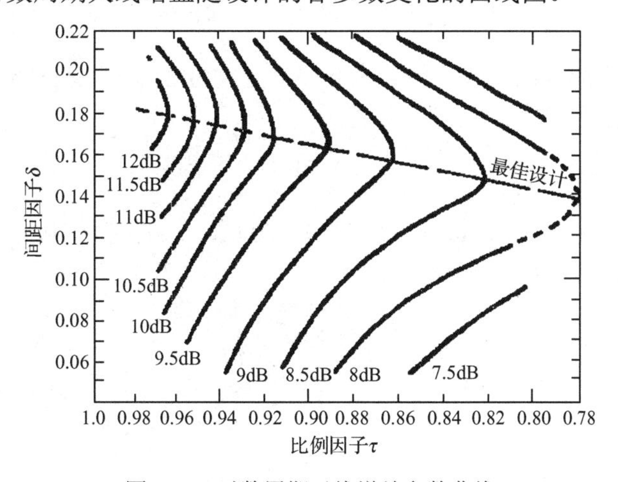

图 7.22　对数周期天线增益参数曲线

在设计中，根据天线电性能的要求选择合适的参数 τ、δ；根据工作频带的情况，选取天线

的最长振子长度 $l_{\max}$ 和最短振子长度 $l_{\min}$。两者的比值称为结构带宽 B_s：

$$B_s = \frac{l_{\max}}{l_{\min}} = \tau^{1-N}$$

实际工作带宽要比结构带宽窄。根据经验，工作带宽 B_o 与 B_s 的关系为

$$B_o = \frac{B_s}{1.1 + 30.7\delta(1-\tau)}$$

最长振子长度 $l_{\max}$ 一般选取最低工作频率波长的 1/4 或略长。

7.2.9　八木天线

八木天线是由多根金属细振子组成的定向天线，如图 7.23（a）所示。其中由一根有源振子馈电，其余为多根引向器和反射器，反射器的根数通常为一根。有源振子的长度约为二分之一波长，反射器的长度略大于有源振子，而引向器长度略小于有源振子，振子间距为（0.1～0.3）λ。八木天线振子长度的差异，使得其在引向器上感应的电流相位滞后于有源振子，而反射器上的感应电流相位超前有源振子，其合成的方向图最大方向指向如图 7.23（b）所示的引向器方向。

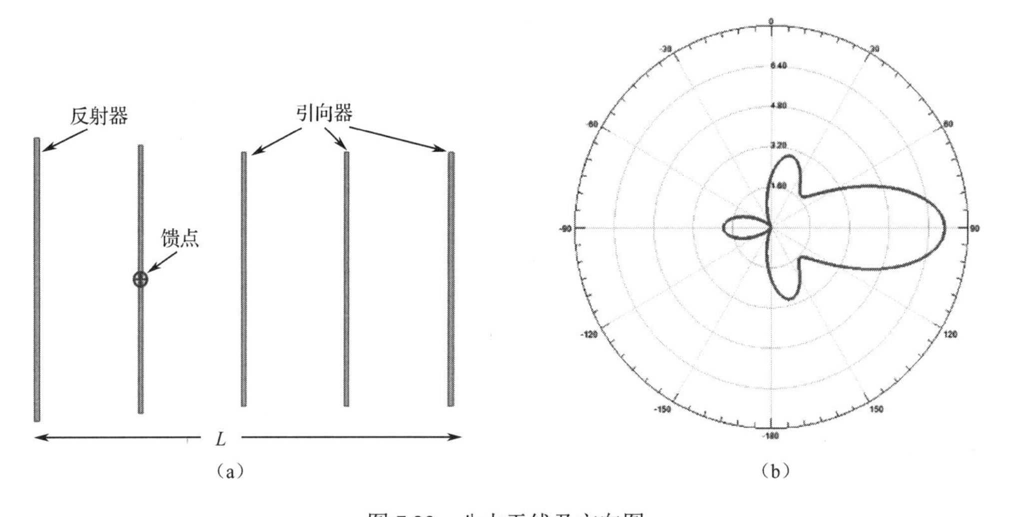

图 7.23　八木天线及方向图

八木天线虽然可看成行波天线，但其带宽并不宽，通常为 10%～30%。八木天线的方向性系数可根据天线长度进行估算：

$$D \approx k\frac{L}{\lambda}$$

一般情况下，$L=$（3～8）λ，$k=10$；$L=$（10～50）λ，$k=7$；$L>50\lambda$，$k=4$。随着长度 L 增大 k 减小。而 3dB 波束宽度 φ 可按下式近似计算：

$$\varphi \approx 55^\circ\sqrt{\frac{\lambda}{L}}$$

7.3　可重构天线

可重构天线是通过天线与相应的控制电路相结合，通过动态改变天线的电结构或尺寸，实

现天线特性参数变化，让天线性能根据系统需要进行调整，使其具有多付天线的功能。可重构天线可分为频率可重构天线、方向图可重构天线、极化可重构天线和多电磁参数可重构天线，分别可实现天线的工作频率、方向图、极化方式和多种参数的调整。

频率可重构天线具有在一定的频带范围内连续或离散的调整能力，通过控制加载的开关、变容二极管等，改变天线的有效辐射尺寸或材料特性等实现天线工作频率的调整。方向图可重构天线是指对辐射方向图具有重构能力的天线，通过改变天线的辐射结构，从而改变辐射器上的电流分布实现具有特定天线辐射方向图的重构。极化可重构天线则在工作频率和辐射方向图基本不变的情况下，实现天线极化方式的改变。多电磁参数的混合方式可重构天线是指对天线的工作频率、辐射方向图和极化方式中多种参数具有独立调节能力的天线。在实际的可重构天线设计中，天线工作频率、方向图及极化特性都会因为天线辐射结构改变而变化。无论在哪种重构方式的变化中，都需要对各项性能进行综合评估，保证其符合系统使用的需求，这也是重构天线的一个难题。

7.3.1　频率可重构天线

图 7.24 所示为基于圆形微带贴片天线形式实现频率重构的例子。天线结构形式如图 7.24（a）所示，天线辐射部分主要为一圆形贴片，在圆形贴片外附加二对矩形贴片，在圆贴片内及 4 个矩形贴片端焊接 6 个（3 对）pin 开关（D1～D6）；pin 开关的“开”状态近似射频短路、“关”状态近似射频开路。通过控制 3 对 pin 开关处于不同的“开”“关”状态，使得微带贴片天线的谐振中心频率分别调整于 1.8GHz、2.1GHz、2.4GHz 三个频点，如图 7.24（b）所示。

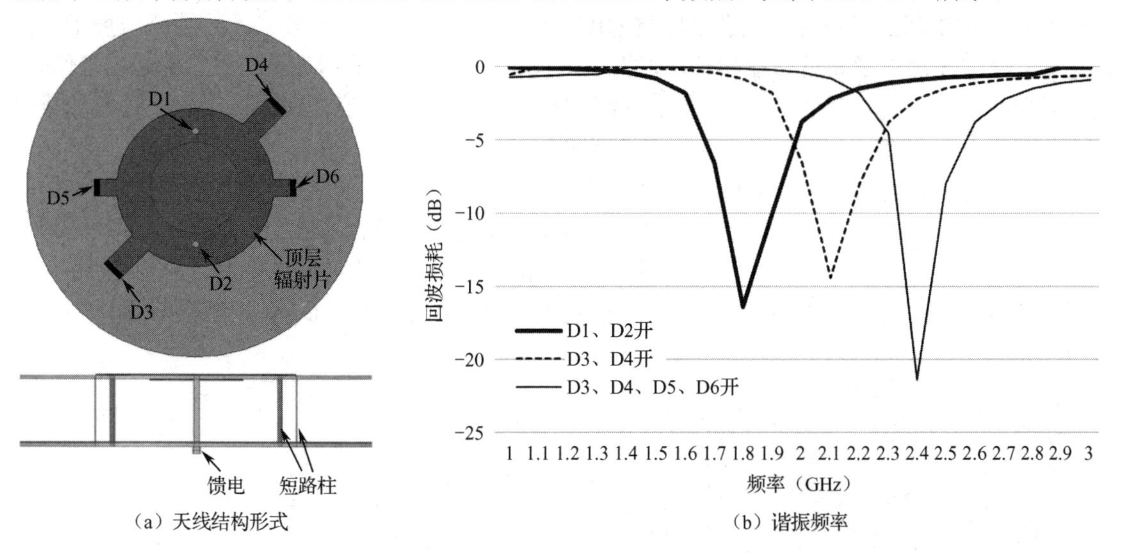

（a）天线结构形式　　（b）谐振频率

图 7.24　频率可重构微带贴片天线

7.3.2　极化可重构天线

图 7.25 为一个基于正方形微带贴片天线实现极化可重构的例子。将一个正方形的微带贴片天线 4 个角与主贴片断开，用 4 个 pin 二极管（开关）连接，如图 7.25 所示。通过控制 4 个 pin 二极管的开、关状态，分别实现线极化、左（右）旋圆极化的切换。

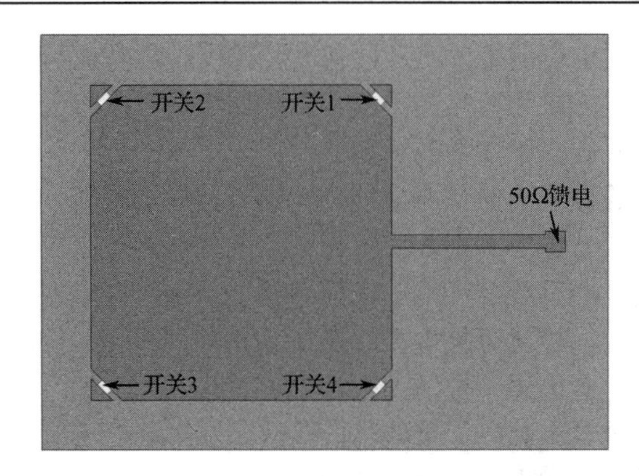

	开关1	开关2	开关3	开关4	极化态
状态1	开	开	开	开	线极化
状态2	开	关	开	关	左旋圆极化
状态3	关	开	关	开	右旋圆极化

图 7.25　极化可重构微带贴片天线

正方形微带的状态 1 模式下，4 个 pin 开关处于开状态，4 个切角近似于与主贴片短路，此时辐射贴片为完整正方形，天线工作于线极化状态；当开关 1、3 开，2、4 断状态，辐射贴片近似于切去开关 2、4 所在位置的二角的微带切角天线，此时天线工作于左旋圆极化模式；而当开关 1、3 断，2、4 开状态，则等效于 1、3 位置的二角切除的微带切角天线，此时天线工作于右旋圆极化模式。

7.3.3　方向图可重构天线

图 7.26 为一个基于微带八木天线实现方向图重构的例子。天线为一个三振子组成的微带八木天线，其中中间振子馈电（为调节阻抗匹配，馈电位置在非中心位置），外围两个振子为无源振子，将二无源振子靠近二端断开，如图 7.26（a）所示，断开处用变容二极管连接。工作时，通过控制加载在变容二极管两端的电压，改变变容二极管的电容值，使得二无源振子的加载电容值发生变化，达到天线的波束指向改变的目的。

当控制 D1 二端的电压，使 D1 的电容值较大，即该处的串联负载较小，此时左边振子的等效电长度较大，类似于八木天线的反射振子；同时控制 D2 的电容值较小，串接的负载大，右边振子的等效电长度较短，类似于引向振子；此时微带八木天线的方向图主瓣方向偏向于右边，即形成图 7.26（b）所示的方向图。同样，控制 D1 的电容值较小，D2 的电容值较大，则形成如图 7.26（c）所示的方向图。

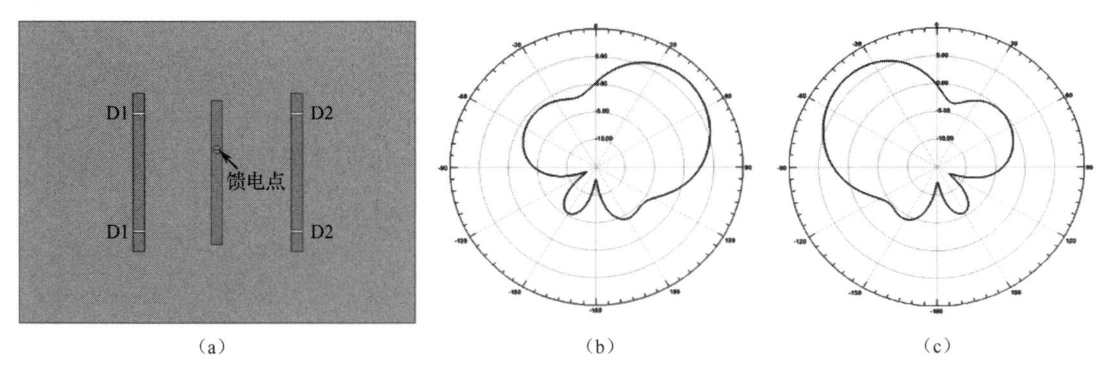

（a）　　（b）　　（c）

图 7.26　方向图可重构微带八木天线

7.4　用于智能处理的阵列天线

阵列天线是采用某些弱方向性的天线（天线单元）按一定的方式排列组成天线阵，通过对天线阵各单元的馈电幅度和相位的控制，可以形成不同的阵列方向图。与智能系统结合，通过对各天线单元的幅度、相位优化设计、控制，可形成系统所需的各种空域覆盖。天线阵列排列方式主要有一维线阵和二维面阵。

基于软件无线电方式的具备收发功能的有源相控阵天线组成如图 7.27 所示。

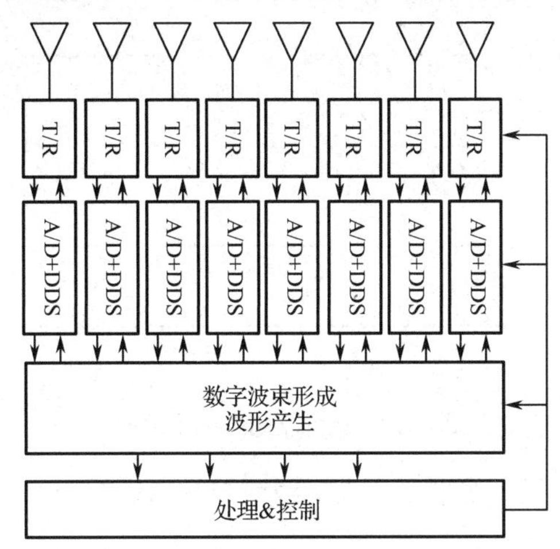

图 7.27　有源相控阵天线组成

该天线中包括接收和发射两个部分，其中 T/R 组件中的发射组件 T（transmitter）、DDS 及波形产生部分组成发射通道，T/R 组件中的发射组件 R（receiver）、A/D 及数字波束形成部分组成接收通道。发射通道的幅度、相位通过控制 DDS 产生，接收通道的幅度、相位则在数字波束形成中赋值。

7.4.1　一维线性阵列天线

一维线性阵列天线是阵列天线的基本形式，其合成的示意图如图 7.28 所示。

N 个单元的合成电场为

$$E = W_1E_1 + W_2E_2 + \cdots + W_iE_i + \cdots + W_NE_N = \sum_{i=1}^{N} W_iE_i$$

天线单元 i 在远区 P 点的辐射场为

$$E_i = f_i(\theta)\frac{\mathrm{e}^{-\mathrm{j}k_0r_i}}{4\pi r}$$

式中，$f_i(\theta)$为阵中单元 i 的方向函数。根据场的迭加原理，阵列天线的合成场表示为

$$E = \sum_{i=1}^{N} W_if_i(\theta)\frac{\mathrm{e}^{-\mathrm{j}k_0r_i}}{4\pi r}$$

式中，W_i 为第 i 单元的加权系数。当各阵元方向性函数相同，记为$f(\theta)$，此时，

$$E=\frac{f(\theta)}{4\pi r}\sum_{i=1}^{N}W_i\mathrm{e}^{-\mathrm{j}k_0r_i}=f(\theta)\frac{1}{4\pi r}F(\theta)$$

式中，$F(\theta)$为阵列方向性函数，天线阵方向性函数为阵元方向性函数与阵列方向性函数的乘积，即方向图相乘原理。

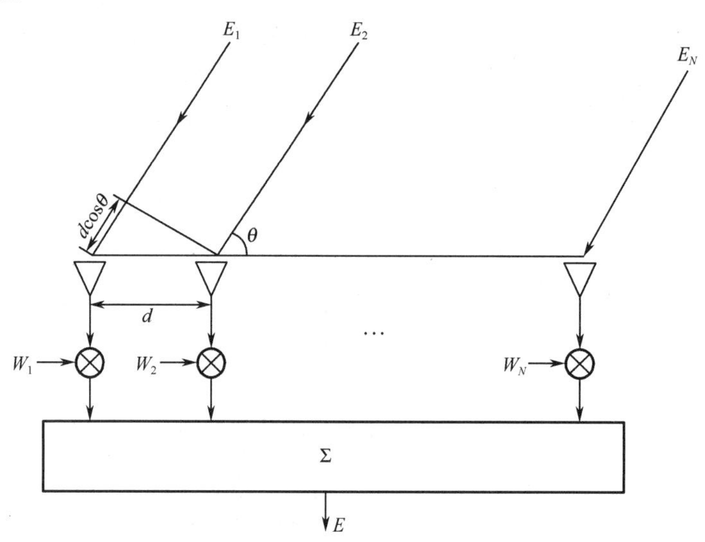

图 7.28　线性阵列合成示意图

通常的阵列天线中，单元天线采用全向天线或弱方向性的天线，天线阵列的方向图主要取决于阵列的方向性函数 $F(\theta)$ 。

$$F(\theta)=\sum_{i=1}^{N}W_i\mathrm{e}^{-\mathrm{j}k_0r_i}$$

假定辐射源到第一个阵元的距离为 r_0，根据图 7.28，有：

$$r_i=r_0-(i-1)d\cos\theta$$

为简化分析，令 $W_i=A_i\mathrm{e}^{\mathrm{j}\phi_i}$ ，A_i为第 i 单元幅度加权因子（取 A_i=1），ϕ_i为第 i 单元的相位加权角（取 $\phi_i=(i-1)\Delta\Phi$）。因此，

$$F(\theta)=\mathrm{e}^{-\mathrm{j}k_0r_0}\sum_{i=1}^{n}\mathrm{e}^{-\mathrm{j}(i-1)(d\cos\theta-\Delta\Phi)}$$

式中，$\mathrm{e}^{-\mathrm{j}k_0r_0}$ 与方向角无关，可以省略。

$$F(\theta)=\sum_{i=1}^{n}\mathrm{e}^{-\mathrm{j}(i-1)(d\cos\theta-\Delta\Phi)}$$

从上式看，当满足 $d\cos\theta_0-\Delta\Phi=0$ 时，$F(\theta_0)$ 达到最大。因此，可以通过控制 $\Delta\Phi$ 的值，调整波束最大指向 θ_0 。

相控阵天线的相位加权角 $\Delta\Phi$ 一般通过数字移相器实现。数字移相器的最小移相量（移相步进）$\phi_{\min}$ 为

$$\phi_{\min}=\frac{2\pi}{2^m}$$

其中 m 为移相器位数（bit），典型 4bit 数字移相器原理图如图 7.29 所示。

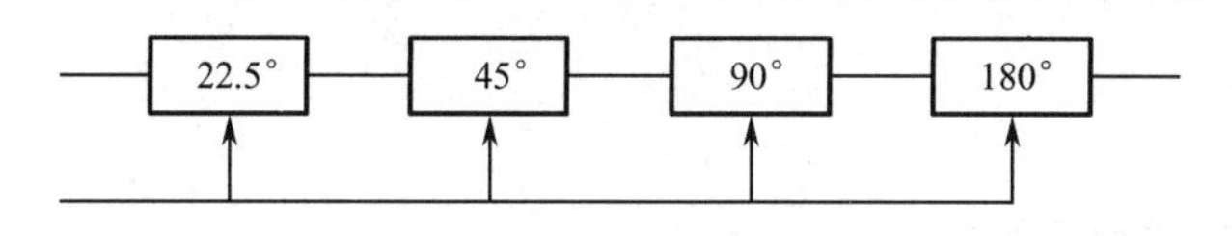

图 7.29　4bit数字移相器的原理图

一个四位（4bit）的数字移相器可以产生：0°，22.5°，45°，67.5°，…，337.5°共十六种移相角度。通过移相实现波束控制，如图 7.30 所示。

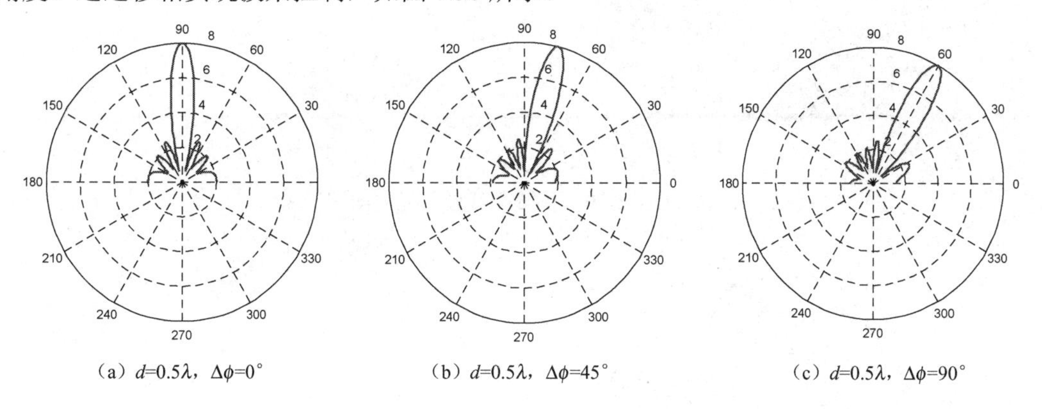

（a）d=0.5λ，Δφ=0°　（b）d=0.5λ，Δφ=45°　（c）d=0.5λ，Δφ=90°

图 7.30　阵列实现扫描示意图

相控阵天线设计中，最大波束扫描角度与天线单元互耦在设计中相互制约，天线间距过小会导致单元间的互耦增大，而单元间距过大会使扫描角度较大时出现栅瓣。保证扫描不出现栅瓣的阵元间距与扫描角度关系如下：

$$d \leqslant \frac{\lambda}{1+\sin\theta_{\rm m}}$$

式中，d 为单元间距，λ 为工作波长，$\theta_{\rm m}$ 为最大扫描角度。

7.4.2　圆形阵列天线

另一种常见的阵列为如图 7.31 所示的圆形阵列，N 个天线均匀分布在一个水平面的同心圆上，如图所示。由于圆形阵列在水平面分布的几何特点，可以在水平面 360°实现基本一致的性能。

如图 7.31 所示，第 i（i=1,2,…,N）天线单元与圆心间的相位差为

$$\varphi_i = \frac{2\pi R}{\lambda}\cos\left(\frac{2(i-1)\pi}{N}-\theta\right)$$

圆形天线阵方向性函数为

$$f(\theta)=\sum_{i=1}^{N}A_i f_i(\theta)\mathrm{e}^{\mathrm{j}\frac{2\pi R}{\lambda}\cos\left(\frac{2(i-1)\pi}{N}-\theta\right)}$$

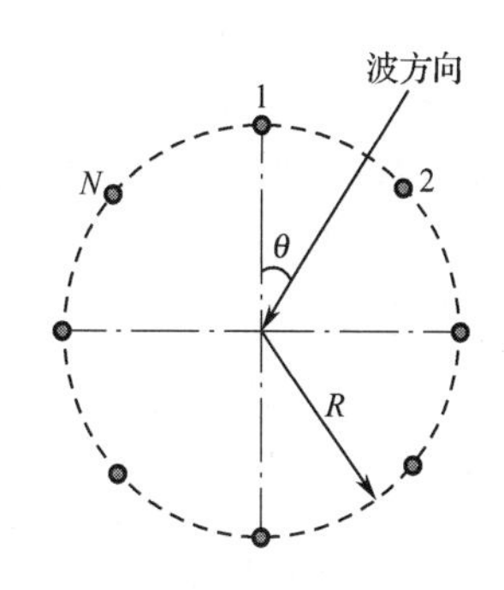

图 7.31　圆形阵列排布示意图

式中，$f_i(\theta)$为 i 单元的方向性函数，A_i 为第 i 单元的复（幅度和相位）加权系数。图 7.32 所示为一个八单元定向天线组成的圆阵例子。

图 7.32（a）为八定向天线单元组成圆阵实物图，图 7.32（b）为其中一个单元的方向图。通过对各天线的幅度、相位加权，既可以形成如图 7.33（a）所示的各个方向的定向波束，也可形成如图 7.33（b）所示的各个方向的全向波束。

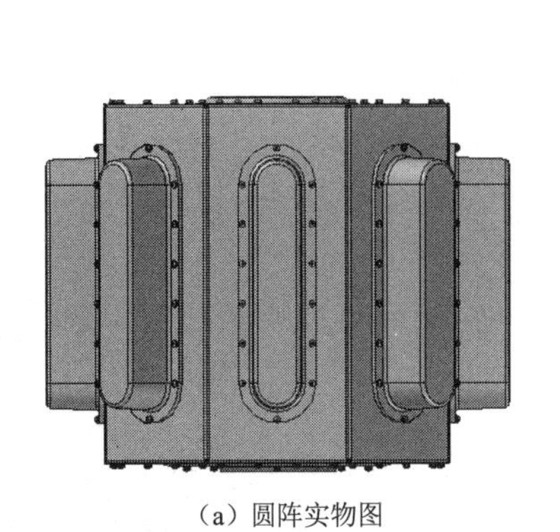

（a）圆阵实物图

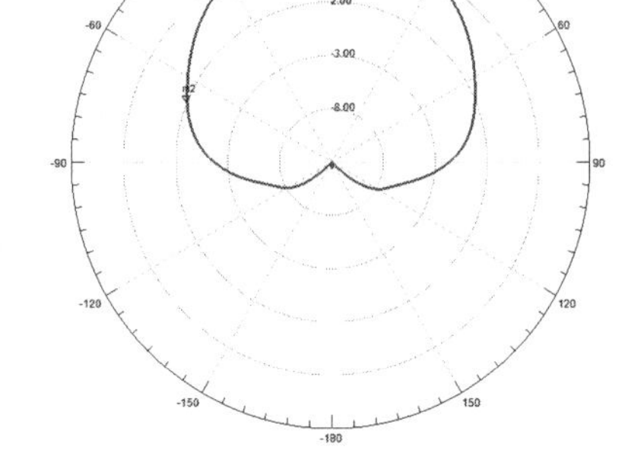

（b）单元方向图

图 7.32　八单元圆阵天线及单元方向图

（a）八单元圆阵形成各方向的定向波束

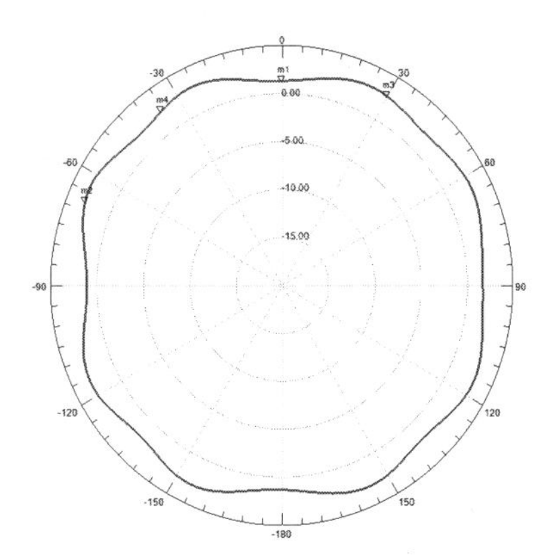

（b）八单元圆阵形成各方向的全向波束

图 7.33　八单元圆阵形成阵列方向图

7.4.3　阵列天线的去耦

由于天线平台的物理空间限制，天线单元相互靠近，在一般阵列天线的设计中，天线单元间的互耦成为影响阵列天线性能的重要因素。在 MIMO 系统中，天线互耦的存在会导致系统信道容量的降低；在相控阵系统中，互耦影响可能导致扫描盲点的出现。在通常的阵列天线设计中，降低天线单元的互耦是保证阵列天线性能的重要途径。随着阵列天线的广泛应用，研究出许多天线去耦合技术，其基本思路就是：在原有阵列天线单元间，额外设计一组耦合通道（去耦通道），使引入的耦合通道与原单元间的耦合相互抵消，达到减小天线单元间耦合度的目的。图 7.34 为二单元阵列天线去耦设计的原理图。

如图 7.34（a）所示，增加去耦通道的天线耦合包括两个耦合路径，其中路径①为阵列天线单元 1 与天线单元 2 间的空间耦合，路径②通过并联引入的去耦通道。其采用耦合导纳矩阵描述如图 7.34（b）所示，两个耦合路径导纳矩阵分别为

$$[Y①]=\begin{bmatrix} Y_{11} & Y_{12} \\ Y_{21} & Y_{22} \end{bmatrix}$$

$$[Y②]=\begin{bmatrix} Y'_{11} & Y'_{12} \\ Y'_{21} & Y'_{22} \end{bmatrix}$$

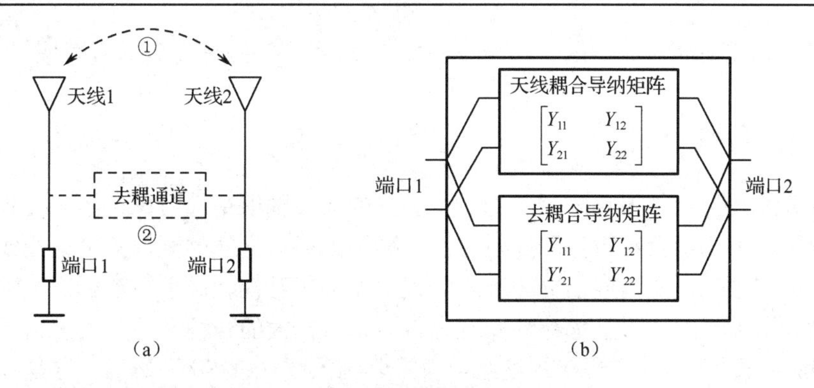

图 7.34　二单元阵列天线去耦设计原理图

整个天线的导纳矩阵为

$$[Y]=[Y①]+[Y②]=\begin{bmatrix} Y_{11}+Y'_{11} & Y_{12}+Y'_{12} \\ Y_{21}+Y'_{21} & Y_{22}+Y'_{22} \end{bmatrix}$$

根据上式，实现二端口隔离，则导纳矩阵：

$$Y_{12}+Y'_{12}=0，\quad Y_{21}+Y'_{21}=0$$

图 7.35 为一个在二单元圆形微带贴片天线阵列增加去耦回路的例子。其中图 7.35（a）为未附加去耦电路的二单元天线正面结构图，图 7.35（c）为增加耦合回路的天线结构的正面图，二者天线的背面图相同，如图 7.35（b）所示。图 7.35（d）为天线阵增加去耦回路前后的耦合参数对照图。

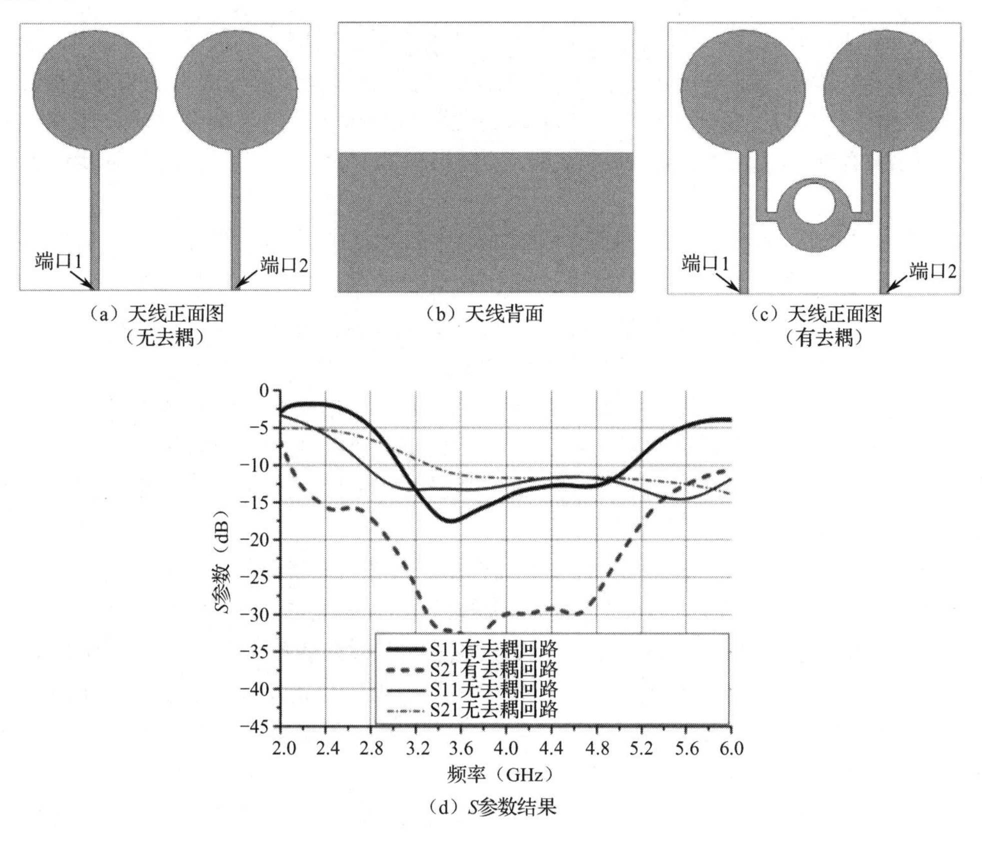

图 7.35　去耦回路实例及S参数结果

从图 7.35（d）的结果看，增加耦合回路后的天线互耦参数 S21 较前者有明显的降低。

7.4.4　紧耦合天线阵列

常规阵列天线设计中，天线阵元作为一个独立的天线辐射单元考虑，组成阵列后，天线单元间的互耦会影响单元的阻抗带宽和辐射特性，抑制天线单元间的互耦是设计天线阵列的主要思路。然而，在宽频带、宽角度扫描的天线阵列中，抑制互耦就成了很难解决的难题。紧耦合天线阵列则是利用单元间的强互耦特性实现宽带、宽角扫描的一种天线阵列。紧耦合天线思路来自于 Wheeler 教授于 1965 年提出的连续电流片阵列天线（CCSA）概念，这是一种只在理论上存在的理想阵列天线，其输入阻抗和辐射阻抗中均不包含电抗分量，辐射电阻只与波束指向有关，这种 CCSA 具有极宽的工作频带和很广的波束扫描范围。

下面我们通过一维电偶极子线阵的紧耦合天线简单阐述其基本思路，该阵列的天线布阵及等效电路图如图 7.36 所示。

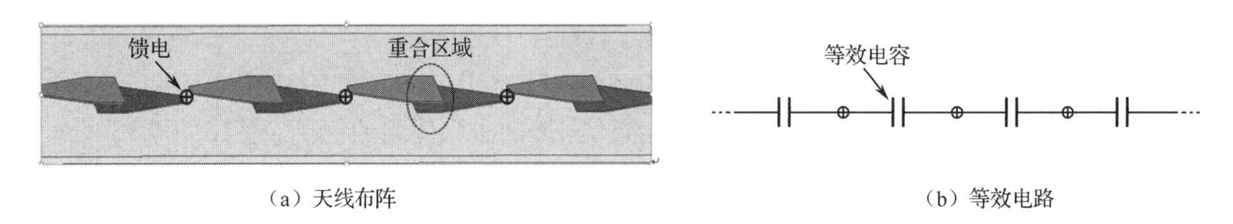

（a）天线布阵　　（b）等效电路

图 7.36　紧耦合天线布阵及等效电路

图 7.36（a）所示的偶极子阵列的排列中，其相邻的偶极子单元的振子交错排列，且特意将振子的末端重合，增强天线单元间的耦合；等效于在相邻的偶极子单元间串联一等效耦合电容，其等效电路如图 7.36（b）所示。此时，由于在天线单元间等效串接了耦合电容，在整个天线阵列口径上形成连续的电流分布，这与 Wheeler 教授提出的 CCSA 的模型相近，且其性能也较为符合 CCSA 的分析。

然而，上述模型与实际的天线还是有差别：①如图 7.36（a）所示的模型中，天线的辐射朝天线面上、下两个方向，而实际的天线设计却往往只要求单个方向，通常需要在天线下方加载接地反射板。而接地反射板的引入会导致天线阻抗随频率剧烈变化，同时，辐射方向图会在某些频段出现开裂。②在 CCSA 的模型中，假定的是无限单元天线阵列，而实际的天线阵列毕竟是有限的，有限天线单元的“截断”也会导致边缘单元特性的恶化，影响阵列的宽带、宽角扫描性能。以上几个问题是紧耦合天线实现宽带宽角扫描所需解决的关键问题。

图 7.37 所示为 Munk 教授于 2012 年报道的紧耦合天线阵，天线单元采用电偶极子形式，如图 7.37（a）所示。该天线具有以下特征：

① 以周期结构仿真的紧密排列的偶极子辐射单元高度仅为最低工作频率波长的 0.055，单元天线间距仅为最低频率波长的 0.022，且相邻单元间振子部分重合，天线阵列单元间紧耦合。

② 引入阻性频率选择表面（FSS）。天线在地面反射板与辐射振子间插入了阻性频率选择表面（FSS），插入的 FSS 在高频段呈反射特性，在低频段呈介质特性；使得在宽频段范围内辐射振子的辐射信号与反射板反射的信号间相位差波动趋缓，天线阻抗随频率变化趋缓、辐射方向图变化趋缓，拓宽了天线带宽。

③ 在辐射振子上方增加了介质层（覆板）。通过增加该介质层减缓了由于采用阻性频率选择表面而带来的效率降低。

依据该设计制造的 4×4 天线阵如图 7.37（b）所示，实测结果在 1.2～6GHz 频率范围，其辐射口径效率达 70%。由于阵列规模偏小，且未采取边缘截断补偿措施，样机实测的最低工作频率远大于采用周期结构仿真的频率 0.28GHz。

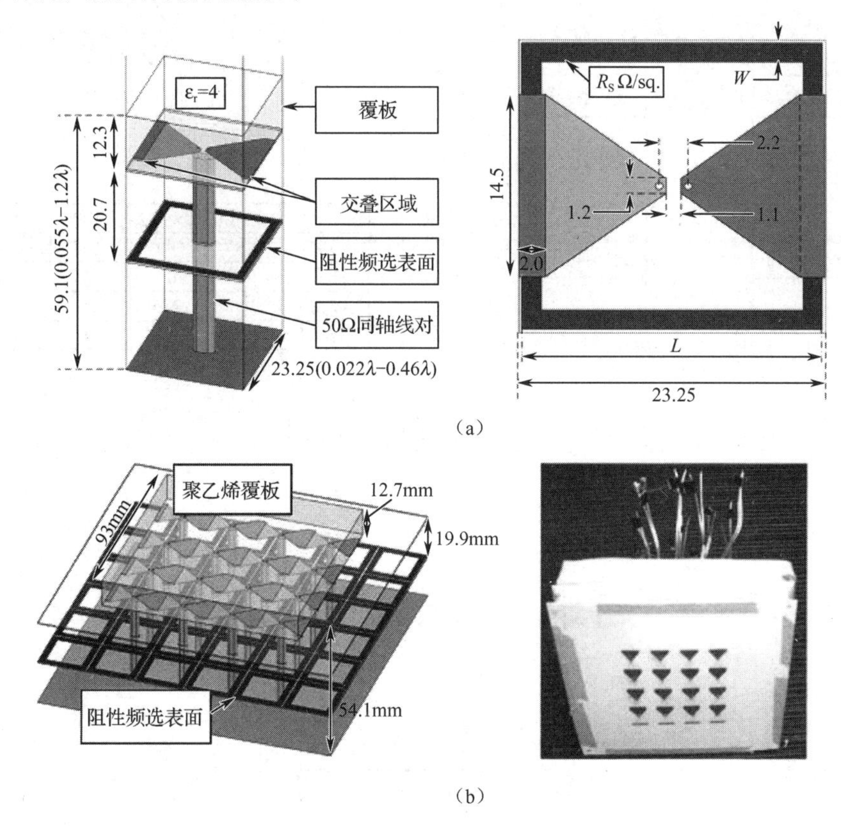

图 7.37　采用阻性FSS的紧耦合天线阵

7.4.5　多波束天线

实现多波束天线的方式有很多种，包括采用透镜天线、多馈源的反射面天线和阵列天线。早期典型的多波束阵列天线的采用 Butler 矩阵馈电方式，如图 7.38（a）为 4×4 的 Butler 矩阵的阵列天线系统，图中虚线为各天线单元接收到的信号合成至波束 4 的路径。从图 7.38（a）看到，不同天线单元合成至不同的波束其相位延迟不同，如图 7.38（c）表所示；由于各波束的合成馈电相位不同，就形成如图 7.38（b）所示不同的波束指向。

Butler 矩阵结构简单制作方便，在早期的多波束天线中应用广泛。但是，该矩阵一经制作完成，硬件电路固化，其波束数量、指向就不能改变，限制了在某些场合的应用。目前，多波束阵列天线大多采用数字波束形成技术，其组成框图 7.39 所示。

每个天线单元的信号经射频通道后转化为数字信号，在数字波束形成（DBF）中对每个单元天线的信号进行幅度、相位加权，由于每个数字波束形成的加权值都是在数字域独立控制的，因此，各个波束指向都可以灵活变化。

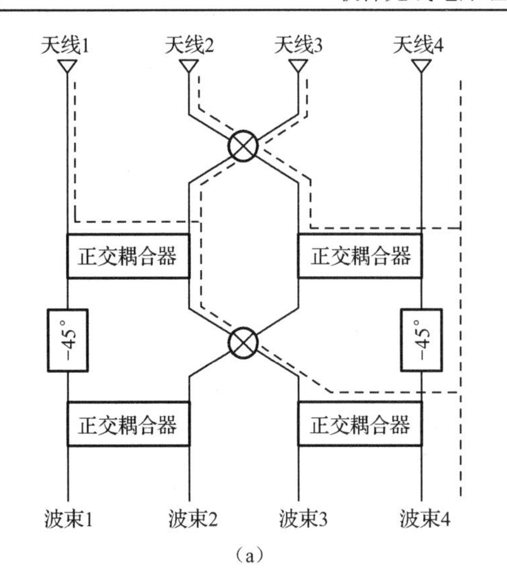

（a）

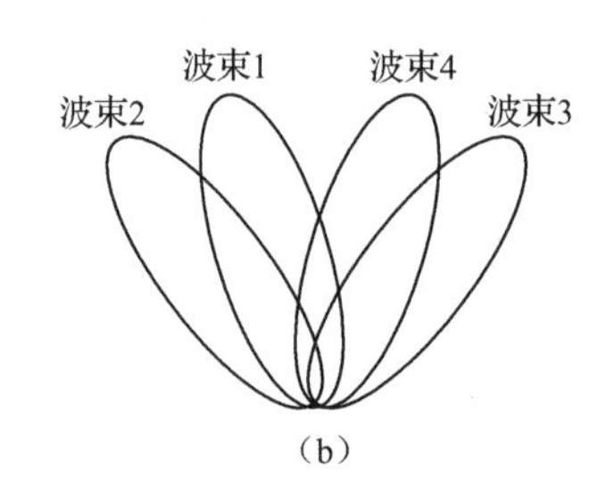

（b）

	天线1	天线2	天线3	天线4
波束1	-45°	-90°	-135°	-180°
波束2	-135°	0°	-225°	-290°
波束3	-90°	-225°	0°	-135°
波束4	-180°	-135°	-90°	-45°

（c）

图 7.38　4×4 Butler矩阵天线阵列

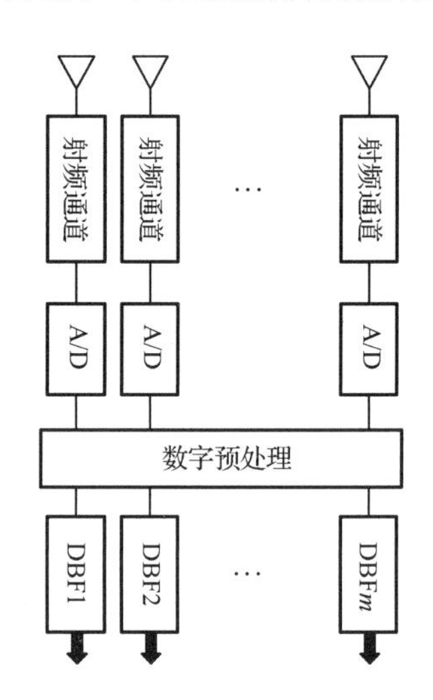

图 7.39　数字多波束阵列天线组成框图

习题与思考题 7

1．设天线的输入功率为 10W，反射功率为 1W，求天线的驻波比。

2．天线的极化是如何定义的？

3．简述微带天线的基本特点。

4．以对数周期天线为例，简述宽频带天线的工作原理。

5．一直径为 2.5m 的反射面天线，工作频率为 6GHz，口径效率为 0.55。计算该天线的增益以及其半功率波束宽度。

6．一维线性阵列，天线阵元间距为半波长，要求波束指向偏离法线方向 15°，此时相邻天线单元间的相位差应为几度？

第 8 章　软件无线电在无线工程中的应用

前几章我们从软件无线电的基本概念、理论基础、结构模型到软件无线电的软硬件平台、信号处理算法等几个方面对软件无线电进行了系统性的分析介绍。这些内容构成了软件无线电的基本理论框架，对开展软件无线电基础理论研究，进行软件无线电产品开发都是极其重要的，并对软件无线电的发展起到积极的推动作用。软件无线电这一在军事通信领域首先诞生的设计新概念、新思想不仅可以被广泛应用于军事通信，也可以在无线电其他领域获得广泛应用，甚至推广到所有无线电系统，成为无线电工程统一、通用的现代方法。本章在介绍软件无线电在个人移动通信、军事通信中典型应用的基础上，进一步探讨在电子战、雷达、卫星等领域的应用，提出了软件化电子战系统、软件雷达、多功能综合一体化系统、软件星等新概念、新思想。本章的讨论可以说只是轮廓性的、概念性的，只能起到抛砖引玉的作用，对相关领域有兴趣的读者可以做更深入的分析、思考和研究。

8.1　软件无线电在军事通信中的应用

软件无线电这个术语最早是在军事通信领域提出的。美军为了解决海湾战争中多国部队各军种进行联合作战时所遇到的互联互通互操作（简称“三互”）问题提出了软件无线电（Softwear Radio）的新概念。因为以往的军事通信装备无论是工作频段，还是信息传输格式或者是通信体制，陆、海、空三军均各自为政，互不兼容，导致在联合作战时各军种间无法进行快速沟通、互传信息情报，结果是名义上的联合作战，而实际上只是各军种的简单参与，完全形成不了真正意义上的“联合”。简单就工作频段来说，陆军主要工作在 30～88MHz，空军主要工作在 225～400MHz，而海军则主要以短波（2～30MHz）为主。陆、海、空三军上述这种简单的频段划分，虽然解决了三军间的相互干扰问题，但三军联合作战时互联、互通、互操作问题显然就很难解决。特别是美军通过海湾战争，充分暴露了军事通信互通性差、反应速度慢、带宽太窄、速率太低等一系列影响联合作战的关键技术问题。于是 1992 年提出了软件无线电的最初设想，并于 1995 年美国国防高级研究计划局（DARPA）提出了 SPEAKeasy 计划，我们称之为“易通话”的演示验证计划。该计划的最终目的是开发一种能适应联合作战（即满足美军“2010 年联合构想”）要求的三军统一的多频段、多模式电台，即 MBMMR（Multi-Band Multi-Mode Radio）电台。“易通话”计划分几个阶段来实施，第一阶段（SPEAKeasy Ⅰ）主要完成概念研究和需求论证；第二阶段（SPEAKeasy Ⅱ）则完成模型样机的开发，并进行靶场演示验证；第三阶段（SPEAKeasy Ⅲ）则进入装备研制和采购。美军的这一行动大大推动了 MBMMR 电台的开发进程，也有力促进了软件无线电技术的发展。下面主要介绍 SPEAKeasy Ⅱ MBMMR 电台的体系结构以及 JTRS 的发展状况。

8.1.1　软件无线电的先驱——MBMMR 电台

MBMMR 电台作为 SPEAKeasy 计划的一个中间演示验证产品是工作在 2MHz～2GHz 的多频段多模式电台，这种电台不仅能与常规的 HF、VHF、UHF 电台通信，而且还能与 SINCGARS、Have–Quick Ⅱ跳频电台以及卫星通信终端、Link11 数据链终端、EPLRS 设备等非常规通信装备进行话音通信和数据或视频传输，同时还能接入民用蜂窝系统，而且还具备 GPS 定位和定时同步等功能，MBMMR 电台的组成框图如图 8.1 所示。

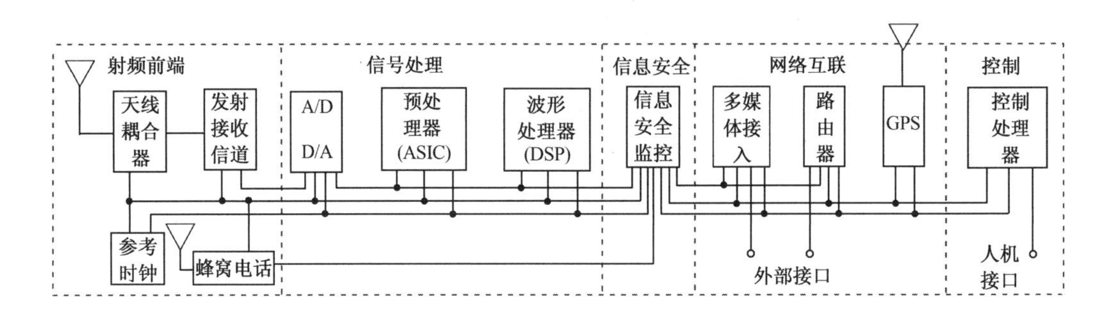

图 8.1　MBMMR电台的组成框图

由图 8.1 可见，MBMMR 电台的结构与前面介绍的软件无线电结构是完全类似的。对于接收过程，首先通过接收信道进行频率变换，把射频信号变换为中频信号，然后进行 A/D 采样，把模拟信号变换为数字信号；高采样速率的数字信号首先经过预处理，根据所接收的信号带宽进行抽取滤波，并形成正交基带信号，然后送到波形处理器进行解调，得到话音或数据、视频信息。通过波形处理器得到的解调数据并不马上送到人机接口单元进行监听或显示，而是首先经过信息安全性检测，信息安全监控单元的作用主要是进行信息加密和解密，并进行身份合法性鉴定，以确保信息安全。发射过程与接收进程正好相反。另外，这种多频段多模式电台除了完成一般的通信电台的功能外，还可以用作无线网关，即在两个不同制式的电台之间起到制式转换的作用，比如 Have-Quick 电台与 Link11 终端用户之间的通信就可以通过 MBMMR 电台来实现。它首先把 Have-Quick 的信号接收下来进行解调，再重新按 Link11 的波形要求调制到 Link11 终端用户的频率上，并发射出去，反之亦然。当然作为网关使用时，必须要求 MBMMR 电台有两个以上的收/发信道。所以实际开发成功的 MBMMR 电台共有 6 个信道，即 4 个可编程信道，1 个蜂窝信道，1 个 GPS 信道。图 8.1 只画出了 1 个可编程信道，其余 3 个可编程信道是完全并行的，图中未画出。

MBMMR 电台不仅采用了模块化设计和标准总线，而且采用开放式结构。这种开放式结构对投资商来说有更大的市场，对用户来说则有更多的选择空间（技术、价格、性能、供货期、服务等），可以说开放式结构是一种“双赢”结构，如同计算机市场，用户和投资商都获得了极大的利益一样。所以，未来的军事通信市场也必然会带来巨大的“双赢”局面，并由此而极大地推动军事通信的快速发展。

8.1.2　联合战术无线电系统

联合战术无线电系统简称 JTRS 是美军为适应三军联合作战的需要，在 MBMMR 的基础上提出的一种战术通信系统[1,2]。系统的构成基础是基于 MBMMR 的联合战术无线电台（JTR）。JTR 系列电台以通用、开放的硬件结构为平台，通过不同的软件配置可以在所有环境领域（如机载、地面、移动、固定站、海上、个人通信等）中使用。JTR 的工作频段与 MBMMR 是一样的，即 2MHz～2GHz，具有以下技术特性：

- 即插即用通用性；
- 模块化硬件可现场配置；
- 波形软件可现场编程；
- 嵌入式定位：自动向网络输送态势感知；
- 保密的数据网络功能；
- 3 个或更多个其他网络模式；
- 自动区域或互联网路由选择；
- 动态网络连接、寻址和带宽分配；
- 选定的传统无线电台；
- “动中通”功能；
- 开放式物理结构和软件结构；
- 适应未来技术、系统和支援作战结构（可扩展性）。

JTR 电台的参考模型如图 8.2 所示。该模型与图 8.1 所示的 MBMMR 电台的组成结构是完全类似的。JTR 电台与以往常规电台的最大不同点是具有很强的网络功能和信息安全处理能力。由其参考模型可知，JTR 电台内部设置了两种互连总线即“红”总线和“黑”总线，“黑”总线用于射频信号处理，“红”总线用于系统控制，两者通过信息安全模块进行隔离，以确保电台的信息安全。JTR 电台与 MBMMR 电台相比所需支持的信号波形更多更广泛，如表 8-1 所示。除表 8-1 中所列各种波形外，JTR 还应能适应技术发展进行快捷高效的波形升级。很显然 JTR 电台如果不基于软件无线电的设计思想是不可能实现上述要求的，所以软件无线电是 JTR 的核心，是 JTR 的技术基础。

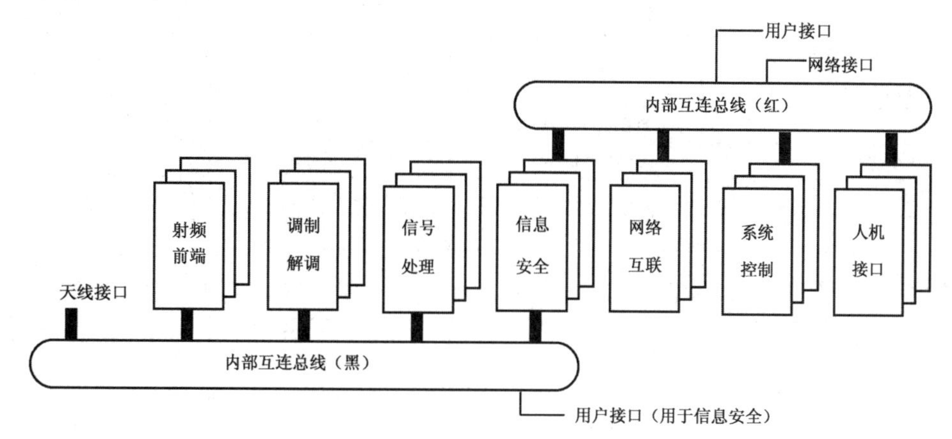

图 8.2　JTR电台参考模型

表 8-1　JTR 电台支持的信号波形

模式	频率	带宽	数据速率
HF-ALE(ISB)	2～30MHz	3～12kHz	4.8/9.6kbps
HF-ALE(SSB)	2～30MHz	3kHz	2.4/9.6kbps
Link11(TADIL-A)	2～30MHz 225～400MHz	3kHz 25kHz	2.25kbps
STANAG 4285(HF)	2～30MHz	3kHz	2.4kbps
STANAG 4259	2～30MHz	1.24kHz	1.8kbps
ATC HF 数据链	2～30MHz	3kHz	300/600bps 1.2/1.8kbps
SINCGARS	30～88MHz	25kHz	16kbps
VHF 移动用户无线终端（MSRT）	30～88MHz	25kHz	16kbps
VHF FM	30～88MHz	25kHz	16kbps
VHF AM	120～156MHz	25kHz	16kbps
VHF FM 公众服务（陆地移动无线电）	136～174MHz	12.5/25kHz	16kbps
ATC VHF 数据链	118～137MHz	25kHz	31.5kbps
UHF AM/FM PSK	225～400MHz	25kHz	16kbps
HAVE QUICK Ⅰ/Ⅱ	225～400MHz	25kHz	16kbps
UHF DAMA/DASA 卫星兼容（兼容 MIL－STD－188－181/182/183）	225～400MHz	5/25kHz	75/300/600bps 1.2/2.4/4.8/9.6/16kbps
UHF 卫星通信中速率（MDR）	225～400MHz	5/25kHz	7.2kbps 3.2kbps
Link4A（TADIL－C）	225～400MHz	25kHz	5kbps
Link11B（TADIL－B）	225～400MHz	25kHz	0.6/1.2/2.4kbps
联合战术终端（JTT）共用集成广播服务模块 CCIBSM	225～400MHz	5/25kHz	19.2kbps
高容量视距（HCLOS）	225～400MHz 1350～2690MHz	50kHz	256/512/768kbps 1.5/2.5/4/8Mbps
UHF FM 公共服务（陆地移动无线电）	403～512MHz	5/12.5/25kHz	16kbps
增强型定位报告系统（EPLRS）	420～450MHz	3MHz	57/114kbps
蜂窝电话	800～900MHz	12.5～30kHz	2.4～9.6 kbps
民用 GPS	1575.42MHz	2.046MHz	1.023kbps
军用 GPS	1575.42/1227.6MHz	20.46MHz	10.23kbps
Link16（TADIL－J）	969～1206MHz	3MHz	236/118kbps
INMARSAT BGAN	1626.5～1660.5MHz（上行）、 1525.0～1559.0MHz（下行）	200kHz	492kbps
数字宽带传输系统（DWTS）	1350～1850MHz	125 kHz	144/256/288/512/1024/ 1544/2048kbps
士兵电台	1.75～1.85GHz	25 kHz	16kbps

JTRS 计划的构想最早于 1997 年提出，旨在使用一种真正的联合通信能力来取代传统无线电台，把各军种的电台开发工作整合为一项计划，实现多军种的互联互通互操作联合作战

能力。JTRS 的所有产品（如第 1 章中所介绍的从"Cluster1"到"Cluster5"适合于多种用途的电台）都基于软件无线电实现，因此，与由专用硬件构成的系统相比，JTRS 更具扩展性和升级能力。JTR（联合战术无线电台）的每个信道都能根据任务需求由操作员决定使用特定波形，多信道 JTR 还能同时执行多个波形。JTR 的这种灵活性大大推动了美国国防部早期通信系统的转型。

随着 JTRS 计划的向前推进，该计划的构想也从取代传统电台转变为一种可支持 GIG（全球信息栅格）概念的网络系统，这一重大转变大大改变了 JTRS 的角色和意义。目前 JTRS 已成为战术作战人员接入 GIG 的通用无线终端，并把 JTRS 提供的能力称之为"最后一公里战术"能力。通过整合 JTRS 波形也从最初的 32 种缩减为如下 9 种：

- 宽带组网波形（WNW）；
- 士兵电台波形（SRW）；
- 单信道地面与机载无线电系统（SINCGARS）；
- 增强型定位报告(EPLRS) ；
- 高频波形（HF）；
- UHF 卫星通信波形；
- Link16 波形；
- 战术边缘联合机载波形（JAN-TE）；
- 移动用户目标波形（MUOS）。

8.2 软件无线电在移动通信中的应用

软件无线电概念虽然最早是为解决三军联合作战时，军事通信的互通互联问题而首先提出来的，但经过这几年的迅速发展，软件无线电已从军事研究领域的演示阶段发展成为现代移动通信特别是第三、四代移动通信的基石，软件无线电把硬件作为无线通信的通用平台，使硬件尽可能地脱离通信体制、信号波形以及通信功能，而尽可能多地用软件来实现。这样无线通信系统就具有更好的通用性、灵活性，而且系统升级也变得非常方便。我们知道个人移动通信已从第一代 FDMA 模拟蜂窝移动通信系统，第二代数字蜂窝移动通信系统（GSM、CDMA），第三代（TD-SCDMA、CDMA2000、WCDMA）移动通信系统（3G），发展到第四代移动通信系统（TD-LTE-advanced、LTE-Advanced FDD、OFDMA-WMAN-Advanced、WiMAX 等），第五代移动通信系统（5G）正在推广应用。4G 系统依然存在制式多且互不兼容、网络架构复杂、建设难度大等问题。未来个人移动通信所要达到的目标是：任何人在任何时间、任何地点都可以和任何人进行任何种类（话音、数据、图像等）的通信（简称"5W 通信时代"）。越来越大的通信需求，一方面使通信产品的生存周期缩短，开发费用上升；另一方面，新老体制通信共存，各种通信系统之间的互联变得更加复杂和困难，所以寻求一种既能满足新一代移动通信需求，又能兼容老体制，而且更具有扩展能力的新的个人移动通信体系结构成为人们努力的方向。而软件无线电正好提供了解决这一问题的技术途径[3]。这些年来，人们在软件无线电技术应用于移动通信方面做出了很大努力，例如欧洲的 ACTS（Advanced Communication Technology and Services）计划中，有三项计划是将软件无线电技术应用到第三代移动通信系统中的。FIRST（Flexible Integrated Radio Systems Technology）计划将软件无线电技术应用到设计多频多模可编程手机（可兼容 GSM、DCS1800、WCDMA 及现有的大多数模拟体制）。FRAMES（Future Radio

Wideband Multiple Access Systems）计划目标是定义、研究、评估宽带有效的多址接入方案来满足 UMTS 要求，技术方法之一是采用软件无线电技术；在美国，研究基于软件无线电的第三代移动通信系统的多频段多模式手机和基站，同时还注意到软件无线电技术与计算机技术的融合，为第三代移动通信系统提供良好的用户界面，如麻省理工学院的 SpectrumWare 计划。我国提出了基于软件无线电和智能天线技术的第三代移动通信系统方案（标准）TD-SCDMA，并把软件无线电技术在第三代移动通信中的应用课题列入国家 863 计划，成为我国第三代移动通信系统的关键技术之一，引起了通信技术领域科研人员的广泛重视，开展了大量的研究和应用开发，也取得了不少阶段性科研成果。本节将详细介绍软件无线电在移动基站及其手机中的应用，探讨其实现的技术途径。

8.2.1　软件无线电基站接收分系统

表 8-2 给出了各种移动通信系统的工作频段、占用的总带宽、信道间隔以及调制方式等。由表 8-2 可见，820～960MHz 和 1800～2200MHz 两个频段是蜂窝移动通信系统的常用工作频段，如此高的频率直接进行 A/D 采样目前是比较困难的，所以必须首先进行模拟下变频，把高频段信号搬移到频率相对较低的中频，然后再进行 A/D 采样数字化，也就是采用第 3 章介绍的第三种软件无线电结构，如图 8.3 所示。由图 8.3 可见，来自接收天线的上行信号，首先经过带通滤波器滤除带外信号，然后经过放大和混频，将射频信号（820～2200MHz）变换为中心频率为 f_0、带宽为 B（B=20MHz、25MHz、60MHz、75MHz、100MHz）的宽带中频信号，并经中频滤波滤除镜像频率 ，最后进行中频放大，放大到 A/D 所需的足够的信号电平，送到 A/D 转换器进行采样数字化。由此可见，图 8.3 所示的软件无线电基站前端电路的一个主要特点是宽带化，即它把基站所需接收的整个上行频段同时变换到中频，实现宽带处理，当然这种处理方式对 A/D 转换的要求就比较高了，比如 A/D 的采样速率要高，动态范围要大，特别是如果 A/D 动态范围（有效位数）做不高，就无法同时接收信号电平相差很大（如 80dB）的多个信号，这种宽带处理模式就无法满足实际要求了。有关软件无线电基站的挑战将在后面详细讨论，这里先讨论一下图 8.3 中几个关键参数（f_s、f_0、f_L、B）的选取问题。

表 8-2　移动通信系统的各种参数一览表

参数	AMPS	TACS	GSM	DCS1800	PCS1900	TD-SCDMA	CDMA2000	WCDMA
下行信道/MHz	870～890	935～960	935～960	1805～1880	1930～1990	1880～1920	2110～2170	2110～2170
上行信道/MHz	825～845	890～915	890～915	1710～1785	1850～1910	1880～1920	1920～1980	1920～1980
总带宽/MHz	20	25	25	75	60	40	60	60
信道间隔/kHz	30	25	200	200	200	1600	1250	5000
调制方式	FM	FM	QPSK	QPSK	QPSK	QPSK 8PSK	BPSK QPSK	BPSK QPSK
多址方式	FDMA	FDMA	FDMA TDMA	FDMA TDMA	FDMA TDMA	FDMA TD-CDMA	FDMA CDMA	FDMA CDMA

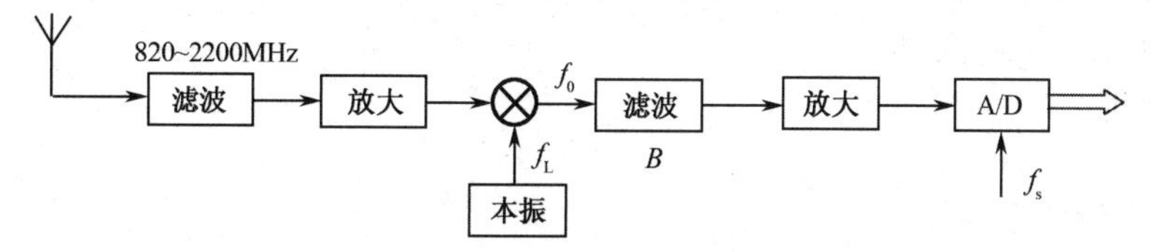

图 8.3　软件无线电基站宽带前端电路

如第 2 章的讨论，采样速率 f_s 必须满足：

$$f_s \geqslant (r+1)\cdot B \tag{8-1}$$

式中，B 为中频带宽，r 为滤波器矩形系数。当中频滤波器矩形系数 r=2 时，不同带宽 B 所需的采样速率 f_s 如表 8-3 所示。由表 8-3 可见，当中频带宽 B（也称瞬时处理带宽）较大时，所需的采样速率将接近 300MHz，如此高速的 A/D 转换器同时要满足大动态（80dB）的要求，在几年前还是不可想象的。但是随着微电子技术的发展，最近几已出现采样速率达到 200MHz 以上的商品化 16 位 A/D（理论动态可达到 90dB 以上），如表 8-4 所示。

表 8-3　软件无线电基站所需的采样速率

B/MHz	20	25	30	60	75	100
f_s/MHz	60	75	90	180	225	300

表 8-4　高性能 ADC 主要参数

ADC 器件型号	位　数	采 样 速 率	输入模拟带宽	动 态 范 围
ADS5463	12	500MSPS	2.3GHz	70dB
ADS5474	14	400MSPS	1.44GHz	80dB
AD9208	14	3GSPS	9GHZ	70dB
ADS5485	16	200MSPS	740MHz	90dB
ADS54J96	16	500MSPS	1.2GHz	81dB(f_{in}=310MHz)
ADS54J60	16	1GSPS	1.2GHz	78dB(f_{in}=300MHz)

采样速率 f_s 确定后，就可根据式（8-2）确定中频频率 f_0：

$$f_0 = (2n+1)\cdot\frac{f_s}{4} \tag{8-2}$$

式中，n=0,1,2,…为正整数。f_0 的选取除了要满足式（8-2）外，另外一个重要原则是要考虑互调产物以及本振反向辐射的影响[4]。因为本振频率 f_L 与 f_0 的选取有关，由式（8-3）确定：

$$f_L = f_i \pm f_0 \tag{8-3}$$

式中，f_L 为本振频率，f_i 为输入信号频率，f_0 为中频频率，取“+”号时采用高本振（$f_L>f_i$），取“−”号时采用低本振（$f_L<f_i$）。为降低本振反向辐射的影响，本振频率应满足：

$$\begin{aligned} f_L &< f_{i\min} \\ f_L &> f_{i\max} \end{aligned} \tag{8-4}$$

式中，f_{imax}、f_{imin} 分别为输入信号的最高和最低频率，由此可见中频频率应满足：

$$f_0 > B_i \tag{8-5}$$

B_i 为输入滤波器带宽（B_i=f_{imax}−f_{imin}）。在进行宽带混频时，式（8-3）中的 f_i 应为输入信号频段之中心频率，即

$$f_i = f_{i0} = \frac{f_{i\max} + f_{i\min}}{2} \tag{8-6}$$

为了满足式（8-4），f_0应满足：

$$f_0 > \frac{B_i}{2} \tag{8-7}$$

同理，无三阶互调的条件为

当选高本振时：

$$\begin{cases} 2f_L - f_i > f_{i\max} \\ 2f_i - f_L < f_{i\min} \end{cases} \tag{8-8}$$

当选低本振时：

$$\begin{cases} 2f_L - f_i < f_{i\min} \\ 2f_i - f_L > f_{i\max} \end{cases} \tag{8-9}$$

代入式（8-3）～式（8-6）可求得：

$$f_0 > \frac{3B_i}{2} \tag{8-10}$$

也就是说只要中频频率 f_0 大于输入带宽的 1.5 倍，就能满足无本振反向辐射或无三阶互调产物的要求。考虑到滤波器矩形系数以及留有一定富余量，一般可取：

$$B_i = 2B$$

所以有：

$$f_0 > 3B$$

比如选 f_0=3B，则当 B=100MHz（考虑到可升级，中频带宽适当放宽）时，f_0 可取大于 300MHz。当我们选取 f_0=340MHz 时，带通采样速率 f_s 为

$$f_s = \frac{4f_0}{2n+1} = \frac{4 \times 340}{2 \times 2 + 1} = 272\text{MHz} \tag{8-11}$$

这时要求抗混叠滤波器的矩形系数小于（272/100–1）=1.72，可见对抗混叠滤波器的要求并不高。最后，我们给出多频段基站前端的组成框图如图 8.4 所示。这种基于软件无线电的多频段宽带基站前端只需 3 个点频本振源（其中的 1210MHz 点频分管低端的两个频段；另外考虑到带宽有一定的设计富裕，2087.5MHz 小数点频可以设计为 2100MHz 整数值；同样的原因，其他两个点频也可以更改为 1200MHz 和 2200MHz），1 个采样时钟，1 个混频器以及若干个滤波器、放大器等组成，其结构非常简单，该前端适用于现有几乎所有移动通信系统 GSM、AMPS、TACS、DCS1800、PCS1900 等，另外只需增加前端滤波器和本振源就可进行频段扩展。

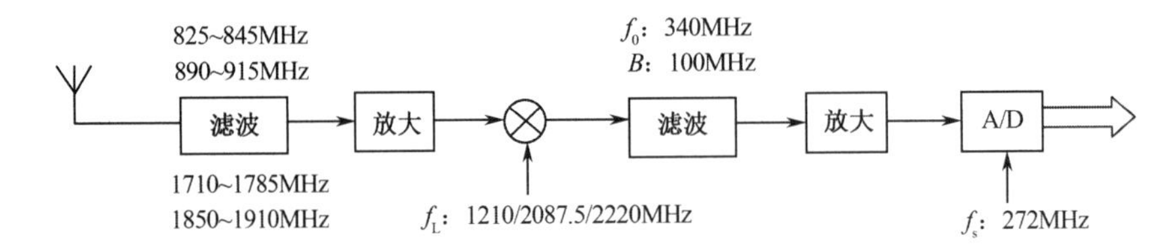

图 8.4　多频段基站前端组成框图

为使模拟射频前端设计更具有通用性和可扩展能力，本振可做成频合器，如图 8.5 所示。频合器工作频段为 3840～4540MHz。由于前端滤波器带宽为 700MHz（采样 2 个分段倍频程滤波器），所以必须采用二次混频方案，否则 340MHz 中频无法满足 f_0>3B 的要求。图 8.5 一中频选 5340/2340MHz，满足 f_0>3B=3×700=2100MHz 的要求；二本振就可以采用整数频率即 5GHz 和2GHz，以简化二本振的实现。当输入信号位于 800～1500MHz 频段时，取 f_0=f_{L1}+f_{i0}=5340MHz，

采用高中频；当输入信号频段位于 1500～2200MHz 频段时，取 $f_0=f_{L1}-f_{i0}=2340$，采用低中频（相对输入频率而言）。对于现有的移动通信系统，800～2200MHz 工作频段是足够的，能适应未来移动通信发展需要。当然图 8.5 所示的多频段基站前端设计方案只是设计方案可能的一种，这不是唯一的，也不一定是最佳的设计方案，这里只是作为一个例子介绍一下这种宽带多频段前端的设计思路。读者根据前面介绍的设计原则和基本方法完全可以自行进行设计。下面我们讨论 A/D 采样数字化后的信号处理部分。

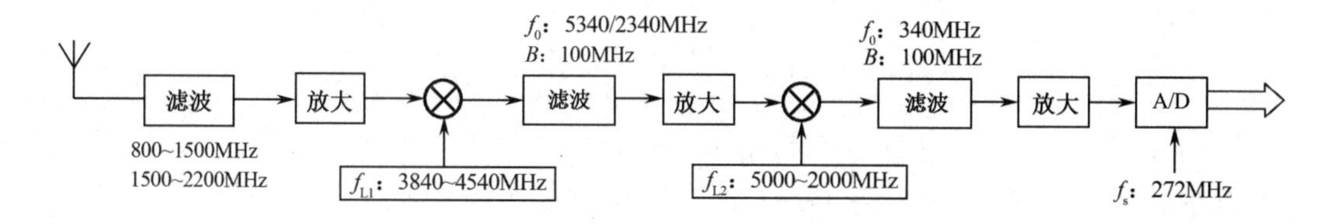

图 8.5　全频段基站前端方案（2G/3G/4G通用前端）

宽带射频信号经过图 8.5 所示的基站前端电路处理后，全部统一变换为带宽为 B，中心频率为 f_0 的中频信号，经后续的高速 A/D 采样数字化后，得到如图 8.6 所示的等效数字谱（图 8.6 只画出了正频分量，负频分量是与其对称的）。由图 8.6 可见，在整个取样带宽（Nyquist 带宽）$f_s/2$ 内，有效带宽为 B，即只对位于 B 内的信号感兴趣，而位于 B 外的信号是我们不感兴趣的带外干扰信号。当我们对 B 内的某一信号（图中示意性地画出了 4 个信号，对应的频率分别为 f_1、f_2、f_3、f_4）需要对其进行解调分析时，就可以采用前面介绍的软件无线电接收技术进行数字正交下变频以及抽取、滤波和软件解调，其组成如图 8.7 所示。

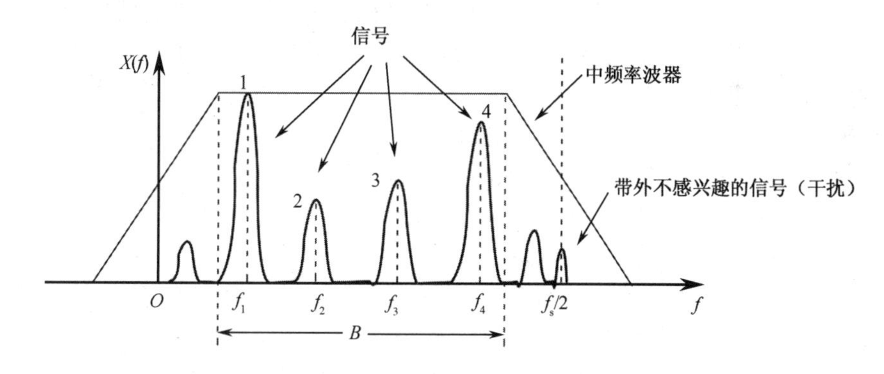

图 8.6　等效数字谱结构

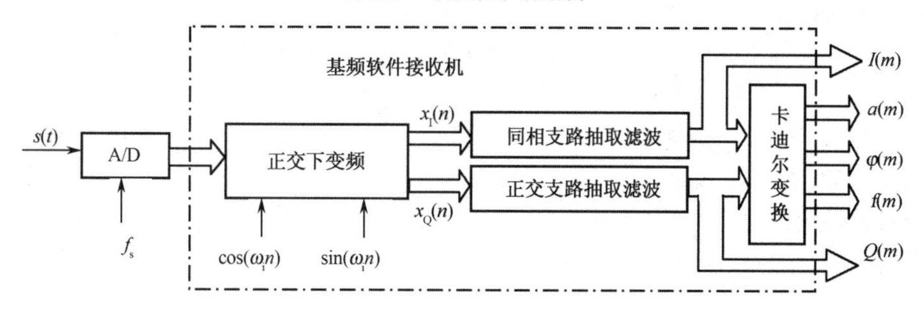

图 8.7　基站软件化接收机

A/D 采样信号首先通过两个正交本振 $\cos(\omega_i n)$和 $\sin(\omega_i n)$进行正交数字下变频把 B 内的某一信号（f_i）变换为两个正交基带信号 $x_I(n)$、$x_Q(n)$，由于信号带宽 B_s 相对于 Nyquist 带宽（$f_s/2$）窄得多，所以可以对高采样速率的基基带信号进行抽取，以降低采样速率，便于后续进行实时信号处理。抽取与滤波可以采用前面介绍的各种方法来实现如 CIC 抽取滤波、HB 半带抽取滤波、FIR 滤波以及多相抽取技术等。经抽取滤波后获得的低采样速率基带正交信号 $I(m)$、$Q(m)$，再经过卡迪尔（CORDIC）变换：

$$\begin{aligned} a(m) &= \sqrt{I^2(m) + Q^2(m)} \\ \varphi(m) &= \arctan\frac{Q(m)}{I(m)} \\ f(m) &\approx I(n-1) - Q(n)I(n)Q(n-1)[\text{设}\, a(m)\approx 1] \end{aligned} \tag{8-12}$$

求出信号的瞬时包络 $a(m)$、瞬时相位 $\varphi(m)$和瞬时频率 $f(m)$等特征参数，连同正交基带分量 $I(m)$、$Q(m)$共 5 个信号特征量送到后续的 DSP 进行软件解调、分析以及信号参数的估计、测量，最终输出解调的信息比特流。

以上只简单地介绍了对单信号的处理解调方法，我们知道作为移动通信系统基站必须具备同时多信号（多用户）处理能力。为此可以基于单信道软件无线电接收机的基础上实现并行多信道处理，如图 8.8 所示。由图 8.8 可见，通过基站接收天线感应的移动通信上行信号经模拟宽带前端变换为中频信号后，由高速 A/D 进行采样数字化，该数字化信号同时送给多个（比如 8～16 个）单信道软件无线电接收机，分别对各自感兴趣的信号（由数字正交本振频率 ω_i 确定）进行数字下变频、抽取、滤波以及软件解调，给出所需的解调信号比特流，送到多信号综合单元进行合路后再送往 BSC（基站控制器）进行后处理。图 8.8 所示的多信道软件无线电基站接收分系统，看起来似乎很复杂，而实际上图 8.8 中的多信道（8 信道）软件无线电接收机只需一个模块、一个芯片就能实现。市场上各种软件无线电相关产品也非常之多，如多通道的软件无线电接收机、数字正交混频器、FIR 数字滤波、半带滤波器、抽取滤波器以及用于载波恢复的数字柯斯塔斯环等。而 RFEL 公司还提供可以实现 64 信道 DDC 的软件无线电 FPGA 核，其功能结构如图 8.9 所示。该 FPGA 核能达到的性能指标如下[5]：

- 可在单片 Xilinx Virtex-5 SX 35 FPGA 上实现；
- 两片 16 位 ADC 输入，f_s>220 MSPS；
- 64 个独立可配置信道；
- 输入开关阵可把任一 ADC 输入接入任一信道；
- 各信道具有独立的调谐、增益、采样速率和输出滤波器选择控制能力；
- 输出采样速率：f_s/128～f_s/8192；
- 最大抗混叠输出带宽为：f_s/320（=625kHz，在 f_s=200 MSPS 时）；
- 8 个可编程输出成形滤波器；
- 示范滤波器性能：带内波动 0.1dB（峰峰值），无混叠带宽为输出采样速率的 80%，镜像抑制 80dB；
- 中心频率调谐精度优于 0.012Hz；
- 重采样输出速率的步进优于 0.012Hz；
- 端到端无杂散性能>80dB；
- 重采样输出的无杂散性能>80dB；
- 增益可调范围：0～90dB。

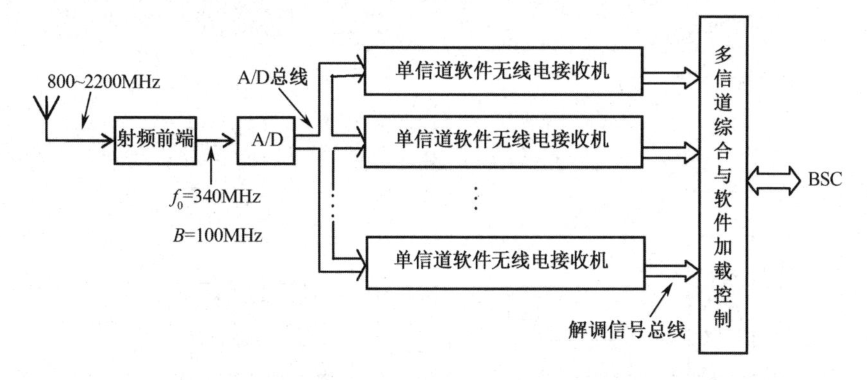

图 8.8　多信道软件无线电基站接收分系统组成图

采用这些专用器件，并结合 FPGA、ASIC、DSP 等即可实现能满足需要的软件无线电基站接收分系统。

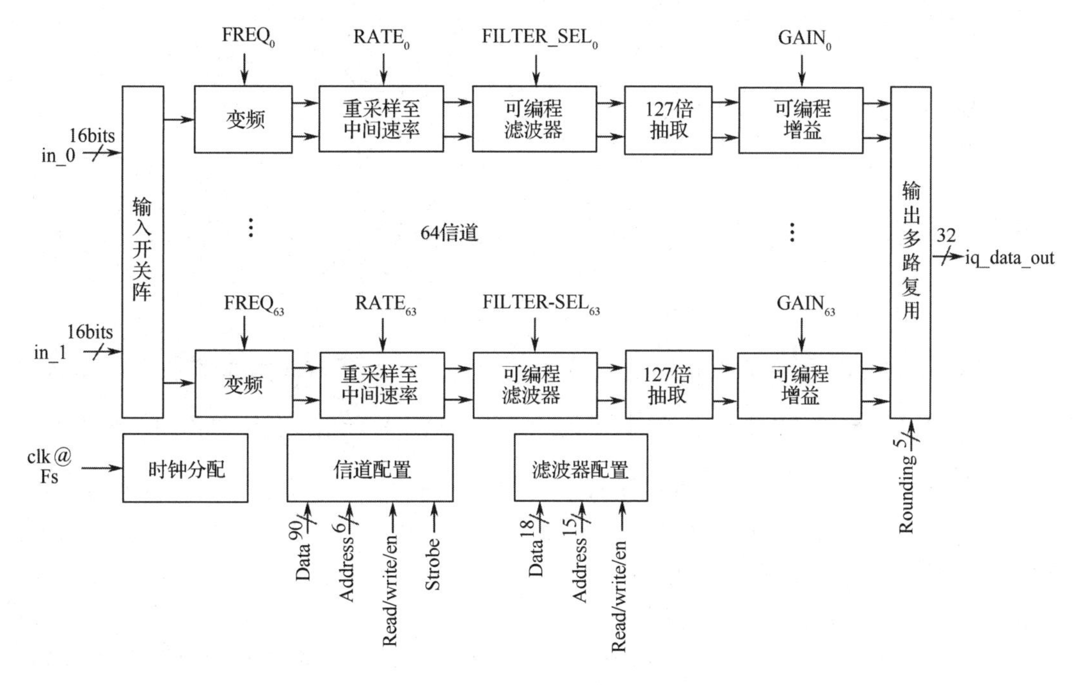

图 8.9　64 信道DDC的FPGA核功能结构

8.2.2　软件无线电基站发射分系统

如前所述，软件无线电发射机所基于的基本理论是多速率信号处理中的内插理论，第 3 章介绍的软件无线电发射机模型同样适用于软件无线电基站发射机的设计，在这里主要考虑频段覆盖及其实现的可行性，简单化等工程实现问题。根据前面的讨论，我们知道基于射频内插的软件无线电发射机组成如图 8.10 所示。首先把反映调制特征的两个正交数据 $a(m)$、$b(m)$通过数字正交调制器调制到载频 f_0 上，并通过内插和滤波，得到采样速率为 f_s'的基带中频（中心频率为 $f_s'/4$）信号 $x(n)$，其数字谱如图 8.11（a）所示，也就是说由图 8.10 虚线框部分产生的基带信号其频率不可能太高（理论上的最高输出频率为 $f_s'/2$），必须再经过射频内插来提高采样速率，如图 8.11（b）所示。对于 I 倍内插器，相当于把 f_s'再提高 I 倍，得到的输出采样速率 f_s 为

$$f_s = If'_s \tag{8-13}$$

这时的输出信号最高频率 f_{max} 为

$$f_{max} = \frac{f_s}{2} = \frac{I}{2} f'_s \tag{8-14}$$

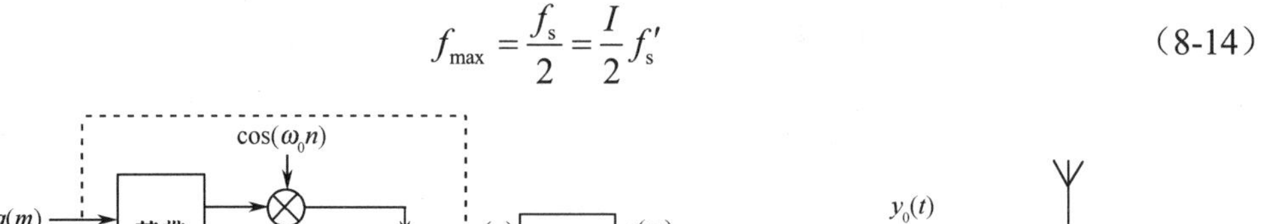

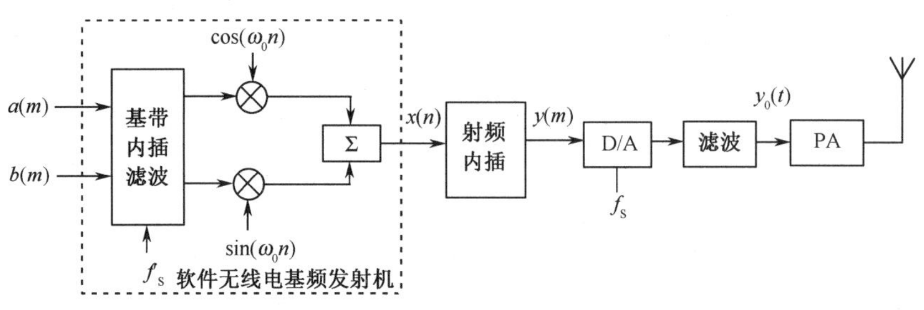

图 8.10　射频内插软件无线电发射机结构

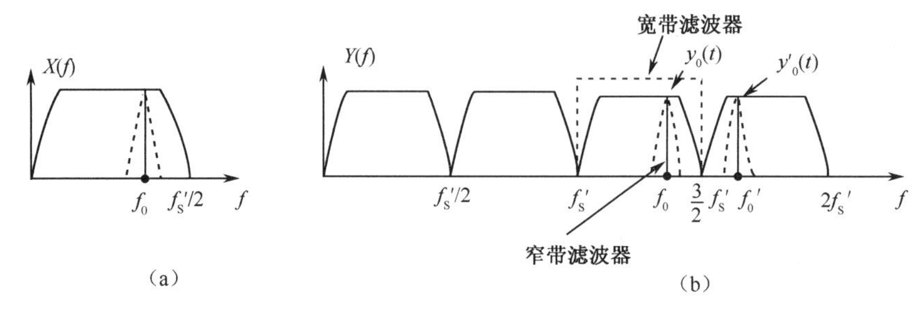

图 8.11　软件无线电发射机信号谱

图 8.11（b）给出了 I=4 时的频谱结构。其中 0～$f_s'/2$ 频带即为原基带信号 $x(n)$，而 $\left(k\frac{f'}{2},\quad (k+1)\frac{f'}{2}\right)$ $(k=1,2,\cdots,I-1)$ 频带为 $x(n)$的高频搬移分量，我们只需用一个带通滤波器滤出该频带内的信号就可获得其载频比 $x(n)$高（I−1）倍的高频信号 $y_0(t)$，如图 8.11（b）所示。要注意的是图 8.11 中的滤波器可以用窄带实现，而无需用带宽为 $f_s'/2$ 的宽带滤波器实现，只要把窄带滤波器的中心频率对准信号频率 f_0，滤波器的带宽不小于信号带宽即可。

图 8.10 所示的理想软件无线电发射机真正实现起来还是有一定困难的，特别是对于移动通信基站，其最高工作频率超过了 2GHz，输出采样速率就必须大于 4GHz［见本章习题（3）］。另外，图 8.10 中 D/A 后的窄带滤波器也很难实现，因为当信号位于各频带的边界附近（$f_0 \approx k\frac{f_s'}{2}$）时，工作在射频高端（2GHz 以上）窄带滤波器就很难滤除其“镜像”频率信号［如图 8.11（b）中的 $y_0'(t)$，图中的 f_0' 相对于 $\frac{3}{2}f_s'$ 对称于 f_0，这种情况与第 2 章介绍的采样“盲区”是类似的，这里就不多叙述了］。总之，图 8.10 这种完全基于内插上变频的理想软件无线电发射机模型，真正实现起来是有一定困难的，尤其是当工作频率非常高时工程实现的难度将更大。

图 8.12 给出了一种可实现的基于中频内插的软件无线电基站发射机结构。这种结构为了解决射频内插带来的超高速 D/A 以及窄带滤波（内插“盲区”）等问题，采用了中频内插方案。通过中频内插先获得相对于基带中频（$f_s'/4$）比较高的中频信号（中心频率为 f_0），然后采用模拟上变频，把中频信号变换为所需的基站下行信道。为简化基站硬件系统设计，这里的中频可

选择与前面介绍的软件无线电基站接收分系统的中频完全一样（这样接收/发射分系统的频率合成器可以进行统一设计），比如统一选为 340MHz，当 f_s' 取 272MHz 时，则中频内插因子取 3，其内插数字谱如图 8.13 所示，中心频率 f_0 为 340MHz 的宽带中频信号与本振频率为 f_L 的本振信号混频后就可得到所需的基站下行信道。有关软件无线电基站发射机的频率关系与接收机是类似的，这里就不多介绍了（注意实际中需采用二次上变频）。

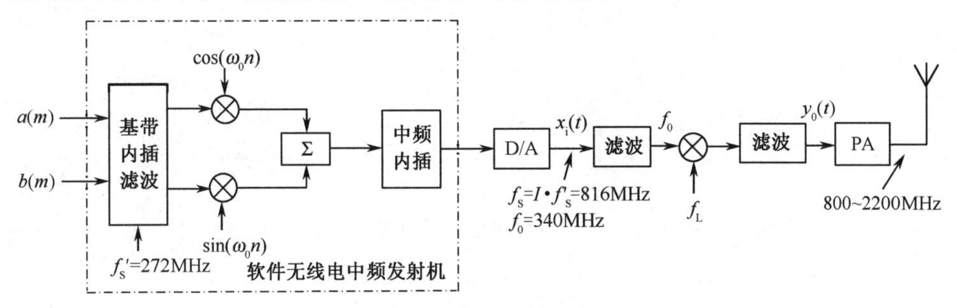

图 8.12　中频内插软件无线电基站发射机结构

与基站接收分系统一样，基站发射分系统也必须具有多信道（多载频）同时发射能力。下面就讨论多信道软件无线电基站发射分系统的组成结构。一种比较理想的多信道软件无线电基站发射分系统的结构模型如图 8.14 所示。它首先把由多个软件无线电中频发射机（见图 8.12 点画线框部分所示，注意是带中频内插的）输出的数据进行合成（相加），然后统一送到 D/A 进行数模转换，得到宽带中频信号 $x_i(t)$，该信号再经过上变频（混频）变换为所需的射频信号。这种比较理想的多信道软件无线电发射机主要存在两个问题：一是 D/A 的动态范围需要提高 $20\lg M$ dB（M 为信道数），比如当 M=2 时，需提高 6dB，相当于增加 1 位分辨率，当 M=16 时，则需提高 24dB，相当于增加 4 位分辨率。所以当信道数太多时，这种结构就不适用了（D/A 分辨率满足不了要求）。二是进入模拟混频器的信号不再是单信号而是多个信号，这就要求混频器也要具有更高的动态范围，线性度要更好。对应这两个问题，我们分别可以有两种解决方案：当 D/A 无法满足要求，而混频器线性度能满足要求时，可采用图 8.15 所示的实现方案；当混频器线性度也无法满足要求时，则可采用图 8.16 方案。这两种方案的实现原理是显而易见的，这里就不赘述了，当然这两种方案的复杂性显然是大大地增加了。

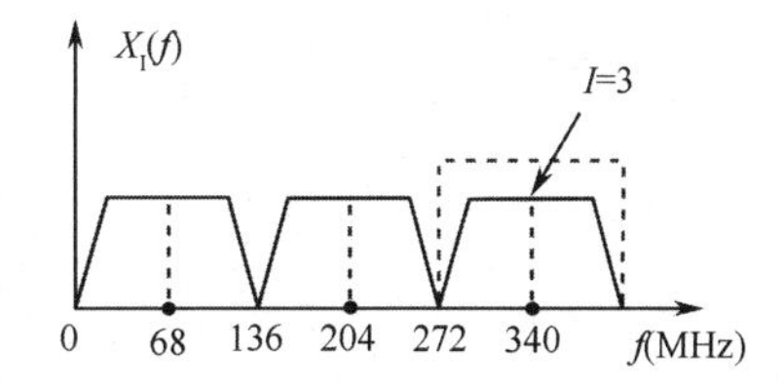

图 8.13　中频内插数字谱结构

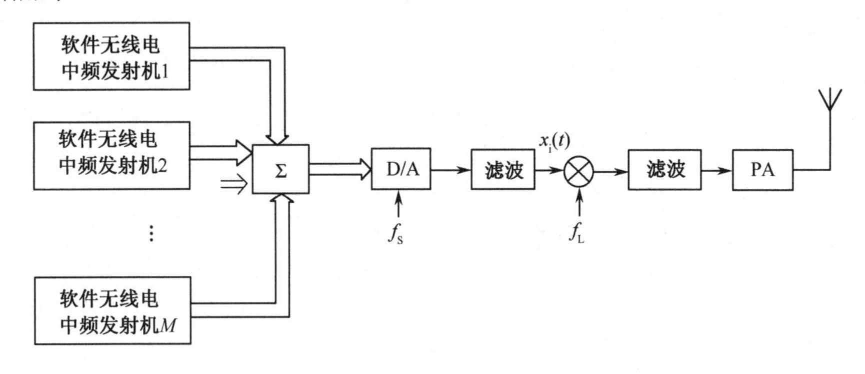

图 8.14　多信道软件无线电基站发射分系统结构模型

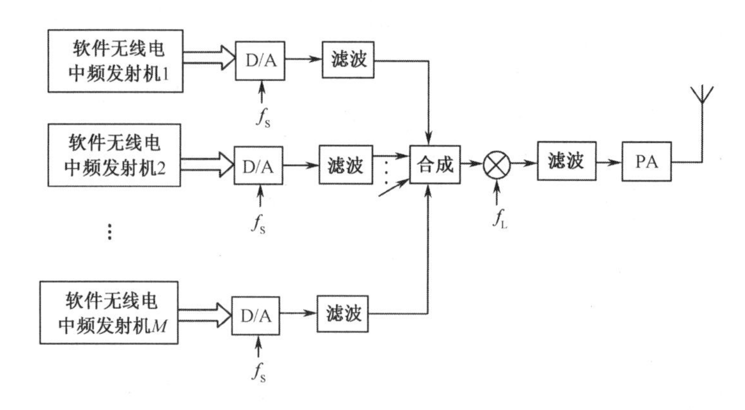

图 8.15　多信道软件化发射机中频合成方案

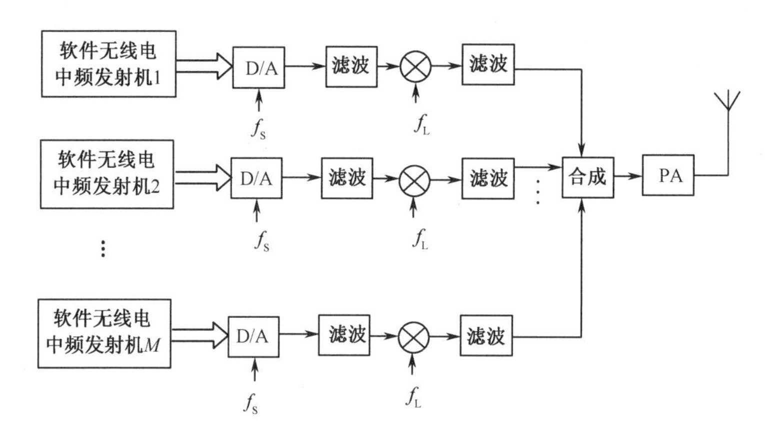

图 8.16　多信道软件化发射机射频合成方案

前面我们比较详细地介绍了软件无线电基站发射分系统的结构模型以及针对工程实现上存在的问题提出的改进设计方案，初看起来这种结构是比较复杂的，但实际上图 8.14～图 8.16 中所示的软件无线电中频发射机模块并不复杂。近些年，ADI 公司推出了 AD9361、AD9364、AD9371 等单片化的多信道无线电宽带收发信机，这些芯片中包含了 ADC、DAC，以及自动增益控制、直流偏移校正、正交校正、数字滤波等功能，完全可以应用于 3G、4G 等移动通信系统。AD9371 的工作频率范围为 300MHz～6GHz，接收信号最大带宽为 100MHz、发射信号最大带宽为 250MHz，具有两个收信道、两个发信道；AD9361 支持的最高收发带宽为 56MHz，工作频段为 70MHz～6GHz，具有两个收信道、两个发信道。

软件无线电基站发射分系统除了采用上面介绍的多信道并行发射机体制外，也可以采用第 3 章介绍的信道化发射机数学模型，研制满足基站要求的发射分系统，有关这方面的讨论这里就不进行了，读者可根据第 3 章的介绍自行分析研究。

8.2.3　软件无线电基站的技术挑战

从前面我们对软件无线电基站的介绍可以看出，基于软件无线电概念的这种基站设计思想是一种非常有吸引力，也是很有前途的设计思路，概括一句话，这种软件无线电基站就是一种多频段、多模式、多功能、可扩展的“软”基站或叫“智能”基站（Smart Base Station，SBS），它根据不同时间、不同环境、不同的用户，选择最佳的工作频段和工作模式与用户进行信息交换，以期极大地提高通信质量和服务质量。所以，这种智能基站（SBS）将成为未来移动通信的发展主流。

软件无线电基站或称 SBS 基站的优越性是显而易见的，但就目前技术水平，要比较理想地实现 SBS 基站还有很多技术难题需要加以攻克和解决，可以说机遇与挑战并存。这些富有挑战性的关键技术主要有：

（1）宽带模拟部件，如宽带频合器、宽带功放、宽带天线、宽带环形器（或天线收/发共用器）等。软件无线电的一个主要特点是多频段、宽带化，这就要求上述部件必须具有宽带特性。比如功放、天线、环形器要有近 3 个倍频程的工作带宽（800～2200MHz）。另外对低噪声放大器、混频器等也相应提出了宽频带的性能要求，以往那种只为某一频段设计的器件在软件无线电基站中就都不适用了。所以，软件无线电对宽带部件或器件的研制提出了新挑战。

（2）动态要求大大提高。由于软件无线电基站采用宽带设计，中频带宽都很宽（比如 100MHz），使得同时进入中频通带内的信号比一般的窄带中频（≤200kHz）多得多，而且信号电平相差悬殊，可达 80dB 以上。在共用前端信道时，这种宽带设计就无法采用 AGC 实现大动态，必须保证整个接收通道包括放大器、混频器、ADC、DAC 以及后续的信号处理单元等，都要有足够大的瞬时动态范围，否则小信号就有可能被大信号所“吞没”，或者由于存在多个大信号而产生非线性互调失真，产生大量的虚假信号，使系统无法正常工作。特别是研制适合软件无线电基站发射分系统的大动态 DAC 和高线性度的混频器与功率放大器是关键。所以，软件无线电基站对接收系统的动态范围尤其是瞬时动态范围提出了更高的要求，是软件无线电所面临的又一严峻的技术挑战。

（3）软件无线电基站的体系结构尚不十分明朗，还有待进行更深入的研究。基于软件无线电的移动通信基站无论是硬件平台还是软件体系结构与常规的基站相比存在明显的不同点，其主要特征是多频段、多模式、多功能、可扩展，而且智能化。为使软件无线电基站具有这些特征，现有的这种只能适应单频段、单模式、功能少、扩展性差，更谈不上智能化的基站体系结构显然是无法满足上述要求的。比如移动通信基站无论是频段的改变，还是制式的变化（比如从模拟到数字，从 FDM 到 TDM，从 TDM 到 CDMA，从 CDMA 到 TD-SCDMA），都必须更换新的硬件平台，这不仅极大地浪费资金，而且给用户也带来极大的不便。所以研究开发一种能适应软件无线电基站特征的新的体系结构将是软件无线电基站所面临的又一技术挑战。研究的主要内容包括：通用性可扩展基站硬件平台结构；适用于基站的软件无线电“操作系统”，基于这种开放性的操作系统开发商可以开发各种新制式、新功能的基站软件供用户（投资商）选用或升级；用户软件的空中下载技术，该技术可为用户提供用户自身所需的各种通信制式或功能，而不像现在可以说是移动通信服务商决定一切，这种方式也可称之为移动通信的“点播服务”。

（4）采用软件无线电技术来设计基站与常规设计会有很多特殊性和不同的技术要求，必须尽快研究制定相关标准，才能真正发挥软件无线电的优势和内在潜力，并引导和推动软件无线电基站的技术研究和产品开发。而标准的制定是一项系统工程，不仅涉及技术方面，更涉及管理和政策层面，面临的挑战将会更大。

8.2.4　软件无线电手持终端（移动手机）

基于软件无线电的通用手机原理框图如图 8.17 所示，根据前面的讨论，该原理框图是容易理解的。但是作为手机由于对体积、功耗、成本等都有非常苛刻的要求，所以基于软件无线电的通用手机在其技术实现上更富有挑战性，比如小型宽带手机天线、低插损小型双工器、低插损接收/发射滤波器、小型化低相噪本振频合器（注意该频合器产生的上下混频本振频率有一个上下信道的频率差）、低功耗的高速 A/D、D/A 与数字上/下变频器等都将成为实现软件无线电通用手机的技术关键或难点。这种通用手机比较理想的基本技术规范可概括成表 8-5 所示，虽然在现有技术条件下要达到表 8-5 所示的通用手机技术规范是存在相当难度的，就拿频率覆盖范围来说，要做到 100MHz～2.2GHz，其模拟前端（天线、双工器、滤波器、本振）实现起来就非常困难，尤其是要达到手机产品所要求的小型化，低功耗，其技术难度会更大。目前一种比较可行的频率覆盖范围是覆盖两个主频段即 400～1000MHz 和 1600～2200MHz，这时的频率合成器覆盖范围为 1000～1600MHz（步进 10MHz，上下变频有一个上下信道频率差），相对也较容易实现，但需采用二次变频方案，其组成结构如图 8.18 所示。图 8.18 所示双频段软件无线电通用手机前端设计方案能覆盖现有大部分移动通信频段，特别是 2G、3G 移动蜂窝系统（如 GSM、AMPS、TACS、DSC1800、WCDMA、CDMA2000、TD-SCDMA 等）以及 4G 系统（如 LTE-Advanced）；该方案虽然不能覆盖 1.0～1.6GHz 频段，但图中所示双频段方案具有典型的借鉴意义，在一些场合下具有较强的通用性和适应能力，而且具有较强的可扩展性，因为只需更换一本振以及收/发滤波器、天线等就能扩展频段，满足未来发展之需要。该方案信道带宽设计成 100MHz(相对应的采样频率为 272MHz)能充分满足未来移动通信需求系统的最大信道带宽要求。为适应通用手机功能频段扩展以及升级换代之需要，这种通用手机可照模块化结构进行设计，如图 8.19 所示，即把通用手机分成四大模块：信道模块、本振模块、DSP 模块和电源模块。如果需对某一功能或频段进行扩展或升级只需在相应的模块上进行，这不仅大大缩短开发周期，而且节约成本，提高效益。

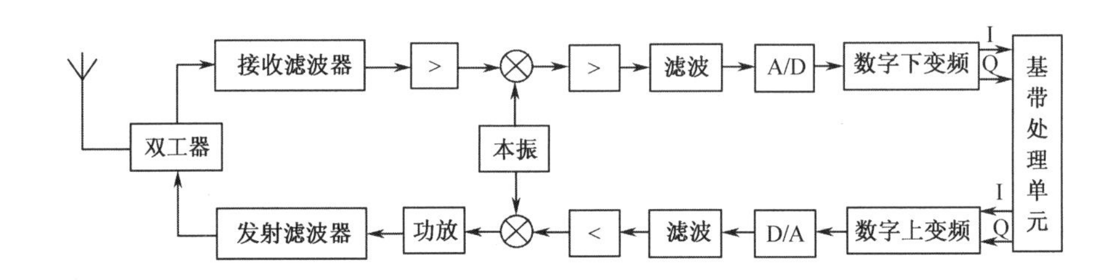

图 8.17　软件无线电通用手机原理框图

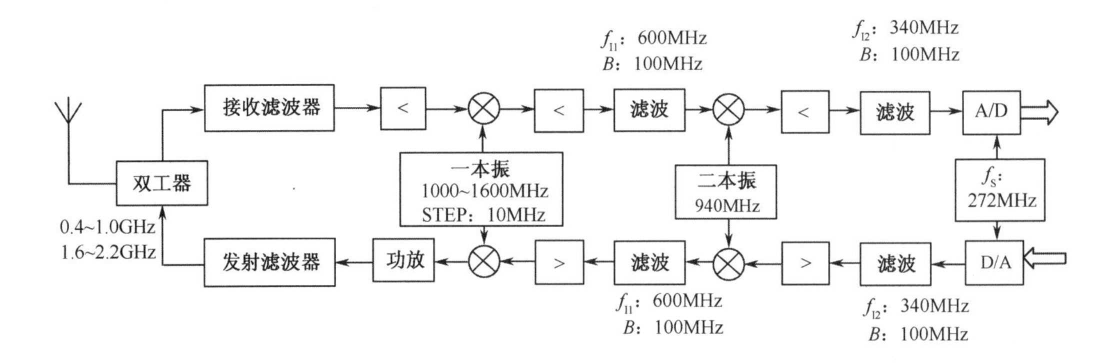

图 8.18　宽频段软件无线电通用手机前端电路方案

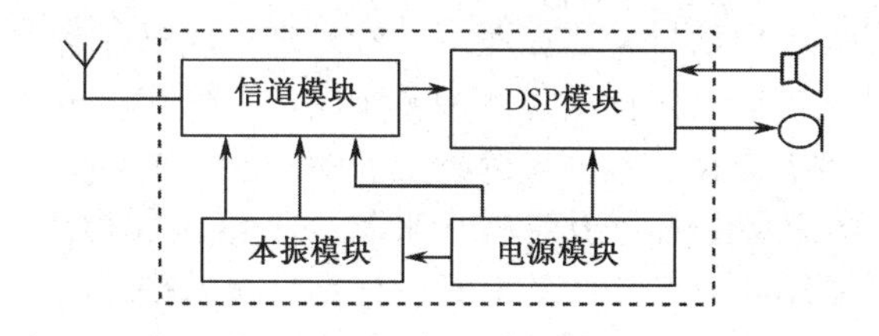

图 8.19　软件无线电通用手机的模块化结构

从前面对软件无线电通用手机组成原理的介绍可以看出，这种基于软件无线电原理的通用手机设计思想极具吸引力，但面临的技术挑战也是非常之大的，特别是手机产品与基站相比在体积、功耗、成本等方面的特殊要求，设计开发这样一种软件无线电通用手机的技术难度将更大，特别是收/发滤波器、宽带高隔离度低插损双工器等部件的研制开发是实现软件无线电通用手机的技术关键，甚至可能会成为技术障碍。

表 8-5　软件无线电通用手机基本技术规范

参　数	数　值	说　明
频率覆盖范围	100MHz～2.2GHz	能覆盖全球大部分专用移动无线设备（PMR）、蜂窝 PCN/PCS、移动卫星和 UMTS 频带
接收机动态范围	0dBm～-120dBm（基于 18kHz 等效带宽）	不仅必须解决衰落和带内干扰，而且要解决上述频率范围的任何信号
发射功率输出	1W	许多专用移动无线电系统需要更大的发射功率
发射邻道干扰	-75dBc	这个数值稍微超过了该领域大多数已知的技术规范（如 TETRA）
发射功率可控范围	70dB	尽管许多 CDMA 系统要求大的功率控制范围，但该数值已基本能满足要求
信道带宽	100MHz	系统中所需最大带宽
接收机镜像抑制	60dB	基于 TETRA 技术规范的说明

8.3　软件无线电在电子战中的应用

软件无线电的概念虽然最早是从通信领域产生并迅速发展起来的，而且目前的研究热点也在通信领域，但是软件无线电这种新概念、新思想及其现已逐步形成的新理论、新技术在电子战中也有广阔的应用前景。我们知道电子战最主要的特点是频段宽（几乎覆盖整个无线电频段），待处理的信号种类多，而且是处于非合作条件下的工作。目前的电子战系统往往都是在已知或者在事先假设的几种信号样式下进行侦察截获和分析处理的，一旦目标信号特征或通信方式发生变化，系统就无能为力[6,7]。面对新的信号环境和不同的战术需求，必须研制开发新的电子战系统来适应这种变化，带来的后果不仅仅是提高了装备费用，而且往往会误失战机。所以，研究开发一种工作频段宽、波形适应能力强、可扩展性好，既能适应通信信号，也能适应雷达信号，还能适应导航和敌我识别信号的多功能综合电子战系统是现代信息战争的必然要求，软件无线电恰好是解决这一问题的最佳技术途径。

8.3.1　软件无线电侦察接收机

软件无线电侦察接收机是指基于软件无线电原理而实现的用于对目标信号进行分析识别、特征提取和参数测量，对通信信号还能解调信息的电子战侦察分析接收机。这种接收机不仅能对各种通信信号（包括卫星通信信号、遥控遥测信号）进行侦察分析，也能对雷达信号、导航信号或者是敌我识别信号进行侦察分析，是一种多频段、多模式、多功能的电子战接收机。这种接收机对波形的适应性要求更高，对信号分析处理的功能要求更强，而且频带要求也更宽。

如前所述，这种电子战接收机由于覆盖几乎整个无线电频段，即从短波一直到毫米波（0.1MHz～60GHz），所以采用第 2 章介绍的射频直接采样技术来对射频信号进行数字化目前是不现实的，必须借助模拟处理技术把宽带射频信号变换为适合于 A/D 采样的中频信号，然后进行采样数字化，即采用第 3 章介绍的软件无线电第三种结构，其组成框图如图 8.20 所示。

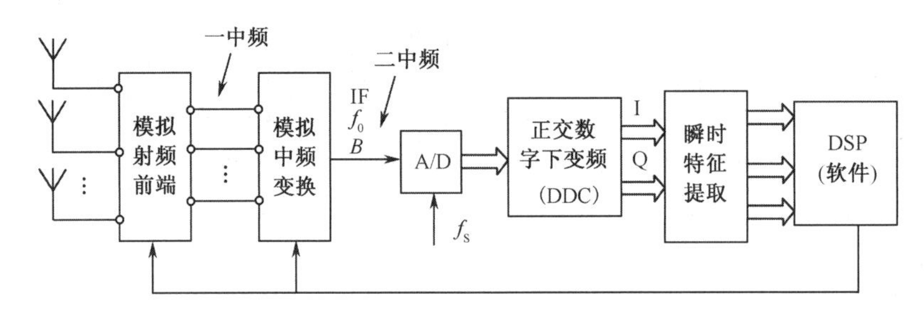

图 8.20　电子战软件无线电侦察接收机组成框图

图 8.20 中 A/D 之前的分频段天线、模拟前端电路、模拟中频变换电路都是为了适应宽频段的要求而设置的模拟信号处理环节，0.1MHz～60GHz 如此宽的频段用一个通道来实现显然是非常困难的，所以在图中的模拟处理环节画出了多个通道（多个一中频），对应不同的频段，如 0.1～2000MHz，2～4GHz，4～8GHz，8～16GHz，16～30GHz，30～60GHz。空中电磁信号通过天线感应形成电压被送到模拟前端电路进行滤波、放大和混频，被变换为一中频信号，一中频信号的中频频率将根据不同的频段选取不同的频率值，以能较好地满足互调抑制、中频抑制、镜像抑制等要求。不同的一中频信号再经过中频变换模块变换为统一的二中频信号，二中频的频率为固定值，设其为 f_0（见图 8.20），带宽为 B。中心频率为 f_0 的二中频信号被放大到足够电平后，送到高速 A/D 进行采样数字化，高速 A/D 数据再送到后续的正交数字下变频单元（DDC），进行正交变换和采样速率变换（抽取），得到与信号带宽相适应的正交低速率的数字信号，以便于后续的 DSP 进行信号特征的提取与分析识别和参数测量，对通信信号则可进行解调侦收。下面举一例子来说明这种电子战软件无线电接收机的设计方法。

设中频带宽 B=200MHz，根据带通采样公式：

$$f_s \geqslant (r+1)B_0 \tag{8-15}$$

$$f_0 = \frac{2n+1}{4} \cdot f_s \tag{8-16}$$

如果 f_0 取 750MHz，f_s 可取 600MHz（n=2），则要求抗混叠滤波器之矩形系数小于 2，是容易实现的。而 200MHz 的中频带宽不仅能涵盖通信信号，也基本上能涵盖常规的雷达信号以及其他无线电信号。但采样速率达到 600MHz、模拟带宽 1GHz 左右的 ADC 目前情况下可以达到 14 位以上，动态可以做到 65dB 以上，也基本能满足通信侦察对动态范围的要求。根据所选择的中频频率以及中频带宽等基本参数就可以参考 8.2 节进行模拟射频前端的设计了，这里就不再详细讨论了。

图 8.20 中数字正交下变频（DDC）的作用是进行数字正交混频和采样速率变换，其组成如图 8.21 所示。采样速率变换可以采用第 2 章介绍的各种方法（CIC、HB、FIR）来实现，所需的最大变换比（抽取因子）I_{max} 由式（8-17）确定：

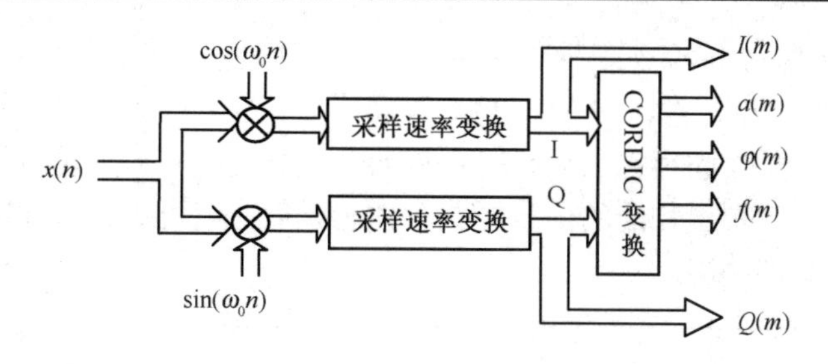

图 8.21　软件无线电侦察接收机中的DDC与瞬时特征提取

$$I_{\max}=\frac{f_s}{2f_{s\min}} \tag{8-17}$$

式中，$f_{s\min}$ 为输出的最低采样速率，它取决于所需接收信号的最小带宽 $B_{s\min}$，两者的关系为

$$f_{s\min}=2rB_{s\min} \tag{8-18}$$

式中，r 为数字滤波器的矩形系数，代入上式可得：

$$I_{\max}=\frac{f_s}{4rB_{s\min}} \tag{8-19}$$

设 $B_{s\min}$=1kHz，r=3 代入可得：

$$I_{\max}=\frac{600}{4\times 3\times 0.001}=50000$$

也就是说为了能使该软件化接收机能对信号带宽为 1kHz 的通信信号进行接收，其最大抽取因子将达到 50000 倍，如此大的抽取因子必须采用多级级联来实现。比如一个最高抽取率为 65536 的采样速率变换实现过程如图 8.22 所示。其中 5 级 CIC 抽取器可实现 1～32 倍抽取，5 级半带滤波抽取器也可实现 1～32 倍抽取，而 256 抽头的 FIR 抽取器可实现 1～64 倍抽取，最大抽取因子为

$$I_{\max}=32\times 32\times 64=65536$$

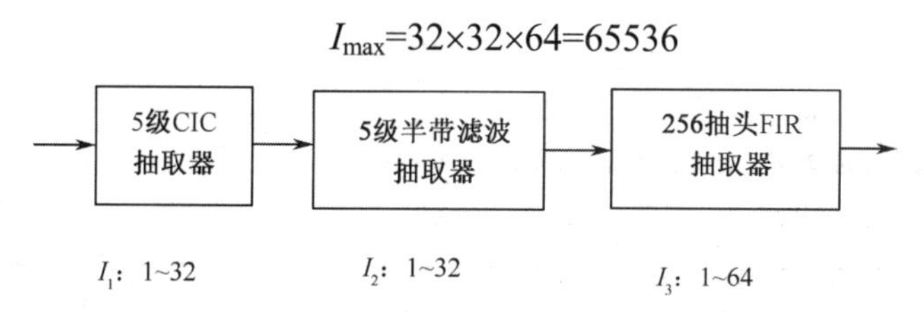

图 8.22　采样速率变换的实现

各种抽取器的实现方法第 2 章已进行了详细介绍，这里就不赘述了。

经过采样速率变换后得到的低采样速率数据被送到 CORDIC 直角坐标到极坐标变换单元进行瞬时幅度 $a(m)$、瞬时相位 $\varphi(m)$ 和瞬时频率 $f(m)$的特征提取，即完成下述运算：

$$\begin{aligned}a(m)&=\sqrt{I^2(m)+Q^2(m)}\\ \varphi(m)&=\arctan\frac{Q(m)}{I(m)}\\ f(m)&=I(m-1)Q(m)-I(m)Q(m-1)\end{aligned} \tag{8-20}$$

瞬时特征的提取采用 FPGA 或 ASIC 来实现。这三个特征量连同两个基带正交分量 $I(m)$、$Q(m)$ 共 5 个特征参数再送到后续信号处理单元完成信号参数测量、解调等功能。因为我们知道任何一个无线电信号均可以用上述 5 个特征量来描述，所以上述处理方法具有广泛的波形适应性和

可扩展性，只需增加信号分析处理软件就能实现对不同样式，不同体制信号的侦察分析。图 8.23～图 8.26 分别给出了 AM、FM、PSK 以及线性调频（Chip）信号的瞬时特征，由图可以清楚地看出这几种信号之间存在的明显特征差异，根据这些差异通过对瞬时特征量的统计分析就可对其进行识别，识别出相应的信号样式（体制）后，就可进行参数测量和解调侦收，完成电子战侦察分析的全部功能。

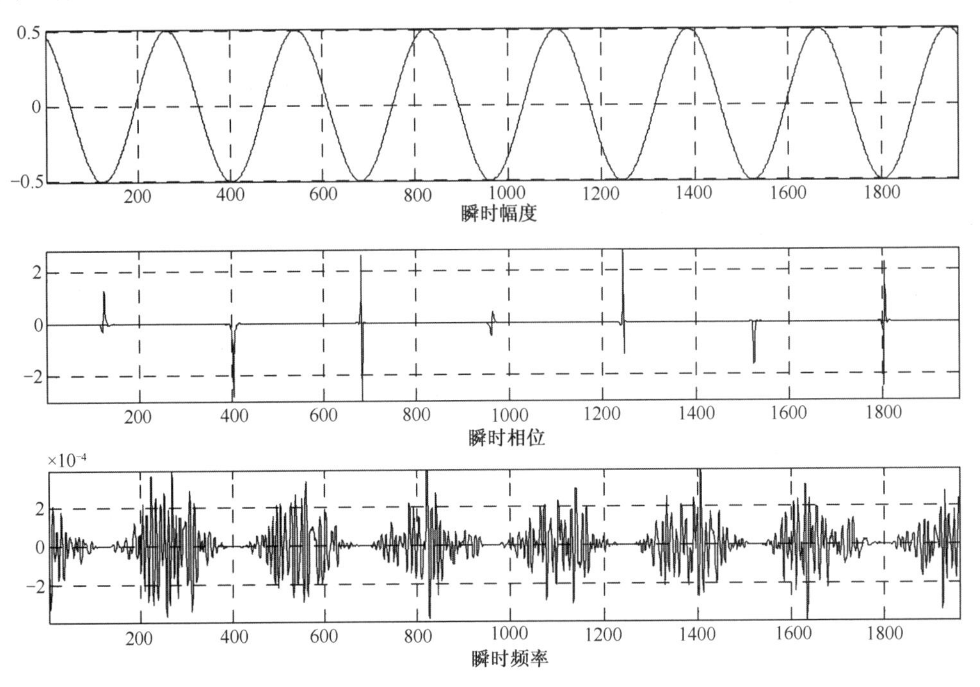

图 8.23　AM信号瞬时特征

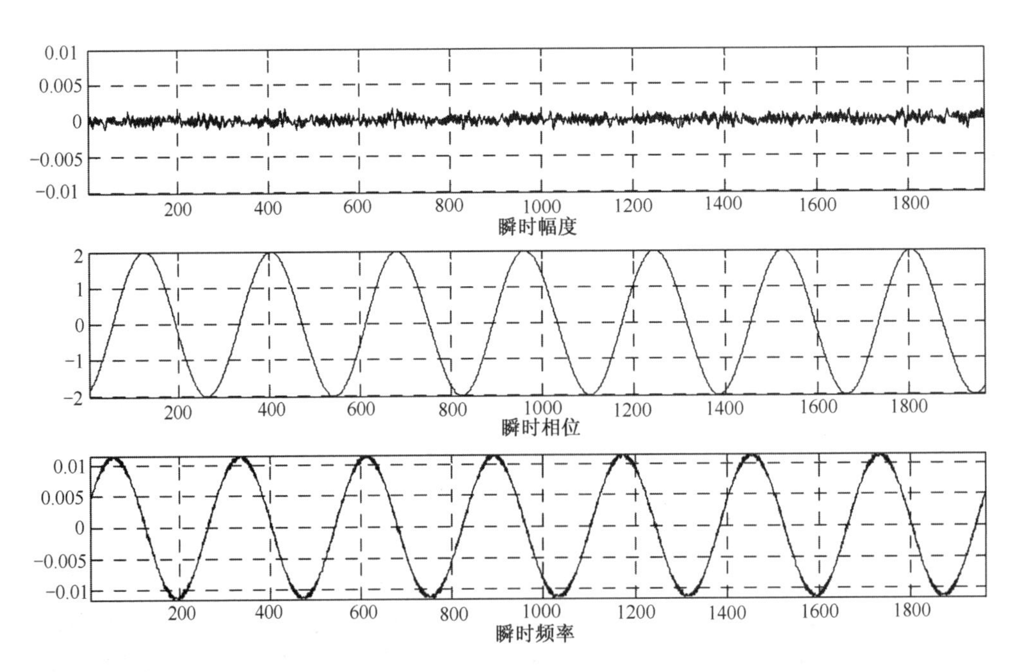

图 8.24　FM信号瞬时特征

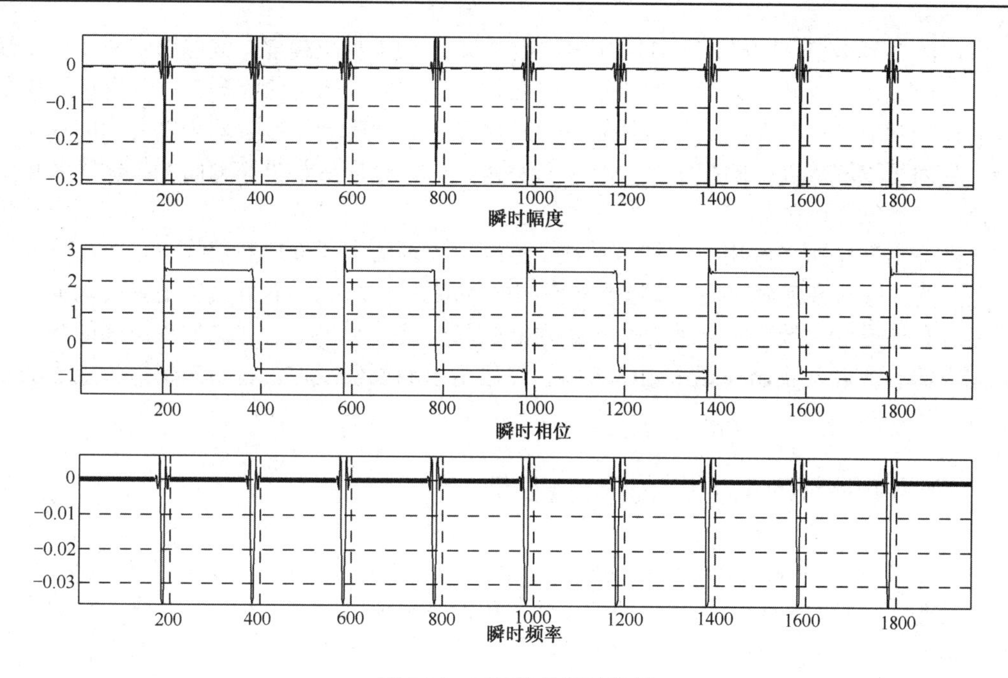

图 8.25　PSK信号瞬时特征

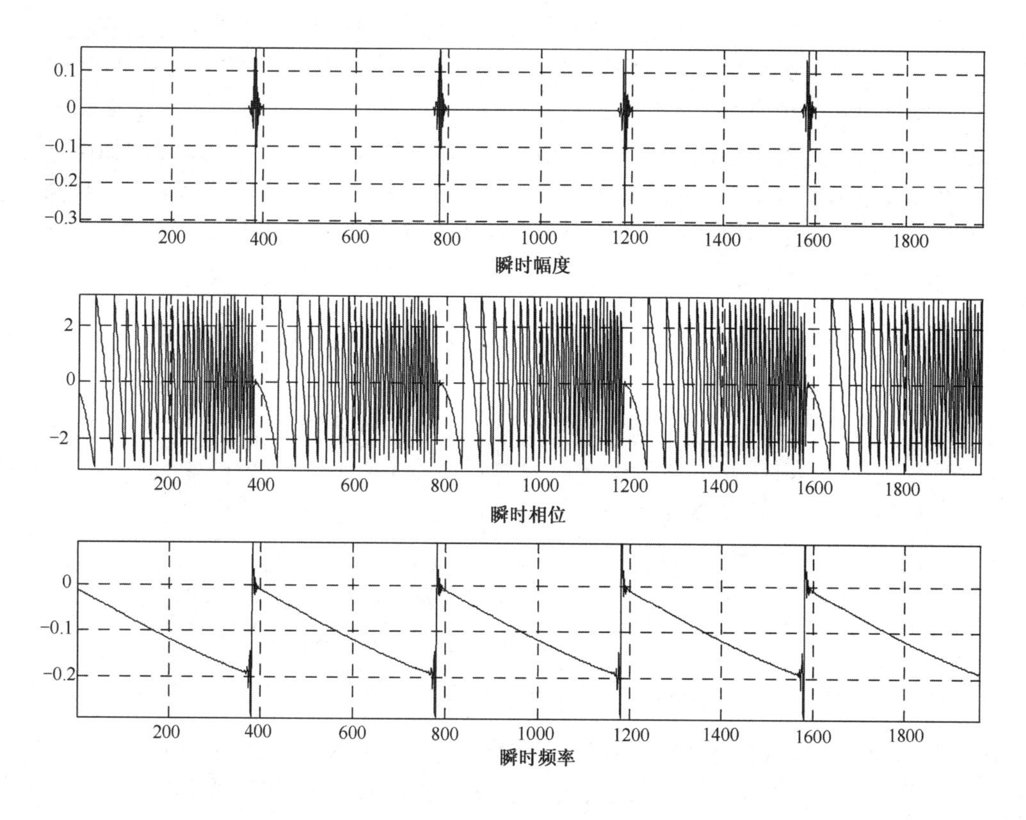

图 8.26　chip信号瞬时特征

前面主要讨论了图 8.20 所示的基于软件无线电的电子战接收机用于信号分析识别和解调侦收的实现原理，实际上该接收机同样可以用来进行快速搜索，实现对全频段信号的侦察监视。实现方法就是对图 8.21 的输出 I/Q 宽带数据（这时需要选择 2 倍抽取）直接进行 FFT，以获得中频带宽内的信号频谱；同样，通过增加信道数并进行 FFT 相位提取，就可以实现相位干涉仪测向功能。可见，基于软件无线电的电子战接收机不仅能完成信号侦收解调、分析识别以及信号参数估计等功能，而且在同一个硬件平台上还可以完成宽带全景搜索截获以及测向（定位）等功能，从而可以取代以往的搜索接收机、监听接收机、分析接收机、测向接收机等多种型号的接收机，实现侦测一体化。

由以上分析介绍可以看出，这种基于软件无线电原理的电子战侦察接收机，不仅具有广泛的波形适应性、信号带宽适应性（通过选择不同的抽取比来实现），而且具有很强的功能可扩展能力，而这种适应能力或可扩展性完全都是建立在同一硬件平台上，通过加载不同的分析处理软件来完成的。所以，我们有理由相信这种软件化电子战侦察接收机将是未来综合电子战系统的发展方向。

8.3.2　基于多相滤波的电子战信道化接收机

8.3.1 节介绍的软件无线电侦察接收机的一个主要缺点是同时多信号处理能力比较弱，同一时刻只能处理一个信号，对多信号的处理只能采用流水作业的办法进行时分处理，这对电磁环境越来越复杂的信息化战场是不适应的。解决的办法之一是采用多台接收机并行工作，这显然会增加系统的复杂度，提高系统成本。解决的第二个办法是多信道并行处理，增加单台接收机的处理容量，如图 8.27 所示。图中 A/D 采样数字化后的数据同时送给多个数字处理模块（由数字下变频、特征提取、DSP 软件等组成），分别对中频带宽 B 内的多个信号同时进行分析处理，每个数字处理模块对中频带宽内的哪一个信号进行分析，取决于所设置的数字下变频器的本振频率。这种多信道并行处理结构虽然能解决多信号的同时处理问题，但它是以增加信号处理的复杂度，提高成本来换取的。下面介绍一种基于多相滤波技术的数字信道化接收机结构，这种结构将有助于降低复杂度，提高实时处理能力，特别是全概率截获能力。

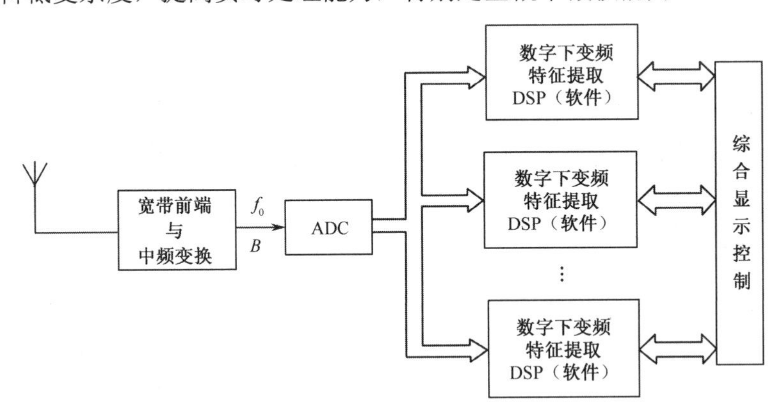

图 8.27　多信道并行处理电子战接收机

基于多相滤波技术的数字信道化接收机结构模型已在第 3 章 3.4 节进行了详细讨论，如图 3.26 所示。该模型把经过 A/D 采样后的高速率宽带（总带宽为 $f_s/2$）数字信号 $x(n)$ 通过多相抽取滤波和 DFT 变换为 D 个并行的窄带信道输出，每个信道的带宽为 $\frac{f_s}{2D}$。图中的 $h_\rho(m)$（$\rho=0,1,2,\cdots,D-1$）为其原型滤波器 $h(n)$ 的多相分量，理想的原型滤波器 $h(n)$ 之幅频特性满足：

$$H(e^{j\omega})=\begin{cases}1, & |\omega|\leqslant \dfrac{\pi}{2D}\\ 0, & 其他\end{cases} \tag{8-21}$$

下面举一例子介绍采用 MATLAB 工具进行多相滤波信道化接收机设计的方法。方便起见，假设采样速率 f_s=640MHz，则其模拟带宽为 320MHz。现在我们把 320MHz 的总带宽信道化为带宽为 5MHz 的 64 个信道，即图 3.26 中的 D=64。则其原型理想抽取滤波器的频率响应为

$$H_{id}(e^{j2\pi f})=\begin{cases}1, & |f|\leqslant 2.5\text{MHz}\\ 0, & 其他\end{cases} \tag{8-22}$$

如图 8.28（a）所示。要逼近这种理想滤波器，所需的阶数是比较大的，但实际上可以考虑相邻信道可以有部分重叠，不会影响信道化接收机的检测性能。所以，抽取低通滤波器的频率响应可以如图 8.28(b)所示，即在 2.5～5MHz 之间可以有一个过渡带。我们用 MATLAB 中的 remezord 函数可以求出采用最佳逼近最大最小准则算法所需的原型滤波器阶数 N，其中 remezord 函数中的参数为

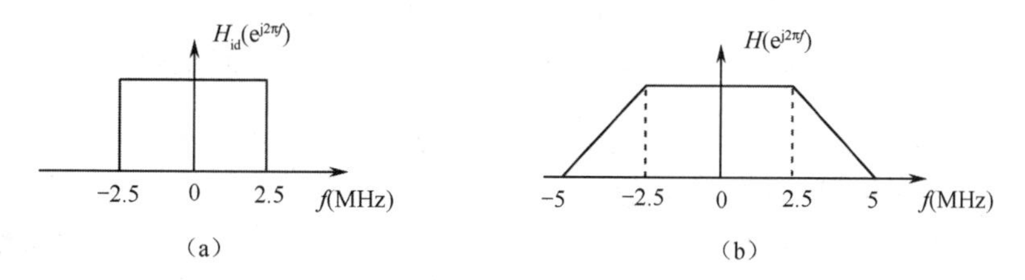

图 8.28　多相滤波信道化接收机之抽取滤波器频率响应

[n,f0,m0,w]=remezord（[2.5　5]，[1　0]，[0.001　0.001]，640）

式中，[2.5　5]表示通带截止频率为 2.5MHz，阻带截止频率为 5MHz；[1　0]表示通带幅度为 1，阻带幅度为 0；[0.001　0.001]表示通带、阻带波动均为 0.001；640 为采样频率（MHz）。求出滤波器之阶数 N（834）后，根据 MATLAB 中的滤波器设计函数 remez 就可求出冲激响应 $h(n)$（$0\leqslant n\leqslant N-1$）：$h(n)$=remez（$n, f_0, m_0, w$）。抽取滤波器的时域、频域特性如图 8.29 所示。

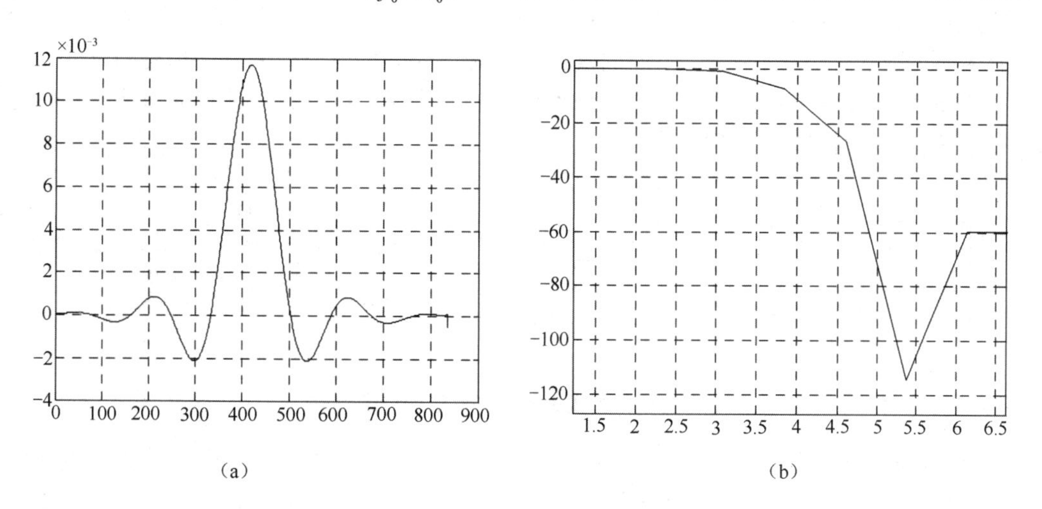

图 8.29　原型低通滤波器的时频域响应

求出原型抽取滤波器 $h(n)$后，再计算多相滤波器 $h_\rho(m)$：

$$h_\rho(m)=h(mD+\rho) \tag{8-23}$$

其中 D=64，64 个分支滤波器之阶数为 N/D=834/64≈13。求出多相滤波器 $h_\rho(m)$ 后，实现图所示的多相滤波数字信道化接收机的频率特性如图 8.30 所示。它用带宽为 5MHz（矩形系数为 2）的 64 个数字滤波器把 320MHz 的总带宽划分为 64 个信道输出，每个信道带宽为 5MHz（底部带宽为 10MHz），每个信道的数据输出速率由原来的 640MHz 降低为 10MHz，但要注意这时每个信道将有正交两路输出即输出的是复基带信号。这种多相滤波信道化接收机具备全概率信号截获能力，即只要信号在 0～320MHz 频率上出现，就会在对应的信道上有输出（注意在比邻的三个信道上会同时有输出，通过判决就能确定是在哪个信道上出现信号），不会出现漏检或漏警。

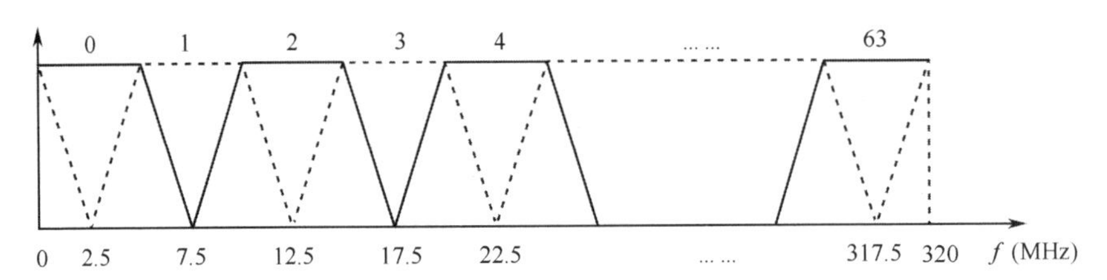

图 8.30　多相滤波信道化接收机设计举例（64 信道，信道带宽 5MHz）

上面介绍的这种 64 信道数字信道化接收机，根据目前的微电子技术水平，做成单片集成电路还是完全可能的。所以，基于多相滤波的数字信道化接收机将有广阔的应用前景，尤其是用于通信电子战中对跳频信号的快速搜索以及雷达对抗中对捷变频雷达信号的全概率截获等都具有很高的应用价值。有理由相信，在不远的将来这种基于多相滤波的信道化接收机将是未来综合电子战接收机的发展方向。

8.3.3　软件无线电干扰发射机

软件无线电技术在电子战中的另一个应用就是实现软件化（或叫由软件定义）的电子战干扰发射机。这种软件无线电干扰发射机在一个通用可扩展的硬件平台上，采用软件实现各种干扰样式的形成以及干扰信号的整个产生过程。开放式的硬件平台只涉及发射信号的载频（外部）特征，发射信号的内部特征完全由不同的软件来定义。载频特征一般来讲是相对固定的，而由软件定义的内部特征（干扰样式）可以升级换代，以适应目标信号特征的千变万化。软件无线电干扰发射机的原理框图如图 8.31 所示。

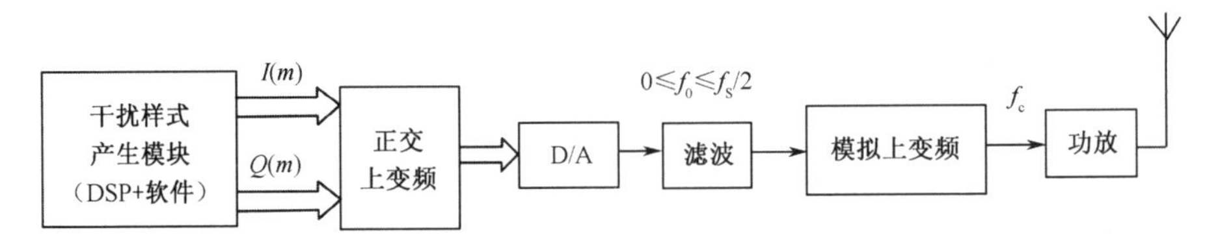

图 8.31　软件无线电干扰发射机的原理框图

图 8.31 中所示为干扰发射机的通用硬件平台，有关数字上变频（DUC）和模拟上变频的实现方法与本章 8.1 节和 8.2 节介绍的方法是类似的，这里就不赘述了。驻留在干扰样式产生模块中的 DSP 软件的作用就是产生两个反映干扰信号内部特征的正交数据 $I(m)$、$Q(m)$，它们由式（8-24）、式（8-25）产生：

$$I(m) = a(m)\cdot\cos\varphi(m) \tag{8-24}$$

$$Q(m)=a(m)\cdot\sin\varphi(m) \tag{8-25}$$

其中，$a(m)$、$\varphi(m)$分别为发射信号 $J(n)$的幅度和相位，如式（8-26）所示：

$$J(n)=a(n)\cdot\cos(\omega_0 n+\varphi(n)) \tag{8-26}$$

注意基带或零中频的低速率已调正交信号 $I(m)$、$Q(m)$必须通过内插进行采样速率转换，使其与发射信号 $J(n)$的速率相一致。式（8-26）中的载频 f_0 的可变范围将由图 8.31 中的上变频器决定，最终的发射载频 f_c 还取决于模拟上变频的本振工作频率。有关针对不同的信号样式（AM、FSK、ASK、PSK、…）如何产生 $I(n)$、$Q(n)$的方法已在第 5 章进行了详细讨论，这里仅就如何产生噪声调频干扰信号作为一个例子进行简单介绍。

对于噪声调频干扰信号有：

$$a(m)=1,\quad \varphi(m)=\frac{k_\Omega}{2F_s}\left[\text{noise}(1)+\text{noise}(m)+2\sum_{i=2}^{m-1}\text{noise}(i)\right] \tag{8-27}$$

其中 noise(m)为随机噪声采样序列，F_s 为基带采样速率，k_Ω为最大角频偏。根据所需产生的调频干扰信号带宽可以确定采样速率 F_s，如果调频信号带宽为 30kHz，则 F_s=60kHz；最大角频偏 k_Ω由信号带宽决定：

$$B=2(m_f+1)F=2(k_f+F)=2\left(\frac{k_\Omega}{2\pi}+F\right) \tag{8-28}$$

$$m_f=\frac{k_f}{F}=\frac{k_\Omega}{2\pi F} \tag{8-29}$$

F 为调制噪声频谱中的最高频率，k_f为最大频偏。如果设 F=3kHz，则：

$$k_f=\frac{B}{2}-F=\frac{30}{2}-3=12\text{kHz}\quad 或\quad k_\Omega=2\pi\cdot k_f=24\pi\ (k弧度)$$

需要注意的是，在式（8-27）中的噪声采样序列 noise(m)是采样速率为 F_s 的采样值，它是不能直接用随机数产生函数（如 MATLAB 中的 randn 函数）来产生的，要不然产生的随机调制噪声的最高频率将达到 F_s/2（30kHz），而不是前面所假设的 3kHz（对应的采样速率为 6kHz）。所以，为了得到采样速率为 F_s、最高频率为 3kHz 低频噪声，首先必须进行内插，如图 8.32 中的 I_B 倍内插，即把 F'_s=6kHz 低采样速率的低频噪声变换为采样速率为 F_s=60kHz 的低频噪声，即需进行 10 倍内插，则 I_B=10。整个实现过程如图 8.32 所示。

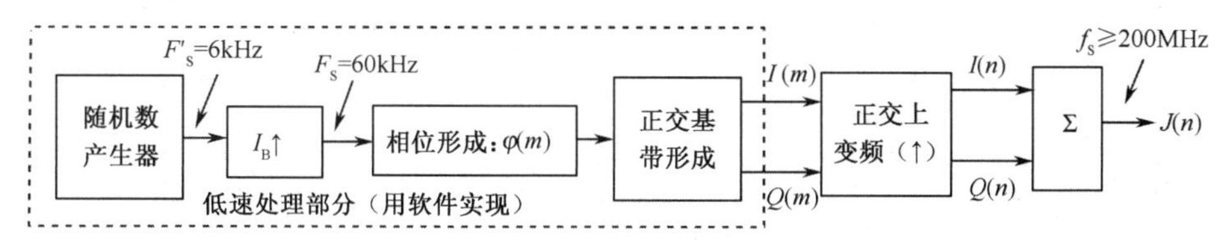

图 8.32　软件无线电噪音干扰机设计举例（噪声调频）

得到 60kHz 采样速率的低频噪声后，再按照式（8-27）计算相位，形成调制相位序列$\varphi(m)$，最后通过正交基带信号形成（可以采样前面介绍的 CORDIC 算法实现正余弦计算）产生正交基带信号 $I(m)$、$Q(m)$，如式（8-24）、式（8-25）所示。这时的 $I(m)$、$Q(m)$还是 60kHz 的基带采样速率 F_s，还必须通过正交上变频与内插将其变换为所需输出的基带中频频率 f_0 和固定的输出采样速率 f_s，最后得到干扰信号 $J(n)$，如式（8-26）所示。图 8.32 中的虚框低速处理部分是软件无线电干扰机的核心部分，由它实现各种干扰样式（如图中实现的噪声调频）的正交信号生成，所以这部分算法应尽可能地采用软件来实现，这样更具有灵活性和可扩展能力。比如把图 8.32

中的随机数产生器换成语音信号（≤3kHz）产生模块（如用于对语音进行采样数字化的 ADC）就可以构成用于发射语音调频信号的发射机;通过改变相位形成算法就可以产生其他调制信号，如 FSK、PSK、QAM 等。

由图 8.32 可见，在实现框图中有两个内插器，一个用于把低频调制信号变换为更高采样速率的调制信号；另一个内插器（图中的正交上变频器）则用于把零中频基带信号变换为采样速率为 f_s 的高中频输出信号 $J(n)$。由于内插滤波的计算量很大，所以第一个内插器应该尽量避免使用。比如当采用下式通用数学表达式产生各种数字信号时就可以直接产生零中频正交基带信号 $I(m)$、$Q(m)$，而省去第一个内插器，如式（8-31）、式（8-32）所示。

$$s(n)=\left\{\sum_i a_i g(nT_s-iT_b)\right\}\cos(\omega_c nT_s)+\left\{\sum_i b_i g(nT_s-iT_b)\right\}\sin(\omega_c nT_s) \tag{8-30}$$

$$I(m)=\left\{\sum_i a_i g(mT_s'-iT_b)\right\} \tag{8-31}$$

$$Q(m)=-\left\{\sum_i b_i g(mT_s'-iT_b)\right\} \tag{8-32}$$

式中，a_i、b_i 为二进制或多进制调制数据，它的取值范围取决于采用的调制方式，$T_s'=1/F_s$；$g(m)$ 为成形滤波器，为加快计算速度，成形滤波器一般都采用查表方法实现。其实现框图如图 8.33 所示。实际上，对于模拟调制信号（如语音等），也可以采用过采样（大大高于 Nyquist 采样速率）来省去第一个内插器，如图 8.34 所示。注意对任何最高频率分量小于 $F_s/2$ 的低频信号（包括语音信号）均可按图 8.34 进行调频发射。

值得指出的是，由于图 8.31 所示软件无线电干扰发射机中的数字上变频采用的是 NCO 作为数字本振，转换速度是很快的。所以，这种软件无线电干扰发射机也同样适用于对跳频信号的快速跟踪干扰。另外，为了实现多目标干扰，既可以采样上一小节介绍的多信道发射机技术体制（见图 8.14～图 8.16）；也可以采用第 3 章介绍的多相滤波信道化发射机结构（见图 3.45），研制开发软件无线电全信道化干扰机。有关基于多相滤波结构的全信道化软件无线电干扰机这里就不详细介绍了，有兴趣的读者可结合实际应用，参考第 3 章相关内容进行有针对性的研究。

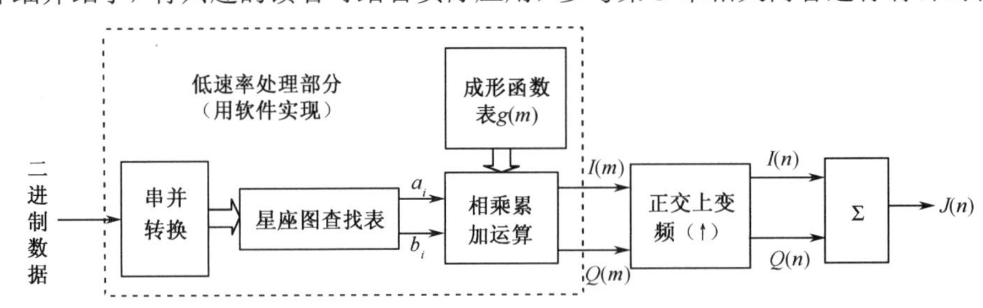

图 8.33　软件无线电发射机设计举例（数字调制）

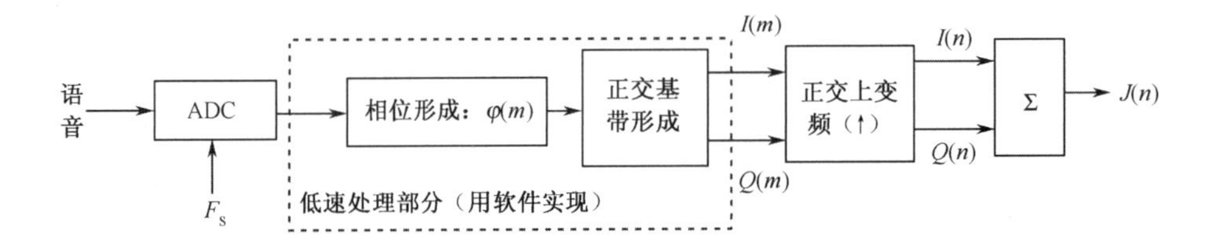

图 8.34　软件无线电发射机设计举例（语音调频）

附录：噪声调频零中频正交基带信号产生程序

```
clear all; clc;
F=2;Fs=60.0;B=Fs/2;
kΩ=2*pi*(B/2-F);a=kΩ/Fs/2;
N=1024;
for m=1:N
    noise1(m)=randn;产生随机噪声
   end
 for n=1:N*10
   if mod((n-1),10)==0;
      noise_h(n)=noise1((n-1)/10+1);
   else noise_h(n)=0.0;10 倍内插
   end
end
[n0,f0,m0,w]=firpmord([2.5 3],[1 0],[0.001 0.001],Fs);
b=firpm(n0,f0,m0,w);
noise2=conv(noise_h,b);内插滤波
 for n=1:N
    noise(n)=noise2(n+n0);
    l(n)=Fs/N*(n-1);
end
cc=max(noise);
noise=noise/cc;
fai(1)=kf/2/Fs*noise(1);
fai(2)=kf/2/Fs*(noise(1)+noise(2));
y=0;
for m=3:qN
    y=y+noise(m-1);
    fai(m)=a*(noise(1)+noise(m)+2*y);相位计算
    x(m)=complex(cos(fai(m)),-sin(fai(m)));零中频正交基带信号
end
x(1)=complex(cos(fai(1)),-sin(fai(1)));
x(2)=complex(cos(fai(2)),-sin(fai(2)));
p1=20*log10(abs(fft(x)));
p1=p1-max(p1);
for n=1:N/2
    p3(n)=p1(N/2+n);频谱搬移
p3(n+N/2)=p1(n);
l(n)= n-N/2;
l(N/2+n)=n;
```

```
end
figure(1)
plot(l(1:N),p3(1:N));
grid on
```

8.4　软件无线电在雷达中的应用——“软件雷达”

在 8.1 节～8.3 节中详细地介绍了软件无线电技术在与其密切相关的三大领域即个人移动通信、军事通信、电子战中的应用，并分别讨论了基于软件无线电原理的系统设计方法，给出了具体的实现框图。基于这些框图并结合前面介绍的软件无线电基本理论，读者根据自己的工程需要就能比较容易地设计出满足自身要求的软件无线电系统并加以工程化。软件无线电概念虽然最早是基于通信需求提出来的，而且也首先在通信领域得到应用，并正处于迅速发展的态势，但软件无线电作为无线电工程的现代通用方法，它的这种设计新思想、新理念也完全适用于其他电子信息领域，如雷达、天基信息系统、武器平台电子系统、未来信息化家电等。从本节开始将探讨软件无线电在这些领域的应用前景，提出基本的实现方法，供相关领域的读者参考。本节首先介绍基于软件无线电设计思想实现的“软件雷达”（Software-Defined Radar）的概念和基本设计思路。

8.4.1　“软件雷达”的基本概念

雷达的作用是实现对目标（如飞机、舰船等）的探测、定位和跟踪，它的基本原理是通过向目标发射一个电磁信号（照射波），然后接收目标对该信号的反射波，根据该反射波的延迟、多普勒频率等参数提取出目标的距离、方位、高度、速度等信息，如图 8.35 所示。

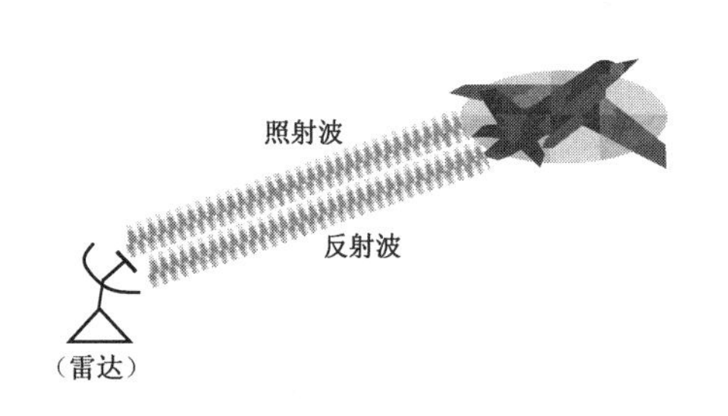

图 8.35　雷达对目标的探测

雷达的分类可以有几种方法，比如按工作频段分有：米波雷达、分米波雷达、厘米波雷达以及毫米波雷达；按战术功能和用途来分有：远程警戒雷达、炮瞄雷达、截击雷达、轰炸瞄准雷达、制导雷达以及战场监视雷达等；按雷达的工作体制来分则有：连续波雷达、脉冲多普勒雷达、脉冲压缩雷达、编码脉冲雷达、动目标显示雷达、捷变频雷达、相控阵雷达、合成孔径雷达等。可以说雷达的种类五花八门，体制名目繁多。由于不同用途、不同功能的雷达对雷达信号参数（载频、脉宽、脉内调制等）有不同的要求，比如对远程警戒雷达，为了减小大气衰减对作用距离的影响，其工作频率通常较低，一般选择分米波段或米波段；远程警戒雷达由于要求探测距离远，脉冲重复周期就要选得大一些；相反，对于战场监视雷达由于要求高的分辨率，但作用距离可以近一些，则其工作频率可以选得高一些，如厘米波段甚至毫米波段，而脉宽则要选得窄一些，重频就可以选高。由此可见，不同用途的雷达其信号参数完全不一样，所以就造成目前设计研制的雷达往往功能单一、体制单一、无法适应在不同的环境下对不同属性的目标进行智能化跟踪探测的需要。特别是随着电子战在现代战争中的广泛应用，通过对雷达辐射信号的波形参数分析就能很快确定该雷达所对应的武器平台类型，如是歼击机还是轰炸机，是预警机还是情报侦察飞机等，从而判定威胁等级，并适时地对其进行干扰或直接引导火力进行打击。也就是说，对于目前这种雷达参数相对固定不变的技术体制已很难适应越来越复杂的作战环境，雷达的生存能力也面临挑战。显然，如果能把软件无线电的设计思想应用于雷达的设计研制，那么就能比较圆满地解决目前雷达设计所存在的上述问题。

"软件雷达"就是在这一思想的驱动下，以软件无线电为基础提出的现代雷达设计新思想、新概念。这种雷达采用软件无线电的设计新理念，雷达信号波形和参数可以通过软件加载，根据不同的作战环境需求而适时地改变，甚至进行"捷变参"工作，即雷达参数（载频、脉宽、重复频率、脉内调制方式、调制参数等）可以快速捷变，以有效应对电子战的威胁。"软件雷达"的主要特点是雷达波形的软件化、可编程、可升级。软件雷达的信号波形和雷达处理算法不是固化的，它可以随着雷达信号处理技术的发展，新的雷达体制波形和处理算法可以重新通过加载新的算法软件对雷达进行升级改造，不断提升雷达功能和性能，紧跟技术进步，适应不断变化的军事需求。

8.4.2　软件雷达的实现原理

我们知道任何一个无线电信号包括雷达信号均可以用已调的正弦信号来表示：

$$s(t)=a(t)\cos(2\pi f_0 t+\varphi(t)) \tag{8-33}$$

雷达信号的特征参数完全由式（8-33）中的三个特征量 f_0， $a(t)$和φ（t）来描述。比如对于脉宽为τ_0，脉冲重复周期为 T_0 的普通脉冲雷达，$a(t)$、 $\varphi(t)$ 可表示为

$$\begin{aligned}\varphi(t)&=0\\ a(t)&=\sum_{n=-\infty}^{+\infty} g(t-nT_0)\end{aligned} \tag{8-34}$$

其中 $g(t)$ 为单脉冲函数：

$$g(t)=\begin{cases}1, & |t|\leqslant\tau_0\\ 0, & 其他\end{cases} \tag{8-35}$$

对线性调频脉压雷达， $a(t)$、 $\varphi(t)$ 可表示为

$$\begin{aligned}\varphi(t)&=\pi k t^2+\varphi_0\\ a(t)&=\sum_{n=-\infty}^{+\infty} g(t-nT_0)\end{aligned} \tag{8-36}$$

式中，k 为调制斜率，取决于信号带宽， φ_0 为初相。对于其他雷达信号也同样可以用不同形式的 $a(t)$，$\varphi(t)$来表示，读者可自行推导。

根据上面分析可以给出一个软件化的雷达发射机框图如图 8.36 所示。该图与图 8.31 所示的软件化干扰发射机是完全类似的，所不同的就是用于产生雷达波形的 DSP 软件有所不同而已，其硬件构成完全一样。另外，雷达发射机所需的信号带宽相对要宽一些，对信号处理的速度要求要高一些，相应数字上变频、DAC 等的速率都需提高。根据所需发射的雷达信号波形 $a(t)$，$\varphi(t)$求出后，雷达波形产生器输出的正交数据 $I(n)$、$Q(n)$为

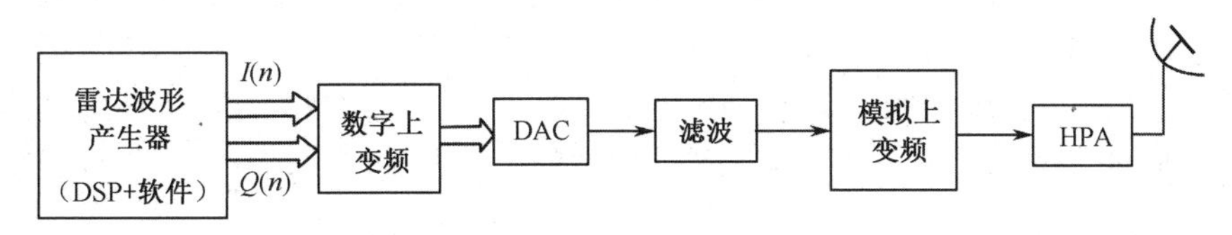

图 8.36　软件雷达发射机框图

$$\begin{aligned}I(n)&=a(n)\cdot\cos\varphi(n)\\ Q(n)&=a(n)\cdot\sin\varphi(n)\end{aligned} \tag{8-37}$$

$I(n)$、$Q(n)$经过正交数字上变频和 D/A 变换即可得到一个中频信号，然后通过模拟上变频，将其搬移到所需的雷达信号载频上，再经功率放大后，通过雷达无线发射机可以在任一载频上产生任何体制（波形）的雷达信号，前者主要取决于模拟上变频器、功放和天线的工作带宽，而后者则主要取决于软件。目前要实现全频段（从短波到毫米波）的软件化雷达发射机还存在相当大的难度，尤其是宽带功放和天线是其最主要的技术瓶颈。如果不考虑功放和天线，我们认为实现这样一种多频段、多体制、多功能的软件化雷达发射机是完全可行的。

与雷达发射机相类似，软件化雷达接收机的组成框图如图 8.37 所示。通过目标反射的雷达信号由天线接收后，送到接收前端把射频信号变换为宽带中频信号，并进行放大再送到高速 ADC 变换为数字信号，然后由数字下变频器变换为正交的基带信号 $I'(n)$、$Q'(n)$，雷达信号处理器对正交数据 $I'(n)$、$Q'(n)$进行诸如检波（求模）、FFT 等运算，并与发射信号作相关处理，即可计算得到到达时间、多普勒频移，反射信号电平等参数，进而实现对目标的探测和定位。

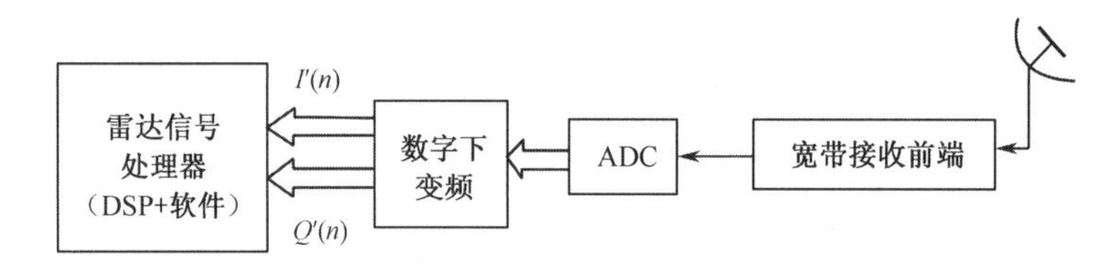

图 8.37　软件雷达接收机组成框图

值得注意的是，为了能从反射的雷达信号中获取与目标特性相关的信号到达时间、多普勒频移等信息，雷达发射机和雷达接收机的所有时钟包括本振以及 ADC、DAC 时钟等都必须严格同步（因为 1μs 的同步误差将导致 150m 的测距误差）。为了解决软件同步处理的困难，可以采取硬件相关处理的办法来解决，如图 8.38 所示。

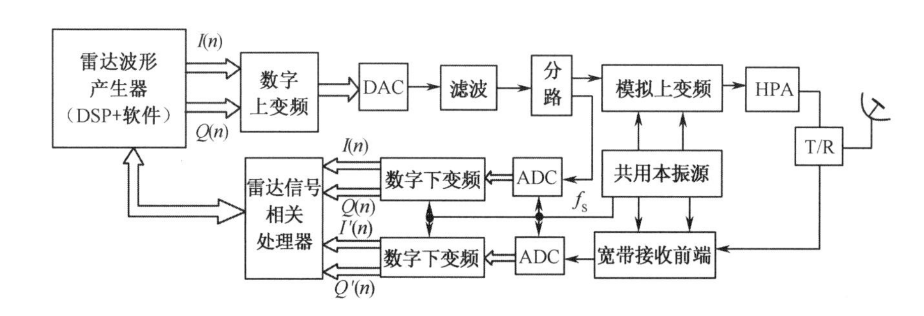

图 8.38　软件雷达系统的组成框图

由图 8.38 可见，把雷达发射机输出的中频信号分成两路，其中的一路与雷达接收机前端输出的中频信号一起同时送到两个同步 A/D 变换器进行模数变换，并分别经各自的数字下变频器变换为正交基带信号 $I(n)$、$Q(n)$和 $I'(n)$、$Q'(n)$，这两路正交数据再送到雷达信号相关处理器进行相关运算，就可提取到达时间、多普勒频移等有用信息。这种相关处理方法虽然增加了硬件的复杂性，但降低了同步要求，尤其是避开了软件同步的困难，是一种比较可行的软件雷达系统实现方案。

8.4.3　相控阵软件雷达系统

随着微波集成电路的迅速发展，具有收发组件（T/R）的有源相控阵雷达体制越来越受到人们的重视[8-10]。相控阵雷达与机械扫描雷达的主要区别在于：它由成百上千个单元天线组成的阵列天线构成，阵列天线中同时包含成百上千个接收和发射组件。波束形成和波束扫描是靠移相而不是靠机械扫描来完成的。因此，相控阵雷达具有更快的波束扫描速度，并在同一时间可以产生多个波束，实现多目标跟踪能力。

常规的相控阵雷达系统组成如图 8.39 所示。这种相控阵雷达的主要特点是移相器设在 T/R 组件（见图 8.40）中，如果需要形成多个波束，要么采用子阵的方法实现，要么每个单元天线设置多个移相器，这将大大增加系统的复杂性。为了降低相控阵系统的复杂性，人们又提出了数字波束形成的设计思想，基于这一思想构建的相控阵软件雷达系统的组成如图 8.41 所示。它的主要特点是把模拟处理部分全部放在了 T/R 组件（图 8.41 中左边虚框）中完成，包括上下变频；而原来放在 T/R 组件中的移相器后移到数字部分（图 8.41 中右边虚框）完成，即采用数字波束形成（DBF）的方式来实现波束扫描等功能。这不仅大大减少了控制移相器用的线缆数量，降低工程实现的复杂性，而且波束控制可以更加灵活方便。更为重要的是，相控阵软件雷达系统的软件化程度很高，系统的升级换代能力是常规雷达系统所无法比拟的，是现代雷达系统的发展方向。

本节对软件无线电在现代雷达中的应用进行了探讨，提出了“软件雷达”的概念，并对其实现原理和组成进行了讨论，给出了实现的原理框图。本节的讨论是概念性、原理性的，只能起到抛砖引玉的作用，有兴趣的读者可以做进一步的分析和思考。

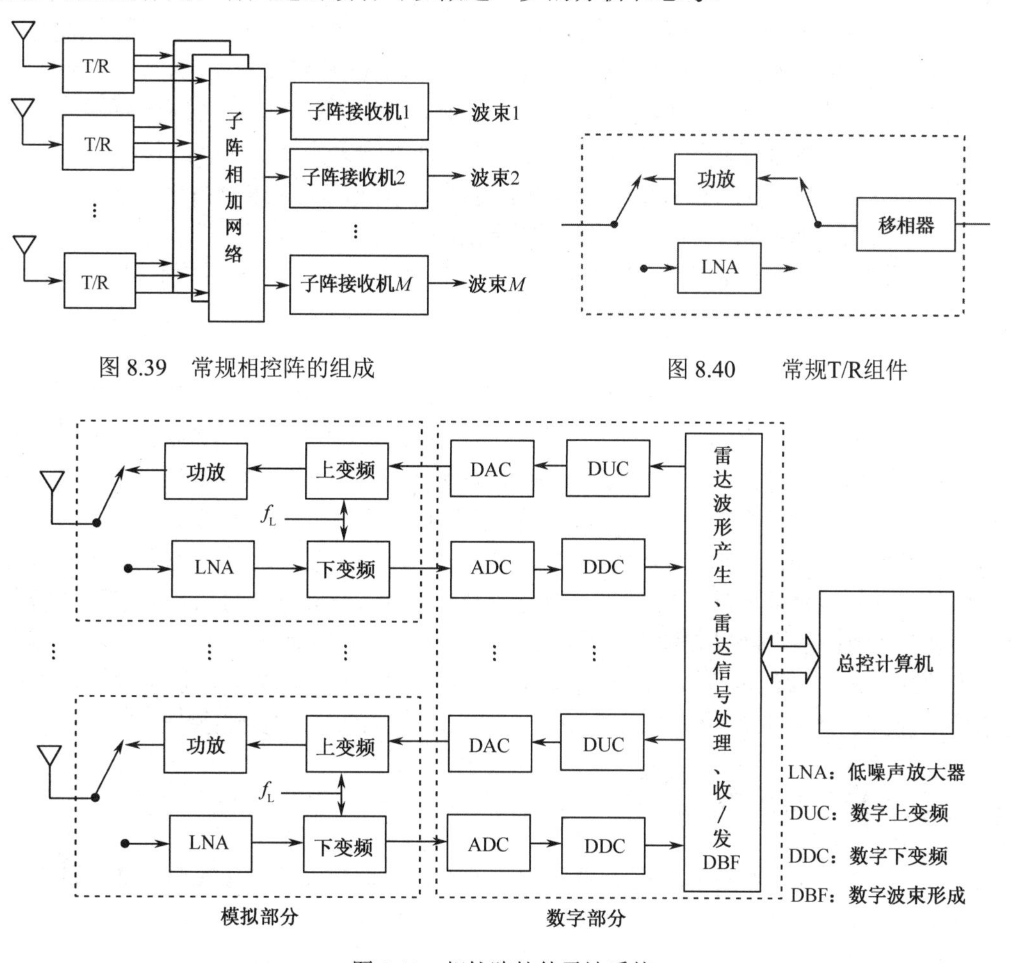

图 8.39　常规相控阵的组成

图 8.40　常规T/R组件

图 8.41　相控阵软件雷达系统

8.5　软件无线电在天基信息系统中的应用——“软件星”

21 世纪的战争是以信息优势为基础，以战场高度透明化为显著特征，以远距离、防区外、全球化精确打击为主要作战模式的非接触的信息化战争。未来战争的这种作战形态将越来越依赖于天基信息系统，包括天基情报侦察（传感器）系统、天基信息传输（通信）系统、天基信息对抗系统，这给天基信息系统的建立提出了越来越高的要求。随着新军事革命背景下军事需求的不断提高，以及新技术的有力推动，未来天基信息系统将向全天候、全频谱、实时性、多功能、网络化、智能型的方向发展。

首先，未来的天基信息系统必须是全天候、无缝隙的，不仅要求在时间上无缝隙，在地域上也要求是无缝隙的；其次，未来的天基信息系统还应是全频谱的，所谓的全频谱是指未来的天基信息系统应能根据战区环境要求覆盖所需要的频段，比如 0.1GHz～40GHz；未来的天基信息系统还应具有实时性，即确保信息获取的实时性，信息传输的实时性和信息处理的实时性；未来的天基信息系统还应该是多功能的，即集情报侦察、目标探测预警、通信中继、遥感遥测、信息分发、全球广播、信息对抗等功能于一体，并能根据需要调动配置在整个天基的所有资源来完成某一战区的特定任务。未来的天基信息系统还应该是网络化的，分散配置在浩大天基的各种信息系统平台应能联网工作，协调一致，功能互补，体现网络中心战的军事革命新思想。最后，未来的天基信息系统还应该是智能型的，即未来天基信息系统能根据作战要求，随时进行重构或重组，并根据战区环境自适应地选择最佳工作参数来完成所赋予的作战使命。

新军事革命对未来天基信息系统所提出的上述要求，使未来天基信息系统的建设面临严峻的挑战。无论是国内还是国外，天基信息系统的建设都是按功能来划分的，比如通信卫星、遥感遥测卫星、导弹预警卫星、导航卫星、情报侦察卫星等。而对应每一种功能卫星少则要发射几颗，多则要发射几十颗；卫星的定点轨道则有同步静止轨道、非同步中低轨轨道等。这种卫星一旦发射升空，定点在某一轨道上，它的功能特性就被完全固化，可谓是“一箭定终身”。比如，花费巨资发射的通信卫星就只能完成通信任务，而无法完成通信侦察任务；又如布满全球上空的 GPS 导航卫星（共 24 颗）也只能完成单一的导航定位任务，无法用作全球广播业务；再如电子侦察卫星也只能完成侦察任务，无法用来实现对地/海有源目标探测预警功能（SAR 星）。总而言之，目前世界范围内天基信息系统建设的思路明显地存在如下弊端：①“一箭定终身”的卫星体制难以适应不断发展的用户需求；②功能单一的卫星技术体制，使得为了实现多功能天基信息系统，就必须发射大量功能各异、轨道各不相同的卫星平台，使天基信息系统的建设费用大大增加；③卫星有效载荷的设计以硬件为核心，缺乏灵活性，可重构能力差，也无法跟随技术进步，难以适应不断变化的电磁环境。针对现有天基信息系统建设存在的弊端，以软件无线电设计理念为指导，提出了“软件星”（Software-Defined Satellite，SDS）的新概念[11]。

8.5.1　“软件星”基本概念

基于软件无线电的“软件星”是指这种卫星的有效载荷是以软件无线电为通用硬件平台，通过软件来定义其功能的卫星系统。“软件星”不仅可以完成通信功能，也可以完成导航功能，或者实现对雷达/通信信号的技术侦察，还可以用作为雷达有源探测和遥感（天基 SAR），甚至实现电子对抗功能。“软件星”不仅可以通过无线上载不同的功能软件来定义其战术功能，而且还可以通过软件更新和升级来提升卫星有效载荷的战术特性，使其不断紧跟技术进步，满足不断变化的军事需求。这样不仅能够大大延长卫星使用寿命，而且使其达到“一星多能、一星多用”的目的。

基于“软件星”的上述设想，未来的卫星将是其功能完全可定义的多功能卫星，在和平时期这些布满整个天空的“软件星”为了满足日益增长的通信需求可以全部定义为通信卫星，在战前侦察阶段可以把这些卫星定义为全空域电子侦察卫星，而在作战过程中又可以把它们定义为干扰卫星，在完成对目标的打击以后，这些“软件星”又可定义为用于打击效果评估的雷达遥感卫星（SAR 星）。“软件星”不仅可以按地面指令完成相应的功能，而且还可以按照其所在的地域不同完成不同的功能：比如在敌方上空完成侦察、监视或干扰功能；在己方上空完成通信、广播功能；在巡航导弹经过的区域则完成导航功能等。

8.5.2　“软件星”有效载荷的组成原理

“软件星”的有效载荷是“软件星”的核心部分，其硬件组成如图 8.42 所示。它主要由天线阵、天线开关矩阵、软件无线电通用平台、有效载荷控制/数据处理计算机等组成。从现有的技术水平来看，“软件星”的宽带天线还必须分频段来实现，图 8.42 中示出了四个子频段，即 UHF、L/S、C 和 Ku 频段，可以覆盖 0.1～18GHz。宽带天线是实现“软件星”的主要技术瓶颈，尤其是要求天线组阵工作时，对天线的要求就更高。图 8.42 中每一频段的天线可以是单副天线，也可以是由几副天线组成的天线子阵，以进行测向定位，或者用以覆盖更宽的照射区域。天线开关矩阵用来完成射频信号的分配，根据任务要求以及设备的完好性，把各频段天线所接收的电磁信号馈入到软件无线电通用平台的射频输入端，以便对其进行后续处理；或者反过来，把软件无线电通用平台输出的射频信号分配到各个频段的天线上去，以按给定要求向地面或空中发射电磁信号，实现诸如通信中继转发、有源雷达探测、电子干扰等功能。软件无线电通用平台是“软件星”有效载荷的核心设备，它通过执行地面指控系统上载的软件来完成对应的战术功能。软件无线电通用平台主要由两大部分组成，即宽带通用射频前端和高速数字信号处理单元，如图 8.43 中的两个虚线框所示。

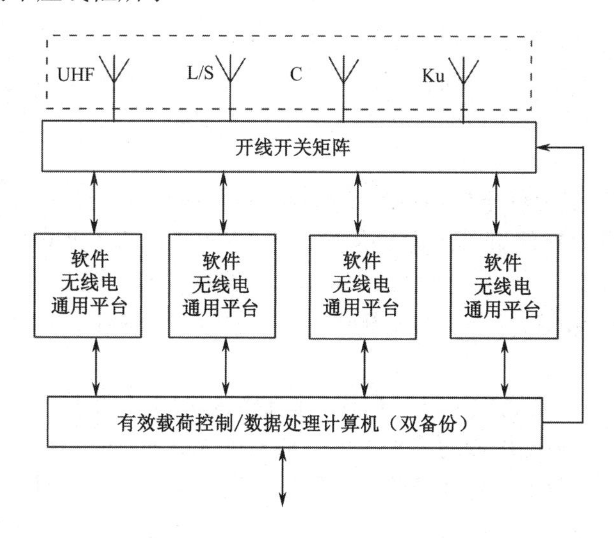

图 8.42　“软件星”有效载荷的组成

值得指出的是，软件无线电通用平台是以全频段方式工作的，它可以工作在 UHF、L/S、C

或者 Ku 任何一个频段。这样图 8.42 中示意画出的四个软件无线电通用平台（可以根据卫星平台的载荷能力来配置）既可以并行工作，也可以互为冗余备份，以大大提高有效载荷的可靠性，延长其工作寿命。宽带通用射频前端主要通过信号放大、频率变换、滤波等通用的模拟操作把射频信号变换为宽带中频信号；或者相反，把宽带中频信号变换为各个频段的射频信号。宽带通用射频前端对射频（中频）信号不做任何处理，只起频率搬移（频率变换）的作用。所以，宽带通用射频前端的中频带宽只要足够宽，它对各种信号都是通用的，其信号环境的适应能力很强。宽带通用射频前端的设计应该尽可能地简单，一般通过二次变频来实现。高速数字信号处理单元主要完成对宽带中频信号的数字化（A/D），并根据信号中心频率及其信号带宽进行数字下变频（DDC），包括正交变换、数字滤波和多速率变换；最后提取瞬时幅度、瞬时相位和瞬时频率等信号特征参数，送到 DSP 单元由地面上载的信号处理软件进行各种处理，完成与之对应的各种战术功能。对于信号发射则正好相反，首先由 DSP 单元产生所需的 I、Q 正交基带信号，再通过数字上变频（DUC）把 I、Q 基带信号变换为数字中频信号，最后通过 D/A 变换为模拟中频信号，再送到宽带通用射频前端进行频率搬移，将其变换为射频信号。由此可以发现，高速信号处理单元是“软件星”有效载荷的关键部件，“软件星”的战术功能都是通过该部件实现的。

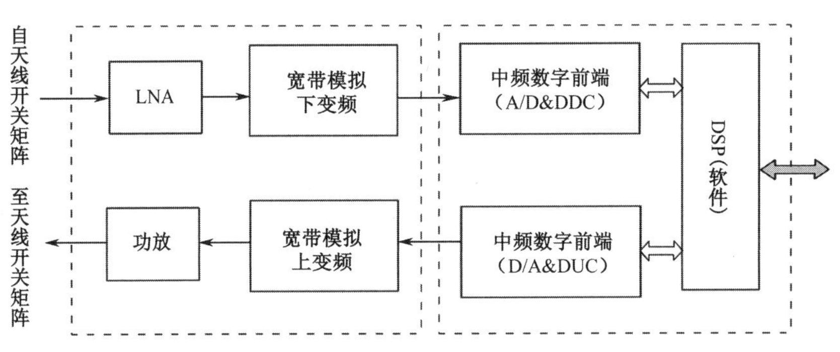

图 8.43　“软件星”有效载荷通用处理平台

有效载荷控制与数据处理计算机主要完成对有效载荷可用资源的控制和管理，以其资源的最佳组合实现地面控制中心赋予“软件星”的各种战术功能。该设备除了完成对“软件星”资源的控制和管理之外，还将负责对软件无线电通用平台输出数据的综合处理，并根据地面控制指令和天基电磁环境确定有效载荷的工作方式、工作体制和工作参数，使整个“软件星”处于最佳工作状态。

另外值得指出的是，“软件星”不设独立的测控和数传通道，“软件星”的测控信道和数传信道仍由图 8.42 所示的“软件星”有效载荷来实现，它可以根据天基电磁频谱状况选择合适的频段来作为测控和数传信道。所以，“软件星”的测控信道和数传信道不是一成不变的，这不仅有利于提高天基信息系统的抗截获和抗干扰能力，而且也可以大大提高测控和数传的可靠性，这是“软件星”的一大特点。

总之，“软件星”不仅其功能可以根据地面控制中心的指令及其上载的软件来适时地加以定义，以满足不同时刻、不同地域的各种不同的战术需求，而且可以通过研制开发和上载新算法或新软件，使“软件星”不断更新换代，紧跟技术发展的步伐。而且这种“软件星”尤其是其有效载荷因具有较强的通用性，可以实现产业化、规模化生产，从而大大降低成本。

8.5.3 基于“软件星”的综合一体化天基信息系统

如前所述，为适应 21 世纪新军事革命发展的需要，建立一套全球化、全天候的综合一体化天基信息系统是关键所在。这里所谓的基于“软件星”的综合一体化天基信息系统是指，该天基信息系统是由大量“软件星”组成的，互相联网的，通过软件上载能够完成通信中继、电子侦察、电子干扰、对地/海有源探测、全球导航定位、信息分发/广播等多种功能的综合一体化天基信息网络[12]。这种天基信息网络建设的基础是“软件星”，而整个天基信息网络的总体（顶层）设计，包括轨道的选择、星座的设计、组网与网络控制、工作流程等则是天基信息网络建设成败的关键。

就卫星轨道而言，主要有高轨（GEO）、中轨（MEO）和低轨（LEO）三种，如图 8.44 所示。高轨轨道也就是所谓的地球同步轨道，由于其轨道高度高，单颗卫星覆盖的范围可以很大，理论上只需用分布在一条轨道上的三颗卫星就能覆盖整个地球，如图 8.44 所示。而中、低轨道由于其轨道高度相对较低，单颗卫星所能覆盖的区域有限。所以，为了能瞬时覆盖整个地球，就必须使用分布在不同轨道上的多颗卫星。轨道越低，所需的轨道数和卫星数量就越多。但是，对于低轨轨道，由于其离地球的距离近，完成相同功能所需的信号能量可以小一些，这样有效载荷的体积可以做得更小，重量可以更轻，功耗可以更低。另外，低轨卫星的发射更方便，发射成本也更低。但是，卫星的轨道高度也不能选得太低，否则将大大增加卫星在轨运行的阻力，加大卫星的能耗，降低卫星的在轨寿命，这显然是不可取的。低轨卫星的另一好处是，它相对于地球是运动的，这样就可以借助于合成孔径雷达（SAR）以及多普勒频率测量等技术实现对地面或海面目标的精确定位。考虑到本文所建议的天基信息系统是一个综合一体化的“软件星”信息网络，不仅需要完成通信中继、全球自主导航定位、全球广播等业务，还需要完成电子侦察、电子干扰、目标探测定位等电子战功能，所以基于“软件星”的综合一体化天基信息系统应采用中低轨卫星体制，以选择 700km 的轨道为宜。比如美国的“铱星”全球移动通信系统就采用了 780km 的轨道，而“全球星”移动通信系统则采用 1400km 的轨道。

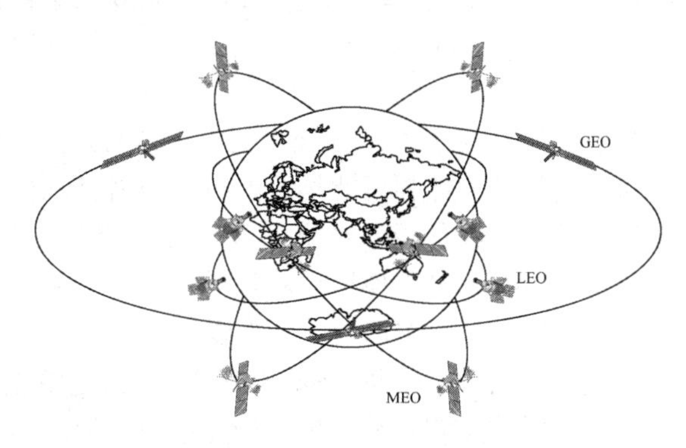

图 8.44　卫星轨道图

星座的设计也是综合一体化天基信息系统建设成败的关键。所谓的星座设计就是根据所需覆盖的区域，以及“软件星”天线的辐射角来确定轨道数和每一轨道上所需配置的卫星数量。很显然，覆盖区域越大，天线的辐射角越小，所需的轨道数和卫星数量也就越多，天基信息系统建设费用也就越高，在要求星间组网的情况下，实现的技术难度当然也越大。我们知道，单一天线的辐射角是由其增益确定的，增益越大，辐射角就越小。从尽可能地增大接收信号能量或者提高有效辐射功率来讲，天线增益越大越好，但带来的问题是瞬时覆盖区域将大大减小，使卫星星座变得非常复杂（轨道多、卫星数量大）。所以，天线增益和星座复杂性是一对矛盾。为解决这一问题，可以采用多波束天线，即用具有较高增益的多个并行波束（可以用多个天线或多个馈源来实现）来增大瞬时覆盖区域。这样来解决天线增益和星座复杂性的矛盾会给卫星有效载荷的设计增加一定难度，卫星有效载荷的复杂度也将进一步增加，两者之间需要进行折中考虑。

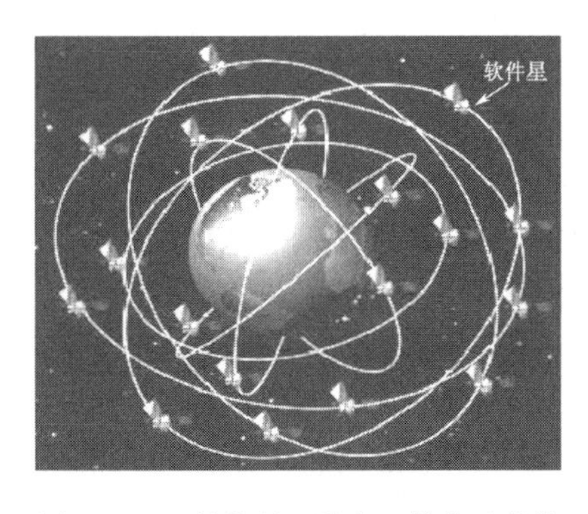

图 8.45　“软件星”综合一体化天基信息系统示意

卫星天线的瞬时覆盖区域一旦确定下来，就可以计算星座的轨道数和每一轨道上的卫星数量了。比如，对于“铱星”系统采用了 6 条轨道，每条轨道配置了 11 颗工作卫星和一颗备份星，共 72 颗星。而“全球星”系统则为 8 条轨道，每条轨道上配置 6 颗工作卫星和一颗备份星，共 56 颗星。由此可见，要实现全球覆盖，低轨卫星系统是相当复杂的。基于“软件星”的综合一体化天基信息系统的星座分析与计算在这里就不做介绍了，其示意图如图 8.45 所示。值得指出的是，花费巨资（比如“铱星”为 33 亿美元，“全球星”为 20 亿美元左右）建造起来的浩大系统只能完成一种功能（“铱星”和“全球星”就只能完成移动通信业务）显然是很不经济的。另外，由于建设如此巨大的天基信息系统需要花费相当长的时间（10～15 年以上），等到完全建成，全面投入使用，整个卫星系统包括有效载荷所采用的技术体制可能早已过时，或者其功能和性能已无法适应用户新的需求，最终面临被淘汰的危险。比如像“铱星”系统，由于其技术体制旧（TDMA/FDMA），性能差（数据速率只有 2.4kbps），投入使用后就很难被用户所接受，面临破产的尴尬境地。目前“铱星”系统的大部分业务已被军方所收购，主要用于陆军通信，比如在伊拉克战争中就使用了该系统。此外，美国太空探索技术公司（SpaceX）设想搭建由数以万计的卫星组成的太空“星链”（starlink），预计将发射约 42000 颗卫星，构建近地轨道通信卫星组成的巨型低轨卫星通信星座，实现全球高速互联网，已总计发射 2494 颗星链卫星。OneWeb 公司也在建造一个低轨卫星星座，其最终目标是达到 648 颗在轨卫星。

基于“软件星”的综合一体化天基信息系统，由于采用了软件无线电的设计思想，不仅功能多，适应能力强，而且通过软件的不断升级换代，可以始终紧跟技术进步，不断满足用户新需求。所以，这种基于“软件星”的综合一体化天基信息系统具有很高的效费比。

复杂天基信息系统的组网问题也是一大难题。卫星组网一般有两种方式：一种是利用卫星星间链路进行组网（“铱星”系统），第二种是采用地面关口站进行组网（“全球星”系统）。前者技术复杂，实现的难度大，但整个网络自成体系，具有独立性、保密性和较强的抗干扰能力；后者虽然实现相对容易，但需要庞大的全球地面网络的支持，其保密性差、抗干扰能力弱。对于基于”软件星”概念的综合一体化多功能天基信息系统，采用星间链路进行组网应该是第一选择。基于星间链路的卫星组网是一项巨大的系统工程，它的设计需要在严密的理论分析和大量的计算机仿真的基础上，通过地面演示验证后才能完成。

基于“软件星”的综合一体化天基信息系统，其最大的特点是可以通过软件上载实现多功能、多任务，真正做到“一星多用、一星多能”。而且整个天基信息系统既可以按时间，也可以按地域对其进行功能重组，使每一组甚至每一颗卫星完成不同的战术功能。由此可见，这种综合一体化的多功能组网卫星系统，其工作流程是相当复杂的，需要进行精心的设计和不断的优化。幸好这种“软件星”的软件是可以通过地面上载不断进行升级的，那么整个卫星系统的工作流程也可以随着时间的推移而不断加以完善和优化。

本节对作者提出的“软件星”概念进行了简单介绍，并对基于“软件星”的综合一体化天基信息系统构想进行了重点讨论。这种综合一体化天基信息系统建设规模大，技术体制新，是一项前人未曾涉足的巨大工程。所以，我们必须在提倡大胆创新的同时，要进行严密的科学论证和试验，分步、分阶段来具体实施。本节对“软件星”只能说是思路性的介绍，寄希望能得到读者的共鸣和兴趣，并推动“软件星”的广泛研究，促进航天技术的发展。

习题与思考题 8

1．什么叫 JTRS 计划？美军为什么要执行这一计划？JTRS 电台有些什么特点？它能支持哪些波形？

2．参考图 8.5 的移动通信通用前端设计方案，设计一个工作频段为 1600～3000MHz，中频带宽为 200MHz 的高频段移动通信通用前端，包括中频频率、频率合成器输出频率范围、采样速率、中频滤波器矩形系数等要求。

3．图 8.10 中的射频内插器是起何作用的？如果软件无线电基频发射机的输出采样速率 f_s' 为 272MHz，为了获得最高频率为 2.2GHz 左右的数字射频信号，计算需要的内插倍数，这时的输出采样速率 f_s 是多少？如果软件无线电基频发射机输出的有效带宽为 100MHz，经过内插能输出的最高频率分量是多少？DAC 后内插滤波如果采用宽带滤波器，则其矩形系数要求为多少？该内插发射机的内插盲区位于哪些频段？

4．对于上题，如果需要获得整个频段的发射信号，需要对内插盲区进行二次内插，利用盲区内插公式：

$$I_m = \frac{m+1}{2m+1} \cdot m$$

计算对应各个盲区的内插倍数（非整数倍内插）。

5. 图 8.12 的中频内插软件无线电发射机结构相对于图 8.10 的射频内插结构有何优势？中频内插的目的是什么？

6．证明对于幅度恒定信号，瞬时频率表达式如式（8-20）中的 $f(m)$ 所示，即

$$f(m) = I(m-1)Q(m) - I(m)Q(m-1)$$

7．用 MATLAB 对 16QAM 信号的瞬时幅度、瞬时相位和瞬时频率进行仿真，并指出 QAM 信号的这三个瞬时特征与图 8.23～图 8.26 比较有何特征。

8．设音频正态随机噪声带宽为 3kHz，现在要产生 100kHz 带宽的噪声调频信号，求出式（8-27）中的最大角频偏 k_Ω 值，并确定采样速率 F_s 以及图 3.32 中的内插倍数 I_B。

9．为什么要提出“软件雷达”的概念？它跟常规雷达相比有何特点？

10．图 8.41 所示的软件雷达系统中为什么需要设置两个数字下变频单元？它是用来解决什么问题的？

11．什么是“软件星”？你认为软件星实现的必要性、可行性如何？

12．武器平台的电子信息系统为什么要进行综合一体化设计？它能带来什么好处？美军实施的“宝石台”计划和 AMRFC 演示验证系统分别是哪个军种提出的？它们主要想解决什么问题？软件无线电在其中能起何作用？

第 9 章　软件无线电的新发展——认知无线电

认知无线电是一种具有频谱感知能力的智能化软件无线电，它能自动感知（探测）周围的电磁环境，寻找“频谱空穴”，并通过通信协议和算法将通信双方的信号参数调整到与所处环境匹配的最佳状态。认知无线电不仅具有通信功能，而且还需具备频谱探测、电磁环境分析能力，特别是要求认知无线电具有波形可编程、通信参数可调整的自适应能力。认知无线电的这些功能必须借助于软件无线电平台来实现。所以，软件无线电是认知无线电的基础，认知无线电是软件无线电的智能化拓展。认知无线电已成为目前无线通信领域的一大研究热点。本章将简单介绍认知无线电的发展背景、基本概念、认知过程及其基本原理。

9.1　认知无线电基本概念

随着无线通信尤其是移动通信的快速发展，如何有效利用越来越稀缺的频谱资源已成为无线通信领域越来越受到关注的重要问题。目前频谱资源管理国际上采用的通用做法是实行授权和非授权频率管理体制：对于授权频段（如电视广播频段等），非授权用户不得随意使用。由此带来的问题是，在某些授权频段，频谱利用率很低，而在某些非授权频段，信号又非常拥挤，导致频谱资源利用极不均衡的状态。为解决频谱资源的有效利用问题，软件无线电的创始人 J. Mitola 博士于 1999 年在软件无线电的基础上又提出了认知无线电（Cognitive Radio，CR）概念[3]。本节将简单介绍认知无线电的一些基本概念，包括它的提出背景、认知无线电的定义与特点，以及需要解决的关键技术等内容。

9.1.1　认知无线电的提出背景

随着无线通信的快速发展，人们越来越清楚地认识到无线电频谱是一种有限而又宝贵的自然资源，甚至是一种重要的战略资源。它应该在无线通信领域得到合理、有效、经济的利用，发挥其最大价值。在当今这个极其依赖无线通信的信息化社会，很难想象，假如所有无线电频谱资源相互严重干扰，无法正常传递信息，整个社会将会是一种怎样的景象。世界无线电管理委员会把所有频谱资源进行了规划，把相应的频谱资源分配给各种用途。比如，广播频段为 88～108MHz，而 900MHz、1800MHz 为移动通信频段，902～928MHz、2.4～2.4835GHz 等为用于工业、科研和医疗（ISM）的不需要许可证的自由使用频段。一旦某段频谱资源分配给某种用途，其他用户就无法使用这个频段。而在现实中，频谱利用率并不尽如人意，比如 FCC 频谱政策任务组（FCC Spectrum Policy Task Force）研究表明，在大部分时间和地区，频谱利用率在 15%到 85%之间。

为了缓解频谱资源匮乏以及授权频段频谱利用率低下的问题，需要一种全新的、开放式的频谱管理体制，以更灵活、高效地利用宝贵的频谱资源。于是，具有智能化的、可极大提高频谱利用率的认知无线电技术（CR）应运而生。

9.1.2 认知无线电的定义及特点

不同研究人员对认知无线电的定义会有所不同。认知无线电概念的提出者 J. Mitola 对认知无线电的定义是“认知无线电是一种采用基于模型的推理来达到无线电相关域中特定级别的能力的无线电”。美国电气和电子工程师协会（IEEE）对认知无线电的定义是“认知无线电台是一种能够智能地检测出某频段频谱是否正在使用、并且能够快速转移到暂时未使用频段而不与其它授权用户发生干扰的射频收发器”。著名通信理论专家 Simon Haykin 对认知无线电的定义是“认知无线电网络是一种智能的多用户无线通信系统，它具有如下主要功能：感知无线电环境；对环境进行学习并根据射频激励的统计变化来自适应调整收发信机的性能；通过自组织形式的协作来增强多个用户间的通信；通过合理分配现有资源来控制具有竞争关系的用户之间的通信过程；创建意图和自意识的经验”。

如 Simon Haykin 所言，认知无线电的主要目的是要提高无线电频谱的利用率和用户的通信可靠性。认知无线电具有感知、学习和适应无线电环境的能力，其基本思想是对所处位置的电磁环境进行感知，实时（或动态）检测出在某个时刻、某个位置未使用的频段，并且自主动态地改变所发射信号的一些参数（例如，功率等级、载波频率、调制样式、频谱特性等），在不干扰已授权用户的基础上最佳使用这些频段。这可以认为是一种“先听后说”、信道动态选择的频谱使用模式。这样，在理论上将实现在空间、频率和时间上对频谱的多维利用，从而突破了频谱和带宽方面的分配限制。同时由于认知无线电这种“见缝插针”式的通信方式，不仅大大提高了频谱资源的利用率，而且可以自动避开干扰，提高通信的抗干扰、抗截获能力，进而提高了通信的可靠性和通信质量。

由于认知无线电具有灵活、捷变、可感知、可认知、能组网等特点，使频谱资源的管理使用从静态走向动态，从古板走向智能。灵活性和捷变性使得认知无线电具有自适应能力。灵活性就是指认知无线电台可以改变信号波形，重新配置设备的各种参数、功能；捷变性是指可改变设备工作频段的能力。

感知能力是指认知无线电具有观测周围电磁环境、确定自身位置、发现观测网络等的能力。通过感知可以检测到存在何种信号，及其工作参数（带宽、电平、调制类型、码速率等）。在工作之前，通过感知可以发现认知无线电台所覆盖的频率范围内，哪些频率没被占用，属于频谱空穴，可以直接使用；哪些频谱有信号存在，但通过降低认知无线电的发射功率可以公用；哪些频率存在较强干扰不能使用。

认知能力是认知无线电的本质特性，它通过基于建模、行动、反馈、用知识表示的分层算法来构成学习机器。比如，在严重阻塞的频谱环境，无法依靠改变频率来保证正常通信，这就需要采用扩频、正交频分复用（OFDM）、波束形成等手段，在当前环境下，找到局部或全局最优方法。认知无线电的学习机制与人类类似：感知、行动、推理、反馈、积累知识和经验。这是一个不断改善认知无线电执行能力的循环。这个循环通过网络知识共享、分布式学习，使认知无线电的决策、优化能力更加增强。

认知无线电系统是一个由分布式认知无线电节点组成的网络，组网可以促进认知节点之间的交互，通过多点感知提供对环境更深刻、更全面的认识，实现在时、频、空三维空间对无线电频谱更为精确的感知。

9.1.3 认知无线电关键技术

由上述讨论可知，认知无线电首先要对所处的电磁环境进行准确的感知，而后在不影响主用户（有许可证的授权用户）的前提下实现通信。为达成这一目的，认知无线电需要解决如下关键技术。

（1）准确、快速的频谱感知技术

认知无线电必须有检测非协同信号的能力，通过在整个可利用频段不断进行频谱检测，动态地发现和利用空闲频谱资源。这就要求检测器必须检测准确（具有较低的虚警和漏警率），而且检测速度要快（有空闲信道就用，发现频谱原用户重新使用就避让）。由于认知无线电对"频谱空穴"的检测属于非合作监测，特别需要解决低信噪比信号检测的问题。

（2）多频段、可重构的认知无线电通用平台

认知无线电要能工作于多个频段，能适合各种无线信道，能根据无线信道特征，对信号参数、波形等实现自适应配置。显然，认知无线电可以以软件无线电通用平台为基础，通过拓展其处理能力特别是一些算法和软件来实现。

（3）辐射功率小、抗干扰能力强的信号形式

为防止认知无线电发射的信号对其他用户产生干扰，在保证可靠通信的前提下，尽量发射较小的功率。目前大家认为超宽带（UWB）或 OFDM 是一种比较合适的认知通信波形。因为，超宽带通信通过发射极窄的脉冲（冲击无线电）来实现通信，因而它占有很大的带宽（超过 500MHz）。因此，UWB 发射信号的功率被分配到一个很宽的带宽上（超过几个 GHz），其功率谱密度很低，不会对其他用户形成干扰。同样，OFDM 信号也占用较宽的带宽，而且可以根据频谱感知情况随时改变信号参数，适应不断变化的电磁环境。

（4）认知无线电的认知协议

收发双方由于所在的位置不同，其所处的电磁环境也不一样，空闲信道可能不尽相同；即使空闲信道存在，可能同时有多个。通信双方如何保证及时快速地位于空闲信道，建立可靠通信，这需要一系列协议来控制。这个协议需要在射频波段、空中接口、协议结构、时间空间模型以及频谱信息交换规则等方面进行规定。

9.2 认知无线电的认知循环过程

Mitola 和 Haykin 等人分别提出了各自的认知环来描述认知无线电的工作过程。Mitola 给出的认知环包括观测、定向、计划、决策、行动、学习五个方面，更强调计算机软件方面；而 Haykin 的认知环更强调信号处理方面，如图 9.1 所示。我们则从信号处理与通信协议相结合的角度来讨论认知无线电的工作过程，包括频谱感知、频谱分析、频谱决策、频谱会聚、频谱监视和频谱切换。

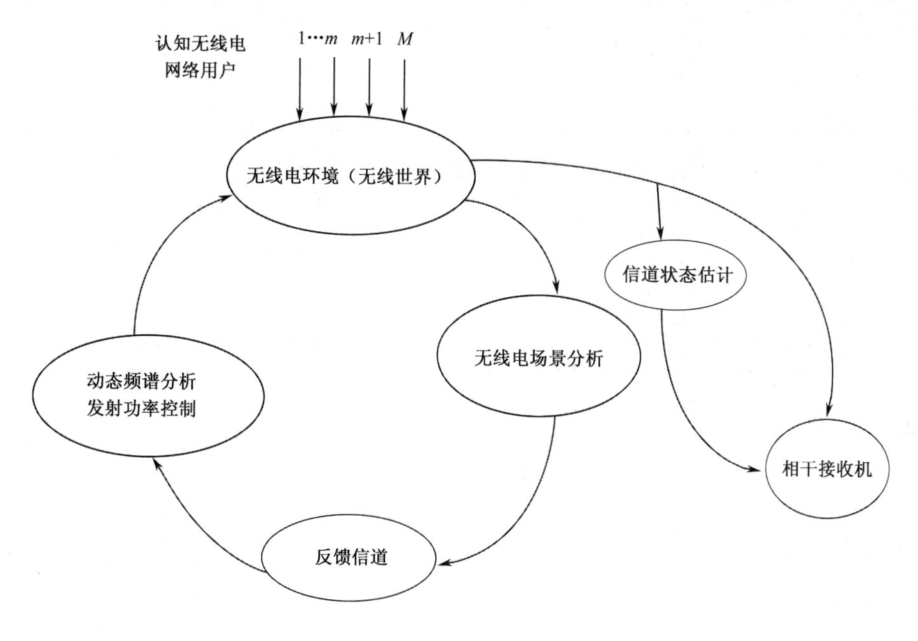

图 9.1　认知无线电认知循环过程

9.2.1　频谱感知

频谱感知为认知无线网络提供环境信息和决策依据，是提高频谱利用效率、改善无线信道传输条件、网络智能化、消除各种干扰（包括有意干扰、无意干扰）、有效进行频谱资源管理的基础。认知无线电网络中有两类用户：主用户和次用户。主用户即为对特定频段有法定使用权的高优先级用户，次用户即为认知无线电用户，对频谱使用的优先权较主用户低，其使用某一频段的前提是要保证不对主用户造成有害干扰。频谱感知主要实现对周围电磁环境的普查，通过在时域、频域和空域等多维空间，检测感知频段内主用户是否正在工作，从而完成“频谱空穴”的检测。“频谱空穴”即为主用户暂时未使用的频段，认知用户有望在“频谱空穴”上建立通信，尽可能避免对主用户（授权用户）造成有害干扰。

目前研究人员已提出了多种频谱感知方法，主要可以分为主用户发射机检测和主用户接收机检测。为克服“隐藏终端”问题，又提出了协作频谱感知技术。9.3 节将对频谱感知方法进行详细讨论。

9.2.2　频谱分析

通过网络化的频谱感知，可以发现在某个时段存在的“频谱空穴”，这些可用“频谱空穴”分布在授权频段和非授权频段上较宽的频率范围内，其频率、带宽、底部噪声、使用时刻等各不相同。认知无线电频谱分析主要完成对“频谱空穴”特征的分析，如“空穴”所占的带宽、“空穴”的干扰或噪声电平、“空穴”的时间分布特性等。

信道容量是表征“频谱空穴”性能的一个重要参数。认知无线电信道容量的估计为

$$C = B\lg\left(1+\frac{S}{N+I}\right) \tag{9-1}$$

式中，C 为信道容量，B 为带宽，S 为接收到的认知无线电的信号功率，N 是噪声功率，I 是授权用户或其他用户对认知无线电接收机的干扰功率。

另外，频谱分析还包括对主用户未来活动性的预测，即频谱预测。频谱预测可以获得“频谱空穴”未来仍然空闲的时间长度，为频谱决策提供重要依据。同时，在认知无线电已经使用某一“频谱空穴”的情况下，频谱预测还可以根据下一时刻主用户出现的概率，提前退出相应频段，最大限度地降低对主用户造成的干扰。频谱预测首先需要对信道使用样式进行建模，所选择的模型要尽可能简单，预测性能要尽可能好。目前采用的建模方法主要包括隐马尔可夫模型和连续时间半马尔可夫过程模型。

9.2.3　频谱决策

频谱决策在频谱分析基础上，选择一组合适的“频谱空穴”，确定通信体制和通信参数，以适应无线环境需求、监管政策要求、用户服务质量（QoS）需求以及认知无线电平台自身硬件条件。频谱决策可以分为单参数决策和多参数联合决策。频谱决策中最重要的单参数决策就是对通信频率的选择，该问题也被称为动态频率选择或动态频谱分配。目前采用的方法主要包括博弈论、拍卖理论、议价机制、图论着色以及进化算法。另一个单参数决策问题是发射功率控制问题，目前主要采用的方法是博弈论。

然而，认知无线电各个待优化参数与外部需求之间的关系通常都是互相关联、不可独立的，采用单参数决策的方法不能保证获得全局较优的性能，因此，有必要采用多参数联合决策技术，获得性能较优的参数配置。

9.2.4　频谱会聚

频谱会聚是指所确定的通信参数，建立发射机与接收机之间的通信链路，完成发射机与接收机的初始握手。目前较为典型的频谱会聚方法依赖于一条可用的公共控制信道，该信道对所有认知节点均为可用，控制信息在该信道上交互。IEEE 802.22 采用的就是这种方法。然而，这种方法在动态的认知无线电频谱环境下具有严重的缺陷。首先，公共控制信道很难获得，即使可以自适应设定公共控制信道，也不能保证其在整个认知无线电网络中的可用性。“频谱空穴”通常随空间的变化而变化，在某个地点为“空穴”的频段在另一个地点并不一定空闲。其次，依赖于一条公共控制信道会限制网络的可扩展性，随着网络规模的增大，公共信道会变得非常拥挤。

文献[8]提出了一种不依赖于公共控制信道的频谱会聚过程。通信发起端根据事先约定的协议发起呼叫，呼叫信号中包含通信参数信息，被叫方在对其周围电磁环境进行感知的过程中，对新出现的信号进行参数识别、接收解调和协议分析，以判定该信号是不是发给自己的链路建立信号。一旦判定是链路建立信号，就按照事先约定的协议发送回执，回执中包含被叫方认为较合适的通信参数信息；呼叫方接收到回执后即完成频谱会聚过程，接下来通信双方即按回执约定的通信参数进行通信。如果呼叫方在规定时间内接收不到回执，则在新的“频谱空穴”（频谱决策后的“空穴”）上发起呼叫，重复该过程直到接收到呼叫回执为止。为增加频谱会聚的成功率，频谱决策应该给出多组满足性能要求的参数，频谱会聚可以依次尝试各组参数，直到成功为止。

9.2.5　频谱监视

频谱监视即带内感知，是指建立通信后，对通信信道进行的“在线”检测。频谱监视是保证认知无线电的通信不对主用户造成有害干扰的重要过程，也是保证认知无线电在通信过程中不经受其他干扰的重要措施。一旦发现当前通信信道内出现主用户信号，则立即让出该信道，避免对主用户造成干扰。如果发现当前通信信道内出现其他干扰信号，则根据干扰信号的特点以及自身的通信质量要求，选择合适的抗干扰或干扰“回避”策略。

进行带内感知时，所有使用该通信信道的认知无线电节点都要停止发送，保持静默，从而保证感知到的不是认知无线电的通信信号。保证各节点的静默期同步是一个难点问题，IEEE 802.22 中提出了相应的解决措施。

9.2.6　频谱切换

当带内感知到主用户信号时，认知无线电必须改变其工作频率，寻找另一个“频谱空穴”继续通信，此过程即为频谱切换。频谱切换应尽可能快速地进行，确保在频谱切换中最大限度地降低认知无线电用户的业务性能损失。一种最直接的频谱切换方法是在一条公共控制信道上对下一时刻使用的“频谱空穴”及其他通信参数进行协商。然而，正如频谱会聚部分指出的，认知无线电动态环境中无法保证一条公共控制信道在整个认知无线电网络中的可用性。

另一种不依赖于公共控制信道的频谱切换方法是按照初始频谱会聚流程重新建立通信，这种方法最突出的缺点是会消耗较多时间，对实时性要求高的业务来说，QoS 会严重降低。为保证频谱切换的快速平滑，可以采用如下方法。认知无线电在通信过程中，始终协商保持一条备用信道，备用信道从通信双方（或网络）的共同“频谱空穴”中选择，并随时进行更新。当带内感知到主用户信号后，认知无线电通信双方均切换到备用信道上进行握手。由于备用信道在上一时刻为“频谱空穴”，所以在备用信道上成功建立通信的可能性非常高。为最大限度地增加备用信道的可利用性，在选择备用信道时最好使其与当前工作信道完全不相邻。这样，在现有工作信道中出现了主用户的时候，备用信道也受影响的可能性会大大降低。

9.3　频谱感知技术

认知无线电的核心思想就是使未来的无线电设备具有自主发现“频谱空穴”，并合理有效地利用“频谱空穴”的能力。如何快速、准确地检测到“频谱空穴”，即频谱感知技术成为认知无线电需要着重解决的关键问题。国内外研究人员已提出多种频谱感知方法，本节主要介绍其中较为常用的感知方法，分别从接收机检测、发射机检测、协作检测和多维感知四个方面进行讨论。

9.3.1　接收机检测频谱感知

检测频谱空穴最有效的方法就是检测在认知无线电通信范围以内是否有主用户在接收数据。一种接收机检测方法是利用接收机的本地振荡器泄露来直接检测主接收机。在主接收机旁安置一个体积小、价格低的传感器节点，通过传感器节点检测其泄露，判定主接收机工作在哪一个信道，再将判决信息以特定的功率通过独立的控制信道传送给认知无线电，认知无线电就可以利用判决结果来决定是否接入相应频段。然而，这种方法需要对主用户接收机进行修改，对主用户造成不便。

另一种接收机检测方法是检测主用户接收机处的干扰温度。美国联邦通信委员会将干扰温度定义为

$$T_{\mathrm{I}}(f_{\mathrm{c}},B)=\frac{P_{\mathrm{I}}(f_{\mathrm{c}},B)}{kB} \tag{9-2}$$

其中，T_{I} 为干扰温度，$P_{\mathrm{I}}(f_{\mathrm{c}},B)$ 为带宽为 B 、频点为 f_{c} 处的干扰的平均功率，k 为波尔兹曼常量。只要认知无线电的传输不会使主用户接收机处的干扰温度超过预先定义的干扰温度限，认知无线电就可以使用相应频段。这种方法最大的难点在于如何准确测量主用户接收机处的干扰温度。

9.3.2　发射机检测频谱感知

由于接收机检测存在较大难度，研究人员进而将接收机检测问题转换为发射机检测，前提是要额外对主用户发射机到主用户接收机的通信距离进行补偿，这可以通过增加认知无线电的检测灵敏度来解决。

1. 匹配滤波法

当认知用户知道授权用户信号的先验信息（调制类型、脉冲整形、帧格式等）时，检测的最优选择是匹配滤波器，它能使得信噪比最大化。

对于输入滤波器的信号：

$$x(t)=s(t)+n(t) \tag{9-3}$$

式中，$s(t)$ 为确知信号，$n(t)$ 为白噪声，那么，匹配滤波器的脉冲响应为

$$h(t)=ks^{*}(t_0-t) \tag{9-4}$$

其中 k 可以取为 1。对于实输入信号 $s(t)$，并考虑物理可实现性，匹配滤波器的脉冲响应为

$$h(t)=\begin{cases} s(t_0-t) & t\geqslant 0 \\ 0 & t<0 \end{cases} \tag{9-5}$$

为使 $s(t)$ 的全部能量都对输出信号有贡献，t_0 至少要选择在输入信号的末尾。匹配滤波器可以用相关器来实现。

假设输入信号的能量为 E_{s}，白噪声的双边功率谱密度为 $N_0/2$，则匹配滤波器的输出信噪比（SNR）为

$$\mathrm{SNR}=\frac{2E_{\mathrm{s}}}{N_0} \tag{9-6}$$

它只与信号的能量有关，而与波形形式无关。

匹配滤波器为达到较高的处理增益所需时间比较短，但是它要求知道主用户信号的先验知识，如果这些信息不准确的话，匹配滤波器的性能则很受影响。此外解调时必须通过时间和载波同步甚至是信道均衡来保证与主用户信号保持相干性，而且对于不同的主用户类型需要专门的接收机。

2. 基于波形的检测方法

为便于同步或其他目的，无线系统通常会使用一些已知的模式。这些模式包括导频、扩频

序列等。具备已知模式后，就可以通过将接收到的信号与已知模式进行相关来实现感知，这种感知方法被称为基于波形的检测。

设接收到的信号为

$$y(n)=s(n)+w(n) \tag{9-7}$$

其中 $s(n)$ 为待检测信号， $w(n)$ 为加性高斯白噪声。主用户没有传输信号时， $s(n)=0$ 。基于波形的检测的判决量为

$$M=\mathrm{Re}[\sum_{n=0}^{N-1}y(n)s^*(n)] \tag{9-8}$$

其中 N 为已知模式的长度。当主用户信号不存在时，感知判决量变为

$$M=\mathrm{Re}[\sum_{n=0}^{N-1}w(n)s^*(n)] \tag{9-9}$$

同样地，当主用户信号存在时，感知判决量变为

$$M=\sum_{n=0}^{N-1}|s(n)|^2+\mathrm{Re}[\sum_{n=0}^{N-1}w(n)s^*(n)] \tag{9-10}$$

将感知判决量与判决门限进行比较就可以判定主用户信号是否存在。噪声功率比较容易估计，而由于主用户与认知无线电之间的传输条件不断变化，信号功率难以估计。实际中通常根据一定的虚警概率来确定判决门限，所以仅知道噪声功率就可以确定判决门限。

3. 能量检测方法

当认知用户不知道主用户信号信息的时候，能量检测方法比较适合。它是一种比较简单的信号检测方法，属于信号的非相干检测。该方法在时域和频域都可以应用。其在时域的检测过程如图 9.2 所示。

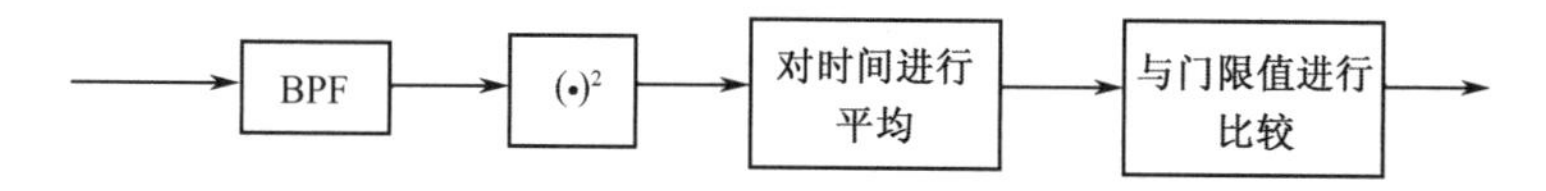

图 9.2　能量检测在时域的检测过程

在时域应用时，先将信号通过一个带通滤波器来取出感兴趣的频段，然后进行取平方操作，接下来通过积分器对时间进行平均，最后将得到的能量与预先设定的门限值进行比较。当所得的感兴趣频段上的能量值大于门限值时，可以判定该频段上存在主用户信号，认知用户不适合在该频段上工作；小于门限值时，可以判定该频段上仅有噪声，不存在主用户信号，认知用户可以使用该频段。在频域应用时，为得到信号的能量，可以先对信号进行 FFT 变换，变换到频域，然后检测所设定的频带上有无信号，判决过程同上。在频域应用时不需要使用带通滤波器。

能量检测的方法应用起来比较简单，可以很快地判断出感兴趣频段是否可用。但该方法也存在着缺点：①门限值的设定比较困难；②因为仅仅是计算所接收到信号的能量，所以当信号经历比较严重的多径或阴影时，可能会因为检测到的能量过小而发生漏检现象。而且能量检测还不能分辨出有用信号、噪声和干扰，当噪声和干扰比较严重时，可能会因为检测到的能量大于门限值而发生错检现象。且在低 SNR 的情况下，能量检测方法的性能不佳；③能量检测不适用于扩频信号、直接序列信号以及跳频信号的检测。

4．循环平稳特征检测方法

经过调制的定频信号一般都是对正弦载波信号进行幅度、相位、频率的调制，对周期脉冲信号进行脉幅、脉宽、脉位调制，跳频信号有跳频频率集、跳频序列，扩频信号有伪码，OFDM信号有循环前缀等，这些特征的存在使得这些信号有内在的周期性。如果一个随机过程 $x(t)$ 的均值、自相关函数都具有周期性，且周期与信号的周期相同，则称 $x(t)$ 是广义循环平稳的，即满足：

$$\begin{aligned}&m_X(t+T)=m_X(t)\\&R_X\left(t+T+\frac{\tau}{2},t+T-\frac{\tau}{2}\right)=R_X\left(t+\frac{\tau}{2},t-\frac{\tau}{2}\right)\end{aligned} \tag{9-11}$$

其中 T 为周期。自相关函数是周期的时间函数，因此可以表示为傅里叶级数：

$$R_X\left(t+\frac{\tau}{2},t-\frac{\tau}{2}\right)=\sum_{\alpha}R_X^{\alpha}(\tau)\mathrm{e}^{\mathrm{j}2\pi\alpha t} \tag{9-12}$$

$$R_{_X}^{\alpha}(\tau)=\frac{1}{T}\int_{-\frac{T}{2}}^{\frac{T}{2}}R_X\left(t+\frac{\tau}{2},t-\frac{\tau}{2}\tau\right)\mathrm{e}^{-\mathrm{j}2\pi\alpha t}\,\mathrm{d}t \tag{9-13}$$

式中，$R_{_X}^{\alpha}(\tau)$ 被称为循环自相关函数，它反映了信号周期相关函数的频谱特性。定义 $1/T$ 为基本循环频率，$\alpha=n/T(n=0,1,2,\cdots)$ 称为信号的循环频率。$\alpha=0$ 时，循环自相关函数就是传统意义上的自相关函数。传统意义上的功率谱密度是由自相关函数的傅里叶变换定义的，同样，循环自相关函数的傅里叶变换定义为循环谱密度函数，由下式得到：

$$S_X^{\alpha}(f)=\int_{-\infty}^{+\infty}R_X^{\alpha}(t)\mathrm{e}^{-\mathrm{j}2\pi ft}\mathrm{d}t \tag{9-14}$$

若定义短时傅里叶变换：

$$X_T(t,f)=\int_{t-\frac{T}{2}}^{t+\frac{T}{2}}x_T(\mu)\mathrm{e}^{-\mathrm{j}2\pi f\mu}\mathrm{d}\mu \tag{9-15}$$

则，

$$S_X^{\alpha}(f)=\lim_{T\to\infty}\lim_{\Delta t\to\infty}\frac{1}{\Delta t}\int_{-\Delta t/2}^{+\Delta t/2}\frac{1}{T}X_T(t,f+\alpha/2)\cdot X_T^{*}(t,f-\alpha/2)\mathrm{d}t \tag{9-16}$$

对于循环平稳信号，某频率 f 处的循环谱密度值就是 f 上下各 $\alpha/2$ 间隔处的谱分量的互相关，即：

$$S_{XT}^{\alpha}(f)=\frac{1}{\Delta t}\int_{-\Delta t/2}^{\Delta t/2}\frac{1}{\sqrt{T}}X_T(t,f+\alpha/2)\cdot\frac{1}{\sqrt{T}}X_T^{*}(t,f-\alpha/2)\mathrm{d}t \tag{9-17}$$

这个函数也被称为谱相关函数，或循环谱。可以通过分析信号的谱相关函数来确定主用户信号是否存在。在循环谱图上，零循环频率对应信号的平稳部分，非零的循环频率则体现信号的循环平稳特征。因为噪声是广义平稳的，也就是说平稳的噪声在非零循环频率处（$\alpha\neq0$）不呈现频谱相关性，只在循环频率为零时出现谱峰值。而已调信号是循环平稳的，它在非零的循环频率处也出现峰值。如果在 $\alpha\neq0$ 时还可以观察到循环谱峰值存在，就说明此时存在主用户信号；如果仅仅在零循环频率处出现循环谱峰值，就可以判断此时只存在噪声，不存在我们感兴趣的信号。信噪比很低时，还可以利用谱相关函数的等高线图来辅助察看非零循环频率处是否存在循环谱峰值，克服噪声及干扰的影响。

应用循环特征检测方法的最大优点是能够将噪声的能量和信号的能量区分开来，可以完全摆脱背景噪声的影响，在信噪比较低的情况下也具有较好的检测性能，可见基于循环特征的检测在区分噪声方面比能量检测的性能要好。但是计算的复杂度是影响其应用的一个瓶颈，而且所要求的观测时间也较长。

9.3.3　协作频谱感知

单个认知无线电的感知能力（接收灵敏度、作用距离、检测带宽等）有限，在对主用户信号进行探测时，由于存在遮挡、衰落等原因，势必会出现“隐藏终端”问题，因此需要利用其他受阴影和衰落影响较小的认知节点的感知结果，从而提高检测性能。而且认知无线电通信双方、多方由于地理环境等原因，所处的电磁环境并不尽相同，需要通过多个认知无线电台的协同工作，才能实现较宽频率范围、较大作用距离、较高效率的感知。同样，由于各个认知无线电台所处的电磁环境不同，可以使用的频谱资源可能不一样，因此需要协同工作，甚至需要一些中继设备进行转接。

协作感知时，相互协作的各个认知无线电台的感知结果需要在控制信道上进行传输，按照交互的信息的不同，可以分为统计量融合和判决融合。判决融合仅交互最后一比特的判决结果，引入的通信负载最少，控制信道所需带宽也最小，但是在检测性能改进上比统计量融合要差。增加协作的用户数可以提高检测灵敏度，但是也会增加协议设计复杂度和通信开销，因此需要进行折中。另外，用户的可靠性问题是协作感知的一大挑战。部分恶意可能发送虚假感知信息，阻止参与协作的其他认知用户使用“频谱空穴”。因此还需要在认知无线电网络中建立有效的可信度管理系统。认知无线电的频谱感知是一个系统工程，要建立认知无线电的工作体系架构，通过分布式的探测、网络化的调度，来保证各认知无线台的正常工作。有人提出分别部署两个网络，一个为频谱感知网络，另一个为自适应通信网络。在目标区域建立以频谱感知为目标的无线电传感器网络，把各个节点搜集的信息形成一张频谱占用表，实时传递给自适应通信网络，通信网络利用这些信息，通过智能化的计算来决定如何利用频谱资源。

9.3.4　多维频谱感知

目前“频谱空穴”仅考虑了频谱空间的频率、时间和空间三个维度。然而，实际上仍然可以在其他维度上探索频谱机会，例如码字、方向等。增加新的维度为频谱感知技术提供了新的途径。例如增加码字这一维度可以避免传统频谱感知算法无法很好检测扩频信号的缺点，增加方向这一维度则可以在不同方向上使用频率、时间、地理区域上重合的同一频段。表 9-1 给出了多维频谱空间以及相应的感知要求，每一维度都有特定的参数需要感知。

表 9-1　多维频谱空间以及感知要求

维　度	感　知　量	说　明
频率	频率域上的空穴	可用频谱通常划分成一系列较窄的频段。频率维度上的频谱空穴表示未被占用的某些频段
时间	时间域上的空穴	频段不被一直占用，在某些时间段处于空闲状态
地理区域	主用户位置（经度、纬度、高度）和与主用户的距离	频谱在某些地理位置被占用，在其他地理位置处于空闲状态。该维度利用了电磁波空间传播损耗的特征
码字	主用户使用的扩频码、时间跳变或频率跳变序列以及定时信息（保证次用户与主用户同步传输）	主用户可能使用扩频或跳频方式使用一段较宽的频段。次用户只要使用与主用户正交的码字就能与主用户同时使用该频段，而不会对主用户造成干扰

续表

维　度	感 知 量	说　明
角度	主用户位置、波束方向	知道主用户的位置或方向就可以得到角度维度上的“频谱空穴”。例如，如果主用户在某一方向传播信号，次用户就可以在另一个方向上传输，而不会对主用户造成干扰
信号	主用户信号波形	主用户和次用户可以在某一时刻某一地理区域某一频段上全向传输波形，只要次用户采用与主用户信号正交的波形，也不会对主用户造成干扰。这不仅需要次用户进行频谱估计，还需要进行波形识别

9.4　IEEE802.22 标准

IEEE802.22 标准是世界上第一个认知无线电通信系统标准[1]，也称为无线区域网（Wireless Regional Area Networks,WRAN）。2004 年 11 月，IEEE802.22 工作组正式启动。在 54～862MHz 的 VHF/UHF 电视频段内，制定基于认知无线电的 PHY 层和 MAC 层的空中接口，信道带宽是能兼容各种电视信号标准的带宽 6MHz、7MHz、8MHz。选这个频段主要是考虑到现在电视信号大多采用卫星和光纤来传输，而且这个频段的传播特性比较好。

IEEE802.22 系统必须由一个基站（BS）和至少一个用户端设备（CEP）组成，由 BS 来管理 CEP。基站采用点对多点的方式将下行数据发送给用户端设备。它们之间可以是视距（LOS）也可以是非视距（NLOS）传播。基站除了具备常规的功能，还必须具备分布式感知的能力。能力协调用户端设备对不同的 TV 信道进行分布式的测量。基站根据收到的测量信息和自己感知的信息，决定下一步的行动，改变发射功率、频率等。

IEEE802.22 系统的频谱利用率在 0.5b～5bit/s/Hz。如按 3bit/s/Hz 计算，6MHz 带宽的信道内可以传输的速率达 18Mbit/s。目前在用户端的等效辐射功率为 4W 时，基站的覆盖范围为 33km；如基站功率不受限制，最大覆盖范围可以达到 100km。

9.4.1　物理层接口

在 IEEE802.22 协议中，物理层的上下链路都采用 OFDMA 调制体制。由于用户端距离基站的距离各不相同，因此，信噪比也不尽相同，基站为了提高系统效率，能对每个用户端设备的带宽、调制方式和编码方式等进行调整。

目前的提案建议将电视信道划分成 48 个子信道，采用 QPSK、16QAM、64QAM 调制，信道编码方式为 1/2、3/4、2/3 的卷积码。其中，OFDMA 的参数和整个系统的参数如表 9-2、表 9-3 所示。

表 9-2　OFDMA 参数

参　数	3TV 信道接合			2TV 信道接合			3TV 信道接合		
子载波间隔 ΔF /Hz	3348	3906	4464	3348	3906	4464	3348	3906	4464
FFT 周期 T_{FFT} /μs	298.66	256	224	298.66	256	224	298.66	256	224
子载波总数 N_{FFT}	6144			4096			2048		
保护子载波数 N_G（L,DC,R）	960（480,1,479）			640（320,1,319）			320（160,1,159）		

续表

参　数	3TV 信道接合			2TV 信道接合			3TV 信道接合		
可用子载波数 $N_T=N_D+N_P$	5184			3456			1728		
数据子载波	4608			3072			1536		
导航子载波	576			384			192		
信号带宽	17.36	20.249	23.141	11.571	13.5	15.428	5.785	6.75	7.714

表 9-3　系统参数

参　数	指　标	备　注
频段	54～862MHz	
覆盖范围	33km（典型值）	
带宽	强制：6、7、8MHz，具有信道接合； 可选：分段带宽	允许分段利用 TV 信道和最多接合 3 个 TV 信道
数据速率	最大：76.2Mbps，最小 4.8Mbps	
频谱效率	0.81～4.23bps/Hz	
调制	QPSK、16QAM、64QAM	
传输功率	默认：4W（EIRP）	
多址方式	自适应 OFDMA	部分带宽分配
FFT 点数	1024,2048,4096,6144	
循环前缀模式	1/4,1/8,1/16,1/32	
双工模式	TDD 或 FDD	
网络拓扑	点到多点	

9.4.2　MAC 层接口

为能对无线电环境作出及时反应，MAC 层需要具有高度的动态性能。除了能提供媒体接入控制、鲁棒数据传输等传统的 MAC 服务之外，还要能提供一整套全新的机制来保证系统在 TV 频段内有效工作，比如，分布式频谱感知、频谱资源共享等。

为了高效利用频谱资源，IEEE802.22 规定下行介质接入方式为时分复用（TDM），上行是命令分配（DAMA）形式的时分多址（TDMA）。从基站（BS）到用户端设备（CEP）的下行方向是 TDM 和广播方式。从用户端设备（CEP）到基站（BS）的上行方向，用户端设备根据 DAMA　TDMA 方案共享媒质。

MAC 的结构由一个或多个 PHY/MAC 空中接口模块以及一个频谱管理单元构成，如图 9.3 所示。频谱管理单元实现空闲信道合并，以满足传输速率的要求。给各个 PHY/MAC 模块分配经过确认的空信道。频谱管理的另一功能是接受并处理不同 PHY/MAC 模块的请求。当某个模块的干扰情况发生了变化，MAC 的某种专门协议会探测到这种情况，并采取切换信道等行动来解决这个问题。

每个 802.22 站拥有一个 48bit 长 MAC 地址，不同设备生产商的 802.22 产品该地址是唯一的。在初始化过程中，其用于与 CPE 的连接；在基站和 CPE 的相互论证过程中也要用到这个地址。MAC 的一帧由下行（DS）子帧和上行（US）子帧两部分构成。下行子帧由一个下行 PHY 协议数据单元（PDU）和可能的用于共存的竞争间隔构成；上行子帧由初始化、带宽要求、紧急共存情形通知以及一个一个或多个 PHYPDU 组成，如图 9.4 所示。

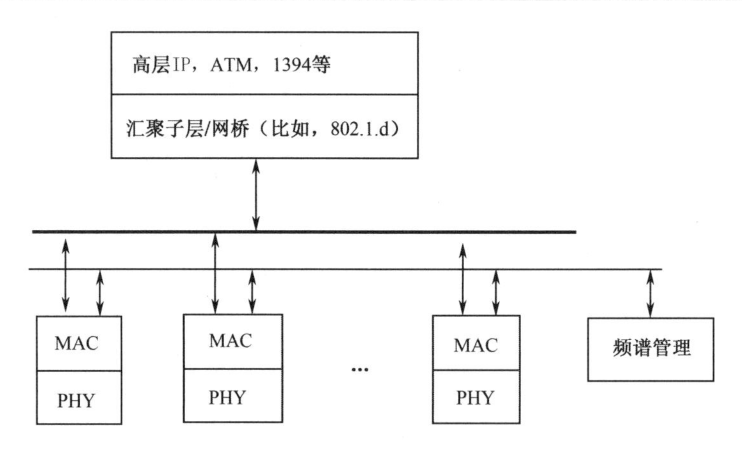

图 9.3　MAC参考结构

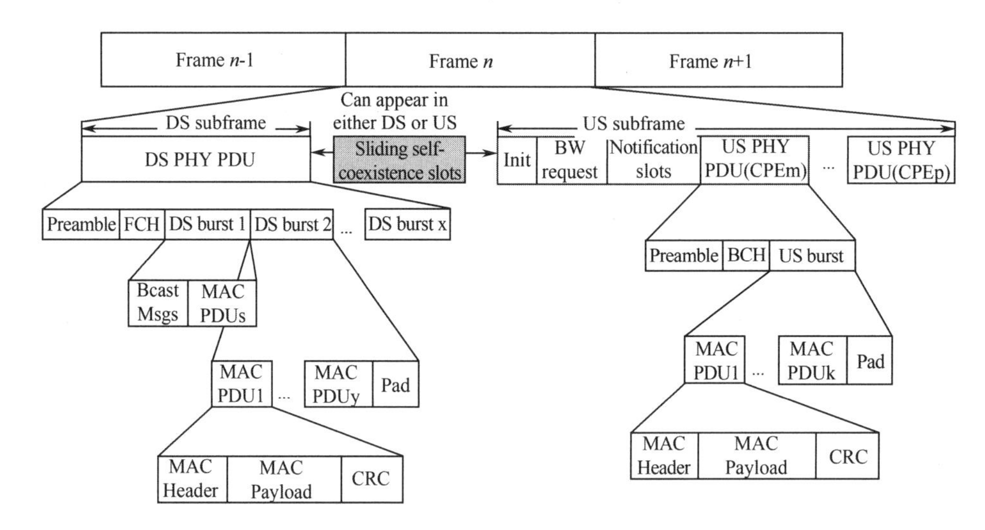

图 9.4　MAC的帧结构图

9.4.3　其他接口要求

802.22 要求 CPE 具备两副单独的天线：一为定向天线，用于 CEP 与 BS 的通信；另一为全向天线，用于感知和测量。

当 BS 检测到信道中主用户的电平高于一定门限值的时候就要让出信道。比如，数字电视信号（DTV）：在 6MHz 的带宽内检测到的功率达到-116dBm；模拟电视广播: -96dBm；无线麦克风信号：在 200kHz 带宽中测到-107dBm 的信号。

习题与思考题 9

1．试讨论认知无线电的基本概念，并列举认知无线电实现的关键技术。
2．试讨论频谱感知的各种方法。
3．提出初步的认知无线电实现方案。

参考文献

第 1 章

[1] Mitola J. Software radio: Survey,critical evaluation and future directions. Proc. National Telesystems Conference, New York:IEEE Press, May 1992.

[2] Lacky R J, Upmal D W. Speakeasy: The Military Software Radio. IEEE Communication Magazine, May 1995.

[3] 杨小牛，楼才义，徐建良. 软件无线电原理与应用. 北京：电子工业出版社，2001.

[4] Jeffrey H R. 软件无线电：无线电工程的现代方法. 陈强，等，译. 人民邮电出版社，2004.

[5] 罗凡华，等. 大哥大移动电话原理使用维修大全. 成都：成都科技大学出版社，1995.

[6] Sami Tabbane. 无线移动通信网络. 李新付，楼才义，徐建良，译. 北京：电子工业出版社，2001.

[7] 罗凡华. 全球通移动电话使用和维修. 北京：国防工业出版社，2001.

[8] 廖晓滨，赵熙. 第三代移动通信网络系统技术与应用基础教程. 北京：电子工业出版社，2006.

[9] 谢显中. 基于 TDD 的第四代移动通信技术. 北京：电子工业出版社，2006.

[10] 宴光，苏佳佳. 基于软件无线电的 4G 通信研究. 信息通信，2008.3.

[11] 向新，等. 软件无线电原理与技术. 西安：西安电子科技大学出版社，2008.

[12] Mitorla J. 软件无线电体系结构：应用于无线系统工程的面向对象的方法. 赵荣黎，等，译. 北京：机械工业出版社，2003.1.

[13] 潘子欣，刘毅. 软件无线电的现状与发展趋势. 广东科技，2008.3.

[14] 王庭昌. 软件无线电技术的回顾与展望. 现代军事通信，2007.9.

[15] Walter Tuttlebee，软件无线电技术与实现. 杨小牛，邹少丞，楼才义，等，译. 北京：电子工业出版社，2004.

[16] 张灿，刘俊平. JTRS 联合计划执行官访谈录. 外军电信动态，2007.1.

[17] 赵松，罗炳忠. JTRS 软件通信体系结构发展历程. 电信技术研究，2007.3.

[18] Liesbet Van der Perre·Jan Craninckx, Antoine Dejonghe, Green Software Defined Radio. Springer Press, 2009.

第 2 章

[1] 郑君里，杨为理，应君珩. 信号与系统. 北京：人民邮电出版社，1981.

[2] 杨小牛，楼才义，徐建良. 软件无线电原理与应用. 北京：电子工业出版社，2001.

[3] Crochiere R E, Rabiner L R. Multirate digital signal Processing. Englewood Cliffs，1983.

[4] 付卫红，杨小牛. 软件无线电中带通信号的无盲区整带抽取. 电子科技大学学报，2007，36（5）.

[5] Leopold E P. A double Nyquist Digital Product Dector for Quadrature Sampling. IEEE trans. on Signal Processing, July, 1992.

[6] Volder J E. The CORDIC Trigonometric Computing Technique. IRE Transations on Electronics Computer, 1959, 8（3）：330-334.

[7] 杨小牛，楼才义. 多率信号处理及其在通信对抗中的应用. 通信对抗，1996. 2.

[8] Hentschel T. Sample Rate Conversion for Software Radio. Artech House, 2002.

第3章

[1] Crochiere R E, Rabiner L R. Multirate digital signal Processing. Englewood Cliffs, 1983.

[2] Fliege N J. Multirate digital signal Processing: Mltirate System, Filter Banks, Wavelete. John Wiley & Sons, 1994.

[3] 杨小牛，楼才义. 多率信号处理及其在通信对抗中的应用. 通信对抗，1996. 2.

[4] Hentschel T. Sample Rate Conversion for Software Radio. Artech House, 2002.

[5] Walter Tuttlebee .软件无线电技术与实现. 杨小牛，等，译. 北京：电子工业出版社，2004.6.

[6] Jeffrey H R. 软件无线电-无线电工程的现代方法. 陈强，等，译. 北京：人民邮电出版社，2004.

[7] Vaidyanath P P. Mltirate System and Filter Banks. Prentice Hall PTR, Englewood Cliffs, 1993.

[8] James T. 宽带数字接收机. 杨小牛，等，译. 北京：电子工业出版社，2002.

[9] Roy Blake. 现代通信系统（第二版）. 张晋峰，译. 北京：电子工业出版社，2004.

第4章

[1] TI. Understanding and Enhancing Sensitivity in Receives for Wireless Applications . Technical Brief , May,1995.

[2] Mini-circuits. RF/IF Designer,s Handbook. May,1992.

[3] Walter T. 软件无线电技术与实现. 杨小牛，等，译. 北京：电子工业出版社，2004.

[4] Jeffrey H R . 软件无线电-无线电工程的现代方法. 陈强，等，译. 北京：人民邮电出版社，2004.

[5] Roy Blake. 现代通信系统（第二版）. 张晋峰，译. 北京：电子工业出版社，2004.

[6] Ulrich L R, Jerry C W. 通信接收机：DSP、软件无线电和设计（第三版）. 王文桂、肖晓劲，等，译. 北京：人民邮电出版社，2003.

[7] 朱庆厚. 无线电监测与通信侦察. 北京：人民邮电出版社，2005.

[8] Paul Burns. Software Defined Radio for 3G. Artech House，INC . 2003.

[9] James Tsui，宽带数字接收机. 杨小牛，等，译. 北京：电子工业出版社，2002.

[10] 刘益成，等. 信号处理与过抽样转换器. 北京：电子工业出版社，1997.

[11] 樊昌信，等. 通信原理. 北京：国防工业出版社，1995.

[12] Phillip E.Pace. Advanced Techniques for Digital Receive. Artech House, 2000.

[13] Jesus Arias. A 32-mW 320-MHz Continuous Time Complex Delta-Sigma ADC for Multi-Mode Wireless –LAN Receivers. IEEE Journal of Solid State Circuits, vol 41, 2006.

[14] Albert E C. IF Sampling Fourth-Order Bandpass ΔΣModulator for Digital Receiver Applications . IEEE Journal of Solid State Circuits, vol 39, 2004.

[15] S. Jaganathan et al . An 18-GHz continuous-time Σ-△ analog-digital converter implemented in InP-transferred substrate HBT technology. IEEE Journal of Solid State Circuits, vol. 36,2001: 1343–1350.

[16] R.J.贝克. CMOS：mixed Signal Circuit Design. 沈树群，等，译. 北京：科学出版社，2005.

[17] Frerking, M.E. Digital Signal Processing in Communication Systems. Van Nostrand Reinhold, 1994.

[18] Lohning M, Hentschel T,Fettweis G P. Digital down conversion in software radio terminals. in Proceedings of the 10th European Signal Processing Conference (EUSIPCO)，Vol.3, Tampere, Finland, September 2000:1517-1520.

[19] 陈仕川. 数控振荡器 NCO 的一种优化设计. 通信对抗，2005（4）.

[20] 徐文斌. 中频数字化直扩通信终端的研究与实现. 杭州：杭州电子科技大学，2005.

[21] 刘书明、罗永江. ADSP TS20XS 系统 DSP 原理与应用设计. 北京：电子工业出版社，2007.

[22] Xilinx. XtremeDSPTM 解决方案选择指南. 2007.

[23] Xilinx. Architecting Systems for Upgradability with IRL. 2001.

[24] 陈大海，张健，向进成. 软件无线电体系结构研究. 信息与电子工程，2003,1(4).

[25] 向新，等. 软件无线电原理与技术. 西安：西安电子科技大学出版社，2008.

第5章

[1] 季仲梅，杨洪生，王大鸣，等. 通信中的同步技术及应用. 北京：清华大学出版社，2008.

[2] 郑继禹，林基明. 同步理论与技术. 北京：电子工业出版社，2003.

[3] 姚彦，梅顺良，高葆新，等. 数字微波中继通信工程. 北京：人民邮电出版社，1991.

[4] John G..Proakis.数字通信（第四版）. 张力军，张宗橙，郑宝玉，等，译. 北京：电子工业出版社，2003.

[5] 郭梯云，刘增基，王新梅，等. 数据传输. 北京：人民邮电出版社，1986.

[6] Bernard Sklar. 数字通信——基础与应用（第二版）. 许平平 宋铁成，叶芝，等，译. 北京：电子工业出版社，2005.

[7] 詹亚锋，曹志刚，马正新，无线数字通信的盲信噪比估计，清华大学学报，2003.7.

[8] 张贤达、保铮. 通信信号处理. 北京：国防工业出版社，2000.

[9] 龚耀寰，自适应滤波（第二版）—时域自适应滤波和智能天线. 北京：电子工业出版社，2003.

[10] 张贤达，现代信号处理（第二版），北京：清华大学出版社 2002.10.

[11] C.Richard Johnson Jr. William A.Sethares. 软件无线电. 潘更生，译. 北京：机械工业出版社，2008.1.

[12] E.E.Azzouz, A.K.Nandi, Automatic identification of digital modulations. Signal Processing, 1995:59-69.

[13] E.E.Azzouz, A.K.Nandi, Procedure for automatic recognition of analogue and digital modulations. IEE Proceedings Communications, 1996:259-266.

[14] 付卫红，杨小牛，曾兴雯，等. 一种基于时频分析神经网络的通信信号盲识别新方法. 信号处理，2007.5:775-778.
[15] 董长虹. Matlab 神经网络与应用. 北京：国防工业出版社，2005.

第 6 章

[1] 刘玉君. 信道编码. 郑州：河南科学技术出版社，2001.
[2] 王新梅，肖国镇. 纠错码——原理与方法（修订版）. 西安：西安电子科技大学出版社，2001.
[3] 罗智勇. 无线通信数字调制编码技术. 无线通信技术研讨会，2007.
[4] A.J.Viterbi.Error bounds for convolutional codes and an asymptotically optimum decoding algorithm.IEEE Trans.on Commun.IEEE Trans.Inform.Theory, 1967.
[5] 张永光，楼才义. 信道编码及其识别分析. 北京：电子工业出版社，2010.
[6] C.Berrou, A.Glavieux, P.Thitimajshima.Near Shannon limit error-correcting coding and decoding: Turbo codes. IEEE International Conference on Communications,Geneva, 1993.
[7] Shu Lin，Daniel J. Costello，Jr，差错控制编码. 晏坚，等译. 北京：机械工业出版社，2007.
[8] P.Robertson,E.Villebrun,P.Hoeher. A Comparison of Optimal and Sub-optimal MAP Decoding Algorithms Operating in the Log Domain.Proc.IEEE ICC’95.

第 7 章

[1] 谢处方，饶克谨，电磁场与电磁波[M]，北京：高等教育出版社，1980.
[2] 杨小牛，楼才义 徐建良. 软件无线电技术与应用. 北京：北京理工大学出版社，2010.
[3] Thomas A. Milligan. 现代天线设计（第二版）. 郭玉春，方加云，张光生，等，译，北京：电子工业出版社，2012.
[4] 林昌禄. 天线工程手册[M]. 北京：电子工业出版社，2002.
[5] 王元坤，李玉权. 线天线的宽频带技术[M]. 西安：西安电子科技大学出版社，1995.
[6] William F. Moulder, Kubilay Sertel, John L. Volakis, Superstrate-Enhanced Ultrawideband Tightly Coupled Array With Resistive FSS[J]，IEEE Trans. On Antennas and Propagation, 2012,60(9).
[7] Zhang S, Pedersen G F, Mutual coupling reduction for UWB MIMO antennas with a wideband neutralization line[J] , IEEE Antennas and Wireless Propagation Letters, 2015 ,15:166-169.
[8] 藤本共荣，J.R.詹姆斯. 移动天线系统手册. 杨可忠,，井淑华，译. 北京：人民邮电出版社，1997.
[9] 赵鲁豫，黄冠龙，蔺炜，等. MIMO 多天线系统与天线设计. 北京：人民邮电出版社，2021.
[10] LUK K M，WONG H. A new wideband unidirection antenna element. International Journal of Microwave and Optical Technology, 2006,1(1): 35-44.
[11] Y.J.Suang,T.U.Jang,and Y.-S.Kim A Reconfigurable Microstrip Antenna for Switchable Polarization IEEE Microwave Wireless Comppnets Letters, 2004()11.
[12] Han T Y, Sim C Y D, Reconfigurable Monopolar Patch Antenna for Wireless Communication systems [J] . Jounal of Electromagnetic Waves and Appliaction VOl.22, 2008.

[13] 郑春容. 方向图可重构天线及其阵列研究. 成都：电子科技大学，2015.
[14] Gibson P J. The Vivaldi Aerial. 1979 9th European Microwave conference, IEEE Xplore.

第 8 章

[1] 周德川. 软件定义无线电台与 JTRS. 电信技术研究，2005.1.
[2] 李妍，邹恒. 无处不在的软件定义电台技术. 外军电信动态，2008.6.
[3] 蒲俊，胡元法. WCDMA 与 TD-SCDMA 混合组网下的一体化基站构想. 移动通信，2007.6.
[4] Lawrence E L. RF and Microwave Circuit Design for Wireless Communications. Artech House, 1997.
[5] RFEL 公司产品介绍, ChannelCore64: 64-Channel Downconverter Core Datasheet, 2007.4
[6] 栗苹，赵国庆，杨小牛，等. 信息对抗技术. 北京：清华大学出版社，2008.
[7] 赵明，杨小牛，等. 电子战技术应用——通信对抗篇. 北京：电子工业出版社，2005.
[8] 戈稳. 雷达接收机技术. 北京：电子工业出版社，2005.
[9] 张祖，金林，束咸荣. 雷达天线技术. 北京：电子工业出版社，2005.
[10] 汪洋. 数字雷达阵的实际研究. 电子工程信息，2004.3.
[11] 杨小牛，楼才义，徐建良. “软件星”概念研究. 电子对抗，2002.1.
[12] 杨小牛. 基于软件星的综合一体化天基信息系统. 电子科学技术评论，2004.4.

第 9 章

[1] 周小飞，张宏纲，认知无线电原理及应用. 北京：北京邮电大学出版社，2007.
[2] Arslan H. Cognitive radio, software defined radio, and adaptive wireless systems. Springer, 2007.
[3] Mitola J, Gerald Q, Maguire J R. Cognitive Radios:Making Software Radios more personal. IEEE Personal Communications, Augest 1999:13-18.
[4] E. Hossain, V. Bhargava. Cognitive wireless communication networks. Springer, 2007.
[5] Bruce A F et al.认知无线电技术. 赵知劲，郑仕链，尚俊娜，等，译. 北京：科学出版社，2008.
[6] Coleman C M, ROthwell E J, Ross J E. Self-Structring Antenna. IEEE Antennas and Propagation Society International Symposium,2000.
[7] 谢显中，感知无线电技术及其应用. 北京：电子工业出版社，2008.

反侵权盗版声明